JN129797

島の鳥類学

島の鳥類学

南西諸島の鳥をめぐる自然史

水田　拓・高木昌興　共編

海游舎

本書は公益財団法人自然保護助成基金第28期（2017年度）
プロ・ナトゥーラ・ファンド助成を受けて出版されました。

まえがき

本書は，九州よりも南西に位置する数多くの島々，琉球列島を中心とした南西諸島において，28 人の執筆者が鳥を材料にして行った研究を紹介するものである。編者は本書を単なる研究紹介にとどめるつもりはない。野鳥愛好家には野外において科学的に野鳥観察を楽しむための知識，初学者には島における鳥の研究を発展させるためのヒント，研究者には日本の鳥学がおかれている現状を理解するきっかけをそれぞれ提供したいと考えている。その一助として，各章の冒頭で，各執筆者が南西諸島における研究の楽しさや辛さ，今後の研究の方向性などを自由に記述している。これらは研究の実体験に基づいた執筆者から読者への本音のメッセージである。

本書は，日本における鳥学の裾野の拡大と底上げも見据えている。ここでは本書の各章のエッセンスを簡単に紹介するうえで，2 つのことをあえて記しておきたい。1 つは，編者が考える日本の鳥学の短所と長所，もう 1 つは，日本列島の植物相と動物相の成り立ちについてである。読者はこの 2 つのことを意識しつつ，読み進めていただきたいと思う。

日本の鳥学の短所と長所

イギリスのオックスフォード大学には，1947 年に開始され 70 年間にわたって継続されているカラ類の捕獲標識をベースにした研究がある (Savill et al. 2010)。有名なワイタムの森の研究だ。オランダ (1955 年〜)，フィンランド (1969 年〜)，ポーランド (1970 年〜) にも，数十年間追跡されているカラ類やヒタキ類の個体群がある (Kluyver 1969; Tiainen et al. 1983; Wesołowski 2007)。ガラパゴス諸島のダーウィンフィンチ類の研究 (Grant & Grant 2014)，オーストラリア・グレートバリアリーフのヘロン島と小島嶼におけるハイムネメジロの研究も然りだ (橘川 2004)。同じ場所で長期的に蓄積された基礎的なデータは，さまざまな解析に耐えうる頑健なものになる。このような長期研究は，大学などが拠点となっているので継時的なグループ研究と言える。折々にグループに加わる新しい発想をもった研究者は，斬新なアイデアやその時々の最先端の解析技術を用い Nature 誌や Science 誌を飾る研究を生みだしてきた (Greenwood et al. 1978; Pettifor et al. 1988; Gosler et al. 1995; Garant et al. 2005; Charmantier et al. 2008; Aplin et al. 2015)。非常に大きな魅力に満ちたフィールドである。

一方，日本の鳥類学者は長期的な研究フィールドを構築してこなかった。個体レベルの鳥学研究を深めるにも，個体群動態や群集構造，構成種の生活史形質が継続的に明らかにされる必要がある。たとえば，行動生態学の研究をするには，生涯繁殖成功が明らかにされ，孫世代の有無についても情報が必要である。繁殖成功度の変動や群集内の捕食者の多少も，適応度の評価に影響を及ぼす。長期的な研究フィールドをもっていないことは，日本の鳥学における大きな短所である。

日本の鳥学は，個々人による短期的研究がその発展を支えてきた。20 世紀初頭，鳥類学者は採集家を雇用し，当時の日本領を中心に広い範囲にわたる地域から鳥類の標本を収集した (折居彪二郎研究会 2013 など)。その結果，種や亜種を記載するアルファ分類学の研究は大きく進展した。日本の鳥学の黎明期であり，当然，分類学の研究は行われるべくして行われた。ワイタムの森で長期研究が産声をあげた 1940 年代から 1950 年代の日本では，分類学や自然史の記述的研究の集大成として複数の日本産鳥類のモノグラフが書き上げられつつあった (山階 1941; 清棲 1952)。日本にはもはや鳥類学者は存在しないと言われるのは，この時代と現代の対比からである。詳しくは，水田による「あとがき」を参照していただきたい。

日本産鳥類の全種のモノグラフを個人で執筆するという気骨がある人は現在の日本にはいないだろう。実際のところ現代科学はそのような学者を必ずしも必要としない。記載の時代を経て，解剖学的研究をもとにしたベータ分類学，系統解析がなされる時期となる (黒田 1962)。世界的には，鳥類をベースとした島における種分化や島の生物相のモデル化などにより (Mayr 1963; MacArthur & Wilson 1967)，島の生物の研究が単なる自然史の記述でなく，島嶼生物学として発展を始めた。それに呼応するように日本でも島嶼における鳥学が発展を見せた時期があった (樋口 1980; Higuchi & Momose 1982)。

その後，時代は生物学における世界的な大きなパラダイム転換を迎えた。1980 年代の日本にも社会生物学の波が大きなうねりとなって押し寄せた。鳥を材料に研究をしていた大学院生が一挙に台頭した時期であり，行動生態学研究が大きく発展した。ここ 20 年ほどは鳥を材料にしたバイオロギング技術を用いた研究が世界をリードしながら邁進を続けた。また一般市民によって集められたマスデータをモデル解析することで，秀逸な研究成果が発表されている。さらに近年は新たな視点が盛り込まれた行動学的研究や保全生物学の分野で，若手が世界に羽ばたいている。

欧米の鳥学研究者の層の厚さは日本の比ではなく，長期研究のみならず，それぞれの研究も優れていることは言うまでもない。一方，日本の鳥学の発展は，主に個人の努力に依存している。グループ研究のノルマや煩わしい人間関係に制約されない個人研究は，各人が自由に研究に取り組むことができる良い面がある。しかし，個体群生態学，生活史研究をベースにした連綿とした長期フィールド，若手を育み，切磋琢磨させるような奥の深いフィールドがない。つまり，日本の鳥学は個人主義のスタイルで突き進まざるをえなかったのが実情である。

日本列島の植物相・動物相の成り立ち

日本列島の植物相と動物相の多様性は2つの観点から表現されるとわかりやすい。1つは現状からの理解である。北方の千島列島から南方の南西諸島までを含む日本列島は中緯度帯に長く，約3,000 kmにわたる。そのため気候帯は亜寒帯，冷温帯，暖温帯，亜熱帯を含む。そして北海道には標高2,000 m級の峰が連なる大雪山，本州の赤石山脈 (南アルプス) や飛騨山脈 (北アルプス) は3,000 mにとどき，四国の石鎚山，屋久島の宮之浦岳も2,000 m近くに及ぶ。緯度帯と標高帯の広さは植物相の多様性を高めることに相乗的に働く。平地で見れば，北から針葉樹林，落葉広葉樹林，常緑広葉樹林，マングローブ林など，気候に応じた植生が分布する。しかし，広い気候帯に広い標高帯が組み合わされることで，複雑なモザイク状の植生が提供される。北海道では寒帯に準じた森林が形成され，本州中部には温帯にありながら山岳環境がもたらされ，亜熱帯に位置する屋久島の高標高域には落葉広葉樹林が形成される。多様な植物相は多様な動物の生息を可能にする。

もう1つの観点は由来，進化的な側面からの理解である。日本列島は熱帯に次ぐ高等植物の多様性が高い地域としても知られている (Töpfer 2000; 植田 2013 など)。日本列島を含めた東アジアの生物多様性の高さには理由がある。温暖な第三紀の終了後から最終氷河期まで，東アジアには大規模な氷床は発達しなかったとされる (田淵ら 2002; 池谷・北里 2004)。さらに東西を横切る山脈が存在しない。その結果，温暖期に極域近くまで達した第三紀周北極植物群が氷期に南下し (田淵ら 2002; 植田 2013)，レフュージア[1]で生き残ることができた。一方のユーラシア大陸の西側では高さが3,000 mに達する大規模な氷床が発達し (酒井 2016)，埋土種子までをも粉砕した (田淵ら 2002)。アルプス山脈やピレネー山脈によって南下が阻まれた植物は，繰り返す氷期により絶滅し，ヨーロッパの植物相の多様性が失われた (田淵ら 2002)。日本列島の生物多様性の高さは，地理的な特徴に依存した偶然を伴った必然と言える。

本州中部の高山に生息するライチョウは，気候変動による地理的隔離が生んだ代表的な1亜種である。すなわち，寒冷期に日本列島に生息していたライチョウの直近の祖先種は，現代にいたる間氷期に分布域を北上させたのであろう。一方，その過程で中部山岳地域に生息域を上昇させることで生き残ったライチョウ個体群は，現在，分断種分化の途にあると考えられる。同地域には小型哺乳類の固有種も多く分布している。

1) 寒冷化などの気候変動によって移動を余儀なくされた広範囲に生息していた生物の避難所となった局所的な地域のこと。

本書の舞台である南西諸島に含まれる琉球列島の島々は，地殻変動と氷河性海水準変動により接続と分断を繰り返したと推察される。とくに中琉球として区分される沖縄諸島と奄美群島は隔離の歴史が長く，更新世の初期には孤立していたとされる(木崎 1985; Ota 1998)。隔離の時間は少なくとも 260 万年以上に及ぶ。この地域の両生類，爬虫類，地上性の哺乳類のほとんどが固有種とされており，鳥類でも少ないながら固有種が知られている。大陸島である琉球列島には，大きなスケールでの分断種分化により生じたルリカケスが知られている。ヤンバルクイナも区分としては分断種分化の産物と考えられ，ノグチゲラやアカヒゲは比較的小さな列島スケールでの分断種分化による可能性がある。それに対し多くの固有種や固有亜種を産する伊豆諸島，小笠原諸島，大東諸島は海洋島であり，成立の背景が琉球列島とは異なる。海洋島の固有種や固有亜種は，確実に分散種分化の産物である。島嶼に生息する鳥について考えるうえでは，大陸島と海洋島は異なるということを常に念頭におく必要がある。

日本には約 6,800 個もの島がある (日本離島センター 2003)。ライチョウが隔離分布する高山も，温帯域にある寒冷な陸の中の島とみなすことができる。そもそも北海道・本州・四国・九州と本土自体が島なのだ。種多様性は，主に隔離と融合の歴史であり，島は多様性を生みだす源である。由来が異なる島々が多数存在する日本列島は，多様な進化の様相を検討できる素晴らしい研究材料の宝庫であることをあらためて認識したい。

各章について

第 I 部では，現在と過去の南西諸島の鳥類相について紐解く。

齋藤武馬と西海功は，現生種の DNA 解析により南西諸島の鳥類相を概観した (1 章)。分類学的な帰属がまだはっきりしていない個体群が多く残されていることがわかる。隠蔽種の可能性がある個体群も見いだされた。つまり DNA という形質を使うことで，アルファ分類もまだ完全ではないことが浮き彫りになった。島々の個体群間の遺伝的交流の濃淡を考えると，島における種形成に新たな課題が見えてくるだろう。

最初で最後の 1 個体，ミヤコショウビンは，生存が確認されることなく絶滅した日本の固有種である。そのタイプ標本が山階鳥類研究所に所蔵されている。平岡考は，その存在の真偽について論じ，南西諸島の鳥類相が記述され始めた当初の状況を，文献から丁寧に解説した。日本産鳥類の分類学研究も概観している (2 章)。ここまでの 2 編で，過去から現在までの南西諸島の鳥類相の特殊性が把握できるだろう。

次は生物地理学的視点からの 2 編の研究である。近年，鳴き声の研究が盛んになっている。とくに鳴禽類のさえずりの研究は非常に多い。しかしフクロウ類の鳴き声は単純で個体差がないとの先入観で，あまり注目されていなかった。私は，リュウキュウコノハズクの鳴き声には明確な地理的変異があり，鳴き声の特徴の分布は地理的隔離の歴史とオーバーラップしていることを明らかにした。鳴き声に着目すれば，個体群の歴史を推察できる可能性を示した (3 章)。上述のとおり，種は主に個体群が隔離されることで形成される。関伸一が論じたアカヒゲは，渡り性をもつにもかかわらず中琉球の固有種となっており，飛ぶことができる鳥の進化，種形成の興味深さを伝えている (4 章)。

南西諸島の魅力は陸鳥だけではない。江田真毅による海鳥の研究は，遺跡資料の考古学的な形態の比較研究をベースとしており，鳥学としては異色である (5 章)。ここでは分子生物学の手法により尖閣諸島のアホウドリの遺伝的な帰属も解明している。遺跡資料と DNA を考え合わせたこの研究は，過去から現在への種変化のつながりや分岐について理解を深めることに役立つ。

第 II 部では，分布と生態の関係を読み解く研究を紹介した。

琉球列島のほぼすべての島を踏査し，フクロウ類 3 種の分布を記述した伊藤はるかの研究は圧巻だ (6 章)。3 種がそれぞれ生息する島としない島は，地理的な特徴や生息環境の特性を解明したとしても説明できないことがわかる。群集の中の位置づけや鳥がもつ土地執着性の理由を解明しなければならない。鳥の分布の要因を解明することの難しさを伝えている。

体サイズが近いコノハズク属は，同所的に複数種が生息しないと考えられている。しかし沖縄島ではオオコノハズクとリュウキュウコノハズクがなわばりを重ねて生息している。外山雅大は，その要因を両種の資源利用に着目して解明を試みた (7 章)。生態学研究の核心的な課題であるのと同時に，沖縄島でしかできない研究である。

琉球列島にはシジュウカラとヤマガラが両方生息する島，片方だけの島がある。濱尾章二は，島々における 2 種の構成とさえずりの特徴を記述し，互いの種の存在によって鳴き声が変化していることを見いだした (8 章)。これは島々に固有な鳥類相の特徴を生かした研究であり，島嶼ならではの研究の好例である。

琉球列島が大陸島であるのとは異なり，南大東島は海洋島である。その南大東島に約 40 年前，新たに個体群を形成したのがモズである。開拓によりモズに適した環境が提供され，個体群の確立を可能にしたと考えられる。松井晋と私は，この個体群の生活史を 8 年間追跡した (9 章)。その結果，分布の中心が温帯以北にあるモズは，亜熱帯の島嶼環境にはまだ適応していないことがわかった。島嶼生物の群集構成は 50 年程度の生態学的時間スケールでも変化する。そのような動的平衡状態にある群集で確立からあまり時間を経ていない個体群は，生物と環境の相互作用を追跡できる大きな潜在性をもった研究素材であることが実感できるだろう。

シロハラクイナは琉球列島より南方に分布の中心をもつ種であり，1990 年代に琉球列島に沿って鹿児島にまで繁殖地を北上させた。鳥は飛べるにもかかわらず分布が固定的であったり，シロハラクイナのように変遷したりすることがある。岩崎哲也は，分布拡大の要因を詳細な生態研究から解明を試みた (10 章)。

第 III 部では，島に生息している鳥類の特徴的な生態について取り上げた。

堀江明香が扱ったメジロは，南大東島で数十万年の進化の歴史をもった亜種ダイトウメジロである。地上性の動物が生息していなかった南大東島に生息するメジロが，ニホンイタチやクマネズミ，モズが新参者にもかかわらず，それらから捕食を免れるように営巣場所を選択していることを明らかにした (11 章)。海洋島の特徴を生かした研究であり，悪者にされる外来種を行動生態学の研究に応用した好例である。外来種と在来種との関係に着目し，保全生物学ではない他の科学として研究を行うことも重要である。面白い研究は耳目を集め，そのことが環境保全の役割も担うのである。沖縄島や奄美大島では，フイリマングース (以下マングース) の放獣による希少種への悪影響がよく知られているが，南西諸島の他の多くの島々にはイタチやキジも放たれている。在来種と外来種の新たな関係性はさまざまな島で見られることが予想され，このような切り口からの研究は生態学的な観点から興味深い。

矢野晴隆は，西表島において樹上に造られたタカサゴシロアリの巣に穴を穿って巣を造るアカショウビンを研究した (12 章)。八重山諸島より北の島々にはタカサゴシロアリは分布せず，八重山諸島などにおける独自の生物間の関係である。個々の生物間相互作用を理解することは，局所環境への適応を解明することである。局所適応の検出は，まさに進化の様相を見ることにほかならない。

海鳥は繁殖コロニー以外で直接的に観察することが難しい。依田憲と河野裕美は，見えない海鳥の行動を記録することができるようになったバイオロギング技術をミニレビューしており，役に立つ。さらに仲ノ神島で繁殖するカツオドリの海上および海中での行動を鳥の視点から記述しており，見えない行動に臨場感を与えている (13 章)。

鳥の巣は他の生物に生息空間を提供する。那須義次・村濱史郎・松室裕之は，鳥の巣に依存した生活史をもつ鱗翅類のインベントリを目指した (14 章)。分類学研究から，鳥の巣の中における群集研究への発展が期待される。

亜熱帯気候に属する南西諸島を代表する植生の 1 つはマングローブ林である。上田恵介は，西表島のマングローブ林における混群の構造を紹介している (15 章)。私たちがよく知っている温帯の混群とは少し異なり，西表島の混群は亜種リュウキュウメジロを中心に，先島諸島を含む琉球列島の固有亜種であるリュウキュウサンコウチョウ，リュウキュウサンショウクイなどから構成される。鳥学の基礎が築かれたのは温帯であるが，南西諸島は亜熱帯に位置し，温帯以外での研究の面白さが伝わる。

第 IV 部では，島嶼性鳥類の保全の科学的アプローチとして，沖縄島のノグチゲラと他の生物とのつながり，撹乱の歴史から個体数の回復の途にある仲ノ神島の海鳥類，奄美群島固有のオオトラツグミ，ルリカケス，アマミヤマシギを取り上げた。

南西諸島で中型のキツツキが生息しているのは，奄美大島と沖縄島，大きな島だけである。キツツキ類の巣穴はシジュウカラなどの二次樹洞営巣種に営巣場所などを提供したことから，キツツキ類は森林の鳥類群集の多様性を高める生態系エンジニアとされている。小高信彦は，沖縄島において独自の進化を遂げたノグチゲラを中心にした樹洞営巣網という概念から，やんばる地域の生物間のつながりの保全について論考した (16 章)。

河野裕美と水谷晃が長期研究を行っている仲ノ神島は，バードウォッチャーの憧れの島である。現在の仲ノ神島は目をみはるほど個体数が多いアジサシ類とカツオドリの繁殖地であるが，この繁殖地は大きな人為的攪乱を経験している。攪乱による個体数減少からの回復，増加の過程が丁寧に記述されている (17 章)。

奄美大島では強毒をもつハブによる人的被害の軽減を夢見て，ハブを減少させるためにマングースが放たれた。しかしマングースはハブを捕食せず，第 IV 部で取り上げる在来 3 種はもとよりアマミノクロウサギ，アマミトゲネズミやケナガネズミなどを捕食し，個体数を減少させた。個体群の保全を行うためには，まず科学的な手続きで生息個体数を把握することが基礎となる。個体群の過去から現在の変化の様相を明らかにし，未来を予測する必要がある。また食性や社会構造など基礎的な生態の解明も不可欠だ。そのような状況のもとでの四人の執筆者による取り組みを紹介する。

水田拓は，幻の鳥と呼ばれるまでに個体数を減少させたオオトラツグミの生態解明に取り組んでいる (18 章)。オオトラツグミは個体数を把握することからして非常に難しい。ここではさえずりを頼りに，最新の解析技法を用いて科学的に個体数を推定した。

石田健と高美喜男は，奄美野鳥の会とともにルリカケスの生態の解明に長年取り組み，その総合的な成果を公表することとなった (19 章)。カケス類の一部の種は，世界でもっとも社会的行動の研究が進展している。地史的時間スケールで奄美群島に隔離されたルリカケスには，島に生息する鳥ならではの社会性が隠されているようだ。

鳥飼久裕は，アマミヤマシギの 1 年，昼夜を通じた観察により，その生態を幅広く解明した (20 章)。奄美大島における特徴的な生物間相互作用のなかに位置づけ，アマミヤマシギの生態について考えることは，やはり適応の妙味を実感させるだろう。

最後は，奄美大島と同様に長い隔離の歴史をもつ中琉球に生息する固有種ヤンバルクイナに関する 2 編である。地上性の捕食者となる哺乳類が分布しない沖縄島で飛翔能力を失ったクイナが，ヤンバルクイナである。1982 年に記載された新しい種である。沖縄島にマングースが導入されたのは 1910 年のことであるが，新種として記載された当時，マングースの脅威は沖縄島北部には及んでいなかった。その後，マングースは分布を広げ，ヤンバルクイナの分布域は急激に狭まっていった。

尾崎清明は，ヤンバルクイナが記載される前の生態記録，記載から現在までを詳細に紹介したほか，他の無飛力の島嶼性クイナ類についても紹介しており，資料的価値

が非常に高い (21 章)。

ヤンバルクイナは，飼育下での増殖にも力が入れられてきた。今では飼育下で個体数を増やし，野外復帰の方法も模索されている。しかし人工繁殖が軌道に乗るまでには時間を要した。獣医師である中谷裕美子と長嶺隆は，難関だった人工孵化に成功した (22 章)。獣医学的見地からの経緯を学ぶことにより，新たな視点で鳥学を発展させるヒントが得られる。

本書は，日本の島嶼鳥学研究のホットスポットである南西諸島における少し過去から現在に至るまでの，鳥を材料にした実証研究をほぼ網羅している。しかし日本の鳥学の短所で記述したように，標識個体群を長期的に追跡研究し，研究業績が出された例はない。島嶼における遺伝的構造を記述する研究は，長期追跡研究を代用するものとして期待されるが (Fujita et al. 2011)，今回は掲載されなかった。今後，そのような研究は増加が見込まれるが，他国の後塵を拝する感は否めない。また，それぞれの島の独自性を生かした研究は収録できているものの，島嶼としての普遍的な特徴を生かした研究も十分ではない。日本全体を見渡しても，島嶼を生かした研究は少ない。

日本の鳥学は，島嶼であることを利した分類学研究で発達してきた。つまり島において研究を発展させる基盤がある。島嶼の特徴を生かした研究こそ，日本の鳥学が進めるべき方向と編者は考えている。短所を短所と認めることは重要だが，個体群を長期的に追跡する研究を諦めるにはまだ早い。本書が扱う琉球列島，大東諸島，尖閣諸島と同様に，伊豆諸島や小笠原諸島は非常に魅力的な島々であり，上述のように北海道・本州・四国・九州も研究素材が詰まった大きい島である。南北に長く，高い山をもち，多くの島からなる地理と地史的長所がある。そこに個体レベルでの長期研究，および，より詳細な遺伝子レベルでの個体群構造の解明を重ねることが，世界をリードする研究に導くだろう。日本列島の鳥類相は，アゾレス諸島，カナリア諸島，マデイラ諸島における鳥の種分化や群集に関する研究 (Rodrigues et al. 2013; Rodrigues et al. 2016; Valente et al. 2017)，トリスタンダクーニャ諸島の *Nesospiza* 属の生態的種分化 (Ryan et al. 2007)，ハワイ諸島やガラパゴス諸島における総合的な進化学研究に負けない素材があるはずだ。もちろん長期研究だけが崇高な研究というわけではない。各章を読んでヒントを得てほしい。日本の鳥学の長所である個々の研究を見ることができる。そのうえに日本の鳥学の未来が開かれるだろう。

2017 年 12 月

高木昌興

目　次

22　ヤンバルクイナの明日をつくる　（中谷裕美子・長嶺 隆）

第 I 部
現在と過去の南西諸島の鳥類相

20世紀初頭以降，多くの鳥類学者を魅了してきた南西諸島。この地域の鳥類相や生物地理は，100年に及ぶ研究史のなかですでに明らかになっている，と思われているかもしれない。確かに，ある程度はそのとおりだ。しかし，それらに対する私たちの理解は，近年，遺跡資料や標本，文献，現生鳥類の遺伝子や行動・形態の比較など，さまざまな研究分野の成果を取り込みながら，急速に変化し，また深まりつつある。南西諸島からは少なくとも7種の新種が生まれるかもしれない？　幻の絶滅鳥ミヤコショウビンの正体は？　フクロウの仲間の単純な鳴き声にも，じつは島ごとに変異がある？　新たな研究により明らかになった興味深い発見の数々を紹介する。

分類学はバードウォッチングの「基本のき」!?

野鳥に対する人間の関わり方は，一昔前と比べてより身近で，多極化してきているように思う。私がバードウォッチングを始めた中学生の頃は，現在のようなデジカメはなく，野鳥の写真を撮るのはごく限られた人だけの趣味であった。しかし，最近はそうではない。住宅街に囲まれた小さな公園の池にカワセミでもいれば，大きな望遠レンズを持ったカメラマンが必ずといってよいほど現れる。また，珍鳥がいれば，SNSを通じて一気に情報が広まる。さらに，近年では一般的なバードウォッチングに加え，その気があれば，市民参加型の調査に参加したり，鳥類標識調査，標本作製 (骨や羽集めを含む)，音声の録音，野鳥を呼ぶガーデニングやアート (バードカービングや絵画など) などのように，さまざまな野鳥との関わり方を楽しむことができる世の中になった。この状況は，とても喜ばしいものと思う。

野鳥を取り巻くこれらの活動の広がりは，一見，バラバラなもののように思われるが，じつはある学問がベースとなっている。それは，分類学である。分類学とは，ある鳥がなんという種名をもち，どういった形質をもって，どこに分布しているのかという生物の基本情報を整理して体系づけする学問である。現在，日本鳥学会が発行している『日本鳥類目録』は，これらの情報がすべて載っている書物であるが，上述のさまざまな活動は，この情報を基にして成り立っているのである。読者のなかには，「分類学なんて古くさい学問で，いまさらもう何も新しいことは見つからないのでは？」と思う方もいるかもしれない。しかし，そうではない。本章で説明するDNAバーコーディングの技術は，DNA分類学を目指したものではないが，種内で隠蔽種の可能性が高い個体群を含有する種がいくつも見つかるなど，分類学のさらなる発展を後押しするヒントを提供してくれる。

最近，南西諸島内に分布する種においても，分類学や系統地理学における研究成果が発表されるようになった。詳しくは本章をご覧いただきたい。今後も南西諸島の鳥種において，DNA解析や形態，音声，生態などの比較を行い，分類学的，系統地理学的な研究が発展することを期待したい。さらにはその成果を，日本列島全体の種や地域個体群の研究の促進にもつなげていきたい。読者の皆さんもぜひ，調査・研究に参加して，日本の鳥学の発展に貢献してもらえたら著者としてとても嬉しく思う。

(齋藤武馬)

1
南西諸島の鳥類の系統と分類

(齋藤武馬・西海 功)

南西諸島の生物地理

本書に登場してくる研究対象種の多くが生息する琉球諸島と奄美群島は，広域な地理的区分からすると「南西諸島」に含まれる。南西諸島の定義は文献によって少しずつ異なるが，ここでは琉球列島，大東諸島，尖閣諸島を含んだ地域とする (図 1)。琉球列島は，大隅諸島，トカラ列島，奄美群島，沖縄諸島，宮古諸島，八重山諸島を含んだ，南北約 1,000 km にわたって連なる弧状の島々からなっている (図 1)。沖縄島の東の海上約 400 km に位置する大東諸島は，過去に大陸と地続きになったことのない海洋島である。さらに，東シナ海の大陸棚には尖閣諸島がある。

琉球列島は，海底も含む地形的特徴から，悪石島と小宝島の間に位置するトカラ構造海峡 (以下トカラ海裂と呼ぶ)，沖縄諸島と宮古諸島の間にある慶良間海裂をそれぞれの境として，北琉球 (大隅諸島，トカラ列島北部)，中琉球 (トカラ列島南部，奄美群島，沖縄諸島)，南琉球 (宮古諸島，八重山諸島) と呼んで区別することが多く，本章でもこの地理的区分を用いる (図 1)。琉球列島は生物地理学的に興味深い地域で，世界を 8 つに分けた生物地理区のうちの，東洋区と旧北区との境界に位置する (Brown & Lomolino 1998)。東洋区は中国南部から東南アジアとインドまでの地域で，熱帯アジアの要素を核として，中生代にゴンドワナ大陸から分離して始新世にユーラシア大陸とぶつかったインド亜大陸の要素が加わった生物相を示す。旧北区はユーラシア大陸 (東洋区を除く) を中心にアフリカの北部を含む地域で，旧世界の温帯や寒帯を中心に進化してきた生物が分布する。この東洋区と旧北区との境界が琉球列島のどこにあるのか，多くの生物群で調べられてきた。

琉球列島の成り立ちを見てみよう。琉球列島は，地史的な時間周期で繰り返された氷期・間氷期の気候的な変動を受け，大陸との接続と分断を繰り返してきた。この氷河性海水準変動に伴う接続と分断によって，動植物は移動，分散が可能となったり，隔離されたりする。そのため，琉球列島が大陸と地続きになった時期は，生物相の起源や由来を解明するうえで重要である。

しかし，地学的研究からは必ずしもその一致を見ていない (木崎・大城 1977, 1980;

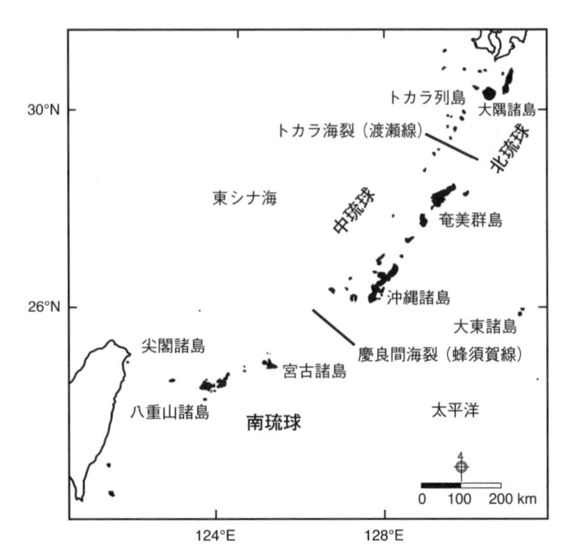

図 1 南西諸島と生物地理に関係する海裂の位置図。

氏家 1990; 木村 2003)。これらの地学的研究は，細かい点で違いはあるが，琉球列島が後期中新世 (1,500 万年前) 以降にユーラシア大陸から分離し始めたこと，その後，ユーラシア大陸の辺縁部である時期が鮮新世 (530 万～260 万年前) にあったこと，北琉球，中琉球，南琉球それぞれの陸塊が分離し始め，さらに更新世の間 (260 万～1 万年前) に何回か中琉球と南琉球の間に陸橋が形成されたという見解では共通している。たとえば木崎・大城 (1977, 1980) は，約 150 万年前に中国大陸から台湾，南琉球を通って中琉球までつながる細長い半島状の陸橋が存在したとする仮説を提唱した。しかし，爬虫類や両生類の系統地理学的研究から琉球列島の古地理の推定を行った Ota (1998) の研究では，上記の研究とは異なり，中琉球に遺存的状態 (詳しくは後述) の種が多いことから，中琉球と南琉球を接続する陸橋は前期更新世以降形成されなかったという見解を示した (図 2)。

このように，Ota (1998) とその他の研究では，前期更新世以降，中琉球と南琉球の間に陸橋が存在していたか否かについて見解の違いはあるが，中琉球の島々が一度でも古い時代に隔離されたという点では共通している。この隔離を反映していると考えられる，古い系統が中琉球に存在することが，さまざまな研究によって確認されている。たとえば非飛翔性の脊椎動物では，中琉球で固有種が多く分布することがわかっており，南西諸島全体に対する中琉球の哺乳類の固有率は 78%，爬虫類では 68%，両生類では 85%にも及ぶ (太田・高橋 2006)。一方，鳥類では 9.8%とされ，固有率は低い (高木 2009)。

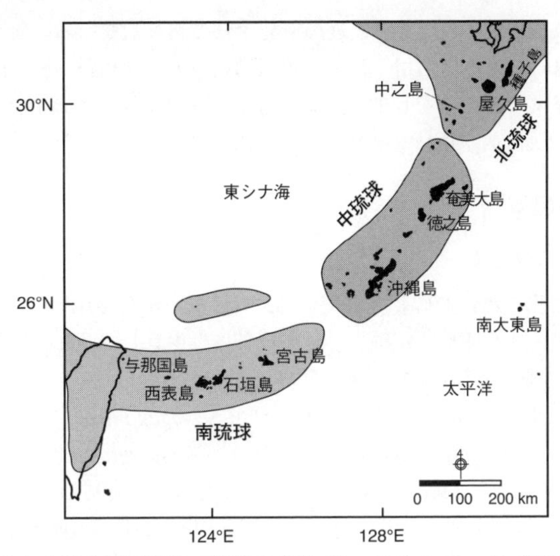

図 2　前期更新世における南西諸島の陸塊の状態 (Ota 1998 の Fig. 6A を改変)。黒い部分は現在の島嶼の位置，灰色の部分は当時の陸塊を示す。

南西諸島には，いくつかの生物地理区の境界線があるとされる。黒田 (1931) は脊椎動物の分布を調べて，トカラ海裂に渡瀬線という境界があるとした (図 1)。渡瀬線は，両生類・爬虫類，哺乳類，陸産貝類などでは分布を説明するのに有効であると考えられている (日本生態学会 2015)。他方，鳥類では通常，他の脊椎動物とは異なる位置に生物地理区の境界線が引かれる。鳥類学者の蜂須賀正氏は，鳥類の分布の境界が慶良間海裂にあることを提唱し (Hachisuka 1926)，後にやはり鳥類学者の山階芳麿はその有効性を検証して，これを蜂須賀線と呼んだ (山階 1955) (図 1)。

鳥類だけ生物地理区の境界が異なる理由は次のように考えられる。前出の木崎・大城 (1977, 1980) の仮説を前提とすると，トカラ海裂は 200 万年より以前から存在し，大陸と地続きだった南西諸島を海で隔てた。そのため，陸生の脊椎動物の多くはそこを渡ることができず，トカラ海裂を境に陸生動物相は違っていったと考えられる。ところが，飛翔力のある鳥類にとってその海裂は飛んで越えることのできる距離であったため，分布域の境界としては弱い効果しかなかった，というものだ。鳥類にとってその分布域を決める重要な要因は，越えなければならない海の距離である。南西諸島では，更新世に中琉球と南琉球の間が何回か陸続きになったり分断されたりしたが，陸塊間が海で隔てられた際には，宮古島と沖縄島の間の距離がもっとも長く，そこを越えるのが困難であったために，鳥類にとって蜂須賀線が主要な境界となったと考えられている。

本章では，これまで提唱されてきた，南西諸島における生物地理学的な境界線やそれぞれの地域の鳥類相について，最近の研究手法で再検討を行った研究例をいくつか紹介し，同諸島における鳥類相や分類，遺伝構造などを含めた，総合的理解を深めるための材料を提供することを目的とする。なお，本章で用いた現在の分類や学名は，『日本鳥類目録 (改訂第7版)』(日本鳥学会 2012) に準拠した。

南西諸島の鳥類

(1) 固有種について

日本では633種の鳥類が確認されているが (日本鳥学会 2012)，そのうちすでに絶滅した種を除き，通年日本に分布し，日本以外には生息していない種を日本固有種と定義すると，11種になる (表1)。南西諸島に分布するのは，そのうちの7種 (ヤンバルクイナ *Gallirallus okinawae*，アマミヤマシギ *Scolopax mira*，アオゲラ *Picus awokera*，ノグチゲラ *Sapheopipo noguchii* [1)]，ルリカケス *Garrulus lidthi*，アカコッコ *Turdus celaenops*，アカヒゲ *Luscinia komadori* [2)]) である。固有種は，固有化の過程の違いにより大きく2つに分けられる。それは，遺存固有 (古固有) 種と隔離分化固有 (新固有) 種である (以下古固有種，新固有種と呼ぶ)。古固有種とは，大陸など他の地域で以前は広く分布していたが，多くの地域で絶滅し，ある場所 (ここでは南西諸島) でのみ生き残った種を言う。一方，新固有種とは，地理的に隔離された場所で新たに分化した種を言う。現在，上記の7種のうち，古固有種はルリカケスのみであるとさ

表1 日本の固有種

和名	学名	南西諸島に分布する種	南西諸島に関係する亜種
1 ヤマドリ	*Syrmaticus soemmerringii*		
2 ヤンバルクイナ	*Gallirallus okinawae*	○	
3 アマミヤマシギ	*Scolopax mira*	○	
4 アオゲラ	*Picus awokera*	○	タネアオゲラ *P. a. takatsukasae*
5 ノグチゲラ	*Sapheopipo noguchii*	○	
6 ルリカケス	*Garrulus lidthi*	○	
7 メグロ	*Apalopteron familiare*		
8 アカコッコ	*Turdus celaenops*	○	
9 アカヒゲ	*Luscinia komadori*	○	アカヒゲ *L. k. komadori* ホントウアカヒゲ *L. k. namiyei* ウスアカヒゲ *L. k. subrufus*
10 カヤクグリ	*Prunella rabida*		
11 セグロセキレイ [1)]	*Motacilla grandis*		

1) ただし，朝鮮半島にも繁殖個体がいる (Choi & Nam 2008)。

1) 最近の研究では、本種は *Sapheopipo* 属ではなく *Dendrocopos* 属とするのが妥当であることが明らかになっている。本章10ページおよび16章参照。
2) 最近の研究では、本種は *Luscinia* 属ではなく *Larvivora* 属とするのが妥当であることが明らかになっている。4章参照。

れ，あとは新固有種だと言われているが (高木 2009)，議論の余地もある。固有種は7種であるが，固有亜種はもっと多く，45 亜種に及ぶ (高木 2007)。

一方，南西諸島にのみ分布しているわけではないため南西諸島の固有種とは呼べないが，伊豆諸島や本州など，他の遠隔地域と共通した種や亜種が見られることもある。種では，イイジマムシクイ *Phylloscopus ijimae* とアカコッコが，トカラ列島の一部と伊豆諸島の一部の島で繁殖している。亜種では，シマキジ *Phasianus colchicus tanensis* が屋久島，種子島，伊豆諸島の一部の島，伊豆半島，三浦半島，紀伊半島で留鳥である。ミヤケコゲラ *Dendrocopos kizuki matsudairai*，タネコマドリ *Luscinia akahige tanensis* は，屋久島と伊豆諸島の一部の島で繁殖している。ただし，シマキジとミヤケコゲラの分布域は明確でないので，検討が必要であるとの見解もある (日本鳥学会 2012)。

(2) 鳥類相について

南西諸島内のどの地域や島間で，分布する鳥の種が似ていたり，違っていたりするのであろうか。南西諸島，とくに琉球列島の鳥類相については，これまで多くの研究がなされてきた (Ogawa 1905; Kuroda 1925, 1926; Hachisuka 1926; 黒田 1930, 1935; 山階 1941, 1955; Hachisuka & Udagawa 1953; Short 1973; 森岡 1974, 1976, 1990; 川路ら 1987; 関ら 2011)。ここでは，南西諸島内の鳥類相の類似性について数学的手法を用いて比較した近年の研究を紹介する。

高木 (2009) は，海洋の分断の効果が非飛翔性脊椎動物だけでなく鳥類相にも反映されているのかを調べるために，南西諸島の主要な 12 の島間 (その他，九州と台湾も解析) の距離と鳥類種の類似度を計算して検討した。加えて，島の面積および標高と繁殖種数の関係についても調べた。その結果，種の類似性のクラスター解析の結果によると，九州・屋久島，中之島，南大東島，中琉球 (奄美大島，徳之島，沖永良部島，与論島，沖縄島，久米島)，南琉球 (宮古島，石垣島，西表島，与那国島)，台湾の 6 つのクラスターに分けることが妥当であるとの結果になった。高木 (2009) は，これらの解析の結果を総合すると，中琉球，および南琉球のそれぞれを構成する島々における繁殖鳥類相の類似性は，「おおよそ島間の距離で説明が可能であり，距離で合理的に説明できない部分は，各島の環境構造の特性を考慮に入れることで理解が可能である」としている。

一方，Yamasaki (2017) は，日本列島全体から，35 の島々と 4 つの諸島または列島 (南千島列島，五島列島，隠岐諸島，トカラ列島) を選び，地域的群集の鳥類相について種レベルと亜種レベルの類似度をクラスター解析を用いて調べた。その結果，種レベルでの解析では，北海道・南千島，屋久島・種子島の 2 つのクラスターでのみ，そのまとまりにおいて統計的に高い信頼性をもつ値が確認されたが，その他の地域ではそのようなまとまりは認められなかった。それに対して，亜種レベルの解析では，15 の明確なクラスターが認められた。このうち，南西諸島に関係するクラスターは，

(1) 屋久島・種子島，(2) 大東諸島，(3) 中・南琉球，(4) 中琉球 (奄美大島，喜界島，徳之島，沖永良部島，沖縄島，久米島)，(5) 南琉球 (宮古島，石垣島，西表島，与那国島)，(6) 西表島・与那国島である。なおトカラ列島がどの上位クラスターにも属すことなく，独自な位置にあることは注目に値する。

トカラ列島は，固有種や亜種を有しないにもかかわらず，このような解析結果が得られるのは一見不可解なように思える。トカラ列島は，アカコッコやイイジマムシクイのように伊豆諸島と共通して分布する種がおり，伊豆諸島と鳥類相が似ているようにも思えるがそうではない。なぜなら，伊豆諸島に分布するタネコマドリが分布せず，アカヒゲなどの琉球の種の要素が入ってくるので，他にはない，独自の鳥類相を形成している。そのことが特異的なクラスターの位置を示す原因と考えられる。他の島嶼でも多かれ少なかれ言えることだが，トカラ列島ではとくに亜種の検討が不十分で，固有の亜種がいる可能性もあり (森岡 1990; 関ら 2011)，今後，同地域をはじめ島嶼域での亜種分類の再検討が期待される。現状では亜種分類と亜種分布の正確さに制約があると考えられるものの，解析に基づいて Yamasaki (2017) は次のように結論している。すなわち，日本の鳥類相は，種レベルでは高い固有性と強い生物地理学的構造が認められないが，亜種レベルではそれが認められ，これは大陸からの種の移入の歴史が浅いとする森岡の見解 (森岡 1974; 森岡・坂根 1980) と一致する。またこれらの亜種分化については，海峡が鳥類の分布を妨げるのに有効な障壁となり，地理的適応を進化させてきた結果生じたものである。

(3) 生物地理区の境界の有効性について

西海 (2006) は，山階 (1955) や森岡 (1974) の見解と合わせて，鳥類における渡瀬線と蜂須賀線の有効性について検討した。

山階 (1955) は，北方系の鳥類は台湾まで分布するものも少なからずあり，北方系の種の南限となる有力な線を南西諸島に引くことはできないが，東洋区系に属する種の北限としては，八重山諸島にいる種のほとんどが沖縄島には到達していないため，宮古島と沖縄島の間に分布境界線 (蜂須賀線) が引けるとした。しかし，森岡 (1974) が明らかにしたとおり，山階 (1955) 以後に知られるようになった新分布を考慮すると，蜂須賀線はそれほど明確な境界とは言えなくなる。さらに森岡 (1974) 以後，北海道，本州，四国，九州に分布するコノハズク *Otus sunia japonicus* とは別種と扱われるようになったリュウキュウコノハズク *Otus elegans* と，新発見されたヤンバルクイナの 2 種を加えて考えると，蜂須賀線はさらに曖昧なものとなる。表 2 にまとめたとおり，東洋区系の 10 種の鳥の分布は，カンムリワシ *Spilornis cheela* のように八重山諸島に分布が限られるものからズアカアオバト *Treron formosae* のように屋久島まで分布するものまでばらつきが大きい。これらのうち，種の分布が蜂須賀線までのものは，鳥の種数が少ない宮古島を除外して考えてもカンムリワシとシロガシラ *Pycnonotus sinensis*，キンバト *Chalcophaps indica* の 3 種にすぎない (ただし，沖縄島に

表 2　南西諸島における東洋区系 (南方系) 鳥類の亜種分布

和名	九州	屋久島 種子島	奄美・ 徳之島	沖縄島	宮古島	石垣島・ 西表島	与那国島	台湾
カンムリワシ	−	−	−	−	−	A	A	B
シロガシラ	−	−	−	−	−	A	A	B
キンバト	−	−	−	−	A	A	A	B
リュウキュウガモ	−	−	−	X	−	X	−	X
オオクイナ	−	−	−	A	A	A	A	B
ヤンバルクイナ	−	−	−	X	−	−	−	−
ミフウズラ	−	−	A	A	A	A	A	B
リュウキュウツバメ	−	−	X	X	?	X	X	X
リュウキュウコノハズク	−	−	A	A	A	A	−	B
ズアカアオバト	−	A	A	A	B	B	B	C
種の境界がある種数		1	3	3	1	2	0	0
亜種の境界がある種数		0	0	0	1	0	0-1	6-7
合計		1	3	3	2	2	0-1	6-7

X：同亜種が分布。A, B, C：別亜種が分布。−：分布 (繁殖) せず。?：不明 (森岡 1974 を改変)。

いるシロガシラは人間による移入と考えられているので除外)。渡瀬線を境界とする種も同数の 3 種おり，沖縄・徳之島間を境界とする種もまた 3 種いるのである。亜種の分化を併せて考えてようやく蜂須賀線は 4 種となるが，亜種で言えばよりはっきりした 6〜7 種の境界が与那国と台湾の間にある。そもそも台湾を含めて考えてみると，与那国と台湾の間に境界がある鳥は，ゴシキドリ科，チメドリ科，ダルマエナガ科，ハナドリ科，コウライウグイス科，オウチュウ科と科のレベルでも数多く，種のレベルでは 70 種を超える (小林・張 1977)。これらにはダルマエナガ科などのように大陸では朝鮮半島まで分布する鳥も含まれ，地理区の境界を越えられなかったと考えるよりも，島に渡ることができなかったと考えるべき科や種も多い。それらを考慮すると，旧北区と東洋区を分ける鳥類の境界線は本来，与那国と台湾の間に引かれるべきであると考えられる (西海 2006)。

一方，南西諸島に分布する，旧北区系 (日本本土系) の鳥に着目すると，東洋区系よりも倍以上多い 25 種もの種がいる。表 3 を見ると，山階 (1955) が述べたとおり台湾まで分布している種が多く，15 種あり，南西諸島の中に種の境界を設けることはできそうにない。しかしながら，表 3 の最初に示した琉球固有の 4 種 (アマミヤマシギ，アカヒゲ，リュウキュウカラスバト *Columba jouyi*，ノグチゲラ) については，すべての種が蜂須賀線で止まっていることがわかる。また，亜種の境界線については設けることができそうである。蜂須賀線を跨いで分布し，さらに亜種をもつ多型種 18 種のうち，蜂須賀線で分かれるのは 0〜8 種であるのに対して，渡瀬線で分かれるのは 10〜16 種にもなる。旧北区系鳥類の亜種の半数以上が渡瀬線で分かれると言える。ただし，亜種の分布域は，特定の島に生息しているという理由で地理的区分が決まっている場合も多く，実際の分布域が正しく記載されていないという問題も指摘される

表 3　南西諸島に見られる旧北区系 (北方系) 鳥類の亜種分布

和名	北海道	本州	九州	屋久島 種子島	奄美・ 徳之島	沖縄島	宮古島	石垣島 西表島	与那国島	台湾
アマミヤマシギ	−	−	−	−	A	A	−	−	−	−
アカヒゲ	−	−	−	−	A	B	−	−	−	−
リュウキュウカラスバト	−	−	−	−	−	A	−	−	−	−
ノグチゲラ	−	−	−	−	−	A	−	−	−	−
サンショウクイ	−	A	A	?	B	B	−	B	−	−
シジュウカラ	A	A	A	?	B	C	−	D	−	−
コゲラ	H	G/F	A	B	C	D	−	E	−	−
キビタキ	A	A	A	B?	B	B	?	B	?	−
ウグイス	A	A	A	A	B	B	B	B	B	−
カラスバト	−	A	A	−	A	A	?	B	B	−
ツミ	A	A	A	−	−	A	−	B	−	C
オオアカゲラ	H	G/A	A	?	B	−	?	−	−	C
アカショウビン	A	A	A	A	B	B	B	B	B	B
トラツグミ	A	A	A	A	B	−	−	C	−	C
キジバト	A	A	A	A	B	B	B	B	B	C
ヒクイナ	A	A	A	−	B	B	B	B	B	C
オオコノハズク	A	A	A	−	−	B	−	B	−	C
サンコウチョウ	−	A	A	A	B	B	B	B	B	C
メジロ	A	A	A	B	C	C	C	C	C	D
ヤマガラ	A	A	A	B	C	C	−	D	−	E
ハシブトガラス	A	A	A	A	B	B	B	C	−	D
ヒヨドリ	A	A	A	A	B	C	C	D	E	E
セッカ	−	A	A	A	A	A	A	A	A	B
アマツバメ	H	A	A	A	A	−	−	−	−	B
イソヒヨドリ	A	A	A	A	A	A	A	A	A	B
種の境界がある種数					0	0	4	0	3-4	2-3
亜種の境界がある種数		3	1	3-9	10-16	4-7	0-8	2-10	1-7	6-12
亜種または種の境界がある種数		3	1	3-9	10-16	4-7	4-12	2-10	4-11	8-15

アルファベット A〜H：それぞれ亜種を示す。−：分布 (繁殖) せず。?：不明 (森岡 1974 を改変)。

ので注意が必要である。琉球固有の上述の 4 種に戻って，渡瀬線について考えてみると，北方から侵入してきたと仮定した場合，すでにその境界線を現在は越えているのであまり重視することはできないようにも一見思える。しかし逆に，これらの固有種が近縁種から種分化する際に，渡瀬線によって長期間交流が妨げられたために分化したと考えることもできる。このことから，これらの種は渡瀬線と蜂須賀線の両方が鳥の分散にとってある程度の障壁になってきたことを示唆している。

生物地理区の境界については，前出の高木 (2009) による島間の距離による解析や，Yamasaki (2017) の解析では，海峡の隔離の影響は認めているものの，どの境界線が有効であるかについては言及していない (ただし Yamasaki 2017 のクラスター解析では，南西諸島内は，中琉球と南琉球の間には明確なクラスターが認められる)。また，

西海 (2006) は，上述のように，蜂須賀線と渡瀬線は「亜種の境界線については設けることができそうである」と述べている。これは，前出の森岡 (1974)，高木 (2009)，Yamasaki (2017) の見解とも矛盾しない。今後，後述するDNA解析の手法によって，種内および種間の遺伝的差異や分岐年代が明らかになってくることにより，生物地理的境界の有効性も詳細な研究がなされ，再検証されることが期待される。

南西諸島における鳥類の分子系統地理と分類

(1) DNAバーコーディング

南西諸島で繁殖する鳥類において，個体群 (島間) の遺伝的差異や系統地理，種の起源など，種内の詳しい系統地理学的研究が行われた種は，まだ数えるほどしかない (たとえばSeki et al. 2007aのアカヒゲなど。4章参照)。したがって，さまざまな種のデータを比較・統合して，南西諸島全体の鳥類の系統地理学的パターンを推定することは現状では難しい。1種ずつでも多く研究事例を積み重ね，南西諸島の鳥類における，系統地理学や生物地理学の統合的な理解が進むことが今後，期待される。ここでは，その予備的または代替的研究として，日本列島全体の繁殖鳥種のDNA配列を解析した「DNAバーコーディング」について，その成果を紹介する。

DNAバーコーディングとは，DNAの一領域の配列を解読することによって，種の同定を行うことを目指している技術のことである。その解析対象種は全生物種に及ぶが，この世界的プロジェクトを推進するために，DNAバーコーディング協会 (The Consortium for the Barcode of Life; CBOL) が2004年に発足し (Barcode of Life，オン

表4 DNAバーコーディングから明らかとなった，日本列島に分布する隠蔽種候補を含む種[1)]

	和名	学名	最大種内変異 (%)	遺伝的分化がある地域	遺伝的分化に対応する亜種
1	アカヒゲ	*Luscinia komadori*	6.13	沖縄島/奄美群島以北	ホントウアカヒゲ/アカヒゲ
2	メボソムシクイ	*Phylloscopus borealis*	5.06	本州以南/北海道	メボソムシクイ/オオムシクイ
3	カケス	*Garrulus glandarius*	4.43	本州以南/北海道	その他の亜種/ミヤマカケス
4	トラツグミ	*Zoothera dauma*	3.73	奄美大島/九州以北	オオトラツグミ/トラツグミ
5	キビタキ	*Ficedula narcissina*	3.71	琉球列島/九州以北	リュウキュウキビタキ/キビタキ
6	ヒヨドリ	*Hypsipetes amaurotis*	3.57	沖縄・奄美群島/南大東島/その他の地域	リュウキュウヒヨドリ・アマミヒヨドリ/ダイトウヒヨドリ/その他の亜種
7	カワラヒワ	*Chloris sinica*	3.37	小笠原諸島/その他の地域	オガサワラカワラヒワ/カワラヒワ
8	リュウキュウコノハズク	*Otus elegans*	2.90	沖縄島・奄美大島・大東島/先島諸島・沖縄島	北系統 (ダイトウコノハズクを含む) /南系統[2)]
9	ヤマガラ	*Poecile varius*	2.82	先島諸島/沖縄島以北	オリイヤマガラ/その他の亜種[3)]
10	フクロウ	*Strix uralensis*	2.81	本州以南/北海道	その他の亜種/エゾフクロウ
11	キジバト	*Streptopelia orientalis*	2.42	地理的構造なし	亜種との対応は不明瞭

1) メボソムシクイ，キビタキの亜種については，それぞれの亜種を別種とみなす分類学的研究が最近出されているが，この表では亜種として扱う表記とした。
2) 沖縄島と周辺小島嶼では，北系統と南系統が混在する。
3) McKay et al. (2014) とは，遺伝的区分が多少異なる。

ライン)，世界中の研究機関によって現在，解析が進められている。鳥類では世界の鳥類種約1万種のバーコード化を目指して，ABBI (All Birds Barcoding Initiative) が発足し，その初会合が2005年にハーバード大学で行われた。その会合で決められたことの1つに，この技術は，「DNA分類を目指しているのではない」という点がある。つまり，この技術は簡便な種同定を目的としているが，DNA配列のみを根拠にしたDNA分類学を目指しているのではないのである。

日本では国立科学博物館と山階鳥類研究所が中心となって日本産鳥類種のDNAバーコード化が進められ，2015年には，繁殖種234種，1,367個体について，バーコード配列を調べた成果が公開された (Saitoh et al. 2015)。そのなかで特筆すべきことは，日本産鳥類種のうちの11の種で，種内に別種レベルの遺伝的変異をもつ種(つまり隠蔽種候補) が発見されたのである (表4)。DNAバーコーディングで調べられるDNAの部位 (バーコード領域と言う) は，動物ではミトコンドリアDNA (以下mtDNA) のCOI領域約650塩基が解読されるのであるが，形態から区別される別種間の遺伝的差異は，北米産鳥類では2% (Hebert et al. 2004)，ユーラシア大陸産鳥類では1.6% (Kerr et al. 2009) の差異が1つの目安になっている。日本列島は，ユーラシア大陸の辺縁部にあるので，1.6%の差異を別種間の遺伝的差異であるとすると，上述の11種のなかで，種内に1.6%以上の遺伝的差異を包含する南西諸島の繁殖種は，アカヒゲ，トラツグミ *Zoothera dauma*，キビタキ *Ficedula narcissina*，ヒヨドリ *Hypsipetes amaurotis*，カワラヒワ *Chloris sinica*，リュウキュウコノハズク，ヤマガラ *Poecile varius*，キジバト *Streptopelia orientalis* の8種である。このうち，カワラヒワは，種内でもっとも大きな遺伝的差異がある地域が本州-小笠原諸島間 (亜種カワラヒワ *C. s. minor* と亜種オガサワラカワラヒワ *C. s. kittlitzi*) にあるので，これを除外すると，11種のうちの7種，つまり64%もの種が，南西諸島の中に別種レベルの遺伝的差異をもつ亜種または個体群を有するということになる。

この結果は，これまで森岡 (1974) が，「南西諸島内は亜種レベルの差異はあるが，それ自体の起源はそれほど古くない」とした見解とは異なることを意味する。つまり，南西諸島内におけるいくつかの亜種間 (または個体群間) の分岐年代は，これまで形態学に基づいた研究から推察されてきた時間的スケールよりも古いと推測されるのである。これらの結果は，今後南西諸島における鳥類の新たな系統地理的シナリオを生みだすことになるかもしれない。

(2) 近年，分子系統学的研究が行われたり，分類の再検討があった種

南西諸島で繁殖する全種の研究事例を紹介することは字数の制限から今回はできないが，最近分子系統学的研究の成果が出たり，分類が見直されたりしたいくつかの種・亜種について，その研究事例を紹介する。ここで触れられていない種に関しては，高木 (2007, 2009)，山崎 (2007) などに詳しい解説があるので参照してほしい。

● カラスバト

カラスバト *Columba janthina* は，国内とその周辺地域では，本州・四国・九州・朝鮮半島周辺の島嶼，伊豆諸島と沖縄島以北の南西諸島に分布する亜種カラスバト *C. j. janthina* と，小笠原群島，硫黄列島に亜種アカガシラカラスバト *C. j. nitens*，先島諸島 (宮古島，多良間島，石垣島，西表島，与那国島) に亜種ヨナグニカラスバト *C. j. stejnegeri* が分布する (日本鳥学会 2012)。近年，これらの 3 つの亜種を含む種全体の遺伝解析が行われた。mtDNA のチトクローム *b* 領域 (以下 Cytb 領域) を調べた関・高野 (2005) によると，亜種アカガシラカラスバトは分子系統樹上で独立した系統群を形成したが，それ以外の個体群は同じ系統群に属し，亜種による差異は認められなかった。その後 Seki et al. (2007b) は，mtDNA の制御領域の配列を詳細に解析し，3 つのグループからなる遺伝的構造を発見した。それは，(1) 沖縄島，トカラ列島，五島列島，瀬戸内，隠岐，伊豆諸島，(2) 小笠原群島，(3) 先島諸島である。このうち，もっとも遺伝的に分化の程度が大きい個体群は，小笠原群島の亜種アカガシラカラスバトであるが，亜種カラスバトと亜種ヨナグニカラスバトとの間の差異は小さい。南西諸島という地域スケールで見て興味深いのは，伊豆諸島や本州周辺の島嶼個体群と，トカラ列島の個体群との間に遺伝的な交流があるということである。このような鳥類の分散パターンを研究することは，伊豆諸島とトカラ列島で隔離分布し，似たような分布パターンを示す，アカコッコやイイジマムシクイの分布域の成立をもしかしたら説明するためのヒントとなるかもしれない。さまざまな種の分布や分散パターンを比較し，分布様式の共通性を見いだすことで，日本列島の鳥類における生物地理学的研究が発展することが期待される。

● キジバト

キジバトは，国内では南千島から北海道，本州，本州の周辺島嶼，伊豆諸島，小笠原群島，硫黄列島で繁殖する亜種キジバト *S. o. orientalis* と，奄美群島，琉球諸島に繁殖する亜種リュウキュウキジバト *S. o. stimpsoni* の 2 亜種が現在認められている (日本鳥学会 2012)。朝鮮半島，サハリン，日本の各個体群のバーコード領域を調べたところ，最大で 2.42%の遺伝的差異がある 2 つの系統群が見つかった。しかし，それぞれの系統群には，地理的なまとまりが見られず，ばらばらな地域由来の個体群が混在する結果となった (Saitoh et al. 2015)。このような遺伝的構造になった理由として，過去に長い間隔離された 2 つの個体群が，互いに急激に分布を拡大させたことなどが考えられるが，さらなる調査が必要とされる。

● ノグチゲラ

ノグチゲラの系統的位置に関しては，もっとも近縁な種はオオアカゲラ *Dendrocopos leucotos* であることが mtDNA を用いた分子系統解析により明らかとなっている (Winkler et al. 2005)。また，Fuchs & Pons (2015) による，mtDNA と核 DNA を解読した分子系統解析の結果においても，先行研究を支持する結果が出されたばかりでなく，アフリカコゲラ族 Dendropicini の解析結果からも分類の再検討が行われた。それによると，ノグチゲラは独自の属ノグチゲラ属 *Sapheopipo* ではなく，アカゲラ属 *Dendrocopos* に属するという分類学的見解が提案されている。この問題については，地上採餌が多いとされるノグチゲラのより詳細な形態学的比較研究が望まれる。

● ルリカケス

ルリカケスは，奄美群島のみに分布する日本固有種であることは先に述べたが，その起源については以前から議論となっている。ルリカケスともっとも近縁な種は，その形態の類似性から，西ヒマラヤとネパールに分布するインドカケス *Garrulus lanceolatus* であるという説があり (山階 1942)，もしそれが正しいとすると，ルリカケスは古固有種であることになる。一方，ユーラシア大陸に広く分布するカケス *G. glandarius* から分岐したという説もあり (黒田 1972)，その説が正しいとすると新固有種ということになる。近年，ルリカケス，インドカケス，カケスの形態的特徴の再検討および mtDNA の配列を比較した研究が発表され，その結果，ルリカケスはカケスよりもインドカケスにより近縁であることが示された (梶田ら 1999)。しかし，この研究は mtDNA の Cytb 領域で 310 塩基しか解析されていないうえ，その他近縁種である可能性を秘めている，同属他種のサンプルが遺伝解析に含まれていない。ルリカケスが新固有種であるのか，古固有種であるのか，また最近縁種はどの種なのかを明らかにするには，さらなる種を含めた遺伝解析が必要であろう。

● ヤマガラ

ヤマガラは現在，国内では 8 亜種が認められているが，南大東島で絶滅したとされる亜種ダイトウヤマガラ *P. v. orii* を除くと，南千島から九州，朝鮮半島まで繁殖分布する亜種ヤマガラ *P. v. varius*，伊豆諸島の新島，神津島で留鳥の亜種ナミエヤマガラ *P. v. namiyei*，三宅島，御蔵島，八丈島で留鳥の亜種オーストンヤマガラ *P. v. owstoni*，種子島で留鳥の亜種タネヤマガラ *P. v. sunsunpi*，屋久島で留鳥の亜種ヤクシマヤマガラ *P. v. yakushimaensis*，トカラ列島，奄美大島と周辺島嶼，徳之島，沖縄島で留鳥の亜種アマミヤマガラ *P. v. amamii*，八重山諸島で留鳥の亜種オリイヤマガラ *P. v. olivaceus* の 7 亜種がいる (日本鳥学会 2012)。また，台湾には亜種タイワンヤマガラ *P. v. castaneoventris* がいる。最近，種ヤマガラ全体について，羽色，外部形態の計測値，DNA 解析から分類の再検討を行った研究が発表された (McKay et al. 2014) (この論文では属名に *Sittiparus* を用いているが，本章では便宜的に『日本鳥類目録 (改訂第 7 版)』に合わせて *Poecile* を用いている)。それによると，亜種ヤマガラ，亜種オーストンヤマガラ，亜種オリイヤマガラ，亜種タイワンヤマガラがそれぞれ種に昇格し，その他の亜種は，すべて種ヤマガラ *P. varius* に含まれるという見解が示された。また，各種 (ここでは旧亜種名で示す) の分岐年代は，旧亜種タイワンヤマガラが 310 万年前に最初に分岐し，次に旧亜種オリイヤマガラが 65 万年前に分かれ，最後に旧亜種ヤマガラおよび種ヤマガラに含まれることになった他の亜種と旧亜種オーストンヤマガラが 7 万年前に分岐したと推定された。この新しい分類が，日本鳥学会が発行する次の『日本鳥類目録』の改訂版に採用されるかが注目される。

● ヒヨドリ

ヒヨドリは，国内では 8 亜種が認められている。すなわち，北海道から本州を経て大隅諸島までと伊豆諸島で繁殖する亜種ヒヨドリ *H. a. amaurotis*，小笠原群島の亜種オガサワラヒヨドリ *H. a. squamiceps*，硫黄列島の亜種ハシブトヒヨドリ *H. a. magnirostris*，大東諸島の亜種ダイトウヒヨドリ *H. a. borodinonis*，トカラ列島，奄美群島に分布する亜種アマミヒヨドリ *H. a. ogawae*，沖縄諸島の亜種リュウキュウヒヨドリ *H. a. pryeri*，八重山諸島の亜種イシガキヒヨドリ *H. a. stejnegeri*，与那国島の亜種タイワンヒヨドリ *H. a. nagamichii* である (日本鳥学会 2012)。

DNA バーコーディングで国内各地のヒヨドリの繁殖個体について調べたところ，2% 以上の遺伝的差異がある次の 3 つのグループが発見された (Saitoh et al. 2015)。それは（1）本州・伊豆諸島・小笠原群島・北および南琉球，（2）中琉球 (沖縄島，奄美大島)，（3）南大東島であった。つまり，グループ (1) は亜種ヒヨドリ，亜種オガサワラヒヨドリ，亜種ハシブトヒヨドリ，亜種イシガキヒヨドリ，亜種タイワンヒヨドリが該当し，グループ (2) は亜種アマミヒヨドリと亜種リュウキュウヒヨドリ，グループ (3) は亜種ダイトウヒヨドリが該当する。Sugita et al. (2016) は，バーコーディング配列を用いて，さらに上記のグループ内の遺伝的構造を細かく調べた。まず，グループ 1 内では，北・南琉球の個体群が，小笠原の個体群と 3 塩基違い，硫黄列島の個体群は，伊豆諸島・本州の個体群が大勢を占めるハプロタイプと 2 塩基違いであることがわかった。グループ 2 では中琉球の個体群のみ，グループ 3 も大東諸島の個体群のみの構成となった。このことから，硫黄列島の個体群は，本州・伊豆諸島のグループに近く，小笠原の個体群は，北・南琉球の個体群と近く，中琉球の個体群と大東諸島の個体は，それぞれ独自の遺伝的なグループを形成していると言える。

● ウグイス

ウグイス *Cettia diphone* は現在，亜種カラフトウグイス *C. d. sakhalinensis*，亜種チョウセンウグイス *C. d. borealis*，亜種ウグイス *C. d. cantans*，亜種ハシナガウグイス *C. d. diphone*，亜種ダイトウウグイス *C. d. restricta*，亜種リュウキュウウグイス *C. d. riukiuensis* の 6 亜種が認められている (日本鳥学会 2012)。このうち，大陸で繁殖し，国内で繁殖しない亜種チョウセンウグイスと，小笠原群島で留鳥の亜種ハシナガウグイスを除いた 4 亜種が南西諸島と分類学的に関係してくる。

南西諸島内のトカラ列島，奄美群島，琉球諸島，大東諸島で留鳥として繁殖する鳥は，長らく亜種リュウキュウウグイスであると考えられてきた (日本鳥学会 2000)。しかし，沖縄島で通年ウグイスを捕獲した梶田ら (2002) の研究によると，11〜3 月しか見られない灰緑色の鳥 (以下灰緑色型と呼ぶ) と，通年確認される錆色みが強い褐色の鳥 (以下褐色型) の 2 つが存在することがわかり，単純に亜種リュウキュウウグイスのみが繁殖するとは言えないことが明らかとなった。

梶田ら (2002) は，この 2 つの型の外部形態を計測し，その値を用いて判別式により両型を分けることができるか検討した。その結果，雄は 2 つの型に多少の計測値の重なりはあるものの，雌雄ともにほぼ判別が可能であることが明らかとなった。この判別式に基づき，ホロタイプ[1]の基産地が西表島で記載された亜種リュウキュウウグイス (Kuroda 1925) と，南大東島が基産地で記載された亜種ダイトウウグイス (Kuroda 1923a) のタイプシリーズ[2]の計測値を用いて判別分析を行ったところ，亜種リュウキュウウグイスのタイプ標本はすべて灰緑色型に，亜種ダイトウウグイスのタイプ標本はすべて褐色型に判別された。このことから，灰緑色型の鳥 (つまり亜種リュウキュウウグイス型) は，沖縄島では越冬個体で繁殖地はいまだ不明，一方，褐色型の鳥は亜種ダイトウウグイスの可能性が高いと結論づけられた。

しかし，Kuroda (1923a, 1925) が記載した 2 つの亜種のタイプ標本は，第二次世界大戦の空襲で焼失したと考えられることから，現在，直接手に取って比較することができず，DNA を調べることも不可能である。さらにこの両亜種のタイプ標本は，採集された季節が非繁殖期であること，亜種ダイトウウグイスのタイプ標本は雌雄 1 体ずつしか採集されなかったため，比較する数に乏しいことを理由に，現在，琉球諸島周辺で繁殖している褐色型のウグイスを亜種ダイトウウグイスとみなすことに対して慎重な意見もある (茂田良光私信)。

さらに，南大東島のウグイスを含む，本州や小笠原諸島，沖縄島のウグイスの mtDNA を分析した山本 (2004) によると，分析したサンプルは小笠原と本州の大きく 2 つのグループに分かれ，南大東島のウグイスは本州の亜種に近縁，梶田ら (2002) によってダイトウウグイスとされた沖縄島の褐色型のウグイスは小笠原の亜種に近縁であったと言う。つまり，近年生息している，南大東島のウグイスと沖縄島の褐色型のウグイスは遺伝的に近縁でないということがわかったのである。

これらのことから，南西諸島のウグイスについてまとめると，以下のようになる。

(1) 亜種リュウキュウウグイスは，繁殖地が本州以北の集団である。

(2) 南西諸島で繁殖する褐色型のウグイスは，Kuroda (1923a) が記載した亜種ダイトウウグイスと同じである可能性が高いが，もはや直接検証できない。

(3) 南大東島で近年定着しているウグイスは，亜種ウグイスの移入集団である。

今後，同種において，さらなる分類学的研究の進展が待たれる。

● イイジマムシクイ

イイジマムシクイは，約 1,000 km も離れたトカラ列島 (中之島) と伊豆諸島に夏鳥として繁殖しているが，亜種分化はないとされる (日本鳥学会 2012)。両個体群の形態と音声の違いを調べた Higuchi & Kawaji (1989) は，それらの差異がわずかなことから，本種は「遺存種として今日限られた地域だけで繁殖している可能性が高くなった」と述べている。しかし最近，三宅島とトカラ列島中之島の個体のバーコード領域の解析が行われ，両地域の個体間の遺伝的差異は 4.8% もあることが明らかになった (齋藤未発表)。もしこの解析結果が正確であるとすると，どちらかの個体群 (または

1) 原記載に用いられるただ 1 つの標本。
2) 原記載に関与した一連の標本群。以下簡略的にタイプ標本と記す。

どちらも）が新たに分化した新固有と言えるのかもしれない。ただし，両地域とも1個体ずつしか分析していないうえに，大陸の近縁種との分子系統解析も進んでいないことから，古固有，新固有の決着はまだ先の話となろう。今後，サンプル数を増やし，近縁種も含めた詳細な分析を行う必要がある。

● メジロ

メジロ *Zosterops japonicus* は，国内で6亜種が認められているが，南西諸島で繁殖分布するのはそのうち3亜種で，大東諸島の亜種ダイトウメジロ *Z. j. daitoensis*，屋久島，種子島，トカラ列島で繁殖する亜種シマメジロ *Z. j. insularis*，奄美群島，琉球諸島の亜種リュウキュウメジロ *Z. j. loochooensis* とされる（日本鳥学会 2012）。ただし，トカラ列島で繁殖期を通して観察される個体は，胸と脇は淡い褐色みを帯びた灰白色，嘴は太く，長いのが特徴で，屋久島・種子島に分布する亜種シマメジロや奄美大島以南に分布する亜種リュウキュウメジロのいずれの特徴とも完全には一致せず，これまでのところ亜種の分類について十分検討されていない（関ら 2011）。メジロの種内系統に関しては，すべての亜種について，包括的に分子系統解析が行われた研究はまだ発表されていない。しかし，小笠原群島と硫黄列島の個体群の起源についてバーコード領域を用いて解析した論文が最近発表された（Sugita et al. 2016）。小笠原群島の個体群は，以前から硫黄列島と伊豆諸島由来の個体群の交雑個体からなるという仮説が提唱されていたが（籾山 1930），この研究はそれを裏づける結果を示した。さらに，琉球列島の個体群から見つかったハプロタイプは，伊豆諸島や本州，小笠原群島の個体群の間とも共有されていることが明らかとなった。この結果は，メジロが太平洋に面した東西方向の広範囲な地域で交流していることを示している。今後，メジロの全亜種の分子系統解析の結果が示された研究が発表されることを期待したい。

● トラツグミ

日本鳥学会（2012）は，トラツグミには3つの亜種があるとし，それは北海道から九州まで広域に分布する亜種トラツグミ *Z. d. aurea*，奄美群島に分布する亜種オオトラツグミ *Z. d. major*，西表島に留鳥として分布する亜種コトラツグミ *Z. d. iriomotensis* である。このうち，亜種コトラツグミに関しては，1984年以降観察記録がなく，さらなる現地調査が期待される。亜種オオトラツグミに関しては，多くの世界的なチェックリスト（Dickinson & Christidis 2014; Gill & Donsker 2017 など）では，独立種扱いとなっている。実際，この2亜種はさまざまな違いがある。まず，亜種オオトラツグミは亜種トラツグミよりも大型であり，尾羽の枚数も異なっている（オオトラツグミは12枚，トラツグミは14枚）。また，さえずりもまったく異なっている（水田 2016）。DNAバーコーディングによる塩基配列を比べても，両者は，3.73％と別種レベルの差異が認められている（Saitoh et al. 2015）。これらのことから，日本のチェックリストでも分類の再検討が必要とされるだろう。

● アカコッコ

アカコッコは，現在は亜種がいない単形種とされ，イイジマムシクイと同様，トカラ列島と伊豆諸島に隔離分布している (日本鳥学会 2012)。屋久島が基産地の亜種ヤクシマアカコッコ *T. c. yakushimensis* という亜種も過去の『日本鳥類目録』では認められていたが (日本鳥学会 1922, 1932, 1942, 1958), 現在では認められていない。しかし, かつては屋久島にも生息していたという記述もあり (森岡 1976), 今後の野外における分布調査が必要とされる。トカラ列島と伊豆諸島の個体のバーコード領域を比較した分析によると, 679 塩基中, 2 塩基しか差が認められなかった。このことから, 両個体群の遺伝的差異はわずかであると考えられるが (齋藤未発表), 今後, 解析個体数や DNA の解析部位を増やし, さらなる遺伝解析が必要である。

● コマドリ

コマドリは, 南千島, サハリン南部から九州まで繁殖分布する亜種コマドリ *L. a. akahige* と, 伊豆諸島と屋久島・種子島に隔離分布する亜種タネコマドリ *L. a. tanensis* がいるとされる (日本鳥学会 2012)。亜種コマドリと伊豆諸島の亜種タネコマドリは, 前者が胸部に明瞭な黒い帯をもつのに対して, 後者はそれが欠けていることで区別される。一方, 屋久島の亜種タネコマドリは, 亜種コマドリと同様, 胸の帯が明瞭にあるが, 亜種コマドリよりも上下面ともに暗色であることで区別され, かつては亜種ヤクコマドリ *L. a. kobayashii* (Momiyama 1940) とされていたこともあったが, 現在は認められていない。もともと, 亜種タネコマドリは 1923 年に黒田長禮によって記載され, 種子島で 3 月の渡り時期に採集された 1 羽の個体が基となっている (Kuroda 1923b)。その形態的特徴は, 伊豆諸島の亜種タネコマドリと同様, 胸部の黒い帯はない。種子島での近年におけるコマドリの観察記録はなく (沼口ら 1995), 現在は (または以前から) 繁殖していない可能性が高い。したがって, 種子島で記載された亜種タネコマドリのホロタイプは, 伊豆諸島で繁殖する個体群の渡り途中の個体を採集した可能性が高いが, この標本は第二次世界大戦で消失してしまっているので, 再調査することはできない。

最近, コマドリの種内系統を mtDNA 解析から調べた論文が発表された (Seki et al. 2012)。その研究によると, 屋久島産の個体は, 本州産の個体と遺伝的に同じグループに入った。しかし伊豆諸島産の個体は, 本州産個体と同じハプロタイプ (mtDNA などで見られる半数体 DNA の配列の型をいう) をもつ個体もいれば, 地域固有のハプロタイプをもつ個体もいることが明らかとなった。この亜種コマドリの遺伝グループと伊豆諸島固有の亜種タネコマドリのハプロタイプの間の分岐年代は, 約 110 万年前と推定された。このように, 伊豆諸島内で 1 つの亜種しか分布していないにもかかわらず, 2 つのハプロタイプが混在する原因は, 以下のような過程によると Seki et al. (2012) は考察した。中期更新世 (約 120 万年前) の氷期の間に, 日本列島南西部と伊豆諸島の 2 つのレフュージア (生息環境が厳しくなってきたときに移動する, 生物の避難場所) にコマドリの生息域が分断され, 遺伝的差異が蓄積された。その後, 後期更新世に氷期と間氷期を繰り返し, 本州の個体群と伊豆諸島の個体群が出合い, 遺伝子浸透を起こした。このため, 現在のような遺伝構造になった。

屋久島の個体群に関しては，亜種タネコマドリとするのが妥当であるのか，今後議論が必要である。

● キビタキ

キビタキは，日本国内では南千島から九州まで亜種キビタキ *F. n. narcissina* が広く繁殖分布し，屋久島以南は亜種リュウキュウキビタキ *F. n. owstoni* が繁殖分布するとされている (日本鳥学会 2012)。また，中国北東部には，亜種キムネビタキ *F. n. elisae* がいるとされてきた (Vaurie 1959; del Hoyo et al. 2006)。さらに，過去の『日本鳥類目録』には，屋久島と種子島の亜種ヤクシマキビタキ *Muscicapula narcissina jakuschima* や奄美大島から沖縄島の亜種アマミキビタキ *M. n. shonis* という亜種も採用されていたが (日本鳥学会 1942)，現在は亜種リュウキュウキビタキに含められ，両亜種とも認められていない。最近行われた，これら種キビタキの分布域全域の分子系統解析では，亜種キムネビタキ，亜種キビタキ，亜種リュウキュウキビタキは，それぞれ別種に格上げされた (Dong et al. 2015)。この分類学的見解は，次回の『日本鳥類目録』の改訂の際に採用される可能性がある。さらに，現在，亜種リュウキュウキビタキとされる鳥のなかでも，屋久島から奄美大島の個体群と八重山諸島の個体群とでは，雄第一回夏羽の羽色パターンが違うとされることから (ただし，沖縄諸島の個体群の換羽については情報不足)，これらはさらに細分化される可能性もある (茂田良光私信)。南西諸島内において，本種のさらなる調査が今後も必要とされる。

(3) 南西諸島における鳥類の起源

南西諸島の鳥類の系統地理や起源を明らかにするためには，南西諸島だけでなくその周辺地域に生息する個体群との関係性も調べる必要がある。たとえば，トカラ列島北部と伊豆諸島で隔離分布するイイジマムシクイやアカコッコについては，両地域に生息する個体群間の形態的・生態的差異を調べ，加えて分子系統解析を行うことにより，どちらの個体群がより祖先的なのか，移入ルートの方向性はどうかなどを明らかにすることが可能となる。それによって，現在の分布パターンを説明することができるようになるであろう。さらには，南西諸島と大陸 (近隣の朝鮮半島，台湾，中国東北部，ロシア極東部など)，南方地域 (フィリピン諸島やミクロネシアなど)，ユーラシア大陸内陸部のヒマラヤ地方などの同種個体群や近縁種間の系統関係も調べる必要があるだろう。

前述の DNA バーコーディングの研究でも，日本列島とユーラシア大陸に共通して分布する種については，両地域間の遺伝的差異がすでに調べられており，いくつかの種では，隠蔽種候補を含む大きな遺伝的差異を包含することがわかっているが (Saitoh et al. 2015)，その起源までは特定できていない。

また，日本と台湾に分布する共通種の遺伝的差異を調べた研究もある。Nishiumi (2006) は，日本列島と台湾に分布する，スズメ *Passer montanus*，ヒヨドリ，セッカ *Cisticola juncidis*，ヤマガラ，メジロ，ハシブトガラス *Corvus macrorhynchos*，カケスについて，その遺伝的差異を調べた。表3に示した，南西諸島に見られる旧北区系(北方系) の鳥として扱った25種は，じつはすべてが旧北区を起源としているわけではなく，逆に，東洋区を起源として琉球列島から日本列島に分布を広げたと考えられる種も含まれている。たとえば，ハシブトガラスやヒヨドリ，セッカ，メジロ，ヤマガラなどは分布の中心が南方に位置する。これらはどの種も南西諸島と本州の集団間の遺伝的差異はごくわずかだが，台湾と本州の差異は同じくわずかなハシブトガラス，ヒヨドリ，セッカと，そちらは比較的大きいメジロ，ヤマガラとに分けられる。後期更新世の温暖期には海進により南西諸島の島々の面積がかなり小さくなり多くの集団が絶滅したと考えられるが，そのときにレフュージアの役割を果たしたのが前者の場合は台湾で，後者の場合は日本本土であったと推測される。ハシブトガラス，ヒヨドリ，セッカはその後，最終氷期から完新世にかけて台湾から日本本土にまで分布を急拡大したようである。メジロとヤマガラも九州から北海道まで同時期に分布を拡大したが，それらと台湾の集団とは分かれたままで交流はなかったと解釈できる。

最近，日本産固有種とその近縁種との関係について，新しい見方も提唱されている。通常，日本の固有種は大陸から派生し，生き残ってきたというのがこれまで考えられてきた進化のシナリオであった。山階 (1955) によれば，琉球列島における鳥類相は，そのほとんどが大陸由来の旧北区系に由来していていることから，「日本列島から台湾に至る北方系の鳥相は大陸の一部として発達したものと見てよい」と述べている。一方，その考えとは逆に，日本の固有種そのものが，その他周辺地域に分布する近縁種の起源となったという「種のゆりかご」説がある。Nishiumi & Kim (2015) は，DNAバーコーディングの配列データから系統樹を構築し，カケス，ノグチゲラ，アマミヤマシギ，トラツグミにおいて，その可能性を提案した。たとえば，ノグチゲラからオオアカゲラが，アマミヤマシギからヤマシギが，オオトラツグミからトラツグミが分岐してきたというものだ。これらは列島内の小さな分化の動きを反映しているにすぎないのかもしれないが，この進化のシナリオを検証するには，大陸など，周辺地域を含めた広域なスケールにおける，近縁種との分子系統学的研究を行う必要があり，そのような研究が出てくるのを待ちたい。

おわりに

最後に，南西諸島の鳥類に関するこれからの課題について述べる。日本列島には，すでに絶滅してしまった種が4種 (オガサワラカラスバト *Columba versicolor*，リュウキュウカラスバト，オガサワラガビチョウ *Cichlopasser terrestris*，オガサワラマシコ *Chaunoproctus ferreorostris*)，種の存在自体が疑問視されている種が1種 (ミヤコショウビン *Todiramphus miyakoensis*，2章参照)，絶滅してしまった亜種が9亜種 (ハシブトゴイ *Nycticorax caledonicus crassirostris*，マミジロクイナ *Porzana cinerea brevipes*，ダイトウノスリ *Buteo buteo oshiroi*，キタタキ *Dryocopus javensis richardsi*，シマハヤブサ *Falco peregrinus furuitii*，ダイトウヤマガラ，メグロ (聟島，媒島，父島に生息し，現在は絶滅した，『日本鳥類目録 (改訂第6版)』でいう亜種ムコジマメグロ) *Apalopteron familiare familiare*，ダイトウミソサザイ *Troglodytes troglodytes orii*，ウスアカヒゲ *L. k. subrufus*，ただしウスアカヒゲは八重山諸島で越冬する亜種アカヒゲの誤記載の可能性もある) が存在する (日本鳥学会 2012)。さらに『日本鳥類目録 (改訂第7版)』では絶滅種扱いになっていないカンムリツクシガモ *Tadorna cristata* を含めると絶滅種はさらに増える。これらの種または亜種のなかには，今となっては存在そのものが謎めいたものもあるが，現存する標本がある種に関してはDNAを抽出し，系統解析を行う余地はまだ残されている。これらの種または亜種の近縁種との系統的位置関係を調べ，さらにその形態から当時の生態を推定する研究を行えば，日本産現生鳥類種の進化のシナリオや起源の解明に違った角度からヒントを与えることになるかもしれない。

最後に，最近の繁殖分布の変化について触れる。ここ数年，リュウキュウと名のつく亜種の従来の分布域からの北上が観察されている。たとえば，アカショウビン *Halcyon coromanda* の亜種リュウキュウアカショウビン *H.c.bangsi* (小林ら 2012)，サンショウクイ *Pericrocotus divaricatus* の亜種リュウキュウサンショウクイ *P. d. tegimae* である。とくに後者は近年北方への分布の拡大が著しく，繁殖分布も拡大している (三上・植田 2011)。地球温暖化と分布域の変化との因果関係はまだ明らかではないが，地球規模の気候変動と南西諸島に生息する鳥類種の分布の変化は，今後，注視していく必要があるだろう。

標本に改めて注目を

国立民族学博物館初代館長の梅棹忠夫が，民博に関係したさまざまな著名人と対談した『民博誕生』(梅棹 1978) はもう 40 年も前の本だが，博物館学に関する読み物として現在でも示唆に富んでいると思う。このなかで，対談相手の一人，文化人類学者の中根千枝は，博物館資料に関連して，欧米の研究者の学識や思考がモノに対するしっかりとした知識の上に立脚しているのに対して，日本の研究者の学識が往々にしてモノから遊離していて，抽象的な思考の世界にとどまりがちになり，結果として危うかったり，オリジナリティに欠けたりしかねないことを指摘している。

鳥類の研究においても，標本は，古色蒼然とした遺物のようなイメージがあるかもしれない。しかし，身近な例をあげるなら，鳥類図鑑に鳥の絵が載っていて，雌雄が描き分けてあるとき，何が根拠になっているか考えてみてほしい。「それは他の図鑑を見て描きます」というのだろうか。では最初の図鑑はどうやって作るのだろう？　新種の性別はどうやって描くのだろう？

お察しのとおり，鳥類図鑑はもともと，解剖して精巣・卵巣を確認した標本をもとに，雌雄を描き分けるものなのだ。もちろん交尾などの行動をもとに野外観察によって性別が判断できる場合はあるにせよ，性や齢が既知の標本を多数使って鳥類の羽色が研究され，その結果が図鑑に反映される，というルートはもっとも本筋に沿ったものと言える。

日本でもバードウォッチングが盛んになるにつれ，以前は見すごされていた詳細な識別の検討がされるようになり，優れた識別記事が発表されるようになった。ただ，海外の同様の文献では，野外観察，生態写真の検討，文献調査とあわせ，多くの例で，標識調査による手に取っての検討と，博物館標本による裏づけ調査が行われているのに比べると，日本のものは，観察・撮影の積み重ねはすばらしいのに，おおもとの出発点が海外の図鑑や識別記事の記述であるために，決定力不足と感じられるものがままあるように思われる。

野外識別法の検討に限らず，標本は，分類学から，近年注目されているバイオミメティクス (生物模倣) に至るまで，さまざまな分野で重要な貢献をしている。中根千枝の指摘にあるとおり，ぜひ実物の鳥体や鳥類標本という「モノ」から多くの情報を引き出し，学ぶことを心がけてゆきたい。それとともに，標本収集にご協力いただき，野鳥の死体を見つけたら，博物館や研究機関にご一報いただければ大変ありがたいと思う。

（平岡　考）

2
琉球列島研究の先駆者小川三紀・黒田長禮と幻の絶滅鳥ミヤコショウビン

(平岡 考)

はじめに

いきなりだが，まず図1を見ていただこう。これは，20世紀の「進化の総合説」確立の立役者の一人，エルンスト・マイア (Ernst Mayr) が，1994年に国際生物学賞を受けるために来日した際に撮影された写真である。当時90歳だったマイアは山階鳥類研究所を訪れ，ミヤコショウビン *Todiramphus miyakoensis* の標本を見ることを希望した。手に持った2羽の仮剥製標本のうち手前に見えているのがミヤコショウビンだ。

よく知られているように，マイアは進化学者である以前に鳥類学者であった (無記名 1994; マイア 1994 の訳者あとがき; Bock 2005)。彼はピーターズのチェックリスト (Peters JL & followers 1931-1986) という，世界の現生の全鳥類種の学名を網羅した書籍の，全15巻 (索引巻を含めると16巻) のうち後半8巻の編者を務めたし，彼の生物進化についての知識の中核には，若い頃に行った，太平洋諸島の鳥類の種分化の研究があった。この研究は，アメリカ自然史博物館の「ホイットニー南海学術調査」(Whitney South Sea Expedition) という，1920年代から1930年代初頭に行われた，大規模な鳥類の学術調査で収集された標本に基づいて行われたものだ。彼はいわば全世界の鳥の分類に関心があったし，とくに太平洋諸島の鳥類に精通していたのだ。後述するようにミヤコショウビンは太平洋諸島に分布するアカハラショウビン *T. cinnamominus* との関係が取りざたされている種であり，マイアにとって，まさに関心を寄せないではおけない鳥だったと推測される。

ミヤコショウビンについて改めて紹介すると，本種は，1887年2月に琉球列島南部の宮古島で採集されたとされる，カワセミ科の鳥である。採集から30年以上経った1919年に鳥類学者の黒田長禮が新種記載した。この鳥の驚くべきところは，命名に用いられたタイプ標本[1] 以外には，これ以前にも以後にも観察，撮影，採集の記録

1) 新種や新亜種が命名されたときに用いられた標本。タイプ標本は学名の安定のために指定される。たとえば，当初1種だと考えて命名した生物が，その後の研究で2種を混同していたものと判明した場合，2種のうちタイプ標本 (正確には命名時に1点指定したホロタイプ) が属するほうに当初の学名を継承させ，そうでないほうに新しい学名を与えるルールにしておくことで混乱が防げる。生物学界では学名によって研究上のコミュニケーションが図られており，タイプ標本はそのコミュニケーションの裏づけとなる学界全体の共有財産である。

図 1　ミヤコショウビンの標本を見るマイア (1994 年 12 月 2 日，山階鳥類研究所)。

がなく，この標本 1 点だけで科学の世界に知られている絶滅鳥だという点だ。詳しくは後述するが，そもそも鳥の個体群は複数の個体がいてこそ成り立ち，存続できるわけで，最後の 1 個体が採集されて絶滅ということはもちろんあるにせよ，それ以前に観察例はおろか言い伝えすらないのは考えづらいことから，本種が実在したのかについてはしばしば疑義が唱えられ，さまざまな推測がなされている。

本章では，前半で琉球列島の鳥類相についての先駆的研究である小川三紀と黒田長禮の研究について紹介し，後半で黒田が新種記載したミヤコショウビンについて解説する。現在ミヤコショウビンについての研究が進んでいるわけではないので，後半の内容はすでに別の場所に書いた記事 (平岡 2004, 2005, 2006) と相当程度重複することをご了解願いたい。なお，本章では鳥類の和名に学名を付記する際に，現在は使用されていない，当時の学名を書かないと論旨が通じづらいと判断される場合があったので，そこでは当時の分類の考えによった学名を使い，アスタリスク (*) を付すこととした。

小川三紀と黒田長禮の鳥類相研究

(1) 20 世紀初めの鳥類学

国立科学博物館の森岡弘之は，1970 年代に，琉球列島の鳥類について，小川三紀 (Ogawa 1905)，黒田長禮 (Kuroda 1925)，蜂須賀正氏と宇田川竜男 (Hachisuka & Udagawa 1953) などによってかなりよくまとめられ，その後の知見を加えると鳥相の輪郭はほぼ明らかにされていると述べた (森岡 1974a)。海鳥や通過鳥，越冬する鳥種の分布状況については今後の調査に待つところがまだあるとはいえ，主要な島嶼に生息し繁殖する陸生の鳥類の調査はほぼ行き届いているというわけだ。その後，陸生の繁殖鳥として，ヤンバルクイナ *Gallirallus okinawae* が発見され (21章参照)，非繁殖期の鳥類の分布については1970年代よりは知見がはるかに蓄積されてきていることもあるが，琉球列島の鳥類相の研究の進展についての森岡の理解は現在でもおおむね支持されるものと思う。

ここでは，森岡が列挙した3つの研究のうち，日本鳥類学の黎明期に行われて，琉球列島の鳥類相の基礎的な部分を把握した小川三紀と黒田長禮の研究を紹介したい。どちらの研究も実際に閲覧する機会が少なく，とくに黒田の著作についてはPDFのインターネット公開もまだ行われていないので，本章であらましを紹介することもいくらかの意味があるのではないかと思う。

さて，これらの研究が行われた20世紀の初めは，鳥類の研究はまだ標本によって行うことが普通だった。つまり，鳥を実際に採集して標本として保存し，それを比較検討する分類学が鳥の研究の主流だった。リンネ以来の，どのような種がいるかを明らかにして学名をつける，いわゆる「アルファ分類学」は，これまで調べられてこなかった地域から新種を記載しつつ，鳥類学上の未踏の地を順次，減少させせつつあった。現代では，少なくともある程度以上広いエリアが鳥類学的に未調査ということはなくなり，新種・新亜種が次々と記載されるという状況は過去のことになったわけだが，当時の東アジアは，ある地域の新種・新亜種を探すことを主目的とする鳥類研究が成り立つ時代の，最後のステージにさしかかりつつあったと言えるだろう。世界的に見ても，野外で生活しているままの生物を研究する生態学や行動学が徐々に体系化されて花開くのは，この時代より少し先のことなのである。また，分類学に限っても，現代では分子遺伝学的手法や，行動や音声の検討によって，標本の外部形態だけからは認識しづらい隠蔽種が発見されるようになっているが，当時はまだ分子遺伝学が現れていないのはもちろんのこと，光学器械や録音機器も未発達で，これらの手段が分類学に当たり前のように活用されるようになるのは相当先のことになる。

もう一つ，現代から見ると驚かれるかもしれない点に，小川も黒田も現地には赴かず，採集人が採集した標本を検討して研究していたことがある。世界的に見れば，19世紀であっても現地に赴いて採集した鳥を自ら研究した分類学者はもちろんいたが，交通や宿泊の便の悪さが現代と比べ物にならない時代に，そういったことは必ずしも一般的ではなかった。後半で述べるミヤコショウビンの命名の謎もそのような背景を念頭に置いて考えると理解できる部分があるだろう。

(2) オオトラツグミを記載しルリカケスを「再発見」した小川三紀

小川三紀 (1876-1908) は，日本鳥類学最初期の学者で，鳥類標本を収集し，日本鳥学会の『日本鳥類目録』の前駆的な著作というべき日本産の鳥類目録 (Ogawa 1908) をまとめた人物である。しかし1912年の日本鳥学会の創立を見ることなく，1908年に32歳の若さで夭折した (無記名 1908; 森岡 1997)。

小川の琉球列島の鳥類に関する論文は，1905年に「日本動物学彙報」の第5巻に英語で掲載された (Ogawa 1905)。これは，当時，横浜で営業していた標本商アラン・オーストン (Alan Owston) (磯野 1988) が，1904年5月から12月まで派遣した採集人による採集品に，一部，地元協力者から提供された採集品もあわせて報告したものである。採集地は種子島，屋久島，喜界島，奄美大島，徳之島，沖永良部島，沖縄島，宮古島，石垣島，西表島，小浜島で，琉球列島の主要な島嶼をカバーしている。

収集された標本は1,669点で，小川はこれを95属124種・亜種に分類した (「種・亜種」とは，亜種を基本に数えたうえ，亜種のないものは種を数える数え方である。すなわち、亜種のない種Aと，亜種が認められた種Bの亜種B1と亜種B2をあわせて数える際には「3種・亜種」という)。このなかで，新種としてオオトラツグミ *Geocichla major** (現在はトラツグミの亜種 *Zoothera dauma major,* 18章参照)，オーストンゲラ *Picus owstoni** (現在はオオアカゲラの亜種オーストンオオアカゲラ *Dendrocopos leucotos owstoni*)，リュウキュウヨシゴイ *Nannocnus ijimai** (現在は *Ixobrychus cinnamomeus* の新参異名[2])，新亜種としてヤクシマアカコッコ *Merula celaenops yakushimensis** (現在はアカコッコ *Turdus celaenops* の新参異名)，シマメジロ *Zosterops japonicus insularis,* オサガラス *Corvus macrorhynchos osai* (オサハシブトガラス) を記載している。

小川はこの結果と，Stejneger (1886)，Seebohm (1890)，Bangs (1901) などによる先行研究の記録をあわせて，195種・亜種について琉球列島の地域ごとの生息状況を示した表を掲載している。これらを，現在の『日本鳥類目録 (改訂第7版)』(日本鳥学会 2012) の分類で見直すと，種数は151種となった。なお，これらの種・亜種のうち，インドアカガシラサギ *Ardea grayi** (*Ardeola grayii*)，キアシセグロカモメ *Larus cachinnans,* モモイロサンショウクイ *Pericrocotus cantonensis* はこれ以後の『日本鳥類目録』(日本鳥学会 1932, 1942) に日本産鳥類として収録されておらず，後の検討の結果，認められなかったものと考えられる。

小川のこの研究で特筆すべきこととして，ルリカケス *Garrulus lidthi* (19章参照) の「再発見」がある。ルリカケスを新種記載したのはC・L・ボナパルト (C. L. Bonaparte) だが，1850年の原記載では，基産地 (タイプ標本の産地) は「東アジア」というだけだった (Mayr & Greenway 1962)。その後も長らく，この鳥は日本に産するとだけしか情報がなかった。たとえば，旧北区の鳥類の分類についてまとめたエルンスト・ハータート (Ernst Hartert) は，1903年に至っても，その著作で，ルリカケスの生息地を「日本の内陸」と書いているのである(Hartert 1903)。このようななか，オーストンの採集人により，1904年8〜9月に本種が奄美大島で採集され，小川によって発表されて，奄美大島産であることが明らかになったのだった (山階 1941)。

小川は，オガワコマドリ *Luscinia svecica* の日本初記録となる標本を採集して，和名

2）同一の動物に別個に命名してしまった場合の，時間的に後ろの学名。ジュニア・シノニム。

に名を残した人 (黒田 1916; 鶴見 2001) という位置づけでの知名度が高いのかもしれないが，オオトラツグミ，オーストンオオアカゲラ，オサハシブトガラス，ルリカケスという，琉球列島固有の，スターとも言える鳥たちを発見，あるいは「再発見」したことを考えれば，琉球列島の鳥類研究の先達としてもっと注目されてよいだろう。

(3) 黒田長禮の『琉球列島における鳥類相の知見』

黒田長禮 (1889-1978) (図 2) は，日本鳥学会の創立メンバーであり，日本鳥類学の草分けの一人である (黒田 1980, 2002; 唐沢 2012)。これから述べる琉球列島の鳥類相の研究によって，日本で初めて鳥類の研究で博士号を取得した (Hachisuka 1926; 唐沢 2012)。もともと福岡藩の藩主の家柄で，豊臣秀吉の軍師として活躍した黒田官兵衛 (孝高，出家後は如水) の末裔である。黒田家は，幕末には黒田斉清や黒田長溥を輩出し，本草学の研究で名を挙げた家柄だ (黒田 2002)。

黒田長禮の“A Contribution to the Knowledge of the Avifauna of the Riu Kiu Islands and the Vicinity” (Kuroda 1925,『琉球列島とその周辺の鳥類相の知見に関する一貢献』) は，293 ページ，カラープレート 8 点で，全文が英文で書かれた，著者自刊の大冊のモノグラフである (図 3) (以下本章では，この本のタイトルを『琉球列島における鳥類相の知見』と略記する)。

『琉球列島における鳥類相の知見』の序論で黒田は，九州と台湾の間に連なる琉球列島が，動物地理学上，東洋区の最東端であると同時に，旧北区に属する九州地方の南西端に接していることから，世界的にも極めて興味深い地域の 1 つであると述べ

図 2　自ら新種として記載したカンムリツクシガモ *Tadorna cristata* のタイプ標本と写真におさまった黒田長禮 (Smithsonian Institution Archives)。

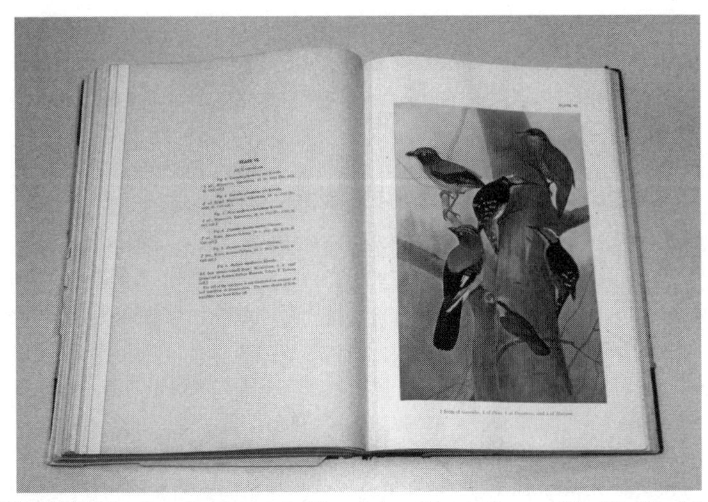

図3　黒田長禮著 "*A Contribution to the Knowledge of the Avifauna of the Riu Kiu Islands and the Vicinity*" (1925) (山階鳥類研究所所蔵)。

ている。それにもかかわらず，従来，鳥類の生息の情報が乏しく，さまざまな論文中に散在しており，さらにいくつかの論文中には誤った情報が含まれていることから，新たに標本採集を決意したと説明している。

この研究のために黒田は採集人折居彪二郎を琉球列島に派遣し，1921年8月から1922年10月にかけてこの地域の主要な島 (種子島，屋久島，奄美大島，喜界島，徳之島，沖永良部島，与論島，沖縄島，座間味島，久米島，宮古島，石垣島，西表島，与那国島，南北大東島) を訪れさせた。折居は鳥類学，哺乳類学が日本で確立しつつある時期に大きな貢献をした採集人である。折居については，山階芳麿による紹介記事 (山階 1948) があるほか，『鳥獣採集家折居彪二郎採集日誌』(折居彪二郎研究会 2013) という成書があり，これには正富宏之による評伝や，黒田の依頼した琉球列島への採集旅行の日誌の現代語訳 (「琉球及び大隅列島採集日誌 (1921年)」 (pp. 121-226)) も収録されている。この日誌には，採集の様子や現地の事情にとどまらず，黒田家との，調査期間や経費に関する交渉まで垣間見られる記述があって興味深い。

折居によるこの採集行で1,428点の標本が採集でき，それ以前に収集していた193点とあわせ，黒田の手元に琉球列島からの採集品が1,621点集まった。黒田はこれを39科155属281種・亜種に分類している。これを，『日本鳥類目録 (改訂第7版)』(日本鳥学会 2012) の分類で見直すと233種となった。なお，黒田は，チュウヒ *Circus spilonotus* のほかにヨーロッパチュウヒ *C. aeruginosus* を認めているが，以後の『日本鳥類目録』(日本鳥学会 1932, 1942) に日本産鳥類として収録されておらず，後の検討で認められなくなったものと考えられる。

先に紹介した小川の研究 (Ogawa 1905) も，この『琉球列島における鳥類相の知見』も，分類は現在のものと相当異なっている。目・科レベルの高次分類については省略するが，属以下の分類も現代とは相当異なる。以下，『琉球列島における鳥類相の知見』からいくつかの例をあげると，属名では，たとえばアカヒゲは独立属 *Icoturus** 属，ウグイスは *Horornis**属とされている。さらに種・亜種の分類も，現在とは異なるものが多数ある。ハシブトガラスはオーストラリアから記載された *Corvus coronoides* に属するとされ，オサガラス (オサハシブトガラス) であれば *Corvus coronoides osai**とされている。ビンズイはヨーロッパビンズイの亜種 *Anthus trivialis hodgsoni**，セグロセキレイはハクセキレイの亜種 *Motacilla alba grandis**とされている。さらに亜種が現代より細分されているものとして，メジロは，種としては南アジアの *Zosterops palpebrosa* に属するとされ，現在はリュウキュウメジロの新参異名とされるイリオモテメジロ *Zosterops palpebrosa iriomotensis**とヨナクニメジロ *Z. p. yonakuni**が認められている。そのため，リュウキュウメジロ *Z. p. loochooensis**の指し示す範囲は現代より狭い。逆に現在は認められている亜種を認めていなかったり，この当時まだ記載されていなかったりするために，その分類群の指し示す範囲が広く認識されている例を1つあげると，アオバズクがある。アオバズクは，現在は，北海道・本州・四国・九州には亜種アオバズク *Ninox scutulata japonica*，奄美群島から与那国島，波照間島にはリュウキュウアオバズク *N. s. totogo* が分布するとされているが，本書では，ウスリーから北海道・本州・四国・九州を経て琉球列島まで亜種 *N. scutulata scutulata* が分布するとされている。

『琉球列島における鳥類相の知見』の内容について以下に少し詳しく見てみる。構成は，2ページの“Introduction”(序論) の後，204ページが“A revision of the birds of the Riu Kiu islands and the vicinity”(琉球列島とその周辺の鳥類の再検討) と題され，分類順に配列された種・亜種ごとの解説に充てられている。続いて“Summary and conclusion”(まとめと結論) という見出しで23ページの考察がなされている。その後に“Table”として，種・亜種ごとに主要島嶼ごとの記録状況の一覧が15ページにわたって掲載されている。さらに“Literature cited”(引用文献リスト) に12ページが割かれ，文献62件が数行の内容の解説つきで列挙されている。巻末にはカラープレート8点と折り込み式の琉球列島全域の地図がある。カラープレートは特産種や亜種などを鳥類画家の小林重三が描いたものである。

この本で新種・新亜種として紹介されているのは，新種はミヤコショウビン *Halcyon miyakoensis**1種，新亜種はヤクシマカケス *Garrulus glandarius orii*，ダイトウメジロ *Zosterops palpebrosa daitoensis**，ミヤコヒヨドリ *Microscelis amaurotis insignis**などの27亜種である。このうち新たに記載されたのはリュウキュウウグイス *Horornis cantans riukiuensis**1亜種のみで，残りは1919～1923年にかけてそれぞれ別途，論文で記載されたものだ。さらに，琉球列島として新記録のものが88種・亜種あり，さらに琉球列島での生息は知られていたが，新たな産地が見つかったものが

128種・亜種あることが述べられている。

「まとめと結論」のなかでは，鳥類相の上から，琉球列島内部の地理的区分が検討されている。すなわち，4つの地理的区分を認め，それぞれ薩南区 (Satsunan region)，琉球区 (Riu Kiu region)，大東島区 (Daitojima region)，台湾区 (Formosan region) と名付けた。薩南区はさらに2つの亜区に分けて，南九州亜区 (southern Kyushu subregion) と薩南亜区 (Satsunan subregion) とした。琉球区はさらに3つの亜区に分けて，奄美大島亜区 (Amami-Oshima subregion)，沖縄亜区 (Okinawa subregion)，八重山亜区 (Yayeyama subregion) としている。台湾区はさらに2つの亜区に分けて，与那国亜区 (Yonakuni subregion) と、台湾亜区 (Formosan subregion) としている。この区・亜区がカバーする地域と鳥の種・亜種について黒田が述べているもののあらましを表1に示した。

『琉球列島における鳥類相の知見』に対する評価のための1つの助けとして，記録されている鳥の種数を，現在知られている種数と比較してみた。先に述べたように黒田は，琉球列島全域で，現代の分類に当てはめると233種を認めている。現在の知見でこの地域から知られている生息種数を，琉球諸島 (沖縄県) (McWhirter et al. 1996)，奄美群島 (奄美野鳥の会 2009)，種子島・馬毛島 (沼口ほか 1995)，屋久島 (尾上 2008) の記録を総合したものとして考えると，440種となった。このように，種数の比較だけからは黒田の研究は同地域の鳥類相の把握として不満足なものと考えられる

表1　黒田長禮 (Kuroda 1925) による琉球列島の鳥類の生物地理区分[1)]

区	亜区	範囲	区を特徴づける種亜種	亜区を特徴づける種亜種
薩南区	南九州亜区	熊本北部以南の九州		
	薩南亜区	種子島，屋久島，(トカラ列島)		ヤクシマカケス，シマメジロ，ヤクシマアカコッコ*，オガワミソサザイ，シマキジなど12亜種
琉球区	奄美大島亜区	奄美大島，喜界島，徳之島，沖永良部島，与論島	リュウキュウハシブトガラス，オサハシブトガラス，ルリカケス，イリオモテメジロ*，リュウキュウメジロなど37種亜種	ルリカケス，アマミシジュウカラ，オオトラツグミ，オーストンオオアカゲラ，アマミヤマシギなど8種亜種
	沖縄亜区	伊平屋島，伊是名島，沖縄島，屋我地島，久高島，座間味島，久米島など		オキナワシジュウカラ，ホントウアカヒゲ，ノグチゲラ，リュウキュウオオコノハズクなど6種亜種
	八重山亜区	宮古島，石垣島，竹富島，小浜島，黒島，新城島，西表島，鳩間島，離島		イリオモテメジロ*，オリイヤマガラ，ミヤコショウビン，カンムリワシ，オオクイナなど11種亜種
大東島区		北大東島，南大東島		ダイトウメジロ，ダイトウヤマガラ，ダイトウコノハズクなど6亜種
台湾区	与那国亜区	与那国島	タイワンスズメ*，タイワンヒヨドリ，チュウダイズアカアオバト，タイワンズアカアオバトなど10亜種	ヨナクニメジロ*，ヤエヤマシロガシラ*，ウスアカヒゲ，ヨナクニカラスバトの4亜種
	台湾亜区	台湾とその属島		

1) アスタリスク (*) を付した亜種は，日本鳥学会 (2012) では新参異名とされているもの。

かもしれない。しかし，例として，現代のリストからヒタキ科の種を抜き出して，当時のリストの記録状況と比較してみた (表 2)。つまり，黒田が記録している種と記録していない種がわかるように並べ替えて，それぞれのグループの現在知られている生息状況がわかる表とした。すると，黒田が記録した 21 種のうち，繁殖または越冬している種 (留鳥，夏鳥，冬鳥) が 14 種，繁殖も越冬もしていないもの (通過鳥または

表 2　現在琉球列島から生息が認められているヒタキ科鳥類の小川三紀と黒田長禮による記録状況

黒田 (1925) での記録	番号[1]	和名[1]	学名[1]	生息状況[2]	小川 (1905)	黒田 (1925)
あり	514	トラツグミ	*Zoothera dauma*	繁殖/通過/越冬	○	○
	518	クロツグミ	*Turdus cardis*	通過		○
	520	マミチャジナイ	*Turdus obscurus*	越冬	○	○
	521	シロハラ	*Turdus pallidus*	越冬	○	○
	522	アカハラ	*Turdus chrysolaus*	越冬/通過	○	○
	523	アカコッコ	*Turdus celaenops*	繁殖	○	○
	524	ノドグロツグミ	*Turdus ruficollis*	迷行		○
	525	ツグミ	*Turdus naumanni*	越冬	○	○
	530	コマドリ	*Luscinia akahige*	繁殖	○	○
	531	アカヒゲ	*Luscinia komadori*	繁殖/通過/迷行	○	○
	533	ノゴマ	*Luscinia calliope*	越冬/通過	○	○
	536	ルリビタキ	*Tarsiger cyanurus*	越冬/通過	○	○
	540	ジョウビタキ	*Phoenicurus auroreus*	越冬/通過	○	○
	542	ノビタキ	*Saxicola torquatus*	越冬/通過	○	○
	549	イソヒヨドリ	*Monticola solitarius*	繁殖/通過	○	○
	552	エゾビタキ	*Muscicapa griseisticta*	通過		○
	553	サメビタキ	*Muscicapa sibirica*	通過	○	○
	554	コサメビタキ	*Muscicapa dauurica*	通過		○
	558	キビタキ	*Ficedula narcissina*	繁殖/越冬/通過	○	○
	559	ムギマキ	*Ficedula mugimaki*	通過	○	○
	561	オオルリ	*Cyanoptila cyanomelana*	通過		○
なし	513	マミジロ	*Zoothera sibirica*	通過		
	517	カラアカハラ	*Turdus hortulorum*	通過		
	519	クロウタドリ	*Turdus merula*	通過		
	527	ワキアカツグミ	*Turdus iliacus*	迷行		
	532	オガワコマドリ	*Luscinia svecica*	迷行		
	534	コルリ	*Luscinia cyane*	通過		
	543	クロノビタキ	*Saxicola caprata*	迷行		
	544	ヤマザキヒタキ	*Saxicola ferreus*	迷行		
	548	サバクヒタキ	*Oenanthe deserti*	迷行		
	550	ヒメイソヒヨ	*Monticola gularis*	迷行		
	555	ミヤマヒタキ	*Muscicapa ferruginea*	迷行		
	557	マミジロキビタキ	*Ficedula zanthopygia*	通過，迷行		
	560	オジロビタキ	*Ficedula albicilla*	通過		
	563	チャバラオオルリ	*Niltava vivida*	迷行		

1) 番号，和名，学名は，日本鳥学会 (2012) による。
2) 生息状況は，日本鳥学会 (2012) によって，RB と MB＝繁殖，WV＝越冬，PV と IV＝通過，AV＝迷行とした。

迷鳥) が7種であるのに対し，黒田が記録していない14種のなかには，繁殖または越冬している種は含まれておらず，すべてが繁殖も越冬もしていないもの (通過鳥または迷鳥) であることがわかる。これを見ても，『琉球列島における鳥類相の知見』のリストは，琉球列島の鳥類相の全体的な輪郭を明らかにしたものであることが推察されると思う。

黒田はさらに，生物地理学的な分析として，鳥類相という観点から，琉球列島の位置づけと，列島内部の違いを検討している。他地域の鳥類相の比較においては，非繁殖鳥も含めて分析しているため，生物地理学的な特色を洗い出すという視点から見ると不鮮明であり，現代の目で見ると物足りない印象を禁じえない。たとえば，琉球列島と本州・四国・九州に共通に産する鳥のリストのなかには，両方の地域で冬鳥であるマヒワ *Spinus spinus** (*Carduelis spinus*) や，本州では繁殖するが琉球列島では冬鳥であるクロジ *Tisa variabilis** (*Emberiza variabilis*) などもあげられている。しかしこれは採集人が1年間かけて各島を順に訪れて採集しているために，各種・亜種の生息状況 (繁殖しているか，非繁殖鳥かなど) が不明なためで，時代的な制約を考えれば致し方ないことであろう。

琉球列島内部の鳥類相の違いを検討して，黒田は，この地域を，トカラ列島を境界とする渡瀬線と，沖縄島と宮古島の間の慶良間海峡を境界とする蜂須賀線により区分している。そして，旧北区と東洋区の境界については，渡瀬庄三郎のコメント (Watase 1912) を引用して，それが Linshoten Islands[3]，すなわちトカラ列島にあると述べている。現在の鳥類相の理解の原型がすでにここにあり，この点と，先の種・亜種の記録状況を考え合わせれば，『琉球列島における鳥類相の知見』は，網羅的な標本コレクションを通じて，現代の琉球列島の鳥類相の理解の基礎を形作ったものと言ってよいだろう。

『琉球列島における鳥類相の知見』に関連して付記しておくと，黒田が収集した琉球列島の採集品は，その他の標本や文献のコレクションとともに，第二次世界大戦末期1945年5月の空襲による火災で，別に保管されていたごくわずかの点数を除きすべてが焼失した (高島 1948; 柿澤 1980; 黒田 1980)。黒田は，日本および周辺諸地域の鳥類，哺乳類の分類学の確立に貢献した，日本人として最初期の研究者であり，日本産に限っても数多くの種・亜種を記載している。たとえば，最新の『日本鳥類目録 (改訂第7版)』に掲載されているコゲラ *Dendrocopos kizuki* の日本産9亜種のうち6亜種が黒田の記載になるものである (日本鳥学会 2012)。また，クロウミツバメ *Oceanodroma matsudairae*，ワタセジネズミ *Crocidura watasei* のように現在，独立種として扱われているものや，ヤクシマザル *Macaca fuscata yakui* (ニホンザルの屋久島固有亜種)，リュウキュウイノシシ *Sus scrofa riukiuanus* (イノシシの琉球列島固有亜種) など，研究者以外の人たちの耳にもなじみのあるものがいくつも含まれている。

3) 多くの情報源は Linschoten Islands としているが，ここでは黒田が書いている綴りのとおりに表示した。

空襲によって，これらの種・亜種のタイプ標本もすべてが失われたのである。タイプ標本を離れても，黒田が記録したさまざまな種・亜種について我々がたとえば分布記録の上から興味をもったとしても，もう再確認はできない。

標本は分類学，生物地理学などの研究成果の証拠であり，研究の進展に伴ってそれまでの知見に疑義が生ずれば，標本に当たって再検討ができるというのが本来の仕組みだが，黒田の標本についてはその機会は永遠に失われてしまった。実際に，琉球列島産のウグイスの分類の再検討に当たって，黒田が記載したリュウキュウウグイス *Cettia diphone riukiuensis* とダイトウウグイス *C. d. restricta* のタイプ標本が戦災焼失しているために，現代の研究者たちは大きな苦労を強いられている (梶田ら 2002)。戦争は，人間の生命，財産を奪うだけでなく，学術，すなわち我々の知の蓄積にも取り返しのつかない打撃を与えることに改めて思いを致したい。

幻の絶滅鳥ミヤコショウビン

(1) 嘴が枝に隠れた図を描かれた鳥

ここからは本章の後半のテーマ，ミヤコショウビンの話題に移ろう。この鳥は，1887 年 2 月に琉球列島南部の宮古島で採集されたとされ，その後はいっさいの記録がない絶滅鳥だ。まず，前半で紹介した黒田長禮の『琉球列島における鳥類相の知見』でミヤコショウビンがどのように紹介されているか見てみる。

さきにも述べたようにこの本には 8 点のカラープレートが含まれており，鳥類画家の小林重三が特産種や亜種を描いている。このプレートの 6 点めに，頭部が橙色で，

図 4　小林重三の描いたミヤコショウビン (黒田長禮著『琉球列島における鳥類相の知見』(Kuroda 1925) の plate VI.)。

太めの過眼線があり，体の上面と尾が青い鳥が描かれている。この図がミヤコショウビンだ (図 3，4)。

一般に図鑑の図は，体の各部がなるべくわかるように描くものだが，この鳥は，嘴が太い枝に隠れて見えない状況が描かれている。足は赤く，よく見るとこちらに向いている左側の顔の眼の上にはごく小さな白斑が描かれている。プレートに対面するキャプションには，

> Fig. 6 *Halcyon miyakoensis* Kuroda.
> Ad.(sex undetermined) (type), Miyakojima, 5. ii. 1887
> (preserved in Science College Museum, Tokyo; Y. Tashiro coll.).
> The bill of the specimen is not illustrated on account of bad condition of preservation. The outer sheath of both mandibles has been fallen off.

と記してある。このキャプションによって，この図が，黒田が新種記載したミヤコショウビンのタイプ標本に基づいて描かれたものであることがわかる。この標本は 1887 年 2 月 5 日に宮古島で採集された性不明の成鳥で，Y. Tashiro が採集し，東京の science college (東京帝国大学理学部；現在の東京大学理学部) の博物館に保管されていることも記されている。さらに，標本の保存状態が悪く，上下嘴の鞘が脱落しているという，嘴が描かれていない理由が付記されている。

本文を見ると，他の鳥と同様，学名，学名を命名した原記載論文の書誌情報とタイプ標本の情報，さらに形態の記述が書かれている (本種の標本はタイプ標本しかないので，形態の記述は原記載論文の引用になっている)。さらに，生息状況の現状として，黒田がこの研究のために派遣した採集人，折居彪二郎の採集旅行では，宮古島においても，琉球列島のその他の島においても，本種の標本が採集されなかったことが記されている。

(2) 実在の種だったのか

ここで，ミヤコショウビンがどんな鳥か，現在，山階鳥類研究所に保存されている唯一の標本から見てみよう (図 5)。標本の形態は，博物館の展示に使われているような，ポーズをとらせた本剥製ではなく，まっすぐ体を伸ばした，仮剥製標本と呼ばれる研究用の標本である。

ミヤコショウビンの標本は嘴から尾の先端までが約 20 cm あり，アカショウビン *Halcyon coromanda* よりやや小さいカワセミ科鳥類である。頭部と胸から腹は橙色みを帯びた褐色，嘴のつけねから眼を通って眼の後ろまで帯状の暗色部分がある。上背，肩羽，腰，尾は青い。標本の状態が良くなくて色もくすんでいるが，生きていれば大変美しい鳥だったろうと思われる。足は暗赤色で，嘴の色彩は，角質の鞘が脱落しているため不明である。現在標本で見られる飴色の嘴は，本来，鞘の中に隠れて外からは見えない骨である。

図5　ミヤコショウビン(YIO-00071 1887年2月5日，宮古島) (山階鳥類研究所所蔵)。

さて，冒頭にも書いたとおり，本種が実在の種であるかどうかについては疑問が呈されている。本種に形態が極めて類似した種が太平洋諸島に分布しているのだ。それはグアム島に分布するアカハラショウビン (アカハラズアカショウビン) *Todiramphus cinnamominus* である。グアム島に生息するこの鳥は，従来，パラオ諸島に分布する鳥とカロリン諸島に分布する鳥とあわせて1種とされ，それぞれ，グアムのものが亜種アカハラズアカショウビン *T. c. cinnamominus**，パラオ諸島のものが亜種ヒメズアカショウビン *T. c. pelewensis**，カロリン諸島のものが亜種ズアカショウビン *T. c. reichenbachii**とされていた (日本鳥学会 1942; Dickinson & Remsen 2013)。しかし近年，分子系統の研究から3つの個体群は側系統群 (共通祖先から進化した単系統群を考えると，別種と考えられる個体群が含まれてしまうグループ) であるとされ，その結果，それぞれ独立種として扱われるようになった (Andersen et al. 2015; Gill & Donsker 2017)。アカハラショウビンは，ミナミオオガシラ *Boiga irregularis* という外来のヘビによる捕食が主な原因で減少し，1986年に残存する野生個体29羽が捕獲されて飼育下に移され，野生絶滅の状態にある (BirdLife International 2017)。

命名者の黒田はもちろん類似の種があることは認識していて，原記載論文で，アカハラショウビンとの違いとして，足が黒くないこと，黒い帯が後頸を回ってないことをあげている。さらに黒田は，1934年刊行の著書『原色鳥類大図説』第2巻のアカハラショウビンの項で，ミヤコショウビンとの識別点として，頭，頸，下面の肉桂色のやや淡いこと，眼の上の小白斑を欠くこと，耳羽を通る暗色線が後頸の黒色線に連なることをあげている (黒田 1934)。さらに指摘されている差異として，初列風切が次列風切との比においてアカハラショウビンより長い (日本鳥学会 1942)，測定値がやや小さい (Fry et al. 1992) という点がある。

しかし，これらの点についてはいずれも差異として取るに足りないものであるとか，剥製の作り方や状態に起因しているものだという議論がなされている。足の色彩につ

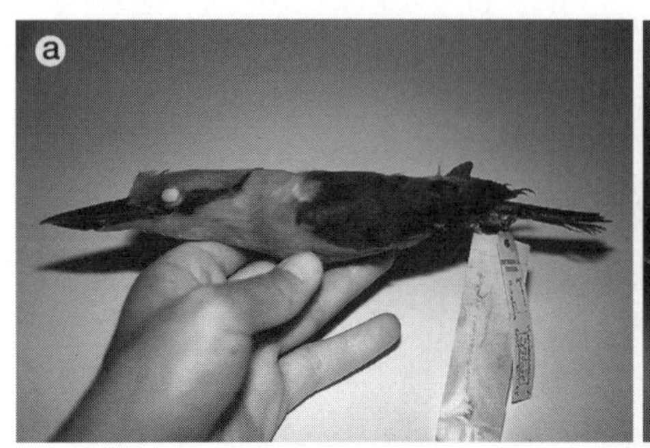
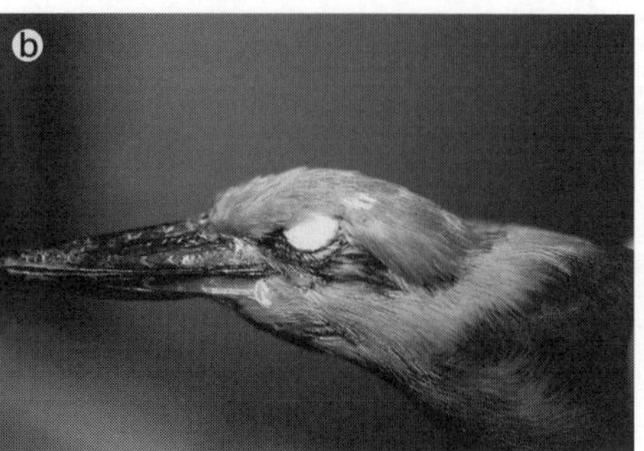

図 6　ズアカショウビンの標本 (アメリカ自然史博物館所蔵) (a) AMNH-639036 1895 年 1 月 21 日，グアム島。(b) 頭部に白い差し毛のあるもの，AMNH-332415 1931 年 8 月 18 日，グアム島。

いて，森岡弘之 (1989) は，「ズアカショウビン[4] の脚も赤褐色だし，30 年以上経た乾燥標本から生体時の脚の色は確かめようがない」と書いている。眼の上の小白斑は，左側にしかない。森岡 (1974a) は，「… 眼の上の白色斑は，数本のかなり長い青白色の羽毛で，これだけでは斑のかたちをなさず，また左側のみにあって左右相称ではない。… 偶然生じたアルビノの羽毛である可能性もある」と述べている。初列風切と次列風切の比について，ハーバード大学比較動物学博物館のジェームズ・グリーンウェイ (James Greenway) は，「剥製を作る際に (次列風切が付着している) 尺骨の剥皮をすることでしばしば変わってしまう」と述べている (Greenway 1958)。さらに，過眼線状の暗色線がミヤコショウビンでは後頭部を回っていないという点については，筆者も実際に標本を見てみたが，剥製の作りのせいで後頭部が見づらいうえに，状態も悪く，少なくとも現在では判断が難しい。体の大きさも含めて，森岡 (1974a) は，「(ミヤコショウビンとアカハラショウビンの) 形態や大きさは等しく」と述べている。そして羽色の違いもわずかであることも指摘して「両者の相違は大きくても亜種間の差にすぎないように思われた」としている。筆者も過去にアメリカ自然史博物館で，アカハラショウビンの標本を実際に閲覧しているが，アカハラショウビンの雄の標本の形態と羽色はミヤコショウビンと極めて似ているという印象をもった。また，頭部の羽毛にわずかな，白い差し毛のあるアカハラショウビンの標本も見ることができた (図 6)。

このように形態的差異がわずかなことから，研究者のなかにはミヤコショウビンをアカハラショウビンの亜種とする考えもある。世界のカワセミ類を扱った海外の 2 つの図鑑は，伝統的な 3 亜種からなるズアカショウビンにミヤコショウビンを加えて 4

4) ここで言うズアカショウビンは，グアム島の個体群 *cinnamominus* (本章のアカハラショウビン) を含む，伝統的な 3 亜種からなる種を指し，特に本章のアカハラショウビンを念頭においている。

亜種とする立場をとっている (Forshaw et al. 1985; Fry et al. 1992)。また，近年発表された世界の鳥のリストは，伝統的なズアカショウビンを3つに細分して，グアム産のアカハラショウビンを独立種とする立場をとったうえで，ミヤコショウビンをその亜種としている (Gill & Donsker 2017)。

さらに，両者の差異はごくわずかという認識から，ミヤコショウビンはグアムのアカハラショウビンが迷行したものではないかという可能性も指摘されている (Brazil 1991; 森岡 1974a, 1989)。それと同時に，この標本の由来についての疑念も提起されているのだ。たとえば，Greenway (1958) はこの標本について，「ただ1点の不可解な標本を評価するときにはラベルに間違いがあった可能性が常にあることを念頭におくべきだ」と述べている。実際にそういうことはあったのだろうか。

(3) 標本の入手にまつわる謎

じつはこの標本には，標本の入手に関してある事情があった。学名を付した際の原記載論文を見てみよう。「動物学雑誌」に1919年に掲載された黒田長禮の論文だ (黒田 1919)。ミヤコショウビン以外に，亜種タネヤマガラ *Parus varius sunsunpi**と亜種ヤクシマヤマガラ *P. v. yakushimensis**を記載しているこの論文の，ミヤコショウビンの記載には次のように書かれている。

> 基型標本は去る明治二十年二月五日沖縄県宮古郡宮古島に於て田代安定氏の採集せるものにして現今動物学教室の標本室に珍蔵せらる。
>
> 此標本は嘗て飯島教授より米国のスタイネゲル氏に送られしことありし由なるも同氏より返送し来りしのみにて何等の報告も通信もなきものの如し。余は同氏の琉球地方鳥類に関する論文を調べ見しも終に此鳥類に関する記事を発見するを得ざりき。此標本に附せる符箋には田代安定氏採集，二月五日，八重山産？ と あるのみなりしより今同氏が台湾に在勤のことを知り得しかば菊池米太郎氏を介して其年及び採集地を問合せしに菊池氏の回答によりて前記の如く明確に知るを得たる次第なり。茲に田代，菊池両氏に謝意を表す。

文中，基型標本とはタイプ標本のこと。飯島教授とは，東京帝国大学教授の飯島魁 (1861-1921)，スタイネゲル氏とは，アメリカ国立自然史博物館の鳥類・爬虫類学者で，飯島らの送付した標本をもとに日本産鳥類についていくつもの論文を発表したレナード・スタイネガー (Leonhard Stejneger) (1851-1943)である。またここで言う動物学教室というのは東京帝国大学 (現在の東京大学) の動物学教室である。

採集者の田代安定 (1856-1928) は，熱帯植物学の権威であり，人類学者，民俗学者としても知られる研究者で，さらに行政官としての手腕も評価されている人物である (松崎 1934; 長谷部 1977; 上野 1982; 柳本 2005; 名越 2017)。田代は，当時，風土病としてマラリアがある，非常に不便な土地であった先島地方に3回，調査旅行で訪

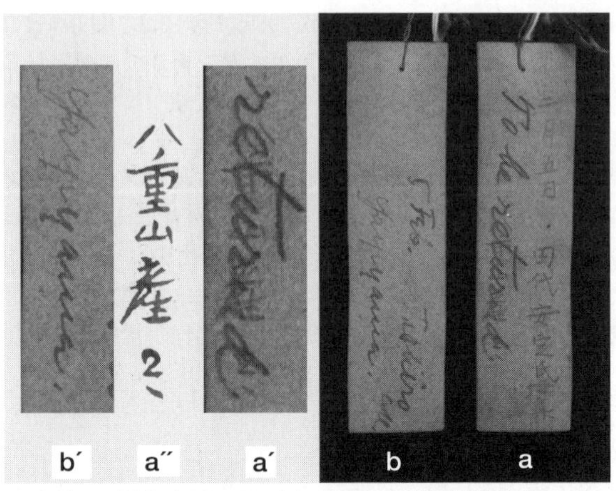

図 7　ミヤコショウビンの標本 (YIO-00071) に付された新種記載以前のラベル。(a)「二月五日　田代安定氏採集　八重山産？」“To be returned” と記入されている。(b) “5 Feb. Tashiro coll. Yayiyama.” と記入。(a′)「八重山産？」“returned” の部分の拡大。(a″)「八重山産？」の文字を切り出したもの。(b′) “Yayiyama.” の部分の拡大。

れている。後に台湾総督府に長く勤務して，恒春の熱帯植物殖育場の創設に尽力した。田代が自ら命名記載した植物はないが，田代の名前は，学名ではハギカヅラ *Galactia tashiroi*，サクラツツジ *Rhododendron tashiroi* など，和名ではタシロイモ *Tacca leontopetaloides*，タシロスゲ *Carex sociata* などに残されている (上野 1982)。

この人物が東京帝国大学に残した標本のなかから，30 年以上経って黒田長禮が新種を記載したのだ。それだけではなく，標本のラベルの記述は不完全で，採集者に問い合わせたうえで採集年と場所を確定している。

森岡 (1989) は，ここに標本の来歴について混同が起こった可能性があると指摘する。森岡の文章を見てみよう。

> つまり，宮古島の記載も明治 20 年 (1887) 採集の記載も，黒田博士が新種として発表した時 (それはタイプ標本が採集されたという明治 20 年の 33 年後である)，採集者の田代安定に問い合わせて調べた結果である。このことは黒田博士が原記載の注で述べているところで，田代安定は大正 8 年には台湾でまだ健在であった (彼は昭和 3 年に鹿児島で亡くなった)。だから，黒田博士が田代氏に「貴殿が八重山で 2 月 5 日に採集した標本があるが，それを採集したのは何年のことで，正確な場所はどこであったか」と問い合わせれば，琉球にいたことのある田代安定は日記をくりながら，2 月 5 日と八重山を手がかりに，“明治 20 年宮古島” と答えたわけだ。そうでなければ，33 年前に入手した鳥の剥製の採集年や産地がすらすら出てくるはずがない。そ

れに，もともと彼は雑多な標本を集めていたし，ミヤコショウビンが新種であることも，世界的な珍鳥であることも知っていなかったのだから，標本そのものの記憶はなかったと思われる。

原記載で，「此標本に附せる符箋には田代安定氏採集，二月五日，八重山産？ とあるのみなりしより」とされたラベルは現在も標本についている (図 7)。片面には「二月五日　田代安定氏採集　八重山産？」と書かれており，「八重山産？」の上から，“To be returned” (要返却) と書かれている。もう片方の面は，“5 Feb. Tashiro coll. Yayiyama.” と読み取れる。森岡 (1974b, 1989) は，八重山という採集地名が確実でなかったことがラベルから読み取れることを重視したのだろう，英文の採集地名にも「Yayiyama?」と疑問符がついていると述べている。ただし，少なくとも現状では英文の採集地名には疑問符は見えない。この点は筆者が 1996 年にラベルを調べたときも同様であった。森岡は上記のように，英文の地名に疑問符があることを 1974 年の記事で指摘しているから，当時は読み取れた疑問符がその後褪色したのかもしれない。ちなみに，残りのラベルは新種記載以後に付けられたものである (図 5 には 4 枚のラベルが見えるが，この撮影後，2000 年以降に山階鳥類研究所の標本データベース化に伴ってラベル 1 枚が追加され，現在は合計 5 枚のラベルがついている)。

八重山という採集地に文字どおり疑問符がついている結果，採集年も疑いうるとなると，どこかにアカハラショウビンとの接点はないかということが気になる。田代安定にミクロネシアとの関係はないかということだ。この点に気づいた森岡 (1989) は調査して，1889 (明治 22) 年から 1890 (明治 23) 年にかけて，田代安定がハワイ・ファニング (キリバス)・サモア・フィジー・グアムを巡航し，植物や人類学の標本を収集している (上野 1982) ことをつきとめた。田代は近縁のアカハラショウビンの産地であるグアムも訪れていたのだ。

森岡 (1989) はこのことを述べた文中で，「この巡航で，2 月 5 日に彼がどこにいたのかはまだ不明である」と書いている。筆者はこの点を調べてみた。田代がこの巡航のために便乗した海軍軍艦「金剛」は 1889 年 8 月から 1890 年 2 月までの航海をしている (長谷部 1977)。この航海について 1890 年の「東京地学協会報告」に，田代本人が 7 回にわたって連載している。この報告を見てみると，グアム島にはフィジーから 1890 年 1 月 29 日に到着し，2 月 6 日にグアム島を出発して日本への帰途についていることがわかった (田代 1890a; 平岡 2006)。つまり，ミヤコショウビンを田代安定が採集した日とされる 1887 年 2 月 5 日の 3 年後，1890 年 2 月 5 日は，田代のグアム滞在の最終日だったのだ。

先の森岡の推測にあるように，ミヤコショウビンの採集年はラベルにある周辺情報からいわば機械的に割り出したものにすぎないと考えられる。採集年の根拠が確実でないとなれば，ミヤコショウビンの標本がグアム島で入手された可能性もまじめに検討する価値が十分あるだろう。このためには，田代安定が 1890 年 2 月 5 日にグアム島で何をしたかがぜひ知りたいところなのだが，残念ながら筆者はその情報にたどりついていない。「東京地学協会報告」の連載第6回はグアム島の動植物に充てられており，合計44ページにわたって主に植物について詳細に記述しているが，鳥類については「鳥類ハ夥多ニシテ繁雑ニ堪ヘサレハ全ク説ヲ省キ…」としているのみである(田代1890b)。

おわりに

本章では，小川三紀と黒田長禮の初期の琉球列島の鳥類相研究についてふれてから，ミヤコショウビンの疑問についてのあらましを紹介した。ミヤコショウビンについては，ここまで述べてきたように，採集日と採集地の情報が誤りという可能性があるのだが，いまだ決め手を欠いている状況だ。今後の研究の方向としては，田代安定の事跡に関する資料調査，標本の形態の研究，標本から採取したDNAを用いた研究の3つが考えられる。

このうち，DNAによりミヤコショウビンとアカハラショウビンの差異を探る試みだが，じつは，アメリカでアカハラショウビンを研究している研究者から山階鳥類研究所に依頼があり，2001年に，ミヤコショウビンの標本から脱落した羽毛から羽の基部を切り取って送付したことがある。しかし，DNAの抽出と増幅はうまくゆかなかった。この結果をふまえ，2007年当時，技術の進歩を待つほうが賢明という判断で，さらにサンプルを取って実験するのを見送ることにした経緯がある。

将来的に技術が進歩して，DNA採取と増幅が成功し，アカハラショウビンのDNAとの比較ができれば，どのような結果が出ても興味深いであろう。すなわち，ミヤコショウビンがアカハラショウビンと確かに別種ということがわかれば，年来の疑いが晴らされることになり，逆にミヤコショウビンがアカハラショウビンの1標本にすぎないことがわかればそれはまた大きな成果である。

ここまで読まれてきた方のなかには，そもそもどうして1点の標本を見つけただけで新種を記載したのだろうか，という疑問を抱く方もおられるかもしれない。現代の新種記載は，通常，複数個体の標本の形態を近縁種のやはり複数個体と比較検討し，さらに分布，音声，行動その他も明らかにして，総合的に判断するのが普通である。しかしこれは，当時と現代の，採集の困難さと分類学の考え方の違いを考えれば致し方ない面があることが理解されると思う。現代では地球上に鳥類学上の未踏の地はほぼないと言ってよいだろうが，当時はそれがまだ多くあって，不便で到達が困難な場所が多く含まれていた。採集人，折居の採集日誌(折居彪二郎研究会2013)を読んでみれば，採集旅行が，非常に過酷な，いわば命がけのものであったことがわかるだろう。現代のように，その気になれば世界中どこであれ，何度でも行けるということは望むべくもなく，興味深い標本が得られたとしても，もう一度同じ場所で鳥の採集ができるのはいつのことかわからないことが普通な時代だったのだ。このような時代にあっては，持ち帰られた中に未知と考えられる標本があれば，ともかく名前をつけて新種としていたことも理解できるだろう。

さらに，分類学の考え方が今と異なっていたことも考慮する必要がある。冒頭に紹介したエルンスト・マイアらが進化の総合説を主唱したのは1930～1940年代のことだ。マイアの提唱した生物学的種概念「互いに交配しうる自然集団で，他のそのような集団から生殖的に隔離されているもの」に見られるとおり，遺伝的連続性を重視した集団という考え方に，種の考え方が変化した。それによって生物の分類は，標本の形態ばかりでなく，遺伝学，生態学，生物地理学など，生物学のあらゆる分野の知識に基づいて行われるべきものになったのだ。黒田長禮がミヤコショウビンを記載したのはそういう時代ではなく，博物館標本の形態を検討して行われる，いわゆる「類型分類学」の時代だった。すでに述べたとおり，黒田は日本の鳥類，哺乳類の分類学の確立に貢献した，日本人として最初期の研究者であり，大先達であるわけだが，どんな人間も時代の制約のなかで生きている。ミヤコショウビンについての疑問はまだ解明されていないが，どのような結果になっても，時代背景を考えれば黒田長禮を責めるのは酷なことであろう。

ちなみに，1994年12月に山階鳥類研究所を訪れたマイアは，ミヤコショウビンの標本を見た後，何もコメントしなかった。当時筆者は標本担当として標本室から標本を出してくるなどの対応をしたのだが，今から思えば，どのように考えたかを質問してみればよかったと思う。ただ，マイア以外に，マイアの弟子でコロンビア大学教授のウォルター・ボック (Walter Bock) や，彼の弟子で日本の鳥類分類学の第一人者，国立科学博物館の森岡弘之という大物研究者も同席していて，若造の筆者が質問できるような雰囲気ではなかったし，実際質問してみたらどうかということは頭に浮かびもしなかったのである。

鳥の生物地理学ことはじめ

DNAを用いなければ生物の分布の秘密は解き明かせないと考えている人は多いだろう。実際，時間経過とともに変化した塩基配列の違いを読み解くことが，生物の分布の由来を推定するのに現時点では有効な方法だ。しかし鳴き声の研究は，簡便ながら大きな発見の端緒になる可能性がある。多くの鳥は鳴き声を使ってコミュニケーションをする。鳴き声の音響特性は，環境構造と関係しており，自然淘汰によって変化してきたと考えられる。また，仲間とのコミュニケーションができなければ，配偶ができないので，さえずりの特性は性淘汰の結果とも考えられる。たとえ産卵や孵化に至っても，コミュニケーションが成立せずに上手く育雛ができなかったり，捕食者からの攻撃を回避できなかったりする可能性も高い。つまり，鳴き声の地理分布の解析は，鳥の分布の由来はもとより，種分化を解明するのに有効な手段と考えられる。

鳴き声研究の歴史は古い。しかし，とくに盛んになったのは近年のことだ。1990年代にパーソナルコンピュータ上での鳴き声の解析が容易になったこと，2000年代には小型で高性能なICレコーダーにより録音が簡便になったことがその背景である。マイクと録音機があれば調査が可能なのだ。本書で紹介する私の調査に必要としたものは，フィールドノート，録音機，マイク，ハンディGPSだけだ。解析ソフトにはいろいろあるが，私はコーネル大学鳥学研究室が開発したRavenという音声解析ソフトを使用した。Ravenは，歴史ある解析ソフトCanaryの後継であり，改訂が重ねられ使用勝手の良いものになった。

南西諸島には，鳥たちの分布の不思議がたくさん隠されている。トカラ列島にはまだ亜種が特定されていない種がいたり，奄美群島には繁殖が可能と思われる島に生息しない種がいたり，先島諸島から北方に分布を拡大している種もいる。その他にも面白い研究素材がたくさん隠れているだろう。ICレコーダーにマイクをつなぎ，野外で鳥の鳴き声を録音しよう。スマートフォンのGPS機能を使えば，録音地点の緯度経度も記録できる。誰もが鳥の分布の秘密を解き明かす可能性をもっている。 (高木昌興)

調査機材はこれだけ。録音機，マイク，ハンディGPS，フィールドノート。

3
鳴き声から探る南西諸島の生物地理
―リュウキュウコノハズク―

(高木昌興)

種名　リュウキュウコノハズク

学名　*Otus elegans*

分布　リュウキュウコノハズクは，トカラ列島中之島から与那国島，波照間島までの琉球列島全体に広く分布する。より北部では，福岡県の沖ノ島に隔離分布し，南方ではフィリピン北部のルソン島の北に位置するカラヤン諸島，台湾南東部の蘭嶼島，南大東島などの島々にも分布する。分布範囲は南北約 2,000 km に及ぶ。カラヤン諸島の亜種カラヤンコノハズク *O. e. calayensis*，ランユウ島の亜種ランユウコノハズク *O. e. botelensis*，琉球列島の基亜種リュウキュウコノハズク *O. e. elegans*，南大東島の亜種ダイトウコノハズク *O. e. interpositus* の 4 亜種に区分される。

喉を膨らませて鳴く南大東島のリュウキュウコノハズク。

全長　約 20 cm

生態　「コッコホ」または「コホ」を連続させて鳴く。先島諸島では比較的身近な鳥で，鳴き声を聞くことはたやすい。沖縄島よりも北部の島では主に発達した樹林地に生息しているので身近な鳥とは言えない。主に樹洞で繁殖する。在来種の大径木が伐採で少なくなった地域では，植栽されたモクマオウの大径木に営巣する。一腹卵数は，2 個または 3 個のことが多いが，4 卵のこともある。南大東島の産卵は主に 4 月，沖縄島北部では 5 月である。抱卵，抱雛は雌だけが行う。雄は抱卵中の雌に餌を運ぶ。抱卵から孵化に要する期間は約 26 日間で，卵から雛が孵化して 1 週間ほどすると雌も巣の外に出て餌を捕り，雛に餌を運ぶ。沖縄島北部で雛に与えられる餌はキリギリスやコロギスが約 8 割を占め，南大東島ではゴキブリ，アシダカグモが約 8 割を占める。主に昆虫食であるが，ヒヨドリをまるごと巣に運び込んだ例もある。育雛期間は約 30 日間である。雌雄とも巣立った翌年に繁殖する個体がいる。

なぜ鳴き声なのか

生物地理学は，生物の分布特性を歴史的背景から解き明かす学術分野である。私はリュウキュウコノハズク *Otus elegans* の鳴き声に着目して生物地理学研究を行った。手っ取り早く，DNA を解析すればよいではないか，と思われる方もおられるであろう。実際，近縁種や亜種が，祖先種からどのくらい昔に分岐したのかを推定したり，広い地域に分布している種内に蓄積された変異を検出したりすることなどには，遺伝解析がもっとも確実な方法である。1 章に詳述されているように，時間経過とともに DNA に刻まれた配列の違いを読み解く遺伝解析は，生物地理学研究の強力なツールである (McKay 2009; Jønsson et al. 2010; Noonan & Sites 2010; Roberts et al. 2010 など)。とくに非飛翔性の陸生動物は，海や川により移動分散が制約される。地史的な時間スケールで生じた地殻変動や氷河性海水準変動は現在の生物の分布を規定するので，それぞれの地域における個体群の遺伝構造に過去から現在への変化が蓄積される。地史的な時間スケールで交流がなくなれば，個体群間に形態や生態に違いが生じ，生殖隔離が成立し，種分化に至ることもある。

一方，鳥は飛翔が可能であり，キビタキ *Ficedula narcissina* やサンコウチョウ *Terpsiphone atrocaudata* などの小型の鳥までも海を越え，渡り鳥として日本に飛来し繁殖する。鳥は地理的障壁に移動分散が制約され難いように見える。遺伝的構造は解明されたとしても，どうしてその鳥がそこにいて，あの鳥はいないのか。地上性の動物に適用される地史的時間経過からの説明では，不十分である。とくに，鳥の生物地理学研究は，生態学に軸足をおいた総合進化学研究として捉える必要がある。その一端を担うのが鳴き声である。

さえずりは鳥の生活に重大な影響をもっている。鳥のさえずりには地域ごとに地理的なパターン，つまり方言がある。方言は地理的な勾配を示して少しずつ変化するのではなく，明瞭に区別できる境界があり，飛び石的に急激に変化する (Marler & Tamura 1962; Mundinger 1982; Podos & Warren 2007)。ある方言地域に異なる方言をもつ雄が侵入したとしても，なわばり防衛が上手くできず，配偶者の獲得もかなわない (Catchpole & Slater 2008)。

さらに，鳴き声は音波として空間を伝わるため，音響学的な構造は環境構造と密接に関係している。たとえば，葉が密に茂る森林の中に生息している種の鳴き声は，葉の間をすり抜けて聞き手に届くように高い声になる。一方，開けた空間に低密度で生息する種の場合，遠くまで届くように低い音になる。鳴き声の特徴を記述することは，地域の環境への適応度合いを調べることにもなる (Williams & Slater 1990)。

なぜフクロウ類なのか

さえずりは，生物地理学研究の遺伝解析の代替ツールとして，その可能性が探られてきた (MacDougall-Shackleton & MacDougall-Shackleton 2001; Mennill & Rogers

2006; Koetz et al. 2007 など)。同じさえずりをもった個体は，遺伝的にも同一のグループに属すと仮定している。しかし，スズメ亜目 (鳴禽類)，オウム目，ハチドリ科のさえずりは，聴き覚え，練習することで獲得される (Kroodsma 2004; Soha 2004; Price 2008; Wonke & Wallschläger 2009)。さえずりの共有は，さえずりの学習環境が共有されていたことを示す (Podos & Warren 2007)。つまり同じ方言をもつ個体どうしは育った地域が同一ということである。このようなさえずりは，人の言葉と同様に文化伝播する形質として注目されている (Mundinger 1980)。

鳥は生まれた場所に戻って繁殖をする場合と，移動して他の場所で繁殖する場合がある。移動して定着した場所が生まれ育った方言の区域であれば，さえずりと遺伝的なまとまりは対応することになる。しかし，生まれ故郷とは異なるさえずり地域に移動し，さえずりを獲得し繁殖個体群に参加すれば，遺伝的まとまりは崩壊する。実際のところ，鳴き声を学習する種を扱った研究では，さえずり方言と遺伝的変異の間に直接的な関係は見いだされていない (MacDougall-Shackleton & MacDougall-Shackleton 2001; Nicholls et al. 2006; Leader et al. 2008)。さえずりは生物地理研究のツールには，適しているとは言えない。

一方，上述の 3 グループ以外の鳥の鳴き声は，学習によって獲得されない生得的な性質とされている (Gahr 2000)。Mundinger (1982) は，声紋の特徴を形態形質になぞらえ，Kroodsma et al. (1996) は生得的な発声がタイランチョウ亜目 (亜鳴禽類) やほとんどの非スズメ目鳥類における識別可能な進化的な単位である可能性を示唆した。つまり，フクロウの鳴き声の特徴は，遺伝的なまとまりをもった個体群を構成する個体の特徴を表すと予想される。しかし，さえずりを学び獲得する種でも「ツッ」，「チッ」などの単純に発せられる地鳴きは，生得的なものとされている。このような地鳴きには，地理変異があったとしてもその分布は広大な範囲に及び，変異の検出には不向きと考えられた (Podos & Warren 2007)。フクロウの鳴き声も，ほとんど地理変異を示さないと概説され (König & Weick 2008)，地理変異に関する研究は少ない (アフリカオオコノハズク *O. leucotis*: Weydenvander 1973，コキンメフクロウ *Athene noctua*: Exo 1990，モリフクロウ *Strix aluco*: Galeotti et al. 1996; Appleby & Redpath 1997，アメリカフクロウ *S. varia*: Odom & Mennill 2012)。Odom & Mennill (2012) はアメリカフクロウの雄と雌の鳴き声と同様にデュエットの地理変異についても吟味したが，音響特性に地理的なまとまりはないと結論している。

このような背景を鑑みると，フクロウ類は生物地理学研究には適さないと思われるかもしれない。しかし，私は以下の理由からフクロウ類は鳴き声を用いた生物地理学研究に適したグループと考えた。まず，鳴き声の明確な個体差が多くの種で報告されている (Terry et al. 2005; Dragonetti 2006; Odom 2013)。少ないながら地理変異の検出例がある (Appleby & Redpath 1997)。また，鳴禽類のさえずりの構造は非常に複雑である (Huntsman & Ritchison 2002; Price & Yuan 2011)。そのため鳥における地理変異の研究を制限し，地理変異の研究に不向きであると指摘されることもある (Baker

2012)。フクロウ類の鳴き声は単純なので (König & Weick 2008), 声紋の形状表現, 時間周波数解析が簡単である。たとえ単純であったとしても主に夜行性のフクロウ類の鳴き声は, なわばりの維持や配偶者の獲得にさえずりとして機能する (König & Weick 2008)。すなわち繁殖成功に関わる重要な形質であることから, 鳴禽類などのさえずりと同様に重要な役割を担っていると考えられる。このようなフクロウ類の鳴き声を広告声と呼ぶ。

なぜ南西諸島のリュウキュウコノハズクなのか

新たな種は祖先種が異なる地域に分かれて生息し, それらの個体群間に交流が途絶えることで生じる (Mayr 1965; Gillespie & Clague 2009 など)。地理的種分化は, 大きく2つの過程から説明される (Newton 2003)。1つは分断種分化, もう1つは分散種分化である。分断とは, 広域に分布する祖先種の分布域が地史的な時間スケールで分割され, 分布域が複数に分かれることである。氷河性海水準変動による海峡の出現や, 大きな造山運動で生じる山脈などの地理的障壁が分割の要因である。その結果, 祖先種は異なる種へと分化を果たす。熱帯アメリカの固有種 (Cracraft & Prum 1988) やニューギニアのゴクラクチョウ科などが分断種分化の例と考えられている (Heads 2002)。一方, 分散とはすでに存在している障壁を跨ぎ, 分断種分化よりも相対的に短い時間スケールで新しい生息地を確立する場合である。海洋島であるガラパゴス諸島におけるダーウィンフィンチ類やハワイ諸島におけるミツスイ類などの機会的な個体群の成立がその例である (Newton 2003; Whittaker & Fernández-Palacios 2007; Grant & Grand 2008)。

双方の観点を含む南西諸島は, 鳥の種分化を探究するのに適したモデルシステムの1つと言える。つまり, 南西諸島は地殻変動と氷河性海水準変動による分断と接続の歴史をもち, 多様な面積と標高からなる140個の大陸島である琉球列島, および海洋島である大東諸島から構成されている (Kizaki 1985; 日本離島センター 2004)。

琉球列島は鮮新世の地殻変動に起源し, 氷河性海水準変動は時として生じる陸橋とそれに続く海進により島々の接続と分断の地史をもつ (Ota 1998)。とくに重要な構造は, 琉球列島を分断するトカラ構造海峡と慶良間海峡である。海峡の深さは500 m以上に達する (Hsu et al. 2001)。更新世の最寒冷期における海水準の低下は約140 mなので (Yokoyama et al. 2000), 海峡を挟んだ両側は過去11万年間陸続きになっていない。さらに爬虫両生類の分布を鑑みると, 260万年以上にわたって分断の歴史が続いていたと推察される (Ota 1998)。一方, 海洋島である大東諸島は後期更新世に現れた比較的新しい島々であり, 出現から数十万年が経過したにすぎない (Kizaki & Oshiro 1977; Ota 1998)。また台湾の南東部に位置する蘭嶼島も, 海底火山に起源する海洋島である (Inoue et al. 2011)。

トカラ構造海峡を挟んだ北側は動物地理区界の旧北区, 南が東洋区として知られている。一方の慶良間海峡は鳥類の分布の境界に位置づけられ, 蜂須賀線 (南沖縄線)

と呼ばれる。しかし，飛力をもつ鳥類が地理的障壁から受ける影響は，他の動物に比べて小さい (Whittaker & Fernández-Palacios 2007; Price 2008 など)。実際に蜂須賀線を挟んだ地域には共通種が多く，また同一種の共通亜種も多く生息する (高木 2009)。

リュウキュウコノハズクは，このような南西諸島を分布の中心とする樹林地に生息し樹洞に営巣する体重約 100 g の小型のフクロウである。最北端の生息地である福岡県沖ノ島からフィリピン北部のバタン・バブヤン諸島にまで及ぶ (図 1)。最長の分布範囲をもつ基亜種リュウキュウコノハズク *O. e. elegans*，南大東島に亜種ダイトウコノハズク *O. e. interpositus*，蘭嶼島の亜種ランユウコノハズク *O. e. botelensis*，フィリピンの北部島嶼の亜種カラヤンコノハズク *O. e. calayensis* の 4 亜種に区分される (Dickinson 2003; König & Weick 2008; 日本鳥学会 2012)。主に留鳥とされている。リュウキュウコノハズクの分布域は，基亜種の分布範囲を南北に大きく隔てる宮古島と沖縄島の間に横たわる幅 270 km の慶良間海峡によって分断されている。さらにその分布域には，海洋島である南大東島と蘭嶼島が含まれ，近隣にあるリュウキュウコノハズクが生息する島から，それぞれ 360 km, 320 km を海洋によって隔離されている。このような地理的な特性を考えると，リュウキュウコノハズクの祖先種は分断と分散の双方の影響を受けた結果，現在の分布に至ったと考えられる。私は，海洋に

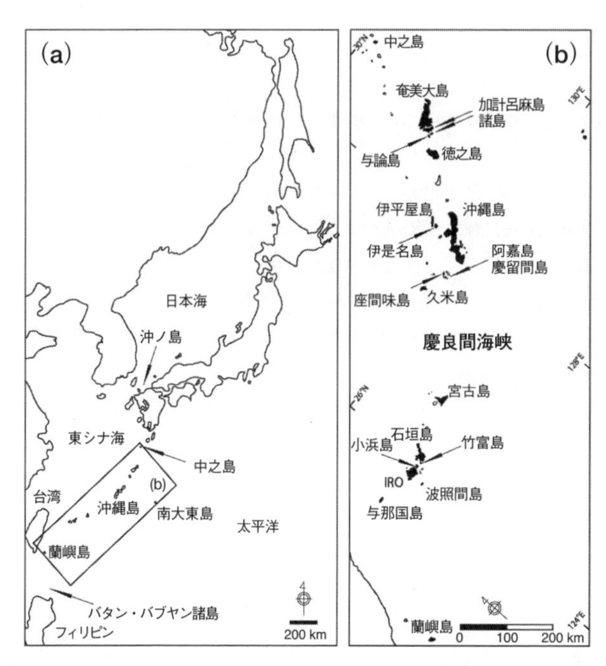

図 1 (a) 調査地の位置。リュウキュウコノハズクの分布の北端は沖ノ島，南端はバタン・バブヤン諸島。(b) リュウキュウコノハズクの主要生息域。録音調査を行った島は矢印と名称で示した。

よって隔離された島々，群島における各個体群の構造と群島内の島間の距離による隔離が，広告声の変化に与えた役割に興味をもった。

広告声の視認と計測

調査は単純である。あらかじめ録音しておいた雄のリュウキュウコノハズクの広告声をスピーカーから流す。これはプレイバックと呼ばれる[1)]。流された広告声を聞いた雄は，近寄って来て広告声を返すので，その広告声を録音する。

本研究では，2005～2009年のリュウキュウコノハズクの繁殖期である4月と5月に，バタン・バブヤン諸島を除く，リュウキュウコノハズクが生息しているほぼすべての島で調査を行った。録音を実施した島は，北から中之島，奄美大島，加計呂麻島，請島，与路島，徳之島，伊平屋島，伊是名島，沖縄島，座間味島，阿嘉島，慶留間島，久米島，南大東島，宮古島，石垣島，小浜島，竹富島，西表島，与那国島，波照間島，蘭嶼島の合計22島である (図1)。日没から約6時間に各雄につき約1分間の広告声を録音し，録音地点の緯度経度を記録した。総録音個体数は718個体である。なお，雌も雄と似た広告声を発することがあるが，雄よりも嗄(か)れて不明瞭で長く鳴き続けないことから雌雄の判別は可能である。

録音した広告声は，パソコン上で音声解析ソフトを用いて声紋として可視化することができる。可視化にあたっては時間成分と周波数成分の解像度を定義し解析を行った[2)]。

さえずりや広告声を含む鳴き声の地理変異の解析には，大きく分けて3つの方法がある。

(1) 音素の形状を視覚で識別し，シラブルの組み合わせや順番により区分する (Kroodsma 2004; Soha 2004; Wonke & Wallschläger 2009)。これは鳥のさえずりの方言を識別するのに有効である (Baker 2012; Parker et al. 2012)。

(2) 声紋類型解析：　声紋そのものの形状を区分する。この解析はMundinger (1982) が声紋を形態形質とみなし，Takagi (2013) が広告声の地理変異に応用したものである。声紋の形状が単純なフクロウ類などに適している。

(3) 時間周波数解析：　声紋の周波数や声紋と声紋の時間間隔を量的に表現する。これは現在もっとも広く採用されている手法である。この時間周波数解析でも声紋の形状を視覚的に概観し，すべての個体に共通に定量できる変数を確定させる必要がある。

---

1) リュウキュウコノハズクは，流した広告声に反応しやすい性質をもっているが，繁殖行動や冬期のなわばり防衛行動などを妨害する恐れがあるので，プレイバックは生態を十分に知ったうえで実施される必要がある。

2) 本研究で音声解析に用いたソフトウェアは，コーネル大学のRaven ver1.3，Charif et al. 2008。可視化の定義は，解像度window type Hann, size 1500 samples (76.8 ms); time grid, overlap 50%, hop size 38.4 ms; frequency grid, DFT size 65536 samples, grid spacing 0.298 Hzである。

時間周波数解析による広告声の定量的評価

図2はリュウキュウコノハズクの典型的な声紋と波形を示したものである。リュウキュウコノハズクの広告声は，2つのシラブルをもつ個体と，1つのシラブルだけをもつ個体に大きく二区分された。シラブルの数に従って分類したものをフートタイプ(hoot type)と呼ぶ。第一シラブルをもつものをHT-I，第一シラブルを欠くものをHT-IIとする。第一シラブルをもたない個体の広告声を含め，同列に比較するために，定量的計測は第二シラブルに限定した。計測部位は図3に示した5成分である。声紋の形状には個体差があり複雑だが，これらの計測部位はすべての個体の広告声に適用が可能である。各個体の約1分間の録音時間の連続する10個の広告声を選び，声紋の形状が変化しないことを確認した。その10個の時間周波数成分の平均値を個体の代表値とした。

時間周波数の特徴が共有される地理的範囲の検出を試みた。面積の広い代表的な大

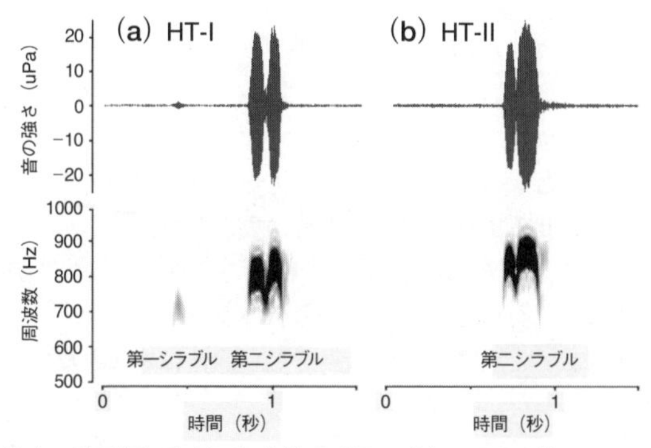

図2　代表的な広告声の波形図(上側)と声紋(下側)。(a) HT-I。第一シラブルと第二シラブルの2つのシラブルから構成されるタイプ。(b) HT-II。第二シラブルだけをもつタイプ。

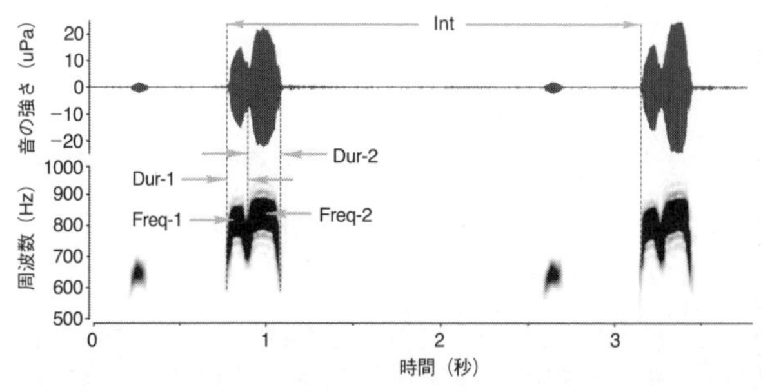

図3　広告声HT-IIの波形図(上側)と声紋(下側)。5つの計測部位を点線と矢印で示す。

きな5つの島嶼間 (奄美大島，徳之島，沖縄島，石垣島，西表島) で検討した。時間周波数成分は島間で有意に異なっており，広告声は島それぞれに特徴をもっていることがわかった。

次に島内に変異があるか検討した。時間周波数分析で得られる5つの成分を島内の個体すべての組み合わせで比較を行った (マンテル検定)。これにより個体間の距離と広告声の特徴に関係があるかどうか評価できる。徳之島を除き，個体間の距離と広告声の特徴に関係性は認められなかった。つまりこれらの島内では距離が離れたとしても，広告声の特徴は変化しないことを意味する。徳之島では，近い個体どうしが類似する傾向が認められた。比較検討した個体数が少ないため，偶然に抽出が偏った可能性がある。

さらに，慶良間海峡の北側島嶼群 (中之島から沖縄島まで，南大東島を含む) と南側島嶼群 (宮古島から蘭嶼島まで) で同様の比較を行った。その結果，それぞれの島嶼群内に有意な変異は認められなかった。慶良間海峡を越えない範囲であれば，海を跨いだ島間で距離が離れたとしても，広告声の特徴は大きくは変化しないことが示された。

広告声の特性が，それぞれの島と主要島嶼グループ内で変化しなかったことには4つの現象が，単独もしくは複合的に関係していると考えられる (Slabbekoorn et al. 2003; Laiolo & Tella 2006)。

(1) 体の構造が制約となって，広告声に変化の余地がない。

(2) 広告声を変化させるような中立な変異は生じない。

(3) 類似した生息環境で効率的に広告声を伝播させる周波数特性があり (Williams & Slater 1993)，そのような特徴をもつ個体が選択される。

(4) 配偶者選択において，奇異な広告声をもつ個体は好まれない。

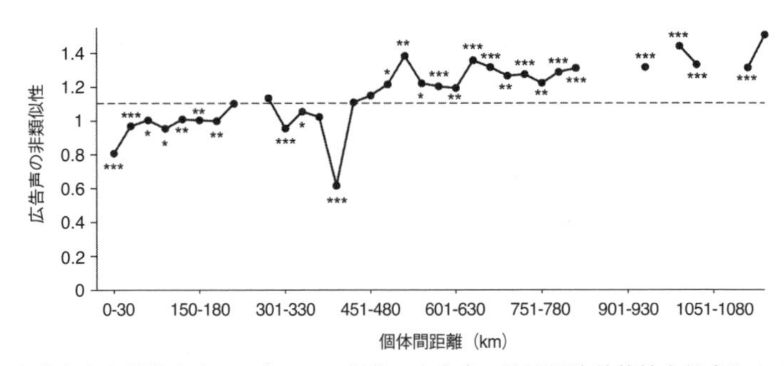

図4　中之島から蘭嶼島までのすべての個体の広告声の時間周波数特性を総当りさせた非類似性を太線で示す。水平の点線は，個体がランダムに移動できると仮定した場合の個体間の非類似性の期待値を示す。統計解析には期待値からのズレをモンテカルロシュミュレーションによって距離クラスごとに評価した。＊はそれぞれの有意水準。＊：$P<0.05$，＊＊：$P<0.01$，＊＊＊：$P<0.001$ を示す。欠測値している箇所は島間の組み合わせで生じなかった距離クラスである。

次に慶良間海峡を挟むすべての島嶼から得られた718個体の広告声を総当たりで比較した。図4は，横軸に個体間の距離，縦軸は値が大きくなるほど広告声の互いの類似性が低くなることを示す非類似性の値である。$y=1.1$の点線は，リュウキュウコノハズクがすべての島間を自由に飛び回ることができると仮定した場合の期待値である。この点線よりも下側にある場合は，広告声の特徴が互いに類似し，上側にある場合は類似性が低いことを意味する。個体間の距離が約420 kmまでは期待値よりも非類似性が有意に低く，互いに類似している。480 kmを超えると期待値よりも有意に高く，互いに異なる。非類似性が期待値よりも低い場合と高い場合の逆転が，個体間の距離が480 km辺りで生じていたことが重要である。慶良間海峡の北側の島間の最大距離 (中之島から沖縄島まで) は約365 km，慶良間海峡の南側の島間の最大距離 (宮古島から蘭嶼島まで) は480 kmであり，逆転した480 kmまでの範囲にちょうど収まる。また，全体を俯瞰すると個体間の距離が増加するにつれ，広告声の特徴の類似性が徐々に低くなることがわかる。リュウキュウコノハズクの広告声の特徴は，近いものどうしは類似し，離れると類似性が下がる関係，すなわち互いの個体間距離に応じた空間的自己相関の関係にあると言える。これは北側島嶼群と南側島嶼群のそれぞれにおいて，広告声の特徴は大きくは変化しない，という結果を支持する。

次に代表的な9島に限定した声紋上の5つの変数を用いた主成分分析の結果を示す (図5)。周波数の違いによって特徴づけられる第一主成分と連続する広告声の間隔

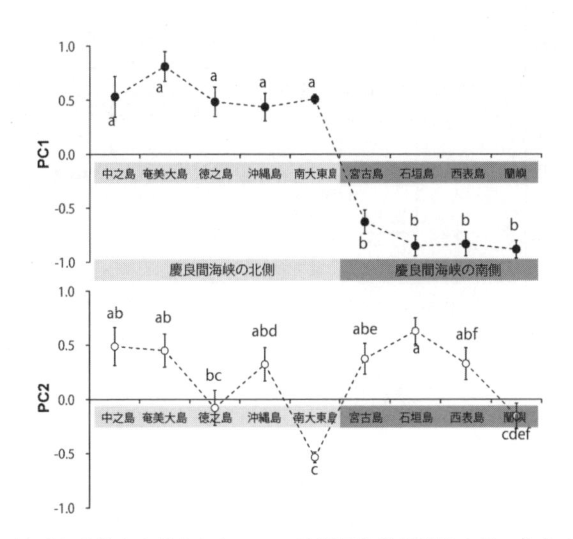

図5　広告声の波形と声紋から得られた5つの時間周波数計測値を用いた主成分分析による第一・第二主成分の主要9島間比較 (平均値±標準誤差)。左から右に，北から南の順番に島が並べられている。アルファベットの小文字が異なる島間は統計的に有意に異なることを示す ($P<0.05$，ボンフェローニの多重比較)。薄い灰色と濃い灰色の線内にある島は，それぞれ慶良間海峡の北側と南側に位置する島を示す。

の違いによって特徴づけられる第二主成分の2つで，個体別の特徴の約70%が説明された。第一主成分>0は慶良間海峡よりも北側の南大東島を含む島々，第一主成分<0は南側と明確に区分された。第二主成分では，南大東島が最小値を示した。南大東島は，徳之島と蘭嶼島とは統計的な有意差は認められなかったが，その他の島とは明確に異なった。徳之島は石垣島を除いて有意に異ならず，蘭嶼はもっとも遠距離に位置する中之島と奄美大島との間に違いが認められたが他の島とは異ならなかった。南大東島の特異性が際立っていた。

定性的評価から見える多様な声紋

声紋は指紋に例えた表現からわかるとおり，個体がそれぞれもっている独自の特徴を示す。声紋の視覚的な区分をとくに声紋類型分析と呼ぶ (Takagi 2013)。声紋の視覚的な区分により，広告声の地理変異を探る。

リュウキュウコノハズクの広告声には，シラブル数に従い2つのフートタイプ HT-I

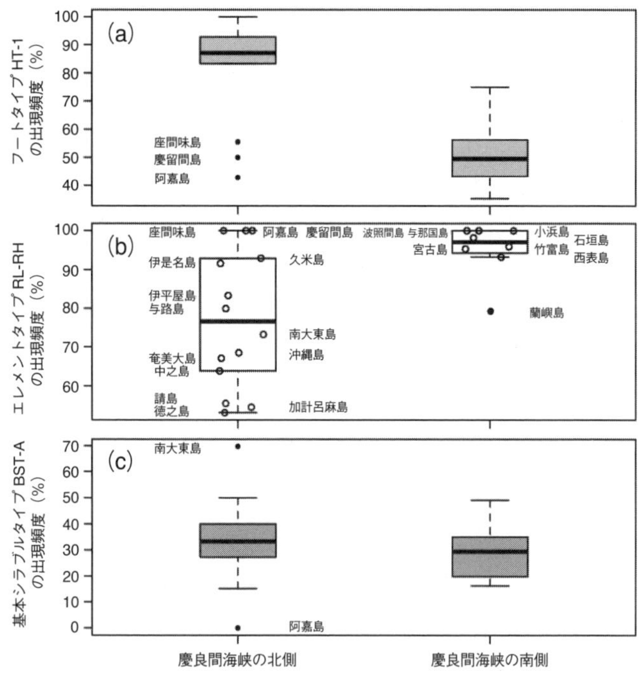

図6　類型分析に基づく声紋形状の慶良間海峡の南北島間での (a) フートタイプ HT-I，(b) 基本シラブルタイプ BST-A，(c) エレメントタイプ RL-RH，それぞれの頻度の比較。箱ひげの下端は，第1四分位数，上端は第3四分位数，箱中央付近の黒太線は中央値を示す。ひげは箱の1.5倍以内の範囲，黒丸は範囲から出た外れ値を示し，(c) の白抜き丸はそれぞれの島の頻度を示す。

とHT-IIがあった(図2)。広告声が長く続くとHT-IIに区分された個体も，第一シラブルを発することがある。本研究では連続した約1分間を解析に用い，その間に第一シラブルを含まない場合，HT-IIとして扱った。全録音個体のうち，543個体(75.6%)がHT-I，175個体(24.4%)がHT-IIに分類された。島ごとに出現するフートタイプの頻度を慶良間海峡の北側と南側の島々で比較したところ，北側の島々では2つのシラブルで鳴く個体が多く，南側は1つのシラブルだけで鳴く個体が多い傾向が認められた(図6a)。しかし，この傾向に矛盾する島々が確認された。慶良間海峡より北側に位置する阿嘉島，慶留間島，座間味島では，南側の島々のように1つのシラブルだけで鳴く個体がほとんどを占めた。図中では統計的な外れ値として示されている。一方，慶良間海峡より南側に位置する竹富島では，2つのシラブルで鳴く個体が75%を占めたが，外れ値とはならなかった。慶良間海峡の北側と南側でタイプが大きく異なったが，慶良間海峡は必ずしも明確な境界ではなかった。それぞれの島にも頻度の差は認められたが，2タイプの共存が認められた。一般的な方言の定義を当てはめると，リュウキュウコノハズクは方言をもつとは言えない。

次に，音素タイプ(element type)として，第二シラブルの2つの要素の相対的な継続時間と周波数の相対的な高さから区分を行った(図7a)。継続時間の長さを表すFL-は，最初の音素の時間が2番目よりも長いこと，RL-は2番目の音素の継続時間が最初よりも長いことを表す。周波数の高さを表す-FHは，最初の音素の周波数が2

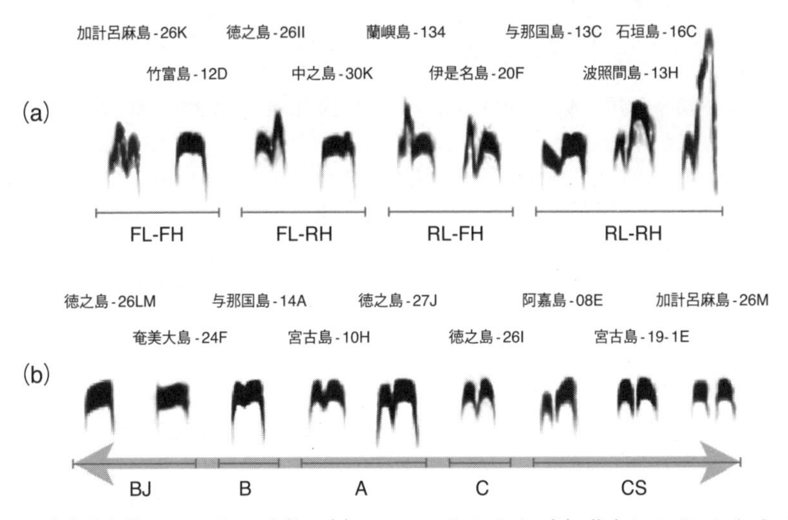

図7　代表的な第二シラブルの声紋。(a) エレメントタイプ。(b) 基本シラブルタイプ。灰色の矢印は第二シラブルを構成する2つの要素の重なり具合の目安。右方向は要素の間隔が離れ，左方向は間隔が狭まり重なる。声紋上部の島名に続く，アルファベットと数字の組み合わせは，個体番号を示す。

番目よりも高いこと，-RH は2番目の音素の周波数が最初よりも高いことを表す。これらの組み合わせで4つのタイプ FL-FH，FL-RH，RL-FH，RL-RH に区分した。

もっとも多く記録されたのはRL-RHで，550個体 (77%) であった。FL-FHは，7個体 (1%) にすぎなかった。RL-FHは18個体 (3%)，FL-RHは143個体 (20%) であった。慶良間海峡の南側の島々における音素タイプRL-RHの出現頻度は，もっとも頻度が低かった蘭嶼島の73%を除き，ばらつきが少なく，89〜100%の範囲にすべての島が収まった (図6b)。慶良間海峡の北側の島々では，RL-RHの出現頻度に島ごとのばらつきが非常に大きかった。慶良間海峡の北側に位置する徳之島，加計呂麻島，請島，中之島，奄美大島，沖縄島，南大東島は，中央値75%よりも頻度が低く，ある程度のまとまりを示していた。しかし，与路島と伊平屋島は中央値よりも高く位置し，伊是名島と久米島は慶良間海峡の南側の頻度の範疇に入った。座間味島，阿嘉島，慶留間島では，すべての個体がRL-RHであった。

つまり，南側の島々のリュウキュウコノハズクはRL-RHで鳴き，北側の島々ではRL-RHで鳴く個体数は相対的に少ないものの，沖縄島の西側に位置する小さな島々ではRL-RHで鳴く個体数が多いと言える。蘭嶼島は慶良間海峡の南側においては例外的であった。これらの傾向は，前述のフートタイプの分布パターンに似ている。

リュウキュウコノハズクの広告声の第二シラブルは，2つの音素から構成される。2つの音素の前半を前半音素，後半を後半音素とする。第二シラブルの形状に従って分類したものがシラブルタイプ (syllable type) である。多くの個体の第二シラブルの山型の形状は一見単純だが，山型の間隔に着目すると多様性を表現できる (図7b)。基本シラブルタイプ (basic syllable type; BST) のなかでも，もっとも基本的な形状をBST-Aとする。BST-Aは，山型の声紋が重なった谷の部分が，山の頂点と下に凹になっている部分の中間付近に位置するものである。BST-Aは289個体 (40%) で確認され，もっとも個体数が多いタイプである。BST-Bは重なりの位置が中間付近によりも高い周波数に位置し，BST-Aよりも重なりが多い。これは81個体 (11.3%) で確認された。さらに重なりが多くなり，2つの山型の重なりが確認できないBST-BJは18個体 (2.5%) で確認された。反対に山型の声紋が離れ，重なった谷の部分が凹部分よりも低い周波数に位置するBST-Cは146個体 (20.3%)，完全に離れたBST-CSは12個体 (1.7%) で確認された。見方を変えると，単調と思われているフクロウ類の広告声にも高い多様性が認められる。

さらに基本型から分類される派生型は，リュウキュウコノズクの広告声の多様性をさらに印象づける。派生シラブルタイプ (subform syllable type; SST) は，第二シラブルの後半要素の形状の重複と周波数帯の変化に従って表現される (図8)。SST-CRは，BST-CもしくはBST-CSの後半要素に山形の声紋が重複したものである。後半要素が明瞭な二山型になったものから，BST-CとBST-BJが加わり，さらに重複したものまで確認できた。幾つもの山型が重なった広告声は震えるように聞こえる。SST-BRは前半要素の重複によるものだが，SST-CRほどには多様化せず，西表島に1個体だ

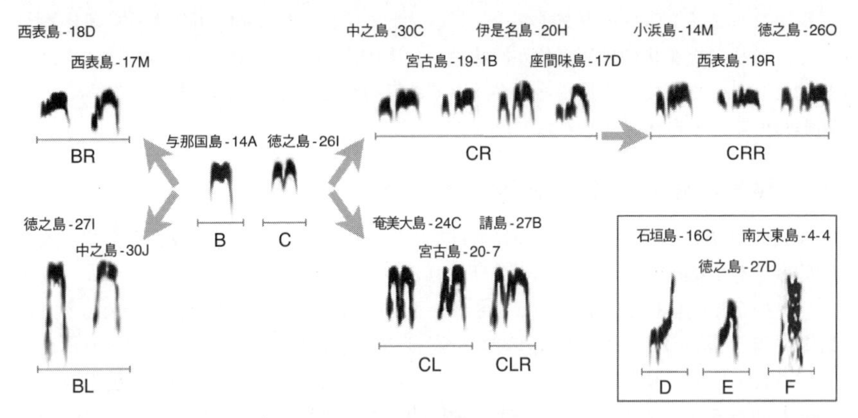

図 8　派生シラブルタイプ。C から CR の灰色の矢印は第二シラブル後半音素の重複を示し，CRR への灰色の矢印はさらに重複することを示す。C から CL への矢印は周波数帯が広くなることを示し，CLR は周波数帯が広くなることに加え重複も生じたもの。B から BR への矢印は第二シラブル前半要素の重複，BL は周波数帯が広くなったもの。ボックス内は，少数シラブルタイプ。声紋上部の島名に続く，アルファベットと数字の組み合わせは，個体番号を示す。

けが確認された。SST-BL は SST-B の 2 つの要素の外側の周波数帯が極端に広くなったもので，中之島と徳之島にそれぞれ 2 個体が確認された。SST-CL は SST-C の 2 つの要素の内側と外側双方の周波数帯が広くなったものであり，計 20 個体 (2.8%) で確認された。SST-CLR は SST-CR と SST-CL が重複した形状を示すもので，もっとも重複が多いタイプで，2 個体で確認された。シラブルタイプは，混在する場合がある。SST-CL を主として鳴く個体が，BST を混ぜる場合があった。このような混在に関しては，詳細に観察を続けることが今後の課題である。

BST を基準にした分類が難しい少数シラブルタイプを MST (minority syllable type) とし，3 タイプが識別された (図 8 ボックス)。MST-D，MST-E は，第二シラブルのどちらかの要素の後半音素が跳ね上がるように周波数が高くなるタイプである。MST-E は通常の山型ではなく，2 つの要素が合わさって V の字が逆転したような形状を示した。MST-F は不規則な形状を示した。MST-D と MST-E を合わせて 9 個体 (1.3%) で確認されたにすぎず，MST-F は南大東島で唯一確認されたタイプである。

シラブルタイプは多様であったが，出現頻度がもっとも高かった BST-A の島ごとの出現頻度について，慶良間海峡を挟んだ島間で比較した (図 6c)。BST-A の出現頻度に違いは検出されなかった。出現頻度が低いタイプにも分断の効果を明確に特徴づけるような違いは認められなかった。しかし SST-BL は慶良間海峡の北側の中之島と徳之島だけにそれぞれ 2 個体が確認され，SST-CL は計 20 個体のうち 16 個体が北側で確認された。

シラブルタイプはフートタイプやエレメントタイプ (element type) よりも多様性が高く，形状の複雑化の様相自体が興味深い。広告声の地理的な違いを検出することを目的としていた声紋の比較だったが，声紋を目視することでその多様性に驚き，また類型化すること自体を楽しく思った。

南西諸島の地理的特徴が進化の動因

慶良間海峡の北側と南側の島々における広告声の明瞭な違いは，慶良間海峡が地理的障壁として機能し，琉球列島が分断される前に広く分布していたリュウキュウコノハズクの祖先個体群が，大きく二分されたことに端を発する分断進化の1例と考えられる。南西諸島の場合の慶良間海峡の分断は260万年以上と推察される。それぞれの島嶼群において，リュウキュウコノハズクは長い時間経過に伴い特徴的な広告声を獲得したのだろう。フクロウ類の発声は生得的であることから，地域に特徴的な広告声は，リュウキュウコノハズクの遺伝的な違いを反映していると考えられる。

数百万年という地史的な時間経過を伴う分断よりも短い，数十万年スケールの地理的な隔離が南大東島と蘭嶼島である。この2つの海洋島は後期更新世に現れ，琉球列島の他の島々よりも数百万年新しいと推察される。南大東島の亜種ダイトウコノハズクと蘭嶼島の亜種ランユウコノハズク個体群は，分散種分化の過程にあるのであろう。分断種分化をもたらした沖縄島と宮古島を分断する慶良間海峡の距離は，現在約270 kmである。それに対し，南大東島の個体群の供給源になった可能性が高い沖縄島もしくは徳之島までは320～360 km，蘭嶼島は西表島から330 kmの距離にあり，隔離の程度は2つの海洋島のほうが強い。周波数成分の寄与率が大きい第一主成分では，南大東島と蘭嶼における広告声は，それぞれ慶良間海峡の北側，南側の島嶼群における広告声と区分できなかった。これは頻繁に個体が移入することができない地理的な距離による隔離の効果である。南大東島には慶良間海峡の北側，蘭嶼島には南側から，少ない創始者によって個体群が確立され，それらの特徴が定着したと思われる。時間成分の寄与が大きい第二主成分で検討すると，南大東島における広告声は，他の多くの島々と明確に異なった。時間成分の変化は，周波数成分の変化よりも短い時間スケールで生じるのかもしれない。広告声から検討したリュウキュウコノハズクの生物地理学的に結論した分断種分化と分散種分化による個体群が，遺伝的構造を反映するのかどうかを検証することが次の課題である。

一方，慶良間海峡の地理的障壁による移動制限に矛盾する例が見つかった。慶良間海峡の北側に位置し，個体の供給源となる可能性が高い沖縄島に近い小島嶼 (阿嘉島，慶留間島，座間味島，伊是名島，伊平屋島，久米島) における広告声が，南側の広告声の特徴を示したことである。沖縄島と小島嶼の距離は，20～30 kmにすぎない。供給源となりうる大きな個体群である沖縄島が隣接するにもかかわらず，300 km以上離れた島嶼群における広告声と類似することに違和感をもつ。しかし，これはリュウキュウコノハズクが海を越えた能動的な移動をしない証拠とも言える。リュウキュウコノハズクは非常に土地執着性が強い種であり，遠くに分散する雌でさえ出生地分散の距離は平均 1,100 m，雄にいたっては平均約 600 m と非常に短いことが南大東島の研究でわかっている (Takagi 準備中)。私は，分布の矛盾を台風による受動的な移動の結果と推察した。1998 年から 2005 年に，この地域で生じた合計 82 個の台風のうち 80 個が琉球列島に沿って北上した (Japan Aerospace Exploration Agency 2005)。2000 年と 2001 年に発生した 2 つの台風は南進した記録があるが，勢力を弱めた熱帯性低気圧として沖縄島周辺で短距離を移動したにすぎない。台風によって個体が運ばれるのは，南から北への方向性をもったものであり，分布の矛盾の説明の 1 つになると考えた。

また，沖縄島の周辺の小島嶼が南系の広告声をもつリュウキュウコノハズクによって構成されている理由は，生態学的に推察が可能である。それは小島嶼における人為的環境改変が関係している。小島嶼では，約 100 年前に木材チップと炭の生産のために樹林地が皆伐に近い状態になった (宮城 1989; Fujii et al. 2010)。小島嶼の個体群の脆弱性を鑑みると，小島嶼に在来だった北側の広告声の特徴をもった個体から構成される個体群があったとしても，絶滅したと推察される。そのため土地執着性の強いリュウキュウコノハズクは沖縄島から能動的に移入することはなく，南方から受動的に移入してきたのであろう。もし，北側の広告声の特徴をもった個体が生息し続けていたならば，南からの定着はなかったであろう。なぜなら，広告声で配偶者選択やなわばり防衛が行われる可能性が高いフクロウ類では，広告声が違う個体群に定着し，繁殖をすることは難しいと推察されるからである。リュウキュウコノハズクでも，互いに慶良間海峡を跨いだ島の広告声に対しては反応までに時間を要し，また反応が弱いことが実験的にわかっている (高木未発表)。

鳴き声を使った南西諸島における生物地理学研究は，大きな発展性をもつことをリュウキュウコノハズクの研究例で紹介した。材料はフクロウ類，鳴き声を学び覚えない種群にこだわる必要はない。生物地理学研究には適さない鳴禽類のさえずりにもまだまだ検討の余地は残されているし，地鳴きに着目すれば，即種分化研究に発展させることができるかもしれない。IC レコーダーとマイク，ハンディ GPS やスマホをもって南西諸島で鳥の鳴き声を録音するだけで，鳥の生物地理学に大きく貢献できる発見があるはずだ。

アカヒゲ観察のための島旅ガイド

アカヒゲの美しいさえずりを聞くためには，少しだけ努力が必要だ。現在のところ，アカヒゲを展示飼育している動物園などの施設はなく，自分で島の森を訪れてアカヒゲとの出合いを待たなければならないからだ。

本州から最短時間の移動でアカヒゲに出合える場所は奄美大島だ。奄美空港に近い島の北部の生息地なら，飛行機を降りて1時間足らずでアカヒゲを見ることができる。生い茂る亜熱帯の森，足元をよぎる赤い背中，時には歩道の脇で餌をついばむ姿も見られるだろう。ただし，奄美大島は文字どおり大きな島だし，山は深く，アカヒゲの見やすい場所は限られている。しっかり下調べするか，案内してくれる人を確保するのがよいだろう。

もう少し足を伸ばすゆとりがあるのなら，沖縄島のやんばる地域がよい。那覇空港からは高速道路を経由して3時間あまりのドライブだ。集落から山手に向かう林道をたどり，照葉樹がよく茂った場所で探せば，アカヒゲに出合うのは難しくない。ヒカゲヘゴが茂った沢筋なら，たいていは美しいさえずりを聞くことができるだろう。繁殖期が終わると少し静かになるけれど，林床を跳ねる人懐っこい姿は1年中楽しめる。

アカヒゲのさえずりをたっぷりと堪能したいのであれば，春のトカラ列島がお勧めだ。屋久島の南に連なるトカラ列島に空港はない，鹿児島港から週に2便の船に乗り，一晩かけて訪れる必要がある。時間にゆとりのある方限定の，贅沢な旅だ。しかし，トカラ列島にはそれだけの価値がある。トカラ列島ではアカヒゲが民家の裏庭にまで現れ，朝から晩まで鳴き続ける。騒々しいほどのさえずりを堪能できることうけ合いだ。

公共交通機関だけで行ける場所がお望みなら，冬の竹富島もお勧めだ。石垣空港からバスで港に移動し，高速船に乗ればわずか15分で竹富島に着く。集落裏手のギンネムの林で待てば，すぐにアカヒゲに出合えるだろう。「グィッ」とか「ツィ」という地鳴きがしたらそれがアカヒゲだ。港からそのままアカヒゲ探しに出かけるのも悪くはないが，できれば島に一泊して欲しい。日帰り観光客が引き上げてすっかり静かになった朝晩の時間なら，喉慣らしのさえずりも聞けるだろう。

ここまで読んで，場所も季節もばらばらであることに戸惑う方がいるかもしれない。しかし，それこそがアカヒゲの特徴を示している。なにしろアカヒゲは琉球の島々をつなぐ鳥なのだから。 (関 伸一)

4
アカヒゲがつなぐ琉球の島々
—アカヒゲの渡りと系統地理—

(関　伸一)

巣の近くで警戒しているアカヒゲの雄 (トカラ列島中之島)。

種名　アカヒゲ

学名　*Larvivora komadori*

分布　琉球列島周辺地域の島嶼に分布する。詳細な分布の情報は60ページを参照。

分類　徳之島以北で繁殖する基亜種アカヒゲ *L. k. komadori*, 沖縄島で繁殖する亜種ホントウアカヒゲ *L. k. namiyei*, 与那国島で採集された雄1羽の標本に基づく亜種ウスアカヒゲ *L. k. subrufus* の3亜種が記載されたことがあるが，現在では亜種ウスアカヒゲは亜種アカヒゲのシノニム (異名) とする説が一般的である。

アカヒゲを含むアジアの小型ツグミ類は，かつて同属とされたことのあるヨーロッパコマドリ *Erithacus rubecula* とも，サヨナキドリ *Luscinia megarhynchos* をはじめとする *Luscinia* 属とも，独立した系統群に属することがDNA情報に基づく系統解析によって示された (Seki 2006; Sangster et al. 2010)。アカヒゲは，コマドリ *L. akahige*, コルリ *L. cyane*, シマゴマ *L. sibilans* などとともに *Larvivora* 属を構成するとの説が現在は有力であり (Gill & Donsker 2016)，本章でもこの属名を用いた。

全長　約14 cm

生態　下層植生の発達した照葉樹林に多い。枯れ葉を用いたお椀型の巣を，樹上や樹洞，岩棚などに造る。一腹卵数は2～4卵のことが多く，抱卵期間は約13日，孵化後巣立ちまでは14日前後である。抱卵は雌のみが行うが，雛への給餌は雌雄で行う。沖縄島では一繁殖期に最大で4回繁殖した記録がある。雛の餌には樹上のチョウ目，ハエ目，カメムシ目などの昆虫と地表や土壌表層のクモ類，ムカデ類，ミミズ類などを利用する。

はじめに

アカヒゲ *Larvivora komadori* は琉球列島周辺の島々に生息する赤い小鳥である。さえずり自慢のコマドリ *L. akahige* と近縁な鳥なので，アカヒゲも美しい声で鳴く。「ツピィー，ピュルルルルンッ」という高音のさえずりは森の中でよく響く。亜熱帯の森にこだまするアカヒゲの合唱はとても印象的だ。日本で見られる小鳥類のなかで，さえずりの美しさではアカヒゲがいちばんだと私は思っている。

私が最初にアカヒゲの研究を始めたのは鹿児島県の南部，屋久島と奄美大島の間に位置するトカラ列島だ（図1a）。ここでアカヒゲの繁殖生態を明らかにするのが目的だった。トカラ列島はアカヒゲの生息密度が高く，研究に適していた。海岸近くから山の上まで，島のどこにでもアカヒゲがいる。4月に入ってなわばりとつがい相手をめぐる雄どうしの争いが激しくなる時期には，島中がアカヒゲのさえずりに包まれる。

さらに研究に好都合だったのは，この地域のアカヒゲが好んで巣箱を使うことだ（図1b）。トカラ列島のアカヒゲの巣はリュウキュウチク *Pleioblastus linearis* やビロウ *Livistona chinensis* の枝葉の上に造られることが多い（図1c, d）。低木の枝先や，樹洞，崖のくぼみなども利用する。そして，集落周辺では籠類や板壁の隙間などさまざまな人工物にも頻繁に巣を造るのだ（図1e, f）。そんな大らかな鳥だから，調査地内のすべての巣を見落としなく発見するのは一苦労である。しかし，ある程度の密度で巣箱を架けておけば，ほとんどのつがいが巣箱で営巣してくれる。一転して，アカヒゲは繁殖行動を追跡しやすい鳥となる。

トカラ列島での調査によって，この地域ではアカヒゲの繁殖期が4月から8月までと長いこと，その間に同じつがいが最大で3回まで営巣すること，外来のニホンイタチ *Mustela itatsi* による捕食圧が高く，巣立ちの成功率は3割程度にすぎないことなどが明らかになった（関 2012）。また，足環をつけた個体の追跡により，成鳥の年生存率が雌雄とも50%ほどで，最高齢個体は10歳以上となることも確認された。けれども，アカヒゲが生息する島はトカラ列島だけではない。トカラ列島での調査が軌道に乗るにつれて，私はアカヒゲの繁殖地となっている他の島々が気になり始めた。

狭くて広いアカヒゲの分布

琉球列島には，世界中でこの地域にしか生息しない鳥がアカヒゲの他に何種もいる。本書にも登場するヤンバルクイナ *Gallirallus okinawae*，ノグチゲラ *Dendrocopos noguchii*，ルリカケス *Garrulus lidthi* などがそうだ。ある地域に限って生息する生き物を固有種と言う。これらの鳥は琉球列島の固有種だ。ヤンバルクイナとノグチゲラの場合だったら沖縄島にしかいないから沖縄島の固有種と言うこともできるし，ルリカケスは奄美群島の固有種だ。

ところが，同じようにアカヒゲの分布を一言で説明しようとすると難しい。現在知られているアカヒゲの繁殖地を北から順に並べてみると，その理由がおわかりいただ

図 1　トカラ列島でのアカヒゲ調査の様子。(a) 島を覆う照葉樹林のいたる所にアカヒゲがいる。(b) 外来捕食者の影響を避けるため巣箱は樹脂製の支柱に設置している。(c) リュウキュウチクの上の巣。(d) ビロウの葉の上の巣。(e) 人家の籠類に造られた巣。(f) ヘルメットの中に造られた巣。

けるだろう。

男女群島 (男島，女島) (長崎県)
大隅諸島 (屋久島*，種子島*，黒島*) (鹿児島県)
トカラ列島 (口之島，中之島，臥蛇島，平島，諏訪之瀬島，悪石島，上ノ根島，横当島) (鹿児島県)
奄美群島 (奄美大島とその周辺の小離島，加計呂麻島，請島，与路島，徳之島) (鹿児島県)
沖縄諸島 (沖縄島) (沖縄県)
ただし，*印は繁殖期の稀な記録はあるが，確実に繁殖している記録がない島。

アカヒゲが繁殖しているのはこれらの島々だけ，確かに分布が限られている。しかし，1つの島あるいは1つの群島や諸島に限定されるほど分布が狭いわけでもない。また，琉球列島の固有種という表現では，ずいぶん北にある男女群島を含まず不正確となる一方で，アカヒゲが繁殖していない琉球列島の南半分を含んでしまい実際の分布がイメージしにくい。かといって「西日本」と風呂敷を広げるには，分布が狭過ぎる。正確には「琉球列島中部以北と男女群島で繁殖する，ただし，大隅諸島では稀」と言うべきだろうが，冗長な上に西日本の地理に詳しくない人にはなじみのない地名が並んでしまう。

さらに分布の説明を複雑にするのは，アカヒゲの一部が短距離の渡りを行うことだ。奄美群島と沖縄島では1年中見られるアカヒゲだが，トカラ列島では冬になるとまったく観察されなくなる。代わりに先島諸島では秋冬だけ少数が観察される。トカラ列島のアカヒゲが渡っているらしいのだが，先島諸島に冬中留まるのか，さらに南まで渡るのか，よくわかっていない。そこで，渡りも踏まえてアカヒゲの分布をできるだけ正確に伝えようとすると「琉球列島中部以北および男女群島で繁殖，ただし，大隅諸島では稀，トカラ列島では夏鳥で，非繁殖期には先島諸島でも観察される。」と説明しなければならないのだ！

生物としてのアカヒゲの歴史を読み解こうとするときにも，この狭くて広い分布は悩みの種だ。地域の固有種がその地域にだけ分布する理由はそれぞれ異なるだろうが，大雑把には2つに分けられる。広く分布していた祖先種が他の地域では絶滅して特定地域に取り残された場合と，やはり広く分布していた共通の祖先の一部が長期間隔離されて別の種に進化した場合だ。たとえば，沖縄島にだけ生息するヤンバルクイナやノグチゲラの起源なら，沖縄島に取り残されたのか，この地域で独自の進化を遂げたのか，可能性の高い選択肢は2つしかない。たいていの固有種では，分布の狭さも種の起源を推測するための1つの手がかりになるのだ。

ところがアカヒゲの場合には，取り残されたにしろ，進化したにしろ，いつ，どこでの出来事なのか現在の分布からは推測しにくい。アカヒゲがいる島といない島の違いは何だろうか。もともといなかったのか，絶滅したのか。男女群島にはいるのに，どうして九州にはいないのか。アカヒゲの分布と歴史の関係を読み解こうとすると，新たな疑問が次々と湧き出してくるばかりで，答えは一向に見えてこない。

似て非なる島ごとのアカヒゲ

本章ではここまで，アカヒゲ全体を一括りに扱ってきた。しかし，琉球列島周辺の狭い範囲でしか繁殖していないにもかかわらず，さらに琉球列島を縦断して渡るほどの移動能力があるのに，アカヒゲの形態や生活史には島々の間でかなりの地域差があるのだ。

奄美群島以北で繁殖するアカヒゲと沖縄島のアカヒゲとは主に羽色の違いによって，それぞれ別亜種の亜種アカヒゲ *L. k. komadori* と亜種ホントウアカヒゲ *L. k. namiyei* に分類されている。亜種アカヒゲの雄は腹部が白く脇腹に黒斑があり，前額に帯状の黒色部分があるが，亜種ホントウアカヒゲでは腹部が一様に灰色で前額の黒色部分がないことで区別される (図 2 a, b)。しかし，羽色以外の形態や生活史の違いについては長らく調べられていなかった。そもそも，シーボルトの持ち帰った雌雄 1 組の標本によってアカヒゲが種として記載されたのが 1835 年，動物学者・波江元吉の提供した雄 1 羽の標本によってホントウアカヒゲが (当時は独立種として) 記載されたのが 1886 年，それ以来ずっと「アカヒゲはどの島でも留鳥である」という思い込みが内外の鳥類研究者に定着していたのである。もともと狭い範囲の島々に棲みついている鳥について，羽色以外に形態や生活史にまで違いがある可能性を期待して，比べてみる理由がなかったのだ。亜種アカヒゲの一部，トカラ列島の繁殖集団は夏鳥で渡りをするらしいとの説がようやく広まったのは，亜種ホントウアカヒゲの記載からさらに 100 年後の 1980 年代のことだった (Kawaji & Higuchi 1989)。

そこで，文献を調べたり聞き取り調査を行ってみると，渡りをしない沖縄島の亜種

図 2　アカヒゲの亜種間での羽色の違い。(a) 亜種アカヒゲの雄。背面は橙褐色で腹部は白く，胸から顔にかけての黒色部が嘴の上にまで及び，脇腹には黒斑がある。(b) 亜種ホントウアカヒゲの雄。腹部全体が灰色で，胸から顔の黒色部は嘴の上には及ばない。

ホントウアカヒゲでは，トカラ列島の亜種アカヒゲより1カ月ほども早く，3月中には営巣が始まるらしい。繁殖活動は8月まで続き，同じつがいが一繁殖期で4回も雛を巣立たせた記録がある。また，トカラ列島では多様な森林に高密度で生息するのに対して，沖縄島では生息密度の濃淡がはっきりしていて沢沿いの照葉樹林に多く，その他の森林では多くないようだ。さえずりは繁殖期を通して聞かれるが，トカラ列島に比べると日周性や季節性がある。

一方，奄美群島のアカヒゲはトカラ列島と同じ亜種に分類されるのに渡りをせず，1年を通して地域内で観察される。繁殖の時期は渡りをしない沖縄島のアカヒゲに似て，3月中には営巣が始まる。繁殖回数や繁殖の期間はわからなかったが，7月になるとあまりさえずらなくなることから繁殖活動は活発でなくなるようだ。また，奄美群島でもトカラ列島に比べて生息密度は低く，結果として巣箱の利用率は高くない。渡りをするかどうか，繁殖のタイミング，生息密度などの違いがからみ合って，同じ亜種アカヒゲのなかでも奄美群島とトカラ列島とでは生活史にも違いが生じている(Seki et al. 2007)。

島によって少し羽色に差があるだけだと思われてきたアカヒゲには，こうして見ると案外根深い違いがあるのかもしれない。アカヒゲの生息する琉球地域の島々は100万年単位の地史のなかでその姿を変えてきた地域だ。氷期と間氷期の海水面の変動やプレート運動による地殻変動などの影響を受けて，陸地が拡大したり縮小したり，台湾と日本列島との間で陸橋が形成されたり消失したりが繰り返されてきた。近接した島々の間でも，違いが生じるチャンスがあったのだ。島々の間での分化にこそ，分布が1つの島や諸島だけに限られる他の固有種にはない，アカヒゲの面白さがありそうだ。

転がり込んできたDNA解析のチャンス

狭くて広い分布と，似て非なる地域性に疑問をいだきつつも，解決の糸口さえつかめないままにトカラ列島での生態研究を続けていたところに，沖縄の研究者から共同研究のお誘いがあった。「事故死した亜種ホントウアカヒゲの冷凍標本がたくさんある。アカヒゲの研究に役立てたいのだが，一緒に何かできないか」と言うのだ。形質と生活史に見られる地域性が遺伝的な地域性と対応しているのかどうか，調べてみるチャンスである。事故現場から拾ってきた標本なので損傷してはいるが，冷凍してあるならDNAを分析してみるには好都合だ。トカラ列島の分析試料は手元にあり，奄美大島や徳之島のアカヒゲを調べていた研究者とも知り合いだし，分析を指導してくれそうな知人もいる。ただし，1つだけ問題があった。私にはそもそも実験室での作業に苦手意識があったのだ。

大学3年生の終わり頃だったと思う。卒業研究を指導してもらうことになった森林動物学教室の教授は昆虫が専門だった。それなのに「どうしても鳥を研究したい」と言う私に，教授は鳥の研究ができる2つの弟子入り先を提案してくれた。実験林があって野外での生態研究ができる研究施設と，実験室でDNA分析技術を指導してくれる研究所である。教授は，当時，急速に普及しつつあったDNA研究の将来性をさりげなく強調していたような気もするが，実験室嫌いの私は迷わず野外での生態研究を選んだ。そして，その後は紆余曲折を経ながらも，やがてアカヒゲの生態研究にのめり込むことになったのだが，そのアカヒゲの研究のために実験室に入る必要が生じてしまった。迷いつつも，DNA分析についてとりあえず相談してみた相手がよかったのだと思う。「やりましょう，簡単ですよ。いつにしますか」と，あまりに乗り気で，あまりに気軽な返事だったので，私も引っ込みがつかなくなった。その場の勢いで，共同研究チームが結成されることになった。

アカヒゲには遺伝的にも地域性がある

最後まで勢いだけですべてが順調に進むほど簡単ではなかったが，私たちの研究チームはそれから3年をかけて，トカラ列島，奄美群島，沖縄島から合計150羽のアカヒゲのDNA試料を集め，ミトコンドリアDNAの制御領域 (またはD-loop領域とも言う) の塩基配列を分析した (Seki et al. 2007)。制御領域は，母系遺伝する細胞内小器官のミトコンドリアがもつDNAの一領域で，タンパク質の情報をもたないので突然変異が蓄積されやすく，動物で種内の地域的な変異を調べるのに適した領域として知られている。その制御領域の塩基配列の変異をもとに遺伝子型を決定し，アカヒゲの分子系統樹を作成したのである (図3)。

この分子系統樹からの最初の発見は，2つの亜種が遺伝的にもはっきりと異なる系統に分けられたことだった。制御領域の1,226塩基対のうち35塩基対 (約2.9%) では亜種間でのみ変異が認められた。アカヒゲにもっとも近縁な種 (姉妹種) であるコマドリとの関係に対比してみると，アカヒゲの亜種間のDNAの違い (遺伝的距離) は種間の違いの半分ほどにも相当する大きなものだった。亜種の分布の境界となる徳之島と沖縄島との間はわずか110 kmほどしか離れていない。渡りをするトカラ列島のアカヒゲは，秋になると沖縄島を経由してさらに南まで移動する。そして，亜種間の目立った形態の違いは，もっぱら羽色の濃淡や局所的な配色の違いだけのように見える。それにもかかわらず，2つの亜種は交じり合うことなく，予想以上に長い年月にわたって別々の歴史を歩んできたのだ。

もっと意外な発見は，亜種アカヒゲが3つの下位の集団に分けられたことだ。トカラ列島，奄美大島，徳之島で見つかった遺伝子型はそれぞれ地域に固有のものがほとんどだったのである (ただし，奄美大島でよくある遺伝子型が，徳之島でも少しだけ見つかった)。もちろん，すべての遺伝子型がごく近縁で，最大で0.7%の違いしかない。しかし，それでも，広域分布する遺伝子型がないということは3つの地域が歴史的にも隔てられ，現在も相互の遺伝的な交流がほとんどないことを示している。トカラ列島の集団に含まれる繁殖地には隣から90 kmも離れた島があるのに対して，トカラ列島と奄美大島の距離は最短で60 km，奄美大島地域 (隣接する加計呂麻島などを含む) と徳之島とは25 kmしか離れていない。また，渡りの季節にはトカラ列島のア

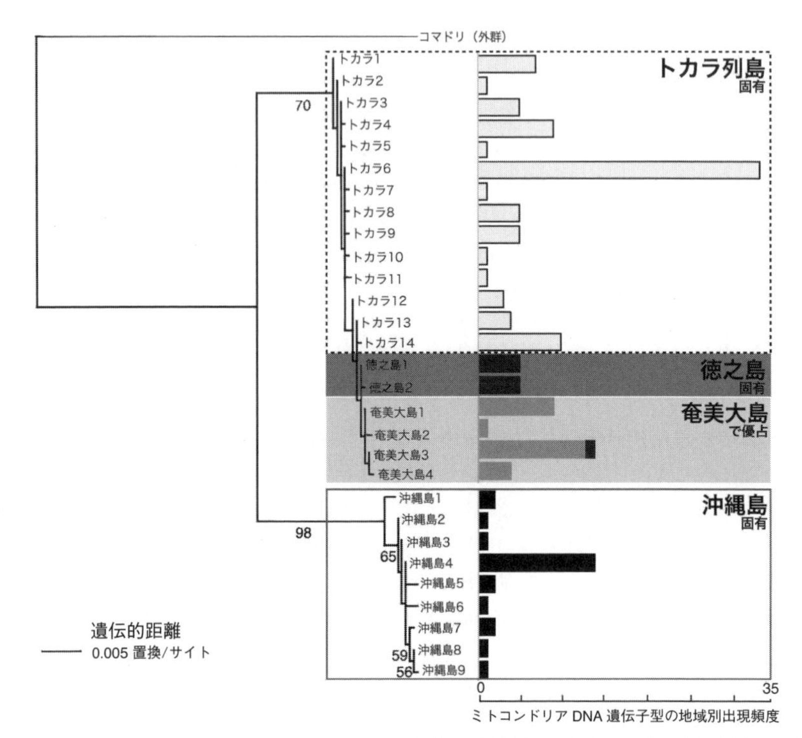

図3　アカヒゲのミトコンドリアDNA遺伝子型の系統樹と各遺伝子型の地域別出現頻度(Seki et al. 2007のデータから描く)。遺伝子型は全制御領域1,226塩基対の配列に基づいて決定し，系統樹は最尤法(TrN＋Iモデル)により描画した。系統樹上の数字はブートストラップ法(1,000回試行)によるサポート値。右側の棒グラフは分析試料中での各遺伝子型の出現頻度を地域別に塗りつぶしの濃淡で示した。

カヒゲが奄美大島や徳之島を通過し，越冬地までその何倍もの距離を行き来している。そして，3つの地域のアカヒゲは見た目の違いもごくわずかで，はっきり区別するのは難しい。それにもかかわらず分化した集団として存在し続けているのだ。

これほど狭い地域の中で，遺伝的な違いが生じてそれが保たれるために，島ごとのアカヒゲを隔てているものは何なのだろう？　生物の系統情報とその空間分布をもとに，さらに地史やその種の特性も考慮して，集団が分化した過程を推測する生物地理学の一分野を系統地理学という(Avise 2000)。この系統地理の手法を使ってアカヒゲの歴史を考察してみたいと思うのだが，その前に，まずは野外研究をもっぱらとする一研究者の目から見た，DNA情報のもつ特性について触れておきたい。

DNA情報が語る歴史の確からしさ

2つの地域のアカヒゲを比較して「どのくらい違っているのか」が知りたいとき，

体の各部を測定して比べるのと，DNAの変異を比べるのとで，基本的に大きな違いはない。もちろん，それぞれに長所短所がいろいろあるが，DNAを使ういちばんの利点は圧倒的に情報量が多いこと，欠点は情報の意味が直感的に想像しにくいことではないだろうか。言い換えれば，DNA情報の解析では現実感の乏しい膨大なデータを扱わなければならない。厄介である。

それなのに，近頃では，集団の比較や系統関係を議論するときにはたいていDNAの情報が使われる。その理由は，DNAの違いと時間経過とが容易に対応づけられるからだ (同じことは形質の違いについても行えるのだが，DNAほど容易にはできない)。それで，アカヒゲの遺伝子型の系統関係を見せると，気軽に「(2つの系統は) いつ分れたのか」と質問する人が少なくない。そして，気軽に質問する人ほど，まるで誰かの生年月日のように疑いのない値として，その数字を受け入れてしまうようだ。しかし，DNAの変異によって隔てられたいくつかの系統が過去のどの時点で共通の祖先から分かれたかという推定値 (分岐年代) は，ごく大まかな目安でしかないことを改めて強調しておきたい。

分岐年代を推定するには，まずは，一定の時間が経つとどのくらいDNAが違ってくるか，という変異の蓄積されやすさ (分子進化速度) を求めなくてはならい。たとえば，地質情報などから年代のわかっている化石のDNAと現生子孫種のDNAとを比較して推定することができる。この推定値はDNA領域や分類群などさまざまな要因によって大きく変動するのだが，分子進化速度が推定できるような幸運な状況は限られるから，多少の条件の違いには目をつぶって汎用値が使われることが多い。遺伝的距離のほうも，系統関係の推定方法や系統間の進化速度のずれの調整方法などによって変化するが，これも状況に応じてなるべく適切な手法を選ぶ。これら2つの値に基づいて「こんな配列から，このくらい昔に分かれただろう」と分岐年代が推定されているのだ。

塩基配列のデータを見ると，私には壮大な伝言ゲーム大会の場面が思い浮かんでしまう。最初の文章はどのチームも同じだが，伝言する人数が増えれば増えるほど，間違いの混じる確率は高くなる。間違いは助詞や接続語など実質的な意味の少ない部分で起こりやすいだろう。同じ意味の言葉による置き換えも起こりやすそうだ。大事な意味のある言葉は間違われにくいが，肝心な部分で間違うとそのチームの伝言は意味不明になってしまうかもしれない。

塩基配列の変異はそんな伝言間違いと似ている。世代を重ねるほど変異が蓄積しやすく，大事なタンパク質の情報は失われにくいが，そのすき間にある情報をもたない部分には変異が起こりやすい。同じアミノ酸を表す別の配列への変異なら残りやすいだろう。大事な情報に変異が起こった場合には，その系統が死に絶えて変異が伝わらない場合もある。

系統関係から分岐年代を推定する作業を伝言ゲームの例で言えば，言葉の間違いやすさのルールを仮定することで，ゲーム後の文例から元の文章と何人でゲームをしたかを推定しようとするようなものである。ある仮定の基では信頼性が高いと言いつつ，かなり大胆な推定であることを感じていただけるだろうか。

DNA 情報の解析でアカヒゲの歴史を読み解く

それでは琉球列島周辺地域のアカヒゲと日本本土のコマドリとが分化し，さらにアカヒゲの集団が細かく分かれていった歴史を，多少の誤差は気にしない大らかな心構えで推定してみることにしよう。制御領域について鳥類でよく使われる分子進化速度は 100 万年当たり 15〜20%の変異というものだが，対象とする種のグループや時代の古さによって値は大きく変動し，10%や 30%という値を用いることもある。アカヒゲの場合，別の領域の DNA 情報との整合性も考え合わせると (Seki 2006)，速めの分子進化速度を仮定したほうが当てはまりがよさそうだ。

すると，アカヒゲとコマドリの祖先が分かれたのは 100 万年近く前，地質年代では中期更新世の初め頃と推測される。琉球列島の地史を繙(ひもと)いてみると，この頃の琉球列島中部は，間氷期における地球規模の海水面上昇によって日本本土とは大きく隔てられていたことがわかる。また，ほぼ同じ頃に，地殻変動によって琉球列島中部から山地が失われ，冷涼な山地の針葉樹林が消失して照葉樹林が急速に拡大したと考えられている (木村 2002)。さらに，現在の琉球列島中部に生息するアカヒゲの集団はいずれも留鳥であり，アカヒゲの祖先集団も留鳥であった可能性が高い。一方，コマドリを含むアジアの *Larvivora* 属では寒冷地や山地の森林に生息する渡り鳥が優占し，姉妹種のコマドリも基本的に冷涼地の森林に生息する渡り鳥であり，アカヒゲのように亜熱帯の島に棲んで渡りをしない集団が優占する種は例外的だ。隔離と生息環境の変化，それに伴う渡りの習性など生活史の変化が関わりあって，琉球列島中部のアカヒゲの祖先集団と日本本土のコマドリの祖先集団とが分化したのではないかと考えられる。

続いて，アカヒゲの 2 亜種が分化したのは数十万年ほど前，中期更新世の後半というのがありそうな推定値だ。この時期には，地殻変動と氷期の海水面低下によって琉球列島中部地域で陸地が拡大したと考えられている。この地域に留鳥として棲みついていたアカヒゲの祖先集団にも，新たな陸地を伝って北へと分布を広げる機会があっただろう。分布を広げたアカヒゲは，その後も繰り返された陸地の拡大・縮小の歴史のなかで沖縄島と徳之島の間で南北に分断され，羽色の異なる亜種として分化したのではないかと推測される。

最後に亜種アカヒゲのなかで 3 つの集団が分化したのはごく最近のことだ。現存する遺伝子型の系統関係だけから推測すると，トカラ列島の集団サイズが大きくなって遺伝子型が多様化したのはせいぜい 1 万年前，最終氷期が終わってからだと考えられる。奄美大島や徳之島の集団サイズが大きくなってからはその 3 分の 1 程度の時間しか経っていないようだ。このときも，最終氷期後の海水面上昇でそれまで連続したり近接したりしていた陸地が縮小し，現在の琉球列島に近い形で島嶼化したことが集団の分化の一因となっただろう。

一方で，なんでも陸地の拡大と縮小による分布の拡大やその後の隔離の効果だけで説明するのには無理がある。亜種が分化したのは数十万年前で，亜種アカヒゲが3つの集団に分かれたのがごく最近だとしたら，その間数十万年は広い範囲で亜種内の遺伝的交流が保たれていたことになる。ところが，数十万年の間に何度かの海水面上昇とそれに伴う隔離を経験しながらも集団が分かれなかったのに，最近になって急速に一部の集団だけが分化しつつあるのだ。さらに，現在のトカラ列島の集団の中では最大 90 km の生息の空白域を挟んで遺伝的な交流が保たれているのに対して，奄美大島とトカラ列島の距離は約 60 km，奄美大島地域と徳之島の間は約 25 km しかないのに3つの集団に分化しつつあるのだ。いずれも島嶼化に伴う隔離だけでは説明が難しい。そこで私は，この現象を渡りの習性の変化によって説明できないかと考えた。

渡りのための翼が集団をつなぐ

渡りとは，繁殖地と越冬地など複数の地域を季節的に往復移動する行動だ。これに対して，生まれた場所から新たな繁殖地などへの片道移動の行動を分散と言う。渡りと分散とは基本的にはまったく別の行動であるが，ともに高い移動能力を必要とする点では共通している。そして，鳥類の場合には2つの行動に関連性があることが知られており，一般に分散の頻度や距離は留鳥よりも渡り鳥で大きい傾向がある (Paradis et al. 1998)。海を越えなければならない島間の分散では，留鳥と渡り鳥の分散傾向の違いがより強く影響するかもしれない。

そして，渡りの行動は生活史にも影響を及ぼす。繁殖にどれだけの資源を配分できるかは，渡りをするかどうかに少なからず影響されるだろう。アカヒゲのように渡りをする集団で繁殖開始の時期が遅れるなら，集団の一部で渡りの習性が失われたり獲得されたりすると，渡りをしない個体が先に繁殖を始めることで，渡りをしない個体どうしがつがいになりやすくなる。それによって，渡りの習性の共通する個体どうしの同類交配が促進されて，集団は急速に分化するかもしれない。

もしも，アカヒゲの祖先が琉球列島中部から北へと分布を拡大した結果，北部の集団だけが渡りを再開し，渡りをする亜種として分化したのだと考えたらどうだろうか。そして，奄美大島と徳之島の集団だけが最近になって2度目の留鳥化を遂げたのだとしたら。それならば，北部の亜種が分化してから数十万年間は，渡りをする集団間では長距離分散の頻度が高く，遺伝的な交流が維持されていたのだと説明することが可能だ (図 4a)。最近になって徳之島と奄美大島の集団だけが急速に分化したことも，留鳥化して分散傾向が低下するとともに，繁殖の開始時期に違いが生じて，そのタイミングに応じた同類交配が促進されたためと説明できる (図 4b)。一方，トカラ列島の渡りの集団では現在も遺伝的交流があるのは，留鳥の集団よりも分散距離や頻度が大きく，繁殖の開始時期が共通しているからだと説明できる。おまけに，2つの亜種の祖先集団の間で渡りの習性が違ったと仮定するなら，分散行動の変化と繁殖の

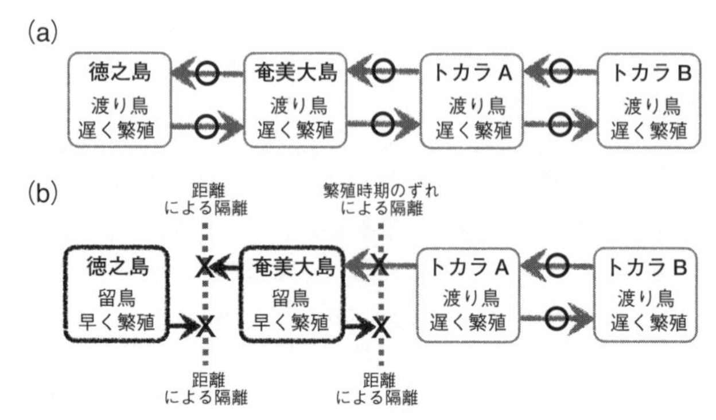

図4 渡りの習性の変化により集団が分化する仮説のイメージ。矢印の長さは想定される分散距離や頻度の大きさを，○と×は分散の成否の傾向を表す。(a) すべての集団が渡りをして，繁殖開始の時期に違いがない状態。(b) 一部の集団が渡りをしなくなり，繁殖開始の時期が早まった状態。

開始時期に応じた同類交配の効果が，数十万年前の亜種分化のきっかけとしても想定できる。

そんな推測をもとに論文を書いて投稿したところ，学術雑誌の編集者からすぐさま指摘を受けた。「『どちらの亜種も留鳥を祖先集団にしていて，トカラ列島集団だけが最近になって渡りを始めた』という仮説のほうがシンプルで現実性が高い。渡り鳥と留鳥を行ったり来たりするような複雑な仮説を主張したいなら，もっと分子進化速度の速い領域も調べて出直しなさい」と言うのだ。もっともな指摘である。

私だってシンプルな仮説のほうが好ましいことはわかっていたが，アカヒゲの場合には複雑な仮説のほうがありそうに思えたのだ。その理由を自分の中でもう一度整理しなおしてみて，思い当たったのが翼の形についての計測データだった。

翼の形が語るアカヒゲの亜種の氏素姓

沖縄島で共同研究者の冷凍庫から取り出した冷たいアカヒゲをずらりと並べて測定したとき，トカラ列島のアカヒゲを見慣れた私は違和感を覚えた。亜種を区別する羽色の特徴だけではなく，体型に関わる何かが違っている—そして，ホントウアカヒゲの翼が丸いことに気づいたのだ。丸くて短い翼は，体全体にずんぐりした印象を与えていた (図5a, b)。

これを数値で表す方法の1つとして，翼差を測ってみた。翼差とは折り畳んだときに，次列風切羽の外へと突き出している初列風切羽の長さだ (図5c)。尖った翼では翼長に対する翼差の比が大きくなる。結果は一目瞭然，沖縄島のアカヒゲはトカラ列島のアカヒゲより翼差が小さかった (図6)。奄美大島のアカヒゲはどうだろう？ トカラ列島と同じくらい大きい。なるほど，これは亜種間の違いであるらしい。亜種アカヒゲと亜種ホントウアカヒゲは羽色が違うだけでなく，翼の形も違っているようだ。そのときは違いを発見したことだけで満足していたのだが，亜種間で翼の形にまで違いがあることは私に強く印象づけられた。そして，指摘を受けて悩んでいるときに，この翼の違いを思い出したのだ。

空を飛ぶことは鳥類の特徴の1つだ。もちろん，ヤンバルクイナのように飛ぶことをやめてしまった鳥もいるが，それでも本来は飛ぶための構造物「翼」をもっている。翼が重要な部位であるからこそ，翼の形は遺伝性が高い。それぞれの鳥の生活に応じた淘汰圧を受け，生活に適した形に進化する。翼端の尖り具合も，それぞれの鳥の生活に関わる重要な特徴だ。一般に，尖った翼は長距離飛行中の耐久性に優れ，一方，

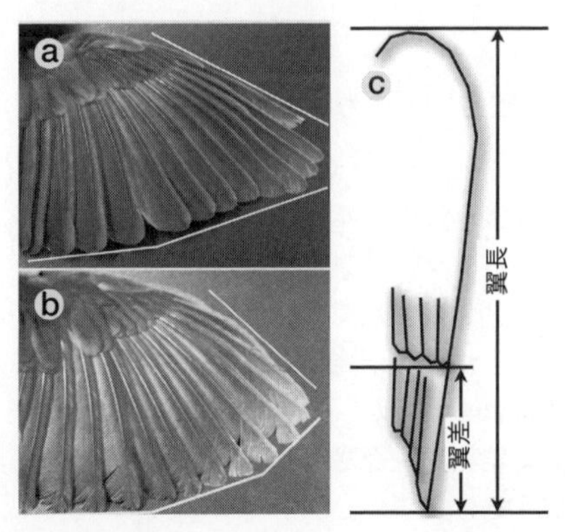

図5 アカヒゲの2亜種の翼端の形状。(a) トカラ列島の亜種アカヒゲの雄。(b) 沖縄島の亜種ホントウアカヒゲの雄。(c) 翼端の尖り方の指標として使われる翼差。

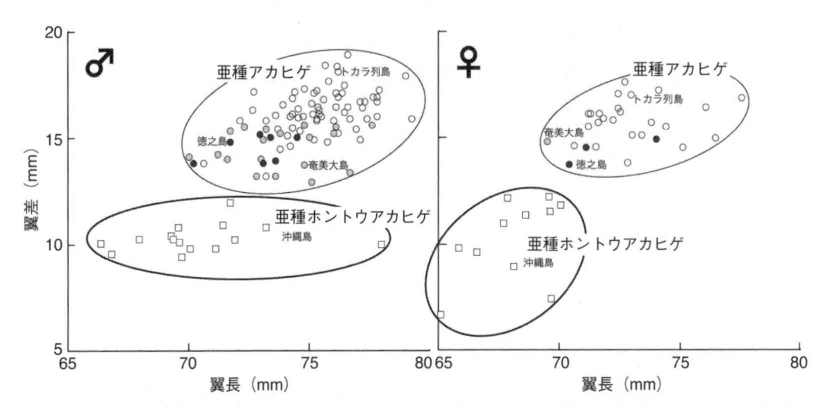

図6 アカヒゲの翼端の形状の地域差 (Seki et al. 2007 のデータから描く)。雌雄別の計測値を，地域ごと形状の異なる点で示した。翼端がより尖っている場合に，翼長に対して翼差がより大きくなる。

丸みを帯びた翼は離着陸時の機動性を高める。そのため，翼端の形状は種間だけでなく，種内でも，さらには齢によって変化する場合さえある (Lockwood et al. 1998)。

それならば，アカヒゲの翼が地域よって尖っていたり丸かったりするのにも理由がありそうだ。渡りをするトカラ列島のアカヒゲが長距離飛行での耐久性に優れた尖った翼をもち，渡りをしない沖縄島のアカヒゲが森の中での機動性に優れた丸い翼をもつことは理にかなっているけれど，渡りをしない奄美大島や徳之島のアカヒゲの翼が尖っているのはなぜだろう？　亜種アカヒゲがもともと渡りをする亜種として分化したために，最近になって再び渡りを止めてしまった奄美大島や徳之島のアカヒゲにはまだ渡りに適した形態が残っているのではないだろうか (Seki et al. 2007)。

そう書き直して原稿を再び送ってみると，今度は編集者も「面白い」と納得してくれた。

島々をつなぐアカヒゲの渡り

アカヒゲの分布と地域性を読み解くうえで，渡りは重要な役割を果たしていそうだ。しかし，アカヒゲの渡りについては，ごく断片的な観察情報しかなかった。繁殖期には高密度で生息するトカラ列島のアカヒゲは冬になるとまったくいなくなるので，渡っていることは確実だ。先島諸島では秋から冬にだけ記録があり，トカラ列島を含む亜種アカヒゲの特徴をもつ個体が観察されているので，たぶんトカラ列島から渡ってくるのだろう。越冬地は不明だが，先島諸島での観察記録が少ないので，さらに南まで渡っていそうだ。奄美大島，徳之島，沖縄島には，冬もいるので留鳥だろう―わかっていたのはこれだけである。

先島諸島に渡ってくるのは本当にトカラ列島のアカヒゲなのか。トカラ列島以外のアカヒゲは本当に渡らないのか。トカラ列島で繁殖する個体数より，先島諸島で見つかる数がずいぶん少ないのはなぜだろうか。トカラ列島のアカヒゲはどこで冬を過ごすのだろう。アカヒゲの渡りについては，多くの疑問が残されていた。

しかし，鳥類の渡りを追跡するのは簡単ではない。伝統的には繁殖地で足環をつけた個体が，どこか渡って行った先で偶然に見つかるのを待つしかなかった。その後，中型以上の鳥では衛星発信機や GPS データロガーをつけた個体の追跡によって詳細な渡りの経路が明らかになりつつあるが，今に至るも装置が重過ぎてアカヒゲのような小鳥には着けられない。最近では，日照時間の記録から位置情報を推定する装置・ジオロケータが小型化され，ようやく小鳥の渡りの連続的な追跡が可能になったけれど，わずか 10 年ほど前まではそれほど小型の装置はなかったのである。

そんなとき，ミトコンドリア DNA を分析したおかげで，私はアカヒゲの渡りを追うための手段も手に入れることになった。遺伝子型で繁殖地域ごとに 4 つの集団に分けられるということは，秋から冬に渡って行った先でアカヒゲを捕獲して遺伝子型を調べれば，どこの繁殖集団に由来する個体であるかを推定できるということだ。遺伝子型による繁殖地推定では渡りの途中経路はわからない。しかし，適当な個体を越冬地で1回捕まえるだけで結果が得られるのは大きな利点だった。足環にしろ，ジオロケータにしろ，繁殖地などで捕獲した個体をいずれ再捕獲しなければ何の情報も得られないからだ。私は勇んで先島諸島でのアカヒゲ探しを開始することにした。

いざ探してみると，秋から冬にかけて先島諸島には普通にアカヒゲがいた。宮古島から与那国島まで，大きな島から小さな島まで，調査したすべての島でアカヒゲが見つかった (図7a) (関 2016)。また，成熟した照葉樹林に限らず，若齢の二次林や外来の落葉低木であるギンネム *Leucaena leucocephala* の林，集落内の緑地などにも生息していた。先島諸島各地での生息状況を調べてみると，任意に選んだ樹林地853カ所のうち約35%もの場所でアカヒゲが確認された。先島諸島全域ではかなりの数のアカヒゲがいそうだ。おまけに，観察される個体の多くは越冬のためのなわばりをもち，それぞれ定住する傾向があった。先島諸島は，アカヒゲが渡りの途中で通り過ぎる経由地ではなく，主要な越冬地と考えてもよさそうである。

それなのに，これまで記録が少なかったのはなぜだろうか。それは，越冬期のアカヒゲが，繁殖期のにぎやかさからは想像がつかないほど目立たない行動をとっていたからだと思われる。越冬期にはさえずりや地鳴きの頻度が低く，短い地鳴きだけでの識別は難しい。また，下層植生の発達した森林に多いので，姿を見ることも難しい。越冬中のルリビタキ *Tarsiger cyanurus* や森林性のホオジロ類に比べても発見が難しく，通常の観察だけでは見逃されやすいだろう。私が先島諸島で広域調査した際にも，さえずりの再生音への鳴き返しを確認する手法で発見効率を高める必要があった。

では，先島諸島で越冬しているのはトカラ列島で繁殖しているアカヒゲなのだろうか。次なる疑問を解くべく，私は越冬地で見つけたアカヒゲを次々と捕獲し，DNA試料の採集を続けていった。ところが，答えは拍子抜けするほどあっさりと判明して

図7　先島諸島で越冬するアカヒゲ。(a) 竹富島の集落近くの二次林で1月に観察された雄。(b) 5月にトカラ列島中之島で巣立ち前の雛として足環をつけ，12月に与那国島で再捕獲された雌。

しまった。トカラ列島の中之島で足環をつけた若い雌が，冬の与那国島で再捕獲されたのだ (図 7b)。直線でも約 900 km，島伝いなら約 1,000 km も離れた場所での再会だった。繁殖地で足環をつけた個体を越冬地で再捕獲するのはとても無理だろうと諦めていたのだが，案外，やればできるものらしい。

一方で，トカラ列島から先島諸島への渡りが足環で証明されてしまうと，私の DNA 分析熱は急速に冷めてしまった。実験室が苦手な私は「足環で証明されてしまったものを，いまさら DNA で確かめる必要があるだろうか」という横着な考えに負けそうになった。しかし，せっかく集めた試料を放置したままでは捕獲や採血でストレスをかけてしまったアカヒゲに申し訳ない。そんな義務感から手元の 37 羽分の試料を分析してみたのだが，結果はまたしても私の予想とは少し違っていた。

確かに大多数の個体の遺伝子型は予想どおりにトカラ列島の繁殖集団で見られるのと共通するものだったが，与那国島などで捕獲したアカヒゲのなかに奄美大島や徳之島に見られる遺伝子型をもつ個体が少数ながら混じっていたのだ (Seki & Ogura 2007)。奄美大島の遺伝子型が 3 羽，徳之島の遺伝子型が 2 羽だ。繁殖地で 1 年中観察できるから留鳥だろう，と思われていた奄美大島や徳之島のアカヒゲのなかにも渡りをする個体が混在しているらしい。当初の計画どおりに試料を分析してみたおかげで，思わぬ発見となったのである。

奄美大島と徳之島の繁殖集団には，なぜ渡りをする個体が混じっているのだろうか。アカヒゲの 4 つに分化した繁殖集団と翼の形状の話を思い出してほしい。亜種アカヒゲはもともと渡りをする亜種として留鳥の亜種ホントウアカヒゲから分化したために，渡りに適した尖った翼をしている。そのため，亜種アカヒゲのなかで最近になって再び渡りを止めてしまった奄美大島や徳之島のアカヒゲでは，留鳥なのにまだ渡りに適した形態の名残があるのではないか，という仮説を示した。実際には，過去の名残だけでなく，現在も少数の渡りをする個体が混在しているために，渡りに適した翼の形態が残っているのではないかと思われる。奄美群島での再留鳥化の仮説を支持する傍証と言える。

ちなみに，鳥類では同種内でも地域によって渡ったり渡らなかったり，基本的には渡りをする同じ繁殖集団の中でも繁殖地に少数の越冬個体が居残ったりする例が少なくない。鳥類の渡り行動は決して固定化したものではなく，進化し続けているものなのだ。アカヒゲの場合にはそれが狭い地域の島々の間で現在進行中の変化として観察される。

おわりに

アカヒゲは生息数が限られ絶滅のおそれがある種として国の天然記念物に指定されている。また，分布域の各地でさまざまな外来捕食者による影響が広がり，生息環境の悪化が続いていることから，環境省のレッドリストでは亜種ホントウアカヒゲが絶滅危惧 IB 類に，亜種アカヒゲが絶滅危惧 II 類に位置づけられている (環境省 (編)

2014)。

アカヒゲは他の奄美群島や琉球諸島の固有種に比べると少し広めの分布をもち，生息地面積が大きい。通常，生息地の広さは種の保全上のプラス要因だ。ところが，アカヒゲではその分布域の中の地域集団が4つに分けられ，地域間で遺伝的交流がほとんどない。トカラ列島，奄美大島，徳之島，沖縄島の集団をそれぞれ独立した保全単位として扱う必要がある。分布が1つの島に限定されている種と比べて，分布が広いからこそアカヒゲの保全は4倍難しい。いや，越冬地の先島諸島も入れれば5倍かもしれない。心して取り組む必要があるだろう。

そして，アカヒゲは渡ることで，生態的にも，遺伝的にも，琉球の島々をつないできた。渡りをするトカラ列島のアカヒゲこそが，アカヒゲの歴史を象徴する存在であると言える。しかし，そのトカラ列島では，外来のニホンイタチが広く定着し，ノネコ (種としての名称はイエネコ *Felis silvestris catus*) も個体数を増やしつつある。さらに，野生化したヤギ *Capra hircus* が増えて森林の下層植生が失われ，マツノザイセンチュウ *Bursaphelenchus xylophilus* の侵入も確認されており，森林の更新阻害とクロマツ *Pinus thunbergii* の広範な枯損とが重なって森林環境の急激な変化が懸念されている。いずれも小さな島の地元行政だけでは対応が難しい問題ばかりである。ところが，トカラ列島の北に位置する屋久島に続いて南に位置する奄美大島，徳之島，沖縄島，西表島が世界自然遺産への登録に向けて動き出したことで，トカラ列島は図らずもそのすき間に落ち込んでしまうことになりそうだ。地域の中でも島によって似て非なる生物をどう保全していくのか，そのためにはぜひ世界自然遺産の狭間となる島々にも目を向ける必要があるのではないだろうか。

本章では，アカヒゲの系統地理についての研究成果をわかりやすく解説するとともに，そこに至るまでの，ともすれば場当たり的な研究の過程をも正直に書くように心がけた。島嶼における鳥類の野外研究では物事が計画どおりには進まないことが多いが，その反面，思いがけない発見も少なくない。ままならない野外研究に行き詰まりを感じている方にとって，拙文が一助とでもなれば幸いである。

また，男女群島のアカヒゲが気になっている方もいるかもしれない。残念ながら，男女群島は南西諸島からはみ出してしまっているし，余談が多すぎたのでページも足りない。男女群島の遺伝子型には固有のタイプがある，ということだけお伝えして，詳しくはまたの機会にご紹介することにしたい (関 2009)。

長年にわたるアカヒゲの研究は多くの方々のご協力のおかげで行うことができた。アカヒゲの面白さを教え研究をご指導くださった樋口広芳先生，私を鳥類の野外研究の道に快く送り出してくださった片桐一正先生，野外調査の師匠である高野肇氏，共同研究者の川路則友氏，坂梨仁彦氏，小倉豪氏，小高信彦氏，トカラ列島での調査を支えてくださった十島村のみなさんに，この場を借りて御礼申し上げる。また，この原稿の執筆にあたって適切な助言をくださった濱尾章二氏，水田拓氏，高木昌興氏にも深く感謝する。

尖閣諸島に行けた幸運な貴方へのお願い

私は尖閣諸島に行ったことがない。

本書の執筆者のほとんどが南西諸島の島々における長期的なフィールド調査に基づく知見を披露しているなかで，極めて異例と言えるだろう。これは，尖閣諸島が近年，中国や台湾との関連で話題を集めている場所であり，残念ながら上陸が非常に難しいためである。尖閣諸島でアホウドリを観察できるような幸せな状況はしばらく訪れないかもしれないが，この幸運に巡り合えた方にはぜひ２つのことに留意して観察していただきたい。

１つ目は尖閣諸島で営巣している，あるいは尖閣諸島の近海にいるアホウドリに標識足環がついているかどうかを確認することだ。本文で詳述するように，鳥島で生まれたほとんどのアホウドリには足環がつけられているのに対して，尖閣諸島生まれのアホウドリには足環がつけられていない。足環のついているアホウドリを見つけることができれば，尖閣諸島への鳥島，あるいは他の繁殖地からの個体の流入を確認できる。

もう１つは鳥島で繁殖している個体との形態上の識別点を見つけることだ。これも本文で詳述するように，主に尖閣諸島に生息するアホウドリと鳥島に生息するアホウドリにはアホウドリ科の姉妹種と同じ程度の遺伝的な違いがある。体の大きさが尖閣諸島の個体のほうが小さいことなどが知られているものの，他にも両集団の個体を見極めるポイントがあるかもしれない。ぜひたくさんの目で検討していただきたい。　(江田真毅)

5
伊豆諸島・鳥島のフィールド調査と北海道・礼文島の遺跡資料の分析から尖閣諸島のアホウドリを探る

(江田真毅)

種名　アホウドリ

学名　*Phoebastria albatrus*

分布　北太平洋に広く分布。現在は伊豆諸島の鳥島および尖閣諸島の南小島・北小島で繁殖する。

全長　約 100 cm

生態　沿岸域から外洋域への推移帯から外洋域にかけて生息し，イカ類や甲殻類，魚類を食べる。鳥島では 10 月下旬〜11 月中旬に産卵。一腹卵数は 1 個。抱卵，給餌とも雌雄が協力して行う。成鳥は 5 月上旬に島を離れ，北上する。島に残された巣立ち雛は，飛ぶ練習をしながら体重を落とし，5 月中旬から 6 月初旬に島を離れる。尖閣諸島ではこの繁殖サイクルが 2 週間程度早い可能性が指摘されている。婚姻形態は一夫一妻。毎年繁殖し，死ぬまでつがい相手を変えないことが多い。6〜9 月の非繁殖期には，ベーリング海やアリューシャン列島近海，アラスカ湾など北部北太平洋で採食する。4 歳までは繁殖地に戻ってこない個体も多い。早くて 5 歳，平均約 7 歳で繁殖を開始する。寿命は約 20 年。成鳥の死亡率は年約 5%とされる。

小笠原諸島・聟島で繁殖する尖閣諸島集団由来の雌個体 (手前) と鳥島集団由来の雄個体 (奥) のペア。(撮影：出口智広氏)

はじめに

尖閣諸島は，八重山諸島の北約 170 km に位置する 5 つの小島 (魚釣島，久場島，南小島，北小島，大正島) と，周辺の岩礁からなる諸島である (図 1)。このうち，南小島と北小島でアホウドリ *Phoebastria albatrus* は繁殖している。アホウドリの主な繁殖地は世界中で 2 カ所。尖閣諸島の 2 つの島と，伊豆諸島の鳥島である。しかし，長谷川博による 2002 年の調査を最後に尖閣諸島における現地調査は行われておらず，その実態はよくわかっていない。近年，ハワイ・ミッドウェー環礁のイースタン島 (2010〜2014 年)，小笠原諸島の媒島 (2013 年)，聟島 (2015 年〜)，嫁島 (2015 年) でも繁殖の成功が確認されたものの，各島の繁殖つがい数は 1 つがいずつ。依然として尖閣諸島と鳥島がアホウドリの主要な繁殖地である。

現在尖閣諸島に生息しているアホウドリはどこから来た何者なのか。これは近年私が取り組んでいる研究テーマの 1 つだ。本章では，現生のアホウドリの DNA 解析と北海道の礼文島の遺跡から出土した骨の分析，さらに伊豆諸島の鳥島のフィールド調査から尖閣諸島のアホウドリについて探っていく。まずはアホウドリの 19 世紀後半以降の歴史から見ていこう。

尖閣諸島のアホウドリの歴史

翼を広げると 2 m を超える大型の海鳥，アホウドリ。その繁殖地はもともと 2 カ所しかなかったわけではない。19 世紀末の繁殖地数は 13 カ所ほどであったと推定されている (図 2) (長谷川 1979a, 1979b; Hasegawa & DeGange 1982)。伊豆諸島の鳥島，小笠原諸島聟島列島の北ノ島，聟島，嫁島，西ノ島，尖閣諸島の魚釣島，久場島，

図 1　尖閣諸島の位置。

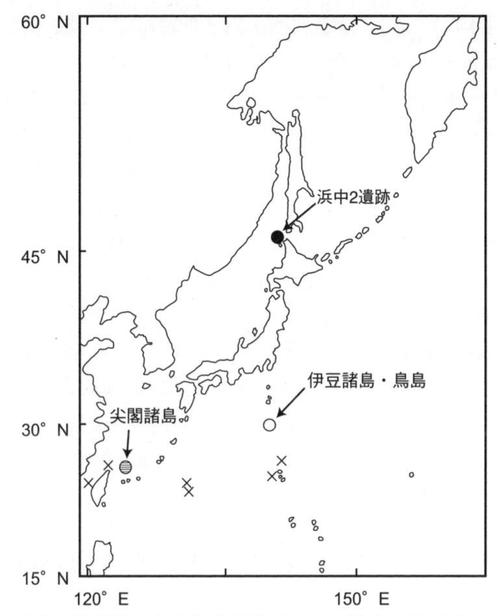

図 2　アホウドリの現在の繁殖地 (鳥島と尖閣諸島) と，過去の繁殖地 (×) (江田・樋口 2012 を一部改変)。

大東諸島の北大東島，沖大東島，台湾東北沖の澎佳嶼，棉花嶼，澎湖諸島の猫嶼，白沙島などの島々だ。文献記録からこれらの島々にはおびただしい数のアホウドリがいたことが知られており，当時の個体数は約 600 万羽とも推定されている。

しかし，アホウドリの個体数と繁殖地数は 19 世紀末から 20 世紀初頭にかけて急激に減少した。ほぼすべての繁殖地で，羽毛採取を目的とした狩猟が行われたためである。尖閣諸島も例外ではなく，魚釣島と久場島では 19 世紀末から 20 世紀初頭に大規模な羽毛採取が行われた記録がある (黒岩 1900; 宮嶋 1900, 1900-1901)。長谷川 (1997) は，開拓民の記録から尖閣諸島で約 100 万羽のアホウドリが狩猟されたと推定している。1930 年代半ばには最大の繁殖地であった伊豆諸島の鳥島でもアホウドリの繁殖はほとんど観察されなくなった。また尖閣諸島でも，1939 年 5 月 23 日～6 月 4 日の全 5 島における生物調査でアホウドリは観察されなかった (正木 1941)。そして，1949 年 4 月 9 日の洋上からの調査では，鳥島にもその周辺海域にもアホウドリは観察されず，この種の絶滅が宣言された (Austin 1949)。

しかし，話はこれで終わらない。1951 年 1 月 6 日に鳥島で約 10 羽が再発見され，本種は絶滅していなかったことが明らかになる (山本 1954)。一方で，尖閣諸島ではアホウドリはその後も長い間確認されなかった。アホウドリの繁殖期は冬季から春季。繁殖地を訪れるのは主に 10 月～5 月である。1950 年 3 月 28 日～4 月 9 日に魚釣島で，1952年4月10日〜4月19日に南小島と魚釣島で，1963年5月15日〜5月18日に大正島・南小島・北小島・魚釣島で，1970年12月6日〜12月15日に南小島・北小島・魚釣島で生物調査が行われたものの，アホウドリは観察されなかった (高良 1954, 1963; 九州大学・長崎大学合同尖閣列島学術調査隊 1973)。しかし，1971年3月30日〜4月8日の尖閣諸島全5島における生物調査の際，南小島で4月1日に成鳥12羽が発見され，尖閣諸島でもアホウドリの生息が知られるようになった (琉球大学尖閣列島学術調査団 1971)。一方で，1971年の調査時，およびその後の1979年5月28日〜6月7日の魚釣島・南小島・北小島の上陸調査 (池原・安部 1980)，1980年2月25日〜3月1日，3月3日および5月2日の南小島の生物調査でも成鳥のみが観察され，雛は観察されなかった (長谷川 2003)。南小島では1988年4月13日，そして北小島では2001年12月24日が1908年以降最初の繁殖記録である (長谷川 2003)。つまり，尖閣諸島全体でみても繁殖は80年間，個体も71年間観察されていなかったことになる。20世紀後半に再び尖閣諸島に現れたアホウドリはいったいどこから来たのだろうか。

DNA解析から探る現在のアホウドリの遺伝的多様性と集団構造の歴史

個体数が大幅に減少した種では，遺伝的多様性の減少が懸念される。遺伝的多様性の減少は，近交弱勢や免疫応答に関わる遺伝子の減少など種の存続を脅かす可能性がある (Frankham et al. 2002)。そこで，主にアホウドリの遺伝的多様性の評価を目的に，私たちは同種のミトコンドリアDNAの制御領域2を調べた (Kuro-o et al. 2010)。制御領域は，一般に鳥類のミトコンドリアDNAのなかでもっとも進化速度が速く，遺伝的多様性の評価などによく用いられる。ここで制御領域「2」としている理由は，アホウドリを含むアホウドリ科では，この領域が重複しているためである (Eda et al. 2010)。

この研究では，1992年に鳥島で生まれた雛41個体 (同年に生まれた雛の80.4%) と尖閣諸島の南小島と北小島で1996年と2002年に採集した3試料を分析した (Kuro-o et al. 2010)。その結果，アホウドリのハプロタイプ多様度 (0〜1の値をとる遺伝的多様性の指標の1つで，0は多様性がない状態，1は非常に多様な状態を示す) は0.96であり，他の希少種に比べて非常に高いことが明らかになった (図3) (Kuro-o et al. 2010)。アホウドリが一時50羽程度にまで減少したことを考えると，アホウドリの遺伝的多様性が高いことは不思議に思われるかもしれない。しかし，数学モデルによると一時的な個体数減少によるハプロタイプ多様度の減少は比較的小さく，ハプロタイプ多様度は個体数の少ない世代が長く続くことによって大きく減少すると考えられている (Frankham et al. 2002)。1950年の鳥島のアホウドリの性比を1対1，個体数を50羽，その後の増加率を年約7%とすると，鳥島における1950年から現在までのハプロタイプ多様度の減少は数学モデルから約10%と推定できる (Kuro-o et al. 2010)。羽毛の採取を目的とする商業的な狩猟が個体数を減少させたものの，その後個体数が

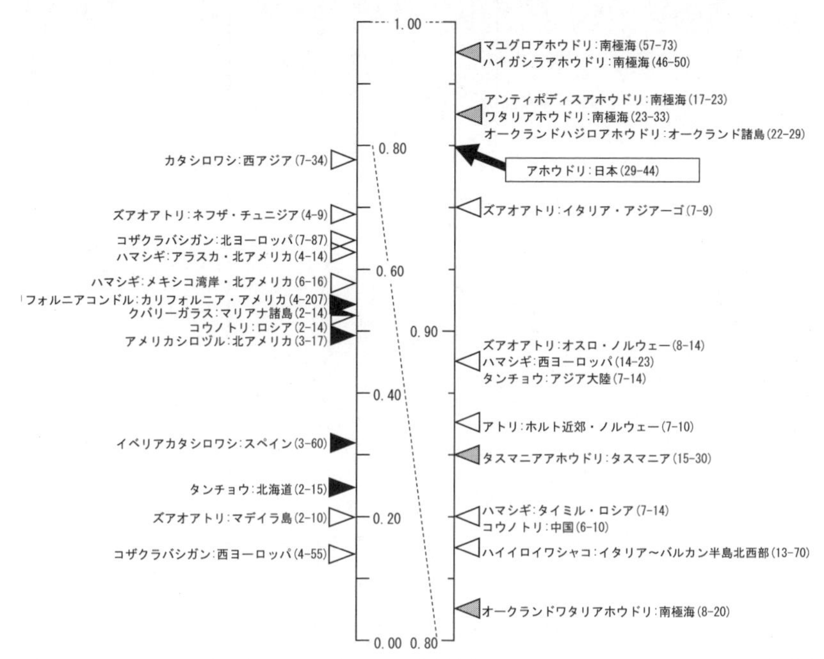

図 3　アホウドリと他の鳥類のハプロタイプ多様度の比較 (Kuro-o et al. 2010 を一部改変)。黒：絶滅危惧種と危急種，灰色：アホウドリ類，白：普通種。

順調に回復したことで，アホウドリの遺伝的多様性は幸いにもそれほど損なわれていないと言えるだろう。

生物の進化やその分かれた道筋は，遺伝的情報に基づいて遺伝子樹あるいは遺伝子ネットワークとして示すことができる。図 4 はアホウドリの制御領域 2 の塩基配列から近隣結合樹を構築したものである (Kuro-o et al. 2010)。この図では，各円がアホウドリ 1 個体の塩基配列を示しており，白抜きの円は鳥島の雛，横線の網掛けのある円は尖閣諸島の試料の配列を示している。また左方に伸びる枝では，近縁な個体どうしが順に結び付けられ，もっとも左側の枝でアホウドリ全体とその近縁種であるクロアシアホウドリ *P. nigripes* が結び付けられている。枝の上の数字はブートストラップ確率であり，100 に近いほどその枝の信頼性が高いことを示す。図から，アホウドリには大きく離れた 2 つのクレード (クレード 1 と 2) のあることがわかる。2 つのクレードの個体は制御領域 2 の 1,086 塩基対中 23 塩基対 (約 2.1%) 以上が異なっている。また，尖閣諸島の 3 試料はすべてクレード 2 に含まれるのに対して，鳥島の雛ではクレード 1 に 38 個体，クレード 2 に 3 個体が含まれている (Kuro-o et al. 2010)。

遺伝子樹や遺伝子ネットワークの形とその地理的分布パターンからある種あるいは

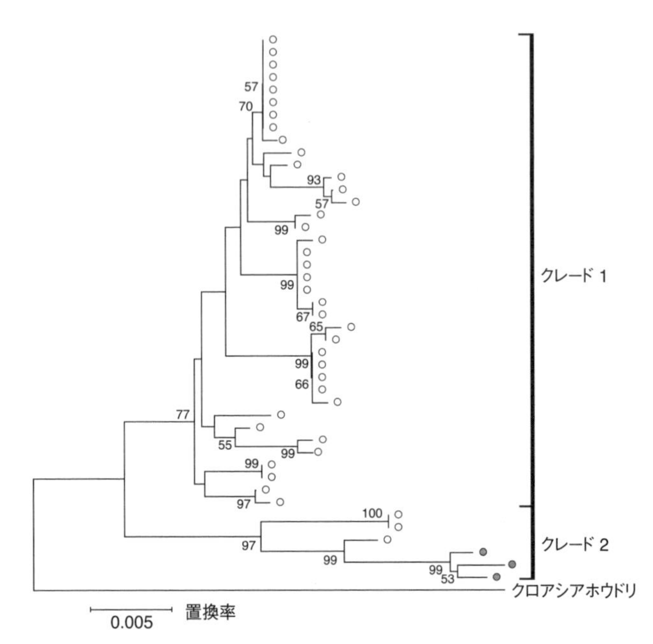

図 4　現生のアホウドリの制御領域 2 の配列に基づく近隣結合樹 (Kuro-o et al. 2010 を一部改変)。

いくつかの近縁種の現在の分布が形成された歴史を説明しようとする系統地理学 (phylogeography) という学問分野がある (Avise et al. 1987; Avise 2000)。1990 年代の後半以降，鳥類でもさまざまな種で系統地理学的な研究がなされ，急激な個体数の増加や集団の分断化，ボトルネック (集団サイズの減少とその後の回復)，集団間の移住などの過去のイベントが推定されてきた。

系統地理学の観点から，アホウドリで認められたような 2 つの大きく離れたクレードに属する個体が同所的に繁殖するパターンには 2 つの歴史的仮説が考えられる (Avise et al. 1987; Avise 2000)。1 つ目の仮説は，長期間隔離されていた 2 つの集団が，近年二次的に同居した場合だ (図 5a)。この仮説では，尖閣諸島と鳥島の間には遺伝子流動の障壁があり，両者はそれぞれ長期間遺伝的交流がほとんどあるいはまったくない別の集団を形成しており，近年，尖閣諸島から鳥島への個体の移住があったと解釈する。もう 1 つの仮説は，長期間存続した 1 つの大きな集団で偶然離れた系統が残っている場合である (図 5b)。この仮説では，尖閣諸島と鳥島の個体はもともと遺伝的交流のある 1 つの集団に属していたと解釈される。とくにアホウドリのように個体数と繁殖地数が歴史的に著しく減少した種では，1 つの集団内に遺伝的に離れた 2 つのクレードが存在するように見える可能性も指摘されている (Crandall et al. 2000)。

アホウドリの集団構造の歴史が 2 つの仮説のうちの前者であれば，20 世紀後半に

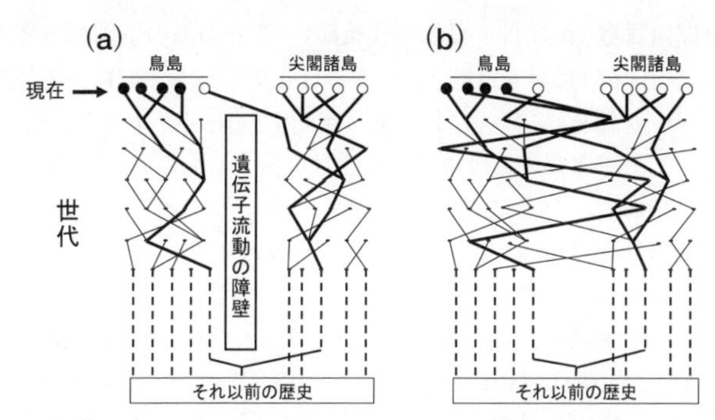

図 5　現在の遺伝的構造から推定されるアホウドリの集団構造の歴史。(a) 2 集団の二次的同居，(b) 大きな 1 集団。

再び尖閣諸島に現れたアホウドリが鳥島から移住したものかどうかを遺伝子解析から推定できる。一方，後者の場合には，尖閣諸島と鳥島の個体に遺伝的な違いはないと考えられるため，20 世紀後半に再び尖閣諸島に現れたアホウドリが鳥島から移住したものかどうかは判断できない。さらに，これら 2 つの仮説は今後のアホウドリの保全対策に大きく関わる。前者の場合には，アホウドリを 2 つの進化的に重要な単位 (evolutionary significant unit; ESU) (相互に単系統な個体群と定義される) (Moritz 1994) として保全するかどうかを考える必要がある。反対に，後者の場合にはアホウドリの ESU は 1 つとみなされる。この場合でも，鳥島と尖閣諸島に生息する個体群ではミトコンドリア DNA のハプロタイプ頻度が明らかに異なっていることから，それぞれの個体群は異なる管理の単位 (management unit; MU) とみなされるものの，2 つの集団を別々に保全することの優先順位は低いものとなる。さらに，現在母系系統的にごく近縁な個体しか観察されていない尖閣諸島の個体群に鳥島で生まれた個体を輸送して，尖閣諸島の個体群の遺伝的多様性の回復を図るなどの保全対策も検討する余地が生まれる。個体数や繁殖地数の減少する前のアホウドリの集団構造が，この 2 つの仮説のどちらが妥当かを検討する鍵になると考えられた。

北海道・礼文島の遺跡資料から探る約 1,000 年前のアホウドリの集団構造

アホウドリを含むアホウドリ科の鳥は，縄文時代早期 (約 10,000～6,000 年前) 以降のさまざまな時代の遺跡から報告されている (Eda & Higuchi 2004)。地理的にも北は北海道から南は沖縄まで，オホーツク海，日本海，太平洋，東シナ海の沿岸の遺跡から出土している。琉球列島でも沖縄島の古我地原貝塚 (うるま市・貝塚時代前期前半)，地荒原貝塚 (同・貝塚時代前期～中期)，シヌグ堂遺跡 (同・貝塚時代中期)，平敷屋トウバル遺跡 (同・貝塚時代後期)，高嶺古島遺跡 (豊見城市・グスク時代)，伊

江島のナガラ原西貝塚 (伊江村・貝塚時代後期), 波照間島の下田原貝塚 (竹富町・貝塚時代前期), 宮古島の長間底遺跡 (宮古島市・先史時代第I期) から少量ずつアホウドリ科の骨の出土が知られている (Eda & Higuchi 2004)。アホウドリ科の骨の出土する遺跡のうち, 北海道北部の遺跡はとくに注目に値するものであった。

その理由は2つある。第一に, この地域にはアホウドリ科の骨が大量に出土する遺跡が多いことだ (Eda & Higuchi 2004)。アホウドリ科の骨が出土した鳥類の骨の70%以上と非常に高い割合を占める遺跡も多い。そして第二に, アホウドリ科の近年の観察は太平洋や東シナ海沿岸に限られ, オホーツク海や日本海沿岸ではほとんど記録がない (Tickell 2000; 佐藤ら 2008; 日本鳥学会 2012) ことだ。これらの知見は, 北海道北部には以前はアホウドリ科の鳥が多数生息しており, 人々に利用されていたにもかかわらず, 近年その分布が縮小したことを示唆する。現在, 日本近海にはアホウドリのほかクロアシアホウドリとコアホウドリ *P. immutabilis* が生息している。これらの種間の分岐は数100万年前と推定されており, 縄文時代にはすでに存在していたと考えられる。それでは, アホウドリ科の鳥のうちどの種が北海道北部に分布していたのか。この疑問に答えるために, 私たちは礼文島にある浜中2遺跡のオホーツク文化期 (約1,000年前) の遺物包含層から出土したアホウドリ科の骨の古代DNA解析を実施した (Eda et al. 2006)。

古代DNAとは遺跡から出土した骨や博物館の剥製など, 昔の生物に由来する試料から抽出したDNAである。鳥類では, 絶滅した走鳥類であるモア類やエピオルニス類の系統関係の推定 (Cooper et al. 2001; Yonezawa et al. 2017), アメリカシロヅル *Grus americana* やソウゲンライチョウ *Tympanuchus cupido* のボトルネックが起こる以前の遺伝的多様性の評価 (Bouzat et al. 1998; Glenn et al. 1999) などの研究に利用されてきた。一方で, 現生DNAの解析に比べ古代DNA解析には分析上の難点も指摘されている (Llamas et al. 2017)。まず古代DNAは断片化していることが多く, 現生試料から抽出したDNAのように長いPCR産物を得ることは困難な場合が多い。また抽出できるDNAの量が少なく, 現生のDNAの混入の影響を受けやすい。そのため, 専用の実験器具や実験室を整備するとともに, 論文査読でも実験の再現性の確認が強く要求される。

私たちは, 日本産のアホウドリ科3種を識別するためにミトコンドリアDNAのチトクローム *b* 領域に143塩基対を増幅するプライマーを設計した。チトクローム *b* 領域は制御領域に比べて進化速度が遅く, 種判別によく用いられる領域である。そして, 細心の注意を払って浜中2遺跡から出土した左手根中手骨 (人では手のひらにある骨) 23点を分析した (Eda et al. 2006)。その結果, PCRによるDNAの増幅に成功した18試料 (約78%) のうち, 6試料では報告されている現生の鳥島のアホウドリと同一の配列が, 12試料ではこの配列と1塩基異なる配列が検出された。後者の配列は尖閣諸島の南小島と北小島のアホウドリで認められた配列と同一であった。これらの配列はコアホウドリとは3塩基以上, クロアシアホウドリとは4塩基以上離れており，分析に成功したすべての骨がアホウドリのものと同定された。

約1,000年前，礼文島周辺の日本海やオホーツク海にはアホウドリが多数生息していたのであろう。浜中2遺跡では，3,500年前の遺物包含層からもウ科やカモメ科の幼鳥の骨が大量に見つかっているにもかかわらず，アホウドリ科では発育途中の幼鳥や若鳥の骨は見つかっていない。さらに，鳥島で20世紀初頭に乱獲されたアホウドリの脛足根骨では，19.4%で骨髄骨（産卵前後の計約1カ月間程度のみ雌鳥の骨中に形成される二次的な骨）を含んでいた一方で，浜中2遺跡では骨髄骨を含む骨は1点も出土していない（Eda et al. 2005）。繁殖地で狩猟した場合に出土が予想されるこれらの骨がないことから，人々は索餌回遊中のアホウドリを海上で狩猟していたと考えられた。

浜中2遺跡から出土したアホウドリの骨は，当時の集団構造の復原に有用と考えられる。実際，モグラホリネズミ *Thomomys talpoides* やアナウサギ *Oryctolagus cuniculus*，タイセイヨウサケ *Salmo salar* などでは古代DNA解析からそれぞれの種の集団構造が数世代から数千世代にわたって安定していたことが示されてきた（Thomas et al. 1990; Hadly et al. 1998; Tessier & Bernatchez 1999など）。これら古代DNA解析から過去の集団構造が復原された種には共通点がある。それは，移動能力が低いため，あるいは生態上の特性から化石や遺跡資料の発見場所がその個体の繁殖地とみなせる点だ。系統地理学の観点から集団構造を復原するためには各試料の系統と繁殖地の情報が不可欠である。しかし，浜中2遺跡から出土したアホウドリの骨のように発見場所がその個体の繁殖地とみなせない場合，系統地理学の観点から集団構造の復原はできない。現生の試料ではマイクロサテライト領域など両性遺伝する遺伝子を用いて集団の数や各試料の集団への帰属を推定する方法が開発されているものの（Pritchard et al. 2000），遺跡試料の古代DNA解析では細胞中のコピー数の少ない核DNAの分析は極めて困難である。

私たちは，この問題は進化上中立な分子マーカーの解析に他の形質の分析を組み合わせることで解決できると考えた（Eda et al. 2012）。そして，進化上中立な分子マーカーとして制御領域2の塩基配列を，組み合わせる形質として摂取した食物の値を反映する窒素と炭素の安定同位体比と，成長初期の食物条件や遺伝的影響を受ける骨の長さを利用した。試料群が1つのランダム交配集団の個体に由来する場合，制御領域2のハプロタイプも安定同位体比や骨の長さの変異も集団中にランダムに分布する。この場合，ハプロタイプやハプロタイプのグループ間で安定同位体比や骨の長さを比較した場合，平均値に有意な差は生じないはずである。逆にハプロタイプやハプロタイプのグループ間で安定同位体比や骨の長さの平均値に有意な差が生じるのは，集団内に分集団構造がある場合と考えられる。

浜中2遺跡から出土した左手根中手骨58点について，制御領域2のなかでもっとも多型性の高い139塩基対を分析した結果，46点（約79%）で塩基配列が決定できた。現生のアホウドリも含めて最節約ネットワークを描いたものが図6である。この

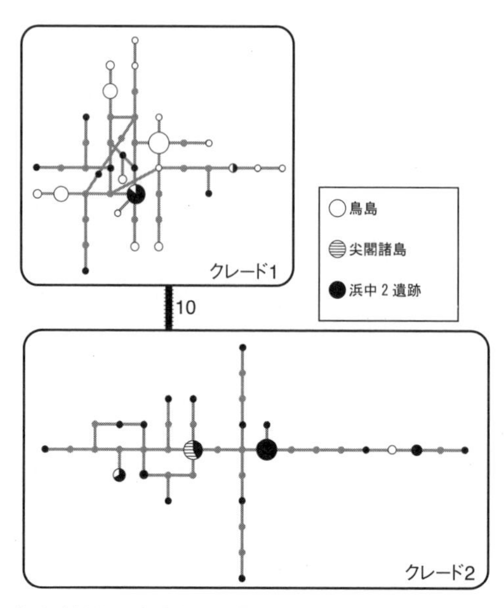

図 6　アホウドリの遺跡試料と現生試料の制御領域 2 の配列に基づくネットワーク図 (Eda et al. 2012 を一部改変)。

図では，円が 1 つのハプロタイプを示しており，円の大きさの差はそのハプロタイプをもつ個体数の違いを示している。また，線で結ばれたハプロタイプは 1 塩基のみ異なる互いに近縁なものである。さらに白抜きの円は鳥島の雛で確認されたハプロタイプを，横線の網掛けのある円は尖閣諸島の試料で確認されたハプロタイプを示している。遺跡試料を含めたこの分析でも，現生個体の解析と同様 2 つのクレード (クレード 1 とクレード 2) が認められた。クレード 1 は鳥島の燕崎で生まれた雛 38 個体と遺跡試料 15 点から，クレード 2 は尖閣諸島に由来する 4 個体[1] と鳥島の燕崎で生まれた雛 3 個体，それに遺跡試料 31 点からなっていた。さらに古代 DNA 解析に成功した遺跡試料について，窒素と炭素の安定同位体比と手根中手骨の全長を 2 つのクレード間で比較すると，窒素の安定同位体比と骨の全長で有意な差が認められた。この結果から，別のクレードに属する個体はそれぞれ別の集団を形成していたことが示唆された。

現在のハプロタイプの分布から，クレード 1 の個体は鳥島とその周辺で，クレード 2 の個体は尖閣諸島とその周辺で主に繁殖していたと考えられる。さらに約 1,000 年前のアホウドリの種内に 2 つの集団があったことから，現在の鳥島に 2 つのクレードに属する個体が同所的に繁殖しているのは，2 つの集団の個体が二次的に同居するよ

1）Kuro-o et al. (2010) では塩基配列を決定できなかった 1 個体のデータを含む。

うになった結果と考えられた。約 1,000 年前の時点で二次的な同居が起こっていたか，あるいはクレード 2 の個体がいつ頃から鳥島で繁殖するようになったかを推定することは難しい。一般にアホウドリ科やミズナギドリ科などの海鳥は生まれ育ったコロニーに戻って繁殖する習性がある (Tickell 2000)。一方で，ワタリアホウドリ *Diomedea exulans* では，約 1,500 km 離れたコロニーにも若鳥が分散したことや，コロニーの個体群サイズとそこに戻って繁殖する若鳥の割合に正の相関があることが知られている (Inchausti & Weimerskirch 2002)。個体群サイズの大きい鳥島から個体群サイズの小さい尖閣諸島への個体の移動は認められていない一方で，尖閣諸島から鳥島への移動は認められていること (長谷川 2006)，さらに 2008 年に開始されたデコイと音声を用いた小笠原諸島・聟島へのアホウドリの誘致事業でも，尖閣諸島で生まれた可能性が高い未標識の若鳥が聟島で観察されていること (Deguchi et al. 2016) も，ワタリアホウドリと同様，アホウドリでも個体群サイズの小さいコロニーでは個体の分散が起こりやすい傾向があることを支持すると言えるだろう。20 世紀の半ば頃，尖閣諸島では鳥島に比べても個体群サイズが非常に小さくなったと推定される。クレード 2 の個体が鳥島で繁殖するようになった時期は，尖閣諸島と鳥島の両方に百万羽単位のアホウドリが生息していた 19 世紀末以前ではなく，繁殖地での乱獲によってとくに尖閣諸島の個体数が減少した 20 世紀以降であったのかもしれない。

伊豆諸島・鳥島のフィールド調査から探る 2 つのアホウドリ集団の関係性

それでは，鳥島で同居している 2 つの集団の個体は，どのような関係にあるのだろうか。もっとも注目されるのが 2 つの集団の個体が交配しているかどうかという点だ。2 つの隔離されていた集団が二次的に接触した場合，両者が交配するかどうかは繁殖隔離の有無による。繁殖隔離は交配前隔離と交配後隔離の 2 つに時系列的に分けられ (Coyne & Orr 2004)，鳥類では交配前隔離がより重要と考えられている (Grant & Grant 1992)。類似した表現型をもつ個体をつがい相手に選ぶことを同類交配と呼ぶ。同類交配は重要な交配前隔離の機構として知られており (Randler 2008)，アホウドリ類やミズナギドリ類などの海鳥でも観察されている (Moore et al. 1997; Brown et al. 2015)。

1976～1977 年の繁殖期以降，鳥島で生まれたほとんどの個体には標識足環がつけられている。一方，鳥島では 1996 年以降，未標識の若鳥の飛来が初寝崎の新コロニーを中心に観察されている (佐藤 1999)。若鳥のうちに標識足環が脱落する可能性は低いため，これらの未標識の若鳥は尖閣諸島で生まれた可能性が高いと考えられている。一部の未標識個体は新コロニーで鳥島生まれの標識個体とつがいを形成し，雛を巣立たせたことが観察されている。しかし，尖閣諸島と鳥島で生まれたアホウドリがランダムに交配しているか，それとも同類交配しているかは明らかになっていなかった。そこで，私たちは鳥島の新コロニーで営巣している個体の調査からこれを検

討した (Eda et al. 2016)。

2012 年度の繁殖期に鳥島の新コロニーにいた 179 ペアのうち，117 ペアでつがいの両方で標識の有無が確認できた。その結果，未標識個体どうしのつがいは 6 ペア，未標識個体と標識個体のつがいは 8 ペア，標識個体どうしのつがいは 103 ペアであった。このデータから標識個体と未標識個体の割合を算出すると，標識個体は 91.5%，未標識個体は 8.5% となった。アホウドリがランダムに交配した場合，それぞれのペア数の期待値は，未標識個体どうしが 0.85 ペア，未標識個体と標識個体が 18.29 ペア，標識個体どうしが 97.85 ペアであった。同類交配ペア (未標識個体どうしと標識個体どうしのペアの合計) と異系交配ペア (未標識個体と標識個体のペア) に分けて実測値と期待値をカイ二乗検定で比較すると，有意な差が認められた ($P < 0.01$)。このことから，標識個体と未標識個体はランダム交配しておらず，同類交配の傾向のあることがわかった。また，捕獲した未標識の 9 個体について制御領域 2 を調べた結果，すべての個体で尖閣諸島に優占する系統のハプロタイプが確認された。このことから，未標識個体は単に足環が外れたのではなく，尖閣諸島で生まれた可能性が高いことが遺伝的にも支持された。以上の検討から，鳥島と尖閣諸島で生まれたアホウドリはランダム交配しておらず，有意な同類交配の傾向のあることが示唆された (Eda et al. 2016)。

未標識個体と標識個体のつがいが 8 ペアあり，そのうち 3 ペアで雛が生まれたことが確認されているものの，2 つの集団のアホウドリが交配しているかはまだわかっていない。その理由は，鳥島の燕崎コロニーで生まれた雛，つまり，標識個体の約 7% は，尖閣諸島で優占的なクレード 2 の制御領域 2 のハプロタイプをもつためである (Kuro-o et al. 2010)。未標識個体とつがいを形成した標識個体には，尖閣諸島から移住した個体が鳥島で産んだ子も含まれる可能性がある (Eda et al. 2016)。実際の同類交配率や異系交配率の推定のためには，未標識個体とつがいを形成した標識個体や，未標識個体と標識個体の子について，マイクロサテライト DNA など両性遺伝する遺伝子マーカーの解析が必要である。

尖閣諸島のアホウドリを探る

中国，台湾との関係から現在上陸調査が非常に難しい尖閣諸島。2002 年以降，この島で繁殖するアホウドリは調査されておらず，その現状はよくわからない。一方で，尖閣諸島で 2002 年以前に採取された試料を含む DNA 解析や北海道・礼文島の遺跡資料の分析，さらに伊豆諸島・鳥島のフィールド調査から，20 世紀後半に再び尖閣諸島に現れたアホウドリはどこから来た何者なのかが徐々に明らかになってきている。ここまでの知見を整理してみよう。

(1) 尖閣諸島のアホウドリの由来

高良 (1954) は尖閣諸島全域にアホウドリがいたとしている。しかし，著者が調べた限りにおいて尖閣諸島の島々のうち 19 世紀末までのアホウドリの確実な記録は魚釣島と久場島にしかない (黒岩 1900; 宮嶋 1900, 1900-1901)。19 世紀末から 20 世紀初頭に両島で大規模な羽毛採取や野生化したイエネコ *Felis silvestris catus* による攪乱を受けてアホウドリは減少した。1908 年 5 月の魚釣島と久場島での記録 (恒藤 1910) を最後に，1971 年に南小島で発見される (琉球大学尖閣列島学術調査団 1971) まで記録がなかった。尖閣諸島のアホウドリを再発見した琉球大学尖閣列島学術調査団 (1971) は「宮嶋が 1900 (年[2]) に黄尾嶼（こうびしょ）[3] で 10〜20 羽を目撃したという報告以来，71 年ぶり[4] の再確認の報告になる」(p. 89) と指摘しながら，その再発見されたアホウドリがどこからきたのかについては検討していなかった。当時の他の研究でも，尖閣諸島のアホウドリの由来についての検討は見当たらない。わずかに高良 (1963) が自身の調査時に確認できなかったアホウドリが「もし黄尾島（こうびとう）[5] に生息しているものなら，爆撃演習の際に一部は南小島および北小島に移動してくるであろう。また鳥島のアホウドリの若鳥も尖閣諸島に移住する可能性があり，(以下略)」と述べている程度である。

これまでの私たちの研究は，1971 年に再発見された尖閣諸島のアホウドリがその直前に鳥島から移住した可能性は極めて低いことを示している。その根拠は 3 つある。第一に約 1,000 年前のアホウドリの種内に 2 つの集団があり，現在尖閣諸島と鳥島で主に繁殖する系統は別の集団の子孫と考えられること (Eda et al. 2012)，第二に鳥島の新コロニーで尖閣諸島由来と考えられる未標識個体と鳥島で生まれた標識個体がそれぞれ同類交配していることだ (Eda et al. 2016)。そして第三に，尖閣諸島で採取された試料と尖閣諸島生まれと考えられる未標識個体の試料の制御領域 2 の配列 (4 タイプ) が，鳥島では確認されていないことだ (Kuro-o et al. 2010; Eda et al. 2011, 2012, 2016)。尖閣諸島に現在生息するアホウドリが 1971 年の直前に鳥島から移住した個体の子孫であれば，尖閣諸島のアホウドリの制御領域 2 の配列は鳥島のアホウドリの同領域の配列の一部から構成されているはずである。鳥島では，1992 年に生まれた雛の 80.4％にあたる 41 個体で塩基配列が決定されている (Kuro-o et al. 2010)。それにもかかわらず，尖閣諸島のアホウドリで見られる配列は確認されていない。1971 年に南小島で発見されたアホウドリは，もともと尖閣諸島あるいは周辺の東シナ海の島々に少数ながら生息していた集団に由来し，鳥島とその周辺の集団とは長期間隔離されていたと考えられる。

(2) 尖閣諸島集団と鳥島集団の分化の程度

従来，アホウドリを含むアホウドリ科は 2 属 (アホウドリ属 *Diomedea* とモリモーク属 *Phoebetria*) 13 種からなるとする考え方が主流であった (Marchant & Higgins

2) 著者追記。
3) 久場島の別名。
4) 恒藤 (1910) の記録があるため，正しくは 63 年ぶりとするべきだろう。
5) 久場島の別名。

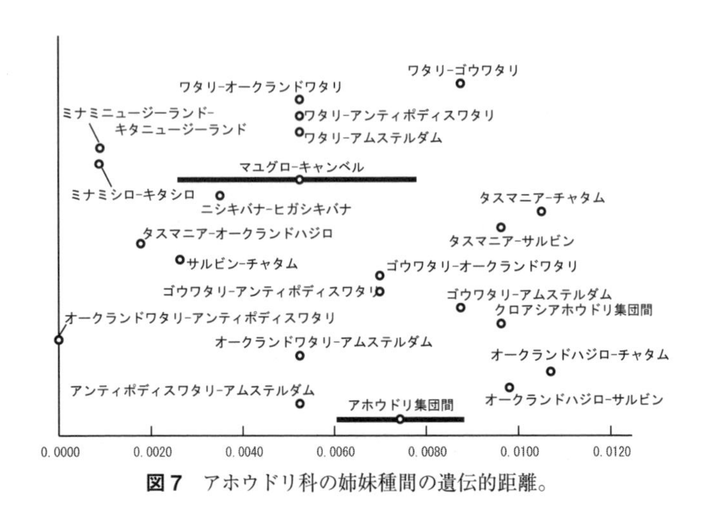

図7 アホウドリ科の姉妹種間の遺伝的距離。

1990)。ミトコンドリアDNAのチトクローム *b* 領域による種間の系統解析が1990年代後半に行われて以降 (Nunn et al. 1996; Nunn & Stanley 1998)，アホウドリ属をキタアホウドリ属 *Phoebastria*，ワタリアホウドリ属 *Diomedea*，ハイイロアホウドリ属 *Thalassarche* の3つに細分し，モリモーク属とあわせて4属とする見解が定着している (Tickell 2000; 小城ら 2004; Chambers et al. 2009; 日本鳥学会 2012)。また，種数も繁殖生態や形態の詳細な比較検討による知見とあわせて，亜種とされていた分類群の一部あるいは全部を独立種とみなし，同科の種数を21種 (Brooke 2001)，22種 (The IUCN Red List of Threatened Species. Version 2017-1 <www.iucnredlist.org>)，24種 (Robertson & Nunn 1998) とする見解が提案または採用されている。

図7は，近年別亜種から別種とみなされるようになったアホウドリ科の姉妹種間のチトクローム *b* 領域の配列について，MEGA7.0 (Kumar et al. 2016) で遺伝的距離 (p-distance) を算出して示したものである。アホウドリの尖閣諸島集団と鳥島集団の遺伝的距離は0.0061〜0.0088であった。これに対して，独立種として認定されつつある姉妹種間では0.0000〜0.0107であった。アホウドリの尖閣諸島集団と鳥島集団の遺伝的距離は，虹彩の色が異なるマユグロアホウドリ *T. melanophris* とキャンベルアホウドリ *T. impavida* (遺伝的距離：0.0026〜0.0079) や，ワタリアホウドリとその若鳥と類似した羽色で繁殖するアムステルダムアホウドリ *D. amsterdamensis* (遺伝的距離：0.0053) など，形態形質からの識別も比較的容易な姉妹種間と同程度あるいはそれ以上に離れていると言える。同所的に繁殖するようになったマユグロアホウドリとキャンベルアホウドリでは，アホウドリの2つの集団と同様，同類交配の傾向が認められる一方で，両者の中間的な色の虹彩をもち交雑個体と思われる個体が観察されている (Moore et al. 1997)。またアホウドリ科の種間交雑はクロアシアホウドリとコアホウド

リ (遺伝的距離：0.0166〜0.0228) でも生じることが知られており (Rohwer et al. 2014)，2つの集団間の隔離期間は交配後隔離が確立するほどには長くないと考えられる。

尖閣諸島と鳥島のアホウドリ集団は「長期間」隔離されていたとして，それはどのくらいの期間なのか。この疑問は2つの系統間の遺伝的距離とその遺伝子の進化速度から計算できる。アホウドリ科のチトクローム *b* 領域のコドン第3塩基の進化速度は，キタアホウドリ属とワタリアホウドリ属のクレードで100万年当たり1.58%と計算されている (Nunn et al. 1996)。尖閣諸島集団と鳥島集団の個体のコドン第3塩基の遺伝的距離は2.02％であった。分子時計の仮定に基づき，両者の遺伝的距離 (2.02%) をその進化速度 (100万年当たり1.58%) で割り，さらに各系統で起こった進化を平均化する (2で割る) と，分岐は約63.8万年前と推定できる。系統の分岐と集団の分岐の時期に違いがあること，進化速度の推定に利用される化石記録の年代には幅があること，また進化速度が一定という分子時計の仮定はしばしば逸脱があることなどから集団の分岐時期は慎重に扱うべきものながら (Graur 2016)，この分岐時期は現代型人類とネアンデルタール人の分岐 (約76.5万〜55万年前) (Llamas et al. 2017) とほぼ同程度と言える。

(3) 尖閣諸島集団の個体群動態

遺伝的多様性の指標の1つ，塩基多様度 (集団中からランダムに抽出した2つの配列の平均塩基置換率) を利用することで，長期的な有効集団サイズが比較できる。約1,000年前の遺跡試料中に認められた2つのクレードを単位に算出した制御領域2 (139 bp) の塩基多様度は，クレード2では0.03964 (± 0.00304 標準偏差，以下同じ)，クレード1では0.02556 (± 0.00462) であった (Eda et al. 2012)。さらにクレード2の塩基多様度はクレード1の約1.6倍である。塩基多様度は突然変異率と有効集団サイズの積としても算出されることから，主にクレード2の個体からなったと考えられる尖閣諸島集団の祖先集団は，主にクレード1の個体から構成されていたと考えられる鳥島集団の祖先集団に比べ，有効集団サイズが約1.6倍大きかったと推定できる。同領域のハプロタイプ多様度もクレード2は0.933 (± 0.030)，クレード1は0.857 (± 0.090) であり (Eda et al. 2012)，やはり尖閣諸島集団の祖先集団の有効集団サイズは鳥島集団の祖先集団と同程度あるいはより大きかったと推定できる。文献記録から，19世紀末から20世紀初頭に鳥島では成鳥だけでも少なく見積もって数百万羽 (長谷川 1979a)，尖閣諸島では約100万羽 (長谷川 1997) のアホウドリが狩猟されたと推定されている。尖閣諸島集団の祖先集団の分布域は不明ながら，その個体数はかなり多く，そしてこの時期に大量に狩猟されたものと考えられる。

次に，20世紀中頃の尖閣諸島集団の個体数を検討してみよう。尖閣諸島では，1939年から1970年まで繁殖期にあたる冬季の調査でも個体は観察されなかった (高良 1954, 1963; 九州大学・長崎大学合同尖閣列島学術調査隊 1973)。また1971年に再発見された際の個体数は成鳥が12羽であった（琉球大学尖閣列島学術調査団 1971）。このため，全個体数が50～60羽まで減少したと推定される鳥島と比べても，尖閣諸島集団の個体数は，かなり少なくなったと予想される。1971年から2002年までの調査に基づき，尖閣諸島のアホウドリの個体数は，鳥島から約20年遅れで，この間年約7.5%の割合で増加していたと推定される（長谷川 2006; US Fish and Wildlife Service 2008）。鳥島と同様に1950年の個体数がもっとも少なく，再発見まで年7.5%の割合で個体数が増え続けてきており，さらに1950年の鳥島の個体数を60羽と仮定すると，1950年の尖閣諸島集団（あるいはその祖先集団）の個体数は約14羽と推定できる（江田・樋口 2012）。

尖閣諸島集団の個体数が極めて少なくなったことは，尖閣諸島由来のアホウドリのハプロタイプ多様度が約1,000年前と比べて著しく低いことからも支持されている。約1,000年前のクレード2のハプロタイプ多様度は0.933（± 0.030）であった（Eda et al. 2012）。これに対して，これまでに解析された尖閣諸島産の4個体（Kuro-o et al. 2010; Eda et al. 2012）と鳥島・初寝崎の新コロニーで捕獲された尖閣諸島由来と考えられる未標識個体10個体（Eda et al. 2011, 2016）のデータから算出したハプロタイプ多様度は0.582（± 0.137）で，ハプロタイプ多様度の減少が認められる。さらに2つのハプロタイプ多様度の差，約0.35は，前述の仮定のもとの同様の数学モデルから導かれる1950年から現在までのハプロタイプ多様度の減少，約31%（江田・樋口 2012）と極めてよく一致している。尖閣諸島集団は鳥島集団に比べて強いボトルネック効果を受けていると言えるだろう。

(4) 尖閣諸島集団と鳥島集団の形態上・生態上の違い

断片的な観察ながら，尖閣諸島と鳥島のアホウドリには形態上・生態上のいくつかの違いが指摘されている。第一に，尖閣諸島生まれと考えられる未標識個体は，鳥島生まれの個体と比べ，体サイズが小さく，細身であることがあげられる（佐藤文男私信）。約1,000年前の遺跡資料の解析でも，主に尖閣諸島とその周辺に生息していたと考えられるクレード2の個体は，鳥島とその周辺に生息していたと考えられるクレード1の個体に比べて手根中手骨が短かったことが示されている（Eda et al. 2012）。手根中手骨は初列風切羽の付着する翼の先端部に位置し，尖閣諸島集団の祖先集団の翼長は鳥島集団の祖先集団より短かったと考えられる。尖閣諸島集団のほうが体サイズが小さいとする現在の観察記録と調和的と言える。

第二に，尖閣諸島集団では繁殖時期が鳥島集団に比べて早いことが指摘されている。鳥島では，親鳥は5月上旬に丸々と太った雛を残して海へ飛び去る。その後，雛は絶食期間を経て，5月中旬から6月初旬に島から巣立つ。これに対して2002年5月7日と8日に南小島と北小島で調査した長谷川（2006）は，同日までに大半の巣立ち雛がすでにコロニーを離れていたことから，巣立ちの時期が鳥島より約2週間早いことを指摘した。この傾向は100年以上前に多数のアホウドリが繁殖していた頃でも同様で，久場島や魚釣島では5月10日過ぎにはアホウドリの数が少なくなっていたとされる (黒岩 1900; 宮嶋 1900, 1900-1901)。また，アホウドリを含むアホウドリ科の鳥では雄のほうが先に繁殖地に戻り，巣造りをして雌を待つ (Huyvaert et al. 2006; Jones & Ryan 2014)。これに対して2012年から小笠原諸島・聟島で繁殖を開始した未標識個体の雌と鳥島で生まれた雄のペアでは，雌のほうが繁殖地に早く戻ってくる傾向が認められている (Deguchi et al. 2016)。この雌の制御領域2のハプロタイプは尖閣諸島で優占するクレード2に属し，未標識であることとともに遺伝的にも尖閣諸島に由来することが示唆されている (Deguchi et al. 2016)。繁殖時期の違いは同所的に生息するミナミオオフルマカモメ *Macronectes giganteus* とキタオオフルマカモメ *M. halli* において両者を隔離する重要な機構となっていることが示唆されている (Brown et al. 2015)。アホウドリ類でも産卵時期などは遺伝的に決まっていることが示唆されており (Robertson 1993)，尖閣諸島集団と鳥島集団の同類交配の傾向に繁殖時期の違いが関わっている可能性が考えられる。

また，遺跡資料の分析では，主に尖閣諸島とその周辺に生息していたと考えられるクレード2の個体は，鳥島とその周辺に生息していたと考えられるクレード1の個体と窒素の安定同位体比が有意に異なっている (Eda et al. 2012)。窒素の安定同位体比は主に栄養段階の違いを反映することから (Deniro & Epstein 1981)，尖閣諸島集団の祖先集団と鳥島集団の祖先集団は採食海域や食物の選好性の違いなどから異なる食物を採食していたことが考えられる。このほか，鳥島の初寝崎コロニーで繁殖する標識個体と未標識個体では求愛ディスプレイが異なるとする行動観察もあり (佐藤文男・長谷川博私信)，これらの形態上・生態上の違いは，今後詳細に検討する必要がある。

おわりに

国際的にも関心の高いアホウドリ。これまで本種は1つの保全・管理ユニットとみなされ，国際的な保護管理プロジェクトでもその集団構造には関心が払われてこなかった (US Fish and Wildlife Service 2008; Deguchi et al. 2016; BirdLife International 2017)。しかし，これまでの研究から尖閣諸島と鳥島に生息するアホウドリはアホウドリ科の姉妹種と同程度以上，あるいは現代型人類とネアンデルタール人と同程度，昔に分岐し，異なる集団として存続してきたことが示された。また近年両集団の個体が同所的に繁殖する鳥島では，尖閣諸島と鳥島の個体はそれぞれ同類交配していることがわかった。アホウドリ科では個体群サイズの小さいコロニーで分散が起こりやすい傾向があるため，両集団の個体が鳥島で繁殖するようになったのは，乱獲によって鳥島以上に尖閣諸島の個体が著しく減少した20世紀初頭であったのかもしれない。尖閣諸島集団と鳥島集団の遺伝的距離は交配後隔離が確立されるほど大きくないと考えられることからも，1つの保全・管理ユニットとしてではなく，それぞれを別の保全・管理ユニットとして独自性を保ち，尖閣諸島と鳥島に由来する個体が人為的影響のもとに交雑することを極力避ける保護管理プロジェクトが立案されるべきと言えるだろう。

現在，このプロジェクトで大きく欠けているのは尖閣諸島における調査である。2002年以降，尖閣諸島では調査が行われておらず，繁殖地の実態は不明である。また尖閣諸島で繁殖する個体の生態や行動を鳥島の個体と比較するとともに，両地域の個体群から十分な数の試料を採集して遺伝的解析を行うことも重要な課題と言えるだろう。

第 II 部

分布と生態の関係を読み解く

「その鳥がなぜそこにいるのか/いないのか」。これは研究者やバードウォッチャーのみならず，多くの人が抱く素朴な疑問であろう。一般に，鳥類の分布は生息場所の環境やその種の生態的特性，あるいは偶然など，多くの要因によって決まっている。さまざまな環境が含まれ，島ごとに「いる種/いない種」が異なる島嶼という研究の場は，したがって鳥類の生息の有無を決定する要因を調べるうえで絶好の舞台であると言える。環境の異なる島々を渡り歩いて分布を確認したり，ある島にどっしり腰を下ろして特定の種の生態を長期間にわたって調べたり。「その鳥がなぜそこにいるのか/いないのか」という素朴な疑問の答えを見つけるのは，そんな地道な研究なのだ。

とりあえずやってみる

「調査研究をする」と言うと，仮説を立ててそれに沿った研究計画を立てて論文を読んで…と，ちょっと敷居の高い感じがする。そんなにかたく考えず，今ちょっと興味のあることや疑問に思ったこと，面白いと思ったこと，なんとなく思いついたことなんかに気軽に取りかかってみるのはいかがだろうか。思い込みや筋道の立った計画がないぶん，自由に動けるし，自由な発想ができるかもしれない。思ったような成果が上がらなくても，そこからまた改善したり次の手を考えたりすればいい。試行錯誤しているうちに今まで思いもしなかったことに気づくかもしれない。

あるいはすでに定説になっているような，知識としてはもっているようなことを実際に自分の手で検証してみるのもいい。見方を変えると案外違う結果が導き出されるかもしれないし，少なくともそれは知識だけではない自分の経験としてもっているものになる。

とりあえずやってみる。まだあまりやられていないから，希少な動植物だから，そんな大義名分や意義づけよりも，その過程を経験として得られることが大事で，すごい結果や新しい発見ばかり求めなくてもいいのではないかと個人的には思う。

そんな漠然とした話をされても…とお思いの方も多いと思うので，簡単にフローチャートにしてみた。参考になれば幸いである。

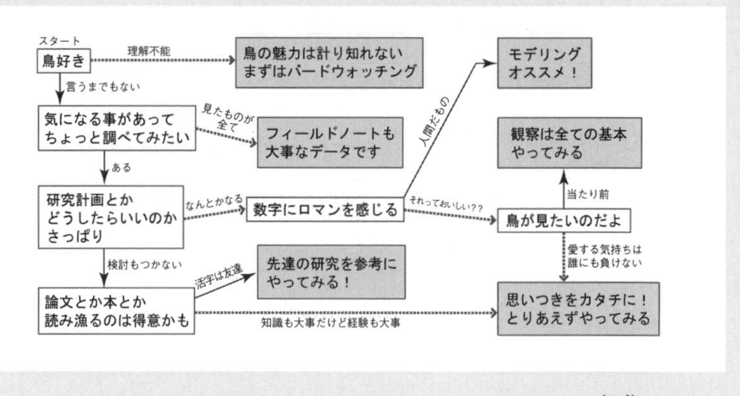

(伊藤はるか)

6
琉球列島における小型フクロウ類 3 種の分布特性

(伊藤はるか)

種名　アオバズク (亜種リュウキュウアオバズク)

学名　*Ninox scutulata totogo*

分布　アオバズクはインド，東南アジア，中国，日本，韓国，極東ロシアに広く分布する。奄美大島以南の南西諸島では亜種リュウキュウアオバズク *N. s. totogo* が留鳥として1年を通し生息している。九州以北では亜種アオバズク *N. s. japonica* が，5月の中旬頃越冬地である東南アジアから渡ってきて繁殖をする。

見通しのきく開けた空間に突き出した枝に止まるアオバズク。(撮影：久高奈津子氏)

全長　約 30 cm

生態「ホッホッ，ホッホッ，ホッホッ …」と繁殖期には連続してよく鳴く。濃い茶色の体，縦縞の腹，黄色い眼に丸い頭で，南西諸島に生息するなかではもっとも大きいフクロウ。大木にできた樹洞に営巣し，2 から 5 個の卵を産む。森林内では開けた場所や林縁の突出した枝や木の頂上に止まり，ガやコガネムシなど，飛んでくる獲物をフライキャッチで捕らえる。民家近くでは電信柱や電線に止まり，電灯に集まる昆虫を捕まえるなど，人の暮らしも上手に利用している。昆虫の他に小鳥，コウモリ，ネズミなども餌とする。沖縄島北部やんばるでアオバズクの 2 つの巣において雛への給餌内容を調査したところ，餌の 5 割をガの仲間，3 割をコガネムシの仲間が占め，他にはヤモリやコウモリなども運んできていた。沖縄では市街地の中にある御嶽の大木なども利用し繁殖する身近なフクロウ。　(外山雅大)

琉球列島の夜の森

琉球列島と言えば，青い海と白い砂浜をバックにアジサシ類が優雅に舞う光景が連想される。しかし，中琉球と呼ばれる隔離の歴史が長い沖縄島や奄美大島は，ヤンバルクイナ *Gallirallus okinawae*，ノグチゲラ *Dendrocopos noguchii*，ルリカケス *Garrulus lidthi* やアマミヤマシギ *Scolopax mira* など，ここで進化した固有種の宝庫である。野生生物の観察には，夜間がお勧めである。西表島のイリオモテヤマネコ *Prionailurus bengalensis iriomotensis* (ベンガルヤマネコの亜種) はとくに有名だが，ハブ *Protobothrops flavoviridis*，トカゲモドキの仲間 (*Goniurosaurus* 属)，イボイモリ *Echinotriton andersoni* など見飽きることがない。さらに目視観察だけではなく，耳を澄ませばいろいろな声が聞こえてくる。

奄美大島では，アマミイシカワガエル *Odorrana splendida*，オットンガエル *Babina subaspera* が鳴くなか，遠くではリュウキュウコノハズク *Otus elegans* やアオバズク *Ninox scutulata* が鳴き，時々ケナガネズミ *Diplothrix legata*，アマミノクロウサギ *Pentalagus furnessi* の金切り声が聞こえる。沖縄島北部地域やんばるでは，ホルストガエル *B. holsti*，ナミエガエル *Limnonectes namiyei* などのカエル，リュウキュウコノハズクやアオバズクなどの常連に加え，オオコノハズク *Otus lempiji* の鳴き声が時々混じる。西表島や石垣島では，ヤエヤマオオコウモリ *Pteropus dasymallus yayeyamae* (クビワオオコウモリの亜種)が騒がしく声を上げ，アイフィンガーガエル *Kurixalus eiffingeri* やヤエヤマハラブチガエル *Nidirana okinavana*，オオクイナ *Rallina eurizonoides* の声，そしてやはりリュウキュウコノハズクとアオバズクが鳴く。

琉球列島には3種の小型フクロウ類の亜種 (亜種リュウキュウオオコノハズク *O. l. pryeri*，亜種リュウキュウアオバズク *N. s. totogo*，亜種リュウキュウコノハズク *O. e. elegans*) が生息している。リュウキュウオオコノハズクは，分布する島が沖縄島と西表島に限定され，『環境省レッドデータブック』では絶滅危惧II類に選定されている (環境省 (編) 2014)。3種のなかではもっとも観察が難しい種である。リュウキュウコノハズクとリュウキュウアオバズクは，ともに沖縄県版のレッドデータブックでは準絶滅危惧に選定されているが (沖縄県環境部自然保護課 2017)，どこでもごく普通に観察できる印象のある種である。本章では，これらの3種に焦点を当てる。リュウキュウコノハズクとアオバズクは，本当にどこにでも分布しているのか，そして数の少ないリュウキュウオオコノハズクはどこにいるのだろうか。

ある生物の分布の有無や多少を解き明かす方法の1つに分布モデルの構築(＝モデリング) という手法がある。これを行うためには，まず対象とする生物の分布を調べることが必要だ。そのうえで，生息が確認された場所，されなかった場所について環境要因を調べ，統計的な計算により，生息適地の条件を明らかにすることができる。さらに分布可能な場所の推定も可能になる。モデリングは，生物の生息地の適性を可視化する手法と言える。本章ではリュウキュウコノハズク，リュウキュウアオバズク，リュウキュウオオコノハズクがどんな所に生息しているかを明らかにし，モデリングにより生息適地を可視化したいと思う。なお，これ以降とくに理由がない限り3種のフクロウ類は亜種名でなく種名で書くこととする。

フクロウ類3種の分布状況

簡単に分布を調べるといっても，解決すべき問題はたくさんある。まず調査対象のフクロウ類は夜行性であり，目視での確認は難しい。目がダメなら耳，ということで，鳴いたら鳴き返す性質を利用したプレイバック法を用いて確認を行った。そもそもこのプレイバック法との出合いが，私をフクロウ類の調査に駆り立てた原因と言っても過言ではない。鳴きまねをすると彼らはわざわざ近くまで見に来て鳴き返すのである。それがとにかく面白く，いかにリアルに鳴くかを模索しているうちに，鳥屋(鳥好きの愛称) が聞いても本物と聞き間違うほど上達するまでになった。フクロウ類にも鳥屋にも迷惑な話である。ただ実際の調査は条件が一定のほうがよいので，湿度や体調に左右される不安定な鳴きまねではなく，録音音源を使った。

次に調査場所の設定である。どの島に生息しているかの確認をするため，琉球列島のすべての島で調査をすることを目標とした。それぞれの島にいるかいないかを確認するだけであれば，島の中の生息適地と推察される場所だけでチェックすればよい。しかしモデリングのためには，主観にとらわれず多様な環境で，かつ島内をなるべく細かく均一に調べ，「いる/いない」を確認する必要がある。ただし時間は有限である。途中ほとんど海だとはいえ，端から端まで約1,000 km，陸域だけみても，沖縄島，奄美大島，徳之島，西表島など大面積の島々が含まれる。あまり細かすぎる設定では，全島での調査がかなわない。そこで，環境省の自然環境保全基礎調査で使われる基準地域メッシュ (3次メッシュ，約1 km × 1 km) に従って，各メッシュ内の任意の1地点を調査地点とした。小面積の島では全メッシュを調査対象とした。大面積の島での全メッシュ調査は難しいため，似たような環境ばかりにならないよう調査メッシュを選んだ。また通行可能な道がないメッシュは調査対象外とした。さらに深夜に大きな音を流す調査であるため，市街地など住宅の多い場所は除外した。調査期間は，主にフクロウ類の繁殖期とされる3〜7月に設定したが，一部の島では8〜9月にも実施している。繁殖期のフクロウ類は，鳴き声に非常に敏感である。プレイバック調査は，フクロウ類の繁殖放棄を促す危険性を伴うと指摘されることがある。そのため調査対象地点で調査開始時に自発的に鳴いていた場合には音源は再生しなかった。また，プレイバック後，鳴き声を確認できた場合には，すぐに音声の再生を止めた。

鳴き声を流しては耳を澄まし，鳴いたら地図に記録する … を延々一晩中繰り返す調査。地図に記録するにも周りの地形はほとんどわからない。昼間の下見とうっすら見える樹林の輪郭，鳴き声までの距離感が頼りとなる。フクロウ類がどこにでもいる島は楽しいが，音声をいくら流しても鳴き返しがない島もあり，やがて空耳すら聞こえてくる。しかもフクロウ類を調べる側に立つばかりでない。真っ暗闇に一人立つ姿

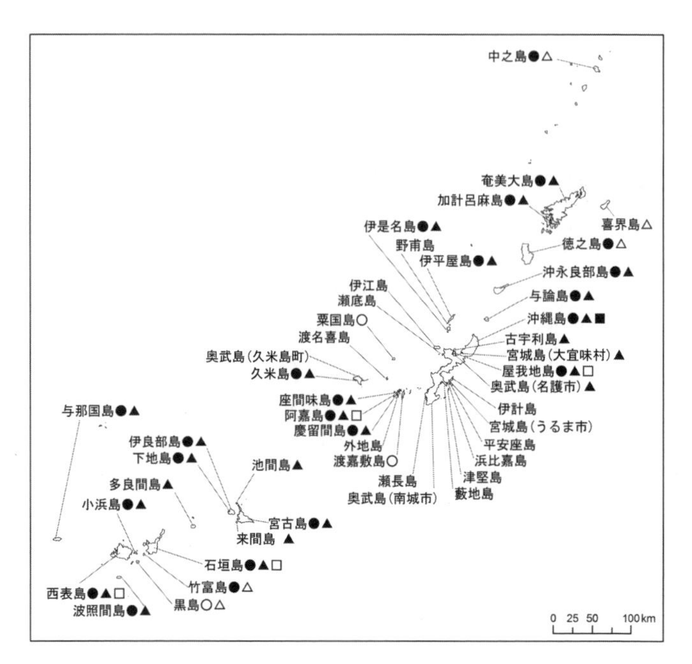

図1　今回の調査で確認した3種の分布，および既存資料の情報。分布調査をした島の名称を記載。沖縄島は2004年時点，その他の島は2006～2007年時点のデータ。○はリュウキュウコノハズク，△はアオバズク，□はオオコノハズクを示す。黒塗りはこの分布調査で生息が確認されたことを，白抜きの記号は既存資料（嵩原ら 1995; 日本鳥学会 2012）での分布記録があることを示す。

は怪しさ満点，職務質問は日常茶飯事であった。途中さまざまな困難はあったが，最終的には2004年に沖縄島，2006年と2007年に北は中之島から南は波照間島まで47島を調査することができた。リュウキュウコノハズクとアオバズクは多くの島で生息が確認できたが，オオコノハズクは沖縄島でのみ確認した。既存資料では分布するとされる島でも，本調査では生息確認できない島があった（図1）。

プレイバック法は夜行性の鳥類の確認率を劇的に向上させることができる。しかし，生息の有無の判定が100%確実にできるものではない。風の強い日は物理的に音が伝わりにくいため鳴き声を聞くのはかなり難しくなる。何より分布調査において本当に難しいのは「不在」の確認で，見かけないし鳴かないから「いない」とは言い切れないところにある。沖縄島で15カ月間毎月定点調査をし，ほぼ年中同じ場所で鳴いているフクロウ類を定住と仮定して，3～9月にそれらの個体が流した音声に反応して鳴き返す割合を計算してみると，リュウキュウコノハズクで約50%，オオコノハズクで約30%，アオバズクで約40%であった。一方，鳴けば「いる」ことは明らかなので，「在」の確認は「不在」に比べるとはるかに容易で確実である。

分布モデルの構築

生息を確認できた場所の特徴だけでなく，確認できなかった場所が本当に生息に不適なのか，それともたまたま確認することができなかっただけなのかを評価したい。さらに，調査していない島についても，環境条件から生息しているかどうかを推定したいと考えた。

モデリングの手法も多岐にわたり，使用できる変数などそれぞれに特徴がある。今回は在不在に重点を置いてデータをとっているため適用可能な手法は限られてくるうえ，前述したように確認できなかった所には本当にいないのか判断が非常に難しい。試しにフクロウ類確認の有無を従属変数にして，範囲や説明変数を変えながらロジスティック回帰分析をやってみたが，当てはまりが良いとは言えないモデルばかりであった。そこで，不確実な「不在」のデータは扱わず，在データのみで解析できるMaximum Entropy Modeling (Maxent) を用いることにした。Maxentの特徴や詳細については詳しく書かれた文献があるので (Phillips et al. 2006など)，そちらを参照していただきたい。

モデリングにあたり，移動性 (各島間や調査地点間を移動するかどうか) の要素を組み込みたかったため，解析範囲に地理的障壁を考慮することにした。フクロウ類が自由に行き来しない地理的障壁を境にして，否応なく生息する環境が違っているかもしれないからだ。琉球列島には地理的障壁となる海峡がいくつかある。そのなかでもっとも島間距離が離れており，本調査範囲の中央に横たわる分布境界線である蜂須賀線を基準に，北側 (中琉球モデル。厳密にはトカラ列島中之島は北琉球であるが，解析は中琉球モデルに入れた) と南側 (南琉球モデル) に分けて解析をすることにした。もし生息環境が分布境界線の北側と南側で同じなら，中琉球モデルと南琉球モデルで似たような傾向の結果が得られるはずである。移動性を考慮するには，最寄りの「いる」場所との距離を変数に入れるという手もあるが，やはり前述したように不在の定義が難しい。さらにフクロウ類の移動可能な距離も不明である。移動可能な距離がわからないのならそれぞれの島ごとに解析する方法もあるが，そうすると作業量が増えるうえにサンプル数が減少する。何よりモデリングには汎用性も大切だ。

そして，モデリングのもっとも重要な部分であり，悩みどころでもあるのが，解析に使用する変数の選定である。フクロウ類の生息適地に効きそうな要因はいろいろ考えられるが，解析範囲の全体を網羅しているものでないと意味がない。さらに解析範囲が広いため，たとえ変数としては有用でも全範囲分の入手が困難な特殊な情報は避けたいし，今後の拡張性なども考えると，なるべく入手の容易なデータが望ましい。

その点，環境省自然環境保全基礎調査の植生情報は日本全国がほぼ網羅されているうえ，誰でも手軽にダウンロードできて非常に利用しやすい。さらに，どのフクロウ類も生息場所は森林とされており (日本鳥学会 2012)，調査時の実感もそのとおりであるため，生息適地に植生，少なくとも森林が関わっていることに間違いない。そこで2万5,000分の1と5万分の1の植生図を利用して，植生に重点をおいた解析をすることにした。解析単位は上述の3次メッシュである。

まず群落名をもとに，植生を広葉樹林，針葉樹林，低木林，耕作地，草地，市街地の6つに再区分し，これら6つの植生がそれぞれのメッシュに占める割合を説明変数とした。さらに高木林である広葉樹林と針葉樹林を森林植生として，森林植生の連続性に対するフクロウ類の要求度合いを考慮することにした。各メッシュ内にはパッチ状のものから調査メッシュ全体を覆うもの，さらにはメッシュサイズを大きく超えて島全体を覆うものまでさまざまなサイズの森林植生が存在する。そのなかでも，メッシュで切ったときにメッシュ内に含まれるもっとも広い森林植生の面積 (以下，最大森林面積：最大値はそのメッシュの面積) と，意図的に切り分けたメッシュとは関係なくメッシュに存在する森林植生の面積 (以下，連続森林面積：最大値はその島に存在する最大の森林面積) を説明変数として加えた。

試行錯誤中は標高など他の変数も解析に組み入れていたのだが，変数間の相関係数0.85以下を基準に多重共線性を考慮し，さらに寄与率 (ある変数のモデル構築に使用された度合い)，重要度 (ある変数の重要さの度合い)，AUCの高さ (値が1に近いほど当てはまりが良い) などから変数選択を繰り返した結果，上記8変数の採用となった。これら8変数で構築した今回のベストモデルの寄与率，重要度，AUC値を表1に示す。モデルに組み込んだのは植生情報のみであったが，いずれの種でもAUCは0.8以上と高くなっていた。つまりフクロウ類の生息適地は植生だけでもそれなりに説明できる，ということらしい。このモデルから導き出されたフクロウ類の分布予測図が図2，図3，図4である。

さてここからがもっとも重要な点，出力結果から生息適地度が高いと予測されるメッシュがどんな環境であるか，さらなる解析も交えつつ読み解いていく作業だ。

表1　それぞれのモデルでの各環境要因の寄与率・重要度とAUC値[1)]

環境要因	リュウキュウコノハズク				アオバズク				オオコノハズク	
	北側		南側		北側		南側			
	寄与率	重要度	寄与率	重要度	寄与率	重要度	寄与率	重要度	寄与率	重要度
連続森林面積	23.5	15.7	13.0	9.5	35.7	33.0	4.5	6.0	19.2	30.1
最大森林面積	32.2	37.7	9.7	5.5	12.6	14.4	2.6	6.8	18.8	13.1
広葉樹林面積割合	20.6	19.7	5.1	12.2	3.5	9.0	9.5	16.3	35.7	27.7
針葉樹林面積割合	6.7	5.7	6.4	4.9	10.3	9.8	16.5	10.6	4.7	3.4
低木林面積割合	2.1	2.1	15.8	13.7	3.7	5.4	10.2	6.6	6.2	7.7
耕作地面積割合	10.2	7.4	44.6	49.6	26.5	16.6	52.6	46.8	8.3	6.5
草地面積割合	2.2	1.7	4.3	3.8	3.7	5.1	3.1	6.0	4.2	3.4
市街地面積割合	2.6	10.1	1.0	0.8	4.1	6.8	0.9	0.9	3.0	8.1
AUC値	0.875		0.917		0.865		0.912		0.925	

1）網版の部分はとくに寄与率・重要度が高い変数を示す。

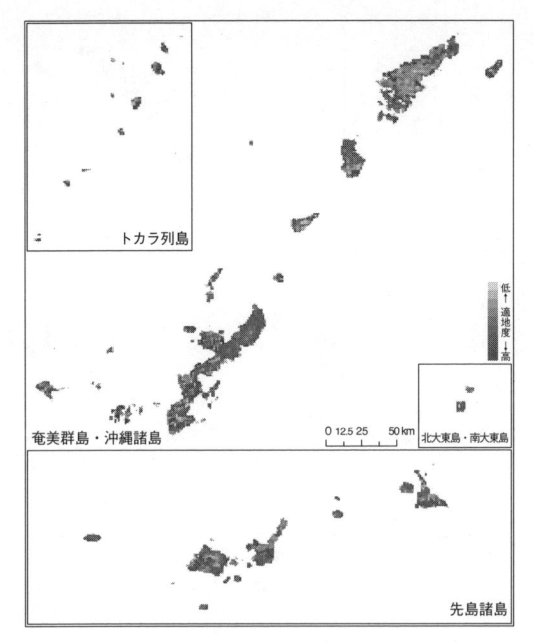

図２　リュウキュウコノハズクの分布予測図。色が薄いとそのメッシュの生息適地度は低く，濃いと生息適地度は高い。広い森林に関係する変数の寄与率が高いにもかかわらず森林地帯の調査が不十分なため，森林地帯の適地度が過小評価されている点に注意。

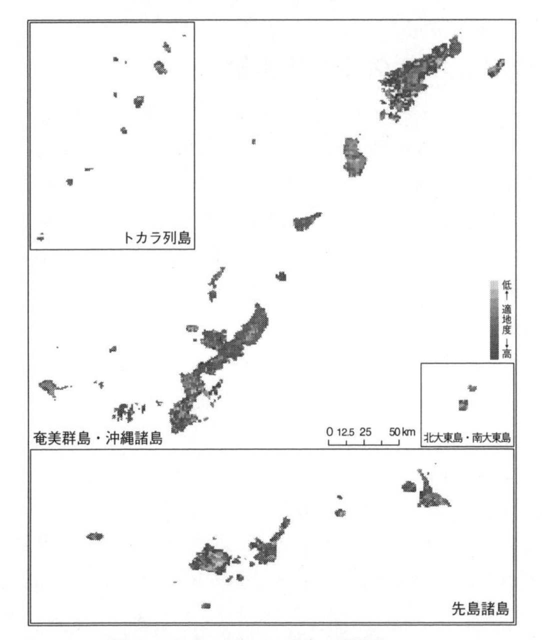

図３　アオバズクの分布予測図。

図 4　オオコノハズクの分布予測図。分布を確認したのは沖縄島だけであるが，他の島の分布予測は沖縄島の結果に基づき，環境要因を外挿して求めた。

リュウキュウコノハズクの生息適地

まずリュウキュウコノハズクの分布予測図を見てみよう。中琉球モデルでは，寄与率，重要度ともに最大森林面積が高く，寄与率では連続森林面積，広葉樹林面積が続き，重要度では広葉樹林面積，連続森林面積の順である。連続森林面積，最大森林面積は面積が広くなるに従って，広葉樹林面積はメッシュに占める割合が増えるに従って，リュウキュウコノハズクが「いる」と判断される確率 (以下，在確率) は上がる。つまり広い森林があるメッシュ，とくに広葉樹林が広いメッシュに生息する可能性が高いようである。

一方，南琉球モデルでは，寄与率，重要度ともに耕作地面積割合がとくに高く，低木林面積割合，連続森林面積が続く。連続森林面積は面積が広くなるに従って，低木林面積と耕作地面積はメッシュに占める割合が増えるに従って，リュウキュウコノハズクの在確率は上がる。つまり，耕作地に加え連続性の高い森林や低木林があるメッシュにいる可能性が高いようである。

連続性の高い森林のあるメッシュにいるのは中琉球と南琉球で共通だが，中琉球モデルにあまり影響のない耕作地や低木林の変数が南琉球モデルでは影響を与えるのは

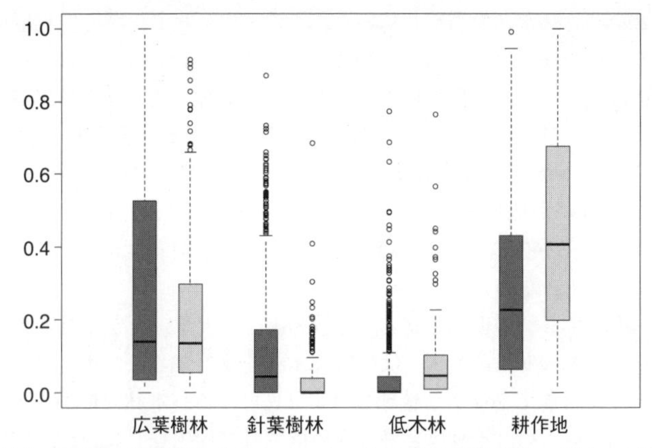

図 5　中琉球と南琉球の調査地におけるメッシュに占める植生割合。箱内の黒線は中央値，箱の幅は四分位点範囲，ひげ外のプロットは外れ値を示す。縦軸はメッシュに占める割合，濃色は中琉球 (1,049 メッシュ)，淡色は南琉球 (190 メッシュ) の調査地を示す。広葉樹林と針葉樹林は中琉球のほうが広く，低木林と耕作地は南琉球のほうが広い (t 検定，$P<0.05$)。

なぜだろう？　南琉球のリュウキュウコノハズクは耕作地や低木林を好むのだろうか。

そこで，まずは植生に対する選好性を比較してみた。リュウキュウコノハズクがいたメッシュの植生面積割合を利用率，全調査メッシュの植生面積割合を利用可能率として，Manly の環境選択性指数で比較した (Manly et al. 2002)。これは，資源の利用可能性と利用度の比で選好性を見る統計的手法である。結果，中琉球では広葉樹と針葉樹を選好，低木林と耕作地は忌避となり，南琉球では広葉樹，針葉樹，低木林を選好，耕作地は忌避となった。中琉球でも南琉球でも耕作地は好まないようである。次に中琉球と南琉球で調査メッシュに含まれる植生の違いを比較した。中琉球は広葉樹林面積割合と針葉樹林面積割合が南琉球より高いのに対して，南琉球は低木林面積割合と耕作地面積割合が中琉球より高い (図 5)。これらを勘案すると，南琉球のリュウキュウコノハズクは好んで耕作地のあるメッシュにいるわけではなく，好きな樹林環境の周辺に耕作地環境が存在しているだけ，のようだ。

ここまでを要約すると，リュウキュウコノハズクは連続性の高い森林に生息していて，中琉球では高木林を好み，南琉球では樹林の種類にこだわらない，そんなフクロウだと読み取れる。

では中琉球では忌避すると判断された低木林を，南琉球では選好するという結果になったのはなぜだろう？　正直なところ，詳しいことは今回の結果からはわからない。だが観察状況を整理して推察してみることにしよう。南琉球のリュウキュウコノハズクは低木林周辺で大量発生したゴキブリを多数採餌し，低木林の中にあるわずかなモ

クマオウ *Casuarina stricta* で繁殖していた。このような低木林環境の利用は中琉球では観察されなかったが，どうやら低木林も利用できるポテンシャルはもっていそうである。さらに南琉球では，昼間林内で休息している個体や夜間路上に出ている個体などに頻繁に出合ううえ，轢死も多く，警戒心が薄いのかすぐ近くまで近寄ってくる。このことからは，南琉球は個体数が多く，高密度で生息していると推察できる。実際，南琉球のほうが中琉球よりメッシュ当たりの密度が高い傾向は見られた。ただし，今回の調査は在不在の確認に重点を置いており，生息密度については解析していないため，明言はできない。

これらを勘案して3つの仮説を立て，今後の調査の展望，行き先を考えてみた。

その1　リュウキュウコノハズクは連続高木林を選好するが，ポテンシャルとしては低木林にも生息可能である。中琉球ではより選好する高木林環境がすべて占有されているわけではないため，それほど好まない低木林には生息しないが，南琉球の高木林環境はすでに多数の個体でほぼ占有されているため低木林にまであふれてきている，という密度が影響している説。この説を検討するためには，より生息密度に重点を置いた調査，さらには今回ほとんど調査できなかった道なき山奥の生息状況確認が必須だ。

その2　低木林に生息可能なポテンシャルはもっているが，それは餌や営巣場所など利用可能な資源が低地林に豊富にある南琉球に限ったことで，中琉球ではそうではない，という資源が影響している説。同じ琉球列島の中でも，中琉球と南琉球では気候の違いや土地利用の方法などによって資源量が大きく違うのかもしれない。資源量が増えると生息可能な場所や繁殖成功率も増加し，結果として個体数も増加するだろう。この説を検討するためには資源量調査が必須となる。

その3　低木林に生息可能なポテンシャルはもっているが，リュウキュウコノハズクは移動性が低いために中琉球では低木林環境が多い島や場所に定着するに至っていない，という移動性の低さが影響している説。移動性について検討するには，行動圏調査や分散個体の調査などが必要となってくるが，単純に個体の移動ポテンシャルだけでなく，現在の分布状況には過去の行き来のしやすさや個体数の増減なども関係してくるはずで検証は難しい。

いずれの説も今の段階では仮説の域を出ないが，1つの要因だけでなく複数の要因が複雑に絡み合った結果なのかもしれない。

ここでリュウキュウコノハズクの移動性の低さを示しているかもしれない沖縄島の話を1つしておこう。沖縄島の北部はやんばると呼ばれる連続した森林に覆われ，中南部はほとんどが市街地や耕作地でパッチ状の森林しか残っていない。今回作成した分布予測図 (図2) では中南部にも生息適地度が高いメッシュは存在するが，実際にはうるま市石川や恩納村仲泊より北でしか生息は確認されなかった。ここは沖縄島がいちばん細くなっていて，森林の連続性がいったん途切れる場所である。リュウキュウコノハズクの移動性が低いと考えると，ここが地理的分布障壁になっている可能性がある。一度個体群が消失すると回復しにくく，新しく生息可能な場所ができても分布の拡大が難しい。中南部は開発や戦争などの影響で森林依存の動物の大半がいなくなってしまったが，リュウキュウコノハズクもそのときにいなくなってしまったのかもしれない。その後，2014年に石川のすぐ南にある森林地帯でリュウキュウコノハズクの生息が確認できた。調査を行った2004年当時も生息していたが確認できていなかっただけなのかもしれないが，もしこれが分布の回復あるいは拡大の途中だとすれば，そして今後生息可能な環境が悪化しなければ，何十年何百年後かには沖縄島全域でリュウキュウコノハズクの声が聞かれるようになるかもしれない。楽しみな話である。

アオバズクの生息適地

続いてアオバズクだ。アオバズクの中琉球モデルでは，寄与率，重要度とも高い順に，連続森林面積，耕作地面積割合，最大森林面積と続く。メッシュに占める耕作地面積の割合が増えるに従って，そして最大森林面積が広くなるに従って，アオバズクの在確率は上がる。連続森林面積は小さな面積のときに一度大きなピークがあり，広くなるとわずかに在確率が上がるもののおおむね一定の在確率という動向を示す。つまり耕作地に加え広い森林を含むメッシュに生息する可能性が高いようであるが，パッチ状の森林しかないメッシュでも生息する可能性が高いようである。

南琉球モデルでは寄与率・重要度ともに耕作地面積割合がとくに高いが，寄与率では針葉樹林面積割合，低木林面積割合，広葉樹林面積割合と続くのに対し，重要度では広葉樹林面積割合，針葉樹林面積割合，低木林面積割合の順となる。耕作地面積，広葉樹林面積，低木林面積はメッシュに占める割合が変化してもおおむね一定，針葉樹林面積は割合が低いとき在確率のピークがある，という動向を示す。つまり面積にかかわらず耕作地と樹林の両方が含まれるメッシュに生息する可能性が高いようである。

耕作地と森林があるメッシュに生息し，その森林がパッチ状であっても問題ないのは中琉球と南琉球で共通だ。アオバズクにとっては耕作地があることが重要で樹林の種類にはこだわりはないのだろうか。そして南琉球モデルではあまり影響のない森林の広さが中琉球のモデルで影響するのはなぜだろう。

まずは植生に対するこだわりを検討してみる。アオバズクがいたメッシュと調査メッシュの植生割合をManlyの環境選択性指数で比較してみた。中琉球では針葉樹林と低木林を選好，広葉樹林と耕作地は忌避，南琉球では広葉樹林と針葉樹林を選好，低木林と耕作地を忌避となった。つまり耕作地そのものが好きなわけではなく，樹林が周りにある耕作地であることが重要であるらしい。さらに耕作地に接する樹林の種類をManlyの環境選択性指数で比較してみると，中琉球では広葉樹林と針葉樹林を選好し低木林は忌避する，南琉球では針葉樹林を選好し広葉樹林と低木林は忌避するという傾向が見られた。モデルでの寄与率，重要度だけでなく，選好性にも広

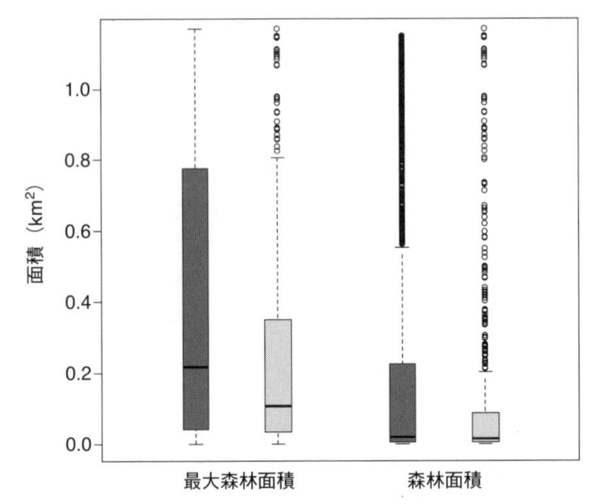

図6　中琉球と南琉球の調査メッシュ内に含まれる耕作地に接した最大森林面積と調査メッシュ内に含まれる耕作地に接した森林面積。縦軸はメッシュ内に占める面積，濃色は中琉球，淡色は南琉球の調査地を示す。メッシュ内に含まれる耕作地に接した森林は中琉球のほうが面積が広く，南琉球はよりパッチ状であることがわかる（t 検定，$P<0.05$）。

葉樹林，針葉樹林，低木林が混在しているが，環境選択性では針葉樹林は常に選好となることから，中琉球・南琉球ともにアオバズクは針葉樹林を好むようである。琉球列島で針葉樹林と言えばリュウキュウマツ *Pinus luchuensis* の林だが，その単純な構成や耕作地という開けた環境は，空中で昆虫などを捕らえるアオバズクの採食方法（大庭 2007）に適しているのかもしれない。

次に，中琉球モデルで森林の広さが影響する理由を考えてみる。アオバズクは耕作地に近い森林を好むと考えられたため，中琉球と南琉球で調査メッシュ内の耕作地に接している最大森林面積と高木林の面積を比較してみた。中琉球は南琉球より広い森林面積をもつメッシュが多く，南琉球はパッチ状の森林が多いようである（図6）。アオバズクがパッチ状樹林にも生息可能ということを合わせて考えると，中琉球のアオバズクは広い森林を好むというより，ただ単に耕作地周辺の森林，という好みの環境にある森林が広く存在しているというだけのことのようだ。

以上を要約すると，アオバズクは中琉球，南琉球共通して，耕作地に接した森林であれば面積にかかわらず生息していて，針葉樹林を選好する，そんなフクロウだと読み取れる。

この調査と既存資料の両方でアオバズクの分布が確認できなかったのは，沖縄島と橋でつながっている小島嶼，伊江島，津堅島，渡嘉敷島，渡名喜島だ。どの島も沖縄島からそれほど離れておらず，分布予測図（図3）でも生息適地度は低くない。多数生息している島から遠くなく，かつ生息できそうな場所もある，にもかかわらず生息が確認できないのは，今回考慮していない生息を阻害する要因があるのかもしれない。あるいは移動性が低く，沖縄島から近い島でも新規個体が入りにくいのかもしれない。まだまだ調べてみなければわからない部分も多い。

オオコノハズクの生息適地

オオコノハズクは沖縄島のみで確認されたので，モデルの範囲は沖縄島とその周辺島嶼だけに絞り，他の島ではできたモデルに植生情報を外挿することで潜在的分布の可能性を予測した。オオコノハズクのモデルは，寄与率では広葉樹林面積割合がとくに高く，連続森林面積，最大森林面積が続くが，重要度では連続森林面積，広葉樹林面積割合がとくに高い。これら3つの変数はすべてにおいて面積が広くなるにつれて在確率が上がる動向を示す。寄与率，重要度において連続森林面積や最大森林面積ではなく，広葉樹林面積割合がいちばん高いという結果は，どうやら「そこに広葉樹林があること」が重要であって，それがパッチ状でもよいことを意味しているのだろう。実際，オオコノハズクはやんばるの連続した森林でよく見るのだが，それとは別に集落脇のわずかに残った防風林のような場所でも繁殖しているのが頻繁に観察でき，一見森林の連続性とは無関係なようである。とはいえ，文献による留鳥確認があるのは沖縄島，阿嘉島，屋我地島，石垣島，西表島で，阿嘉島を除けば広い高木林をもつ島ばかりであるため (屋我地島はパッチ状の樹林しかないが，沖縄島と約150 m しか離れていない)，基本的には連続性の高い森林があることが重要なのかもしれない。琉球列島の中でもとくに連続性の高い広葉樹林をもつ奄美大島は，分布予測図 (図4) では生息適地度が高いという結果が出たが，確認があるのは沖縄に生息する亜種リュウキュウオオコノハズクではなく，冬鳥もしくは旅鳥としてやってくる亜種オオコノハズク *O. l. semitorques* である (日本鳥学会 2012)。試しに奄美大島において沖縄島でオオコノハズクがよく鳴く12月に調査してみたが，見つけることはできなかった。オオコノハズクも他のフクロウ類同様，分布しているかどうかは生息可能な環境の有無だけでなく，移動性なども関係してくるのだろう。

今回解析を行った調査は時間的な制約でオオコノハズクがいちばんよく鳴く10月から12月をはずしてしまっている。それでも沖縄島ではある程度の生息確認はできているうえ，一部の島ではよく鳴く時期に補足的に調査もやっている。既存資料によると分布しているはずの石垣島や西表島で生息が確認できなかったのは，沖縄島と比較するとよほど数が少ないか，調査できなかった山奥にしかいないのかもしれない。一度はもっとも適切な時期に改めて全島生息状況調査をやってみたいが，それは今後の課題でもある。

フクロウ類の微妙な関係

フクロウ類は森林を選好するという共通した傾向をもつため，1つの調査メッシュで複数種が同時に確認できることが多い。出現したメッシュのうち他種と同時に出現した割合は，リュウキュウコノハズクが約67%，アオバズクが約73%，オオコノハズクが約78%で，出現メッシュの半分以上は他種といっしょということになる。それでも出現メッシュの傾向や選好性を比較すると少しずつ違っているのがわかる。このような違いは食物の種類や捕り方，営巣する場所などで変わってくるのだろう (リュウキュウコノハズクとオオコノハズクの関係の詳細については7章参照)。

しかしこの生息場所の違いは本当に選好環境の違いだけで生じているのだろうか。たとえばメッシュ単位で見ると，アオバズクは南琉球で広葉樹林と針葉樹林を選好しているが，中琉球，とくに沖縄島にはより広葉樹林を好むリュウキュウコノハズクとオオコノハズクがそろっているため，アオバズクにとって中琉球の広葉樹林はなんとなく居心地が悪く，広葉樹林よりも針葉樹林と低木林を利用しているのではないか。あるいは，南琉球でオオコノハズクの生息確認ができなかったのは，集落周辺にまでリュウキュウコノハズクがあふれているため，石垣島や西表島では山奥にしか居場所がないからではないか，などと疑問が残るのだ。他にもリュウキュウコノハズクの生息を確認できなかった，あるいは少なかった島では，他の島よりアオバズクの密度が高い傾向が見られたが，今回の調査からは個体数密度について明言はできないし，単にそのような島ではリュウキュウコノハズクよりアオバズクのほうが好む環境がそろっているから多いだけとも考えられる。けれども，もしかしたら表面上は競合せずにやっているようでもなんらかの競争がある，あるいはより柔軟に対応して他種がいない場所を選ぶ，そんな関係なのかもしれない。そのあたりも突き詰めていくと面白いのは間違いない。

フクロウ類のその後

琉球列島における分布調査から6年後の2013年に伊良部島，下地島，徳之島で，9年後の2016年に奄美大島，与那国島で再び調査してみた。調査場所は極力前回と同じ場所を選んだ。その結果，どの島も増減の変化はなく，調査当時の状況が維持されている様子であった。

徳之島では相変わらずアオバズクを見つけることができなかった。よほど少ないのだろうか。分布予測図 (図3) を見ても，確かに徳之島は島自体の面積の広さからすれば生息適地度が高いメッシュが少ない。奄美大島では，前回調査があまり行き届かず，かつ分布予測図 (図2) により生息適地度が低いと判断された山中のメッシュで，リュウキュウコノハズクを多数確認できた。このモデルもまだ改良が必要ということだ。

そんな若干の悔しい思いはあるものの，フクロウ類が以前と変わらず元気そうなのは何よりである。他の島の様子も見に行きたいし，今後も琉球列島のフクロウ類を温かく見守りたい。

鳥類の分布のモデリングと環境保全

今回は利用しやすい３次メッシュ単位で，そして中琉球と南琉球に分けてモデリングと選好性の解析をした。試行錯誤しながら解析を進めていくうちに芋づる式に疑問がわき，興味が尽きない状態となってしまった。モデルの改善や追加の調査など，まだまだやりたいこと，やるべきことが山積みである。

モデリングや解析には GIS や解析ソフトがなくてはならないが，近年は無料で使えるものが急速に充実してきている。さらに地理情報や植生情報などの多様な環境データもダウンロードして手軽に利用できるようになってきている。今回使用した Maxent は比較的新しい手法ではあるが，モデリングも日進月歩でこれからますます発展していくだろう。生息分布のモデリングのいちばんの面白さは，分布状況を見て感じる漠然とした感覚的な生息地の特徴が，きちんとした数式で表されることにある。人は昔から，物理法則から宇宙の構造まで，漠然とした世界の形や現象を数式で表そうとしてきた。そう，モデリングにはロマンが詰まっているのである。

現実的には，生息可能な場所の推定ができるのも非常に有用だ。現地に赴くのが困難な場所での在不在の予測だけでなく，生物の保全を考えたとき，どのような環境を守るかという命題に答えを出せる直接的なツールになりうる。ただし，逆に言えば机上の空論になりかねない危うさも伴う。モデルの過信は禁物，現実が把握できる現地調査は何より重要だ。より現実に即したより良いモデルの構築には，詳細な生態情報が不可欠である。基礎的な調査の積み重ねが，フクロウ類をはじめとした生物の生息環境の保全にとって重要なのである。

おわりに

本章を執筆するにあたり，調査から解析，校正に至るまでじつに多くの方々のご助力をいただいた。とくに琉球大学の伊澤雅子先生には在学時から現在に至るまで，ひとかたならぬお世話をいただいた。またこの調査の一部は平成 18 年度公益信託乾太助記念動物科学研究助成基金からの助成をいただいて行っている。一人の力では到底ここまで至ることはできなかった。支えてくれたすべての方々に心から感謝の意を表したい。

コノハズクたちの研究，しませんか

やんばるの森ではノグチゲラの古巣がコノハズク2種の共存に一役買っていた。しかし，ノグチゲラがいない場所ではどのように樹洞を利用し共存しているのだろうか。ノグチゲラの分布は沖縄島北部のやんばる地域に限られるが，分布していない場所でもコノハズクたちは同所的に生息している。そのような場所の1つに屋我地島がある。沖縄島の名護市に隣接する屋我地島は，サトウキビ畑が広がり，それを囲むように防風林がある。1年だけだが，その島でオオコノハズク用の巣箱のみを10個設置し，調査を行った。3月下旬，オオコノハズクの営巣開始時期に巣箱をチェックすると5個が利用され，すでに雛が孵化している巣もあった。巣立ち日から推定するとやんばるの森に比べ2週間ほど早く営巣が開始され，5月中旬にはすべての巣で雛が巣立った。やんばるの森では4月下旬からリュウキュウコノハズクの営巣が始まるが，屋我地島では5月12日の巣箱チェックでも営巣を開始していなかった。しかし，最後のオオコノハズクの巣立ちを確認した5月15日の巣箱チェックで面白いことが起きた。この日，リュウキュウコノハズクが2個の巣箱を利用しているのが確認できたのだが，1巣は5月12日にオオコノハズクが雛を巣立たせたばかりの巣箱を利用していた。やんばるの森でも遅めに繁殖する個体もいるので，リュウキュウコノハズクの繁殖期としては通常の範囲内だが，オオコノハズクの繁殖が終わるのを待っていたかのようなタイミングであった(外山未発表)。

屋我地島での両種の餌資源の利用パターンや繁殖生態などを詳細に検討する必要があり，推測の域ではあるが，ノグチゲラが生息しない場所でのコノハズクたちの営巣樹洞の資源分割には繁殖開始時期の違いがより重要な要素として関わっていることを示唆する観察例ではないかと私は考えている。

私は巣箱を用いて，この課題に取り組もうとしたが，営巣場所の利用可能量が制限された自然状態で両種の繁殖開始時期と樹洞利用について検討するほうが，野外における2種の関係性と繁殖期の違いが果たす役割を現実的に理解できるのではないかと考えている。

私は現在，北海道で暮らしているため，この研究を継続できない状態にある。誰かパワーのある学生さん，ノグチゲラがいない環境でのコノハズクたちの共存のメカニズムを解き明かしてくれませんか。　(外山雅大)

7
繁殖のタイミングが鍵を握る？ —やんばるの森で共存するコノハズクたちの生態—

(外山雅大)

木の枝に止まるオオコノハズク。本州の亜種より眼が赤みを帯びている。(撮影：久高奈津子氏)

種名　オオコノハズク (亜種リュウキュウオオコノハズク)

学名　*Otus lempiji pryeri*

分布　オオコノハズクは日本をはじめ，朝鮮半島，極東ロシア，サハリンと比較的広く分布している。南西諸島では沖縄島と西表島のみに亜種リュウキュウオオコノハズク *Otus lempiji pryeri* が生息する。リュウキュウオオコノハズクは本州に生息する亜種に比べ，眼の赤みが強く，趾(あしゆび)に羽毛が生えていないという特徴をもつ。

全長　約 24 cm

生態　沖縄島では森林からサトウキビ畑の防風林など，多様な環境に生息している。オオコノハズクは，オオムカデ，昆虫，クマネズミなどの小型哺乳類，鳥類，キノボリトカゲなどの爬虫類，カエルなど生息する環境に合わせて多様な餌動物を利用している。通常，営巣場所としては樹洞を利用するが，地面に開いた穴や着生植物のオオタニワタリの中で営巣した例もある。沖縄島では生息環境によりばらつくが 2 月下旬から 3 月下旬に産卵し，2 個から 4 個の卵を産み，営巣期間は約 60 日。繁殖期には「クリィーウ，クリィーウ」と子猫のような声でよく鳴くことから，やんばるの方言では「マヤチコホー」(猫のようなコノハズク) と呼ばれている。

やんばるのコノハズクたちとの出合い

2003年の春，私は沖縄島北部やんばるの森を訪れ，オオコノハズク *Otus lempiji* とリュウキュウコノハズク *O. elegans* という近縁の2種が同じ森林内に生息しているのを知って驚いた。オオコノハズクは体長24 cmで体重は140～160 g，リュウキュウコノハズクは体長20 cmで体重約120 gと，体サイズが極めて近い。その2種が同所的に，しかも高い密度で生息しているのだ。後述する調査研究のなかでの観察事例だが，互いの巣が15 mしか離れていないケースもあり，その行動圏・なわばりは重複している。また，種間の排他的な行動もこれまで観察されていない。

一般に，複数の種が同所的に生息するためには主要な資源である，餌，空間，時間などを分割することが重要であるとされる。これを「資源分割説」と言う (Hutchinson 1957, 1978; Begon et al. 1986)。近縁の種どうしでは要求する資源や行動・習性が類似するため，近縁ではない種どうしの組み合わせよりも強い相互排除を示すと考えられる (Diamond 1975; Connor & Simberloff 1979; Weiher & Keddy 1999)。また，体サイズが大きく異なる種どうしは利用する資源も異なることが多いため，同所的に共存しやすいと考えられている (Hutchinson 1959; Grant 1980; Ernest 2005)。これらのことから，近縁で体サイズの近い種どうしは要求する資源の重複が大きく，同所的に共存しにくいと考えられる。

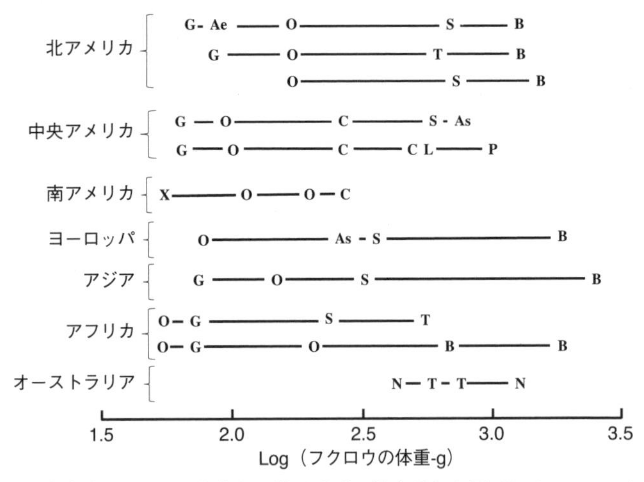

図1　同所的に生息するフクロウどうしの体サイズの差を示した図 (Gutieérrez et al. 2007をもとに作成)。横軸はフクロウの体重 (g) を対数変換したもの。アルファベットはそれぞれのフクロウの属の頭文字を示している。Ae: *Aegolius* 属，As: *Asio* 属，B: *Bubo* 属，C: *Ciccaba* 属，G: *Glaucidium* 属，O: *Otus* 属，P: *Pulsatrix* 属，L: *Lophostrix* 属，N: *Ninox* 属，S: *Strix* 属，T: *Tyto* 属，X: *Xenogaux* 属。各横線は調査地を示している。

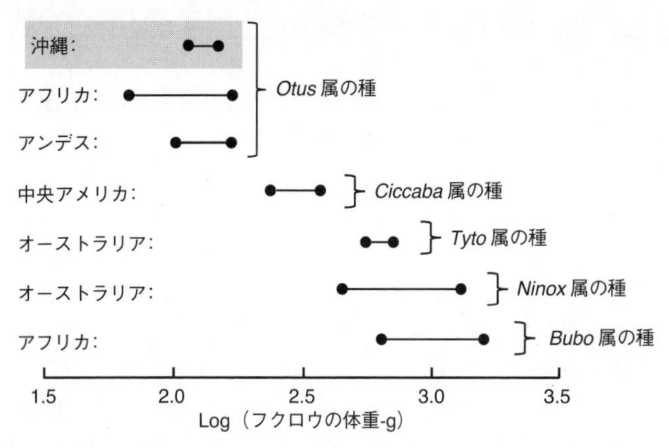

図 2　同所的に生息する同属のフクロウどうしの体サイズ差を示した (Gutieérrez et al. 2007 をもとに作成)。横軸は体重を対数変換した値，●はそれぞれのフクロウを示している。

フクロウ類においても，同所的に生息する種は異なる属どうしの組み合わせがほとんどで，採餌方法，利用する餌動物，営巣場所など，行動・習性が異なることにより共存が可能となっている (Mikkola 1983; Jaksić & Carothers 1985)。同属のフクロウどうしの場合は，分布や生息環境が異なることがほとんどで，同所的に生息することはあまりない。同属どうしが同所的に生息する数少ない例では，異なる属のフクロウどうしよりもその体サイズの差が大きくなっている (図 1, 2) (Gutieérrez et al. 2007)。

しかしながら，同属でかつ比較的に体サイズも近いフクロウどうしが同所的に生息している事例もあり，2 例ではあるが資源利用について比較した研究も存在する。アルゼンチン北部とブラジル南部に生息する *Ciccaba* 属のフクロウ 2 種，ナンベイヒナフクロウ *C. virgata* (雄：220～256 g，雌：308～366 g) とシロクロヒナフクロウ *C. nigrolineta* (440～550 g) は同じ森林内に生息しているが，ナンベイヒナフクロウは森林内の開けた場所で飛翔性の生物を，シロクロヒナフクロウは地上性の餌動物を主に採餌し，利用する餌資源に違いがあること (Gerhardt et al. 1994a)，営巣場所に関してはナンベイヒナフクロウが樹洞，シロクロヒナフクロウは着生植物の上を利用し営巣場所に違いがあることが報告されている (Gerhardt et al. 1994b)。オーストラリアの *Tyto* 属のフクロウ 2 種，ススイロメンフクロウ *T. novaehollandiae* (545～673 g) とオオメンフクロウ *T. tenbricosa* (雄：500～700 g，雌：750～1,160 g) も同じ地域に分布し (図 2)，両種が同所的にいるのが時折観察されるが，基本的には利用する森林のタイプが異なっている (Kavanagh 2002)。餌資源や営巣場所には重複が見られるが，ススイロメンフクロウが春に，オオメンフクロウが秋に繁殖することから，営巣場所を巡る競争は起こらないと考えられる (Kavanagh 2002)。

もう 1 つ注目すべき事例がある。北アメリカにいるアメリカフクロウ *Strix varia*

(雄：630 g，雌：830 g) とニシアメリカフクロウ *S. occidentalis* (雄：606 g，雌：654 g) は体サイズがほぼ等しいが，もともとの分布は重なっていなかった。しかしここ100年の間にアメリカフクロウの分布が拡大して，ニシアメリカフクロウの分布域へ侵入し，現在ではニシアメリカフクロウの生息地のほとんどで両種が同所的に見られるようになった (Dark et al. 1998)。餌資源の利用パターンに多少の違いはあるものの (Harmer 2001)，両種とも小型の哺乳類を主要な餌としていることもあり，アメリカフクロウの侵入によって，ニシアメリカフクロウの餌資源の利用可能量は減少していると考えられる (Gutieérrez et al. 2007)。また，両種とも営巣場所として樹洞や猛禽類の古巣などを利用しているが，ニシアメリカフクロウが使っていた営巣場所がアメリカフクロウに置き換わった観察例もある (Buchanan et al. 2004)。さらに，アメリカフクロウはニシアメリカフクロウに対して激しく鳴いて威嚇したり，直接的な攻撃を行ったり，捕食してしまうこともある。それに対し，ニシアメリカフクロウの攻撃行動はそれほど強くはない (Leskiw & Gutieérrez 1998; Gutieérrez et al. 2004)。アメリカフクロウの分布の拡大によって，ニシアメリカフクロウの個体数の減少や分布が縮小するなどの影響が実際に起こっている (Kelly et al. 2003; Harmer et al. 2007; Gutieérrez et al. 2007)。この事例から，同属で体サイズが重複しているフクロウどうしの共存は難しいことがわかる。

沖縄に生息するコノハズクたちは，北アメリカの2種のように体サイズの重複はないものの，それ以外の地域の同所的に生息する同属のフクロウたちと比較すると体サイズの差はとても小さい (図2)。これほど体サイズの近い同属のフクロウが同所的に生息しているのは，じつは世界的にも非常に稀なのだ。また，この2種が同じ森林内で共存していることは，両種の分布から見ても例外的である。オオコノハズクは日本をはじめ，朝鮮半島，極東ロシア，サハリンと広く分布している。南西諸島では沖縄島と西表島に生息するとされているが (高木 2009)，西表島では繁殖などの確実な情報はない。一方，リュウキュウコノハズクは南西諸島を中心とし，福岡県沖ノ島からフィリピン北部のバタン・バブヤン諸島まで分布している。ある程度広い分布域をもつ両種だが，重複して生息しているのが確実なのは沖縄島だけである。なぜここには本来共存しにくいはずの2種が生息できているのだろう。やんばるのコノハズクたちはどのように資源を利用しているのだろうか。中米のフクロウたちのように餌資源に関しては森林内のマイクロハビタットの利用パターンの違いによって棲み分けているのか。営巣場所はどのように違えているのだろう。研究例の少ない同所的に生息する類似した大きさの同属のフクロウたちの資源利用を研究することで，何か新しい資源分割のパターンを見つけ，種の共存のメカニズムの一端を明らかにできるのではないかという考えが頭に浮かんだ。当時，フクロウの研究をすることを志し，研究テーマを模索していた私にとって，やんばるの森のコノハズクたちとの出合いは驚きとともに研究の道筋を示してくれた。

本章では私が2003年から2008年にかけて取り組んだ調査・研究の結果をもとに，

やんばるの森でコノハズクたちが餌，空間，時間という主要な資源をどのように分割して共存しているのかに着目しながら，その生態を紹介していく。

コノハズクたちをどう調べるか

コノハズクたちの生態を知る方法としては，森を歩き，彼らが営巣している樹洞を見つけ，静かに観察するというのがいちばん良い方法である。しかし，いきなりそれを成功させるのは至難の業だ。調査を開始した最初の年，毎晩のように森を歩き回りコノハズクたちの巣を探したが，私が見つけることができたのはリュウキュウコノハズクの3巣，オオコノハズク1巣だけという散々な結果であった。これではまともな研究にならない…。

フクロウ類の調査研究では，樹洞に営巣するという生態を生かして巣箱が用いられることが多い。私も地権者の許可を得て巣箱を設置し，調査を行うことにした。最初の年の調査で，リュウキュウコノハズクがノグチゲラ *Dendrocopos noguchii* の古巣を利用することがわかっていた。そのため，やんばるでノグチゲラの研究をしていた森林総合研究所の小高信彦氏よりノグチゲラの巣の形状について教えてもらい，それを参考に，入口の直径が6.5 cm，底面15 cm × 15 cm，入口からの深さ30 cmの巣箱を30個作成し，設置した。その結果，リュウキュウコノハズクは11個の巣箱を利用したが (図3)，オオコノハズクは利用してくれなかった。もう1年，ノグチゲラの巣を参考にした巣箱を用いて同規模の調査を行ったが，利用したのはやはりリュウキュウコノハズクのみであった。しかし幸いにも，並行して行っていた自然巣の探索調査においてオオコノハズクの巣をさらに2つ見つけることができ，オオコノハズクの営巣樹洞の形状に関する基礎データを得ることができた。発見した3巣はいずれもノグチゲラの古巣ではなく自然にできた樹洞で，入口の大きさ，中の広さともにノグチゲラの古巣よりも大きなものであった (図4)。また，本州のオオコノハズクはブッポウソ

図3　ノグチゲラの巣を参考にした巣箱から顔を出すリュウキュウコノハズク。

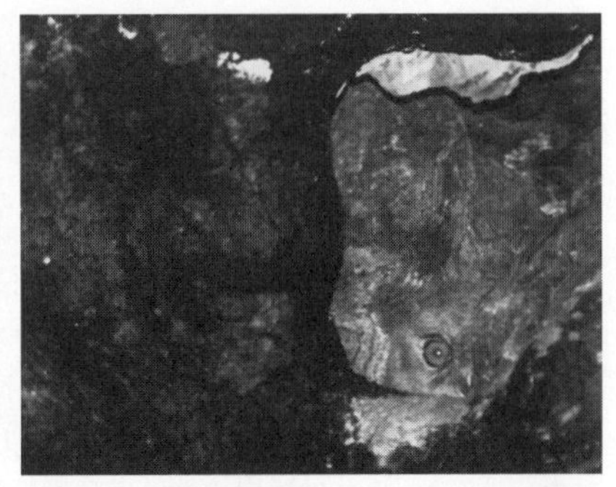

図4　アカギの大木に開いた樹洞から顔を出すオオコノハズクの雛。

ウ *Eurystomus orientalis* 用に作成された大型の巣箱などを利用していることがわかった (小林ら 1999; 飯田 2001)。これらのことから，オオコノハズクにとってノグチゲラの古巣は少し手狭で，あまり好みの営巣場所ではないのでは？　と考えた。そこで，本州でオオコノハズクの利用実績のある巣箱を参考に，入口の直径 10 cm，底面 25 cm × 25 cm，深さ 30 cm の大型の巣箱を作成し，ノグチゲラの巣を参考にした巣箱と併せて調査に使用することにした。

こうして，要領の悪い私は 3 年の月日を費やし，ようやく 2 種類のコノハズクたちの調査を行うための下準備をすることができた。コノハズクたちの営巣樹洞の選好性を知るための実験 (後述) を行うこともあり，2006 年から 2008 年の 3 年間，毎年ノグチゲラの巣を参考にした小さい巣箱を 150 個，本州でオオコノハズクが利用した巣箱を参考にした大きい巣箱を 150 個，合計 300 個，3 年間延べ 900 個をやんばるの森の中に設置し，調査を行った。

種間で異なる繁殖期・繁殖成功

コノハズクたちの繁殖期に当たる 3 月中旬から 7 月下旬にかけて，週に最低 2 回，両種の営巣した巣箱または自然巣の内部を CCD カメラで観察した。その結果から，営巣期間 (産卵開始から巣立ちまでの日数)，一腹卵数 (1 回の営巣で産卵する卵の数)，巣立ち雛数，繁殖成功率 (1 羽でも雛を巣立たせた巣を繁殖成功とする)，繁殖の失敗要因などについて記録をとった。

まずは営巣期間の長さであるが，産卵日と巣立ち日の両方が特定できた巣がリュウキュウコノハズクでは 7 巣あり，営巣期間は 57.8 ± 2.19 日 (平均値 ± 標準偏差，以下同) であった。一方，オオコノハズクで特定できた巣は 3 巣あり，平均営巣期間は 62.5 ± 1.25 日であった。

オオコノハズクとリュウキュウコノハズクの繁殖期を比較すると 1 カ月近い違いがあった。オオコノハズクは 3 月初旬から 4 月初旬に産卵し，平均初卵産卵日は 3 月 19 ± 6.9 日 (N = 50) で，5 月初旬から 6 月初旬の間に雛が巣立った。一方，リュウキュウコノハズクは 4 月下旬から 5 月中旬に産卵し，平均初卵産卵日は 5 月 8 ± 6.3 日 (N = 113)，6 月下旬から 7 月下旬に雛が巣立っていた。繁殖期のタイミングは種内では年度間でばらつきがあるものの，リュウキュウコノハズクよりオオコノハズクのほうが 1 カ月近く早く繁殖を開始するという特徴は年度間でも変わらなかった。

繁殖成功に関しても種間で違いが見られた。一腹卵数はオオコノハズクで 2.29 ± 0.5 個 (平均値 ± 標準偏差，以下同，N = 51)，リュウキュウコノハズクで 2.76 ± 0.56 個 (N = 130) であり，リュウキュウコノハズクのほうが統計的にも有意に多く産卵していた (図 5a)。しかし，巣立ち雛数はオオコノハズクで 1.88 ± 0.67 羽 (N = 52)，リュウキュウコノハズクで 1.92 ± 1.23 羽 (N = 141) となり，有意な差は見られなくなっていた (図 5b)。これは種間の繁殖成功率の違いに起因する。リュウキュウコノハズクは 150 巣中 37 巣が繁殖に失敗し，繁殖成功率は 76.9 % であった。それに対し，オオ

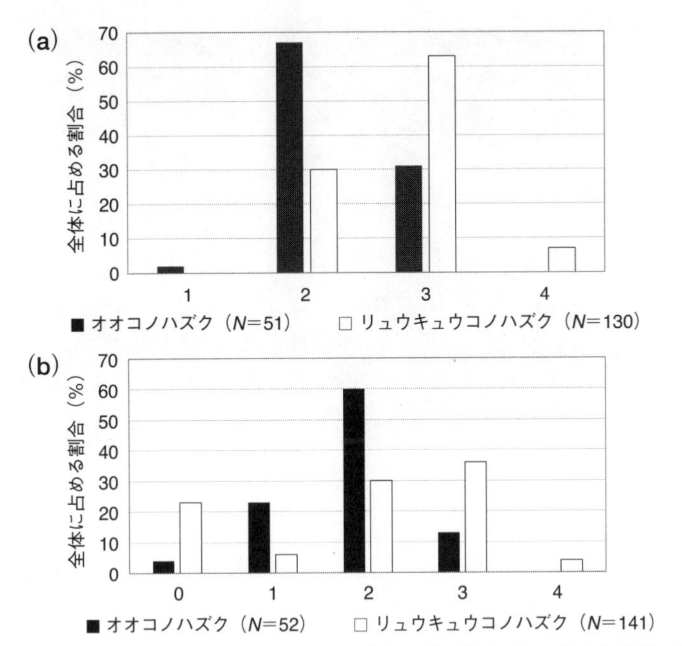

図5　オオコノハズクとリュウキュウコノハズクの（a）一腹卵数と（b）巣立ち雛数の比較。黒と白のヒストグラムはそれぞれオオコノハズクとリュウキュウコノハズクを示す（Toyama et al. 2015 より）。

コノハズクではモニタリングができた53巣中繁殖に失敗したのは2巣のみで，繁殖成功率は96.2%となり，種間で統計的に有意な違いが見られた。

繁殖の失敗要因を詳しく見ると，オオコノハズクでは抱卵期の捕食による失敗が1巣，もう1巣は抱卵期の営巣放棄であった。捕食にあった巣の捕食者は特定できなかった。一方，リュウキュウコノハズクでは繁殖に失敗した37巣中21巣は卵または雛の捕食による失敗，11巣は卵の未孵化，残りの5巣は台風による営巣木の倒壊などそれ以外の要因であった。捕食にあった21巣のうち，17巣に関しては，CCDカメラによりアカマタ *Dinodon semicarinatum* が捕食者であることが確認できた（図6）。アカマタに襲われた巣ではすべての卵もしくは雛が捕食されていた。また，アカマタによる捕食は抱卵期と育雛初期の巣で多く，雛がある程度成長した巣は捕食にあいにくいようであった。捕食者が特定できなかった残り4巣に関しても，沖縄島にはコノハズクの巣を襲うような肉食の哺乳類はおらず，アカマタに捕食された巣の状況と同じく巣内の卵，雛がすべてなくなっていたため，おそらくアカマタの仕業ではないかと考えられた。被捕食率を種間で比較すると，オオコノハズクに比べリュウキュウコノハズクのほうが7.5倍も捕食にあいやすく，その違いは統計的にも有意であった。

図6　リュウキュウコノハズクの巣箱に居座っていたアカマタ。

沖縄島では，アカマタをはじめとしたヘビの仲間がコノハズクたちにとってもっとも注意しなければならない捕食者だと言える。

ここで，以下の2つの点に着目して同所的に生息する同属近縁種の共存要因を探ってみたい。1つは，なぜ繁殖のタイミングが種間で1カ月も異なり，この違いがどのようにコノハズクたちの餌資源の利用パターンや営巣場所選択と関わってくるのか。そしてもう1つは，なぜ同じ森林内で暮らしているにもかかわらず，種間でヘビによる巣への捕食リスクに違いがあるのか。以下，コノハズクたちの資源利用を見ていきながら，これらの問いについて答えを考えていく。

コノハズクたちの餌資源の利用パターン

上述のとおり，鳥類にとって餌は主要な資源の1つであり，同所的に生息する近縁種どうしであれば，利用する餌の大きさや採餌行動，採餌空間の違いなど，何らかの形で餌資源を分割している可能性がある。コノハズクたちはどのように餌資源を利用しているのだろうか。それを明らかにするために，営巣中の巣 (巣箱) の前にセンサーカメラを設置し，雛への給餌物を記録した。余談であるが，調査を行っていた当時はセンサーカメラの技術が現在ほど進んでおらず，フィルムのコンパクトカメラに赤外線の感知装置を外付けでつないだものを用いており，夜間撮影にはフラッシュが必要であった。フラッシュ部分にフィルターを張り付けて撮影ができるぎりぎりまで光の強さを落とすなど，コノハズクの行動に影響がでないように工夫をした。また，フィルム撮影であったため，フィルム代，現像代もかかり，予算的な制約もかなりあった。そんな苦労をしながらも，オオコノハズク，リュウキュウコノハズクともに12巣においてデータを収集することができた。

図 7　オオムカデを運ぶオオコノハズク。

図 8　キリギリス科の昆虫を運ぶリュウキュウコノハズク。

調査の結果，オオコノハズクはオオムカデの一種 *Scolopendra* sp. (図 7)，オオゲジ *Thereuopoda clunifera*，昆虫，キノボリトカゲ *Japalura polygonata* やミナミヤモリ *Gekko hokouensis* などの爬虫類，鳥類，ジャコウネズミ *Suncus murinus* などの小哺乳類と，森林内に生息するさまざまな餌動物を利用していた (表 1)，一方，リュウキュウコノハズクはキリギリス科の昆虫 (図 8) が約 50%，コロギス科の昆虫が約 30%と，バッタ目が餌全体の 80%近くを占めていた (表 1)。餌動物の森林内の利用階層 (飛翔性，樹上性，地上性) と餌動物の体サイズでカテゴリー分けし，種間でカテゴリーごとの利用率を比較すると，オオコノハズクは地上性，樹上性の大きめの餌動物を利用

表1　オオコノハズクとリュウキュウコノハズクの餌内容の比較。オオコノハズクとリュウキュウコノハズクそれぞれ12巣からデータを収集した[1)]

餌動物の分類	オオコノハズク				リュウキュウコノハズク			
	N			%	*N*			%
無脊椎動物		882		71.9		1387		95.8
昆虫	442				1316			
バッタ目 Orthoptera		256				1147		
キリギリス科 Tettigoniidae			140	11.4			730	50.4
コロギス科 Gryllacrididae			116	9.5			417	28.8
ナナフシ目 Phasmatodea		2		0.2		87		6.0
カマキリ目 Mantodea						3		0.2
チョウ目 Lepidoptera		184				59		
成虫			20	1.6			57	3.9
幼虫			164	13.4			2	0.1
カメムシ目 Hemiptera						18		
セミ科 Cicadoidea							18	1.2
コウチュウ目 Coleoptera						2		0.1
昆虫以外の無脊椎動物	440				71			
ムカデ目 Mandibulata		430				53		
オオムカデ科 Scolopendromorpha			316	25.8			50	3.5
ゲジ科 Scutigeromorpha			114	9.3			3	0.2
クモ目 Archnida		1		0.1		18		1.2
ミミズ目 Oligochaeteta		9		0.7				
脊椎動物		345		28.1		60		4.2
哺乳類	74							
モグラ目 Scricomorpha		72		5.9				
ネズミ目 Rodentia		2		0.2				
鳥類	73							
スズメ目		73						
カラ spp. *Parus* spp.			25	2.0				
アカヒゲ *Larvivora komadori*			19	1.5				
メジロ *Zosterops japonicus*			12	1.0				
ヒヨドリ *Hypsipete samaurotis*			5	0.4				
種不明			12	1.0				
爬虫類	177				60			
有鱗目 Squamata		177				60		
ヤモリ科 Gekkonidae			88	7.2			56	3.9
キノボリトカゲ科 Agamidae			85	6.9			4	0.3
ナミヘビ科 Serpentes			4	0.3				
両生類	21							
カエル目 Anura		21	1.7					
合計		1227		100		1447		100

1) Toyama & Saitoh 2011 より。

していた (図 9, 10)。それに対し，リュウキュウコノハズクは樹上性の比較的小さな餌動物を主に利用していた (図 9, 10)。

この 2 種には 1 カ月近い繁殖期の違いがあるが，両種の繁殖期が重複している時期のみのデータを用いて，餌内容を分析してみた。重複している時期はオオコノハズクの育雛後期，リュウキュウコノハズクでは抱卵から育雛の初期にあたるが，上で述べ

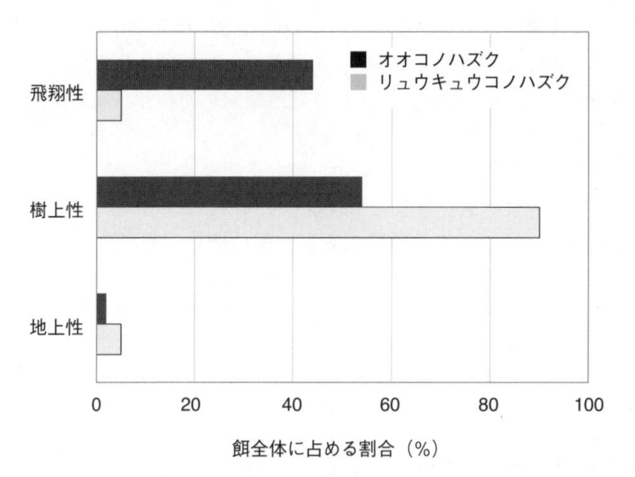

図 9　餌動物を活動階層別，地上性，樹上性，飛翔性にカテゴリー分けし，オオコノハズクとリュウキュウコノハズクの餌内容を比較した (Toyama & Saitoh 2011 より)。

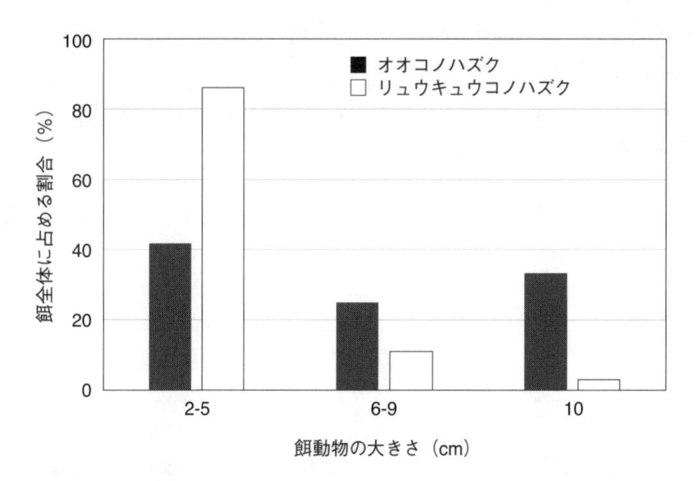

図 10　餌動物の大きさ別に分けオオコノハズクとリュウキュウコノハズクの餌内容を比較した (Toyama & Saitoh 2011 より)。

た結果と大きな違いはなかった。また，それぞれの種で餌資源の利用パターンが季節により変化するかを検討するため，種ごとに繁殖期を前半と後半に分け，どのような餌動物を利用しているか調べた。その結果，オオコノハズクでは繁殖期の前半ではガの幼虫の利用比率が高く，後半ではバッタ目の昆虫の利用比率が高くなるなど，繁殖期の前半と後半で利用する餌動物の比率に有意な違いが見られた。一方，リュウキュウコノハズクでは繁殖期を通してキリギリス科，コロギス科の昆虫が餌のほとんどを占め，季節による違いは見られなかった (Toyama & Saitoh 2011)。このことから，オオコノハズクは餌資源の季節変化に応じて，そのときそのときで利用しやすい餌動物を利用するが，リュウキュウコノハズクは繁殖期間を通してバッタ目を主に利用していることがわかった。

まとめると，オオコノハズクは地上から樹上まで森林内の空間を幅広く使い，さまざまな餌動物をその資源量の季節変化に応じて利用していた。一方，リュウキュウコノハズクは樹上にいるバッタ目の昆虫を専門的に捕り，繁殖期を通じてその利用パターンを大きく変化させなかった。利用する餌動物に多少の重複はあるものの，利用する採餌空間と餌動物の大きさの幅が異なることで，棲み分け，共存が可能になっていることが示唆された。

コノハズクたちの営巣場所選択

(1) 樹洞選びに関わる要因は？

鳥たちにとってどのような営巣場所を選ぶかは繁殖の成功を左右する重要な要素である (Martin 1998; Clark & Shutler 1999)。巣への捕食は最大の繁殖失敗要因であるため，営巣場所に対する鳥たちの選好性は捕食による繁殖の失敗を最小にするように淘汰を受ける (Nice 1957; Ricklefs 1969)。たとえば，地上性の捕食者を避けるために高い営巣場所が好まれたり (Li & Martin 1991)，樹洞で営巣する種では体の大きな捕食者に侵入されないように入口の小さな樹洞が選好されるなどの例があげられる (Nilsson 1984; Wesolowski 2002)。

しかし，鳥たちはいつも好みの営巣場所を選ぶことができるわけではない。営巣場所の選択は好適な営巣場所の利用可能量と競争種の存在によって制限を受けるからだ (Martin & Li 1992; Newton 1994; Aitken & Martin 2008)。とくに，コノハズクたちが利用する樹洞は多くの森林において数の限られた資源だ (Newton 1994, 1998; Cockle et al. 2011)。樹洞の閉鎖実験や巣箱の付加実験から，一般的に樹洞が不足すると考えられている若齢の二次林だけでなく老齢林においても，利用可能な質の高い樹洞がどれくらいあるかは，二次樹洞営巣種 (自分で木に巣穴を掘ることのできない種) の個体数制限要因となっていることが指摘されている (Aitken & Martin 2008; Cockle et al. 2011)。自分で巣穴を掘ることができるキツツキとは違い，二次樹洞営巣種であるコノハズクたちにとって樹洞は限られた資源であり，それを巡りこれらの鳥たちは互いに競争関係にあると考えられる。この樹洞という限られた資源を，やんばるの森のコノハズクたちはどのように選択しているのだろうか。互いの存在がそれぞれの樹洞の選好性を制限するような競争関係にあるのだろうか。また，ヘビによる捕食されやすさの違いは，それぞれのコノハズクの営巣場所選択にどのような影響を与えるだろうか。

(2) 野外調査と巣箱実験

これらの疑問を解き明かすため，2つの調査を行った。まず，自然下においてコノハズクたちがどのような樹洞を利用しているか，その特徴を知るため，コノハズクたちの営巣している樹洞を探し，入口の大きさ，深さ，地上からの高さ，樹洞内部の直径を計測し比較した。

次に，コノハズクたちがどのような樹洞を好むかを知るために，巣箱を用いた野外実験を行った。

(1) 樹洞の大きさに関する選好性を知るため，前出したノグチゲラの古巣を参考にした小さな巣箱 (以下，小さな巣箱) と，本州でオオコノハズクが利用した巣箱を参考にした大きな巣箱 (以下，大きな巣箱) の2種類を作成した。

(2) 捕食者回避に重要とされる樹洞の高さに関する選好性を知るために，巣箱の設置高を低 (2 m 以下)，中 (3～4 m)，高 (7～12 m) の3つに分けた。これらを組み合わせ，低大，中大，高大，低小，中小，高小の6タイプの巣箱を森林内に設置した。

コノハズクたちの樹洞に関する好みを知るためにもう1つ重要なことがある。彼らのなわばり内にこの6タイプの巣箱が十分な数，設置される必要があるということだ。台湾，蘭嶼島で行われた先行研究では，リュウキュウコノハズクの繁殖期の行動圏は1～1.5 ha (Sevaringhaus 2000) であった。オオコノハズクの行動圏に関する先行研究がなかったため，この蘭嶼島のリュウキュウコノハズクの行動圏を参考に6タイプの巣箱を順序はランダムに，20 m 間隔で設置した。そうすることで，リュウキュウコノハズクの行動圏内には少なくとも6個の巣箱が配置されることになる。この条件に従い，6タイプの巣箱をそれぞれ50個ずつ，合計300個を設置した。調査は2006年から2008年にかけて行い，毎年コノハズクの繁殖後に巣箱を掃除し，再度設置順序をランダムにして，前年とは異なる木に設置しなおした。設置した巣箱は前述の繁殖に関わるパラメータのモニタリング調査と併せ，巣箱のタイプごとの利用状況，捕食の有無などを記録した。

コノハズクたちの巣箱の大きさ，高さに関する選好性の分析には Manly の環境選択性指数 (w) を用いた。この値が1より大きいときは選好，1以下のときは忌避していることを示す。また選好，忌避の有意性はボンフェローニの信頼区間で評価され，信頼区間の下限が1以上のときは有意に選好，信頼区間の上限が1以下のときは有意に忌避していることを示す (Manly et al. 2002)。この分析に関しては疑似反復を避けるため各調査年ごとに分けて行った。調査，実験の結果は以下のとおりであった。

まず営巣樹洞の大きさの選択について見ると，オオコノハズクは自然下では主に入口と内径の大きな，自然に開いた樹洞を利用していた (表2，図3)。ノグチゲラの古巣の利用は1巣のみで，その入口は約10 cmと，大きく広がっていた。巣箱実験では，すべての年で大きな巣箱のみを利用し，大きな巣箱に対して強い選好性を示す結果が得られた (表3a)。一方，リュウキュウコノハズクは自然下では主にノグチゲラの古巣を利用し，その入口の大きさ，内径はオオコノハズクの利用した樹洞よりも小さいものであった (表2)。しかし，巣箱実験下では大小両方の巣箱を利用し，すべて

表2　自然下で2種のコノハズクが利用した樹洞の形状の比較[1)]

項目	オオコノハズク (N=8) 平均値±標準誤差	リュウキュウコノハズク (N=11) 平均値±標準誤差	マン・ホイットニーの U 検定 U	 P
高さ (m)	5.5±2.8	7.3±2.8	28	N.S
入口の縦の大きさ (cm)	23.8±16.5	6.5±0.6	0	0.0001
入口の横の大きさ (cm)	17.7±7.2	6.1±0.7	0	0.0001
深さ (cm)	22.5±19.1	24.7±3.3	20	N.S
内部の直径 (cm)	20.8±3.4	16.7±5.1	9	0.059

1) 外山未発表データ。投稿準備中。

表3　2006〜2008年に行った巣箱操作実験における，(a) オオコノハズクと (b) リュウキュウコノハズクの巣箱の大きさ別の利用可能数，利用数，選択性指数，選択性指数の標準誤差，95%信頼区間，選好性の有無を調査年ごとに示した。95%信頼区間はボンフェローニの方法で求めた。選好性については，「+」の場合は有意に選好を，「n」の場合は有意な傾向がないこと，「−」の場合は有意に忌避していることを示す[1)]

(a) オオコノハズク

調査年	大きさ	利用可能数	利用数	選択性指数 w	SE (w)	95%信頼区間 下限	 上限	選好性
2006	大	150	10	2	0	2	2	+
	小	150	0	0	0	0	0	−
2007	大	150	16	2	0	2	2	+
	小	150	0	0	0	0	0	−
2008	大	150	17	2	0	2	2	+
	小	150	0	0	0	0	0	−

(b) リュウキュウコノハズク

調査年	大きさ	利用可能数	利用数	選択性指数 w	SE (w)	95%信頼区間 下限	 上限	選好性
2006	大	140	15	1	0.19	0.59	1.42	n
	小	150	16	0.99	0.17	0.61	1.39	n
2007	大	134	16	0.89	1.17	0.51	1.27	n
	小	150	22	1.09	0.15	0.76	1.44	n
2008	大	407	16	0.74	0.15	0.41	1.07	n
	小	450	30	1.23	0.13	0.93	1.53	n

1) 外山未発表データ。投稿準備中。

の年で，その選好性には違いは見られなかった (表 3b)。

次に営巣樹洞の高さの選択について見ると，自然下では種間で利用した樹洞の高さに有意な違いは見られなかった (表 2)。巣箱実験では，オオコノハズクは高い位置に設置した巣箱を 2007 年のみ有意に選好し，それ以外の年には有意な傾向は見られなかった。低い位置に設置した巣箱に関してはすべての年において有意に忌避し，中程度の高さの巣箱に対してはすべての年で有意な傾向は見られなかった (表 4a)。一方，リュウキュウコノハズクではすべての年で高い巣箱を有意に選好し，低い巣箱を有意に忌避していた。中程度の高さの巣箱に関しては 2006 年では有意に忌避していたが，それ以外の年では有意な傾向は示さなかった (表 4b)。

巣箱実験を通してオオコノハズクは 1 巣しか捕食にあわなかったため，どのような

表 4 2006～2008 年に行った巣箱操作実験における，(a) オオコノハズクと (b) リュウキュウコノハズクの設置高別の利用可能数，利用数，選択性指数，選択性指数の標準誤差，95% 信頼区間，選好性の有無を調査年ごとに示した。95% 信頼区間はボンフェローニの方法で求めた。選好性については，「＋」の場合は有意に選好を，「n」の場合は有意な傾向がないこと，「－」の場合は有意に忌避していることを示す1)

(a) オオコノハズク

調査年	設置高	利用可能数	利用数	選択性指数 w	SE (w)	95% 信頼区間		選好性
						下限	上限	
2006	高	100	5	1.5	0.47	0.36	2.64	n
	中	100	4	1.2	0.46	0.08	2.32	n
	低	100	1	0.3	0.28	−0.39	0.98	−
2007	高	100	11	2.06	0.35	1.22	2.9	+
	中	100	5	0.94	0.35	0.1	1.78	n
	低	100	0	0	0	0	0	−
2008	高	100	7	1.24	0.36	0.37	2.1	n
	中	100	9	1.59	0.36	0.71	2.46	n
	低	100	1	0.18	0.17	−0.24	−0.59	−

(b) リュウキュウコノハズク

調査年	設置高	利用可能数	利用数	選択性指数 w	SE (w)	95% 信頼区間		選好性
						下限	上限	
2006	高	95	26	2.56	0.2	2.07	3.05	+
	中	96	5	0.49	0.2	0.01	0.97	−
	低	99	0	0	0	0	0	−
2007	高	89	27	2.27	0.23	1.7	2.83	+
	中	95	9	0.71	0.21	0.21	1.2	n
	低	100	2	0.15	0.1	−0.1	0.4	−
2008	高	93	36	0.78	0.19	1.94	2.83	+
	中	91	9	0.2	0.18	0.17	1.05	n
	低	99	1	0.02	0.06	−0.09	0.21	−

1) 外山未発表データ。投稿準備中。

表5 巣箱の大きさ，設置高別の捕食率の比較 [1)]

巣箱	捕食された巣の数 (%)	捕食されなかった巣の数 (%)	合計
(a) 巣箱の大きさ			
大	6 (12.8)	41 (87.2)	47
小	10 (14.7)	58 (85.3)	68
(b) 巣箱の設置高			
高	9 (10.1)	80 (89.9)	89
中・低	7 (26.9)	19 (73.1)	26

1) 外山未発表データ。投稿準備中。

樹洞を利用した場合に捕食にあいやすいかの評価はできなかった。リュウキュウコノハズクでは巣箱で営巣した115巣のうち16巣が捕食にあった。そのうち14巣はアカマタによる捕食であった。巣箱の大きさによる被捕食率の違いは見られなかったが(表5a)，巣箱の設置高に関しては，高い位置に設置した巣箱に比べ，中程度および低い位置に設置した巣箱において，被捕食率が有意に高いという結果が得られた。ただし低い位置に設置した巣箱は利用数が少なかったため，分析の際は中程度に設置した巣箱のデータとまとめている (表5b)。

(3) 繁殖のタイミングとノグチゲラが鍵を握るコノハズクたちの樹洞選び

オオコノハズクは自然下では大きな樹洞のみを利用し，巣箱実験下でも大きな巣箱のみを利用していた (表2, 3a)。1例のみノグチゲラの古巣も利用していたが，その入口が大きく広がっていたことから，オオコノハズクにとってノグチゲラの古巣は中の空間の広さではなく，入口の大きさが利用を制限する要因になっていると推測された。一方，リュウキュウコノハズクは自然下ではノグチゲラの古巣など小さな樹洞を利用していたが，巣箱実験下では大きさに関して有意な選好性は見られなかった (表2, 3b)。オオコノハズクの分布しない台湾，蘭嶼島ではリュウキュウコノハズクはさまざまな大きさの樹洞を利用していることがわかっている (Severinghaus 2000)。これらのことから，やんばるの森ではオオコノハズクが大きな樹洞を占有してしまうため，結果としてリュウキュウコノハズクはノグチゲラの古巣などオオコノハズクが利用できない小さな樹洞を利用していることが示唆された。

営巣樹洞の高さに関してはどうだろうか。自然下において両種の利用した樹洞の高さには有意な差は見られなかったが，巣箱実験下ではオオコノハズクに比べ，リュウキュウコノハズクのほうがより高い位置に設置された巣箱を選好し利用していた (表4a, b)。また，巣箱実験の結果，高い位置に設置した巣箱のほうがヘビによる捕食にあいにくいという結果が得られたことから，捕食にあいやすいリュウキュウコノハズクのほうがより高い巣箱を選好したと考えられる。

さて，ここで疑問が残る。オオコノハズクはどのようにして大きな樹洞を占有することができるのだろうか。オオコノハズクはリュウキュウコノハズクより先に営巣を開始し，大きな樹洞を占有する。そのため，リュウキュウコノハズクが繁殖を開始する時期には，大きな樹洞の利用は制限されているのだろう。その結果，リュウキュウコノハズクは，オオコノハズクが利用しないノグチゲラの古巣をはじめとした小さい樹洞を利用するのだと思われる。言い換えれば，繁殖期の違いを介した消費型競争の結果，オオコノハズクの存在により，リュウキュウコノハズクの大きな樹洞の利用は制限されている。またオオコノハズクの利用しない小さな樹洞を提供するノグチゲラの存在は，リュウキュウコノハズクに対するオオコノハズクの影響を緩和し，やんばるの森における 2 種の共存を可能にする重要な役割を果たしていると言えるだろう。

繁殖のタイミングが鍵を握る―コノハズクたちの繁殖成功―

コノハズクたちの巣への捕食リスクは種間でなぜ異なるのか。これには，繁殖時期の種間差と捕食者であるヘビの活発さの季節変化の 2 つの要因が大きく関わっている。変温動物であるヘビの行動は外気温に強く影響を受ける (Gibbons & Semltisch 1987)。そのため，やんばるの森においても季節的な気温の変化に応じてヘビの活発さが変化すると考えられる。そのことから，オオコノハズクはヘビが活発ではない時期に，リュウキュウコノハズクはヘビの活発な時期に繁殖し，その違いによって巣への捕食リスクが異なっているのではないかと予測された。

そこでヘビの活発さと気温の関係に注目し野外調査を行った。森林内を通る林道に 8 km のセンサスコースを設け，ヘビが活発になる夜間に時速 15 km で車を走らせ林道上にいるヘビの数をカウントし，その際の外気温を併せて記録する調査を 2007 年の 4 月から 7 月にかけて 33 回行った。その結果，調査を通して 25 匹のヘビを観察することができ，そのうち 22 匹はリュウキュウコノハズクの主要な捕食者であるアカマタであった。ヘビの記録個体数と外気温の関係を知るために一般化線形モデル (GLM) (従属変数を 1 回の調査でのヘビの観察個体数，説明変数を観察時の気温とする) を用いて分析を行ったところ，1 回の調査で確認されるヘビの観察個体数は気温が高くなるほど増加するという結果が得られた (GLM：$Z=2.0$，$P=0.045$)。また，気温が 16℃以下のときにはヘビはまったく観察されなかった (図 11)。この分析によって，気温とヘビの観察個体数 (つまりヘビの活発さの度合い) の関係を表す回帰式を得た。この回帰式と，調査地にもっとも近い測候所で記録された日ごとの気温データ (ヘビが夜行性であるため，日の最低気温を用いた) に基づき，コノハズクたちの繁殖期におけるヘビの活発さの季節変化を推定した。ヘビの活発さを表す推定値を見ると，4 月の終わりまでは低い水準で推移し，5 月の初旬から上がり始め，6 月にピークを迎える (図 7)。このヘビの活発さの推定値の変化と実際にリュウキュウコノハズクの巣が捕食にあった日付とを照らし合わせると，ヘビが活発になる 6 月以降に多くの巣が捕食にあっていた (図 12)。ヘビによる巣の捕食リスクは時期が遅くなるほど高くな

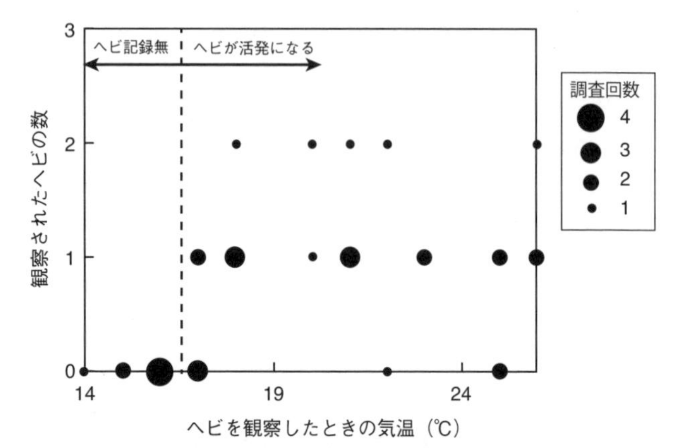

図 11　1 調査当たりのヘビの観察数と観察時の温度の関係。グラフ内の丸の大きさは観察回数を示す。16℃以下ではヘビは観察されていない (Toyama et al. 2015 より)。

り，予測どおりリュウキュウコノハズクの繁殖期は捕食者であるヘビが活発になる時期と一致していた。その結果，リュウキュウコノハズクの巣は高い捕食リスクにさらされると推察される。一方，オオコノハズクは約 1 カ月早く繁殖することにより，ヘビが活発になる前に多くの巣で雛が成長し，巣立っている (図 12)。

ヘビによる巣の捕食リスクの種間の違いには営巣場所選択の違いが関係している可能性が考えられる。しかし，リュウキュウコノハズクのほうが捕食にあいにくい高い巣箱に対して強い選好性を示しているにもかかわらず，巣箱実験におけるリュウキュウコノハズクの被捕食率はオオコノハズクに比べ有意に高くなっていた。つまり，巣の捕食されやすさの種間の違いは，営巣場所選択の種間差よりも繁殖期の違いによるものだと言うことができる。

ここでまた，疑問が生まれる。リュウキュウコノハズクはなぜヘビによる巣の捕食にあいやすい時期に繁殖するのだろうか。オオコノハズクはなぜ早い時期の繁殖が可能なのか。これには両種の餌資源の利用パターンの違いが大きく関わってくる。

繁殖のタイミングは，より多くの子を確実に育て，生存させるために餌資源の利用可能量がもっとも豊富な時期に子が生まれるように淘汰を受けていると考えられ，これは多くの分類群の研究により支持されている (Lack 1948; Perrins 1970; Bunnell 1980 など)。また，この傾向は熱帯，亜熱帯などの地域に比べ，季節性がはっきりし，多くの餌資源の発生時期が同調する冷帯，温帯などの地域でより顕著であると考えられている (Perrins 1970; Price et al. 1988; Visser et al. 2004)。これを踏まえると，オオコノハズクはさまざまな餌資源を利用することで餌資源の利用可能量に左右されずに繁殖時期を選択することができるため，捕食リスクを回避するために早い時期に繁殖をする，それに対しリュウキュウコノハズクは主要な餌資源であるバッタ目の昆虫の

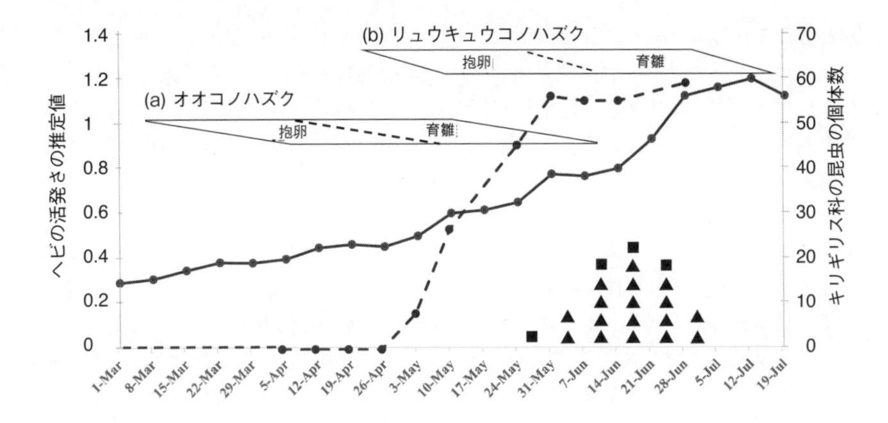

図 12　オオコノハズクとリュウキュウコノハズクの繁殖期とともにヘビの捕食リスクの季節変化 (活発さの推定値)，リュウキュウコノハズクの主要な餌であるキリギリスの個体数の季節変化，リュウキュウコノハズクの巣がいつ捕食にあったのかを重ねて図示した。実線は一般化線形モデルによって求めた回帰式 ($\log(y) = 0.11x - 2.54$；x は日最低気温，y はヘビの観察数) から求めたヘビの活発さの推定値の季節変化を示し，点線は鳴き声によりカウントされたキリギリス科の昆虫の個体数の季節変化を示している。また，▲はヘビによりリュウキュウコノハズクの巣が捕食されたことを，■は種はわからないがリュウキュウコノハズクの巣が捕食されたことを示している (Toyama et al. 2015 より)。

利用可能量に合わせて繁殖しているのではないか，ということが予測される。

これを検討するため，リュウキュウコノハズクの主要な餌資源であるキリギリス科の昆虫に着目した。キリギリス科の昆虫はリュウキュウコノハズクの餌の約半分を占める。よく鳴くことから，鳴き声をカウントすることで個体数を知ることができ，その季節変化についても把握できる。そこで，キリギリス科の昆虫の鳴き声をカウントするセンサスを 2007 年と 2008 年の 4 月から 6 月の間，週に一度行うことにした。その結果，予想したとおり，キリギリス科の昆虫の個体が増加するタイミングとリュウキュウコノハズクの繁殖のタイミングが合っていることがわかった (図 12)。リュウキュウコノハズクが抱卵を開始する 4 月の下旬頃にキリギリス科の昆虫の個体数が増え始め，雛が孵化する 6 月の初旬頃にピークをむかえ，高い水準で安定する。リュウキュウコノハズクは主要な餌資源であるキリギリス科の昆虫の発生時期に合わせ繁殖していることが示唆された (図 7)。また，リュウキュウコノハズクの一腹卵数はオオコノハズクよりも有意に大きく，繁殖成功した巣における巣立った雛の数もオオコノハズクが平均 2.0 羽 ($N = 50$) に対しリュウキュウコノハズクは平均 2.47 羽 ($N = 104$) と有意に多かった。これらのことから，リュウキュウコノハズクはヘビによる捕食リスクは伴うが餌資源の豊富な時期に繁殖することを選択し，繁殖が成功した場合に多くの雛を巣立たせることで繁殖失敗による損失分以上の適応度を得ているのではないかと考えられる。

次にオオコノハズクの繁殖期と餌資源の利用可能量の関係について議論していく。リュウキュウコノハズクとは異なり，オオコノハズクは繁殖期を通じて，多様な餌動物を利用していた。それに加え，繁殖期を通して餌動物の利用比率に有意な変化が見られ，資源量に応じて獲得しやすい餌動物を利用していることが示唆されている (Toyama & Saitoh 2011)。また，バッタ目の昆虫では発生時期にはっきりとした季節変化があったものの，沖縄島を含む亜熱帯地域は温帯，冷帯などの地域と比較し気候の変化が少なく，それに伴う餌動物の資源量の変化も比較的緩やかであり，発生時期もばらつくと考えられる。オオコノハズクは多様な餌資源利用をすることで利用可能量による制限を受けにくく，ある程度幅をもって繁殖のタイミングを選ぶことができ，ヘビによる捕食を回避するために早い時期に繁殖しているのではないかという可能性が考えられた (Toyama et al. 2015)。

しかし，これには課題が残る。オオコノハズクの早い時期の繁殖は本当にヘビによる捕食を回避するための適応なのであろうか。早い繁殖は営巣場所選択においても有利に働いていたことから，リュウキュウコノハズクとの直接的な競争を避け，好みの樹洞を占有するために早い繁殖期を選択したのでは？　とも考えられる。しかし，直接的な競争をさけるためなのであれば，1カ月も早く繁殖を開始する必要はなく，体サイズが類似しているとはいえ，体の大きいオオコノハズクのほうが競争を避けるというのは考えづらい。オオコノハズクが餌資源の利用可能量のもっとも多い時期に合わせて，繁殖をしているという可能性はどうだろうか。前述したとおりオオコノハズクは多様な餌動物を利用することから，特定餌動物の発生時期に合わせて繁殖のタイミングが決定されているとは考えにくい。しかし，オオコノハズクがもっとも餌を必要とする育雛期に，特定の餌動物に限らず，オオコノハズクの利用可能な餌資源の総量が最大になっている可能性がある。このように検討すべき要点はいくつかある。いずれの可能性があるにしても，オオコノハズクの早い繁殖がヘビの巣の捕食に対する適応なのかを解明するためには，同じような環境かつヘビが分布していない島でオオコノハズクがどのような時期に繁殖するかを調査するのが比較的現実的だ。

おわりに

6年間をかけたこの調査研究で，やんばるの森で同所的に暮らすオオコノハズクとリュウキュウコノハズクがどのように資源を分割し，共存しているのかについてはある程度明らかにできたかと思う。オオコノハズクは地上から樹上まで，森林内の空間を幅広く利用しさまざまな餌動物を捕り，リュウキュウコノハズクは樹上にいるバッタ目の昆虫を専門に捕る。このように両種は餌資源の利用パターンの違いにより餌資源を分割し共存していた。また，営巣場所である樹洞に関しては，単に体サイズの違いで資源分割をしているのではなく，オオコノハズクのほうがリュウキュウコノハズクよりも約1カ月繁殖開始時期が早いという，繁殖期の違いを介して，オオコノハズクは大きな樹洞，リュウキュウコノハズクはノグチゲラの古巣など小さな樹洞を利用し，共存していた。また，ノグチゲラにより，オオコノハズクには小さすぎるがリュウキュウコノハズクにとっては利用可能な絶妙な大きさの樹洞 (古巣) が供給されることが，2種の共存に一役買っていた。繁殖期の違いについては，リュウキュウコノハズクは主要な餌であるキリギリス科の昆虫の利用可能量に合わせて繁殖をし，検討の余地は残るが，多様な餌動物を利用するオオコノハズクはその利用可能量に左右されず，捕食者であるヘビが活発になる時期を避け繁殖を開始している可能性が考えられた。亜熱帯に位置するやんばるの森では気候の季節変化が少なく，それに伴う餌動物の資源量の変化も比較的緩やかであり，発生時期もばらつく。このことが多様な餌動物を利用するオオコオハズクの早い繁殖開始を可能にすると考えられる。言い換えれば，亜熱帯の温暖な気候もまた，2種の共存に一役買っていると言える。

2016年秋に国立公園になり，世界自然遺産の候補地にもなっているやんばるの森で大好きなコノハズクたちの研究をすることができ，私は本当に幸せ者だったと思う。夜になるとコノハズクたちの声が聞こえてくる，そんなやんばるの森がいつまでもあり続けることを願う。

この調査研究は，琉球大学附属演習林与那フィールド，国頭村をはじめ多くの地元の方々にご協力いただき行うことができた。この場を借りて感謝いたしたい。

見てみたい侵入と絶滅の過程

琉球列島では，島によってシジュウカラとヤマガラが生息していたりしなかったりすることが，私の研究では大いに役立った。ところで，なぜ，島によってこれらの種が生息していたり，いなかったりするのだろうか。屋久島や種子島はそこそこ大きな島で森林も広い面積を占めている。ヤマガラはいるのにシジュウカラがいないのは不思議なことだ。喜界島は，両種が生息する奄美大島から 24 km しか離れておらず，一定面積の森林があるのに，なぜかいずれの種も生息しない。

このように島の鳥の生息状況は，簡単に説明できないことが多い。陸棲の動物の分布は，過去の海水面の変動から説明できることが多いが，飛ぶことができる鳥ではコトは簡単ではない。実際，稀に海を越えて迷行した個体が，今までの分布域を変えることがある。南大東島では，かつては見られなかったモズが 1970 年代から増加し，繁殖個体群が確立されている (高木 2000)。喜界島でも，近年少数のモズが繁殖するようになった (伊地知ら 2013)。また，大東諸島では亜種ダイトウウグイスが絶滅し，ウグイスが生息しない時期を経て，現在は亜種ウグイスと見られる個体が繁殖している (濱尾 個人的観察，高木 2007)。

新たな島に侵入した種は，今まで出合ったことがない病原体や捕食者にさらされることもあるだろう。また，小さな島では生息適地も少なく，大きな個体群は維持されにくい。島では，偶然によって新たな種が生息するようになることもあれば，偶然によって定着した種が絶滅することも起こりやすいのだ。じつは，これは，島の生物学の基本である。島の生物相は，移入と絶滅の動的平衡によって形作られると考えられている (MacArthur & Wilson 1963)。

琉球列島の鳥では，この移入と絶滅の過程をリアルタイムで見ることができる可能性がある。上のモズやウグイスの他にも，メジロが極めて少ない種子島，ヒヨドリがほとんど繁殖しない喜界島なども謎を秘めている。移入や絶滅の過程をきちんと記録し，その要因を探るためには，島に長期間滞在して対象種の基本生態と個体群の消長をじっくり調べる必要がある。どなたか取り組んでみないだろうか。

(濱尾章二)

8
シジュウカラとヤマガラのさえずり —島によって異なる方言とその影響—

(濱尾章二)

種名　シジュウカラ

学名　*Parus minor*

分布　アジア東部，日本，サハリン。

全長　14～15 cm

生態　二次林を含む森林に普通に生息する留鳥。昆虫の他，植物の種子，果実も食べる。繁殖期はなわばりをもち，一夫一妻で樹洞に営巣する。一腹卵数は7～10。抱卵は雌のみが行い，雄は抱卵中の雌に給餌する。育雛は雌雄で行う。非繁殖期は群れを形成する。

シジュウカラ (徳之島にて)。

ヤマガラ (屋久島にて)。

種名　ヤマガラ

学名　*Poecile varius*

分布　アジア東部，朝鮮半島，日本 (千島列島南部を含む)，台湾。

全長　全長 14～15 cm

生態　常緑広葉樹林を好む森林棲の留鳥。昆虫も食べるが，ドングリ (シイ，カシ，ナラ類の種子) を好み貯食もする。繁殖期はなわばりをもち，一夫一妻で樹洞に営巣する。一腹卵数は6～7。抱卵は雌のみが行い，雄は抱卵中の雌に給餌する。育雛は雌雄で行う。非繁殖期も雌雄ペアでいるが，他のカラ類との混群に入ることもある。

琉球列島のシジュウカラとヤマガラ

シジュウカラ *Parus minor* とヤマガラ *Poecile varius* は日本全土に分布する一般的な鳥である。しかし，いずれの種も，琉球列島 (南西諸島) に生息するものは本土のものと大きさや羽色などの形態が微妙に異なっている。さらに，琉球列島の中でも，島によって形態に違いが見られる場合がある。形態が異なる地域個体群は，種内の別々の亜種に分類されている (図 1)。

琉球列島の島々でシジュウカラやヤマガラのさえずりを聞いていると，声も本土のものとは異なるように感じることがある。たとえば，沖縄島のシジュウカラは「ズービーズービー」などと濁った音を出すものが多いように感じる。石垣島のシジュウカラは「スーシースーシー」などと，かすれたような高い音を出すものが多いようだ[1]。同じシジュウカラではあっても，本土とはかなり異なった声を出しているものもおり，時には「シジュウカラのさえずりだろうが，もしかするとヤマガラかな?」と思ってし

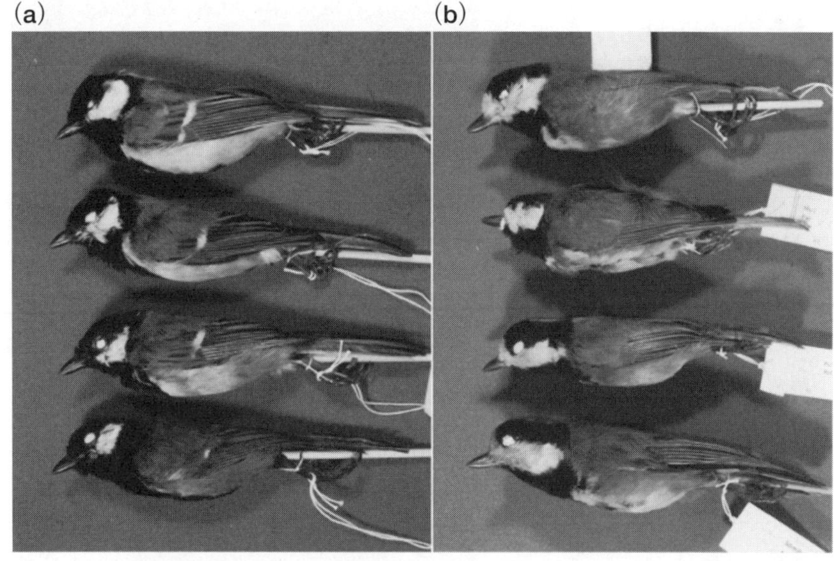

図 1　本土と南西諸島の，シジュウカラ (a) とヤマガラ (b) の亜種 (標本)。(a) 上から亜種シジュウカラ (北海道から九州本土)，亜種アマミシジュウカラ (奄美群島)，亜種オキナワシジュウカラ (沖縄島)，亜種イシガキシジュウカラ (八重山諸島)。(b) 上から亜種ヤマガラ (北海道から九州本土)，亜種タネヤマガラ (種子島)，亜種ヤクシマヤマガラ (屋久島)，亜種アマミヤマガラ (奄美群島，沖縄島)。シジュウカラでは頬の白斑の大きさや腹の羽色に，ヤマガラでは背面や額の色合いに，亜種間で地理的な変異が見られる。

1)　国立科学博物館の鳥類音声データベースには，さえずりの地理的変異が収録されており，琉球列島のシジュウカラとヤマガラのさえずりを実際に聞くことができる。
http://www.kahaku.go.jp/research/db/zoology/birdsong/

まうほどだ。私たちが話す日本語でも，地方によって異なる方言があるように，彼らのさえずりにも方言があるに違いない。

島によって，さえずりはどのように異なるのだろうか。また，どのような要因で違いが生じたのだろうか。さらに，シジュウカラやヤマガラ自身が，他個体のさえずりを聞いたときに，種を正確に判別することができているのだろうか。よその島の同種のさえずりを聞いたときに，声が違っても同種だと認知するのだろうか。最後の疑問は種の認知，ひいては生殖隔離という生物学的に重要なテーマにつながる問題を含んでいる。

興味深いことに，琉球列島にはシジュウカラとヤマガラの両種が生息する島と，どちらか一方の種しか生息しない島がある。さえずりの似た近縁種が生息する環境と，生息しない環境は，さえずりや種の認知の進化に影響しているに違いない。本章では，琉球列島のシジュウカラ，ヤマガラのさえずりに見いだされた方言と，それをめぐる進化について説明する。

さえずりの録音と分析

まず，取り組んだのは，島によって同種でもさえずりが異なること，つまりさえずりに方言が存在するのを客観的に示すことである。同時に，島のさえずりは，本土の同種のものと異なるのかも調べることにした。

そのため島々をめぐって，シジュウカラとヤマガラのさえずりを録音した。録音を行ったのは，シジュウカラ 6 調査地 (5 つの島と九州本土)，ヤマガラ 7 調査地 (6 つの島と九州本土) である (図 2)。さえずりは，繁殖期の雄がなわばりを張り，雌を得るために発する声である。時期が進んでなわばりが安定し，つがい相手も決まってしまうとさえずりは不活発になる。そこで，さえずりの録音は繁殖期の早い時期に行う必要がある。また，さえずりが活発なのは早朝で，だんだん不活発になっていくので，昼までには録音を終えなくてはならない。さらに，それぞれの島の中でも雄によってさえずりは異なるので，ある島のさえずりの特徴を捉えるためには調査地である島ごとに 30 個体ほどから録音したい。このようなことから，録音といっても，かなりの時間と労力が必要となる。3 月から 4 月にかけて，1 つの島に 1 週間ほど滞在することを繰り返し，6 年かけてさえずりの録音を集めた (図 3)。

さえずりの特徴を数値として客観的に表すには，音を聞くのではなく，可視化して周波数や音の長さ (継続時間) などを測定する必要がある。このような音響学的分析の作業は，パソコンで音声分析ソフトを用いて行う。シジュウカラもヤマガラも，1 つのさえずり (1 回のさえずり) のなかには「ツピツピツピ･･･」などと複数の音からなる繰り返し構造が見られる。一つひとつの音を音素と呼び，繰り返される塊 (この場合「ツピ」) をフレーズと呼ぶ。私は，最高周波数，最低周波数，フレーズに含まれる音素の数，1 つのフレーズの長さ (時間)，周波数変調 (音の高さが変わる度合い) など 9 つの変数 (数値) を測定した。個々の変数について調査地の間で比較すると繁

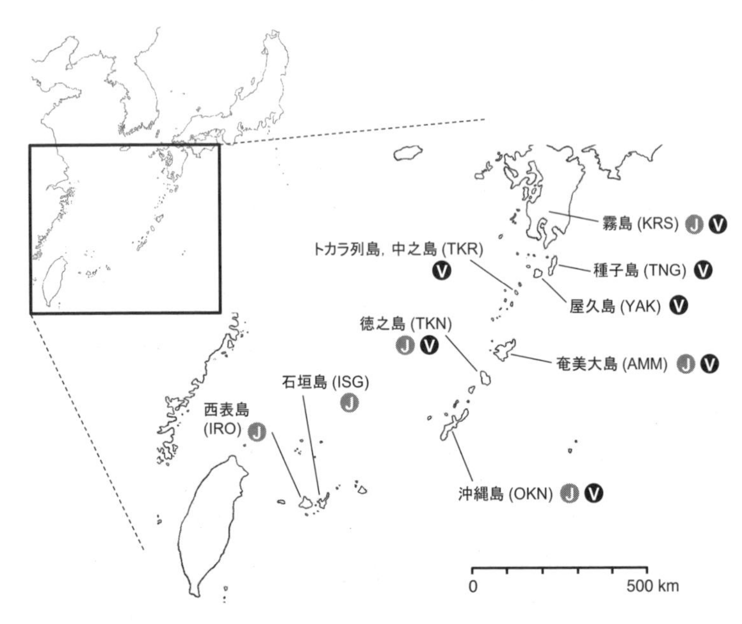

図 2　調査地。録音を行った地域を示す。J はシジュウカラ，V はヤマガラが生息することを示す (詳細本文)。Hamao et al. (2016) より許可を得て改変，転載。

図 3　さえずりの録音風景 (西表島にて)。デジタル録音機に鋭指向性マイクロホンを接続して録音する。

雑なので，判別分析という統計手法を使い，さえずりの特徴を表す1つの数値 (LD1) を9つの変数から算出した。

さえずりの方言

シジュウカラについて，さえずりの特徴をLD1で表してみると，島間でさえずりの音響学的特性がまちまちであることがわかった (図4a)。石垣島や西表島ではLD1が大きな値となっていた。シジュウカラでは，最高周波数が高く，フレーズに含まれる音素数が多く，音素の長さが大きい場合に，LD1が大きな値となる。したがって，石垣島と西表島のシジュウカラは，長い音素をたくさん含むフレーズを使い，高い声でさえずるという特徴をもつことになる。逆に，徳之島のLD1は小さな値で，石垣島とは大きな差があり，これらの島の間ではさえずりの特性が大きく異なっていることがわかる。さらに，よく見ると徳之島と石垣島では，互いのLD1の範囲がまったく重なっていない。このことは，1つのさえずりを録音してくれば，9つの音響学的変数を測定しLD1を求めることで，どちらの島のものか言い当てることができることを示している。シジュウカラのLD1の変異 (図4a) から，さえずりが島間で顕著に異なっており，方言が発達していることを見てとることができる。

ヤマガラについても，LD1は島間で変異が見られ，さえずりは島によって異なっていることがわかった (図4b)。ヤマガラではLD1は，さえずりの最低周波数が低く，フレーズに含まれる音素数が多い場合に大きくなる。したがって，LD1が大きなトカラ列島のさえずりは，フレーズに多くの音素を含む低い声という特徴をもつと言える。逆に，LD1が小さな種子島や沖縄島のヤマガラは，少ない音素からなるフレーズ

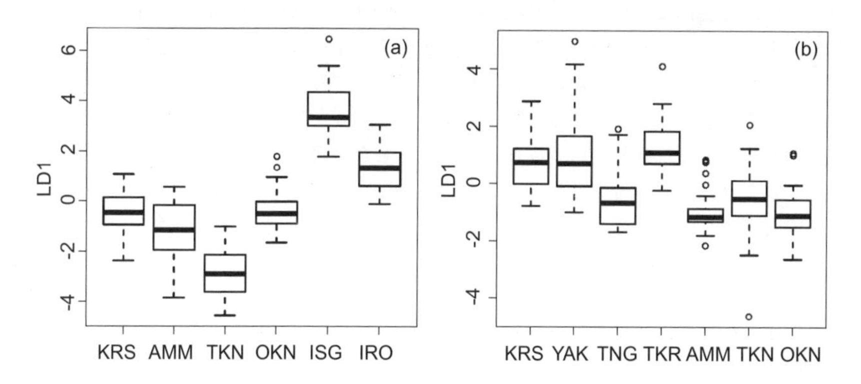

図4　シジュウカラ (a) とヤマガラ (b) の調査地間のさえずりの違い。調査地の略号は図2を参照。LD1は，さえずりについて測定された9つの変数を用いた判別分析から求められた判別値。この図は箱ひげ図と呼ばれ，長方形の上と下の辺はそれぞれ第1，第3四分位数を，長方形の中の太線は中央値を，破線は長方形の上下の辺±1.5×四分範囲を，丸印はその範囲を越える外れ値を表す。Hamao et al. (2016) より許可を得て転載。

を用い，あまり低い声を出さないことがわかる。

シジュウカラでもヤマガラでも，さえずりの特徴は島によって異なり，種内に方言があることが明確に示された。琉球列島は約 1,000 km の範囲であり，一般に移動能力が高い鳥類は，このような比較的小さな地理的スケールでさえずりが分化することは珍しい。海による隔離がない大陸の中では，さえずりの方言はもっと大きな地理的スケールでないと見いだされないことが多い[2)]。たとえば，北米のアメリカコガラ *Poecile atricapillus* では，大陸の東西の離れた地点でしか方言が認められていない (Kroodsma et al. 1999)。日本でも，本土で調査されたホオジロ *Emberiza cioides* のさえずりでは，個体変異が大きく，地理的変異は見いだされなかった (山岸・明石 1981)。方言が明らかにされているのは，琉球列島のメジロ *Zosterops japonicus* とヒヨドリ *Hypsipetes amaurotis* (Hamao et al. 2013)，そして伊豆諸島，小笠原諸島，奄美群島のウグイス *Cettia diphone* (Hamao 2013) くらいである。島嶼では個体群の隔離が促進されるので，小さな地理的スケールでもさえずりの方言が発達しやすいものと考えられる。

さえずりの違いを生みだすもの

シジュウカラやヤマガラのさえずりが島によって異なる原因は，何であろうか。一般に，鳥のさえずりは，その種 (や個体群) の社会的要因と，生息環境の生態的要因の影響によって形成される。社会的要因とは，同種の雄や雌との関係である。たとえば，複雑なさえずりはライバル雄の排除や雌の獲得に有利となることが多くの種で知られており，雄間競争や雌による雄の選り好みが激しく働くと複雑なさえずりが形成されると考えられる (濱尾 2016)。ウグイスのさえずりは本土よりも島で単純である[3)]が，これは社会的要因によって形成されたと考えられている (Hamao 2013)。すなわち，本土では漂鳥であるウグイスの雄は繁殖地で毎年ゼロからなわばりを確立するため，雄間の競争が激しく複雑にさえずるのに対し，年間を通じて同じ場所に棲む島のウグイスではなわばりをめぐる競争が緩和されており，単純なさえずりをしていると考えられる。また，概して地上性捕食者が生息しない島では，繁殖失敗による雌の再配偶が起こりにくく，雄が雌に選ばれる機会が少ないことも，複雑なさえずりをしない理由と考えられている。事実，島では雌雄間に見られる体サイズの性的二型 (雄が雌より大きい) の程度が小さく，雄間競争や雌による選り好みが弱いことが示唆されている (Hamao 2013)。

さえずりの進化には，その鳥が生息する場所の植生や非生物的環境も影響する。こ

---

2) 北米大陸のシトド類は，比較的小さな地理的スケールで亜種分化や方言が認められている (Soha et al. 2004)。

3) 小笠原諸島のウグイスのさえずりは，「ホーホピッ」，「ホーキョッ」などと聞こえるように，島のウグイスは音素が少なく，周波数変調 (音の高さの変化) が少ない単純なさえずりをする。実際の音声は，国立科学博物館鳥類音声データベースで聞くことができる。http://www.kahaku.go.jp/research/db/zoology/birdsong/

れが生態的要因である。草原の高い茎の先端でさえずる鳥の声は開けた環境の中を伝わっていくが，枝葉が込み入った藪の中でさえずる鳥の声は長距離を伝わっていくうちに減衰やゆがみを生じやすい (濱尾 2016)。このような音声伝達環境の違いにより，森林の鳥は開けた環境の鳥よりも，低い声で単純なさえずりをする傾向がある。たとえば，イギリスからニュージーランドに持ち込まれたズアオアトリ *Fringilla coelebs* は，単純なさえずりをするが，これはイギリスよりも密に茂った植生が生息環境となっているためだと考えられている (Jenkins & Baker 1984)。また，日本のミソサザイ *Troglodytes troglodytes* は，沢の周辺では最低周波数が高く，周波数変調が単純なさえずりを高い音圧で (大きな声で) 行うことがわかっている (図 5) (植田 2013)。これは，周波数が低い水音を避け，騒音がある環境でも遠くまでさえずりのもつ情報が届くようにするためと考えられる。

生態的要因の 1 つとして，さえずりが似た他種の存在がある。さえずりの似た種がいると，それとは異なるさえずりをするように進化が起こる可能性があるのである。さえずりは，同種であるかどうかという種の認知に関わる。もし，他種のさえずりを同種のものと誤って認知すると，雄であれば不必要ななわばり防衛行動を行ったり，雌であれば異種間交雑をしてしまったりする可能性がある。これらは，さえずる側にもエネルギーの浪費や，生存能力の低い子を残すというコストを生じる。そこで，誤認知が起こりにくい，他方の種とは異なる特性をもったさえずりが発達することが考えられる。一般に，似かよった性質をもつ種が共存した場合に，形質の種間差が拡大

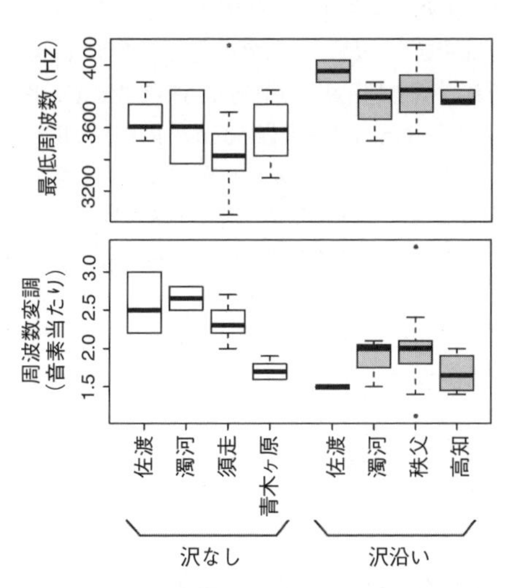

図 5　ミソサザイのさえずりに対する沢音の影響。沢沿いの調査地では，沢がない調査地よりも，最低周波数が高く，周波数変調が乏しいことがわかる。植田 (2013) より許可を得て改変，転載。

する現象を形質置換と呼ぶ。たとえば，ガラパゴス諸島のダーウィンフィンチ類では，2種が共存する島で嘴の大きさの種間差が大きくなり，競争相手の種とは異なる食物を利用するように進化している (Schluter & Grant 1984; Schluter et al. 1985)。さえずりにおいても，似かよった他種が共存すると形質置換が起こり，種独自のさえずりの発達することが考えられる。

ヨーロッパに棲むアオガラ *Cyanistes caeruleus* では，さえずりの形質置換が確かめられている。アオガラはシジュウカラと分布が大きく重なっているが，いずれの種が多いかは地域によってさまざまである。アオガラはシジュウカラと似たさえずりをもつが，さえずりのなかに「ヒリリリリリ」などと聞こえる，同じ音を繰り返すトリルと呼ばれる部分を含む場合がある。シジュウカラのさえずりにはトリルは用いられない。つまり，トリルのないさえずりであるとシジュウカラとアオガラは似ているが，トリルのあるさえずりであればすぐにアオガラのものだとわかるということになる。調査の結果，シジュウカラが多く生息する地域のアオガラはトリル付きのさえずりを多く用いることが確かめられている (Doutrelant & Lambrechts 2001)。

シジュウカラ，ヤマガラの方言と形質置換

シジュウカラとヤマガラのさえずりに方言を生みだした社会的要因，生態的要因を探るために，いくつかの仮説を立て，それを確かめることにした。まず，社会的要因について検討した。つまり，雄間競争や雌による選り好みの激しさが調査地 (島) によって異なり，それによってさえずりの特性が異なっているという仮説である。そのため，生息密度を測り，それがさえずりの特性 (LD1) と関係しているかどうかを調べた。密度が高ければ，雄間競争や雌による雄の選り好みが激しいと考えられるからである。密度は，それぞれの調査地 (島) の平均40地点で測定した。それぞれの地点で5分間動かずにいて，周囲50 m以内 (半径50 mの円内) に現れる個体数を記録した (ポイントカウント)。結果は，シジュウカラ，ヤマガラのいずれでも自種の密度とさえずりのLD1の間に関係は見られず，この仮説は支持されなかった。

次に，生態的要因の1つとして，さえずりが似た種の影響，つまり形質置換の可能性を検討した。シジュウカラにとってヤマガラが，ヤマガラにとってシジュウカラが同所的に生息していると，相手の種のさえずりとは異なる特性のさえずりをするようになるという仮説である。自種と他方の種との生息密度を表すため，シジュウカラの相対密度を算出した。これは，シジュウカラの密度を，シジュウカラとヤマガラの密度の和で除したものである。シジュウカラの相対密度が0であればヤマガラのみが生息していたことを，1であればシジュウカラのみが生息していたことを表す。

結果は，シジュウカラのさえずりは，シジュウカラの相対密度が大きいほどLD1が大きく，その傾向は統計上有意なものであった (図6a)。このことは，ヤマガラが生息する程度に応じてシジュウカラのさえずりが異なっていることを意味する。そして，シジュウカラの相対密度が1と，ヤマガラが記録されなかった調査地 (石垣島と西表

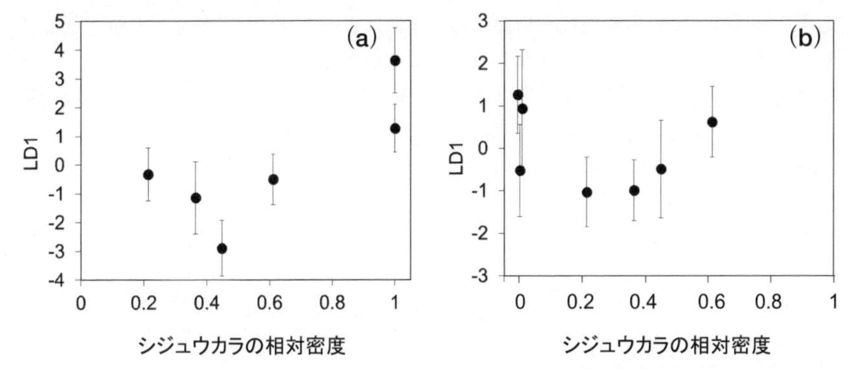

図 6　シジュウカラ (a) とヤマガラ (b) のさえずり特性と相対密度の関係。シジュウカラの密度/(シジュウカラの密度＋ヤマガラの密度) が，シジュウカラの相対密度。それぞれの調査地のさえずりについて，LD1 の平均と標準偏差を示す。シジュウカラでは，シジュウカラの相対密度が高いほどさえずりの LD1 が大きくなるという有意な傾向が認められるが，ヤマガラではシジュウカラの相対密度との関係が見られない。Hamao et al. (2016) より許可を得て改変，転載。

島[4)]) では，LD1 が大きかった。LD1 が大きいことは，前述のように，最高周波数が高く，音素が長く，フレーズ中に多くの音素を含むさえずりであることを意味する。ヤマガラはシジュウカラよりも最高周波数が高く，音素が長かったので，この傾向はさえずりがヤマガラと似た特性をもつことを意味する (フレーズ中の音素数は種間で差がなかった)。すなわち，シジュウカラはヤマガラが共存していないと，ヤマガラに似た特性のさえずりをするということである。逆に言えば，ヤマガラと共存する地域のシジュウカラは，ヤマガラのさえずりとは似ていない，種の特徴が顕著なさえずりをするわけである。シジュウカラのさえずりは形質置換で説明できることが示された。

これに対し，ヤマガラではシジュウカラの相対密度と LD1 の間に関係が見られず (図 6b)，シジュウカラの存在がヤマガラのさえずりの特性に影響してはいなかった。

さえずりの違いを生みだす生態的要因として，植生による音声伝達環境の違いも考えられる。しかし，シジュウカラ，ヤマガラともに，さえずりを録音したのは，いずれの調査地でも常緑広葉樹が優占し，それに落葉広葉樹が混じる二次林であった。つまり，調査地間の差異が顕著ではなく定量化しにくいうえ，植生が似ていればさえずりへの植生の影響は小さいと考えられるので，検討から除外した。

最後に，各調査地の個体群が共通のものから分かれた後の時間の長さによって，さ

4) 石垣島，西表島にはヤマガラが生息するとされている (日本鳥学会 2012)。しかし，石垣島では於茂登岳上部でしか見られず，筆者の調査では観察されなかった。西表島でもヤマガラの生息密度は低く，調査中 2〜3 日に一度程度しか観察されず，密度を計測するポイントカウントでは記録されなかった。

えずりが異なっている可能性を検討した。学習によって身に付くさえずりは，偶然に起こる学習のエラーによって変化していくことがある。長い時間のうちにはそのような変化が蓄積し，元のさえずりとは異なっていくことが考えられる。社会的要因や生態的要因に対する適応ではなく，単に偶然変わっただけという仮説である。これを確かめるために，DNA 分析によって個体群間の遺伝的分化の程度を測り，それによってさえずりの違いが説明できるかどうかを検討した。その結果，シジュウカラでもヤマガラでも，個体群 (島) の間に見られる遺伝的分化とさえずりの LD1 の差に関係は見られなかった。つまり，個体群が別々のものに分かれてから時間が経っているほど，互いのさえずりが異なっているというわけではなく，仮説は支持されなかった。

種間関係の非対称性

この研究から，シジュウカラの方言を生みだす力として，形質置換が重要であることが明らかとなった。一方，ヤマガラの方言が生じる原因は，残念ながら明らかにできなかった。

ここでは，なぜヤマガラで形質置換が起こらず，シジュウカラのみで起きたのかを考える。2 つの種は同所的に分布する地域でも，それぞれの種のなわばりは重複しており，シジュウカラの雄がさえずっているすぐそばでヤマガラのつがいが採食していることもあった。また，ヤマガラのさえずりを再生すると，すぐになわばり所有者のヤマガラの雄がやってくるが，再生する音声をシジュウカラのさえずりに変えると，そのような行動をやめ，やがて (興味を失ったかのように) 飛び去ることが多かった (濱尾未発表)。シジュウカラとヤマガラは，同所的に分布する地域でも種間なわばりはもたず，互いに他方の種のさえずりは信号として機能していない。

もし，ある種の雄が他方の種と似かよったさえずりをして，それを聞いた他方の種の雄が同種であると誤って認知すると，さえずっている雄をライバルとみなして，自分のなわばりから排除しようとするだろう。シジュウカラとヤマガラの間で争いが起きた場合，両種の力は同等ではない。ヤマガラはシジュウカラよりも体が大きい。全長では差がないように書かれている図鑑が多いが，これはシジュウカラの尾が長いためで，体そのものはヤマガラのほうが大きい (体重：シジュウカラ 14〜16 g，ヤマガラ 14〜20 g，翼長：シジュウカラ 65〜70 mm，ヤマガラ 69〜81.5 mm) (清棲 1965 による本土の亜種の値)。この体サイズの差から，ヤマガラがシジュウカラに対して優位となる。冬季の餌台では，シジュウカラはヤマガラから攻撃を受けたり，ヤマガラが採食する間，待機していたりすることが多い (三原・大迫 1994)。

劣位なシジュウカラがヤマガラと似たさえずりをして，ヤマガラに同種と誤認されると，大きなコストが生じることが予想される。それに対して，優位なヤマガラがシジュウカラと似たさえずりをして，シジュウカラに誤認されたとしても，コストは生じないだろう。この非対称な関係が，シジュウカラのさえずりにのみ形質置換が生じた理由と考えられる。

同種のよその方言を理解できるか

人間の世界では，同じ日本語を話していても，「訛りがきついと話が通じない」ということがある。鳥の世界でも，種内でさえずりの方言があると，コミュニケーションが成立しなくなるということはないのであろうか。自然の中ではいろいろな鳥がさえずっているが，雄は聞いたさえずりが同種のものだと認知すればライバルとみなし，雌は同種のさえずりと認知すればつがい相手の候補とみなす。もしも，異なる方言の同種のさえずりを同種のものだと認知しなければ，雄であればなわばりを奪われ，雌であればつがい相手の候補を失うことにもつながる。地域によって方言が異なることによって，同種とされる雌雄の間でも繁殖ができなくなる可能性もあるわけである。

このことは，生物学的に重要な問題を含んでいる。種とは，互いに交配し得る生物の集団と捉えられているからである (生物学的種概念と言う；西海 2012 を参照)。交配できなければ，別種のはずである。同種の種内でさえずりに方言があると述べてきたが，現在同種であると考えられている個体群の間で，さえずりが異なるために自由に生殖ができなければ，異なる種に分かれていると考えることができる。

シジュウカラでは，たとえば石垣島と徳之島のさえずり特性は互いに大きく異なり，1 つのさえずりを分析すればいずれの島のものかを判別できるほどであった (図 4a)。同種の異なる方言を，異種の音声とみなしてまったく反応しないということはないかもしれないが，異なる方言に対しては地元の方言とは同様に反応しない可能性は，十分に考えられる。琉球列島のシジュウカラとヤマガラは同じ島に通年生息するが (日本鳥学会 2012)，将来少数の個体が他の島に迷行したり，さまざまな要因から分布が変わったりする可能性は考えられる (「見てみたい侵入と絶滅の過程」も参照)。その際に，個体群間の遺伝子流動や生殖隔離に，方言の違いが影響を及ぼすことが十分に考えられる。

プレイバック実験

同じ種の異なる方言を同種のものと認知するかどうかを調べるために，プレイバック実験 (音声再生実験) を行うことにした。よその島で録音してきた方言を聞かせ，反応を調べるのである (図 7)。

まず，いちばん初めに石垣島のシジュウカラに奄美大島のシジュウカラのさえずりを聞かせる実験を行った。聞かせる相手は，さえずってなわばり宣言している雄である。なわばり所有者の雄に対してさえずりを聞かせた際，同種のライバル雄と認知すれば，排除しようとする反応を示すはずである。そこで，奄美大島の方言を 3 分間スピーカーから流し，スピーカーの近く (10 m 以内) にいた時間の長さと，スピーカーにもっとも近づいたときの距離 (最短距離) を測定し，これで反応の強さを表すことにした。しかし，この実験の結果からだけでは，石垣島のシジュウカラがどの程度強く反応したのか，弱く反応したのかを正確に知ることはできない。そこで，地元の石垣島

図 7　プレイバック実験の様子。木の枝に吊るしたスピーカー (白い箱) でさえずりを再生し，反応を調べる。矢印はスピーカーに近づいてきたシジュウカラの雄。

のシジュウカラのさえずりを聞かせる実験も同様に行い，その反応を同種と認知した場合の反応の強さと考えることにした。45 羽の雄に対して実験を行い，地元の方言とよその方言を聞かせる順は雄ごとにランダムに決め，2 つのプレイバックの間には 10 分以上の休み時間をおいた。

結果は，石垣島の雄は，石垣島の方言にも奄美大島の方言にも同じ程度強く反応するというものだった (図 8a)。2 つの島のさえずりは分析すると明確な違いが検出されるが (図 4a)，やはりシジュウカラの音声ではあるので，似ていて，同種のものと認知されるようだ。逆の実験もしてみようと，奄美大島を訪れ，32 羽の雄に石垣島と奄美大島のシジュウカラのさえずりを聞かせてみた。実験の方法は，石垣島で行ったのとまったく同じである。すると，奄美大島の雄は，奄美大島の方言には強く反応したが，石垣島の方言にはあまり反応しなかった。反応の違いはとても顕著なものであった (図 8a)。

この結果の違いは何なのだろう。奄美大島のシジュウカラは同種の石垣島のさえずりを区別する。しかし，それだけの違いがある 2 つの方言を，石垣島のシジュウカラは区別しない。プレイバック実験に対する反応の非対称性は，どのように説明できるのだろうか。

既存の仮説

方言に対する反応の非対称性は，南米のハイムネモリミソサザイ *Henicorhina leucophrys* でも報告されている。この種では，2 つの亜種 *loecophrys* と *hilaris* の間でさえ

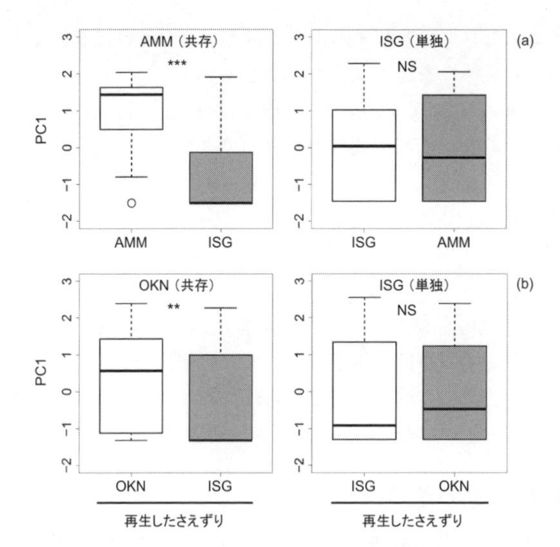

図 8　異なるさえずり方言に対するシジュウカラの反応。PC1 は，3 分間のさえずり再生の間に記録された，スピーカーから 10 m 以内にいた時間とスピーカーまでの最短距離から主成分分析で得られた第一主成分で，大きな値ほど反応が強かったことを表す。(a) はヤマガラが共存する奄美大島 (左) と単独で生息する石垣島 (右) それぞれで，雄に対して地元とよそのさえずり方言を聞かせた結果を示す。(b) も同様。アスタリスクは統計上有意な差があったことを，NS はなかったことを示す (∗∗：$P < 0.01$，∗∗∗：$P < 0.001$)。調査地の略号は図 2 を，箱ひげ図の見方は図 4 を参照。Hamao (2016) より許可を得て改変，転載。

ずりに違いがあることがわかっている。他方の亜種と分布が接していない個体群間でプレイバック実験を行ったところ，*loecophrys* の雄は自らの亜種のさえずりには強く反応したが，他方の亜種のさえずりにはあまり反応しなかった。一方，*hilaris* の雄はいずれの亜種のさえずりにも同じように反応した (Dingle et al. 2010)。この原因について，論文の著者は両亜種のさえずりの周波数の違いが関係することを示唆している。*loecophrys* のさえずりは広い周波数帯を使っているのに対し，*hilaris* のさえずりはその周波数帯の一部 (低い周波数だけ) を使っている。これが知覚の感度の違いを生み，*loecophrys* はさえずりの違いを感知できるが，*hilaris* はできないという説明である[5]。

琉球列島のシジュウカラ，ヤマガラでは，ある方言の特性が他の方言の特性の範囲内に完全に含まれてしまうということはなかった (図 4)。奄美大島と石垣島のシジュウカラのように，方言間でその特性は互いにまったく重複しないことも多かった。し

5) *hilaris* が高い周波数をまったく知覚する (聞く) ことができないとは考えにくく，少し無理がある考察のように思われる。

たがって，ハイムネモリミソサザイのようにさえずりの違いに起因する知覚感度の差によって，反応の非対称性を説明することはできない。

北米のノドグロルリアメリカムシクイ *Dendroica caerulescens* では，渡りをする北部の個体群と渡りをしない南部の個体群との間でさえずりに違いがあるが，前者のみが2つのさえずりを区別する (Colbeck et al. 2010)。これは，留鳥性の南部個体群の個体は，渡り性の北部個体群がさえずりながら移動するので，相手の方言を学習する機会があるが，北部個体群の個体は南部個体群のさえずりを聞くことがないためであると考えられている。

この仮説も琉球列島のシジュウカラ，ヤマガラには当てはまらない。彼らは渡りをせず，異なる島のさえずりを聞く機会は，いずれの個体群にもないと考えられるからだ。奄美大島と石垣島のシジュウカラに見られた方言に対する非対称な反応は，既存の仮説では説明することができない。

近縁種の存在と種の認知

ここで再び，近縁種の存在を考えてみたいと思う。奄美大島にはシジュウカラとともにヤマガラもいるのに対し，石垣島には (ほぼ) ヤマガラがいない (p. 143 脚注[4]を参照)。このことは，聞いたさえずりに対する雄の行動に影響を与えていないだろうか。

雄はなわばりを守るために，周囲から聞こえてくるさえずりがライバルとなる同種雄のものであるか，なわばり防衛と関係がない異種雄のものであるかを聞き分けているはずである。もし，奄美大島のシジュウカラの雄が，ヤマガラのさえずりを同種のものと誤って認知すると，なわばりから排除しようと不必要なのに出かけていったり，なわばりをパトロールしたりしてしまうだろう。エネルギーを浪費するうえ，その間につがい相手を得る機会を失ったり，(つがいとなっている雄ならば) つがい相手 (妻) がつがい外交尾をしてしまったりする可能性もある[6]。したがって，誤った認知が起こらないよう，どのような音声を同種のさえずりとみなすかの基準が狭く，厳密なものとなっているものと考えられる。その結果，奄美大島の雄は，石垣島の異なる方言をも同種のものとは認知せず，反応しないのではないか。

ヤマガラがいない石垣島では，シジュウカラのさえずりに似かよった音声はすべてシジュウカラのものである。したがって，雄は聞いたさえずりが同種のものであるかどうかの聞き分けに力を注ぐ必要はない。むしろ，シジュウカラのさえずりと思われる声を聞いたら，すぐにライバル排除に出撃しなければ損失を被る。反応しないことは，自らのなわばりを奪われることにつながる。このような状況では，どのような音声を同種のさえずりとみなすかの基準は範囲が広く，緩やかなものとなっていると考

---

6) 多くの鳥で，つがい関係のない雌雄間で交尾が起こることがある。これが受精に結び付くと，つがい雄は自分とは遺伝的関係のない子を育てることになる。そのため，つがいになった雄は雌に寄り添ってつがい外交尾を防ぐ配偶者防衛行動を行う。

えられる。その結果，石垣島の雄は奄美大島の方言を同種のものと認知して，反応したのではないか。

この仮説は結果をよく説明しており，魅力的だ。しかし，調査地に固有の何か気づいていない要因があって，奄美大島では厳密な聞き分けが，石垣島では緩やかな聞き分けが発達した可能性も否定しきれない。近縁種の存在が同種の方言の聞き分けに影響するということが本当に起きているのかどうかを調べるためには，他の島でも同様な結果が得られるか，またシジュウカラだけではなくヤマガラでも同様の結果が得られるかを調べなくてはならない。

島を変え，種を変えての実験

翌年，今度は沖縄島と石垣島をセットにして実験を行った。沖縄島のシジュウカラはヤマガラと共存しているが，石垣島のシジュウカラは単独で暮らしている。プレイバック実験の結果は，沖縄島の雄は地元のさえずりに比べ石垣島のさえずりに対しては弱くしか反応しないが，石垣島の雄はいずれの島の方言にも同じように反応するというものであった (図 8b)。これは，奄美大島-石垣島と同様の結果で，ヤマガラと共存するシジュウカラは異なる方言を厳しく聞き分け，ヤマガラと共存しないシジュウカラは異なる方言を聞き分けないということを示している。

ヤマガラについても，同様のデザインでプレイバック実験を行った。つまり，シジュウカラと共存する島とヤマガラのみが分布する島をセットにして，他方の方言と地元の方言を聞かせ，反応を調べた。実験は，奄美大島-種子島 (前者がシジュウカラと共存する調査地；以下同じ)，霧島 (九州本土)-屋久島，沖縄島-トカラ列島中之島の 3 つの (組み合わせ) セットについて行った。その結果いずれの組み合わせでも，シジュウカラと共存するヤマガラの雄は地元のさえずりには強く反応するのに，よそのさえずりには弱くしか反応せず，単独で生息するヤマガラの雄は地元のさえずりにもよそのさえずりにも同じように反応した (図 9)。

このように，シジュウカラでもヤマガラでも，他方の種が生息している地域の個体は同種の異なる方言を区別するが，他方の種が生息していない地域の個体は同種の異なる方言を区別しなかった。実験の結果は，島を変えても種を変えてもはっきりと同じ傾向を示しており，方言に対する非対称な反応は，同所的に分布するさえずりが似た種の存在によると結論することができる。

種認知のメカニズム

前述のように，さえずりが似た種が生息する場合，それを同種と誤って認知するとコスト (損失) が生じるので，厳密な聞き分けが必要となる。自種のさえずりと判定する基準は厳密なものとなるだろう。一方，似たさえずりの種が生息していなければ，同種のさえずりを異種のものと誤認知した場合にコストが生じる。したがって，似かよったさえずりは同種のものと判定する緩やかな基準が適用されるだろう。

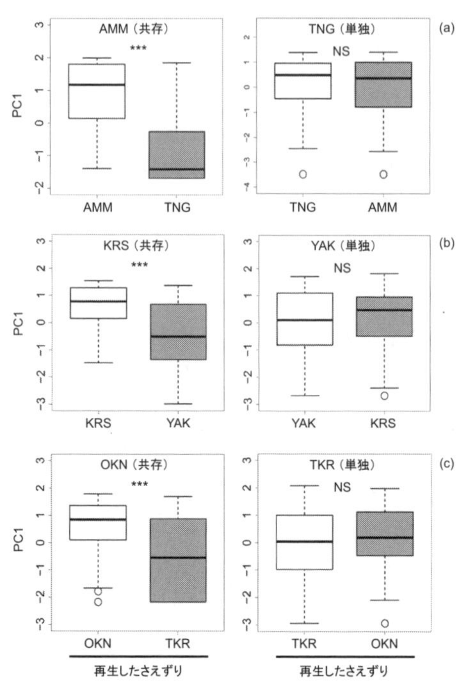

図 9　異なるさえずり方言に対するヤマガラの反応。(a)，(b)，(c) の 3 つの組み合わせで，地元とよその方言を雄に対して再生して得られた結果。図の見方は，図 8 を参照。Hamao (2016) より許可を得て改変，転載。

この基準は，どのようにして身に付くのであろうか。基準は遺伝的に決まっているものであって，生息場所にさえずりの似た他種が生息するか否かに応じて適応的な基準が進化したのだろうか。あるいは，後天的な学習によって，同種のさえずりを判定する基準が形成されたのだろうか。

雄がさえずることができるようになる過程では，まず手本となるさえずりを聞いて覚え，後に練習をして記憶にあるのと同じさえずりをできるようになる。手本となるさえずりを覚えるときには，他種のさえずりも聞こえている環境の中で，自種のさえずりを聞き分けなくてはならない。したがって，自種のさえずりを判定するための「鋳型」をもっていると考えられている (小西 1994)。手本となるさえずりを覚えるのは巣立ち前後の時期と考えられており，最近の研究では，雛は孵化後数日で鋳型をもつと言う (Shizuka 2014)。

さえずりが似た種が生息する環境下では，他種のさえずりを覚え，それを身に付けることがないように，他種のさえずりを手本として記憶しないことが必要であろう。そのために，鋳型が厳密なものになっていたり，鋳型との違いが小さな音声だけを自種のものとみなしたりするようになると考えられる。一方，さえずりが似た種が生息しない環境では，鋳型が厳密なものになったり，判定する基準が厳密なものになったりする必要はないだろう。このさえずり学習における種認知の違いが，成長後，聞いたさえずりを同種のものと判断するかどうかの基準の違いを生んでいることは考えられる。

一方，聞いたさえずりが同種のものかどうかを判断する基準は，さえずりを獲得した後の学習によって変化する可能性も考えられる。他種のさえずりを同種のものと誤って認知した場合，必要のないなわばりパトロールや追い払い行動を行うだろう。これは，どのようなさえずりが他種のものであるかを学習する機会となり，経験を積むうちに，生息する地域で聞かれるさえずりが自種のものか他種のものかを正確に判定できるようになっていくことが考えられる。種認知メカニズムに遺伝的基盤と学習がどのように関わるのかは，今後に残された課題である。

おわりに

琉球列島は固有種が多く，それらはユニークな生態や進化史など興味深い研究テーマを秘めている。一方，普通種の研究にとっても，琉球列島は貴重なフィールドと言える。本章で取り上げたシジュウカラ，ヤマガラでは，両者が生息する島と，どちらか一方しか生息しない島が混在することが，さえずりの形質置換や，方言と種認知の問題を解明するカギとなった。

一般に，行動や生態の進化を研究する場合，生息場所のどのような生態的要因が関与しているのかを，すっきりと示すのは難しい。ある行動が進化しているのは，競争種との関係，捕食者の影響，生息場所の植生の違いなどのうちいずれによるものかは，普通，実験によって調べられることではないからだ。

琉球列島では，島によって生物相が異なり，ある鳥にとって競争種のいる島といない島，捕食者がいる島といない島が存在する。これを利用し，競争種や捕食者の有無によって行動や生態がどのように違っているかを調べることで，生態的要因の影響を理解することができるだろう。琉球列島の島々は，いろいろな条件で進化の実験が行われてきた結果が見られる場として，普通種の研究，さらには進化メカニズムの研究にとって夢多きフィールドである。

本稿をまとめるにあたり，図の改変を手伝っていただいた植田睦之さんに感謝します。

辺縁個体群の形成は種分化の初期段階

ある個体群のメンバーが物理的に引き離された場合，ある集団から別の集団への対立遺伝子の移動 (遺伝子流動) は，減少あるいは停止する。そして，その隔離時間が十分長ければ，それらの姉妹群は別種へと進化する。この異所的種分化として知られる進化プロセスは，エルンスト・マイア (Ernst Mayr) が 1942 年に地理的種分化として提唱したものである。

物理的，生物的な障壁による地理的分布の不連続な分断化 (異所的不連続化) や，これまで分布していなかった地域への創始個体の分散は，異所的種分化を駆動する。創始個体の分散は，異所的種分化の一種である周辺種分化 (peripatric speciation) の引き金となる。周辺種分化は，ある生物の分布の端の隔離された個体群で起こる。そして個体群サイズが大きく変動し，極端な淘汰圧を受ける隔離個体群のなかでは，遺伝的構造が急速に変化しやすい。

では，どのように個体群間で形態，生態，行動，生理学的形質が多様化するのだろうか。標準的な異所的種分化のモデルでは，3 つのステップを経て，個体群が分岐していくと考えられている。1 つ目のステップは定着 (colonization) である。新しい環境に分布を拡大する場合などが含まれる。2 つ目のステップは分岐 (divergence) である。このとき各個体群が自然淘汰を受けながら，新しい環境条件に適応していく。そして 3 つ目のステップは，分岐した系統間で交雑を妨げる障壁が形成されることである。

本章では，分布の南限を拡大させて，亜熱帯の大東諸島に新たに定着したモズの辺縁個体群の生態を紹介する。大東諸島のモズ個体群は，周辺種分化の初期段階と同じように，これまでとは異なる淘汰圧を受けて，それらに適応した形質 (形態形質，生活史形質，生理学的形質など) を進化させる途上にあるのかもしれない。

飛翔力をもたない哺乳類や爬虫両生類などの場合は，海洋が移動を妨げる障壁となるため，陸橋形成や島嶼化に伴う，異所的不連続化を介した種分化が起こりやすい。一方で，長距離飛行が可能な鳥類では，創始個体の分散が引き金となる周辺種分化が，移動能力の低い他の分類群より起こりやすいだろう。

(松井　晋)

9
太平洋に浮かぶ海洋島に移り棲んだモズ

(松井 晋・高木昌興)

種名 モズ

学名 *Lanius bucephalus*

分布 サハリン・北海道・本州北部・中国の東部に夏鳥として飛来して繁殖する。本州中部以南・四国・九州・韓国に留鳥として一年中生息し，琉球列島の島々や中国の南部に冬鳥として飛来して越冬する。北緯 30° 以南の亜熱帯域では，南・北大東島 (大東諸島)，父島 (小笠原諸島)，中之島 (トカラ列島)，喜界島 (奄美群島) で繁殖が確認されている。

全長 約 20 cm

生態 農耕地，河川敷，緑地公園などの開けた環境に生息する。昆虫，両生類，爬虫類，鳥類，小型哺乳類などの幅広い動物を餌として利用する。木の枝や，電線などの止まり場から地上の獲物を探索し，飛び降りて捕らえる。樹上に上部解放型 (お椀型) の巣を造って繁殖する。抱卵および抱雛は雌親のみが行い (a)，巣内育雛期には雌雄がともに雛に給餌する (b)。一腹卵数は通常 4～6 個 (c)。成長速度が最大となる育雛中期の雛は，盛んに親に餌乞いする (d)。孵化から約 2 週間経過して巣立ちを迎える頃には，跗蹠(ふしょ)長は親と同程度だが，翼はまだ完全には伸びきっていない (e)。

はじめに

まぶしい太陽と青い海。港から坂道を登ると，目の前には風に揺られる緑のサトウキビ畑が広がる。そんな南の島に特有の景観から，「キチキチキチ」と，子育て中のモズ *Lanius bucephalus* の警戒声が響く。南大東島で普通に見られるこのような光景は，全国各地を巡ってバードウォッチングしている人ほど奇妙に感じるのではないだろうか。なぜなら，モズは通常，亜熱帯域では繁殖しない種だからである。

東アジアに分布するモズは，基本的には亜寒帯から温帯で繁殖し，暖温帯から亜熱帯で越冬する (図1)。しかし例外的に，もともとモズが棲んでいなかった北緯30°以南の亜熱帯域にモズが繁殖するようになった島々がある。大東諸島の南・北大東島 (沖縄県) では1970年代からモズの繁殖個体群が定着した (高木 2000)。小笠原諸島の

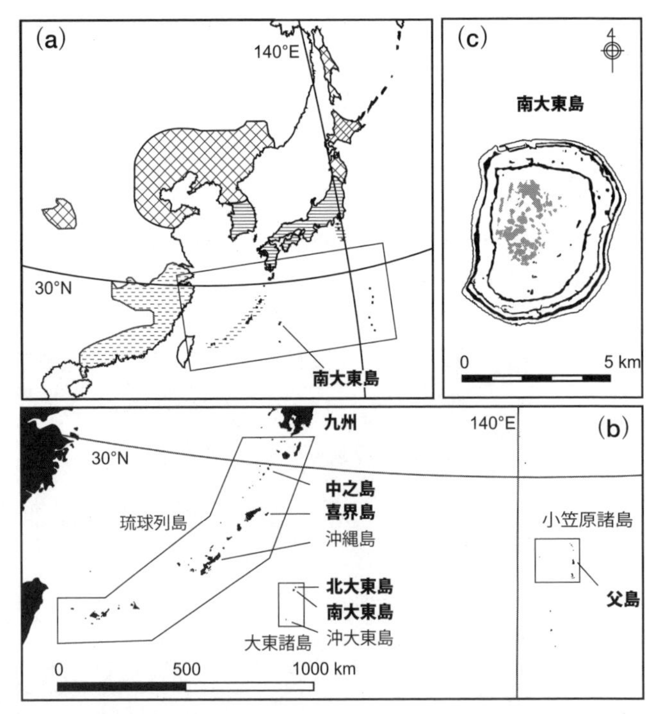

図1 (a) モズの分布図 (Temple (1995)，日本鳥学会 (2000) をもとに作成した Matsui & Takagi (2017) の図を改変)。メッシュ部は渡り性モズの繁殖地，横線部は留鳥性モズの繁殖地，破線部は越冬地。(b) 北緯30°以南でモズが繁殖する中之島，喜界島，北大東島，南大東島，父島の位置。太字はモズの繁殖記録がある島を示す。(c) モズの繁殖分布の南限となる南大東島の地形。黒色部は樹林地，灰色部はカルスト湖沼群を示し，白色部の大部分はサトウキビ畑で占められている。

父島 (東京都) にも 1980 年代以降に繁殖個体群が形成されたが (千葉 1990), 2005～2006 年までに個体数が減少して, ほぼ絶滅に近い状態になった (栄村 2011)。トカラ列島の中之島でもモズが通年生息しており, 1989 年に巣が見つかっている (森岡 1990)。さらに 2012 年には奄美群島の喜界島 (鹿児島県) でモズの繁殖が確認され, そこで新たな繁殖個体群が形成されつつあると考えられている (伊地知ら 2013)。

このように, 近年になって, 亜熱帯域でモズの繁殖が局所的に確認されるようになったが, 琉球列島や小笠原諸島の他の多くの島々でモズは繁殖していないため, 亜熱帯域ではモズの繁殖分布を制限する要因があると考えられる。一般的に動物の分布を制限する要因として, 進化や種分化などの歴史的な要因, 分散を妨げる障壁, 健全な個体群が維持できないほどの生息地の狭さ, 生息地内の好適な生息場所の不足, 物理化学的な要因が大きく変動することによる撹乱, 食物などの主要な資源の欠如, ストレスを与える気候要因, 1 種もしくはそれ以上の種間競争による相互作用, 捕食, 病気や寄生虫, 偶然, そしてこれらの要因の相互作用が考えられる (Wiens 1989)。そこで本章では, モズが大東諸島に新たな繁殖個体群を確立して, 繁殖分布を大きく南に拡大することができた理由を検討する。

海を越える能力

飛翔力をもたない動物の場合, 海洋や山脈などの地理的な障壁によって移動分散が妨げられ, 分布域を拡大できない場合がある。一方, 飛翔力のある鳥類の場合は, 海や山脈を越えて繁殖地と越冬地を長距離移動する種が多く見られる。モズは海を渡って琉球列島の島々でも越冬するが, それらの島々ではほとんど繁殖していない。つまり, 海が地理的障壁となって創始個体の加入が制限されているわけではなく, 琉球列島でモズが基本的に繁殖していないのには他の理由があると考えられる。

モズの繁殖個体群が形成された大東諸島と小笠原諸島は, モズが越冬地として利用する琉球列島の島々から離れた位置にある。大東諸島と小笠原諸島は, ともに大陸と過去に一度も陸続きになったことがない海洋島からなり, 大陸の一部が地殻変動で切り離され現在の姿になった大陸島の連なる琉球列島より, ユーラシア大陸から離れている (図 1)。沖縄諸島, 大東諸島, 小笠原諸島はほぼ同緯度にあり, 沖縄諸島から東に約 390 km の位置に大東諸島, そこからさらに東に約 1,100 km 離れた位置に小笠原諸島がある。

鳥類は海を渡って移動できるといっても, 大東諸島や小笠原諸島に自然分散でたどり着くには, もっとも近い繁殖地や越冬地からも非常に長距離を移動しなければいけない。このような隔離された海洋島に, モズは本当に自力で到達できたのだろうか。

モズの飛翔力に関する興味深い記録が残っている。和歌山県の潮岬の南約 500 km の海上に位置する南方定点 (北緯 29°, 東経 135°) で, 1948～1981 年までの 34 年間, 毎年 5 月から 11 月まで気象観測船が台風や前線の動きの監視に加え, そこに飛来する生物の観察を行っていた。そして驚くことに, 陸からはるか離れた太平洋上のこの地点で，スズメ *Passer montanus*，マヒワ *Carduelis spinus*，ツバメ *Hirundo rustica*，モズが記録された (板倉 1985a, b)。モズが観測船に飛来したのは 1950 年 10 月 31 日で，台風が定点の東海上に接近して北上した後，北西風が吹いていた (板倉 1985a)。このほかにも 1970 年 10 月 26〜29 日にマヒワの群れに混ざってモズが観察されたことがあった (板倉 1985a)。このことから，モズのなかには海上を一気に 500 km も飛んで，渡りルートからも大きくかけ離れた場所に到達する個体がいることがわかる。偶然が重なることで，少数個体ながら従来の繁殖地から遠く離れた海洋島にたどり着くことができたのだろう。

繁殖に適した営巣環境

たとえ数少ないパイオニアたちが新天地にたどり着いても，その後，そこに繁殖個体群が形成されるとは限らない。そこにはモズの繁殖に適した営巣環境が不可欠で，健全な個体群が維持できる程度の生息地の面積も必要になる。モズは営巣環境として，並木や樹林地が近くにある農耕地，低木林と草地がパッチ状に分布する河川敷，樹林地と草地が混在する公園などの遷移途上の開けた環境を好む。

南大東島のモズは，亜熱帯に特有の環境であるサトウキビ畑を中心とする農耕地で主に繁殖している。そこで，2003 年に南大東島のモズが繁殖期に選好する環境を調べた。まず調査地の環境をサトウキビ畑，自然の草地，牧草地，裸地，高木林，低木林，道路，その他に区分した。そして，モズの巣から半径 100 m 以内と，調査区からランダムに抽出したポイントから半径 100 m 以内に含まれるそれぞれの環境区分の面積を比較した。その結果，モズの巣の周辺には，サトウキビ畑がより多く含まれていることがわかった (Matsui & Takagi 2017) (図 2)。サトウキビ畑からトノサマバッタ *Locusta migratoria* やタイワンツチイナゴ *Patanga succincta* などのバッタ類が多数発生することから，南大東島のモズは，餌の発生源となるサトウキビ畑をなわばり内に多く占有していると考えられた。また，モズが餌を探索する際に止まり場として利用する電線とフェンスの総延長も，モズの巣の周辺に多く含まれていた (図 2)。このことから，南大東島のモズは，人為的に農耕地へと改変された環境の中で，電線やフェンスなどの人工物を利用して繁殖していることがわかった。

大東諸島は，もっとも大きい南大東島 (総面積約 30 km^2)，そこから北東約 8 km に位置する北大東島 (約 12 km^2)，南約 160 km にある沖大東島 (約 1.15 km^2) の 3 島からなる。大東諸島の島々は，1900 年に最初の開拓民が入植して開墾を始める前は無人島だった。南大東島は在来樹種ダイトウビロウ (ビロウ *Livistona chinensis* の変種) が優占する鬱蒼(うっそう)とした森林に覆われていたが，1920 年代までにサトウキビ畑を中心とする農耕地が島全体の約 40% を占めるようになり，現在は農耕地が島全体の約 60% を占めている。北大東島は，開拓以来，リン鉱石採掘事業が盛んに行われたが，1950 年に閉山した後は，サトウキビ生産に切り替わり，現在では農耕地が島全体の約 47% を占める。沖大東島は開拓後に大量のリン鉱石が採掘され，現在は米軍の射爆撃

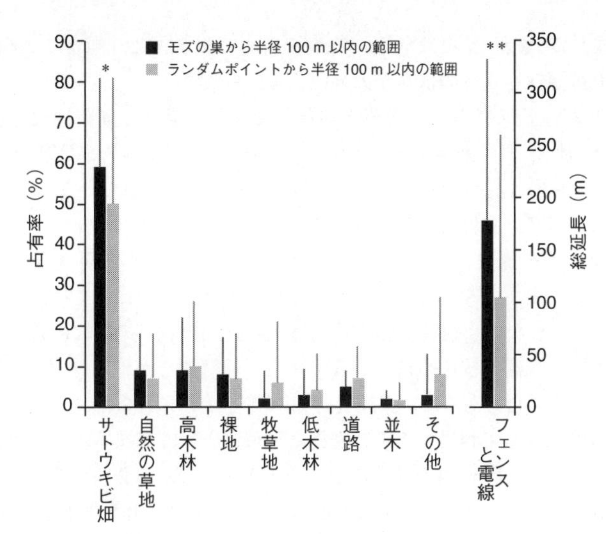

図 2 調査区内のモズの巣 ($n = 53$) とランダムポイント ($n = 35$) を中心とした半径 100 m 以内の範囲に含まれる各環境区分の占有率 (%) とモズが止まり場として利用する電線およびフェンスの総延長 (m)。＊：$P < 0.05$，＊＊：$P < 0.01$。Matsui & Takagi (2017) に基づき作図。

場として利用されており，陸上に植物はほとんど生育していない。

南・北大東島では，モズは主にサトウキビ畑を中心とする農耕地で繁殖し，それ以外の場所では海岸線の草地や湿地帯にも生息している。モズの主な繁殖場所となる農耕地の面積は，南大東島で 18 km^2，北大東島で約 5.6 km^2。つまり，概算で少なくとも 23.6 km^2 以上は，南・北大東島にモズが繁殖可能な環境がある。

ただし，モズが繁殖していない琉球列島の島々にも，サトウキビ畑を主とする農耕地はごく一般的に見られる。このため，適切な営巣環境の存在だけが特定の島における繁殖個体群の確立を可能にした要因ではないと考えられる。

食物資源

モズは昆虫，両生類，爬虫類，鳥類，小型哺乳類などの幅広い動物を餌として利用する。木の枝や電線などの止まり場から獲物を探し，獲物が動くのを発見すると地上に飛び降りて捕らえ，止まり場に戻ってそれを食べる。そして，モズは猛禽類と同じように，食物を丸のみして，消化されない部分をペリットとして吐き出す。また，捕らえた獲物をすぐには食べずに，尖った枝の先や有刺鉄線などに突き刺して，速贄（はやにえ）にすることもある。

静岡県でモズの食性を調べた小川 (1977) の研究では，ペリットには，ゴミムシ類を主に含むコウチュウ目 (52%)，カメムシ目 (14%)，ワラジムシ目 (9%)，ハチ目 (7%)，バッタ目 (3%)，ハエ目 (2%)，鳥類の骨片 (2%)，チョウ目 (1%) などの食物の断片が含まれていた。昆虫は全体の79%を占めており，この地域のモズはゴミムシ類などの地上徘徊性昆虫への依存が大きいと考えられた。

小川 (1974) は上記のペリット分析と並行して，同じ場所で同時期に速贄の記録をとり，合計10種88個の速贄を確認した。そして，このうち71%がトノサマバッタで，ペリットから多く見つかったゴミムシ類はまったく含まれていなかったことから，速贄は必ずしもモズの食性と一致しないことを指摘した。モズはトノサマバッタなどの大型のバッタ類を捕まえると，止まり場で後足や翅などの不可食部を取り除くため，捕まえてそのまま飲み込めるゴミムシ類などより，速贄にして後から処理することが多いのかもしれない。速贄行動の機能は，貯食，摂食時の餌の固定，雌に対する求愛など，多くの仮説が提唱されている。ただ，速贄のなかには，ずっと消費されないまま残っている場合もあるため，速贄行動の機能は未解明な点が多い。

モズが食物資源として利用できる動物相は地域によって異なる。南大東島のモズでは，雛に運んでくる食物資源の過半数が，サトウキビ畑から発生するトノサマバッタやタイワンツチイナゴなどのバッタ類で占められている (千田万里子未発表)。南大東島は農耕地が占める割合が高いために，昆虫相のなかでバッタ目やカメムシ目が占める比率が高い (東 1989)。また，大東諸島を取り巻く海洋が障壁となり，飛翔力の低い地上徘徊性の甲虫類がほとんどいない。このため南大東島のモズは，他地域よりバッタ類への依存度が高いと考えられる。

大東諸島にモズが定着した1970年代は，トノサマバッタが南大東島で大量発生した時期と一致している。南大東島では1971年から1973年にかけて，サトウキビ畑でトノサマバッタが大量に発生し，高密度条件で見られる相変異が起こった (仲盛・伊藤 1974)。1972年には広い範囲のサトウキビが中肋だけを残して食い荒らされたと言う。このような主要な食物資源となる餌動物の大量発生は，モズが大東諸島に定着することを可能にした一要因になったと考えられる。大東諸島の個体群の創始個体数は不明だが，1970年代のトノサマバッタの大量発生は，巣内雛や幼鳥の生存率を高めることで，初期の個体群サイズの増加や個体群の絶滅リスク軽減におそらく関与しただろう。

小笠原諸島に定着した父島のモズもユニークな食物資源を利用していた。1996年に父島で採取されたモズのペリットに含まれる食物断片には，昆虫 (54.5%)，爬虫類 (36.2%)，クモ類 (2.3%)，鳥類 (2.3%) などが含まれており，父島のモズは，昆虫に加えて外来種のグリーンアノール *Anolis carolinensis* が主要な食物資源になっていた (上田 1997)。モズが父島に定着したと考えられている1985年前後 (千葉 1990) は，グリーンアノールが高密度で生息していた時期と一致しており (Hasegawa et al. 1988)，父島においても，食物資源が十分あったことがモズの定着を可能にした要因の1つになったと考えられる。

気象条件

モズは樹上に上部解放型 (お椀型) の巣を造って繁殖する。抱卵および抱雛は雌親のみが行い，巣内育雛期には雌雄がともに雛に給餌する。悪天候のときには，雌親は産座にじっとうずくまって雛を抱き，風雨から雛を守る。上部解放型の巣を造るモズは，樹洞で営巣する鳥類より，雛を風雨から守るコストも大きいと思われる。また，止まり場から地上の獲物を探索するモズは，林内で葉についたチョウ目幼虫を探索するような森林性鳥類と比べて，雨天時に採餌効率が低下しやすいだろう。

モズの一腹卵数は通常 4～6 卵で，すべての雛が同時に孵化するのではなく，通常は巣の中に 1～2 日遅れて孵化する雛が少数いる (Takagi 2001; Matsui et al. 2012)。そして，餌条件が悪いときには，遅れて孵化した小さい雛が，餓死することがある。Takagi (2001) が北海道石狩市生振で行った研究によると，冷夏だった 1993 年にモズの繁殖期に低温と長雨が続いた。そして，1 日当たりの降水量が 15 mm 以上のときは，巣内雛が 2～4 羽消失し，降水量が多いほど，巣から消失する雛数が増加する傾向があった (Takagi 2001)。長野県南佐久郡にある野辺山では，2006 年 7 月 17 日から 19 日にかけて，3 日間の合計降水量が 297 mm に達した。この連続した降雨の後，巣内育雛期だった 7 巣の中で，1 巣では 4 羽の雛が生存していたが，残り 6 巣では巣内雛がすべて死亡していた (今西 2007)。このように連続した降雨は，モズの繁殖成績を低下させ，時には巣内雛を全滅させることもある。

亜熱帯に位置する琉球列島の島々の多くは，年間降水量が 2000 mm を超える多雨地域で，梅雨前線が温帯より一足早くやってくる。梅雨の時期には，その前後と比べて雨が多くなり，日照時間が低下する。気象庁の統計による 1951～2015 年の平年値を見ると，梅雨入りは沖縄地方で 5 月 9 日頃，奄美地方は 5 月 11 日頃，梅雨明けは沖縄地方 6 月 23 日頃，奄美地方では 6 月 29 日頃である。

亜熱帯域でモズが繁殖する数少ない地域の 1 つ，大東諸島は，亜熱帯性海洋気候に属し，沖縄県でもっとも雨の少ない地域で，年間降水量は 1643 mm である。大東諸島と同様に海洋島に属す小笠原諸島の父島ではさらに年間降水量は少なく，1300 mm 程度である。大陸から離れた場所にある大東諸島や小笠原諸島は，梅雨前線の影響が少ないため，琉球列島の島々より，繁殖しやすい気象条件だったことも，モズが新しい個体群を確立させることができた一因になった可能性がある。また，琉球列島に属す喜界島の年間降水量は 1887 mm で，近隣島嶼より雨が少ない。一方，森岡 (1990) によって 1989 年にモズの営巣が確認された中之島は，年間降水量が 3407mm に達する。ただし，多雨地域である中之島ではモズの個体群動態や詳細な繁殖成績が調べられていないため，今後情報を集める必要がある。

降水量が比較的少ない海洋島の気象条件は，いつもモズにとって好適なわけではない。南大東島には太平洋の北上する台風が多く接近する。沖縄気象台で公開されている 1955 年から 2003 年の台風の記録に基づくと，1 年間で平均 3.8 個の台風が南大東島から 300 km 以内の範囲に接近していた。台風の勢力は一般的に夏から秋にかけて強くなるが，稀に非常に勢力の強い台風がモズの繁殖期に接近すると，モズの繁殖に大きな被害がでる。2004 年 6 月に南大東島に接近した台風第 6 号は，毎秒 15 m 以上の暴風が55時間継続し，最大風速は毎秒28.6 m，最大瞬間風速は毎秒48.7 mにまで及んだ。そしてこの台風の影響で，巣の落下，営巣木の転倒，暴風雨による雛の衰弱死が起こり，このときに繁殖していた巣の雛がすべて死亡した (Matsui et al. 2006)。1970～2004年の35年間に南大東島に接近した台風勢力を調べた結果，モズの繁殖に大きな被害を及ぼしうる非常に勢力の強い台風が，11年に1回の頻度でモズの繁殖期に南大東島に接近していることがわかった。このような自然災害によって稀に起こる撹乱は，大東諸島のモズ個体群の繁殖成績の低下や，繁殖個体群の年齢構成などに影響を及ぼしてきた可能性がある。

捕食者

捕食者による巣の襲撃は，多くの鳥類の繁殖失敗の主要因となっている。卵や雛，時には親鳥自身が巣で捕食されるのを避けるため，多くの鳥類は捕食者から見つかりにくい場所や，捕食者がアクセスしにくい場所に営巣することが知られている。つまり，捕食者を回避するための営巣場所選択は，親の繁殖投資の損失を軽減させる重要な役割をもっている。

一般的に，捕食者の種多様性は，大陸や大きい島で高く，小さい島で低い。たとえば，ハシブトガラス *Corvus macrorhynchos* やヘビ類は，日本各地で鳥類の巣を襲う主要な捕食者となっている。しかし大陸から遠く離れた大東諸島には，カラス類やヘビ類が生息していない。南・北大東島で繁殖するモズの潜在的な捕食者は，人為的な影響で定着した外来種のクマネズミ *Rattus rattus*，イエネコ *Felis silvestris catus*，ニホンイタチ *Mustela itatsi* の3種のみである。

このようにモズの潜在的な捕食者の種多様性が非常に低い南大東島で，卵や巣内雛の捕食リスクに影響するなわばり内の環境や営巣場所の特徴を調べた (Matsui & Takagi 2012)。その結果，卵の捕食リスクは巣周辺の草地面積が少ないほど増加した。主要な卵の捕食者は，地上から樹上まで，立体的に空間を利用できるクマネズミと推定された。草地面積が少ない場所では，クマネズミが樹上で餌を探索する頻度が高くなるため，モズの卵が捕食されやすくなったのかもしれない。

一方，巣内雛の捕食リスクは，地上から見えにくくて，高い位置にある巣ほど低かった。つまり，卵と巣内雛の時期では，捕食回避に有効な営巣場所の特徴が異なっていた。巣内雛は，樹上で活動するクマネズミだけでなく，地上で活動するイエネコやニホンイタチにも捕食されやすくなる。雌親がじっと卵を温め続ける抱卵期と比べ，雛が餌を求めて騒がしく鳴くようになる育雛期には，地上性哺乳類にも巣が見つかりやすくなるため，地上から見えにくくてアクセスしにくい高い位置にある巣が，捕食回避に有効になると考えられた。

南大東島におけるモズの抱卵期間の卵の生存率は54～68%，巣内育雛期の雛の生存率は61～67%であり，捕食者の種多様性が低いからといって，卵や巣内雛の生存率が他地域より高いわけではなかった。潜在的な捕食者 (ハシブトガラス，アカギツ

表 1　メイフィールド法(Mayfield 1961, 1975) を用いて算出した北海道生振 (43°13′N, 141°20′E) と沖縄県南大東島 (25°50′N, 131°14′E) で繁殖するモズの抱卵期の卵および育雛期の巣内雛の生存率。観察日数の単位は nest-day (1 巣 1 日の観察が 1 nest-day)。繁殖に失敗した巣数 (loss) を合計観察日数で割って，1 日当たりの繁殖失敗率を計算し，それを 1 から引いた値が 1 日当たりの巣の生存率となる。抱卵期と育雛期はそれぞれ 14 日間とみなして，1 日当たりの巣の生存率を 14 乗して，抱卵期と育雛期のそれぞれの巣の生存率を計算した。北海道は Takagi (2001)，南大東島は Matsui (2010) のデータに基づき作成。*n* は生存率の算出に用いた巣数。

調査年	抱卵期	育雛期
北海道 (生振)		
1992 ($n = 18$)	59.0% (108 nest-days, 4 loss)	66.1% (103 nest-days, 3 loss)
1993 ($n = 27$)	63.1% (278 nest-days, 9 loss)	58.4% (186 nest-days, 7 loss)
沖縄 (南大東島)		
2003 ($n = 53$)	67.8% (329 nest-days, 9 loss)	61.2% (377.5 nest-days, 13 loss)
2004 ($n = 45$)	53.9% (277.5 nest-days, 12 loss)	67.3% (286.5 nest-days, 8 loss)

ネ *Vulpes vulpes*，イイズナ *Mustela nivalis*，オコジョ *Martes erminea*，イエネコなど) の種多様性が高い北海道でも，抱卵期の卵の生存率 (59〜63%) や巣内育雛期の雛の生存率 (58〜66%) は同程度だった (表 1)。

巣を襲撃する捕食者の種構成や営巣可能な環境は，地域によって異なる。このため，捕食者回避に有効な営巣場所の特徴も，地域によって変わる。たとえば，北海道のモズは，繁殖期の早い時期には丈の低いササ藪に主に巣を造るが，冷温帯のさまざまな落葉性樹が春から初夏にかけて葉を茂らせてくると，それらに巣を造るようになる (Takagi & Abe 1996)。巣が見えやすいと捕食者に襲われるリスクが高くなるため，繁殖期が進むにつれて北海道では営巣に適した樹種が変わる。一方で，亜熱帯に位置する南大東島では，季節によって葉の量があまり変化しない常緑広葉樹のテリハボク *Calophyllum inophyllum* やフクギ *Garcinia subelliptica* などに主に巣を造る (Matsui & Takagi 2017)。

種間競争

食物資源や生活空間などが似た近縁種が同一の場所に生息する場合，最終的には種間競争によって一方が排除されてしまうか，共存することになる。均一で閉鎖的な条件下では競争排除が起こりやすく，不均一で開放的な条件下では資源分割による共存が生じうる。

モズは採食，造巣，求愛，交尾を行うための防衛地域として，繁殖期につがいでなわばりを形成し，同種だけでなく，ツグミ *Turdus eunomus*，ヒヨドリ *Hypsipetes amaurotis*，ドバト *Columba livia*，ムクドリ *Sturnus cineraceus* などの他種の鳥類も攻撃して追い払うことが知られている (山岸 1982)。鳥類は一般に同種個体間でのみなわばりを形成するが，ニッチの似た異種間でなわばりを作ることもあり，これを種間なわばりと呼ぶ。北海道のモズは，近縁種であるアカモズ *L. cristatus superciliosus* と種間なわばりを形成する (石城 1966; Takagi & Ogawa 1995)。

大東諸島では1970年代半ばにアカモズの一亜種であるシマアカモズ *L. c. lucionensis* とモズが繁殖期に同所的に生息していた時期があったが，シマアカモズはモズによって競争的に排除されたと考えられている (高木 2000)。1922年9〜10月，1928年2月，1936年10〜11月に折居彪二郎らによって大東諸島で鳥類調査が行われたが，モズ類に関する記述が一切ないことから，開拓初期に，南大東島や北大東島にはモズ類の留鳥性個体群は生息していなかったと考えられる (姉崎ら 2002)。その後，南大東島では1972年10月に，シマアカモズが「もっとも普通な種」として記録されており，1972年頃には繁殖していたと考えられている (池原 1973)。そして，1974年5月には，シマアカモズとモズがほぼ同じ割合で記録され，雑種と思われる中間的な羽色の個体も観察された (日本野鳥の会 1975)。その後，1988〜1989年には，ほぼ1年を通じてモズだけが多数記録された (大沢・大沢 1990)。近隣の北大東島でも同様に，1975年5月の調査で，シマアカモズとモズの両方が記録され (日本野鳥の会 1975)，1984年1月にはモズだけが普通に見られると記載された (池田 1986)。これらのことから，南・北大東島では，1970年代中頃から1980年代後半にかけて，シマアカモズの繁殖個体群からモズの繁殖個体群へと，ほぼ完全に置き換わったと考えられている (高木 2000)。

上田 (1999) は，小笠原諸島の父島に1980年代以降に定着したモズは，繁殖期と非繁殖期の両方で，イソヒヨドリ *Monticola solitarius* と種間なわばりを作って，両種で排他的な空間を利用していることを明らかにした。イソヒヨドリはモズのさえずりに強く反応し，イソヒヨドリからモズへの攻撃行動が頻繁に見られたことから，体サイズの大きいイソヒヨドリがモズより優位だと考えられた。そして，モズはイソヒヨドリの行動圏内ではほとんど活動せず，イソヒヨドリが活動していない場所を飛び地状に利用し，イソヒヨドリより広い行動圏をもつ傾向があった (上田 1999)。

日本に生息するイソヒヨドリは，一般的に海岸や漁村などの沿岸域に生息しているが，父島ではイソヒヨドリは島の中央部の道沿いまで広く分布し，モズとイソヒヨドリの分布域は重複していたと言う (千葉・船津 1991)。前述のとおり父島のモズは近年絶滅に近い状態になっているが (栄村 2011)，この個体群の衰退にはイソヒヨドリとの競合が影響しているのかもしれない。

なお，南・北大東島でもイソヒヨドリとモズがともに繁殖しているが，イソヒヨドリは主に海岸線や民家などの建物の周辺に生息しており，モズが主に利用する農耕地での生息密度は低い。

南大東島では，モズとクマネズミの意外な種間の相互関係が見つかった (Matsui et al. 2010)。クマネズミは，モズが営巣するサトウキビ畑に沿った並木で，樹上にドーム型の巣を造っていた。またモズの上部開放型の巣を二次利用してねぐらや子育てに利用していた。さらに産卵前のモズの巣をクマネズミが一時的に利用すると，モズはその巣を放棄することもわかった。このモズとクマネズミの相互関係は，盗み寄生に当てはまる。つまりクマネズミは，モズにとって巣の捕食者であると同時に，造巣に費やした労働を盗みとる寄生者にもなっている。

病原体と感染症

鳥類の個体群動態や生活史形質進化に影響する要因として，食物資源，気象条件，捕食者，競争者などが古くから研究されてきたが，近年では感染症の影響も注目されている。

脊椎動物の感染症を引き起こす病原体は，主にミクロパラサイト (ウイルス，バクテリア，真菌類，原生動物など) とマクロパラサイト (蠕虫類，節足動物など) に大別される。そのなかでミクロパラサイトに区分される鳥類血液原虫は，鳥類の血液に寄生する原生動物である。鳥類血液原虫には，鳥マラリア原虫といわれるプラスモジウム属 *Plasmodium* のほか，ヘモプロテウス属 *Haemoproteus*，ロイコチトゾーン属 *Leucocytozoon*，トリパノソーマ属 *Trypanosoma* などの原虫が含まれており，これらは吸血性のハエ目昆虫が媒介者となっている。

南大東島のモズと鳥類血液原虫を対象にした宿主-媒介者-寄生者の三者関係を解明するため，村田浩一 (日本大学)，佐藤雪太 (日本大学)，津田良夫 (国立感染症研究所) らとの共同研究を実施した。まず，南大東島に生息する鳥類の血液原虫の感染状況を調べるために，捕獲した鳥類から血液を採取して血液塗抹染色標本を作成し，光学顕微鏡下で検鏡して血液原虫の有無を調べた。その結果，102 個体中 94 個体 (92.2%) がプラスモジウム属の原虫に感染していた (Murata et al. 2008)。つまり，南大東島のモズは，9 割以上という非常に高い割合で鳥マラリア原虫に感染していることがわかった。しかし不思議なことに，森林性のダイトウコノハズク *Otus elegans interpositus* 30 個体からは血液原虫の感染は見つからず，主に森林で活動して民家の庭先にも飛来するダイトウメジロ *Zosterops japonicus daitoensis* は 31 個体中 14 個体 (45.2%) がヘモプロテウス属もしくはプラスモジウム属の原虫に感染していた (Murata et al. 2008)。

南大東島という隔離された島嶼生態系における鳥類血液原虫の媒介昆虫を解明することを目的に，2006 年 3 月から 2007 年 2 月にかけて，島に生息するカ類の季節的消長と空間分布を調査した (Tsuda et al. 2009)。イースト発酵で二酸化炭素を発生させて誘引したカ類を吸引するトラップ 10 台と，成熟卵を保有する雌のカ類を捕獲するためのトラップ 1 台を用いて，サトウキビ畑，樹林地，居住地，湿地のそれぞれの環境で定期的にカ類を採集した。採集された種類はヒトスジシマカ *Aedes albopictus*，ネッタイイエカ *Culex quinquefasciatus*，キンイロヌマカの一種 *Coquillettidia* sp.，ダイトウシマカ *Aedes daitensis*，アシマダラヌマカ *Mansonia uniformis*，アカツノフサカ *Culex rubithoracis*，サキジロカクイカ *Lutzia fuscanus*，オオクロヤブカ *Armigeres subalbatus*，トウゴウヤブカ *Aedes togoi* の9種類で，合計1,437個体だった。そのなかでもネッタイイエカがもっとも高密度で，島全域に広く分布していることがわかった。

さらに，この調査で採集したカ類の鳥マラリア原虫の保有状況を調べるために，遺伝子解析も行った (Ejiri et al. 2008)。採集したカ類全体の少なくとも1.2%がプラスモジウム属原虫を保有していることがわかった。そして，ネッタイイエカ，ヒトスジシマカ，サキジロカクイカ，キンイロヌマカの一種からプラスモジウム属原虫の塩基配列が検出され，これらのカ類が南大東島における血液原虫の媒介者になっている可能性が示唆された。また，ヒトスジシマカやサキジロカクイカから検出されたプラスモジウム属原虫と，南大東島のモズから検出されたプラスモジウム属原虫の塩基配列は100%相同だった。

南大東島のモズでは，マクロパラサイトに区分される蠕虫類の感染も確認されている。南大東島のモズは，生態調査を開始した当初から頸部が腫れた個体が多く観察され，その原因がずっとわかっていなかった。2005年7月に南大東島で大阪市立大学の大学院生だった日阪万里子が回収したモズの雄成鳥の死体は，頸部が大きく腫れていたことから，国立環境研究所に病理解剖を依頼した。その結果，頸部の皮下からハマトスピキュラム属 *Hamatospiculum* sp. の線虫30虫体が見つかり，南大東島のモズで多く見られる頸部の腫脹は，線虫感染によるものだということが明らかになった (Yoshino et al. 2014)。一般に，ハマトスピキュラム属の線虫はバッタ目が中間宿主となっている (Olsen 1986)。つまり，この線虫に感染したバッタ類を鳥類が摂取すると，鳥類が感染する。鳥類の体内に入り込んだ線虫の幼虫は，頸部の皮下に移動して潜伏し，そこで成虫となった線虫の雌は卵を産み，その大量の虫卵は鳥類の糞とともに体外に排出される。そして野外に拡散された虫卵が葉などに付着し，バッタ類が葉と一緒に虫卵を摂取すると，また感染が広がっていく。これらのことから，南大東島のモズにとってバッタ類は重要な食物資源であると同時に，線虫感染症の中間宿主となっていることがわかった。

このように南大東島では繁殖しているモズの成鳥から，血液原虫や線虫の感染が確認されている。これは感染しても直ちに死亡するわけではなく，生存して繁殖を成功させることができることを意味している。このことから，南大東島のモズは鳥マラリア感染症や線虫感染症に対して耐性をもっていると考えることができる。もちろんこれらの感染症の影響がないわけではなく，感染個体の寿命が短くなることで個体群動態に大きく影響を与えている可能性もあることから，今後より詳細な研究が必要である。

おわりに

モズが新しい地域に分布を拡大させることができた理由は，単純なプロセスだけでは説明できない。繁殖個体群の確立を制限するさまざまな要因を乗り越える条件がそ

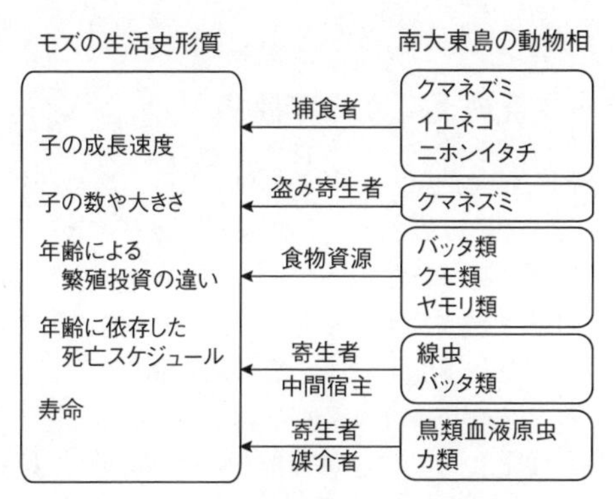

図 3 南大東島のモズの生活史形質とその地域の動物相との関係。

ろい，かつ，偶然が重なって，亜熱帯域に新たなモズの個体群が形成されたのだろう。

これまで見てきたように，新天地となった亜熱帯の島嶼生態系には，従来からモズが繁殖している温帯とは異なる組み合わせで，食物資源，捕食者，競争者，病原体，感染症の媒介者や中間宿主が存在している。このような動物相の地域差は，それぞれの個体群に特有の淘汰圧となって，モズの各生活史形質の最適な組み合わせにも影響すると思われる (図 3)。たとえば，外来哺乳類はモズの巣を襲撃し卵や雛の生存率を低下させる。クマネズミは卵や雛の捕食者として繁殖成績に影響するだけでなく，モズの巣を乗っ取る盗み寄生者として，親の造巣コストを高める。バッタ類を中心とする節足動物は，モズの主要な食物資源となり，成長パターン・繁殖・生存に影響する。その一方で，バッタ類はモズに寄生する線虫の中間宿主という存在でもある。また，モズが生息する農耕地に広く分布するネッタイイエカをはじめとするカ類は，鳥マラリア原虫の媒介者となる。そして南大東島のモズ個体群に蔓延する複数の感染症は，年齢階級による死亡率の差異や寿命に関与する可能性がある。

大東諸島に新たに定着したモズ個体群は，地域性の強い淘汰圧を受けて，亜種分化の初期段階と同じように，それらに適応した形質 (形態形質，生活史形質，生理学的形質など) を進化させつつあるのかもしれない。最近の研究では，数世代の間に多くの生物が適応的な表現型を進化させることがわかってきており，この迅速な進化 (rapid evolution, contemporary evolution) は，無脊椎動物から脊椎動物まで幅広い分類群で見られる。大東諸島に定着したモズが，新たな環境に対して適応的な表現型を進化させるプロセスを辿ることができれば，日本の亜熱帯域に，温帯とは異なる固有の鳥類が分化した進化プロセスを探る重要な手がかりが得られるかもしれない。

フィールドワークを終えてからが勝負

野外調査は肉体的・精神的にハードな活動である。携わったことがある人はわかると思うが，基本的には対象となる動物・植物のスケジュールに合わせて行動するために，昼夜が逆転したり，徹夜で観察を行うこともある。

シロハラクイナの場合も，本文でも述べたように，日の出から日没まで1時間ごとに行う調査だった。ラジオトラッキング調査の難しい点は，野外で得られる唯一のデータが，発信機からの電波がもっとも強い方位の角度のみであることだ。受信機に接続したアンテナを周囲360°に向けて，対象個体の発信機から放たれる電波を探す。電波の受信音がもっとも大きくなる方角が，今現在，発信機個体のいる方角である。場所を変えてこの手順を3カ所で行うことで，それぞれの方角を示す直線の交点に発信機個体がいると推定できるのである。これを日の出から日没まで，7日間ひたすら繰り返す。

調査を終えて手元に残るのは，時間ごとに方角が一面に羅列された大量のフィールドノート。これだけでは何のデータにもならないので，パソコンにこの数字を打ち込んで，画面の上で直線を引いて発信機個体の位置を推定するのだ。研究室に帰ると，机にかじりついてひたすらパソコン画面に点を入力するという，膨大な作業に追われる日々が待っている。これがまた辛い。しかし諦めずにコツコツと続けていると，誰も知らなかったシロハラクイナの生態が少しずつ明らかになったりする。ちょっと嬉しい。些細な観察や行動の記録でも，形にして世に出すことができれば，それは立派な研究業績だろう。私自身も，野外調査で取った膨大なデータに埋もれてしまいがちなので，自戒の念もこめて，調査後のアウトプットの大切さを強調したい。

(岩崎哲也)

10
広域分布する普通種クイナの生態
―シロハラクイナを例に―

(岩崎哲也)

フェンスの上を歩くシロハラクイナ。歩く姿は身軽に見える一方で，飛翔は直線的で重たそうな印象を受ける。

種名　シロハラクイナ

学名　*Amaurornis phoenicurus*

分布　日本のほかにインドネシア，インド，アンダマン・ニコバル諸島，中国南部，台湾，スンダ列島，セレベス島，フィリピンなどに広く分布・繁殖する。日本では主に南西諸島に生息している。アンダマン・ニコバル諸島には亜種 *A. p. insularis* と *A. p. midnicobaricus* が，セレベス島とその周辺離島には *A. p. leucomelanus* が生息し，日本を含むそれ以外の分布域には広く基亜種 *A. p. phoenicurus* が生息している。

全長　約 30 cm

生態　低地の森林から草地，湿地まで多様な環境に生息する。人家近くにも出現するが，警戒心は強く長時間の観察は難しい。空を飛ぶこともできるが，外敵からは走って逃げることが多い。雑食性で，昆虫や甲殻類，腹足類などの他に，植物の種子なども食べる。亜熱帯域では春から夏にかけて複数回繁殖し，西表島では 3 月頃からつがい形成のための雌雄の鳴き交わしが聞かれる。低木の茂みやマングローブ林の樹冠に草を束ねた巣を造り，両親ともに抱卵，育雛に参加する。一腹卵数は 3～9 個。孵化した雛は数日で巣を離れ，親鳥とともに湿地や草地の茂みで餌を採り成長する。

もっともよく見かける広域分布クイナとの遭遇

石垣島や西表島などを旅行した際，自動車を運転中に動物が道路を横切ってきた経験はないだろうか。これらの島の道路には，要所で「動物横断注意」の道路標識が設置されており，イリオモテヤマネコ *Prionailurus bengalensis iriomotensis* (ベンガルヤマネコの亜種) からカエル類，ヤシガニ *Birgus latro* まで多様な野生動物が道路を横断する場面に遭遇することがある。往々にして動物たちは眼前に突然出現することが多く，また車は急に止まれないので，運転手の皆さんは速度の出しすぎには注意されたい。

道路に飛び出してくる動物の種類は地域・時間帯によって異なるが，八重山諸島の道路で日中にもっとも多く出くわすのは，黒っぽい小型の鳥である。この鳥，空を飛ばずに地上を走る。そして運転手の視界の外から勢いよく走り出てくるため，危険極まりない。思わず急ブレーキをかけて，肝を冷やした旅行者も少なくないのではないか。

間一髪で鳥との接触を避けた後，鳥の無事を確認するために車を路肩に寄せてその姿を探す。鳥は道路を横断し，道路脇の茂みの前で立ち止まり，頭を小刻みに動かしながら周囲を見回している。突然往来に飛び出してくるこの無鉄砲な鳥がどんな顔をしているのか見ると，体長は 30 cm 程度，体色は背面が黒色，腹面が白色のツートンカラーの鳥である (図 1)。一見，白粉を塗った髪の長い平安美人のようだ。しばらく眺めていると，その鳥は路肩の茂みに飛び込んで姿を消した。

この鳥の正体は，シロハラクイナ *Amaurornis phoenicurus* である。日本以外にもインドネシア，インド，中国南部，台湾，フィリピンなどの熱帯・亜熱帯アジアに広く分布するクイナの仲間である (Taylor & van Perlo 1998)。21 章と 22 章で扱われているヤンバルクイナ *Gallirallus okinawae* と同じクイナの仲間であるが，シロハラクイナは絶滅危惧種ではなく，生息地を訪れれば簡単に出合うことができる。現在は普通種であるこの鳥が興味深いのは，もともと日本で見られなかった鳥であるにもかかわらず，近年になって分布域を拡大しているという点である。中村 (1987) によると，日本におけるシロハラクイナの観察例は 1700 年代から書物に記録があるものの非常に稀で，繁殖の情報はなく，飼育個体が逃げ出したものであると考えられてきた。しかし 1967 年以降，各地で頻繁に迷鳥として記録されるようになった (中村 1987)。国内で初めての繁殖確認は沖縄島から報告され (与那城 1975)，1980 年代には繁殖分布が八重山諸島から沖縄島，九州本土にまで広がった (池原 1983; 田中 1983; 高木 1987; 谷口ら 1987)。それ以降しばらく記録の更新は途絶えていたが，最近になって静岡や新潟県で初繁殖が記録され (小川ら 2006)，埼玉県でも 2006 年 8 月に育雛中の親子の写真が報道されている。

筆者は 2008 年当時，在籍していた琉球大学で研究テーマを考えているとき，この鳥に対し強い興味を抱いた。クイナ類と言えばヤンバルクイナやニュージーランドの

図1　路上に出現したシロハラクイナ。

タカヘ *Porphyrio hochstetteri* など，絶滅の危機に瀕している鳥類グループという印象が強い。その一方で，形態も類似していてヤンバルクイナとも同所的に生息しているシロハラクイナは，新たな土地へ生息地を拡大している。新天地に定着できるような，何らかの生態的な特徴がシロハラクイナにはあるのだろうか。筆者は卒業研究・修士論文研究のテーマとして，この鳥を扱うことに決めた。本章では，シロハラクイナの野外調査から明らかになった，普通種かつ広域分布するクイナの生態について紹介する。

クイナ科とは

クイナ類は，鳥類の分類体系のなかでツル目に属する「クイナ科」というグループにまとめられる。ツル目は合計約170種の鳥から成り，クイナ科以外にもツル科，ツルモドキ科，ラッパチョウ科，ヒレアシ科，キボシクイナ科を含む (Prum et al. 2015)。一般に，目レベルでの鳥の系統分類には諸説あり，分類群によってはグループ化の決着がついていないものもあるが，ツル目はグループの単系統性と構成する科どうしの類縁関係が複数の研究で一致しており，比較的系統関係のはっきりした分類群である (Hackett et al. 2008 など)。ツル類やクイナ類というと水辺の鳥のイメージが強いが，分子系統解析によると，より祖先的なグループであるガンカモ類とも，より新しく出現したグループであるシギ・チドリ類や海鳥を含む他の水鳥のどれとも，直接的な類縁関係にはない (Prum et al. 2015)。

クイナ科はツル目全体の種数のうち85%を占め，33〜40属，135〜148種を含む多様性の高いグループで (Garcia et al. 2014)，南北極域と砂漠を除く世界中に分布する。クイナ科の一般的な特徴は，縦に扁平な体，細長い足と趾（あしゆび），翼は短く丸みを帯び，雑食で，警戒心が強く観察が難しい点である (Taylor & van Perlo 1998)。また，水上生活への進出度合いから，陸生のクイナ類，および水生のクイナ類であるバン類とオオバン類に分けられる (福田 1989)。陸生クイナ類は，クイナ類の一般的な特徴を有した仲間で，クイナ科の大部分を占め，森林から淡水および海水の混じった湿地に生息する (福田 1989)。バン類は陸生クイナ類に類似した外部形態をもつが，全身黒い羽毛に覆われ，嘴基部には色鮮やかな額板が発達する種が多い (Taylor & van Perlo 1998)。趾には水かきはないが，泳ぎが得意で池や川などの水辺に生息する。オオバン類はさらに水上生活に特化しており，黒い羽毛と嘴基部の額板はバン類に似るが，体型はカモ類に似てずんぐりしている。このグループのもっとも特徴的な形質は，趾の両側に鰭(ひれ)状の水かきをもつ点である (福田 1989; Taylor & van Perlo 1998)。この泳ぎに適した体や趾を用いて，流れのない開放水域で主に水上生活を送る。

クイナ科内の属や種の数に幅があるのは，いまだにクイナ科内での系統分類が決着していないからである (Garcia et al. 2014)。クイナ科はその進化の過程で短期間に大規模な適応放散を起こし，急激にその多様性を高めたとされているため，取り扱う種数の少ない分子系統解析では正確な類縁関係を推定しづらい (Garcia et al. 2014)。また，世界中で類似した環境に適応してきたことで収斂も起こっており，形態的・生態的な形質に基づく分類では実際の系統を反映しない場合もある (Taylor & van Perlo 1998; Garcia et al. 2014)。実際，バン類やオオバン類，シロハラクイナにも見られる額板や，ヤンバルクイナなどで見られる飛翔能力の消失という特徴は，異なる系統で別々に環境適応した結果，類似した形質の獲得に至ったことがわかっている (Trewick 1997; Garcia et al. 2014)。したがって，形態形質と DNA 塩基配列のどちらに基づくのか，どの種を属の代表として解析に含めるのかによって，異なる結果が得られてしまうのである。最新の研究では，この問題を解決するために科内の 50% の種数を扱い，DNA 分析と形態形質による系統樹をそれぞれ作成した，包括的なクイナ科内の系統分類の結果が発表されている (Garcia et al. 2014)。

ではクイナ科系統樹のなかで，シロハラクイナの扱いはどうなっているのだろうか。シロハラクイナが含まれるシロハラクイナ属 *Amaurornis* には，他にもチャバネクイナ *A. akool* やオグロクイナ *A. bicolor*，バンクイナ *A. moluccanus* など計 9 種が含まれる (Taylor & van Perlo 1998)。これまで，シロハラクイナ属と形態や生態に類似点が多いヒメクイナ属 *Porzana* との違いが明確でなく，これら 2 属に含まれる種を正しく分類することが最大の困難の 1 つとされてきた (Olson 1973)。近年の詳細な分子系統解析の結果では，どちらの属も多系統群であることがわかっており，シロハラクイナ属の種がヒメクイナ属に再分類された例が複数ある一方で，シロハラクイナ自身はバンクイナとともにツルクイナ *Gallicrex cinerea* の姉妹種と位置づけられている (Ruan et al. 2012; Garcia et al. 2014)。ツルクイナも熱帯・亜熱帯アジアを中心に広く分布する普通種であり，繁殖期の雄はニワトリの鶏冠のように発達した額板をもつ。ツルクイナの生態で興味深いのは，シロハラクイナと同様に本来の生息分布域から離れた地域に迷行した記録が多数報告されている点である (Taylor & van Perlo 1998)。しかし，分散能力が高いだけでは，新天地に定着し繁殖することはできないだろう。新たな生息環境に適応するために，必要な条件とは何だろうか。

クイナ類の環境利用様式の研究例

天野 (2009) は，外来種の侵入に関する文脈で，動物が新たな生息地への定着に成功するには，移入能力，新天地への環境適合性，種の生態的・生理的な性質，種間競争，狩猟・駆除，病気などが重要な要因であると述べている。これらの要因について考慮したうえでシロハラクイナが分布域を自然に拡大させている理由を議論すべきなのだが，観察の難しさゆえなのか，本種の基本的な生態に関する知見は少ない。そこで筆者は，まずシロハラクイナの種としての性質，とくに生息環境に着目することにした。動物と生息環境との関係性を明らかにすることで，その種がどのようにして環境に適応してきたのかを理解することができる (Cody 1985)。また，生息環境は空間以外にも，餌やつがい相手などの他の資源も潜在的に含むため (清田ら 2004)，新天地への定着成功に関わるもっとも重要な要因の1つと言える。

陸生クイナ類における生息環境の利用状況，つまり環境利用様式の研究は，クイナ *Rallus aquaticus* やクロコクイナ *Laterallus jamaicensis* など欧米の温帯域に分布する種で行われている (Spautz et al. 2005; Jedlikowski et al. 2016)。これらの種は湖や河口域などの開発の影響を受けやすい環境に生息し，生息環境消失の危険性に対する保全提言の観点で，多くの調査がなされている。とくに近年の研究では，異なるサイズの空間スケールに基づく環境選択性解析手法が導入されている。たとえば，植生や土地利用などを含む広域スケール，なわばりレベルや営巣地点レベルでの植生構造や物理化学的な環境を含む微細スケールなどである。これらのデータを用いて，実際に鳥が広域スケール環境から微細スケール環境の順に階層的に生息地を選択しているプロセスを仮定した要因解析の重要性が提唱されている (Jedlikowski et al. 2016)。クイナやクロコクイナなどの欧米の種は，広域スケールの観点では都市化や分断化が進んだ環境には分布しない傾向にあり，より微細なスケールである営巣地点レベルでは水深や植生密度の高さが営巣環境として重要であることが示唆されている (Spautz et al. 2005; Jedlikowski et al. 2016)。

また，観察が難しいクイナ類の微細スケールでの利用環境を調べるために，捕獲個体に電波発信機を装着して放鳥し，追跡するラジオトラッキング法も用いられている。ラジオトラッキングによって，個体の移動する範囲である行動圏の面積や，渡りなどの季節的な移動の有無，日周活動パターンや繁殖状況に関するデータを得ることができる (Kenward 2001)。北米に留鳥として分布するオニクイナの一亜種 *R. longirostris levipes* のラジオトラッキング調査の例では，なわばり個体の行動圏サイズは年間を通して約1 ha と狭く，また土地執着性が強いことが報告されている (Zembal et al. 1989)。また同種の別個体群では，行動圏サイズの季節変化や，冬季における短距

離の移動 (ごく小規模の渡りのようなもの) が見られることもわかっている (Crawford et al. 1983)。環境の利用様式から，それぞれの空間スケールで季節ごとに必要な資源を鳥がどのようにして得ているのかを推測できるのである。

そこで筆者は，シロハラクイナが高密度に生息する沖縄県西表島を調査地として選定し，広域スケールと微細スケールの両方でシロハラクイナの環境利用様式を明らかにするために調査を行った。広域スケールでは，自動車によるラインセンサス法を用いて，島の沿岸低地部の広範囲で出現環境に何らかの傾向があるのかを調べた。微細スケールでは，ラジオトラッキング法を用いて特定の繁殖個体を1年間追跡し，行動圏内の利用環境に何らかの傾向があるのか，そしてそれが繁殖に伴いどう変化するのかについて調べた。最後に，これらの調査から明らかになった環境利用様式についてまとめ，分布拡大に関係する可能性のあるシロハラクイナの生態的特性について議論する。

西表島での調査生活

西表島ではシロハラクイナが高密度に生息していると前述したが，実際，車を走らせれば道路で出合わない日はないほど多数のシロハラクイナに遭遇することができるため，調査に適している。また，長期間の調査研究をサポートしてくれる拠点もある。筆者が在籍していた琉球大学では，西表島に熱帯生物圏研究センター西表実験所という施設を有しており，学生などのフィールドワーク研究者が滞在することができる。おかげで快適な調査生活を送ることができた。

西表島は琉球列島の最西端に位置する八重山諸島に属し，北緯24°15′～25′，東経123°40′～55′に位置している。島の周囲は約130 km，面積は約284 km^2，最高峰は

図2　西表島の環境。(a) 後良川の中流部。琉球列島では珍しく山地性の島のため水源が多く，豊かな森林が育まれている。(b) ピナイサーラの滝から見下ろす船浦湾。沿岸部で突然山地が途切れ，山の水は滝となって流れ落ちる。流れ落ちた先には流れの緩やかな河口部が広がり，マングローブ林が発達する。

古見岳 (469.5 m) で，沖縄県では沖縄島に次ぐ大きさの島である。島の平均気温は最寒月平均 18.3℃ (1 月)，年平均 23.7℃，最暖月平均が 28.9℃ (7 月)。また年間の平均降水量 (1981～2010 年) は 2304.9 mm と，1 年を通して雨が多い。西表島は全体的に山地性の島であり，標高が高く小さな起伏のある山地部が海岸沿いまで広がっている。したがって，低地部は沿岸の限られた範囲にしか見られない (図 2)。山地の大部分は常緑広葉樹に覆われ，低地部に集落，農地，放牧地，マングローブ湿地，砂浜などの多様な環境がモザイク状に分布する。予備調査の結果，シロハラクイナはそのような沿岸の低地部に多く生息しており，島の内陸の山地部では個体数が少ないことがわかった。

広域スケールでの出現環境選択性

こうした多様な環境が分布する西表島では，確かに多数のシロハラクイナを道路で目撃することができるが，その出現環境に何らかの傾向はあるのだろうか。まずは広域スケールでの出現環境を調べた。西表島には，海岸沿いに島の外周の大部分を周回できる県道がある。2010 年 5 月から 1 年間，あらかじめ定めたルートを毎月 3 回，夜明けから 1 時間半かけて車で走行し，出現するシロハラクイナの数，位置座標，出現個体の齢を記録した。

出現個体数の季節変化を見ると，成鳥の出現個体数は 5～6 月がピークで，9 月～翌年 1 月には比較的低い値で推移した (図 3)。幼鳥は主に 6 月と 7 月に出現したが，10 月にも少数が見られた。親離れしたと見られる当年生まれの若鳥も羽衣の状態から識別し，それらは主に 7 月から 8 月に出現した。以上の結果に加えて抱卵期間などを考慮すると，西表島におけるシロハラクイナの繁殖期は 4 月から 10 月頃まで続き，繁殖個体数がもっとも増えるのは 6 月頃であることがわかった。

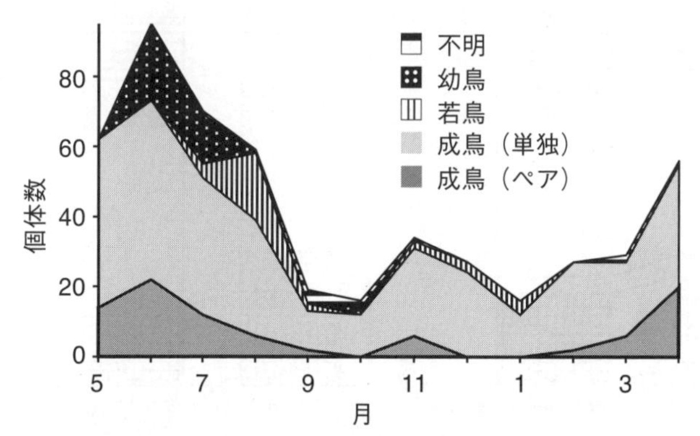

図 3　路上への出現個体数の季節変化。ペアでの出現は個体数を 2 羽とカウントした (岩崎未発表データ)。

次に，シロハラクイナの出現地点を見てみよう。延べ出現地点数は549で，図から道路沿いのほぼ全域でシロハラクイナが出現したことがわかる (図4)。では，出現環境の傾向を見てみよう。環境省第6回自然環境保全基礎調査の植生図を用いて繁殖期 (6月) と非繁殖期 (2月) の出現地点周辺の植生を抽出し，その内訳を見ると図5のようになる。繁殖期の出現地点数は68で，そのうち約4割が高木林，2割が牧草地などの改変草地に出現していた (図5a左)。非繁殖期の出現地点数は47で，ここで

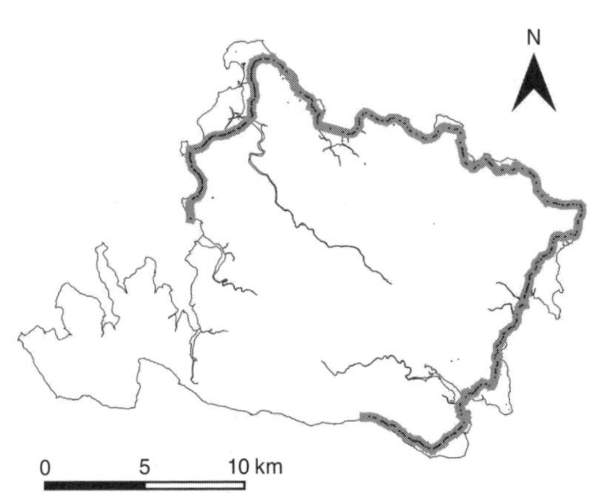

図4　シロハラクイナの出現地点。灰線はセンサスルート，黒点は出現地点を示す。計72回のセンサス結果。出現地点数は549 (岩崎未発表データ)。

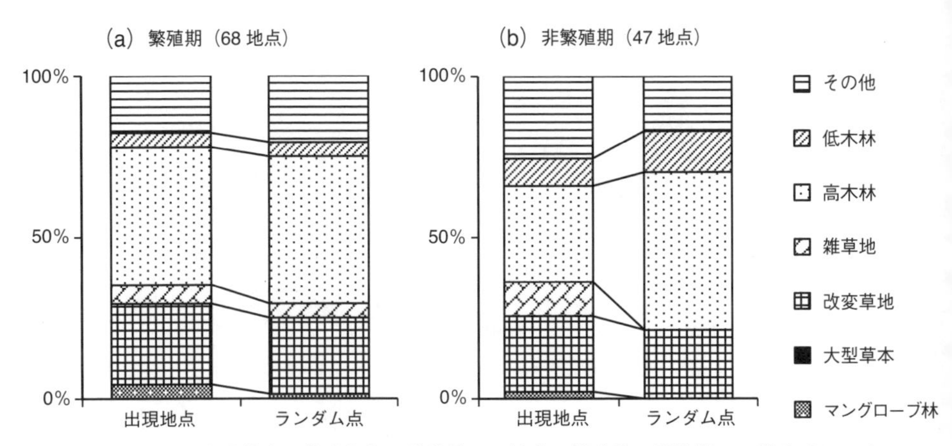

図5　クイナ出現植生の構成比と，道路沿いの植生の構成比。道路沿いの植生はセンサスルート上にランダムに配置した点群から作成 (岩崎未発表データ)。

も高木林の出現がもっとも多かったものの 3 割程度で，改変草地への出現頻度と同程度だった (図 5b 左)。しかし，この結果からシロハラクイナは高木林をもっとも好むと結論づけることはできない。もし西表島の道路沿いに高木林が多く広がっていた場合，周囲の植生とは無関係にクイナが出現しても，そこが高木林である確率が高くなってしまうからである。したがって，西表島の道路沿いの植生の構成を調べて (環境の利用可能性)，その構成割合に対して出現した地点周辺の植生の割合 (環境の利用度) を比較しなければならない。これを環境選択性の解析という。道路沿いの環境の割合 (利用可能性) は，シロハラクイナが出現した地点数と同じ数の (繁殖期 68 点，非繁殖期 47 点) ランダム点を道路上に発生させ，それらの点の植生の構成割合を算出した。それが図 5a と 5b のそれぞれ右側のグラフである。統計解析 (カイ二乗検定) の結果，出現地点とランダム点の構成比に有意差は見られなかった ($P>0.05$)。したがって，繁殖期にも非繁殖期にもシロハラクイナが特定の植生がある場所に選択的に出現しているわけではないということがわかった。

微細スケールでの環境利用様式

広域スケールでは，西表島のシロハラクイナの出現植生には特定の傾向がないことが明らかになった。しかし，シロハラクイナの「出現」がそれぞれの個体のどのような状況を反映しているのかは，この調査からは判断できない。たとえば，餌場へ行く途中に通り過ぎるだけの環境であるかもしれないし，じつは近くに巣があって繁殖行動の中心となる重要な環境なのかもしれない。1 個体がどのくらいの範囲を移動し，何種類の環境を利用しているのかもセンサスからは不明だ。そこで，ある 1 個体の微細スケールでの環境利用様式を季節ごとに詳細に追跡することにした。1 年のなかでもとくに繁殖期には，必要な資源の変化に伴って利用する環境が変わるのだろうか。繁殖期のなかでも，抱卵期と育雛期では違いが見られるのだろうか。得られた結果から，シロハラクイナの詳細な資源利用パターンを推測したいと思う。

調査は，西表島北西部に位置する星立という集落で行った。星立は古くから続く人口約 100 人の集落で，パッチ状の林が集落内に多数点在する。付近を流れる与那田川の河岸に広がるヤエヤマヒルギ *Rhizophora mucronata* を中心としたマングローブ林と，アダン *Pandanus odoratissimus* などが群生する後背湿地，さらにヤエヤマヤシ *Satakentia liukiuensis* やミミモチシダ *Acrostichum aureum* などが群生する集落北東の山麓を含む一帯は，星立天然保護区域に指定されている。保護区域と集落の間には放牧地や水田などが点在し，自然植生と耕作地が入り混じった湿地環境を呈している (図 6)。集落へ向かう道路がマングローブ湿地を横断する形になっているため湿地内にアクセスしやすく，追跡調査に適した環境である。

シロハラクイナは非常に警戒心が強く，また植物の密な茂みの中を移動するため，双眼鏡などで長時間観察して利用環境を調べることは難しい。そこで筆者は，前述したラジオトラッキング法を用いて，個体の詳細な位置情報を得ることにした。これは動物に電波発信機を装着して放ち，電波が発信される位置をアンテナで遠隔から特定することで，どこにいるのかをリアルタイムで明らかにする手法である (Kenward 2001)。

2010 年 10 月に湿地内でシロハラクイナ 5 羽 (個体 A～E) を捕獲した。外部形態の計測と個体識別用の足環装着を行った後，個体 A～D の 4 羽にのみ電波発信機を装着し，放鳥した。捕獲した個体は，すべて前年以前に生まれたと思われる成鳥だった。シロハラクイナの雄は雌よりも体が大きく，また嘴の付け根の額板の赤みが強いとされる (Taylor & van Perlo 1998)。しかし，どちらの特徴も個体差が大きいことから，外見だけからは性別の判断が難しい。そのため，同じ場所で捕まった個体はつがい関係にあると予想し，つがいの大きいほうの個体を雄，小さいほうの個体を雌と仮定した。すなわち，個体 A (雄) と B (雌) はつがい，個体 C はつがい関係と性別不明，個

図 6　星立集落周辺の環境。(a) 集落入口。周辺の地域は天然保護区域に指定されている。(b) 与那田川沿いに広がるマングローブ林。(c) 牛舎と牧草地。牛が数頭飼われている。道路のすぐ向かいまでマングローブ湿地が迫る。(d) 民家裏のナピアグラスの茂み。草丈は約 3 m と高く，茎どうしが密に入り組んでいる。

体D (雄) とE (雌) はつがいであると推測された。

さらに個体間のつがい関係を確実に把握するため，ラジオトラッキング調査中，捕獲地点周辺に自動撮影用カメラを設置した。シロハラクイナは繁殖期につがいで排他的ななわばりをもち，雌雄で協力して抱卵・育雛を行う (平岡 1989；Taylor & van Perlo 1998)。また，本種は早成性の鳥であり，孵化後数日で雛は巣を離れて両親とともに行動しながら給餌を受けることが知られている (玉城 1985)。そのため，2010年12月から2011年10月まで毎月7日間 (4月，7月，9月を除く) 自動撮影カメラを稼働させ，つがいと予想される個体どうしが同じカメラで撮影されるかどうか，雛とともに撮影されるかどうかを調べた (図7)。

カメラ番号 (あ) と (い) では個体AとBおよび未標識の成鳥が撮影された。2011年4月には同じカメラに個体AとBが撮影されていたが，5月になると個体Bは撮影されなくなり，代わりに未標識の成鳥が個体Aと行動をともにする様子が写るようになった。7月上旬には，個体Aと未標識成鳥がそれぞれ単独で2羽の孵化後数日以内と思われる雛を連れている写真が撮影された。その後8月と10月には，個体A，未標識成鳥，若鳥が単独で撮影された。個体Bは5月に発信機の脱落が発覚し，それ以降も目視やカメラで確認されなかったことから，調査地から消失した (死亡または移出) と判断した。以上のことから，個体AはBと当初つがい関係にあったが，個体Bの消失に伴い，未標識成鳥と再びつがいになり，繁殖に成功したと判断した。シロハラクイナの抱卵日数は約21日間であること (玉城 1985; Taylor & van Perlo 1998)，沖縄島での育雛期は孵化後24日から52日頃まで続くことが報告されている (玉城 1985)。このことから，個体Aと未標識成鳥は1回繁殖し，営巣開始日は不明だが6月中旬から7月上旬までが抱卵期で，育雛期は8月中旬までに終了していたと推定された。

図7　追跡個体の自動撮影写真。(a) 4月の個体B。マングローブ林でつがい個体と鳴き交わしている。(b) 8月の個体D。右側に黒い綿羽の雛が1羽写っている。

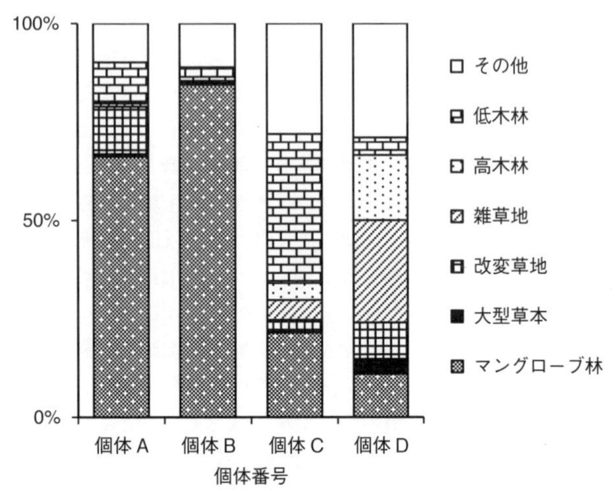

図8　追跡個体の年間行動圏に含まれた植生。個体AとDは8カ月分，個体Bは4カ月分，個体Cは5カ月分の個体位置に基づき作成 (岩崎未発表データ)。

カメラ番号 (う) では個体Cのみが撮影された。6月にはカメラで確認できなくなり，6月下旬に脱落した発信機を回収した。それ以降も個体Cは目視やカメラで確認されなかったことから，個体Cはつがい形成に至らず，繁殖しないまま6月に調査地から消失したと推定された。

カメラ番号 (え) と (お) では，繁殖期を通じて同時期に個体DとEが撮影された。6月下旬には個体Eが孵化後2週間程度と思われる雛2羽とともに撮影された。また，8月中旬には個体Dが孵化後2週間程度の雛2羽とともに撮影された。その後10月には個体D，E，若鳥が別々に撮影された。以上のことから，個体DとEはつがい関係にあり，2011年に2回繁殖したと考えられた。雛の出現時期から，1回目繁殖では5月下旬から6月中旬までが抱卵期，7月中旬頃までが育雛期だったと推定された。2回目繁殖は7月中旬から8月上旬までが抱卵期，8月が育雛期で，雛は10月には親から独立していたと思われた。

自動撮影カメラの稼働と同じタイミングでラジオトラッキング調査も実施した。2010年12月から2011年10月まで (4月，7月，9月を除く) 毎月7日間連続で行い，夜明けから日没まで1時間に一度，4個体の位置を三角測量法により推定した (Kenward 2001)。カメラ撮影で明らかになった発信機装着個体の繁殖スケジュールに照らして，行動圏の利用様式について見てみよう。まず月ごとの平均行動圏面積，つまり各個体が連続7日間かけて移動した範囲 (95%固定カーネル法による行動圏) (Worton 1989; 佐伯・早稲田 2006) は，個体Aが0.66 ± 0.28 ha (平均 ± SD，N=8)，個体Bが1.89 ± 0.84 ha (N=4)，個体Cが1.17 ± 0.81 ha (N=5)，個体Dが0.46 ± 0.38 ha (N=

8) だった。繁殖個体である個体AとDの行動圏が狭く，1 haを大きく下回る範囲で日々の生活が事足りるようだった。また，繁殖個体の行動圏の位置も大きく変化せず，1年を通じて同じ場所に見られた。

行動圏内に含まれた主要な植生は個体によって異なった (図8)。個体AとBは道路を挟んだ両側のマングローブ林に行動圏をもち，満潮で与那田川の水位が高いときには，道路を挟んだ山側にある湿地を多く利用した。また，個体Aの行動圏内には牛舎と牧草地があり (図6c)，季節によっては牛が放牧され，草丈は著しく変化した。牧草地の周辺には抽水植物ヨシの仲間である大型草本ナピアグラス *Pennisetum purpureum* がパッチ状に少数分布した (図6d)。ナピアグラスも飼養植物であるが，これは稀に少量が手刈りされて牛に与えられる程度で，そのほとんどが草丈1.0〜2.5 mの群落を1年中形成していた。個体Cの行動圏も主に与那田川のマングローブ林が占めていたが，山側にはアダンやオオバギ *Macaranga tanarius*，サキシマハマボウ *Thespesia populnea* などが生育する見通しの悪い低木林が含まれていた。個体Dは集落とマングローブ林の境界に行動圏をもち (図6a)，水田，雑草が茂った空き地，よく手入れされた人家の芝生やテリハボク *Calophyllum inophyllum* の並木などをモザイク状に含んでいた。また，マングローブ林と空き地の間にナピアグラスの群落が見られ，草丈は2.0〜3.0 mであった。

では，繁殖個体AとDの集中的に利用した環境の季節変化を見てみよう。まず個体Aは季節を通して行動圏内にマングローブ林を多く含んだ (図9a)。しかし，実際にラジオトラッキング時に個体がいたと推定される地点 (利用地点) の環境は季節に

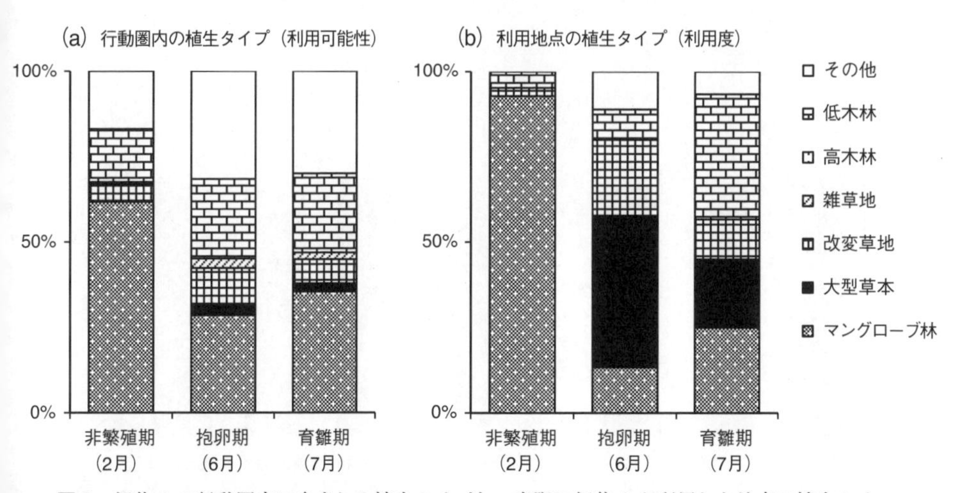

図9　個体Aの行動圏内に含まれる植生タイプと，実際に個体Aが利用した地点の植生タイプの割合。繁殖ステージは自動撮影カメラの結果より推定されたもの。(a) 行動圏内の植生タイプ (利用可能性)。(b) 利用地点の植生タイプ (利用度)。

よって大きく変化し，6月（抱卵期と推定）にはマングローブ林から大型草本ナピアグラスが優占する環境にシフトした（図9b）。その後，7月（育雛期と推定）になると再びマングローブ林や低木林の利用の割合が増加し，大型草本環境の利用は減少した（図9b）。個体Dは多様な環境を含む行動圏を有しており（図10a），非繁殖期には主

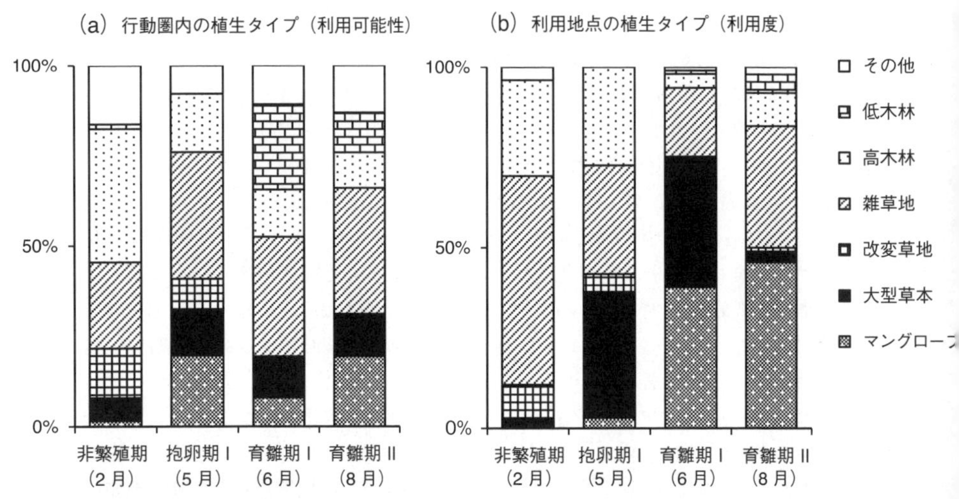

図10　個体Dの行動圏内に含まれる植生タイプと，実際に個体Aが利用した地点の植生タイプの割合。(a) 行動圏内の植生タイプ（利用可能性）。(b) 利用地点の植生タイプ（利用度）。

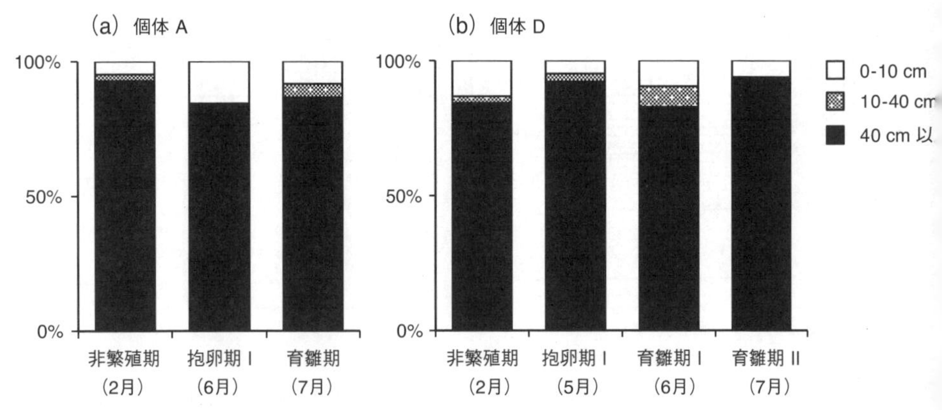

図11　繁殖個体が利用した地点の下層植生高の割合。草丈が高いほど，下層植生の見通しが悪いことを意味する。(a) 個体A。(b) 個体D。

に雑草地を多く利用していたが，5月 (1回目抱卵期と推定) には雑草地の利用が減少する一方で大型草本環境の利用頻度が高くなり，6月や8月 (1回目および2回目育雛期と推定) にはマングローブ林の利用も増加した (図10b)。また，同様の分析を環境の見通しの悪さを示す下草の高さに基づいて行ったところ，両個体ともすべての繁殖ステージで，草丈の高い下層植生環境や見通しの悪い環境を利用していた (図11a, b)。

最終的に追跡できた個体数は少なかったものの，得られた結果からシロハラクイナの行動圏内の環境利用について考えてみる。まず，1個体当たりの行動圏面積は狭かった。とくに繁殖したA, Dの2個体は，1haよりかなり狭い範囲内で育雛も含めた1年間の生活が完結していた。行動圏が狭いとは，どんな意味をもつのだろうか。留鳥であるシロハラクイナの場合，狭い範囲で1年の生活サイクルに必要なすべての資源が賄えることを意味する。繁殖ステージによってそれらの資源の重要性が相対的に異なるため，集中利用する環境が季節によって変化したのであろう。ここでいう資源とは，営巣場所 (隠れ場所)，餌，つがい相手の3つが想定されるが，今回の結果からは個体間関係は明らかでないため，とくに営巣場所と餌に着目して以下で議論する。

まず非繁殖期に必要な資源は，成鳥にとっての隠れ場所と餌である。成鳥にとって想定される捕食者はイリオモテヤマネコやイエネコ *Felis silvestris catus* であり，外敵から見通しの悪い環境を選択的に利用した。しかし成鳥は飛んで逃げられるので，卵や雛ほど捕食リスクは高くないと考えられる。またシロハラクイナは雑食性で (玉城 1985; Taylor & van Perlo 1998)，餌の種類に関する制約も少ないと考えられるため，非繁殖期には利用可能な環境の許容範囲が比較的広いと推察される。

しかし抱卵期になると，営巣に伴い利用環境に制約が生じる。鳥の主要な営巣失敗の原因は巣の捕食であり，卵は逃げることができないため，繁殖成功に直接関わる営巣場所選択はとくに重要である。想定される卵捕食者も，地上性であるネコ類やクマネズミ *Rattus rattus*，ヘビ類 (サキシマスジオ *Elaphe taeniura schmackeri*，スジオナメラの亜種) などから，亜種オサハシブトガラス *Corvus macrorhynchos osai* などの鳥類まで多岐にわたる。

今回の調査で巣を直接発見することはできなかったが，雌雄で交代性の抱卵様式 (玉城 1985; Taylor & van Perlo 1998)，推定された抱卵期の位置情報パターンから推測して，個体Aは牛舎に隣接するナピアグラスの茂みの中，個体Dは集落そばの空き地に隣接するナピアグラスの茂みの中に営巣していたとみて間違いないだろう (図7d)。今回2個体が営巣に利用したと思われる植物であるナピアグラスは，草丈が高く (1.0〜3.0 m)，上空からの捕食者が接近しづらいと考えられる。さらに，草本ではあるが茎の直径が1〜2 cmと太く，根元部分で茎どうしが互いに交差して入り組んだマット上の構造を呈しているため，地上からも中に侵入しづらい。したがって，営巣場所としての安全性が保たれていたのだと推察される。

また，人為的改変のされにくさも重要だと考えられる。シロハラクイナが隠れられるくらいに草丈が高く，密に茂った草地は両個体の行動圏内でほかにも見られた。しかし，空き地の雑草や人家の芝生，牧草地は2〜3カ月の周期で手入れされ，草が刈り取られていた。一方でナピアグラスは家畜の飼料植物であるにもかかわらず，調査地では半年に1回程度，それも小面積で刈り取られるだけであった。したがって，ナピアグラスの茂みは比較的改変されにくい場所であったと言える。この「改変されにくさ」とは，人間活動の中心から離れていることを必ずしも意味するわけではないのがとくに興味深い点である。個体Aが営巣したと推定される場所は牛舎のすぐ隣の茂みであった。個体Aが茂み内で抱卵中であったと思われるタイミングにも，牛の世話をするために人が牛舎をたびたび訪れたが，クイナは同じ場所に静かに潜んでいた。また，個体Dが営巣したと推定される場所は民家のすぐそばである。人が起き出していない早朝には，個体Dが民家の庭を歩いていたこともあった。このように，警戒心が強い一方で図太く人為的環境を利用するというシロハラクイナの性質が環境利用様式から推察される。

では育雛期についてはどうか。シロハラクイナは早成性で，卵から孵化した雛は親鳥とともにすぐに巣から離れる (Taylor & van Perlo 1998)。育雛初期には親から給餌も受けるが，雛は主に自力で採餌する。雛は昆虫などの動物質の餌を中心に食べるため (玉城 1985)，そうした餌が豊富な環境が育雛期には重要である。繁殖した2個体とも育雛期にマングローブ林の利用が増大したのは，水生無脊椎動物などの餌が豊富なためである可能性があるが，今回の調査からは餌場の評価はできなかった。捕食回避の面では，水辺は陸上捕食者からのリスクを軽減することから (Burger 1985)，マングローブ林などの湿地は雛の捕食回避にも適した環境である可能性がある。先行研究では，とくに雛が小さく移動能力に乏しい時期にのみ親子で利用されるねぐらや休息場所の存在が報告されており (玉城 1985; Gopakumar & Kaimal 2008)，主に水辺近くの低木の茂みなどが使われるようだ。

少ない個体数の追跡からではあるが，以上のようなシロハラクイナの詳細な環境利用様式が明らかになった。シロハラクイナは飛べるにもかかわらず，本調査地に生息する個体は非常に狭い行動圏内で生活していることがわかった。その狭い範囲内で育雛も含めて生存に必要なすべての資源を担保できる，西表島の豊かな自然には脱帽である。

おわりに

最後に，シロハラクイナの環境利用に関わる特性についてまとめる。シロハラクイナは草地からマングローブ湿地，森林まで，島の低地部全域の多様な植生に出現した。ラジオトラッキング調査でも，行動圏に含まれる主要な植生は個体ごとに異なっていた。このことから，種として生息可能な植生タイプは幅広いと推測できる。

しかし，さまざまな植生を利用するなかでもすべての追跡個体で一貫していたのは，背丈が高い草地や下層植生が密に茂った低木林，根が発達したマングローブ林などの，見通しの悪い環境の利用である。外敵に見つかりにくい環境への選択性は他のクイナ類でも報告されており (Elliott 1987; Jedlikowski et al. 2014)，クイナ類を警戒心の強さを特徴づけるものだ。それは営巣場所選択においても同様で，今回は 2 個体の繁殖しか追跡できなかったものの，両個体とも営巣したと推定される場所は大型草本ナピアグラスの茂みの中だった。またナピアグラスの生える環境は草丈が高いだけでなく，行動圏内の他の草地と比べて改変されにくかった。そのため，調査地においてはナピアグラスの茂みが他の草地よりも営巣環境として適していた可能性がある。

ただし，地域が変われば営巣環境も変わるようだ。他の地域での営巣環境に関する情報は少ないが，沖縄島北部にある我部祖河川流域ではマングローブ植物の樹冠での営巣が多数観察されている (玉城 1985)。またインドでは湖畔に生育するアダンやギンネム *Leucaena leucocephala* の樹冠部での営巣も報告されており (Gopakumar & Kaimal 2008)，生息地の状況に適応して営巣場所を選択していると考えられる。

このように，成鳥は外敵に見つかりにくい範囲内で多様な植生タイプに幅広く生息し，行動圏内で捕食者からの安全性と改変されにくさが担保されている場所を状況に応じて選択し営巣する。このような環境利用様式が，新たな土地での定着成功に重要であるのかもしれない。そして，人為環境のすぐ近くを利用可能である点も注目に値する。もちろん，自然度の高い西表島の人為的環境と，開発の進んだ他地域のそれとを同列に考えることは難しいだろう。とはいえ，警戒心が強いにもかかわらず人間活動のすぐそばで生息できる点は，他のクイナ類と異なり分布拡大に関連する重要な性質である可能性がある。

また，繁殖個体の行動圏は約 1 年間を通して同じ場所に位置し，渡りなどの季節的な移動は見られなかった。追跡個体数が少ないため断定はできないが，広域調査で路上に出現した繁殖個体も，同じ場所に 1 年中なわばりを保持しているのかもしれない。このように繁殖個体が 1 年を通して強い土地執着性をもつと仮定すると，分布域の範囲を越えて迷行しやすいという既知のシロハラクイナの特性との間に矛盾が生じてしまう。この矛盾を解く鍵は，どこにあるのだろうか。たとえば若鳥などの，繁殖なわばりを獲得できないような地位の低い個体が，そのような漂行性を示すのかもしれない。個体間の優劣関係と，移動特性との間の関連性を調べることで，シロハラクイナの漂行性の謎を解明する手がかりにつながる可能性がある。私自身の調査努力の末に得られた結果と，既存の知見とを混ぜ合わせることで，こうした新たな研究テーマの「新芽」が得られるという体験は，まだ研究者の卵である筆者にとっては得がたい貴重なものであった。

八重山諸島において，シロハラクイナは普通に観察できる鳥で，絶滅危惧種であるわけではない。しかし，この鳥をつぶさに観察することで，これまで知られていなかった興味深い特性の一部を明らかにすることができた。そしてこの結果は，希少種を含むクイナ科鳥類全体の生活史解明の一端を担うものである。もちろん絶滅の危機に瀕した種の生態を直接明らかにすることは喫緊の保全課題として重要である。しかしそれだけでなく，身近で見られる普通種の生態に隠された純粋な面白さに着目し，そこから分類群全体の生態的理解へとつなげていく視点を，今後ももち続けたいと思う。

第 III 部
島に特徴的な生態と行動

島という特殊な環境には，その島独自の群集構造や生態系，景観が見られる。そしてそのような特殊性は，鳥類の生態と行動にしばしば大きな影響を与える。つまり島という環境は，そこに生息する鳥類の個体群に対し，その島独自の特徴をもたらす可能性があるということだ。島で鳥類を観察する魅力は，ただ単に珍しい種が見られるということだけではない。その個体群独自の特徴が見られることもまた，島の鳥類観察の面白さであると言えるだろう。アカショウビンによるシロアリのコロニー利用やマングローブ林で形成される混群などなど，島には興味深い観察対象が満載だ。見た鳥の種数を数えるバードウォッチングから一歩進んだ，そんな島ならではの鳥類観察の醍醐味を伝えたい。

長期密着型フィールドワークの苦しみと醍醐味

繁殖生態の調査はデータの取り直しが不可能なことが多く，その年にデータをとり逃せば，また翌年まで調査のチャンスは回ってこない。調査中は，日夜，対象種のことばかり考え，鳥の事情に合わせた生活がひたすら続く。長期的な生態調査は忍耐の連続であり，とにかく時間がかかること，そして努力量と結果が見合わないことの多さが，長期密着型フィールドワークの苦しみの最たるものであろう。

南の島で一から始めたメジロの調査が，博士の学位取得という，とりあえずの大団円を迎えるまで，ずいぶんと時間がかかった。調査三昧の日々から明らかにできたのは，メジロの基礎的な繁殖データばかりである。これらは記述的な情報だが，それらの組み合わせからは一歩進んだ発展的テーマが生まれる。生態学の研究では，どのようなテーマであれ，対象種の生態や生活史を把握していなければ，結果の解釈に支障をきたす。そのため，もっとも大切なのは対象種を「よく見る」ことだと私は考えている。

結果を得るまでに時間がかかることは，繁殖生態調査の辛い部分だが，調査に時間をかけられることは大きな醍醐味も生む。想像力をもって腰を据えて鳥たちを見れば，彼らの行動・生態・形態の意義が急に見えるときがくる。私は，テーマが決まっていないがゆえに，メジロという鳥を，これでもか，というくらいじっくり見た。始めは単発の結果がとりとめもなく散在しているだけだったが，ある日，すべての結果が「子の捕食回避」という1本の道に沿って並び始めた。メジロと彼らを取り巻く物理的・生物的環境を「よく見た」結果だと思っている。長期的な密着調査はその鳥のことを全身で感じることのできる恵まれた調査方法である。

長期調査の形はさまざまである。半年以上も密着調査を行えるのは学生の特権だが，短期調査を何年も繰り返すことも長期調査だろうし，週末に決まったフィールドに赴いて観察を続けるのもまた長期調査だろう。本書の他の章でも紹介されるとおり，南西諸島の鳥たちには魅力的な謎がたくさん潜んでいる。また，希少種だけが良い対象種ではない。想像力をもって鳥たちを見れば，不思議な行動や生態を発見することができる。魅力あふれる南の島々で，じっくり彼らを「見る」ことをお勧めしたい。

（堀江明香）

11
父の知恵が子を守る！
―営巣場所を学ぶ孤島のメジロ―

(堀江明香)

種名　亜種ダイトウメジロ

学名　*Zosterops japonicus daitoensis*

ゲットウの花蜜を吸いにきた亜種ダイトウメジロ。

分布　メジロ *Zosterops japonicus* は日本全土・朝鮮半島・中国大陸に分布しており，国内外あわせて8亜種，あるいは9亜種に分類されている。国内では北海道・本州・四国・九州および周辺の島嶼に基亜種メジロ *Z. j. japonicus*, 伊豆諸島に亜種シチトウメジロ *Z. j. stejnegeri*，硫黄列島に亜種イオウトウメジロ *Z. j. alani*，屋久島および種子島に亜種シマメジロ *Z. j. insularis*，南西諸島に亜種リュウキュウメジロ *Z. j. loochooensis*，そして大東諸島に本章の主人公，亜種ダイトウメジロ *Z. j. daitoensis* が分布する。国外には中国大陸に亜種ヒメメジロ *Z. j. simplex*，海南島にハイナンメジロ *Z. j. hainanensis* が分布する。バタン諸島のメジロは本種の亜種キクチメジロ *Z. j. batanis* とされる場合と，フィリピンメジロの亜種 *Z. meyeni batanis* とされる場合がある。基亜種メジロと，中国大陸に分布する亜種ヒメメジロを除いて，他はすべて比較的小さな島々に固有の亜種である。

全長　約 11 cm

生態　眼先部分に切れ込みの入った白いアイリングがメジロの最大の特徴。亜種ダイトウメジロでは眼先の黄色い斑が目立つ。山地・低地の林をはじめ，都市の緑地公園などさまざまな環境に生息し，一夫一妻で繁殖する。花蜜，果実，昆虫などの節足動物，樹液など，さまざまなものを採食するが，舌先が筆状になっており，花蜜食に適応していると考えられる。雛へは主に節足動物を給餌するが，小笠原諸島ではグリーンアノール，大東諸島ではヤモリの幼体を給餌するのが観察されている。

極彩色の南の島―そのイメージはどこまで正しいか―

サンゴ礁と色鮮やかな魚たちに彩られた青い海。陸に上がれば，田中一村の絵のような濃い緑のジャングルが密に広がり，そこには変わった生き物たちが棲んでいる…。日本の南に点在する島々の自然には，そんなイメージがあるのではないだろうか。大阪出身の私が琉球大学に入学した当初に，奄美や沖縄に対して抱いたイメージも，そこから大きくは外れていない。事実，学部生時代はダイビングクラブに所属して毎週，海に潜り，休日には友人たちと沖縄島北部のやんばるの森に足を運んで，色鮮やかな魚たちや，ヤンバルクイナ *Gallirallus okinawae*，ノグチゲラ *Dendrocopos noguchii*，亜種ホントウアカヒゲ *Larvivora komadori namiyei* などの固有の鳥，オキナワイシカワガエル *Odorrana ishikawae*，イボイモリ *Echinotriton andersoni*，ケナガネズミ *Diplothrix legata* など，本州では見られない生き物たちに親しんだ。学部生時代は，イメージどおりの琉球の自然を十分に体感できた 4 年間だった。

しかし当然ながら，奄美や沖縄の島々はどれも同じではない。上記のようなイメージは，沖縄以外の地方の人間が抱く，ごく代表的なものでしかない。それぞれの島には，地史的・生物学的・文化的にも他とは違った側面があり，その多様性がこの地方の島々の魅力でもある。私は学部と大学院それぞれの学生時代に，西表島と南大東島という，まったく違った島で研究を行ってきた。一方の西表島は本州でもよく知られた「エキゾチックな魅力がいっぱいの亜熱帯の島」の代表格である。しかし，もう一方の南大東島は，今でこそテレビで紹介されることこそあれ，私が調査入りした頃は，台風報道で耳にするのがせいぜいの「未知なる島」であった。南大東島はさまざまな面で，沖縄島周辺や八重山の島とは異なる島である。本章では，そんな知られざる南大東島で私が 10 年近く続けてきたメジロ *Zosterops japonicus* の研究について紹介する。島や調査の様子を交えつつ，研究の経緯を紹介することで，鳥類を対象としたフィールド研究の魅力をお伝えしたい。

西表島と南大東島―2 つの調査地―

前述のとおり，私は琉球大学で学部生時代を過ごした。小さな頃から博物学者を夢見ていた私は，実際にフィールドに出て，生き物の生態を研究したいと思っていた。幸い希望したとおりに，哺乳類や鳥類を研究している研究室に配属された私は，指導教員の伊澤雅子先生の勧めで，立教大学 (当時) の上田恵介先生とその学生さんのフィールド，西表島のマングローブ林でメジロの研究を行うことになった。今も続くメジロ屋人生の始まりである。

西表島は鬱蒼(うっそう)とした亜熱帯の森に覆われており，沖縄で 2 番目に高い山を有する大きな島である。島の周りは，有名な星砂の浜をはじめとする，白砂の砂浜で縁取られ，河口の汽水域にはマングローブ植物が泥に気根を伸ばしている。どれも「琉球」のイメージと少しも違わない，魅力的な島だ。

私の卒論のテーマは，マングローブ林に生息するメジロ (亜種リュウキュウメジロ *Z. j. loochooensis*) の採餌生態，とくに，オヒルギ *Bruguiera gymnorrhiza* の花粉媒介へのメジロの関与を明らかにすることであった。潮の満ち干で調査時間は変わるのだが，毎日，朝・昼・夕のそれぞれ2時間をマングローブ林の中で過ごした。足場の悪いマングローブ林での調査はなかなか大変だったが，生き物に囲まれた調査はとにかく楽しかった。残念ながらイリオモテヤマネコ *Prionailurus bengalensis iriomotensis* (ベンガルヤマネコの亜種) こそ見られなかったが，調査中には，沖縄や八重山固有の生き物を数多く見ることができた。橙色みの少ない黄色が爽やかな亜種リュウキュウキビタキ *Ficedula narcissina owstoni* の親子や，意外と普通に見られるキンバト *Chalcophaps indica*，夕暮れの迫るなか，のんびりと聞こえる亜種チュウダイズアカアオバト *Treron formosae medioximus* の鳴き声，小さな身体で餌をあさる亜種リュウキュウイノシシ *Sus scrofa riukiuanus* と，その背中に止まっておこぼれを狙う亜種オサハシブトガラス *Corvus macrorhynchos osai*，威厳のある風貌のカンムリワシ *Spilornis cheela* など，忘れられない思い出が多い。

その後，本格的に鳥類の研究を行うため，大阪市立大学の大学院に進学し，調査対象は西表島の亜種リュウキュウメジロから，南大東島の亜種ダイトウメジロ *Z. j. daitoensis* へと移った。西表島のイメージを引きずったまま訪れた南大東島の印象は，今まで馴染んでいた琉球のイメージからはほど遠く，同じ沖縄とは思えないほどだった。南大東島は中央がくぼんだすり鉢状の島で，周囲は断崖絶壁に囲まれており，島の中からは海が見えない。二～三重になっている帯状の林は貧弱で，その中から聞こえる鳥の声と言えばスズメ *Passer montanus*，ヒヨドリ *Hypsipetes amaurotis*，メジロくらいである。西表島とのギャップは大きく，「生き物の少ない島だな」いう感想が私の第一印象だった。南大東島は，灼熱の太陽とサトウキビ畑でなんとか琉球を感じられる島だったのである。

独特の印象も当然で，南大東島を含む大東諸島は，南西諸島の他の多くの島々とは地史的な歴史が大きく異なる。西表島を含む琉球列島が，海水面の上昇によって大陸の一部が島となった大陸島であるのに対し，大東諸島は海底火山由来の海洋島である。さらに，大東諸島は世界的にも珍しい隆起環礁の海洋島である。大東諸島は，約4,000万年前に赤道周辺で海底火山周囲の環礁として誕生し，その後，環礁はフィリピン海プレートに乗って北上しながら発達を続け，約160～120万年前に隆起したと推定されている (Ohde & Elderfield 1992)。大東諸島は他の海洋島と同じく，どの陸地とも陸続きになったことがないため，島に生息する在来の生き物は自力で飛翔してくる，波や漂流物に運ばれて漂着する，それらの生き物にくっついてやってくる，などの方法でしか定着できない。そのため，島には大型の哺乳類や爬虫両生類が分布せず，生息する生き物は島に固有だがその種数は少数，という海洋島特有の特徴をもつ。私が感じた「生き物の少ない島」という印象の理由は，大東諸島のでき方に起因していたのである。

大東諸島の場合，ヒトによる開拓も生物種が少ない理由の 1 つである。大東諸島に生息する留鳥は陸鳥・水鳥を含めて 11 種であり，琉球列島の中でもっとも少ないが，かつてはさらに 5 種が分布していた (高木 2009)。絶滅したのは亜種ダイトウノスリ *Buteo buteo oshiroi*，亜種ダイトウウグイス *Cettia diphone restricta* (大東諸島個体群)，亜種ダイトウミソサザイ *Troglodytes troglodytes orii*，リュウキュウカラスバト *Columba jouyi*，ハシブトガラス (大東諸島個体群) で，森林性の鳥類が多い。ちなみに，南大東島に現在生息しているウグイスは本州産の亜種ウグイスの特徴に矛盾せず，亜種ダイトウウグイスとは異なる (高木未発表)。これらの絶滅種，亜種，個体群は，1900 年から始まった開拓・入植による生息地の消失と，ヒトが持ち込んだイエネコ *Felis silvestris catus*，ニホンイタチ *Mustela itatsi*，クマネズミ *Rattus rattus* などの影響で絶滅したと考えられている。現在，ダイトウメジロと同じく林で繁殖しているのは，亜種ダイトウヒヨドリ *H. a. borodinonis*，スズメ，亜種ダイトウコノハズク *Otus elegans interpositus* のみである。林に面したサトウキビ畑周辺では，モズ *Lanius bucephalus*，ウグイス *C. diphone* が繁殖している。

このように，独特の起源と単調な自然が特徴の南大東島で，私の調査生活はゆっくりと，そして手探りでスタートした。

ダイトウメジロを知る

私の調査対象となったのは，メジロの 1 亜種で，大東諸島に固有のダイトウメジロである。メジロ属 *Zosterops* の鳥たちは熱帯起源だと言われており，アフリカ，アジアに広く分布しているのだが，大きな特徴として，島に固有の種・亜種がとても多いことがあげられる (del Hoyo et al. 2008)。太平洋の島々には，各島それぞれに少しずつ異なる形態・生態をしたメジロたちが生息しており，インドネシアなどでは各島に別種のメジロが分布しているため，国内に分布しているメジロはなんと 16 種にもなる (del Hoyo et al. 2008; 茂田 2008)。メジロは島ごとの種分化や，島での生態・行動の進化を探るのにうってつけの鳥なのである。

しかし，上記のようなメジロの利点は，メジロの研究を始めてから知ったものである。研究の始め方には，興味のあるテーマがあって，それを明らかにするために対象種や方法を考えるものと，対象とする種を設定して，面白そうなテーマを探すものの 2 タイプがあるが，私の研究は典型的な後者。調査開始当初，研究テーマはまったく決まっていなかった。また，身近な鳥のわりにメジロ自体の繁殖生態はほとんど解明されておらず，文献からテーマを見つけるのにも苦戦した。そのため，とにもかくにもダイトウメジロの繁殖生態を知る，というものが前期博士課程の 1 年目の課題であった。

調査三昧の日々

繁殖調査は地道な作業の連続である。調査内容は，どのようなデータをとりたいかによって変わるが，テーマの決まっていなかった私は，繁殖に関わるデータをとれるだけ全部とることにした。これは同じく南大東島でモズを研究していた先輩に勧められてのことだが，当時「なんとなく」とっていたデータは，繁殖成績を多面的に評価するうえで非常に重要なものとなった。

行っていた調査を列挙すると，(1) 成鳥の捕獲と色足環での個体識別，(2) 識別した個体の行動圏の把握と巣の特定，(3) 巣の中の卵や雛の数と産卵日・孵化日・巣立ち日の特定，(4) 形態計測による雛の成長過程の把握，(5) 繁殖の成否の特定と失敗要因の推定，(6) 営巣場所の特徴の定量化と，どれもそう難しいものではない。しかし，これらを漏れのないように遂行するにはなかなかの忍耐力が必要である。

繁殖生態，とくに個体ごとの繁殖を追う行動生態学の研究の基本は個体識別である。メジロは雌雄同色であるため，見た目では雄か雌かさえわからない。私の調査では，かすみ網で捕獲を行い，1個体1個体が異なる色の組み合わせになるように，プラスチック製の色足環を3つつけた。

捕獲した個体は形態計測を行い，性別や年齢を判定した。性別は，繁殖期であれば総排泄孔の形状で簡単に区別できる。年齢の査定はそれよりもっと難しいが，その年生まれの幼鳥と成鳥であれば，虹彩色，羽の形と質，頭骨の骨化度合いの3つの指標で判別できる (堀江未発表)。しかし，これらの指標を用いても，幼鳥だと判定できるのは生まれた翌春までである。それ以降の個体はすべて「成鳥」であり，形態だけでは正確な年齢はわからない。私の研究では幼鳥や1歳鳥として捕獲したメジロを経年追跡することで，正確な年齢の把握に努めた。

もっとも重要な調査である巣探しでは，色足環をつけたメジロと彼らが造った巣を探して調査地内をくまなく踏査する。私の調査地は約2 haと，鳥の調査区としては大変小さいのだが，巣を見落とさないように巣探しを行うには調査地一回りにつき約1週間かかる。半年以上に及ぶ調査期間の間は，ひたすらこの巣探しを繰り返す。これがいちばん大変な作業なのだが，うまく巣が見つかればいちばん楽しい調査でもある。

メジロの巣はかわいらしい。小さく，精巧な作りをしており，中に産み込まれた白い卵は，巣内の暗がりの中で輝いて見える。繁殖調査でのいちばんの喜びは，やはり，卵の入った巣を発見することである。調査開始時，巣探しはいちばんの苦労の種であったが，巣材運びなど，親の行動を指標に巣を見つけられるようになり，もっとも集中して調査を行った2005年から2009年の間に計200巣以上の巣を発見した。とくに，造巣前の雄が特徴的な行動をとることに気づいてからは，繁殖ステージの初期に巣を見つけられるようになった。その行動とは，雄が「チルチルチル …」と聞こえる甘い声を出しながら翼を小刻みに震わせるのである。この行動をとる雄の後にはたいてい雌が追随しており，数日後には巣材運びをしている。私はこれを「チルチルモード」と呼び，この行動をとっていたつがいについて，通常の巣探しとは別に観察を行い，多くの巣を見つけることができた。メジロは雄が営巣場所を決定するらしい。

見つけた巣は，卵がいつ産み込まれたか，雛が孵化したのはいつか，捕食などで巣内が空になったのはいつなのか，モニタリングを行う。巣内のチェックには繰り出し式の竿の先に鏡をつけたものを使い，親がいないうちになるべく手早く行う。幸い，孤島に棲むダイトウメジロは人をあまり警戒しない。巣から 5 m しか離れていない場所に座っていても，気のない素振りをしていれば，平気で巣に出入りする。

見えてきたダイトウメジロの面白さ

前期博士課程の調査期間は延べ 15 カ月ほどに及んだ。島の人たちと親睦を深めたり，島の運動会に出場したりしながら，毎日調査を続けるうち，少しずつダイトウメジロの特徴が明らかになってきた。

初めに気づいたのは，ダイトウメジロの繁殖期の長さである。長期調査の結果から，早いつがいは 1 月末に産卵し，産卵のピークは 2 月から 3 月であること，繁殖は 7 月頃まで断続的に続き，時には 11 月にも繁殖することがわかった (堀江未発表，堀江ら 2005)。本州などの温帯域のメジロたちは，おおむね 4 月頃から繁殖を開始すると考えられているが，ダイトウメジロは 2 カ月も早く，繁殖のピークを迎えるのである。

さらに，個体識別したつがいの追跡調査から，彼らはこの長い繁殖期の間に 2〜5 回も子育てを試みることがわかった。ダイトウメジロは，繁殖に失敗すると速やかにやり直し繁殖を行う。繁殖回数にやり直し繁殖の回数を含めるかどうかはその研究の考え方によるが，産卵は大きなエネルギーコストを伴うため，本研究では「産卵まで至った繁殖の回数」を繁殖回数と定義した。ダイトウメジロは雛を巣立たせると，平均 1 カ月以内に次の繁殖に入る。また，繁殖に失敗した後も短期間でやり直し繁殖を行う。もっとも成功したつがいは一繁殖期に最大 4 回も雛を巣立たせており，繁殖回数は平均 3 回であった。

親は子育て 1 回ごとに新しい巣を造る。一腹卵数 (一度の繁殖で巣に産み込む卵の数) は発見した 210 巣のうち 95% で 2 卵か 3 卵であり，卵数には個体差がほとんどない。無斑白色の卵は 1 g ほどの重さしかなく，抱卵期間は 11 日，育雛期間は 10〜14 日であった。造巣・抱卵・抱雛・給餌などの，産卵以外のすべての作業は両親が協力して行う。

個体識別したつがいの長期追跡から，ダイトウメジロの夫婦関係も少なからずわかってきた。つがいはほぼ同じ行動圏を複数年にわたって使っており，その夫婦関係は長いつがいで 5 年続いていた。1 例を除いて，雄は発見時から消失するまでずっとほぼ同じ場所を行動圏として使っており，消失後に別の場所で確認されたことがなかったことから，一度獲得した行動圏は死ぬまで使うと考えられた。その間につがい雌が消失した場合，雄は同じ行動圏を維持し続け，別の雌を後妻に迎えた。一方，雄が消失した場合，残された雌は行動圏を出て，他の独身雄と再婚するようだ。雄の消失後に再婚した 8 雌のうち 1 例だけは，つがい雄の消失後も雌が行動圏を変えず，若い雄を迎え入れる形で再婚したことがあったが，それ以外の 7 雌は，違う場所にある別の雄のなわばりで再婚が確認された。上記のような「死別後の再婚」は頻繁に確認されたが，つがい関係を経年的に追えた約20つがいのうち，つがい相手が消失しなかった8つがいはすべて，観察できた期間を通してずっと同じつがい相手と繁殖を繰り返しており，ダイトウメジロはつがい相手が死なない限り，同じ相手と添い遂げるようだ。

つがいとなって子育てを開始しても，当然だが，産まれた卵・雛すべてが無事に巣立つわけではない。鳥類が卵や雛を失う主な理由には，(1) 受精失敗，(2) 孵化失敗，(3) 巣への物理的なダメージ，(4) 托卵，(5) 餓死，(6) 捕食の6要因が考えられる。ダイトウメジロの場合はどうだろう。

まず，(1) 受精失敗と (2) 孵化失敗だが，確かに，ダイトウメジロの卵には，時々未孵化のものがある。たいていは一腹の3卵のうち，1卵だけが孵化しないまま巣内に残されている。抱卵期からモニタリングできた135巣のうち，未孵化卵が見つかったのは22巣。そのうち1巣だけは3卵すべてが孵化せず，親が放棄したことがあったが，それ以外はすべて，一腹卵のうちの1卵が未孵化卵であった。これらには発生が進んでいない (1) 未受精卵と，発生が途中で止まっている，(2) 孵化失敗卵の両方が観察された。しかし，巣単位で見た孵化率は91%と高く，子の喪失要因としてはそれほど大きなものではない。

次に (3) 巣への物理的ダメージだが，南大東島は台風の通り道にあたるにもかかわらず，巣の落下はほとんどない。さらには，亜熱帯の島であるからか，食べ物も豊富にあるらしく，(5) 雛の餓死も一度も観察されなかった。カッコウ類などの托卵鳥も分布しないため，(4) 托卵による卵の消失も起こり得ない。

残るは (6) 捕食である。スズメ目の小鳥では，捕食が繁殖失敗の主要因だと考えられており (Martin 1993 など)，捕食者は多くの場合，繰り返し巣を襲ってすべての卵・雛を捕食してしまう。ダイトウメジロでも，巣内の卵・雛がすべて消失することが頻繁にあり，繁殖に失敗した巣のじつに98%が捕食によるものと推定された。抱卵期・育雛期のいずれかで巣内が空になった割合，つまり捕食率は32.4%であり，一腹卵がすべて消失した例が135巣中32巣 (23.7%)，一腹雛すべてが消失した例が178巣中37巣 (20.8%) であった。また，個体識別したつがいごとの営巣成功率 (巣立ち成功巣数/1繁殖期に試みた総営巣数×100) は平均66.8%であった。

以上の情報を総合すると，ダイトウメジロは，同じつがい相手と同じ場所で何年も繁殖を繰り返し，さらには長い繁殖期の間に少数の卵での繁殖を何度も繰り返すという特徴をもっていることがわかる。繁殖回数や一腹卵数にはつがい間であまり違いがなく，卵や雛の喪失要因はほぼ捕食に限られる。彼らが繁殖成功度を上げるには，卵や雛を捕食から守ることがもっとも大切だと考えられた。

捕食に特化した研究の始まり

前期博士課程の研究から，雛を多く残すためには捕食回避が最重要課題になるらしいことがわかった。そして，個体識別したつがいを詳細に追っていると，毎回，うまく雛を巣立たせている親と，何度も捕食される親がいることもわかった。この違いは何なのだろう。

前期博士論文の実際のテーマは「尾羽の成長帯幅を指標とした親鳥の身体的コンディションと繁殖成績の関係」というものであったが (成長帯幅についてはGrubb 2006を参照)，得られた結果は，コンディションの良い雄親ほど多くの雛を残している，というものであった。しかも，コンディションの良い雄ほど，巣をうまく隠しており，捕食にあいにくいことがわかった。前期博士課程の研究時には，なぜ身体的コンディションが良いと捕食率が低いのか明確に示すことはできなかったが，野外調査での直観として，巣の卵や雛をよく捕食される親には，前年に幼鳥として足環をつけた1年目の若鳥が多いことに気づいていた。初めて子育てをする彼らの巣はお世辞にもいい場所にあるとは言いがたく，周りから見えやすかった。オーストラリアのキャプリコーンメジロでは年配の個体ほど採餌能力が高く，身体的コンディションが高いと推察されることから (Jansen 1990)，コンディションの良い雄親とは年配の個体であり，そのような雄親ほど捕食をうまく回避できている可能性があったのである。もしかすると，彼らがうまく子育てをするには経験が必要なのではないだろうか。

ゼロからスタートした研究は急速に方向性をもち始め，明らかにしたい疑問が次から次へと浮かんできた。彼らはどうやって卵や雛を捕食から守っているのだろう？捕食回避のうまい個体はどんな個体なのだろうか。子育てに経験が必要なら繁殖成績は年齢とともに上がっていくはずだ。そもそも捕食者は誰なのだろう。捕食者は1種とは限らない。複数種いるなら，親鳥はそれぞれの捕食者を見分けて対応を変えたりしているのだろうか。研究は俄然，面白くなってきた。

これらを受けて後期博士課程の研究では，「親鳥がどのようにして子の捕食を回避しているのか」を明らかにすることをメインテーマとした。なかでも，「捕食回避に経験の効果があるのか」，そして「親鳥は複数の捕食者にどう対応しているのか」を詳細に調べることにした。

巣における子の捕食は親の適応度を直接的に下げるため，親鳥はさまざまな方法で捕食を回避することが知られている。この対捕食者行動は，(1) 営巣場所の選択，(2) 捕食者への警戒・攻撃，(3) 捕食者に見つかりにくくするための訪巣回数の調節，の3つに分類することができる。私は，ダイトウメジロの親鳥によるこれらの行動を詳細に調査し，親鳥が繁殖経験によって行動を修正できるのか，また，捕食者の種に応じて行動を変えるのかどうかを検討することにした。本章ではこのうち，(1) 営巣場所の選択について明らかになった内容を紹介する (Horie & Takagi 2012)。

生き物の少ない島の利点―たった2種の捕食者―

捕食回避機構は多くの研究者によって調査されている古いテーマである。しかし，実際の捕食者を特定して捕食者ごとの捕食特性の違いを検討した研究は少ない。なぜなら通常，鳥の巣は複数種の捕食者に同時的に狙われており，巣の痕跡からではどの捕食者に捕食されたのかを特定することができないからである (Filliater et al. 1994)。日本の本州で考えても，鳥の巣を襲いそうな捕食者候補には，ヘビ類，カラス類やカケス *Garrulus glandarius* などの鳥類，ネズミやリスなどのネズミ目哺乳類，ネコやイタチ，イヌ *Canis lupus familiaris* などのネコ目哺乳類など，多くの動物が想定される。ヘビ類にも地上で行動するものと樹上性のものがいるし，哺乳類でも地上性のものもいれば，細い枝先まで登れる種もいる。

調査当初，少なからず私をがっかりさせた南大東島の生物相の薄さだが，捕食に特化した研究においては大きな利点にもなることに気づいた。生物どうしは1種対1種だけではなく，複数の生物種が非常に複雑な関係で結ばれている。この生物網と呼ばれる生物どうしの相互作用は，当然，生息する種数が多いほど複雑さを増す。南大東島は海洋島であることに加え，ヒトによる開拓の影響で，在来種・外来種ともに生き物の種数が少ない。そのため，生き物どうしの結び付きの数が少なく，食物網の構造が単純なのである。

南大東島は他の陸地と陸続きになったことのない海洋島であるため，ヘビ類を含む爬虫両生類が分布しない。空を飛んで分布を広げられたコウモリ類を除き，哺乳類も分布しない。また，鳥の巣を襲う在来の鳥類も，絶滅したと言われるハシブトガラス以外は分布しておらず，猛禽類も非繁殖期の冬場にやってくるだけである。そのため，南大東島でメジロの巣を襲う可能性のある潜在的な捕食者は，ヒトが持ち込んだイエネコ，ニホンイタチ，人間の入植以降に島に侵入したクマネズミ，そして入植に伴う環境改変後に自然に定着したモズの4種のみである。しかも，メジロはおおむね4～5mの高さの細い枝先に巣を架けるため，イエネコとニホンイタチは巣に近づくことが困難な場合が多い。つまり，ダイトウメジロの巣を襲う主な捕食者はクマネズミとモズの2種だけだと考えられた (Horie & Takagi 2012)。

捕食の犯人捜しはなかなか困難な場合が多いが，直接観察や録画などから特定できることもある。ダイトウメジロの場合，抱卵期に卵が消失した巣では，巣の下に穴の開いた卵殻が落ちていることがほとんどであった。低い位置の巣がないわけではないので，ネコやイタチによる卵捕食が絶無だとは思わないが，たとえアクセスできても，ネコやイタチでは長径1 cm程度の小さな卵は丸呑みされてしまうだろうし，モズは動かない卵は捕食しない。そのため，捕食者候補のうち，卵を捕食しているのはほぼクマネズミのみだと推定された。

育雛期でも，巣内に雛の体の一部が残っていたり，雛につけた足環のみが残っていたりする例があり，この場合も犯人はクマネズミだと推定された。問題は，痕跡が残らなかった場合の雛捕食者の特定である。やはり，イエネコやニホンイタチは巣へのアクセスが容易ではない点で，主要な捕食者とは考えにくい。調査当初はモズ，亜種ダイトウヒヨドリ，スズメなどの鳥類を捕食者候補だと考えていた。しかし，メジロの親鳥は同所的に生息する亜種ダイトウヒヨドリとスズメをほとんど警戒しないため，捕食者とは考えにくかった。また，モズはメジロの成鳥を襲うため，メジロはモズに対して集団でモビングを行うほど強く警戒するが，モズがメジロの雛を襲っているという確証は得られずにいた。

巣のチェックに訪れたある日，けたたましいメジロの警戒声に見上げて見ると，モズがメジロの巣の縁に止まっているではないか。息をのんで見守っていると，モズはメジロの巣内から雛をつまみ出し，そのまま運び去った。メジロの親鳥は激しい警戒声を出し続け，モズの周囲を飛び回ったが，モズはまったく意に介さず，結局，雛の数だけメジロの巣を再訪し，すべての雛を捕食してしまった。

クマネズミとモズ—どんな巣を襲う？—

こうして，卵捕食者としてクマネズミ，雛捕食者としてクマネズミとモズを特定することができた。彼らはどのような場所にある巣を襲うのだろう。

ダイトウメジロの営巣場所の特徴は，巣高や幹から巣までの距離，林縁からの距離，隠蔽率など，11 個の変数で定量化した。隠蔽率は，巣から 1m 離れ，東西南北の 4 方向から巣の隠れ度合いを 10％ごとに目視で測り，4 方向分を平均した。捕食巣と，孵化や巣立ちに成功した巣でこれらの巣形質を比較することによって，どんな巣が捕食されやすいか知ることができる。クマネズミとモズはそれぞれ，どんな巣をよく襲うのだろうか。

まずは卵捕食，つまりクマネズミによって捕食された巣の特徴を知るために，卵の段階で見つけた巣のうち，巣の特徴を定量化できた 164 巣について検討した。卵捕食にあった 23 巣と，少なくとも雛が孵化するところまではうまくいった 141 巣で巣形質を比較したところ，有意に違っていたのは巣高と隠蔽率であり，卵捕食巣は低い位置にあること，そして周りから見えやすいことがわかった。これらが，クマネズミがよく襲う巣の特徴である。

難しいのはモズに捕食されやすい巣の特徴の推定である。モズが巣を襲うのは雛の時期だけだが，この時期はクマネズミも捕食者であり，巣の状況からどちらの捕食者に襲われたかを区別することはほぼ不可能である。そこで，クマネズミが好む巣の特徴が卵の時期と雛の時期で変わらないと仮定することで，モズの好む巣の特徴を推定することにした。

卵の時期と同様に，雛捕食にあった 31 巣と巣立ちに成功した 110 巣の巣形質を比較した。両者で有意に違っていたのは隠蔽率のみであり，捕食された巣は周りから見えやすかった。どうやら，クマネズミ・モズともに周囲から見えやすい巣ほどよく襲うようだ。さて問題は，卵のステージでは捕食に影響していたのに，雛の時期になると捕食への有意な影響を検出できなかった巣高である。図 1 は巣の高さごとに卵捕食率・雛捕食率を示したグラフである。前述のとおり，巣高が高くなるにつれて卵捕食率は減少し，クマネズミは高い位置の巣をあまり襲わないことがわかる。一方，雛捕食率は巣高が低い所と高い所の両方にピークがあり，低い巣と高い巣で捕食率が高い

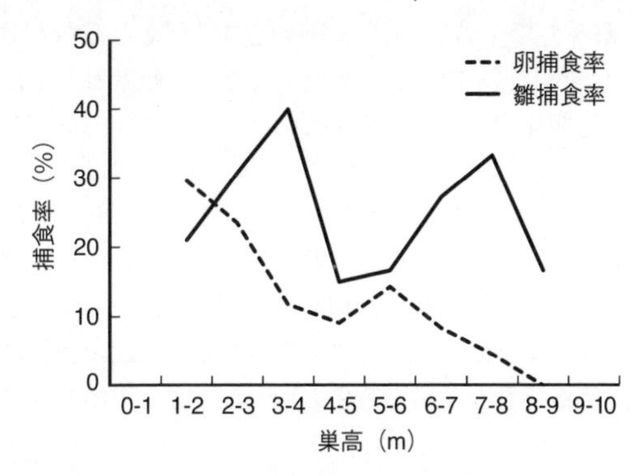

図1 巣の高さと巣内の卵・雛の捕食率の関係。卵捕食率は巣高とともに低くなるが，雛捕食率は巣高が低い位置と高い位置の両方で捕食率が高くなる。

ことがわかった。推定はここからである。もし，雛の時期でもクマネズミが低い位置にある巣を襲いやすい傾向があるなら，高い位置にある巣を襲っているのはモズだと考えることができる。モズは木の枝先や電線，杭の先などの高い位置に止まって餌を探す習性をもっているため，これはそれほど突拍子もない想像ではなかろう。調査地でも，木のてっぺんに止まるモズにメジロが警戒声を上げている様子がよく観察されている。

これで，クマネズミは低い位置で見えやすい巣をよく襲い，モズは高い位置でやはり見えやすい巣をよく襲うと推定することができた。メジロの親鳥は，これらの情報を営巣場所の選択に生かしているのだろうか。

年齢を重ねると繁殖成績はよくなるか

複数年にわたって繁殖を繰り返す生物では，繁殖成績への年齢効果がよく知られている。この傾向は鳥類でも普遍的で，Sæther (1990) によると，35 種中，じつに 32 種の鳥で，年配個体のほうが若年個体より多くの雛を残していた。なぜ，年配の個体のほうが多くの雛を残せるのだろうか。現在，そのメカニズムは 3 つの仮説にまとめられている (Forslund & Pärt 1995)。まず 1 つ目は「淘汰 (selection) 仮説」で，これは繁殖能力の低い個体は生存率も悪く，淘汰されやすいという仮説である。雛を残す能力の低い個体が早く死ぬことで，年配の個体中には能力の高い個体の割合が高くなり，年齢依存的に繁殖成績が上がる，という仮説である。2 つ目は「抑制 (restraint) 仮説」で，若いうちは繁殖に全力投球せず，年配になるほど繁殖に多くのエネルギーを投資するという仮説である。繁殖に多くのエネルギーを投資すると生存率が低下することが知られているので，若いうちは生存を優先，残りの生涯が少なくなるにつれて生存より繁殖に多くのエネルギーを投資するという仮説である。そして 3 つ目が

「制約 (constraint) 仮説」で，若い個体は繁殖能力に何かしらの制約を受けており，年を経るごとに能力が向上していくという仮説である。年齢とともに向上する能力としては，採餌能力，抱卵能力，つがい相手との「コミュニケーション」能力などが候補にあがっている。

これら3つの仮説はいずれもさまざまな種で検証が試みられているが，主に議論されてきたのは一腹卵数などの生産性への年齢効果である。雌の年齢が上がると産卵する卵の数も増え，結果的に残した雛数も増える。しかし，ある年に残すことのできた雛の数は，卵の数だけでなく卵の生存率にも依存する。年配の個体ほど卵や雛の生存率が良いという報告例もそれなりにあるにもかかわらず，そのメカニズムに着目した研究は少ない。

ダイトウメジロでは繁殖失敗の主要因が捕食であることから，いかに卵や雛を捕食から守るかが繁殖成績向上に重要である。私の仮説は，繁殖経験のない若い親鳥は危険な場所を知らないために捕食されやすい場所に巣を架けてしまい，結果的に繁殖成功度も低いこと，そして，繁殖経験を積みながら年齢を重ねると，しだいに捕食されにくい場所に巣を架けるようになり，多くの雛を巣立たせられるようになるというものである。上記で言えば制約仮説に当てはまる。

まず，繁殖成績の指標となる6つの繁殖パラメータを用いて1歳と2歳以上の親鳥の間に繁殖成績の違いがあるかを検討し，次に営巣場所への年齢効果があるかどうかを検討した。

1歳と2歳以上の親鳥で繁殖パラメータを比較したところ，表1のような結果が得られた。このなかで最初に注目すべきは，一腹卵数や1シーズンでの繁殖回数などの「産んだ数」に雌親の年齢効果が見られなかったことである。一腹卵数には個体差が少ないため，年齢の効果がないことは不思議ではないが，繁殖回数にも年齢による違いは見いだせなかった。年齢に伴って「産んだ数」が向上しないことは冷温帯の鳥では非常に稀である。南大東島は亜熱帯であるため，繁殖可能な期間が長く，餌も豊富にあると予想される。そのため，1歳の若鳥でも成鳥と同程度の産卵が可能だと考えられた。

表1　繁殖成績の年齢差を雌雄別に示す。値は平均値，括弧内はサンプル数。年齢間で有意 ($P<0.05$) な差があるパラメータを網かけで示す。Horie & Takagi (2012) を改変。

繁殖パラメータ	雄の年齢		雌の年齢	
	1歳の若鳥	2歳以上の成鳥	1歳の若鳥	2歳以上の成鳥
繁殖開始タイミング (1巣目初卵日)	4月5日 (21)	3月18日 (36)	4月7日 (9)	3月11日 (20)
一腹卵数 (個)	2.52 (27)	2.79 (53)	2.58 (19)	2.76 (38)
1シーズンの繁殖回数 (回)	3.25 (12)	3.13 (32)	3.00 (9)	3.41 (17)
成功繁殖回数 (回)	1.25 (12)	2.30 (32)	1.80 (9)	2.05 (17)
営巣成功率 (%) (成功巣数/営巣回数×100)	39.6 (12)	77.3 (32)	60.0 (9)	62.7 (17)
1シーズンの総巣立ち雛数	2.92 (12)	6.30 (32)	4.30 (9)	5.74 (17)

繁殖開始タイミングには雌雄どちらの年齢も効いており，年配の親ほど早く繁殖を開始していた。雛の巣立ちが早ければ，良い身体的コンディションで秋の換羽を迎えることができたり，翌春の繁殖のためのなわばり争いに有利になったりする可能性はあるので，早く繁殖を始めることには利点も多いと考えられるが，今の段階ではどのような意味があるのかよくわからない。少なくとも，早く繁殖した個体ほど繁殖回数が多かったり，雛数が多かったりするような傾向はなかった。

繁殖成績はさまざまなパラメータで測られるが，巣立たせた雛の総数がもっとも重要になる。予想どおり，年齢の高い雄ほど営巣成功率 (成功巣数/全営巣回数 × 100) が高く，1シーズン中に多くの雛を巣立たせていたことがわかった (表1)。ダイトウメジロの繁殖失敗原因は主に捕食であるため，年齢の高い雄ほど捕食にあいにくいと言い換えることができる。

一方，雌親の年齢は雛数に影響しておらず，つがい雄の年齢によって繁殖成績が左右されると考えられた。ダイトウメジロでは，つがい相手との死別後の再婚がそれなりの数あるので，雄が年上であるつがいも，その逆も，雌雄が同年齢のつがいも存在し，雌は特段，年配の雄を再婚相手として選ぶわけではなさそうである。若い雄や同年齢の雄と再婚しても，1〜2年待てば繁殖経験の効果が表れるので，寿命の短いメジロの雌は，再婚相手を選り好みするより，少しでも早く再婚することを選ぶのかもしれない。

年齢を重ねると営巣場所選びは上手くなるのか

ダイトウメジロでは「たくさん産む」ことより「無事に育てる」ことが雛を残すための最重要課題であり，そのためには雄親の年齢が重要だということが示された。次に，親鳥の年齢で営巣場所が異なるのかどうか検討した。捕食に影響しているのは巣高と巣の隠蔽率の2つである。親鳥の年齢を1歳・2歳・3歳以上の3クラスに分け，

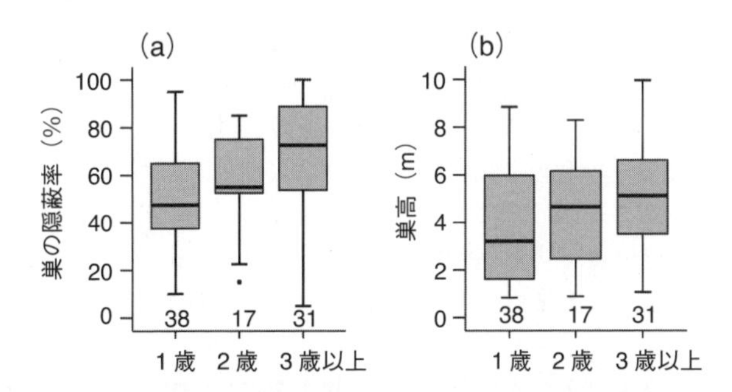

図2　雄親の年齢によって異なる巣形質。(a) 巣の隠蔽率。(b) 巣高。箱ひげ図の下部にサンプル数を示す。雄親の年齢が高くなるにつれて，隠蔽率も巣高も高くなる。Horie & Takagi (2012) を改変。

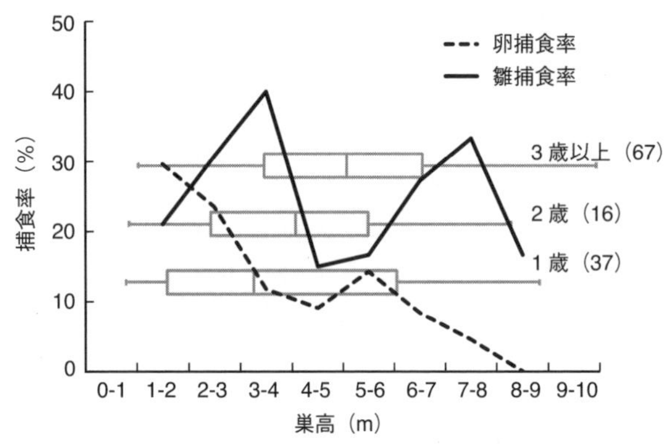

図 3　巣の高さと巣内の卵・雛の捕食率の関係を示したグラフの上に，雄親の年齢ごとに箱ひげ図で示した巣高を重ねたもの。箱ひげ図の右端に年齢とサンプル数を示す。箱ひげ図の中央値に注目すると，1 歳鳥はクマネズミによる捕食にあいやすい位置 (2 つある雛捕食率のピークの低いほう) に，3 歳以上の雄親はクマネズミとモズ両方の捕食を避けられる中程度の高さ (雛捕食率の二山ピークの間) に巣を架けていることがわかる。

巣形質に違いがあるのかどうか雌雄別々に解析した。その結果，雌では巣形質への年齢効果は検出されなかったが，雄では巣高と巣の隠蔽率への年齢効果が検出された。巣を造った雄親の年齢が高いほど，巣の隠蔽率・巣高ともに高くなっており (図 2)，少なくとも隠蔽率に関しては，年配の雄親ほど捕食されにくい巣を造っていたことがわかる。

巣高にも雄親の年齢効果が見られ，年配の雄親ほど高い位置に巣を造っていたが，この解釈は隠蔽率ほど簡単ではない。なぜなら，ダイトウメジロの巣高と雛捕食率は単純な相関関係にはなく，低い位置ではクマネズミに，高い位置ではモズに捕食されやすいという複雑な状況にあるからである。そこで，雄親の年齢 (1 歳・2 歳・3 歳以上) ごとの巣高と，卵・雛の捕食率をともに考えてみると図 3 のようになる。1 歳の雄親は低い位置に巣を架ける傾向があり，巣高の中央値はちょうどクマネズミによる卵捕食にあいやすい高さである。一方，3 歳以上の雄親は，ちょうど雛捕食率の二山ピークの間にあたる，中程度の高さにもっともよく巣を架けていることがわかる (図 3)。これは，クマネズミの捕食にも，モズの捕食にもあいにくい高さである。2 歳の個体の巣高の特徴をどのように解釈するかは難しいが，1 m の低い位置から 10 m 弱の高さまで，どの高さにも巣を架ける個体がおり，巣高の修正過程にあるのかもしれない。

以上のように，年齢ごとの検討から，雄親が年を重ねて繁殖経験を積むことで，捕食にあいにくい営巣場所を学習する可能性を示唆することができた。しかし，重要なのは，雄の年齢に伴う営巣場所の違いが同一個体でも見られるかどうかである。これ

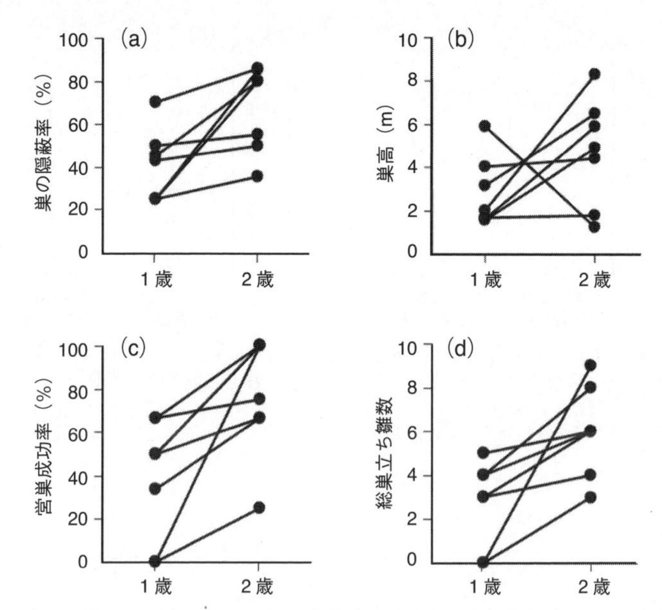

図4　同一雄が1歳から2歳になった際の巣形質・繁殖成功度の経年変化。巣形質はその年の第1回目の繁殖のもの。(a) 巣の隠蔽率。(b) 巣高。(c) 営巣成功率 (成功巣数/営巣回数×100)。(d) 1シーズンの総巣立ち雛数。Horie & Takagi (2012) を改変。

を調べないことには，営巣場所が遺伝的に決まっていて，捕食されやすい巣特性をもつ個体が早く死んでいるだけだという可能性を排除できない。

そこで，1歳のときの繁殖履歴がすべてわかっている個体のうち，翌年まで生き延び，さらに2歳のときの繁殖履歴もすべて把握できた7個体について，巣の隠蔽率・巣高・営巣成功率・1シーズンに巣立たせた雛数を，1歳のときと2歳のときとで比較した。その結果，すべての個体で，2歳になると1歳のときより巣の隠蔽率が高くなり，営巣成功率がよく，多くの雛を巣立たせていた (図4)。巣高に関しては，低い場所を狙うクマネズミと，高い場所を狙うモズの違いを学習するには時間がかかるらしく，1歳と2歳とで有意な違いはなかったが，7個体中6個体で1歳のときより2歳のときのほうで巣高が高くなっていた (図4)。

さらに，同シーズン内での繰り返し繁殖に着目し，捕食にあった後と巣立ちに成功した後で，営巣場所の変え方を比較してみたところ，捕食された後のほうが成功した後よりも巣高も隠蔽率も高くなる傾向があった (図5)。直前の繁殖成否が次の巣造り場所に影響を及ぼす可能性が強いと考えられたが，どちらの捕食者に捕食されたか，前の前の経験は生かされないのか，など，学習の過程に関しては，まだ不明瞭な部分も多い。

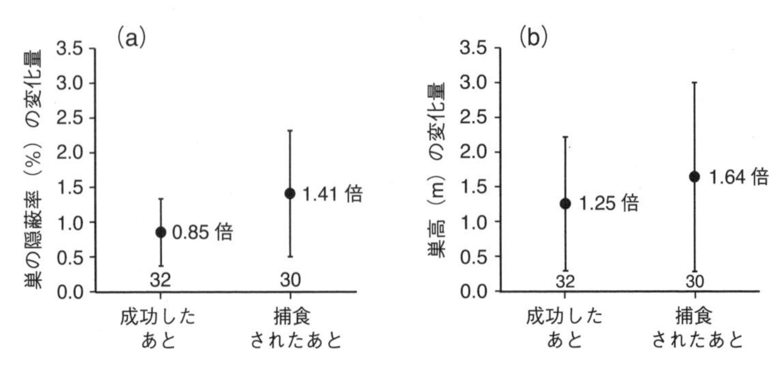

図5　同一雄が1シーズン内に造った連続2巣の巣形質の変化を，前巣が巣立ちに成功した場合と捕食された場合で比較したもの。後の巣の巣形質を前の巣の巣形質で割った変化量で表す。(a) 巣の隠蔽率の変化量。(b) 巣高の変化量。成功した後に造った場合より，捕食された後に造った場合のほうが，巣の隠蔽率も巣高も高くなっている。Horie & Takagi (2012) を改変。

おわりに

以上のように，まだ課題も残るものの，ダイトウメジロでは卵・雛を捕食から守る能力の個体差が繁殖の明暗を分けており，雄親は繁殖経験を通して，しだいに営巣場所選択能力を上げていくと考えることができた。とくに巣高に対する年齢効果からは，ダイトウメジロの雄親は巣高の修正を通して，クマネズミとモズという異なる捕食者両方の捕食を避けており，その技は少なくとも3歳以上になってから完成することがうかがえる。これは，年齢とともに繁殖成績が向上するメカニズムを示した3つの仮説のなかの制約仮説，つまり「若いうちは何らかの能力に制約を受けており，年齢とともにその能力が向上する」という仮説を支持する結果である。しかし，たとえ同種であっても他地域のメジロにダイトウメジロと同じことが起こっているとは限らない。生き物は生息環境に応じて異なる淘汰圧にさらされる。捕食と同じくらい強く，餌不足が雛の死亡要因となっている場所もあるだろうし，そのような場所では採餌の下手な個体は雛を残す能力も生存率も低く，能力の低い個体が死ぬことで，年齢とともに繁殖成績が向上するかもしれない。この場合は淘汰仮説が当てはまるだろう。いずれにしても，繁殖成績が年齢とともに向上するメカニズムは，種や生息環境によってまったく異なると予想される。

冒頭に述べたとおり，南西諸島の島々はそれぞれに異なった物理的・生物学的環境にある。捕食者が少なかった南大東島とは異なり，各島には爬虫類や哺乳類の捕食者が，それぞれ異なる種の組み合わせで生息している。メジロの対捕食者戦略もおそらく島によって異なるだろう。興味は尽きない。この地域の島々をめぐることがあれば，ぜひ各島のメジロたちと観察者との距離感に注目してほしい。捕食者の少ない南大東島のメジロは大変のんびりしており，島の人が「チィー」とメジロの鳴きまねをすれば，1 m まで近寄ってくる。林内で観察していても，よほど巣が近くない限り，こちらをまったく気にしない。一方，多種多様な捕食者のいる西表島のメジロは，動きがせわしないという印象が非常に強く，観察環境の違いにもよるが，追跡調査がとても難しかった。他の島ではどうだろうか。島ごとのメジロの「のんびり度合い」を比べてみると，彼らの捕食者事情を垣間見ることができるかもしれない。

番組作りは研究の延長だ！

目的を立て，計画し，それを実行する。そして，その結果を考察してまとめる。何かを研究したり，目的をもって観察・考察するプロセスは，私たちが生きていくうえで，とても大切なことだ。私は大学時代，西表島でリュウキュウアカショウビンの研究をすることで，そのプロセスを一通り学んだ。そしてそれは，その後の私の人生で大いに役立っている。いまは自然の素晴らしさを紹介するテレビ番組を制作しているのだが，研究で培った財産を糧に生きているようなものである。自然番組を作る場合にも，研究と同じようなプロセスを辿るからだ。

番組作りでは，まず企画という目的を立てる。これはどこでどんな生き物や自然の営みを撮影し，それによって視聴者に何を伝えたいのかを考えることである。そして構成という計画書を作り，撮影という実行を行う。撮影は言わばフィールドワークだ。ここでどれだけ頑張れるかが，番組の出来を大きく左右する。さらに，撮影で得た撮れ高という結果を編集し，音楽やナレーションを入れてまとめる。この一連のプロセスは，まさに研究のようなものだ。ただし，テレビの場合，発表の場は電波を通じて届けられるお茶の間ということになる。

こうした自然番組の制作現場では，研究同様トラブルがつきものだ。とくに撮影中には，思いがけない出来事が次々と起こり，まず予定どおりに物事は進まない。雨が降って撮影機材が壊れたり，撮影中の鳥の巣の雛が捕食されたり，集めた自然情報がまったく違う場合もある。そうなると，柔軟に方針や考え方を切り替える必要に迫られる。私の場合，この際にも西表島で学んだことが役立った。深い森の中，たった一人で考え抜き，解決策を見いだすことを経験していたからだ。当時は実感しなかったが，この自主性こそが，私の所属した研究室が学ばせたかったことの1つだと，いまになって思う。また自然番組を作る仕事は，人類に普遍的に存在する知的好奇心へ寄与する大事な役割があるという面でも，研究と近い。事実をねじ曲げることなく伝えれば，映像の力は凄まじく大きい。

南西諸島は，まだまだ未知の自然が残された宝のような島々だ。その自然の素晴らしさを，私は今後も映像を使って世界へと発信していきたい。本書の読者のなかには，研究や自然観察が大好きな若者たちも多いはずだ。こうした映像の仕事も，自然好きの人間の一つのあり方であると，知ってもらえるとありがたい。

（矢野晴隆）

12
リュウキュウアカショウビンの営巣場所選択 —シロアリを利用した奇妙な子育て—

(矢野晴隆)

種名　アカショウビン

学名　*Halcyon coromanda*

分布　東南アジアから中国，日本にかけての東アジアに分布する。日本には，2亜種が夏鳥として渡来。九州から北海道に亜種アカショウビン *H. c. major* が，奄美群島以南の琉球列島に本章の主人公である亜種リュウキュウアカショウビン *H. c. bangsi* がやってくる。

巣の近くに止まる亜種リュウキュウアカショウビン。(撮影：佐久間文男氏)

全長　約27 cm

生態　西表島や石垣島では，内陸部や海岸，マングローブ，人家周辺などの森林に幅広く生息し，主にタカサゴシロアリが樹上に作るコロニーに穴を掘って営巣する(タカサゴシロアリのいない宮古島以北の琉球列島では朽ち木に穴を開けて営巣している)。産卵は早いもので5月中旬から，一腹卵数は2〜5個，3個か4個が普通である。卵は白色で，長径が32 mmほど，短径が29 mmほどと，ほぼ球形に近い。卵の重さは14 gほどである。抱卵は雌雄で行い，抱卵期間は25〜27日。雛が見られるのは6月10日頃からで，昆虫やムカデ，ヤモリ，トカゲ，カエル，カニなどの小さな生き物を雌雄で給餌する。狩りの方法は待ち伏せ型で，たいてい決まった枝に止まって獲物を探す。そして見つけると，獲物に向かって一直線に飛び，大きな嘴でくわえ捕る。時には，陸に棲むヤドカリやマングローブに生息するウミキバニナ (巻貝) も狙う。捕らえると，嘴で器用に枝や石に叩きつけて殻を割り，中身だけを雛に与える。給餌回数は，多いときで1日30回ほど。育雛期間は16〜17日で，遅くても7月中には，雛は巣立つ。

なぜアカショウビンなのか

「自然番組を作るディレクターになりたいです！」

私は大学院の進学相談のために，立教大学のとある研究室を訪ねた。研究室を取り仕切る上田恵介教授は，日本の鳥類学研究を牽引し続けている超一流の研究者だ。そんな大御所に対して，私が最初に放った言葉が，冒頭の文言である。幼少の頃から，NHKの「生きもの地球紀行」やTBSで放送していた「わくわく動物ランド」など，自然や動物を紹介するテレビ番組が大好きだった私は，いつしか，自分でもそんな番組を作りたいと考えていた。そのためには，「生き物の生態を，自分で研究してみることも大切なのでは？」と思い立ち，上田教授のもとを訪ねたのである。将来，研究者の道を志す多くの学生たちとは異なった進学理由に対して，上田教授は「ええんちゃう。入試頑張ってね。」などと，その広い心で受け入れてくれた覚えがある。

こうして一時の研究を志した私だが，大変恥ずかしいことに，どの鳥のどんな研究をすればよいのか，じつは何も考えていなかった。そこで上田教授に勧められたのが，西表島のアカショウビンと，当時オーストラリアで行われていた，鳥の協同繁殖の研究だ。オーストラリアという場所は非常に魅力的であったが，なぜか西表島での研究に強くひかれ，「アカショウビンにしよう！」と思ったのを覚えている。

しかし当時の私にとって，アカショウビンは「赤い羽のカワセミ」くらいの認識しかなかった。そこで「アカショウビンって，どんな鳥なんだろう？」と，図鑑や文献で調べてみることにした。アカショウビン *Halcyon coromanda* は，東南アジアから中国，日本にかけて，東アジアの広い地域に分布するカワセミの仲間だ (Fry et al. 1992)。日本には，2亜種が夏鳥として渡来する。九州から北海道にやってくる亜種アカショウビン *H. c. major* と，奄美群島以南の琉球列島にやってくる亜種リュウキュウアカショウビン *H. c. bangsi* である。アカショウビンは生息密度がとても低く，生息場所もいわゆる深山幽谷の森に限られ，その姿を目にすることでさえ，極めて難しい。一方で，リュウキュウアカショウビンは密度が高く，生息場所は内陸の深い森にとどまらず，海岸林やマングローブ，さらには人家周辺の疎林までと幅広い (日本鳥学会 2012)。体の大きさはヒヨドリ *Hypsipetes amaurotis* と同じくらい，尾羽の先から嘴の先までおよそ27 cm，体重は100 gほどだ。これまでアカショウビンに関しては，長野県や広島県で繁殖生態の記載研究が行われている (中村・柏木 1989; 上野ら 2001)。一方，リュウキュウアカショウビンに関しては，一般向けの雑誌などに記載がある程度で，ほとんど研究されていないことがわかった。沖縄ではとてもポピュラーな鳥なのに，詳しい生態はほとんどわかっていない。この鳥を研究すれば，これが初めての記録になることも多く，研究する意義も大いにありそうだ。それに，なんと言っても「火の鳥」と呼ばれるほどに鮮やかな，赤みを帯びたそのビジュアルに心惹かれた。こうして私は，リュウキュウアカショウビンの研究をすることに決めたのである。

いざ西表島へ！

研究への意欲を燃やしつつ，大学院進学に向けて受験勉強をし，無事に立教大学理学部の博士課程前期課程に合格。2004 年 4 月，初めて西表島に向かうことになった。西表島は，沖縄県の南西端にある八重山諸島を構成する島の 1 つだ。沖縄県では沖縄島に次ぐ大きな島で，東京 23 区の半分くらいの大きさである。地形は山がちで，島の面積の 9 割が森に覆われており，海岸付近のわずかな平地を利用して，2,000 人を超える人々が暮らしている。また浦内川や仲間川など，沖縄県でも有数の大きな川が多く，下流の汽水域には国内最大規模のマングローブが広がるのも特徴的だ。気候は亜熱帯で，年間の平均気温は 23℃を超える，1 年中温暖な島である。この島を一躍有名にしたのが，1965 年に発見された国の特別天然記念物，イリオモテヤマネコ *Prionailurus bengalensis iriomotensis* (ベンガルヤマネコの亜種) であろう。他にも，カンムリワシ *Spilornis cheela* やキシノウエトカゲ *Plestiodon kishinouyei*，ヤエヤマセマルハコガメ *Cuora flavomarginata evelynae* (セマルハコガメの亜種) など，西表島は貴重な生き物たちの宝庫である。

西表島へは，石垣島まで飛行機で行き，バスやタクシーで石垣港まで移動，そこから高速船で 40 分ほどの船旅を経て，西表島の上原港に到着する。研究の受け入れ先は，総合地球環境学研究所西表プロジェクトだ。西表島の動植物や自然，文化などの研究を目的とし，リュウキュウアカショウビンの研究も，プロジェクトの一環として行うことになった。宿泊するのは，上原という地域にある琉球大学の熱帯生物圏研究

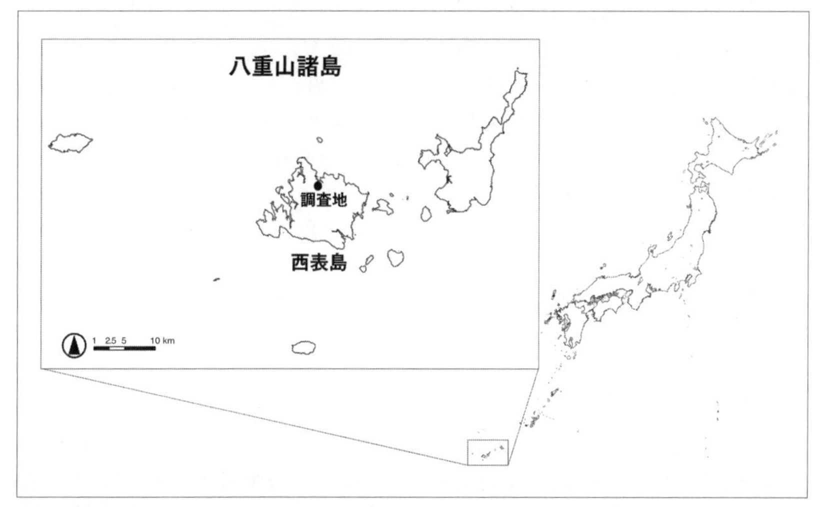

図 1　沖縄県の南西端に位置する八重山諸島。そのなかで最大の島が西表島である。調査は島の北部に位置する黒丸の地点で行った。

センター西表研究施設の宿泊棟である。ここは，西表島を訪れる研究者や学生を受け入れている全国共同利用施設で，一度に数十人が宿泊できる立派な宿泊棟を備え，研究の拠点としては，うってつけの場所である。研修で人が増える時期には，宿泊棟が利用できなくなるため，そのときは近くの格安民宿や，地元の方のご好意でプレハブ小屋に住まわせていただいた。研究のフィールドは，熱帯生物圏研究センターの実験圃場と，その周りに広がる森である。こうして，4 月から 8 月にかけて，この場所に腰を据えて研究をすることになったのである (図 1)。

リュウキュウアカショウビンと初対面

いったいどんなふうにして，リュウキュウアカショウビンに出合えるのか。期待に胸を膨らませて，初日の眠りについた。しかし，その出合いは予想以上に簡単なものだった。まだ薄暗い午前 5 時，目を覚ますと，「キュロロロ… キュロロロ…」と，透き通った鳥の鳴き声が聞こえてくる。それも 1 羽ではない。近くから，そして遠くから，あちこちから聞こえてくる。どうやらこれが，リュウキュウアカショウビンの鳴き声らしい。数が多いとは聞いていたが，こんな大合唱になるほどとは，想像もしていなかった。そして宿泊棟の外に出た私を，リュウキュウアカショウビンはさらに驚かせた。なんと目の前の電線に止まって，鳴いているではありませんか。これほど簡単に出合えるとは …。初めて見るその姿に興奮し，観察していると，今度は電線の横にある電灯に飛び付き始めた。何か獲物を捕っているらしい。捕っていたのは電灯に集まった昆虫。コガネムシなどの甲虫やガの仲間だ。リュウキュウアカショウビンは，こうした明かりに虫が集まることを知っていて，毎日やってきているのだ。どうやらこの鳥は，思っていた以上に，人の生活に近い場所で暮らしているようだ。

それにしても，太くて長い嘴に，短い足と尾羽。どちらかと言うと，ずんぐりとした不格好な体型の鳥だ。しかし，その印象はすぐに崩れ去った。太陽が昇り，次第に光が当たり始めると，全身が朝日に照らされて，羽毛が赤紫色に光り輝いたのだ。まるで金属光沢のように輝く，その姿の美しいこと。本州のアカショウビンと比べて，この紫色の反射が強い特徴があるとの情報があったが，まさにそのとおりだと思った。そして日が高くなる前に，森の中に消えていった。薄暗い森に入ってしまうと，赤紫色の体が森の木々に溶けこみ，簡単には見つけることができない。リュウキュウアカショウビンは，朝と夕方にその姿を見るだけで，昼間に観察するのは難しい鳥なのだ。

森で謎の塊を発見！

さっそく付近の森に入って，地形や環境を調べることにした。調査地は海岸から 500 m ほど離れた所にある丘陵地だ。そこには，熱帯生物圏研究センターの実験圃場と舗装された道路が数本あり，その周りをアカメガシワ *Mallotus japonicus* やオオバギ *Macaranga tanarius*，アダン *Pandanus odoratissimus* などの二次林が囲んでいる。

森を少し奥に入ると，スダジイ *Castanopsis sieboldii*，ギランイヌビワ *Ficus variegata*，サガリバナ *Barringtonia racemosa* などの亜熱帯常緑林となる。小川や湿地が多く，かなり湿り気のある森だ。そこに暮らすのは，サキシマハブ *Protobothrops elegans* や亜種サキシマキノボリトカゲ *Japalura polygonata ishigakiensis*，オオゴマダラ *Idea leuconoe* など，亜熱帯の生き物たち。鳥類では，カンムリワシ，ズグロミゾゴイ *Gorsachius melanolophus*，キンバト *Chalcophaps indica*，亜種リュウキュウサンコウチョウ *Terpsiphone atrocaudata illex* など，西表島ならではの鳥たちが迎えてくれた。

森を探索していてとくに目についたのが，木の幹に張り付いた黒っぽい塊である。楕円球状の巨大な塊で，大きいものでは，高さ 1.3 m，幅 60 cm にもなる。そんな謎の塊が，地面の近くから，10 m 以上の高い所まで，木の幹のいろいろな場所についている。塊の表面はザラザラとしていて，木屑や土などを固めたように見える。指で軽く押すと簡単に崩れて，内部を網の目のように走る無数の穴が現れた。穴の中を歩く 3〜4 mm の小さな昆虫がいる。タカサゴシロアリ *Nasutitermes takasagoensis* だ。

図 2 テングシロアリ亜科に属するタカサゴシロアリ。兵アリの頭部には，天狗の鼻のような吻が突き出ていて，ここから外敵に対して粘液を吹き付けて，コロニーを防衛する。

図 3 樹上に作られたタカサゴシロアリのコロニー。大きめの穴が 3 カ所に開いているのがわかる。このなかのいちばん上にある穴で，繁殖が行われた。(撮影：佐久間文男氏)

テングシロアリ亜科に属する真社会性のシロアリで，日本では八重山諸島だけに生息している (図 2)。森の中に点在する謎の塊は，このタカサゴシロアリが作ったコロニーだったのである。そんなタカサゴシロアリのコロニーを，いくつも観察しているうちに，不思議なことに気づいた。多くのコロニーで，何かに掘られたような形跡が見られる。深さ 10 cm ほどの穴が，いくつも空いているものから，かなり深くまで掘れているものもある。これは明らかに，何者かが掘った穴だ。そして驚くべき事実を知ることになる。なんと，この穴を掘った犯人がリュウキュウアカショウビンであり，しかもコロニーに掘った穴の中で，繁殖をするというのだ！ (図 3)

あとで調べてわかったのだが，じつはシロアリのコロニーに穴を掘って営巣する鳥の習性は，世界的に見るとそれほど珍しいことではないらしい (Hansell 2000)。樹洞に営巣する鳥類で数回にわたって独立して進化したと考えられていて，主に熱帯・亜熱帯地域の 3 つの科で独立に進化している (Brightsmith 2005)。少なくともインコ科の 11%，キヌバネドリ科の 35%，カワセミ科の 45%で見られるようだ。

しかし日本では，リュウキュウアカショウビンだけがもつ珍しい習性であり，これまで詳しい研究がされたことはない。そんなことは，全然知らなかった当時の私は，単純に「シロアリのコロニーを使う習性は面白い！」と感じ，タカサゴシロアリのコロニーを利用した繁殖生態を，研究のメインテーマに据えることにした。

人工営巣木による営巣の誘致

それにしても，こんな大きな塊に，どうやって巣を造るのか。シロアリのコロニーを利用した繁殖生態を調べるうえで，まずは巣造りを観察する必要がある。しかし，広い森の中で，いつどこで起こるかわからない巣造りを，観察するのは至難の技だ。そこで少し変わった方法で，巣造りの観察を試みることにした。じつは西表島の隣にある石垣島で，「リュウキュウアカショウビンが発泡スチロールの塊に営巣した。」という記録があった (八重山毎日新聞 2002 年 6 月 25 日)。そこからヒントを得て，調査地に発泡スチロール製の人工営巣木を設置し，営巣を誘致してみることを考えた。うまくいけば，巣造りや繁殖の様子が観察できるし，環境に配慮した材質で人工営巣木を作れば，今後保全などにも役立つはずだ (矢野・上田 2005, 2006)。

しかし営巣を誘致するために，発泡スチロールの塊を島の外から持ち込むのも考えものである。そこで私は海岸に出かけた。西表島の海岸には，海からの漂流物，つまりゴミが多い。そのなかでとくに目につくのが，漁などで「浮き」として使う発泡スチロール製のブイである。それを拾い集めて，利用することにした。集めたブイを，高さ 30～40 cm，直径 30 cm ほどの円筒形に整形。さらに，こげ茶色のペンキを塗って，できるだけタカサゴシロアリのコロニーに似せるようにした。こうして作った人工営巣木を，頻繁に個体が出没する地点 (A, B, C, D) に，各 1 個ずつ設置することにした。取りつける際には，人工営巣木の正面が開けるような場所にある木を選び，地面からの高さ 2.4 m の位置に，こげ茶色のロープを使って幹に固定。2004 年 5 月

27日に4個すべてを取りつけ，定期的に様子をチェックすることにした。

4日後の5月31日，人工営巣木Bに変化があった。茶色い表面が削られて，中の白い部分が，むき出しになっていたのだ。「これはリュウキュウアカショウビンの仕業に違いない！」。さっそく，10 mほど離れた場所にテントを設置し，中から観察することにした。しばらく待っていると，なんとすぐ近くに，リュウキュウアカショウビンが現れた。人工営巣木から数メートル離れた枝に止まって，「キュロロロ…」と小声で鳴く。するともう1羽が飛来し，別の枝に止まった。2羽は「キューキューキューキュー」と，鳴き交わしている。しばらく人工営巣木を見つめた後，突然1羽が飛び付いた。そして表面に嘴で穴を開け，ぶつかった反動を利用して元の止まり木に戻った。このとき，嘴を突き出すようにして人工営巣木に突進，ぶつかる寸前に頭を引き，激突と同時に頭を前に出して嘴で突き刺す。明らかに穴を開けようとするこの行動を，つがいで別々の場所に，何度も何度も繰り返す。しかし時々，長い嘴が人工営巣木に「ブスッ」と突き刺さって，抜けなくなってしまう。必死にもがいて，外している姿は，見ていて滑稽でもあった。

6月2日には，2羽は1カ所に集中して穴を開けるようになった。巣穴を掘る位置を決めたようだ。穴は頭が入るほどの大きさになり，1羽ずつ穴の縁にしがみついて掘り進める。この頃には，お腹の色の違いで個体識別することができた。お腹の色が濃い個体 (Bd) が72回 (計9分)，薄い個体 (Bl) が40回 (計2分30秒) 巣穴を掘った。翌6月3日には，体が穴の中にスッポリと入るようになり，Bdが6回 (計19分)，Blが2回 (計6分30秒) 巣造りをし，前日に比べ1回当たりの滞在時間が長くなった。6月6日には，Bdが12回 (計57分) 巣造りしたが，Blは1回 (計1分) 巣穴をのぞきにいくだけだった。また，Bdが巣造り中にBlが巣穴に入っていき，「ググッ」という，交尾のときに特有の鳴き声を発することがあった。巣穴に入った96分間のうち，Bdが89.4%で，Blが10.6%であった。最長の滞在時間は9分30秒間である。

巣造りは人工営巣木Aと人工営巣木Cでも行われた。人工営巣木Aでは詳しい観察ができなかったが，人工営巣木Cでは両個体が巣穴に入った59分間のうち，お腹の色が濃い個体が入った時間が51分間 (87.1%)，薄い個体が入った時間が8分間 (12.9%) であった。

巣穴が完成するまでの日数は，人工営巣木Aでは不明だったが，人工営巣木Bでは7日間，人工営巣木Cでは5日間と思われる。人工営巣木Aでは巣が完成してから17日後の6月28日に，3卵の抱卵を確認。7月16日に雛の孵化 (0から1日齢) を確認し，7月31日に巣立ちした。人工営巣木Cでは，完成してから25日後の7月5日に4卵の抱卵を確認。7月16日に4羽の孵化 (6日齢ほど) を確認し，7月26日に3羽，翌27日に1羽が無事に巣立っていった。それぞれにおいて抱卵と育雛はつがいで行われていた。人工営巣木Bでは繁殖は確認されなかった。繁殖が終わった後に，すべての人工営巣木を回収し，縦に切断してみた。人工営巣木には，縦5.9 cm

図 4　人工営巣木の設置状況。営巣木の真ん中に開けられた穴で，繁殖が行われた。

図 5　人工営巣木の縦断面。

横 6.6 cm の楕円形の巣口があり，そこからやや上向きに角度をつけて，10 cm ほどのトンネルが掘られていた。そしてその奥に，奥行き 17.7 cm，幅 15.7 cm，高さ 19.1 cm の卵形の産室が造られていることがわかった (図 4, 5)。

シロアリとアカショウビンの不思議な関係

ここで学生時代の研究から少し離れ，巣造りの話題をもう少し掘り進めることにしたい。後年，念願だった映像制作会社に就職した私は，撮影のために再び西表島を訪れることになる。そこで天然のタカサゴシロアリのコロニーに 3 週間以上張り続けることで，巣造りの一部始終を観察する機会に恵まれた。このときは，求愛給餌と交尾の観察により，雌雄の判別ができた。お腹の色の濃い個体が雄，薄い個体が雌であり，巣造りの分担も観察することができた。あくまで撮影が目的であったため，定量的なデータを記録していないが，造巣期全体を通して，お腹の色の濃い雄のほうが穴掘りをする回数が多く，穴を掘る時間も圧倒的に長かった。これは学生時代に人工営巣木で観察した結果と同じだ。一方お腹の色の薄い雌は，時々穴の中に入るものの，その頻度や時間は少なく，大半は枝に止まって雄の巣造りを見守っていた。また，雄

図 6 巣造りをするリュウキュウアカショウビン。(撮影：佐久間文男氏)

が穴の中で作業中に雌が入っていき，「グググッ」という，交尾のときに発する低い鳴き声が何度も聞かれた。この行動が見られるようになると，巣造りはほとんど終わりになる。こうした観察から，巣造りの大部分は雄が担い，雌は産室の様子を確認したり，細かい補修をするのではないかと私は考えている。同様の造巣分担は，長野県と広島県で報告されたアカショウビンにおける観察結果とも一致している (中村・柏木 1989; 上野ら 2001) (図 6)。

さらに他にも，観察から興味深いことがわかった。頻繁に穴掘りをする雄の羽毛には，ベトベトとした粘液のようなものがベッタリと付着し，常に全身が汚れていた。タカサゴシロアリが属するテングシロアリ亜科の兵アリは，外敵に対して，針のように突き出した頭部の先から，粘性のある物質を分泌してコロニーを守ることが知られている (Lubin et al. 1977)。穴掘りに従事する時間が長い雄は，兵アリによる抵抗を激しく受けているはずだ。雄の羽毛が，みすぼらしいほどに汚れていたのは，兵アリによる抵抗を受けた証拠だと考えられる。タカサゴシロアリのコロニーに巣を造ることは，重労働な穴掘りの他に，兵アリの抵抗というコストも伴う。それでも巣造りをするということは，リュウキュウアカショウビンにとって，タカサゴシロアリのコロニーは，苦労してでも利用したい重要な巣資源なのであろう。

巣造りにおいて，もう 1 つ面白いことがある。それは，巣穴が十分に完成したと思われても，雌がすぐには産卵しないことである。それまで頻繁に来ていたつがいが，巣穴を掘り終えると，ぱったりと来なくなる。そして 2 週間，時には 3 週間以上経ったある日，突然，巣穴の中に卵が見つかるのだ。この理由として考えられるのは，巣が完成してから，雌が産卵可能な状態になるまでに，ある程度の時間を要するということだ。しかし私は，別にも理由があると思う。リュウキュウアカショウビンが巣穴として使うのは，必ずタカサゴシロアリが棲んでいる活動的なコロニーである。ワーカーは，コロニーに穴を開けられると，壊された部分を直し始める。具体的には，壊れて無数の蟻道がむき出しになった穴の表面に，ワーカーが壁を作って埋める。しかし，この壁が堅く固まるまで，少々時間がかかる。そこでリュウキュウアカショウビンは，コロニーに巣穴を掘った後，しばらく放っておくことで，巣穴を覆う壁が固まるのを待っているのではないか，と考えられるのだ。そして壁が固まった頃を見計らい，産卵をする。こうすればその後，兵アリやワーカーに接触することなく，コロニーの一部を間借りして，繁殖をすることができるのである。これはタカサゴシロアリのコロニーを巧みに利用した，リュウキュウアカショウビンの知恵なのかもしれない。

そして浮き上がってきた疑問

さて，話題を学生時代の研究に戻そう。ここで，これまでにわかったことを整理しつつ，浮かんできた疑問点をあげることにする。まず，森の中を歩き回ってわかったのは，リュウキュウアカショウビンの巣になり得るタカサゴシロアリのコロニーは，森のいたる所にある，ということだ。それらのコロニーはそれぞれ，大きさや地面からの高さ，周囲の植物量，地理的な位置関係など，特徴が大きく異なっていた。そして，コロニーの多くには，穴掘りの形跡があるものの，実際に繁殖に利用されたのは，そのうちのごく一部であった。こうしたコロニーの探索や巣造りには，体力を使うし，時間もかかる。捕食される危険性も上がるはずだ。また巣造りの最中には，兵アリによる反撃を受けることもあるだろう。そのため，営巣場所として使うのが，どんなタカサゴシロアリのコロニーでもよければ，ある意味場当たり的でコストを伴う，こうした掘り方はしないはずである。それにもかかわらず，いくつものコロニーを掘るということは，繁殖に適したコロニーを選択することの利益が，探索や巣造り行動のコストを上回ることを示唆している。つまり，リュウキュウアカショウビンは，より高い繁殖成功が見込まれるコロニーを選んでいるはずだ。ではリュウキュウアカショウビンは，実際にどんな特徴をもったタカサゴシロアリのコロニーを選び，繁殖をしているのか。そして，選ばれたコロニーの特徴と淘汰圧の間には，どのような関係があるのだろうか。そこで私は，翌年の研究テーマを，リュウキュウアカショウビンによる営巣場所選択に絞ることに決めたのである。

コロニー調査と繁殖の確認

2004年の調査を終えて，9月に大学の研究室に戻った私は，上田教授や先輩方の指導を仰ぎ，営巣場所選択に関する研究計画を作成。2005年の繁殖シーズンの訪れとともに，調査に取りかかった。まず初めにしたのが，調査地にあるタカサゴシロアリのコロニーを，片っ端から探すことである。森の中をひたすら歩き回り，コロニーを発見するたびに，GPS を使って地理的な位置を，地図上に記録していく。しかし，この作業がなかなか大変だった。アップダウンが激しい西表島の地形と，道なき亜熱帯の密林，ビチャビチャの湿地帯に行く手を阻まれた。時には，アシナガバチの集団に襲われ，イラガの幼虫に刺され，サキシマハブに飛び付かれたりもした。森の中で迷子になることも何度かあった。今考えるとかなり危険な調査だったが，もともと冒険好きな性格なので，楽しく切り抜けた。また，1 年目に地図を作り，地形を把握していたことが，とても役に立った。

こうして，ひたすらコロニーを探し続け，1 カ月で 150 個を超えるコロニーを発見。やってみないとわからないが，この数を見つけるのはそう簡単なことではない。しかし，苦労の甲斐もあって，調査地にあるコロニーを，相当数見つけられたはずだ。発見したコロニーは，4 m まで伸びる梯子と木登りを駆使して近くまで登り，地面からコロニーまでの高さ，コロニー自体の高さ・幅・奥行き，周囲 1 m 以内にある 10 cm 未満の枝の本数，周囲 1 m 以内にある 10 cm 以上の枝の本数を測定。さらにコロニーが作られた樹木の胸高直径と樹種も併せて記録した。そしてその後，定期的に様子を見に行き，リュウキュウアカショウビンによる穴掘りの状態や，産卵の有無をチェック。産卵を確認した場合には，卵の数を記録した。また抱卵個体を撹乱しないように，産卵の確認は 1 回，多くても 2 回以上は行わないように配慮した。孵化後には，雛の状態を 3, 4 日ごとに確認し，巣立ちまでを記録。また繁殖に失敗した場合には，その原因を詳しく記録した。

アカショウビンによるコロニーの利用率

地道な調査を続け，2005 年 8 月までに発見したコロニーは，全部で 178 個 (図 7)。コロニーが作られた樹木は，スダジイ，モッコク *Ternstroemia gymnanthera*，シャリンバイ *Rhaphiolepis indica*，フクギ *Garcinia subelliptica*，アコウ *Ficus superba* など，少なくとも 18 種類に及んだ。もっとも数多かった樹種はスダジイで，こうした樹木の枝が折れたり，洞になった部分に，コロニーは作られていた。確認した 178 個のコロニーのうち，106 個 (59.6%) には掘られた跡が見つかった。この地域では，リュウキュウアカショウビンの他にタカサゴシロアリのコロニーに穴を開ける生き物はいないと考えられるため，穴はすべてリュウキュウアカショウビンが掘ったものとみなした。発見したコロニーのうちの約 6 割を掘ったと考えると，かなり高い割合だ。また木の枝やツルの影に隠れて，人には見つけ難い場所にあるコロニーにも，掘られた跡が複数見つかった。リュウキュウアカショウビンは，タカサゴシロアリのコロニーをはっきりと認識して掘っているのは間違いない。さらに，穴があった 106 個のうち 28 個 (26.4%) では，穴の奥に産室ができており，巣穴としてほとんど完成していた。そのうちリュウキュウアカショウビンによる産卵を確認したのは，18 個 (64.3%) であった。178 個のうちの 18 個だから，単純計算で，10 個のコロニーを見つけるとそのうち 1 個で繁殖するということになる。また 2005 年の調査では，リュウキュウアカ

図 7　調査地における，タカサゴシロアリのコロニーとリュウキュウアカショウビンの巣の場所。三角はコロニー，星は巣を示す。

ショウビンが掘ったと思われる樹洞を 5 カ所見つけた。しかし，その樹洞では繁殖しなかった。これらのことから，西表島の調査地において，タカサゴシロアリのコロニーがもっとも重要な営巣場所になっている，と言えるだろう。

どんなコロニーが選ばれたのか

それではいよいよ，どんな特徴をもったタカサゴシロアリのコロニーが営巣場所として選ばれたのかである。注目したのは，コロニーによってそれぞれ，掘られた穴の大きさや利用状況に違いがあることだ。繁殖に近い状態に向かうにつれて，コロニーのどんな特徴が関与しているのかを検証すれば，リュウキュウアカショウビンが営巣

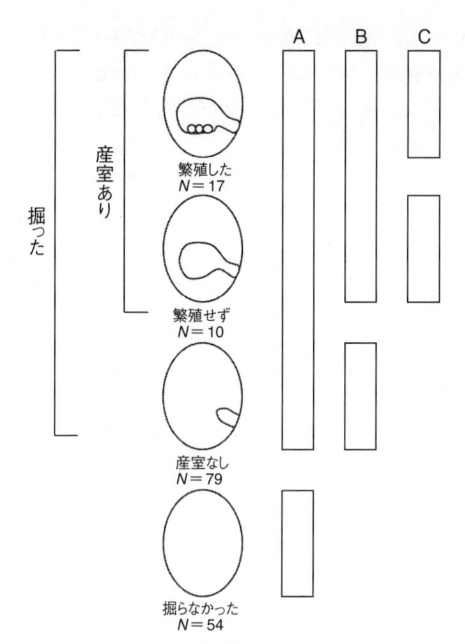

図 8 コロニーの利用状況による区分と，解析のためのグループ分け。コロニーを利用状況によって，掘らなかった，掘ったが産室を造らなかった，産室を造ったが繁殖しなかった，繁殖した，の 4 段階に分けた。さらに解析のために A (掘った/掘らなかった)，B (産室を造った/掘ったが産室を造らなかった)，C (繁殖した/産室を造ったが繁殖しなかった) の 3 グループに分けた。

場所を選ぶ要因を，徐々に絞り込むことができるはずだ。そこでまず，コロニーの利用状況によって，掘らなかった，掘ったが産室を造らなかった，産室を造ったが繁殖しなかった，繁殖した，の 4 段階に分けることにした (図 8)。さらに A (掘った/掘らなかった)，B (産室を造った/掘ったが産室を造らなかった)，C (繁殖した/産室を造ったが繁殖しなかった) のようにグループ分けをし，A，B，C それぞれについて，ロジスティック重回帰による二群間比較を行った。解析に使用した変数は，(1) 地面からの高さ，(2) コロニーの体積，(3) コロニーが作られた樹木の胸高直径，(4) 周囲 1 m 以内にある 10 cm 未満の枝の本数，(5) 周囲 1 m 以内にある 10 cm 以上の枝の本数，(6) 森林の境界までの距離，(7) 最寄りの繁殖巣までの距離，の 7 つである。また解析は，すべての変数がそろったコロニーだけで行った。各変数の計測値の平均値 (± 標準誤差) を表 1 に示す。

解析の結果を表 2 に示し，A，B，C，それぞれについて考察していこう。まず A (掘った/掘らなかった) であるが，これはリュウキュウアカショウビンが，どんなコロニーを掘ったのかを調べることである。解析によると，掘ったコロニーは，掘らなかったコロニーと比べて高い位置にあり，周りの枝が少なかった。また，コロニーが作られた樹木の胸高直径が，太い傾向にあることがわかった。高い位置にあるコロニーを選ぶ理由としては，捕食者との関係が考えられる。西表島において，リュウキュウアカショウビンの巣を襲う捕食者は，ヘビやネズミの仲間だ。こうした木を登ってくる捕食者に対しては，高い位置に巣があるほうが，捕食の危険を減少させる可能性がある (Nilsson 1984)。また，周りの枝が少ない開けた場所を選べば，枝を伝って近づくヘビに対しての防御になるだろうし，親鳥による捕食者の発見率も上がるはずだ (Li & Martin 1991)。実際に 2005 年 7 月 12 日，私が雛の計測にいったところ，巣穴の中から 2 m はあろうかという巨大なサキシマスジオ *Elaphe taeniura schmackeri* (スジオナメラの亜種) が出てくるところを目撃した。この巣には巣立ち間際の雛が 4 羽いたが，見つけたときにはすでにすべての雛が飲み込まれた後であった。サキシマスジオのお腹が，雛 4 羽分，ポッコリと膨らんでいたのが，今も脳裏に焼き付いている。襲われた巣は，地面からの高さが 2 m 以下の比較的低い位置にあり，周りの枝も多く，ヘビの侵入を受けやすい状況にあった。またリュウキュウアカ

表 1 コロニーの利用状況と巣の特徴。それぞれの変数の数値は，平均値 ± 標準誤差を示す

変数	掘らなかった ($N=54$)	産室なし ($N=79$)	繁殖せず ($N=10$)	繁殖 ($N=17$)
地面からの高さ (cm)	221 ± 24	325 ± 18	412 ± 49	279 ± 33
コロニーの体積 (*l*)	32.3 ± 3.2	32.6 ± 3.0	33.4 ± 4.1	40.9 ± 6.0
樹木の胸高直径 (cm)	26 ± 1	27 ± 1	31 ± 4	28 ± 4
1 m 以内にある 10 cm 未満の枝の数	9.3 ± 0.8	6.4 ± 0.4	4.1 ± 0.6	6.2 ± 1.0
1 m 以内にある 10 cm 以上の枝の数	2.3 ± 0.3	2.2 ± 0.1	2 ± 0.2	1.9 ± 0.2
森林の境界までの距離 (m)	61 ± 6	69 ± 5.0	84 ± 19	39 ± 7
最寄の繁殖巣までの距離 (m)	111 ± 8	124 ± 9	159 ± 24	132 ± 17

表 2 リュウキュウアカショウビンによる営巣場所選択に対する，コロニーの特徴の影響を一般化線形モデル解析によって検証した。適切な説明変数を選ぶために，ステップワイズ変数選択によるモデル選択をした。変数の選択には AIC (Akaike's information criterion) を利用し，AIC のもっとも低いモデルを採用した

従属変数	説明変数	傾き	AIC	R^2
A (掘った/掘らなかった)	地面からの高さ 樹木の胸高直径 1 m 以内にある 10 cm 未満の枝の数	+ + −	194.4〜188.0	0.13
B (産室あり/産室なし)	1 m 以内にある 10 cm 未満の枝の数 1 m 以内にある 10 cm 以上の枝の数 森林の境界までの距離	− − −	124.6〜119.2	0.05
C (繁殖/繁殖せず)	地面からの高さ	−	42.7〜34.3	0.13

ショウビンは，巣造りの初期に，数メートル離れた枝から飛び付いて，コロニーに穴を開ける。こうした方法で巣造りをするためには，できるだけ周りが開けているコロニーを好むのではないか。そして太い樹木に作られたコロニーは，細い樹木に作られたものに比べて，がっちりとしていて崩れにくいことは容易に想像できる。

次に解析のB (産室を造った/掘ったが産室を造らなかった) だ。これは，掘ったコロニーのなかで，産室を造ったものには，どんな特徴があったのかを調べることである。結果は，周りの枝や幹の数が少なく，森林の境界に近い場所にあるコロニーほど，産室まで掘り進められていたことを示していた。コロニーの周りの枝や幹の数に関しては，解析Aのときと同様な理由であろう。森林の境界との距離については，餌場が関係していると考えられる。視覚を使った待ち伏せ型の狩りをするリュウキュウアカショウビンは，明るい日中は，森の中でトカゲやカエル，カニ，昆虫などの小さな生き物を捕らえて食べている。しかし早朝や夕暮れ時には，鬱蒼(うっそう)として薄暗い森林内ではなく，開けていて明るい林縁部で狩りをする習性がある。そのため，農耕地や人家などの林縁部に近い場所に，巣を造ることを好むのではないだろうか。

最後に解析C (繁殖した/産室を造ったが繁殖しなかった)。つまり産室まで掘られたコロニーのうち，繁殖に利用されたものには，どんな特徴があったのかである。解析の結果は，予想とは大きく異なっていた。関わっていたのは高さだけであり，繁殖が行われたコロニーは，産室が造られたコロニーのなかでも，とくに低い位置にあることを示していた。これは，リュウキュウアカショウビンが高い位置にあるコロニーを選んで掘るという，解析Aで示された結果と矛盾していることがわかるだろう。コロニーの高さだけに注目した図9を見ていただきたい。これを見ると，掘らなかったコロニーでもっとも低い値 (221 ± 24 cm) を示しているのに対し，掘ったが繁殖に利

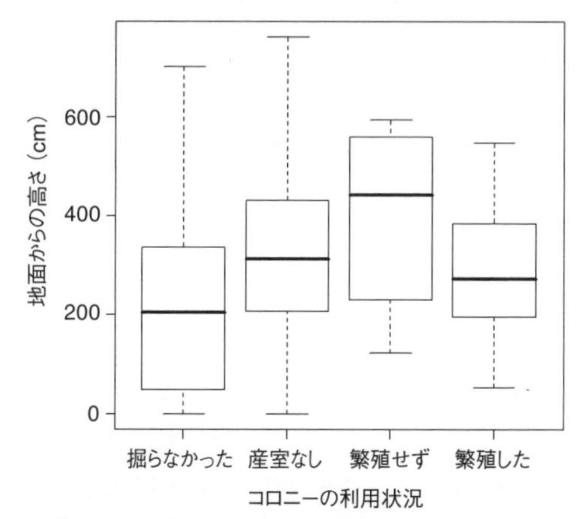

図 9　コロニーの利用状況と地面からの高さの関係。黒い太線が中央値，ボックスが全体の分布の4分の1を示す。エラーバーは全体の分布の10%と90%を示す。

用しなかったコロニー (産室なし＋繁殖せず) でもっとも高い値 (336 ± 17 cm) を示していた。そして，繁殖に利用したコロニーの高さは，それらの中間の値 (279 ± 33 cm) であった。つまりリュウキュウアカショウビンは，高い位置にあるコロニーを選んで掘るが，最終的には中間の高さにあるコロニーを利用し繁殖することを示していたのだ。なぜこのように，ある意味中途半端な結果になったのだろうか。コロニーの高さは，リュウキュウアカショウビンの繁殖の成否に関わる，重要な意味があるのではないか。そこで，実際にどんな巣が，繁殖に成功しやすかったのかを調べることにした。

繁殖に成功しやすいコロニーとは？

2005 年，繁殖を確認した巣の数は，全部で 18 巣。そのうち無事に雛が巣立ったのは，3 巣であり，平均の巣立ち雛数は 2.6 羽であった。18 巣のうち 15 巣では，なんらかの原因で繁殖に失敗していた。失敗の内訳は，捕食が 5 件。巣が壊れることによる雛や卵の消失が 7 件。親鳥による卵の放棄が 4 件 (放棄の原因は不明) である。これらの失敗要因と，コロニーの特徴との関係がわかれば，逆説的に繁殖に成功しやすいコロニーの特徴がわかるはずである。

そこでまずは，どんなコロニーが捕食されやすいのかを調べることにした。捕食は，鳥類が営巣場所を選ぶうえで，もっとも大きな影響力をもつ淘汰圧の 1 つである (Martin 1995)。西表島のリュウキュウアカショウビンでも，捕食は失敗要因の 3 割以上を占めるため，親鳥はできる限り，捕食の危険が少ない場所を，巣に選ぶはずだ。そこで，捕食された雛および卵の数と，コロニーの特徴の関係を探るために，重回帰分析を行った。すると，コロニーの高さだけが関係していることがわかった (χ_1^2 = 5.9, P = 0.015) (図 10)。つまり「高い位置にあるコロニーを使って繁殖すれば，捕食の危険が軽減される」ことが，調査から明らかになったのだ。このことから，淘汰圧を捕食だけに絞って考えると，高い位置にあるコロニーほど，営巣場所として好まれるはずだ。しかし，先に述べたように，実際に選ばれていたのは，とりわけ高い位置にあるコロニーではなかった (図 9)。ではなぜ，中間的な高さが選ばれたのだろう？

そこで注目したのが，捕食と並んで，主要な失敗要因となっていた巣の崩壊である。タカサゴシロアリのコロニーは，リュウキュウアカショウビンによって，内部に大きな産室を造られると周りを囲む壁が薄くなり，穴が開くことがある。これによって産室から卵や雛が落下したり，場合によっては，コロニー自体が樹木から剥がれ落ちてしまうこともある。巣の崩壊は，一度起これば確実に巣が全滅してしまうし，実際に繁殖失敗の 5 割弱を占めていることを考えると，かなり強烈な淘汰圧になっているはずである。そこで，巣の崩壊とコロニーの特徴の関係性を重回帰分析してみることにした。すると，巣の崩壊もコロニーの高さだけと関係していた (χ_1^2 = 3.6, P = 0.059) (図 11)。しかも，「高い位置にあるコロニーほど壊れやすい」という，捕食の場合とは正反対の関係にあることがわかったのである。おそらく，高い位置にあるコ

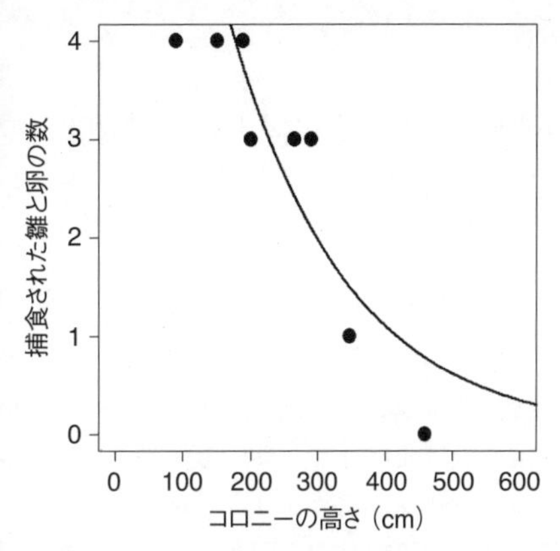

図 10　巣の高さと捕食の関係。それぞれの●は，捕食された卵や雛の個体数を示す。

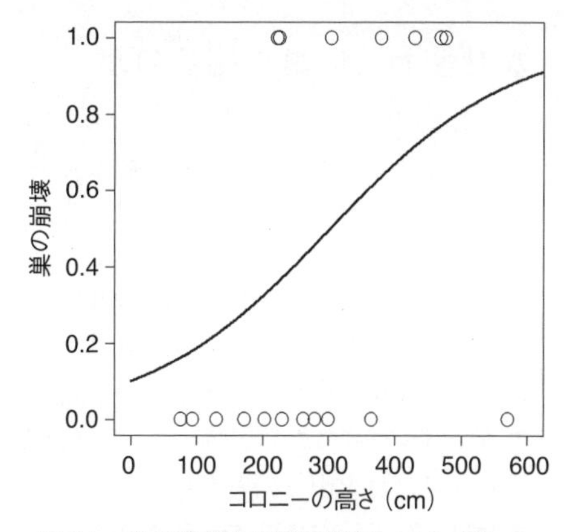

図 11　巣の高さと崩壊の関係。それぞれの○は，繁殖終了時における巣の崩壊の発生の有無を示す。縦軸の 1 は巣が崩壊したことを示し，0 は巣が崩壊しなかったことを示す。

ロニーは，雨風の影響を受けやすく，不安定な状況にある。大雨が降ればその影響は大きいだろうし，強風が吹けば幹ごと大きく揺さぶられることになるだろう。その結果，近くの枝にぶつかって，壊れることもあるかもしれない。とくに西表島では，育雛期にあたる 7 月に台風がしばしば直撃する。高い位置にあるコロニーで繁殖することで，巣の崩壊に直面する危険性は高いはずだ。2005 年の調査中にも，7 月 17 日から 19 日かけて，最大瞬間風速 45 m の台風が，八重山諸島を直撃した。このとき，調査地のプレハブ小屋で寝泊まりしていた私は，三日三晩，外にも出られなかった。停電して電気もない真っ暗な小屋の中に，閉じ込められたことを覚えている。そして台風が過ぎ去った 20 日に森の様子を見にいったところ，リュウキュウアカショウビンの巣を含む，かなりの数のタカサゴシロアリのコロニーが崩壊していた。とくに高い位置にあるリュウキュウアカショウビンの巣は，雨風の直撃を受けて大打撃を受けていた。地面には，巣が壊れて外に投げ出された雛たちが，無残な姿で横たわっていた。

以上から，リュウキュウアカショウビンの繁殖において，主要な失敗要因である捕食と巣の崩壊は，コロニーの高さと深い関わりがあることがわかった。コロニーの高さは，捕食と負の関係にあるのに対して，巣の崩壊とは正の関係にあった。おそらくリュウキュウアカショウビンは，利用するタカサゴシロアリのコロニーの高さを，捕食と巣の崩壊のトレードオフによって決定しているのであろう。つまり，捕食を受けにくく，かつ崩壊による失敗が少ないことが期待される，最適な高さにあるコロニーを選んでいたのである。

なぜ使わない巣を掘るのか

ここまでで，中間的な高さのコロニーを選ぶ理由はわかってきた。しかし，繁殖には使わないコロニーをどうして掘るのか，という疑問が残る。この疑問に対しては，コロニーの内部状況など，今回測定していない要因によって説明できるかもしれない。樹上性シロアリのコロニーには，中心部分に女王の産室があり，それはとても堅いことがわかっている (Noirot 1970)。またコロニーの内部には，コロニーを支えている木の幹や枝などが，いくつも横切っていることが多い。こうした堅い産室や枝などは，リュウキュウアカショウビンが穴を掘り進める際の障害物になるはずだ。また，タカサゴシロアリの兵アリによって，激しい抵抗を受け続ければ，巣穴を掘ることを諦める可能性も十分に考えられる。そもそも，リュウキュウアカショウビンには，タカサゴシロアリのコロニーを見つけると，とにかく試しに掘ってみるという習性があり，それによってコロニーの内部状況や，兵アリの動きを観察している可能性もあるだろう。

しかし，苦労して産室を掘ったにもかかわらず，繁殖に使わなかったコロニーもたくさんあった。これはどう説明すればよいのだろう。1つ考えられるのは，リュウキュウアカショウビンが巣を完成させた後に，何らかの危険を察知して，そこで繁殖することを止めたということだ。ここからは完全な仮説になるが，高い位置にあるコロニーが台風などで崩壊しやすいことを考えると，リュウキュウアカショウビンは，台風の到来などによる気象の変化を，何らかのシグナルから事前に察知している可能性がある。そして，巣の崩壊をできるだけ避けるために，低いコロニーに巣を造り直すなど，にわかには信じがたい離れ業を，やってのけているのかもしれない。

おわりに

最後に，タカサゴシロアリのコロニーを利用することのメリットについてまとめる。まず1つ言えるのは，リュウキュウアカショウビンは，必ずシロアリが棲んでいる活動的なコロニーを選んでいて，それが大きなメリットになっているということだ。シロアリが棲んでいれば，ワーカーが産室の周りに壁を作ってくれるし，ちょっとした巣穴の補修やメンテナンスも，勝手にやってくれる (Hindwood 1959)。一方で，シロアリがいなくなったコロニーは，すぐに脆くなって壊れてしまう。リュウキュウアカショウビンは，あえてシロアリが棲んでいるコロニーを選び，頑丈な営巣場所を手に入れているのだ。活動的なシロアリのコロニーを営巣場所に利用することは，社会性シロアリのコロニーを利用する他の鳥類でも報告されている (Brightsmith 2000; Legge & Heinsohn 2001; Kesler & Haig 2004)。

また，シロアリが棲んでいれば，常にコロニー内部の空気を換気し循環させているため，コロニーの温度はとても安定している (Dechmann 2004)。詳しい説明は省くが，タカサゴシロアリのコロニーに造られた巣の温度は，樹洞と比べても安定していることが，我々の調査からもわかっている。巣の中の温度が安定していれば，卵や雛への温度ストレスが軽減されるのは言うまでもない。また，シロアリのコロニーで繁殖することで，外部寄生虫がつきにくいなど，なんらかの効果があるのかもしれない。

そして何よりも，リュウキュウアカショウビンにとっての最大のメリットは，営巣場所を独占できることだろう。樹洞営巣性の鳥類にとって，常に取り合いになる営巣場所は，繁殖を制限する重要な要素であり，その不足は死活問題である (Newton 1994)。しかし西表島では，リュウキュウアカショウビンの他に，タカサゴシロアリのコロニーを使って営巣する鳥類や哺乳類はいない。またコロニーの利用率は10%であり，営巣に適したと考えられるコロニーは，他にも多く分布していた。西表島において，リュウキュウアカショウビンの営巣場所は豊富にあり，その不足によって繁殖を制限されていることはないだろう。さらにタカサゴシロアリは，リュウキュウアカショウビンが繁殖を終えた後，しばらくすると巣穴を埋める。するとそのコロニーは，また翌年も営巣場所になる。なんと理にかなった営巣場所なのだろう！　タカサゴシロアリが豊富に暮らす豊かな森があるからこそ，西表島は日本有数のリュウキュウアカショウビンの繁殖地になっているのだ。

リュウキュウアカショウビンに多くの恵みを与えてくれるタカサゴシロアリ。しかしシロアリにとって，コロニーを壊して巣を造るリュウキュウアカショウビンとは，いったいどんな相手なのか。なぜ同居を許すのか。何かメリットはあるのか。はたまた，同居を強いられているだけなのか。タカサゴシロアリの側からのアプローチも必要だろう。他にも，シロアリの活動状況など，コロニー内部のデータをとって，どんなコロニーをリュウキュウアカショウビンが選んでいるのかを調べることができれば，さらに面白いことがわかるはずである。

私は，すでに研究の世界から離れ，映像というまた別の世界で仕事をしている。そのため，これ以上詳しいことを調べるのは難しいだろう。長い歳月をかけて培われてきた，リュウキュウアカショウビンとタカサゴシロアリの不思議な関係について，調べてくれる，やる気のある研究者が現れることを，願ってやまない。

動物行動学する

2015 年の春から夏にかけて，毎日何時間も映像を眺めていた。オオミズナギドリの巣の前に仕掛けたビデオカメラから得られた映像である。オオミズナギドリの雛は巣立ち前に巣穴から出たり入ったりするのだが，動画を再生しながら，その時刻をノートに記していくのだ。数千時間の映像記録を見ていると，羽ばたきを練習中の雛がイエネコに襲われるさまや，直接見ることが難しい雛の巣立ちの瞬間を観察しては鼓動が高まる。些末なことを発見しては喜ぶ性格なのだ。些末なことではあるが，「些細（ささい）な事がらが何百万も積み重なることによって初めて，鳥やオサムシやアリの全体像が明らかになる (ハインリッチ 1985)」。映像解析の結果，雛が巣の外に出て飛翔練習をする時間と，体サイズや巣立ち日齢のような巣立ち後の生存に関わるパラメータが関連することがわかった。その後，雛の成長や初めての渡りに関する論文を発表した (Yoda et al. 2017a; Yoda et al. 2017b)。

しかし，こうしたのんびりとした研究態度はなかなか保てない。なにしろ大学の教員は忙しすぎる。講義，実習，委員会，予算獲得，大学運営，組織改編，アウトリーチ，大学院説明会，入試。こうした状況で動物行動学者としてあるには，心の余裕が必要だ。しかしまあ，なんと難しいことか。うっかりすると飲み込まれてしまう。

ところが最近，動物行動学者であることで心の余裕を保てることに気づいた。目視観察であれ映像分析であれ，動物個体を追跡して行動を観察していると落ち着くのである。好きなことをしているのだから当然かもしれないが，ほかにも理由があるように思う。動物の個体につきあうにはとにかく時間がかかる。すると，ただぼんやりする時間が生じるのだが，これがあれこれ発想するのにとても具合が良い。個体の行動を理解するための客観と，自分と同じ個体であるがゆえの擬人の間をゆれるのが心地良い。

ということで，心の平穏を取り戻すために，動物行動学する時間を積極的にとることにした。個体の行動を見ることは，すなわちその生きざまを見ることに等しい。他人や他種の生きざまに触れることは，人生を手っ取り早く豊かにする手法だ。みなさんも動物行動学，始めませんか。 (依田 憲)

13
八重山のカツオドリの採餌・飛翔行動

(依田 憲・河野裕美)

種名 カツオドリ

学名 *Sula leucogaster*

繁殖中のカツオドリ。顔や嘴，足の色が雌 (左) は黄色く，雄 (右) は青い。

分布 世界の熱帯・亜熱帯海域に広く分布する。カリブ海，メキシコ湾および大西洋の *S. l. leucogaster*，インド洋から西部・中央太平洋の *S. l. plotus*，カリフォルニア湾を含む東部太平洋の *S. l. brewsteri*，そして中央アメリカから南アメリカの *S. l. etesiaca* の 4 亜種に分けられている。日本では *S. l. plotus* が伊豆諸島，小笠原諸島，硫黄列島，草垣群島，トカラ列島，尖閣諸島，および八重山諸島 (仲ノ神島) で繁殖する。仲ノ神島では 2009 年以降に *S. l. brewsteri* (亜種名はシロガシラカツオドリ。雄の頭部から頸部が白色) の雄 2 個体が飛来し，1 個体は 2012 年から 2014 年にかけて繁殖した記録がある。

全長 約 70 cm (雌は雄よりも大きい傾向がある)

生態 体長 3〜40 cm の多様な魚類やイカ類を餌とする。とくにトビウオ類は主要な餌生物である。はばたきと滑空を組み合わせて飛翔し，餌を見つけると翼を後方へ伸ばして，首を伸ばし嘴から突き刺さるように飛び込んで捕らえる。このほかにも海面から飛び出したトビウオ類やトビイカ類を追跡して，着水した瞬間に突入して捕獲するか，空中で捕獲することもある。抱卵斑はなく，毛細血管の集まった水掻きで抱卵する。抱卵期間は約 45 日，孵化から巣立つまでの日数は約 100 日である。雛は晩成性 (眼が閉じ，無毛で孵化) で，餌を受け取る嘴が先に伸長し，次いで体重が増し，翼は遅れて成長する。雛の成長量が大きい時期には，親鳥は 1 日当たり 200 g 程度の餌を与える。

萬緑の中や吾子の歯生え初むる (中村草田男)

子がすくすくと成長するさまを見るのは面白い。そのみずみずしい生命力は感動的でさえある。しかし，それは成長を終えた者が感じるノスタルジーにすぎないかもしれない。子は生き抜くために，「成長しなくてはならない」のだ。

卵から孵った鳥類の雛は，親の世話を受けながら成長する (巣立ち前世話期間，図1)。巣立ち (初めて飛ぶこと) が近くなると羽ばたいて飛ぶ練習をするが，その姿は頼りない。このまま巣立ちしても，うまく飛翔できるのだろうか，と不安になる。うまく飛び立てたとしても，大自然の中の微かな手がかりをヒントにして餌を見つける必要がある。自力で採餌できなければ，体はしだいに弱り，餓死するだろう。未熟な幼鳥は，巣立ち後にどのように成長して，さまざまな難題を解決しているのだろうか。

鳥類のなかには，巣立ち後も親から補助的に餌をもらう種がいる。この期間は巣立ち後世話期間と呼ばれ (図1)，スズメ目やタカ目などでも巣立ち後世話期間をもつものが多い。巣立ち前世話期間に比べて，巣立ち後世話期間の幼鳥の成長過程，とくに行動の発達[1] の研究は少ない。これは，自由に飛び回る巣立ち幼鳥の行動を継続的に

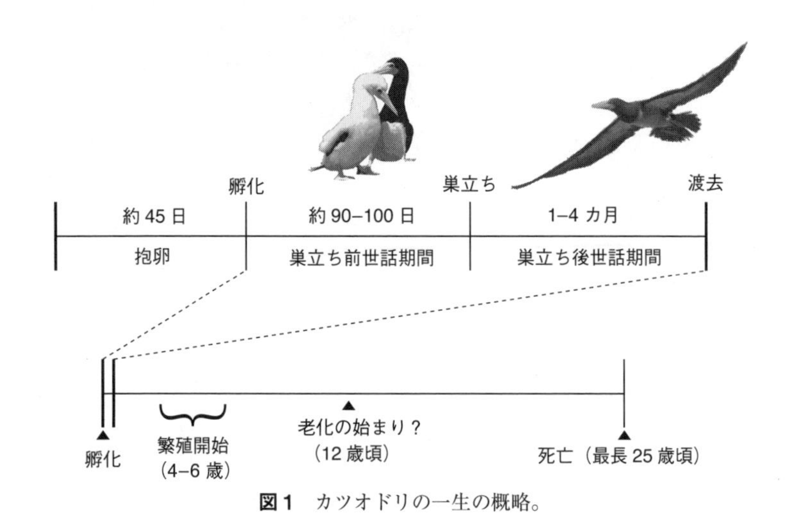

図1　カツオドリの一生の概略。

1) 動物行動学者のニコラース・ティンバーゲン (Nikolaas Tinbergen) は，動物の行動に対するアプローチを (1) 至近メカニズム，(2) 適応，(3) 個体発生・発達，(4) 系統，の4つに整理した。たとえば，カツオドリが飛び込み採餌できる理由に対しては，(1) 視覚を用いて空中から狙いを定め，水面との接触瞬間を予測して飛び込み直前に翼を折り畳み，抵抗を減じて突入できるから，(2) 飛び込み採餌を行うことによって水面直下の餌を効率よく獲得でき，子孫をより多く残すことができるから，(3) 幼鳥時に飛び込み採餌を練習して習得するから，(4) 近縁のシロカツオドリ属との共通祖先が飛び込み採餌という性質を獲得したから。これはティンバーゲンの4つの問いと呼ばれ，動物行動学における重要な枠組みである。(1)～(4) は視点の違いであり，どれか1つが正しいというものではない。多面的にアプローチすることが動物の行動理解に重要である。

観察することが難しいからだ。

海鳥類の成長に惹かれて，仲ノ神島のカツオドリ *Sula leucogaster* の幼鳥の行動研究に挑戦して10年以上になる。カツオドリは鳥類のなかでもとりわけ長い巣立ち後世話期間をもち，個体群によっては100～200日以上に及ぶという記録もある(Schreiber & Burger 2001)。寿命の長いカツオドリからすると，一生のなかのわずかな時間かもしれないが (図1)，些末な期間ではないだろう。巣立ち後世話期間，幼鳥は何をして過ごすのか。カツオドリの幼鳥の成長戦略の解明には，バイオロギング (bio-logging) という先端技術の登場を待たなければならなかった。

バイオロギングによる鳥類行動学

動物の行動観察は，動物行動学の基本である。日本の動物行動学の礎を築いた日高敏隆は言う (日高 1999)。

> 自分で出かけてその場でとにかく見るということがとても大事です。見ていけばかなりのことがわかるわけでしょう。雄がとまっていて雌がそこに来ているのであれば，雄が呼んでいるとわかる。(中略)　そこまでのところは，見て歩くほかはない。いくら考えても絶対にわからない。ぼくはほとんどずっと，そういうやり方をしている。ただひたすら見ているわけです。

ところが，野生動物は観察者の視界からしばしば消える。採集のために昆虫を追いかけていたのに，見失って悔しい思いをした経験はないだろうか。ヒトは空を飛ぶことも，海を深く潜ることもできない。ヒトが移動できる領域は存外狭いのである。したがって，野生動物を「その場でとにかく見る」ことが簡単ではないのだ。

そこに現れたのがバイオロギング (バイオ＝生物，ロギング＝記録する) という研究手法である (日本バイオロギング研究会 2009, 2016)。バイオロギングは，動物にさまざまなセンサーを装着することによって，その行動や生理，周囲の環境を記録する手法だ。

バイオロギングは新しい研究手法ではあるが，「動物に何かを装着して研究する」という点では，鳥類研究の標準的手法である足環を使った標識再捕獲法となんら変わらない。たとえば，1800年代から標識を使った鳥類の渡り調査が行われている。個体を捕獲して足環を装着した後，どこかで再捕獲 (もしくは再発見) すれば，標識を行った地点と再捕地点を結ぶことで (相当に粗いが) 移動経路がわかる。バイオロギングは，工学技術を利用して，この2点間の空隙を埋める。

たとえば，オオフルマカモメ *Macronectes giganteus* に衛星発信機が装着されて以降 (Parmelee et al. 1985)，大型の鳥類の渡り経路が明らかにされてきた。最近では10 g以下の衛星発信機も開発されている。また，カワラバト *Columba livia* への GPS (全地球測位システム) データロガー[2] の装着に端を発し (Steiner et al. 2000)，鳥類の移

2) 内部のメモリに情報を蓄積する機器。情報蓄積後，発信する機器もある。

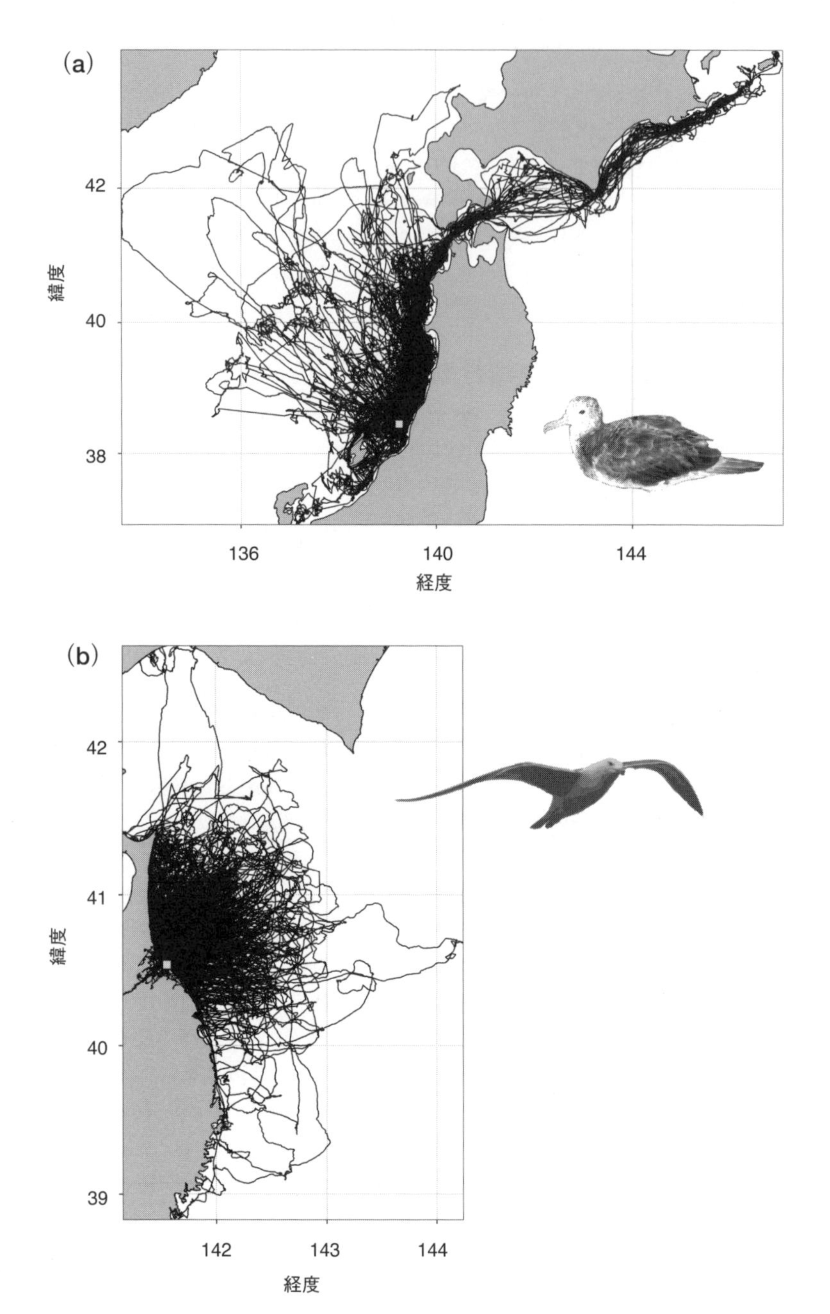

図 2　GPS データロガーで記録された（a）新潟県のオオミズナギドリ *Calonectris leucomelas* と，（b）青森県のウミネコ *Larus crassirostris* の移動経路。

動経路を高精度に捉えられるようになった。GPS はカーナビなどでも使われており，人工衛星から電波を取得することにより位置を計算する。一方，ジオロケータと呼ばれる機器は，1 g 以下の小型のものもあるため，スズメ目などでも使用でき (Stutchbury et al. 2009)，バイオロギングの使用者を激増させた。ジオロケータは光量を記録し，日長時間から緯度を，グリニッジ標準時に対する正午時刻から経度を推定できる。推定誤差が約 100 km と大きいが，非繁殖期の渡りや利用海域を推定するには十分である (仲ノ神島のカツオドリの例は 17 章参照)。

動物の移動分散や分布は自然史的知見の基本であり，こうした位置記録型のデータロガーは，自然史研究の現代的復興とも言える。さまざまな鳥類の移動経路が集積され，採餌や移動分散に関する研究が盛んに進められている (図 2)。

バイオロギングは動物の移動を記録するだけではない。温度 (水温や気温)，塩分，加速度，地磁気，速度，心電図，脳波などを記録するデータロガーがある (高橋・依田 2010; 依田 2012)。たとえば，水圧計や気圧計，脳波計を使うことで，コウテイペンギン *Aptenodytes forsteri* が海中 564 m まで潜ること (Wienecke et al. 2007)，アメリカグンカンドリ *Fregata magnificens* が 2,500 m まで上昇すること (Weimerskirch et al. 2003)，オオグンカンドリ *F. minor* が飛翔中に睡眠をとること (Rattenborg et al. 2016) などがわかってきた。

途方もないスケールでヒトを圧倒するのが自然なら，それに技術で立ち向かうのが人間である。バイオロギングによって，鳥類行動学は新たな可能性を見いだした。

カツオドリ成鳥の採餌行動

本章の主題はカツオドリ幼鳥の成長過程にあるが，その基準となる成鳥の採餌行動についてまずは紹介する。カツオドリはカツオドリ目カツオドリ科カツオドリ属 *Sula* に分類される，熱帯や亜熱帯に生息する海鳥である。日本では伊豆諸島南部，小笠原諸島などで繁殖する。八重山諸島にある仲ノ神島の海鳥類の歴史やカツオドリの個体群動態については 17 章を参照されたい。

漁師はこの鳥の群れを見てカツオなどの魚群を見つけていたため，カツオドリと呼ばれるそうだ。主要な餌はトビウオやトビイカである (岸本・河野 1989)。種小名が示すとおり，腹部が白い (leuco は白，gaster は腹を意味する) (図 3)。体重は雄が 1.1 kg，雌が 1.4 kg ほどである。平均寿命について精確な情報はないが，仲ノ神島では 25 歳の雌が繁殖した記録もある (17 章参照)。アオアシカツオドリ *S. nebouxii* では 12 歳以降の親から巣立ちした幼鳥の帰還率が著しく低下することから，その頃から老化が始まると推測されている (Torres et al. 2011)。育雛は両親で行う。仮に 4 歳から毎年繁殖して 20 歳まで生きるとする。毎年 1 羽の雛が巣立ち，その雛の繁殖齢までの生存率が 30% であれば，つがいは 5 羽の次世代につながる子を一生を通して残すことになる。

カツオドリ科のシロカツオドリ属 *Morus* にはシロカツオドリ *M. bassanus* やケープ

図 3　仲ノ神島のカツオドリの成鳥。

シロカツオドリ *M. capensis* などが含まれ，カツオドリ属より大型で高緯度に生息している。採餌や移動に関する研究はシロカツオドリ属のほうが進んでいるので，比較のため本章では適宜引用する。ただし，カツオドリ属とシロカツオドリ属では異なる点も多くある。たとえば，カツオドリ属には巣立ち後世話期間があるが，シロカツオドリ属にはない (Schreiber & Burger 2001)。

空を飛び，海を泳ぐ海鳥は多いが，空と海という 2 つの媒体の境界をもっとも華麗に通り抜けるのはカツオドリ科である。彼らは数メートルから数十メートル上空から水中に突入して水面直下の魚を捕食する「飛び込み採餌」と呼ばれる採餌を行う。飛び込み採餌には，魚を驚かせて，高い成功率で捕らえられる利点があると言われている。時には何百羽もの群れで飛び込み採餌を行うことがあり，その光景は壮観だ (動物行動の映像データベース http://www.momo-p.com/ にて「カツオドリ」で検索)。

カツオドリは飛び込み採餌を行うために，さまざまな形態的適応を遂げている。高速滑空性能に優れた尖翼をもち (図 4)，空中でも水中でも焦点の合う視覚をもつ (シロカツオドリ属) (Machovsky-Capuska et al. 2012)。一方でこうした飛び込み採餌にはリスクもあるらしく，シロカツオドリ属は飛び込み採餌の際に互いに衝突して死ぬこともあるようだ (Machovsky-Capuska et al. 2011)。

飛び込み採餌の際，いつどの程度潜るのか，とくにカツオドリ属のなかでもカツオドリに関する情報は少ない。これは繁殖地がアクセスの難しい絶海の孤島であることが多く，バイオロギング調査はもとより，長期観察も容易でないことに起因する。我々の調査地である仲ノ神島も例外ではない (17 章参照)。カツオドリにデータロガーを装着しても，台風が襲来して再上陸できずに紛失した経験も一度や二度ではない。荒れ狂う海をカヤックで横断したこともある。バイオロギングは装着するだけだから楽だと思われがちだが，バイオロギングであれ目視観察であれ，大自然を相手にする

図 4　飛翔するカツオドリのシルエット。長腕で尖翼。

際には大きな違いはない。

(1) 潜水行動

潜水行動を調べるため，深度/温度/加速度データロガー ((有) リトルレオナルド社，東京，重さ 20 g) を仲ノ神島で繁殖する成鳥に装着した (Yoda & Kohno 2008)。データロガーの短期的な (~1 カ月) 装着には，特殊な防水テープが使われる。背中や胸の羽毛や，尾羽にデータロガーを巻きつける形で装着する (綿貫・高橋 2016，図 5)。繁殖期の親鳥は，巣と海洋を何度も往復するため (採餌トリップと呼ぶ)，巣もしくは巣の近くで成鳥を捕獲し，データロガーを装着する。複数回の採餌トリップが終了した後，巣で再捕獲し，データロガーを回収する。これをコンピュータにつなげば，データロガーの内部に蓄積された情報をダウンロードすることができる。

深度は水圧を測ることによってわかる。加速度は動物の動きを計測する。動物の運動には固有の動きが伴うため，加速度データロガーを装着することによってさまざまな行動を判別できる (Yoda et al. 2001)。飛翔する鳥類であれば，羽ばたきや滑翔，休息がいつどのくらいの時間行われたか，すなわち行動時間配分を定量可能である。また，どの程度激しく運動しているのかを計算して，エネルギー消費を推定することもできる (Gleiss et al. 2011)。カツオドリの場合，深度と温度は 1 秒ごと，加速度は 1/16 秒ごと (1 秒間に 16 回記録するということ) に記録した。

データロガー装着が動物に与える影響については，動物倫理の観点からだけでなく，データの解釈の観点からも種ごとに調べる必要がある。鳥類の場合，データロガーの重量が体重の 3~5% 以下であれば，行動や繁殖に目立った影響はないと言われる。もっとも，データロガーが海上での行動に影響を与えている場合，対照群 (データロガー未装着個体) との行動比較は原理的にできない。したがって，影響評価をより精緻に行うためには，大小さまざまな大きさのデータロガーを装着した個体間で飛翔行動などを比較して未装着個体の行動を推定したり，どの重量のデータロガーであれば行動に対する影響を無視できるのかを判断したりする必要がある (Ropert-Coudert et al. 2007)。

さて，バイオロギング実験の結果，カツオドリは昼間にしか飛び込み採餌を行って

図 5　幼鳥の背中にビデオロガーを装着した様子。

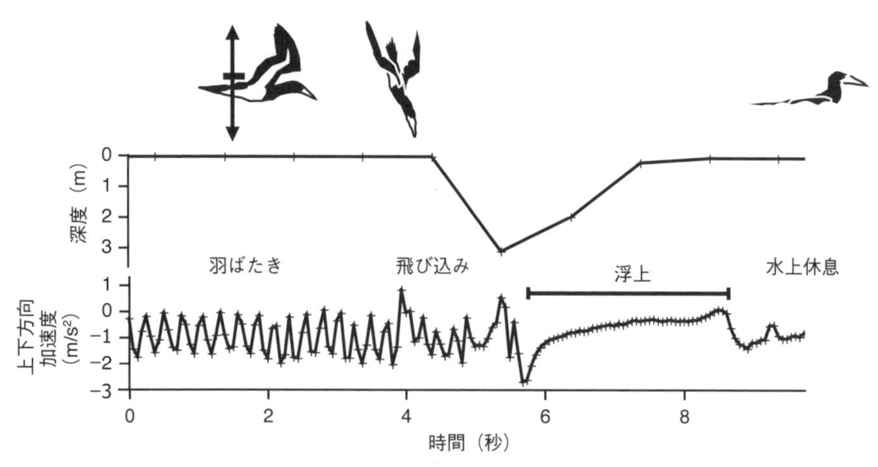

図 6　成鳥から得られた深度（上）と加速度（下）(Yoda et al. 2007 を改変)。横軸が時間。このようなデータを時系列データと呼ぶ。深度は下にいくほど深い (たとえば 0 は水面，3 は水深 3 m を示す)。このグラフではまず 4 秒間ほど羽ばたいていることが加速度からわかる。カツオドリに装着したデータロガーが羽ばたきに伴って上下動していることを示す。

いなかった。これは飛び込み採餌が視覚に頼る方法であることを示唆する。成鳥は最大で 4 m 近く潜っていたが (図 6)，平均的には 1 m 前後の潜水を行っていた。潜水持続時間は 2 秒程度で，連続的に飛び込まない単発潜水が半分ほどを占めていた。後に発表されたメキシコのカツオドリでも同様の数値だった (Weimerskirch et al. 2009; Mellink et al. 2014)。

一方，稀ではあるものの，カツオドリは海中に突入後，10 秒以上かけて海中を水平方向に泳ぐことがあった。シロカツオドリ属は飛び込み採餌後に羽ばたいてさらに深く潜るが (Ropert-Coudert et al. 2009)，カツオドリは浮力に抗って潜行しないようだ。また，潜水の後半はエネルギー節約のためか，浮力に従って受動的に浮上していた (図 6)。

以上の結果から，カツオドリは飛び込みの際の慣性力だけで最大深度に達することがうかがえる。すると高い所から飛び込むほど深く潜れるように思えるが，力学的計算をしてみると，飛び込み開始高度を大きくしても到達深度はそれほど変わらない (Ropert-Coudert et al. 2009)。したがって，高度を上げすぎても狙いを定めるのが難しくなるだけだろう。

近縁種と潜水行動を比較してみると，カツオドリよりもやや大型のアオアシカツオドリ (体重 1.4～1.8 kg) は 3～5 m，5～8 秒の潜水を行う (Zavalaga et al. 2007)。一方，やや小型のアカアシカツオドリ *S. sula* (0.8kg) は 1 m 弱，1.7 秒の潜水を行っていた (Weimerskirch et al. 2005)。同所的に生息するカツオドリとアオアシカツオドリでもこの傾向があった (Weimerskirch et al. 2009)。シロカツオドリ属 (体重 3 kg) では 25 m，40 秒という記録がある (Ropert-Coudert et al. 2009)。したがって，体サイズによって潜水の深度や時間がある程度決まるのかもしれない。ペンギン科やウミスズメ科では，体重が重い種ほど深く長く潜る (綿貫 2010)。呼吸色素の量や代謝率，血液循環速度などを考慮すると，一般に大型のものほど潜水時間が長くなるからだ (森 2002)。カツオドリ属はこれらの種のように長時間潜るわけではないので，飛び込み採餌の開始高度や運動制御の種間差も効いているのかもしれない。

カツオドリの成鳥は 1 日に 30 回ほど潜っており，これで自分自身と雛 0.5 羽 (1 羽の雛をつがいで世話をするため) を賄えることになる。飛び込みのうち何回が採餌に成功するのかはわからないが，カツオドリ科の採餌成功率はしばしば高く見積もられ，シロカツオドリ属では 25～75% と仮定されたことがある (Green et al. 2009)。また，採餌成功率の指標 CPUE (catch per unit effort; 単位努力量当たり漁獲量) (海鳥では潜水時間当たりの獲得餌量がよく使われる) を種間比較しても，ペンギン類やウ類に比べてもカツオドリ科のほうが高い (カツオドリ科の採餌努力量に潜水時間を用いるのは無理があるが …)。飛び込み採餌は，ペンギン類のように潜水しなくても，ミズナギドリ類のように広域を探索しなくてもうまくやれる，1 つの適応の形なのだろう。

(2) 移動行動

次に，成鳥の移動行動を記録するために，GPS データロガー (テクノスマート社製，イタリア，25 g) を装着した。3 秒ごとに位置を記録するよう設定した結果，仲ノ神島で繁殖する成鳥の採餌トリップは約 4 時間で，日中にのみ行われることがわかった。採餌トリップで到達した距離は 30 km 程度，最大で 60 km だった (図 7)。これはメキシコのカツオドリ個体群から得られた値にも近い (Weimerskirch et al. 2009)。

カツオドリの採餌トリップ経路は直線的だったが，高緯度域の海鳥類に比べると，比較的多様な方角に向かった。採餌トリップでは最遠地点に到着するまでの往路でも飛び込み採餌をよく行っていた。一般的に，熱帯域は餌の密度や分布の予測可能性が低い (Weimerskirch 2007)。深度/温度/加速度データロガーからわかった単発潜水の多さからも，カツオドリの餌であるトビウオ類などはまばらに分布しており，分布密度が低いことが示唆された。

シロカツオドリ属と比べると，カツオドリ属の採餌トリップ中の行動時間配分は，飛び込み採餌に費やす時間の割合は変わらないが飛翔割合が多い (Green et al. 2009)。どうやらシロカツオドリ属よりも飛翔にかかるエネルギーコストが低く，より活動的に飛翔して餌を探索するようだ。ここからも，カツオドリ属が熱帯域の餌分布特性に適応していることが垣間見える。

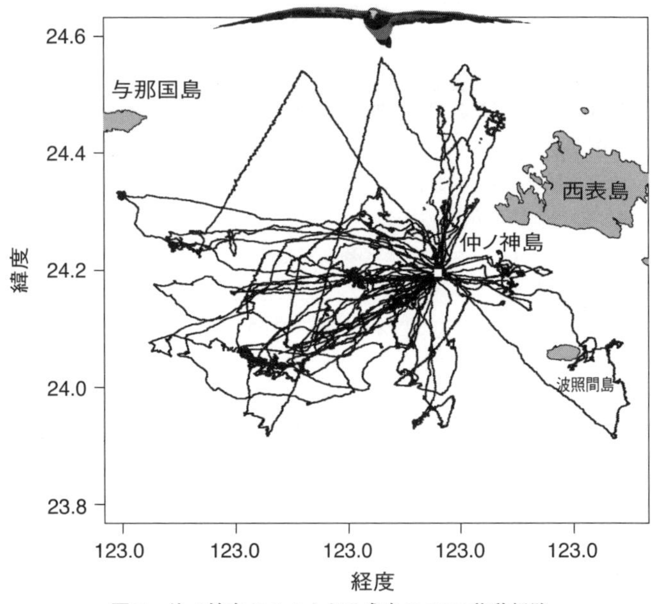

図 7　仲ノ神島のカツオドリ成鳥の GPS 移動経路。

カツオドリ幼鳥の採餌・飛翔行動

軽やかに飛翔し，激しく飛び込む。この高度に制御された行動を子はいつから身に付けるのか。鳥類の幼鳥のバイオロギング研究は，成鳥に比べて圧倒的に少ない。雛は巣立ち (飛べるようになること) した後，自由に飛び回るため，何度も捕獲してデータロガーを装着したり，回収したりすることが難しいためである。巣立ち幼鳥はいかにしてバイオロギングすればよいだろう。

カツオドリ属は鳥類のなかでもとりわけ長い巣立ち後世話期間をもち，そのなかでもカツオドリとアカアシカツオドリの巣立ち後世話期間は長い (Schreiber & Burger 2001)。そこで，雛を小さな頃から育てて「親代わり」になれば，巣立ち後，親 (飼育者) のもとに戻ってきて餌をねだるだろう。そうすれば巣立ち後世話期間中にデータロガーの装着，回収が可能になり，詳細な成長記録をつけることができるはずだ。

カツオドリは 1 卵か 2 卵を産むが，兄姉が弟妹を巣の外に追い出してしまう (17 章参照)。親は巣の中の雛だけを育てるので，ほとんど例外なく 1 羽のみが巣立ちする (きょうだい殺しと呼ばれる)。そこで，仲ノ神島において巣の外に追い出された直後の雛たちを保護し，東海大学沖縄地域研究センター (ORRC) 網取施設で飼育した。網取施設は網取村の廃校舎を利用した研究施設で，西表島にあるのだが，そこに至る陸路はなく，船でしか行くことができない。

生まれたばかりの雛は体温調節能力が低いため，ヒーターで温める (図 8)。孵化した直後は裸だが，1 週間後には綿羽が生える。体温調節ができるようになったら，屋外で飼育する。野生個体とできるだけ同じ環境を経験できるように，海を見て海風を浴びられる環境を用意した (図 8)。そのうち枝で遊んだり，羽ばたき練習したりと，野生個体と同じような行動発達を示した。

雛には新鮮な餌を与えるべく，釣りに明け暮れた。泳ぎながら釣り糸をたらす通称「泳ぎ釣り」である。網取湾珊瑚礁の魚類相は素晴らしく，生物界は多様だ，生物多様性は重要だと念仏のように言われなくても体感できる。また，貪欲な雛を満たすために毎日採餌トリップに出かける親鳥の気持ちもわかる。効率よく採餌しないと子育てできないのだ。強い淘汰圧がかかって，最適採餌戦略[3] が進化することを実感する。

釣りをしていると，空 (海鳥) と海 (魚類) のつながりも見える。泳ぎ釣りの合間に潜水して海底から水面を眺めると，空の見える範囲が限定的であることに気付く (光の全反射)。カツオドリは斜めに水中へ飛び込むこともあるが，その場合，魚はカツオドリが突入してくるまで気づかないのかもしれない，と海の中で発想する。西表島で生活すると，こうした発想が幾度となく大自然の中から訪れる。

飼育鳥に対しては，基本的に餌をねだるだけ与えた (たとえば巣立ち後は 1 日当たり約 200～300 g)。これはカツオドリの親鳥よりも少し多く与えた可能性もある (実際

3) 少しでも効率的な採餌のやり方 (採餌のやり方も遺伝する) が自然淘汰の過程で残った結果，現在の採餌行動が最適になっていること。

の親鳥がどれだけ与えるのかは不明)。しかし，体部位の成長や行動の発達に野生個体と違いが見られなかったこと，カツオドリより小型のアカアシカツオドリでは，体重から推定された給餌量が 1 日当たり 150～200 g 程度であること (Guo et al. 2010) から，親鳥の給餌をうまく真似できていたと思われる。

カツオドリの雛は仲ノ神島の野生のものと同じく 90～100 日で巣立ちした。巣立ち

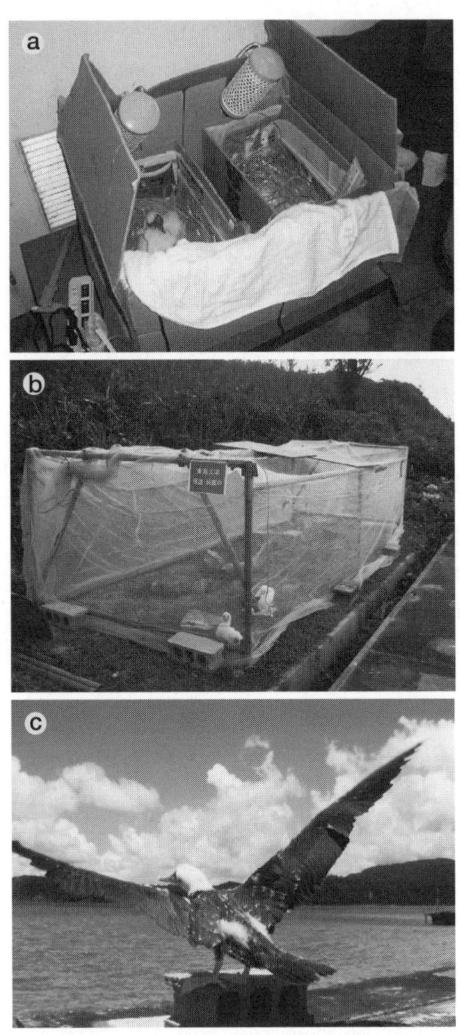

図 8　飼育の様子。(a) 保護飼育を始めたときの飼育環境。(b) 屋外飼育環境。(c) 羽ばたき練習する雛。

の際，突拍子もない方向に飛んでいって木に引っかかる個体がいた。こうした個体は梯子をかけて救出し大事なかったが，これは仲ノ神島であればどの方角に飛んでいっても海へ出られる一方，ORRC の裏は深い森になっているために起こったと思われる。工夫をこらしても，出生地の仲ノ神島とまったく同じ環境にするのは当然だが不可能である。

こうして巣立ちを迎えた幼鳥に対して，早朝にデータロガーを装着した。するとそのうち海に飛んでいくので，そこから帰巣するまでの行動がデータロガーに記録される。餌をねだりに戻ってきたときにデータロガーを回収すれば，その日の詳細な行動データをコンピュータにダウンロードできる。

(1) 加速度/温度/深度データロガーと GPS データロガー

加速度/温度/深度データロガーや GPS データロガーを装着し，幼鳥の採餌行動や移動経路を記録した。その結果，巣立ち後しばらくは ORRC から目の届くような範囲で短時間の採餌トリップを繰り返すだけだったが，日齢を重ねるにつれて，少しずつ遠くへ，長時間の採餌トリップに出かけるようになった (Kohno & Yoda 2011)。2 カ月経過すると，日常的に ORRC から 20 km も離れるようになった (図 9)。

また，最初は羽ばたきに頼る飛翔だったが，しだいに滑翔が増えていった (Yoda et al. 2004)。羽ばたき時は滑翔時に比べ心拍数が 20% 高いことから (シロカツオドリ属成鳥) (Ropert-Coudert et al. 2006)，カツオドリの幼鳥はエネルギー的に低コストである飛翔方法を習得していくことを意味する。また，水平移動速度 (飛行速度) も徐々に上昇していった。

一方，潜水行動の発達は飛翔行動に比べると遅かった (Yoda et al. 2007)。巣立ち後，潜水の深度や時間は緩やかに増大するものの，1 カ月経過しても 20〜30 cm，1〜2 秒の潜水だった (図 10)。メキシコのカツオドリの幼鳥 (巣立ち後 1〜25 日) の研究も同等の数値を示している (Mellink et al. 2014)。この研究もカツオドリの巣立ち幼鳥を対象としているが，日齢の異なる野生の幼鳥に深度データロガーを一日だけ装着した研究である。両研究結果の類似からも，保護飼育された巣立ち幼鳥が，野生と似た行動発達を行うことがわかる。

採餌トリップ前後の体重増加量を計算したところ，巣立ち後経過に伴い増える傾向が見られたものの，体重増加した採餌トリップは約 3% しかなかった。また，採餌トリップを行った日は行わない日と比べて体重減少率が大きかった。つまり，自力ではほとんど餌をとれていないことを意味する。飛び込み採餌は瞬間的な行動であるものの，強い羽ばたきを必要とする水面からの離水を毎回必ず伴うため，エネルギー消費が大きい (Green et al. 2009)。成鳥のように高い餌獲得率でわりにあえばよいが，幼鳥には難しいのだろう。アカアシカツオドリでも，幼鳥の体重変化量から推定された自力採餌量は，2 カ月過ぎても 1 日当たり 25 g 前後だった (Guo et al. 2010)。

どうやら巣立ち後世話期間は，幼鳥自身でも餌をとれるが不足分を親鳥に補填して

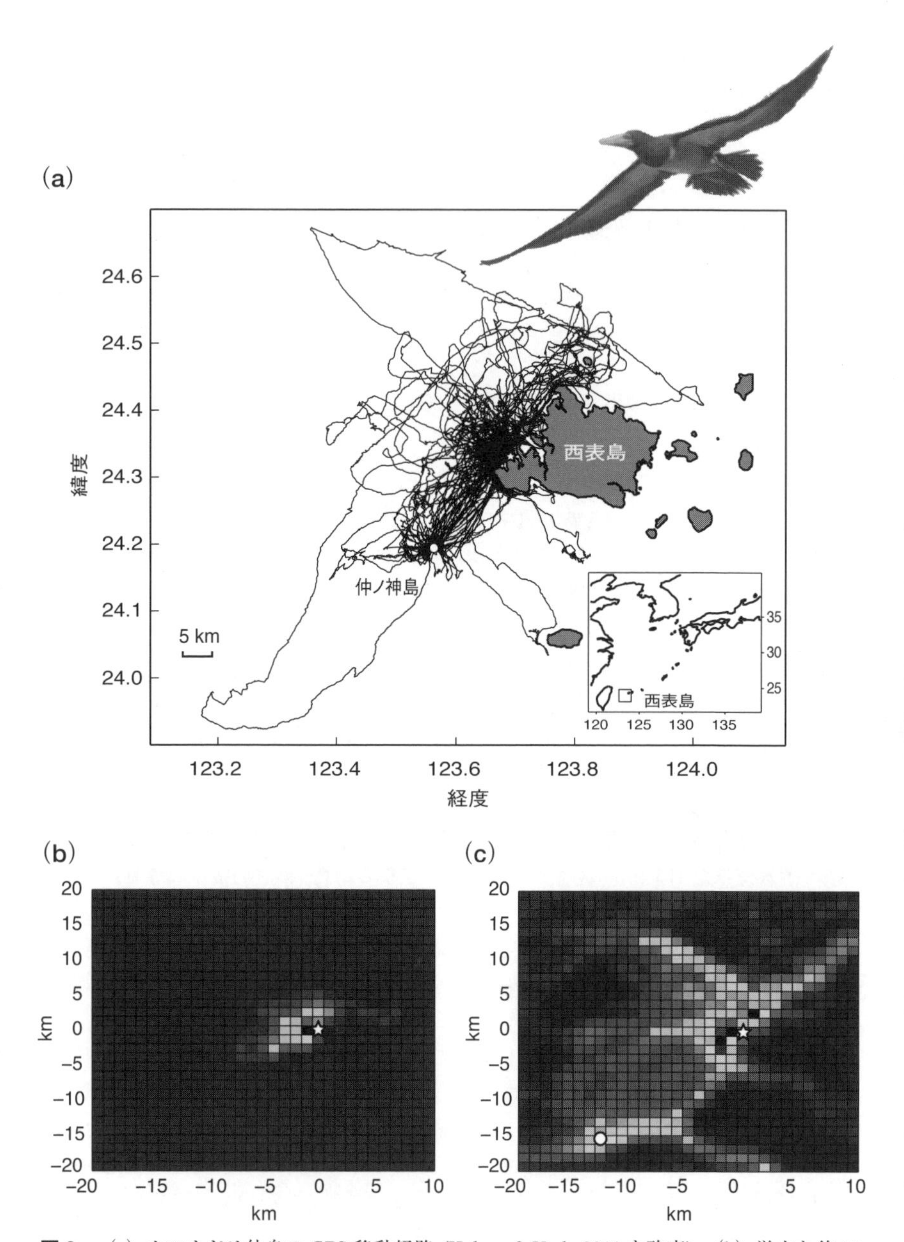

図 9　(a) カツオドリ幼鳥の GPS 移動経路 (Kohno & Yoda 2011 を改変)。(b) 巣立ち後 15 日まで，(c) 巣立ち後 46 日経過後のカーネル密度。白に近い色の所によく行っていた。星印は ORRC，丸印は仲ノ神島。

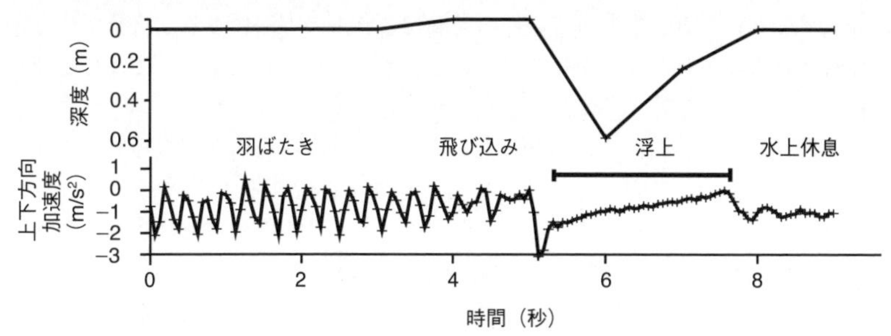

図 10　幼鳥から得られた深度（上）と加速度（下）（Yoda et al. 2007 を改変）。成鳥に比べて潜水深度が浅い。

もらうという安閑とした期間ではないらしい。親の庇護下にある間にトレーニングを積み，それでも自力でやっていけるかどうかわからないところで独立しなければならないようだ。

(2) ビデオロガー

それぞれの種が独自にもつ知覚世界をウムヴェルト (環世界) とよんだユクスキュルは，「動物そのものと同じく環境世界も多種多様であるが，それは自然を友とするすべての人々に極めて豊かで美しい新天地を提供してくれるので，たとえそれが我々の肉眼には捕らえられず，心の眼に対してのみ開かれたものであるにせよ，このような世界を逍遙することは，十分意味のあることだと思われる (フォン ユクスキュル・クリサート 1995)」と述べた。では鳥の見る世界はどのようなものだろう。鳥類行動学者であれば誰でも興味をもつ点だ。

カツオドリの見る世界に近づくために，ビデオを飼育カツオドリの幼鳥に装着した (Yoda et al. 2011)。もっとも，ビデオカメラの画角 (数十度) とカツオドリの視野は異なる。鳥類はヒトに比べて立体視できる範囲は狭いが (ヒト 120°，ハト 22°，マンクスミズナギドリ *Puffinus puffinus* 11°)，視野は広い (ヒト 200°，ハト 316°，マンクスミズナギドリ 285°) (Martin & Brooke 1991)。また，鳥類とビデオでは色の捉え方も違う。それでも，カツオドリがどのような環境に囲まれているのかはある程度わかるだろう。また，バイオロギングは原理的に個体の行動を記録することにはたけているが，個体間の社会的相互作用を記録することは苦手だった。ビデオロガーはそれを克服する道具でもある。

ビデオロガーの映像を解析した結果，カツオドリの幼鳥は他個体を見つけると長時間追跡することがわかった (図 11)。それも相手が幼鳥ではなく成鳥の際により長時間追いかけていた。これは，餌場の情報をもつ経験豊富な成鳥を追跡することで，うまく餌場にありつこうとしているのかもしれない。さらに，水面下の魚がどこにいるのか自力で探すのは大変である。そこで，すでに採餌している鳥の集団を見つけてはそこに加入するという方法をとっていた。幼鳥はこれらの方法により，自分ではなかなかうまくとれない餌をどうにかして得ていると考えられる。同時に，こうした社会的相互作用を通して，飛翔や探索，潜水行動が上達していくのだろう。

また，幼鳥が浮遊物に向かって飛び込んだり，木の葉をくわえて飛翔したりする様子も撮影されていた。これは他の鳥類でも若年期に見られる「遊び」かもしれない。動物の遊びは機能をもたないことも多いが，カツオドリの場合は飛び込み採餌と関連した行動に見える。こうした遊びも，採餌行動の発達に役立つだろう。

ビデオロガーからは，強い風が吹く際に，幼鳥が体を激しく左右に揺らして飛行することもわかった (Yamamoto et al. 2017)。経験の乏しい幼鳥は強風に煽られるようだが，巣立ち後世話期間に飛翔経験を少しずつ積むことで，風に乗る感覚を身につけられるのかもしれない。

幼鳥と成鳥の比較

これまでの研究から，カツオドリの幼鳥は巣立ち後まずは飛翔行動を発達させ，その後ゆっくりと飛び込み採餌行動を上達させることがわかった。同時に，他個体との

図 11　ビデオロガーで撮影された映像。(a) 成鳥とともに飛ぶ様子。左に映っている頭部はビデオロガー装着個体。(b) ロガー装着個体を追う様子。(c) 他個体と水上で休息する様子。(d) オオミズナギドリの群れに加入。

社会的なつながりを通して，餌の探し方なども習得するのだろう。この期間に心臓や筋肉などの生理的な成熟も伴うのだろうが，これに関しては今後，心電図データロガーの装着などにより明らかになるだろう。

成鳥と幼鳥のバイオロギングデータを比較すると，採餌トリップの長さ，移動距離，飛翔速度，飛び込み頻度など，成鳥のほうが一貫して優れていた。巣立ち後世話期間が終わり，親からの独立が近づいても，まだ成鳥と同程度の能力を獲得していないと思われる。一般的に幼鳥は成鳥よりも採餌が下手であり，とくに習熟を必要とする採餌行動を行う種ではその傾向が強い。たとえば，餌の略奪を行うカモメ属 *Larus* では，成鳥のほうが採餌効率が高い (Burger & Gochfeld 1981)。飛び込み採餌も習得の難しい，経験を必要とする採餌方法なのだろう。

飛び込み採餌の習得が困難な理由の 1 つは，視覚や運動を高度に統合する必要があるためだろう。たとえば，カツオドリは飛び込み採餌の際，海面と衝突する時間をあらかじめ推測し，それに備えて翼を折り畳む必要がある。このとき，水面までの距離や自分自身の速度がわかれば，ニュートン力学に基づいて衝突までの時間を計算できるが，鳥はそのような計算をしない。シロカツオドリ属は，網膜上に写る目標 (海面) イメージの変化量 (optical flow) に基づいて，翼を折り畳んでいるようだ (Lee & Reddish 1981)。こうした視覚情報に基づいた高度な制御は，巣立ち後世話期間に行われる浅く短い潜水運動を繰り返さないと習得できないのかもしれない。

カツオドリよりも高い所から飛び込むシロカツオドリ属が巣立ち後世話期間をもたないのは不思議である。シロカツオドリ属の幼鳥は飛翔可能になる数日から数週間前に独立し，泳いで移動するようだ (Wanless & Okill 1994)。シロカツオドリ属の幼鳥がどのように飛び込み採餌行動を上達させていくのかというデータはないが，巣立ち後すぐに高い採餌能力を備えることは期待できないだろう。シロカツオドリ属の繁殖地である高緯度域の季節変化が幼鳥の早い独立を促す一方で，熱帯・亜熱帯域に比べて高い餌の密度や分布予測可能性に幼鳥は救われるのかもしれない。

スズメ目のズグロムシクイ属 *Sylvia* でも，温帯域に生息する種よりも熱帯域に生息する種のほうが巣立ち後世話期間が長い (Schaefer et al. 2004)。これも厳しい環境で生存できるよう高い採餌技術を身に付けるのに時間を要するためと推測されている。鳥類の成長戦略は採餌行動と同様，生息環境に適したものになっているのだ (Remeš & Martin 2002)。

10～11 月になると，沖縄地方では新北風 (ミーニシ) と呼ばれる季節風が卓越して海が荒れてくる。それに伴い，仲ノ神島のカツオドリたちは徐々に姿を消す (17 章参照)。こうした季節的な制約が親による世話の終了[4]を決めている可能性がある

4) 基本的には，親が育雛を中止し，子が独立せざるを得ないと考えられる。なぜなら，親は現在育てている子と将来生まれてくる子に対して等しく投資するべきだ。一方，子は将来生まれてくる弟妹にも投資してもらいたいが (遺伝子をある程度共有しているため)，それ以上に自分に投資してほしい。そのため，現在育てている子の要求と，それに対する親の応答が一致しなくなる。

(Kohno et al. 2018)。カツオドリの巣立ち後世話期間や渡り行動には地域差があり，年中繁殖し，渡りをまったく行わない個体群もある (Schreiber & Burger 2001)。巣立ち後世話期間の長さやそれに伴う育雛戦略の地域性が環境の季節性によってもたらされるのかどうかは興味深く，亜熱帯域ではあるが比較的大きな季節変化を経験する仲ノ神島個体群の知見が役に立つだろう。

野生の幼鳥は独立数カ月以内にフィリピンの海で多く回収されることがわかっている。また，仲ノ神島の巣立ち雛に足環をつけた研究では，繁殖齢に達する 4 歳齢までの生存率は約 30% であり，飼育鳥も一部の個体だけが数年後に仲ノ神島で確認されている。これに対して成鳥の年生存率は 90% 以上である (17 章参照)。ここからも巣立ち後世話期間という緩衝期を経ても幼鳥はすぐには成鳥レベルの能力を獲得できないことがうかがえる。

我々の研究によってカツオドリの幼鳥の行動発達についてかなり明らかになってきたが，わからない点も多い。たとえば，幼鳥はいつ頃成鳥と同等の採餌能力を身に付けるのか。成鳥に比べて能力が低いまま独立する (独立させられる) わけだが，依存期間が終わることは悪いことばかりではない。巣立ち後世話期間には給餌を受けるために繁殖地に戻って親を待つ必要があるが，これは時間的制約となるうえ，採餌場所も制限される。独立後はすべての時間を採餌や行動トレーニングに費やせるわけで，独立後に急速な成長を遂げる可能性もある。

また，巣立ち後の行動発達は，その後の生存や繁殖にどう影響するのだろうか。オウサマペンギン *Aptenodytes patagonicus* では，潜水の下手な幼鳥は巣立ち後 10 週間ほどの間に死亡する (Orgeret et al. 2016)。海鳥以外の種でも，巣立ち後世話期間が巣立ち後の生存に重要な役割を果たしていることが示されている (Naef-Daenzer & Grüebler 2016)。カツオドリでも，独立直前の幼鳥に対して，回収しなくともデータが得られる衛星発信機を装着すれば明らかにできるだろう。

おわりに

ここで紹介した保護飼育と野生復帰，およびバイオロギング技術による成長過程の研究は，仲ノ神島のカツオドリの保全を視野に入れて行っている。なぜなら，どれだけの幼鳥が若年期を生き延びて個体群へ加入するのかは，個体群動態における重要な要素だからだ。保護飼育＋バイオロギング法によって，野外調査の困難なカツオドリの生活史情報の空隙を埋めることができれば，仲ノ神島個体群の動態 (17 章参照) や齢構成をよりよく理解できるだろう。

技術発展に伴い，バイオロギングは今後ますます鳥類の行動研究に使用されるようになる。双眼鏡と野帳，筆記具だけあれば十分だった旧来の鳥類学者からすると，取っ付き難い道具のように思えるかもしれない。しかし，複雑に変化する環境の中でダイナミックに移動する動物の行動を捉えるためには，バイオロギングはなくてはならない道具である。

センサーやインターネットの革命はすでに始まっており，ビッグデータ解析や IoT (Internet of Things)（モノのインターネット）というキーワードを聞かない日はない。すべての動物にセンサーが付き，インターネットで結ばれれば，IoA (Internet of Animals) とでも呼べるしくみとなり，動物から行動や環境に関する情報を遠隔的に得ることができるようになる。

そんな未来は味気ない？　いや，カツオドリの移動経路を初めて得たときの感動や，鳥が見る世界を見たときの驚きは，手の届かない野生動物を観察した経験があったからこそ。鳥の親となってデータロガーを装着するという突飛な発想も，対象をよく見ていたから生まれた。困難なフィールドに足を運び，わずかな手がかりから個体識別し，断片的な情報を苦労して得ているフィールド・バイオロジストにこそ，バイオロギングしてもらいたい。

> 「ぼくはひたすら見ているだけの研究が多い。それがずいぶんおもしろいものを生んでいる（日高 1999）」。
> 「人間は新しい器官を作ることはできないが，補助手段を与えることはできる。知覚道具も，作業道具も人間が作った。そしてそれを利用できる人間の一人一人に，その環境世界を深め広げる可能性を与えるのである（フォンユクスキュル・クリサート 1995）」。

動物行動学の巨人たちが語る動物行動学の面白さと作法。バイオロギングはその作法の素直な拡張であり，人間の観察限界を突破する１つの手段なのである。

鳥と巣と昆虫の研究の勧め

鳥は巣を造ることにより，環境を改変する生態系エンジニアとして働き，このような巣には多くの生物が共生することが知られている。鳥の巣造りは他の生物に新たなニッチを創出している。本章では，このような鳥の巣に共生する昆虫，とくに鱗翅類について紹介した。もちろん，巣内共生系のメンバーは鱗翅類だけではない，多くの微生物 (菌類を含む)，トビムシ類，カメムシ類や甲虫類，小動物など多様な生物が 1 つの巣に生息している。このような共生系メンバーの間には複雑な関係が形成されていることが推察される。

最近，日本でも鳥の巣に特異的と思われる甲虫が相次いで発見されてきた。猛禽類やコウノトリ，カワウ，カラスの巣からはアカマダラナムグリが，フクロウからはコブナシコブスジコガネという甲虫が発見された。両種は採集例が少なく，希少種とされていたものであるが，幼虫の生息場所がわかれば案外生息していることがわかってきた。コブナシコブスジコガネの仲間は動物の死体，羽毛や獣毛などを摂食し，サギ類のコロニーなどから見つかっていたが，この種だけ幼虫が発見されてこなかった。最近，本種の幼虫がフクロウの自然巣に生息することがわかってきた (稲垣・稲垣 2007; 稲垣 2008, 2009)。筆者らはこの 10 年間さまざまな種類の鳥の巣を調査してきたが，コブナシコブスジコガネはフクロウの自然巣あるいは巣箱のみからしか見つかっていない (那須ら未発表)。フクロウと密接な関係が示唆されるが，なぜフクロウなのかはまったく不明である。幼虫はフクロウの自然巣だけでなく，巣箱にも生息することから，ただの樹洞ではなく，フクロウの巣でなければならないらしい。フクロウの何がこの甲虫をおびき寄せているのか，興味がつきない問題である。

上述のような共生系の解明や，また，本章でも触れた巣内共生者の適応行動および鱗翅類では非常に珍しい卵胎生の進化の問題も解明していきたい。このような研究は一人の昆虫研究者や鳥類研究者が別々に進めても解明できないと考える。対象が異なる研究者が協力し合って初めて解明できるのではないだろうか。

(那須義次)

14

鳥の巣の知られざる共生系
—南西諸島における鳥の巣の共生鱗翅類—

(那須義次・村濱史郎・松室裕之)

はじめに

本書は南西諸島における鳥類研究の話題が主体であるが，本章では鳥の巣と昆虫の関係という，あまり知られていない共生系[1)]について紹介する。鳥の巣にはさまざまな昆虫が生息していることをご存じだろうか。欧米では18世紀以来，鳥に直接寄生するノミ類やシラミ類以外に鳥の巣からさまざまな昆虫が記録されている (Nordberg 1936; Woodroffe 1953; Hicks 1959, 1962, 1971 など)。一方，日本では20世紀に入ってスズメ *Passer montanus* の巣に屋内の食品や衣類の害虫がいることが報告されたのが初めてで (磯村 1930)，その後，市街地に巣を造るツバメ *Hirundo rustica*，コシアカツバメ *H. daurica*，ドバト *Columba livia* などの調査が断片的に行われ，屋内害虫の棲みかになっていることが報告されてきただけである (桐谷 1959; 富岡・中村 2000 など)。このように，日本ではどんな鳥の巣にどんな昆虫がいるのかを示す基礎的なデータは皆無に近い状態であった。しかし，最近の我々の調査により，さまざまな鳥の巣の昆虫相が明らかになりつつある。一方，先行的な欧米でも鳥，鳥の巣と共生動物の相互関係はいまだによくわかっていない。

我々，那須，村濱，松室の共同研究のきっかけは，三人とも野鳥が好きだったことと酒飲みであったことである。那須は昆虫少年ではなかったが，大学の卒業論文以来，鱗翅類(りんしるい)[2)]のハマキガ科というガのグループの分類学を専門にするようになった。しかも，日本野鳥の会大阪支部員でもありバードウォッチングを趣味にしていた。村濱と松室は，同支部員でバンダーとしても活動していた。このような野鳥と酒つながりの三人が，例によって一杯飲みながら，フクロウ *Strix uralensis* が利用できるような洞のある大きな木が里山で減っているため，フクロウは住宅難だ。このため，巣箱

---

1) ここで使用する共生という言葉は「2種類以上の生物が相互作用しながら共に生活すること」(行動生物学辞典，東京化学同人) という広義の意味で使うことにする。この関係のなかには，いわゆる相利共生的，偏利共生的な関係も含まれる。

2) 鱗翅類とはガやチョウの仲間のことで，昆虫の1つの目，チョウ目のことである。翅は「し」，「はね」と読み，羽と同義であるが，鳥の羽と昆虫のものは起源が違うため，昆虫ではあえて翅という漢字を使う。鱗翅類という名称は翅が鱗粉で覆われている特徴に由来する。

を架ければ比較的簡単に営巣するらしい。よっしゃ，巣箱を架けてフクロウ保護に取り組もう，ついでに雛に足環をつけよう，と酔った勢いで決めたのが2005年。同年の秋から松室が関わっていた大阪府箕面市の公園と和歌山県橋本市の那須の自宅裏山に巣箱を架けて調査を始めた。また，この少し前から猛禽類の巣にアカマダラハナムグリ *Anthracophora rusticola* という珍しい甲虫がいることがわかってきたので (槇原ら 2004; 佐藤ら 2006)，フクロウの巣にも珍しい鱗翅類がいるかもしれないとの期待もあった。ちなみに，アカマダラハナムグリはかつては普通に採れていたが，最近はかなり減少し，府県によってはレッドリストの絶滅危惧種に指定されるほど珍しくなった甲虫である。

巣箱は木工が得意な松室が製作し，巣箱を架けるための木登りはアセスメントの仕事で木に登っていた村濱と松室が担当，那須は昆虫類とくに鱗翅類の調査を分担という，いわゆる鳥屋と虫屋の共同研究の始まりであった。この2カ所に設置した巣箱には，1年目からフクロウは機嫌よく営巣してくれて，雛も無事巣立ってくれた (もちろん，雛にはしっかり足輪をつけた)。

巣立った後の巣箱内を調査したところ，雛の糞やペリット，餌の食べ残し (小動物の骨や羽毛) が散乱し，非常に汚い状態であり，鳥の巣は親鳥が糞などを外に捨てるからきれいなものという我々の先入観念は間違っていたことに驚かされた。こんな汚い所にガがいるとは思われず，期待はずれの気持ちが強かったが，フクロウは何を餌

図1　鳥の巣の共生鱗翅類，成虫。(a) クロテンオオメンコガ。(b) マエモンクロヒロズコガ。(c) アトキヒロズコガ。(d) カバイロトガリメイガ。(e) *Ceratophaga* sp.。(f) *Tinea* sp.。(g) フタモンヒロズコガ。

にしているのか調査しようと，ペリットを水につけておいたところ，白っぽい幼虫が這い出していることに気づいた。形態からガの幼虫だとわかったので，急ぎ飼育を始めたところ，ヒロズコガ科のマエモンクロヒロズコガ *Monopis longella* (図 1b) や，アトキヒロズコガ *M. flavidorsalis* (図 1c) などのガが羽化してきた。これらのガが鳥の巣から発見されたのは初めてであった (Nasu et al. 2007)。

この思わぬ結果に気分をよくして，これ以後，全国の鳥の研究者や観察者の協力を得ながらオオタカ *Accipiter gentilis*，シジュウカラ *Parus minor*，ヤマガラ *Poecile varius*，ブッポウソウ *Eurystomus orientalis*，コウノトリ *Ciconia boyciana* などさまざまな鳥の自然巣や巣箱を対象に，鳥の巣にはどんな鱗翅類がどれくらいいるのかを明らかにする基礎的なデータ収集を目的に調査を始めた。今までに，ヒロズコガ科のフタモンヒロズコガ *M. congestella* (図 1g) やナンヨウヒロズコガ *Praeacedes atomosella* などの日本新記録のガや稀少種であるアカマダラハナムグリがコウノトリの巣に多数生息している実態など，新しい発見が相次ぎ，大きな成果を得ることができた (那須ら 2007, 2008, 2010, 2011, 2012a, b, c, d, 2013, 2014; Nasu et al. 2007, 2008, 2012 など)。

2008 年からは，立教大学の上田恵介教授 (現名誉教授) という強力な共同研究者を得て，日本学術振興会の科学研究費補助金を原資に奄美大島，沖縄島，南大東島，宮古島，石垣島，西表島で，ルリカケス *Garrulus lidthi*，トラツグミの亜種オオトラツグミ *Zoothera dauma major*，亜種リュウキュウアカショウビン *Halcyon coromanda bangsi*，リュウキュウコノハズクの亜種ダイトウコノハズク *Otus elegans interpositus*，亜種リュウキュウオオコノハズク *O. lempiji pryeri*，モズ *Lanius bucephalus* などの巣を調査してきた。以下に南西諸島での鳥の巣に共生する鱗翅類について簡単に紹介するとともに，鳥の巣と鱗翅類の関係について考察したい。調査は継続中で成果も未発表が多いため，ここでは公表された一部についてしか紹介できないことをご容赦いただきたい。

鳥の巣の調査方法

まず，我々が鳥の巣の調査をどのように行っているかを紹介したい。調査は自然巣や巣箱を雛が巣立った後に，巣材や巣内底部の堆積物を回収して行っている。営巣中の巣も調査して，巣内共生者の生活史も調査したいが，営巣中の鳥の巣や卵は法律で保護された対象であり，しかも鳥の研究者の協力を得られない (営巣中に巣内調査をすると，鳥の繁殖を撹乱してしまう) ため，営巣後の巣を調査している。雛が巣立った後，巣材などを持ち帰り，室内でガの幼虫や甲虫類をより分けて羽化するまで飼育している。あるいは，幼虫が小さすぎて見分けられない場合は，回収したものをそのまま容器に入れて飼育することになる。

ここまで読まれた方は，なんだ鳥の巣の調査なんて簡単だと思われたかもしれない。しかし，野外で営巣している鳥の巣を見つけることはそう容易ではない。そこで，我々は鳥の研究者の協力のもと，巣の位置情報や営巣状況を教えてもらいながら

図 2　鳥の巣を調査するための木登りの方法。(a) 木登りの必要品。(b) ステップに足をかけて登っていく。調査するときはデイジーチェーンで身体を確保して，慎重に調査する。

調査している。しかし，巣を教えてもらっても，その多くが高い木の上にある。このため，木に登って調査する必要が生じる。ハシゴに登って巣内をのぞける高さの巣ならまだましだが，4〜5 m 以上の高さになるとハシゴが届かない。このときは，木登り用のステップを使って登り，巣の高さの位置で両手を自由に動かせるようにハーネスとデイジーチェーンで体を木に確保して調査している (図 2)。樹上調査には危険が伴うので，体の確保やとくに下りるときに十分に気をつける必要がある。それに，スズメバチ類 *Vespa* spp. には十二分に気をつけたい。夏の終わりから秋になるとスズメバチの巣が大きくなり，かつ凶暴性も増す。洞や巣箱内でスズメバチが巣を造ることがしばしばあるため，巣箱などもあらかじめ長い竿の先でたたいて，スズメバチが出てこないかどうかを確認してから調査するようにしている。不用意に鳥の巣内をのぞかない，巣に近寄らないこと。刺されると痛いだけでなく死ぬ危険もあるから気をつけてほしい。我々の一人も調査中に大量のスズメバチに刺され，九死に一生を得た苦い経験がある。

また，直接の巣材回収と併せて，琉球列島の各島にどのようなケラチン[3)] 食性のガがいるのか，それは巣内のものと異なるのか否かについて，トラップを仕掛けて調査中である (図 3g)。このトラップは，ビール酵母をとかした水にウールや羽毛を浸して，乾燥後メッシュの袋に入れて，島のあちこちに木の枝などからつり下げるという

3) 毛織物，羽毛，爪などの主成分のことで，硬くて強固なタンパク質。幼虫はこのような強固なタンパク質をかじり取る強い顎をもつだけでなく，中腸内が強アルカリ性であり，かつこれを消化するための酵素ももっている。

図 3　鳥の巣，ウールトラップ，共生鱗翅類の幼虫。(a) タカサゴシロアリの巣に開けられたリュウキュウアカショウビンの巣。西表島。(b) 西表島のタカサゴシロアリの巣。樹上約 5 m にあった。(c) 朽ち木に開けられたリュウキュウアカショウビンの巣。縁に白い糞が付着している。宮古島。(d) 朽ち木に何個も開けられたリュウキュウアカショウビンの巣。宮古島。(e) リュウキュウアカショウビンの巣の調査。宮古島。(f) モクマオウの洞。ダイトウコノハズクが営巣していた。南大東島。(g) ウールトラップ (白矢印で示した三角形の網袋)。宮古島。(h) リュウキュウアカショウビンの巣の *Ceratophaga* sp. 幼虫。西表島。(i) ダイトウコノハズクの巣のクロテンオオメンコガ幼虫。

ものである。トラップにウールや羽毛を使うのは，これらはケラチンからなり，イガ *Tinea translucens* やコイガ *Tineola bisselliella* に代表されるケラチン食性のヒロズコガ類の餌に最適であるためである。さらにビール酵母を含ませることで，ガの成長に必要なビタミン B 類を供給し，ガの発育を促進することができる (Robinson & Nielsen 1993)。このトラップを 1〜2 カ月仕掛けて調査したところ，クロテンオオメンコガ *Opogona sacchari* やマエモンクロヒロズコガなど巣内から見つかるものと同じガなどが羽化した。

南西諸島の鳥の巣に共生する鱗翅類

鳥の巣からは今までにどんな鱗翅類が見つかり，幼虫は何を食べているのだろうか。具体的に何種かを以下に紹介するが，その前に鳥の巣からよく見つかるガのグループであるヒロズコガ科とメイガ科について簡単に解説する。

ヒロズコガ科　鳥の巣からもっとも多く発生するガで，漢字で「広頭小蛾」と書く。頭の鱗毛が毛羽立って，広がった頭をもっていることから広頭，小蛾とはそのまま小さなガの意味である。大きさは翅を広げると 10〜20 mm ほどのガが多い。幼虫は，菌類 (キノコ類など)，腐植，羽毛，毛織物，昆虫死体[4] と変わったものを食べるものが多い。前述したように，毛織物の害虫として有名なイガやコイガが含まれるグループである。

メイガ科　メイガを漢字で書くと「螟蛾」。イネの大害虫のニカメイガ *Chilo suppressalis* などを含むグループで，この名前はニカメイガの幼虫は茎に潜り大被害を与え，「螟虫 (ズイムシ，メイチュウ)」と呼ばれることに由来する。生きた植物を食べるものが大半であるが，なかには枯れ葉，動物の糞，ハチ類の巣，乾燥食品や昆虫死体などを食べるものがいる。乾燥食品や貯蔵穀類などの害虫で屋内でもよく見られるノシメマダラメイガ *Plodia interpunctella* が含まれる。大きさは翅を広げると 20〜30 mm ほどのものが多い。

(1) クロテンオオメンコガ

ヒロズコガ科のクロテンオオメンコガが，沖縄島，南大東島のダイトウコノハズク (図 3f)，リュウキュウオオコノハズク，モズの巣から羽化した (Nasu et al. 2012; 広渡ら 2012)。成虫は大きく，翅を広げると 30 mm を超え，前翅は褐灰色で黒っぽい小斑点をもつ (図 1a)。幼虫は体の長さが 30 mm を超え，黄白色で全身に黒っぽい斑点を多数もつ (図 3i)。

本種は，アフリカ，ヨーロッパ，南北アメリカから記録があり，最近，日本に侵入

4) 鳥の巣で見つかる昆虫死体の多くは，餌である昆虫の未消化物で，主に昆虫の硬い外骨格の破片からなるが，この外骨格は主にキチンというタンパク質が主成分である。幼虫はこの強固なタンパク質をかじり取る強い顎をもつだけでなく，消化するための酵素ももっている。

したと考えられている (吉松ら 2004)。アフリカ起源のガで，人間活動によって世界に分布を広め，各地でバナナをはじめパイナップル，竹，トウモロコシ，サトウキビに被害を与えている。1980年代になるとアメリカ，中国にも侵入した。海外ではBanana Moth と呼ばれるように，バナナの木の害虫として著名で，22科46種の植物が寄主として記録されている (Davis 1978; Davis & Peña 1990; EPPO 2006)。幼虫は枯死した植物や飼料などを好むが，観葉植物や栽培作物など生きた植物も摂食する。日本ではニワトリの配合飼料，サトウキビやカボチャにも被害を与え，問題となっている (高橋ら 2000; 鹿児島県病害虫防除所 2007; 沖縄県病害虫防除技術センター 2010)。

日本からの記録は，マダガスカル産ドラセナから植物検疫で発見されたのが最初で (馬場 1990)，それ以後九州や本州各地で観葉植物から記録されるようになった (吉松ら 2004)。これは，観葉植物などの物流が盛んになるにつれて，それに便乗して日本に侵入し，各地に広がったと考えられており，沖縄ではすでに定着しているようだ (吉松ら 2004; 吉松 2009, 2010)。

鳥の巣内では巣材である枯れ葉や巣内に溜まっている腐植を摂食していたと考えられる (Nasu et al. 2012; 広渡ら 2012)。

(2) マエモンクロヒロズコガ

奄美大島の奄美野生生物保護センターに架けてあった，シジュウカラの亜種アマミシジュウカラ *Parus minor amamiensis* が利用した巣箱を調査したとき，巣箱を開けるとガが飛び出したので，これは幸先がいいと，中を見るとシジュウカラが集めた巣材が底面にあり，よく見ると表面にガと蛹殻が多数見られた (図 4 a, c)。回収しようと巣材を持ち上げたところ，多数のアリが出てきたのでびっくりした。しかも，多数のアリが白い幼虫や蛹をかかえて動き回っており，ひと目で営巣していることがわかった。自然界で強力な捕食者として知られるアリとガが小さな巣箱内で共存していることに大変驚かされた。ガはマエモンクロヒロズコガ (図 1 b, 4 b) で，アリはオオシワアリ *Tetramorium bicarinatum* であった (那須ら 2013)。

このガは，翅を広げると 15～20 mm で，しばしばフクロウやカラ類などのさまざまな鳥の巣に生息し，巣内の羽毛やペリット，巣材の獣毛などのケラチン源，糞などを摂食し (那須ら 2007, 2008, 2012c; Nasu et al. 2007, 2012)，乾燥した獣糞 (那須ら 2007) やノスリ *Buteo buteo* の巣の下に落ちていたペリット (那須ら 2012a) からも羽化している。本種はアジアに広く分布し，アメリカからも記録がある (坂井 2013)。シジュウカラは巣材として大量の蘚苔類を集め，その上に獣毛や樹皮を糸状に裂いたものなどの繊維質を敷き詰める (那須ら 2008; 小海途・和田 2011; 濱尾ら 2016) が，調査した巣箱内に獣毛や羽毛などのケラチン源を確認できなかった。これは，ヒロズコガが大量に発生した結果，ケラチン源が食い尽くされたものと考えられた。

アリの巣にはいろいろな好蟻性の動物が棲みつき，アリの食物をとったり，アリか

図 4 アマミシジュウカラの巣箱でアリと共存していたマエモンクロヒロズコガ。奄美大島。(a) 巣箱の底面 (巣材の蘚苔類とその表面には茶色のヒロズコガの蛹殻が多数見える)。(b) 巣箱周辺にいたマエモンクロヒロズコガ成虫。(c) 巣箱底面のマエモンクロヒロズコガの蛹殻。

ら餌をもらったり，あるいはアリの幼虫などを捕食したりしていることが知られている (日本産アリ類データベースグループ 2003; 丸山ら 2013)。このような動物はアリの攻撃を避ける手段として，アリと同じ匂いをもったり，あるいは匂いをもたなかったりして，化学擬態あるいは化学隠蔽を進化させてきた (丸山ら 2013)。マエモンクロヒロズコガはいわゆる好蟻性昆虫ではない。巣箱という閉鎖的な環境でヒロズコガとアリがなぜ共存できたのか詳細は不明であるが，いくつかの要因が考えられた。蘚苔類などの巣材が壁のように働いて両者の物理的な出合いが少なくなり，共存を助けたのかもしれない。あるいは働きアリにヒロズコガ幼虫を近づけても攻撃しなかったことから，アリは幼虫を認識しなかったようで，アリシミ類のように特定の匂いをもたない化学隠蔽を進化させている (Lenoir et al. 2012) のかもしれない (那須ら 2013)。今後，解明していかなければならない謎の 1 つだ。

また，本種の幼虫は，生息場所の違いにより幼虫ケース[5)]を作ったり，作らなかったりすることが知られている (那須ら 2008)。幼虫は，鳥の巣内の巣材が密に詰まっている場合はトンネルを掘り直接穿孔するが，粗く隙間が多いと扁平な 8 の字形の幼

5) 幼虫が餌などの砕片で作るミノムシのミノのようなもので，中に潜みながら移動する。ヒロズコガ類ではよく見られ，多くの場合扁平で，8 の字形や紡錘形をしている。

虫ケースを作り，中に潜みながら移動するというように習性を変化させる。同様な習性の変化は東南アジアに分布する他の *Monopis* 属の種でも報告されている (Robinson & Nielsen 1993; Robinson 2004)。

(3) その他のガ類

南大東島のモズの巣からは，ヒロズコガ科のナンヨウヒメツマオレガ *Erechthias minuscula*，カザリバガ類やヤガ科のシロヘリアツバ *Simplicia mistacalis* なども羽化している (広渡ら 2012)。リュウキュウコノハズクの巣からは，ヒロズコガ科の *Opogona* sp.[6] と *Phaeoses* sp.，メイガ科のカバイロトガリメイガ *Endotricha theonalis* (図 1d) などが羽化している (Nasu et al. 2012)。これらのガは巣材として集められた枯れ葉や巣内の腐植を利用していたと考えられる。

ここではまだ調査中なので詳しくは触れないが，奄美大島ではルリカケスとオオトラツグミの巣を，宮古島，石垣島と西表島ではリュウキュウアカショウビンの巣を調査して，興味深い結果を得つつある。ルリカケスの巣箱からは珍しい甲虫の幼虫が多数得られた。リュウキュウアカショウビンは，西表島と石垣島では樹上に大きな巣を造るタカサゴシロアリ *Nasutitermes takasagoensis* の巣に穴を開けて営巣に利用するが (図 3a, b) (12 章参照)，宮古島ではタカサゴシロアリが分布していないため朽木に穴を開けて営巣する (図 3c–e)。両者の巣に棲んでいるガの種類は異なり，このなかには日本新記録と考えられるガもいることがわかってきた。たとえば，西表島のリュウキュウアカショウビンの巣からはヒロズコガ科の *Ceratophaga* sp. (図 1e, 3h) が，宮古島の巣からは同科の *Tinea* sp. (図 1f) が羽化した。両種とも日本新記録種と考えられる。

タカサゴシロアリの兵アリは頭部に突起をもった特徴的な形をしており，この突起から外敵に対して毒液を吹き付ける習性がある。西表島で，木にまたがって本種の巣を調査していたら，この兵アリにやられて太腿がかぶれたことがある。要注意なシロアリである。

鳥と巣内共生者の関係

鳥は野外で枯れ葉や枝などを集めてボール型やお椀型の巣を造ったり，樹木や壁に穴を掘ったりして，さまざまな巣を造る。このような巣を造るという作業によって，生態系を改変し，新たな環境を創出している。このように生態系を改変するものを ecosystem engineer と言い (Jones et al. 1994)，生態系改変者，生態系エンジニアあるいは環境エンジニアと訳されている。このような巣を昆虫類だけでなくさまざまな生物が利用している (Whelan et al. 2008)。では，これらの生物は巣の中で何をしている

6) ここで属の学名の次の sp.というのは species の略で，属名はわかるが種名までは不明であるという意味である。このような不明種は日本新記録種あるいは新種の可能性がある。

のだろうか。たまたま巣内に紛れ込んだものなのか，単なる居候なのか，餌を捕る場所として利用しているのだろうか，あるいはもっと積極的に鳥と関わっているのだろうか。

我々の今までの調査で鱗翅類は鳥の巣を繁殖場所，蛹化場所および越冬場所 (成虫越冬も含む) として利用しており，鳥の巣の種類によって生息する鱗翅類の種類が異なっていることが明らかになった。おおまかに言えば，市街地の鳥の巣にはケラチン食性の強いイガとコイガなどのヒロズコガ科と穀類食のカシノシマメイガ *Pyralis farinalis* とコメノシマメイガ *Aglossa dimidiata* といったメイガ科が主に発生する。これらは衣類や食品の害虫でもある。里山と森林では，巣内にケラチンと枯れ草があれば，ケラチン食性のマエモンクロヒロズコガ，フタモンヒロズコガというヒロズコガ科とマルモンヤマメイガ *Eudonia puellaris* などのメイガ科，マルハキバガ科やミツボシキバガ科などの枯葉食性のガが発生する。一方，昆虫食性で樹洞性の巣を造るが，巣内に枯れ草がない (巣材を集めない) アオバズク *Ninox scutulata* やブッポウソウの巣ではヒロズコガ科のなかでもキチン食性の強いウスグロイガ *Niditinea baryspilas* とクロスジイガ *N. striolella* が発生する。この 2 種の巣内には餌の食べ残しや雛の糞，ペリット由来の昆虫断片が豊富にある。鳥の巣の鱗翅類相の違いは，樹洞の巣 (巣箱を含む) か，上面が開けたお椀型の開放巣かという形状の違いでなく，巣が市街地にあるかないか，そして鳥の食性 (糞や食べ残しなどに関係) と鱗翅類が利用できる餌資源 (巣材や堆積物の質) の違いに関係している (那須 2012)。

フクロウ類の巣内に生息する鱗翅類は発生量が多く，巣内共生者として巣内堆積物の重要な分解者として働き，巣内清掃に重要な役割を果たしていると考えられている (Nasu et al. 2007, 2012)。すなわち，フクロウ類はヒロズコガ科に豊富な餌と棲みかを提供し，鱗翅類は巣内を清掃し毎年の巣利用を助けていると推測される。このような両者の関係は相利的と言えるかもしれない。他の鳥の巣でも鱗翅類は発生量にかかわらず巣内清掃に一定の役割を担っていると思われる。

今まで見てきた鱗翅類と鳥との関係は比較的緩やかなものと考えられるが，より深い関係が海外から報告されている。インド洋の南にあるマリオン島で繁殖するワタリアホウドリ *Diomedea exulans* は土でマウンド状の大きな巣を造るが，巣内にはヒロズコガ科の *Pringleophaga marioni* が生息している。このガはこの島からのみ知られ，短翅で飛べず，鳥の糞を餌にしている。ワタリアホウドリは，冬期の雪が積もる時期に抱卵，抱雛するため，巣内の温度が外気温よりも常に 5℃ 高く，このため巣内のヒロズコガの死亡率が減少，ガの繁殖率を高めていることがわかった (Sinclair & Chown 2006)。アホウドリは巣を造ることにより，ヒロズコガに餌だけでなく温度環境も改変して，ガの生育を助けていると推測される。

よく似た事例として，日本においても樹洞性のフクロウの巣内も繁殖期間中は，外部の気温よりも内部のほうが高いことが判明している。村濱ら (2007) は，フクロウ巣箱の内外の気温を計測したところ，巣内に親鳥や幼鳥がいる間は，巣内の気温は外気温よりも常に高く，最高4.4℃の差があったと報告している。このような冬期あるいは早春の外気温よりも高いフクロウの巣内温度は，巣内共生者の生育を促し，死亡率を低下させているかもしれない。

さらに，究極的といってもいい関係がオーストラリアから報告されている。マルハキバガ科の *Trisyntopa* 属の3種のガがオーストラリアに生息するが，すべて種子食性のインコの巣内で発育し，しかもガの種によって利用するインコの種も異なっている (Common 2000; Edwards et al. 2007; Cooney et al. 2009)。インコは地面に作られる巨大なシロアリの塚に穴を掘って巣を造る。キビタイヒスイインコ *Psephotus chrysopterygius* の巣には *T. scatophaga* という種が，ヒスイインコ *P. dissimilis* の巣には *T. neossophila* がおり，両種は巣の底の雛の糞を食べて育ち，雛の足や羽毛に付着した糞まで食べて清潔に保ってくれている。しかも，雛が死ねばガも生育できないと言う。まさに，インコとガの間に絶対的な相利共生的関係が進化していると言える。

巣内共生者の適応

鳥の巣内共生者は安全だろうか。前出のキビタイヒスイインコの巣内に棲む *Trisyntopa scatophaga* というガの幼虫が稀に親鳥に殺され，雛に与えられたことが観察されている (Edwards et al. 2007)。前述のように両者の関係は相利共生的と考えられるが，共生者はまったく安全とは言えないようだ。猛禽類などの巣に特異的に生息するアカマダラハナムグリも安全とは言い切れない。渡辺・越山 (2011) は，サシバ *Butastur indicus* の巣内で幼鳥がアカマダラハナムグリと思われる幼虫を捕食するのを観察している。

ヒロズコガ類の成虫は刺激を受けると巣材内に速やかに隠れる習性をもつ。また，アカマダラハナムグリの幼虫は夜間活動し採餌したり，巣の底部に潜む習性をもつ。このような習性は巣の持ち主からの捕食回避の意味をもつことが指摘されている (槇原ら 2004; 佐藤ら 2006; 那須ら 2012b)。鳥の巣に生息するには共生者も必死で鳥の捕食から逃れながら，生きているのかもしれない。巣内共生者の行動進化も興味がつきない問題である。

前述したようにマエモンクロヒロズコガや同属の他の種の幼虫が生息場所の環境の違いにより，幼虫ケースを作ったり作らなかったりするというように習性を柔軟に変化させることが知られている。このような習性の進化も鳥の巣に生息することと関係があるのかもしれない。

日本，東南アジア，オーストラリアに分布するヒロズコガ科の *Monopis* 属や南米アンデス地方の同科の *Tinea* 属のガはしばしば鳥の巣で発見され，そのうち複数の種は卵でなく幼虫を産出することが報告されている (Robinson 2004; Nasu et al. 2008)。このような習性は日本では *Monopis* 属のフタモンヒロズコガが知られている。Nasu et al. (2008) は，交尾済みのフタモンヒロズコガ1匹の雌腹部内に51個体の1齢幼虫を見いだした (図5)。このような幼虫産出性は鱗翅類のなかでは非常に珍しい習性であ

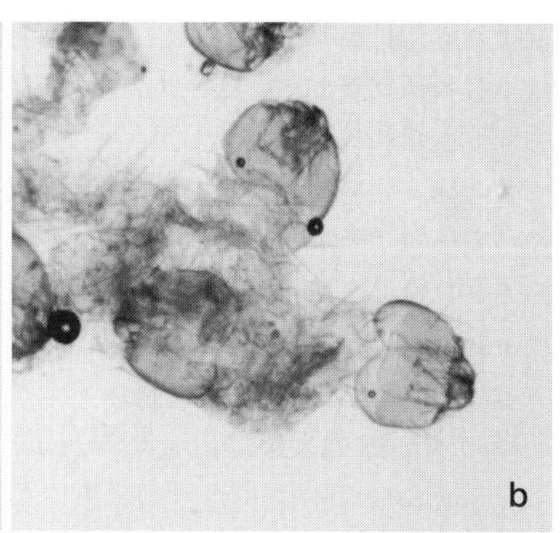

図 5　フタモンヒロズコガの交尾済みの雌成虫腹部。(a) 腹部内に多数の 1 齢幼虫がいる (丸くて濃い色のものが頭部)。(b) 拡大した 1 齢幼虫の頭部がはっきりとわかる。

る。これまで，幼虫産出性は高山性の鱗翅類から報告されたことから，厳しい環境下で確実に子孫を残すために進化したのではないかと言われていた (Diakonoff 1952)。しかし，この性質が鳥の巣と関係の深いガのなかで，東南アジアと南米という地理的に大きく離れ，しかも *Monopis* 属と *Tinea* 属など複数の属内で進化していることは，幼虫産出性と鳥の巣内生息との間に何らかの関係があることを示すものかもしれない。Robinson (2004) はこのような幼虫産出性の進化は，証拠はないと断りつつ，巣内におけるガの卵の捕食者 (たとえばダニ類) からの回避のためかもしれないと述べている。今後はフタモンヒロズコガの累代飼育を可能にして，生理学的，生態学的な研究を通じて幼虫産出性の進化メカニズムを解明していく必要があるだろう。

おわりに

前述したように，鳥，鳥の巣，共生昆虫の相互関係はまだまだわかっていない。ましてや南西諸島での鳥の巣調査は始まったばかりである。今後も，上述したようなオーストラリアで明らかにされたインコ，シロアリとガの三者に見られる究極の共生系が日本でも発見されることを期待しながら，調査を続けていきたい。新たな発見は，我々の研究継続の源になっている。もちろん，島それぞれに異なる魅力ある食べ物や嗜好性飲料 (主に焼酎と呼ばれる) も大いなる原動力になっているのはいうまでもない。我々の研究は一人ではとてもできない研究であり，虫屋だけでも成し遂げることはできないと考える。虫屋と鳥屋の協力があってこその，コラボレーションの賜である。今後も体力と肝臓の続く限り研究を続けていきたいと願っている。そして，多くの専門家が研究対象の壁を乗り越え，共同作業にのぞむことを期待したい。

我々の調査には多くの鳥の研究者やアマチュアの方々，虫の専門家の協力を得ている。とくに，奄美や沖縄の調査では，立教大学の上田恵介名誉教授，北海道大学の高木昌興教授，NPO 法人奄美野鳥の会の石田健博士，環境省奄美野生生物保護センターの水田拓博士，日本大学の岩田隆太郎教授，宮古島野鳥の会の仲地邦博氏，西表島の衣斐継一氏と庄山守氏，大阪市立大学および日本大学の学生・院生からご協力をいただいた。また，フィールドデータの越山洋三博士には甲虫類の肉食性についてご教示いただいた。厚く御礼申し上げる。

オヒルギの花は赤い！

オヒルギの花は赤い。「ああそうかいな」と，誰もオヒルギの花が赤いことについて疑問はもたないだろう。私も西表島に初めて行ったとき「まあマングローブには赤い花も，白い花もあるわな」(メヒルギやヤエヤマヒルギの花は白，マヤプシキは萼に赤い部分があるが …) で終わっていた。しかしその後，小笠原でメグロを観察していて，メグロが来ないヒマなときになんとなくメジロを見ていると，メジロがハイビスカスやセイロンベンケイソウの花の根元に穴を開けて盗蜜をしているのを見つけた。「なんちゅうズルイ奴っちゃ！」，これが私が共進化に興味をもったきっかけである。メジロは本土ではヤブツバキやサザンカの蜜を花弁の開いている正面から真っ当な方法で吸う。しかしハイビスカスやセイロンベンケイなどの移入種には，花粉媒介をしない「盗蜜」行動で対処しているのである。

ところで，昆虫にはアゲハチョウ類を除いて，赤い色は見えない。だから赤い花は基本的に鳥媒花なのである。熱帯に行くとハイビスカスやブーゲンビリア，沖縄にはデイゴの赤い花が咲き乱れているが，温帯域に位置する九州以北には赤い花は少ない。ヤブツバキとサザンカを除けば，せいぜいマンジュシャゲかフシグロセンノウくらいだが，これら草本には鳥が止まる支持装置がないので，せいぜいアゲハチョウ類しか来ない。日本で赤い花をつけて，鳥を引き寄せて花粉を運んでもらうという生活史をもった植物はヤブツバキとサザンカくらいである。

こうして鳥と花に興味をもち出したとき，西表島に行った。なんとなくマングローブ林に鳥はいるかなと見ていたとき，メジロがどんどん陸側の林からマングローブ林へ向かって飛んでいくのである。観察していると，メジロがオヒルギの花蜜を目当てにマングローブ林にやってきて，それにキビタキやシジュウカラがついて回っているのだなと，そのとき直感的に思った。それがこの研究のきっかけである。

研究とはそれまで誰も知らなかったことを，科学の書物に１つずつ書き加える地味な作業なのだと思う。私たちが野外で出くわす鳥たちの不思議な生態や行動には，「誰も知らない」ことがいっぱい隠されている。ひょっとして，これはこれまでに誰も見ていない行動なのではないか。そういう出合いをこれからも論文にまとめていけたらと思う。

(上田恵介)

15
西表島におけるメジロを中心とした小鳥類の混群

(上田恵介)

日本が位置する北半球温帯域では，カラ類やキバシリ *Certhia familiaris*，ゴジュウカラ *Sitta europaea*，コゲラ *Dendrocopos kizuki* などの鳥たちが，繁殖が終わった8月頃から，隣接する複数の種類の家族群が集合して群れを形成し，時には渡り途中の他のスズメ目の小鳥とともに，一定の地域内を遊動することがよく知られている。これが「混群」と呼ばれる異種どうしの混合群集である (小笠原 1975; Ekman 1989; Mönkkönen & Forsman 2002 など)。

混群に参加することの意味

混群に参加する鳥たちは，混群に参加することによって採餌効率を増大させ，天敵に対する警戒性を高めることができる。混群に参加している近縁の種間では，繁殖期にはニッチはかなり重なってはいるものの (Eguchi et al. 1993)，非繁殖期に形成される混群ではメンバー間で採餌空間の棲み分けがあることもよく知られており，古くから研究が行われている (Morse 1970, 1978; Hogstad 1978)。

鳥たちが群れで林内を移動していけば，さまざまな虫が飛び出し，それを周りにいた個体が捕獲できるという追い出し効果 (Munn & Terborgh 1979; Munn 1986)，同じ場所を重複して探さないようにして採餌を効率化する効果 (Cody 1971)，さらに同種，他種の採餌行動から捕獲方法を学ぶ社会的学習の効果(Krebs 1973)も考えられる。

捕食率を下げる効果は群れでいることによる希釈効果が考えられるし (Hamilton 1971)，採餌行動や採餌部位の異なるさまざまな種が混群に参加していることで，ターゲットを絞りにくくして，捕食者を混乱させることもできるかもしれない。混群に参加している多種の鳥による異なったタイプの監視行動が，捕食者をより早く，遠くから見つけ出すことにつながるかもしれない (Moynihan 1962; Morse 1970)。これらの仮説は相互に排他的ではない。混群に参加することの利益は地域や季節や構成種によって，さまざまに変わってくると思われる。

熱帯の森の混群

ところで混群を作る鳥はカラ類だけではないし，温帯域だけに形成されるわけでもない。混群は世界中のさまざまなタイプの森林で形成される。しかし温帯林と熱帯林では，混群の特徴はかなり異なる。温帯林では，混群は基本的には繁殖の終わった秋から冬にかけての非繁殖期に限定して形成され，食べ物の少なくなる厳冬期はさまざまな種類が混群に参加するピークである(Morse 1970; 小笠原 1975; Ekman 1989; Mönkkönen & Forsman 2002 など)。

一方，熱帯域では非繁殖期に限らず，1 年中混群が形成される (Croxall 1976; Partridge & Ashcroft 1976; Munn 1985; Powell 1985; Diamond 1987 など)。熱帯の鳥は基本的には何年にもわたる固い一夫一妻のつがい関係を形成し，1 年を通して同種間でなわばりをもっている (Munn & Terborgh 1979; Stutchbury & Morse 2001)。そして同種どうしではなわばり争いが起こるが，なわばりの中に多種類からなる混群が侵入してきたときには，このなわばりのつがいの 2 羽，または家族群で混群に参加する (Gram 1998; King & Rappole 2000, 2001)。

亜熱帯域ではどうか

日本には熱帯域はないが，私は亜熱帯域の小笠原諸島 (母島) で，緩やかな異種間の集合が観察されるのを観察している。この群れは，基本的には固有種のメグロ *Apalopteron familiare* (メジロ科) がつがいや家族群で中心的な位置を占め，その周りにメジロ *Zosterops japonicus* やウグイス *Cettia diphone* などがやってきて静かに移動していく。よく見ているとメグロとメジロとウグイスは異種間でゆるい集合を形成している。このメグロを中心とした集合は，温帯域のカラ類の混群のように密な群れで頻繁なコンタクトコールを発しながら移動していくわけではないので，つい見すごされがちだが，明らかに異種どうしで互いの存在に気を配りながら移動していく現象は，混群と言っていいだろう。

母島でのメグロ中心の混群は，非繁殖期だけでなく繁殖期にも形成されるので，メジロやウグイスはつがいで混群に参加していることが多い (上田 1989)。この混群の形態は温帯域のカラ類の混群とは明らかに異なり，むしろ熱帯域で形成される混群の形態と似ている。亜熱帯域である台湾で形成されるチメドリ類などの混じった混群も同じパターンであることが報告されている (Chen & Hsieh 2002)。

西表島のマングローブ林の混群

私は小笠原の混群の様相を垣間見て以降，温帯域よりも熱帯域と共通性のある亜熱帯域の混群に興味をもってきた。そこで 2001 年から亜熱帯域である琉球諸島の西表島で形成される小鳥類の混群についての調査を進めてきた。ここでは西表島の森林，とくにマングローブ林で形成される混群について，その動態を紹介したい。

西表島での混群の調査は 2001 年 7～8 月および同年 10 月に，当時，立教大学の修士課程の院生であった石毛久美子と，また 2002 年 5～7 月と 10 月，2003 年 1 月と 4 月に，同じく修士課程の院生であった上野 (旧姓：片岡) 優子とともに行った。2001

図1　調査地 (船浦湾のマングローブ林)。

年の研究結果はすでに公表してあるが (石毛ら 2002)，2002〜2003 年については未公表であるので，2001 年のデータに加えて，ここで簡単に紹介したい。

調査を行った場所は，船浦湾に大きく広がっているマングローブ林 (図 1) と 2002〜2003 年に調査を行った，その背後に大きく広がる琉球大学亜熱帯実験所の周囲の森林 (以後，陸域林と呼ぶ) である。マングローブ林を構成している樹種は，オヒルギ *Bruguiera gymnorrhiza*，メヒルギ *Kandelia candel*，ヤエヤマヒルギ *Rhizophora mucronata* の 3 種で，湾の奥は泥質の干潟だが，湾口部の林縁にあたる部分は干潟の一部に砂州や砂浜が形成され，主にオヒルギとヤエヤマヒルギが優占している。

私たちは西表島での滞在期間中，2001 年についてはほぼ毎日，干潮で十分に潮が引いている 2〜3 時間，マングローブの林縁部ならびにマングローブ林内の澪筋に沿って歩き回り，双眼鏡を用いて，出合った鳥の種と個体数，また混群に出合ったときには，その構成種と個体数を記録した。また混群を構成する種について，行動と採餌空間についても記録した。2002〜2003 年についても干潮の時刻にはマングローブ林を，それ以外の時刻には陸域林のコースを歩いて，同様のセンサスと行動観察を行った。

出合った鳥たちの群れが混群であるか否かについては，基本的に Bell (1986) の定義，(1) 少なくとも 2 種 3 羽以上の個体から構成されていること，(2) すべてのメンバーが 25 m 以内にいること，(3) その群れは少なくとも 5 分間は維持されること，(4) 群れを構成する個体は同じ方向に 30 m 以上進まなければならないこと，の 4 点に従って判定した。

混群に参加する小鳥類

西表島に留鳥または夏鳥として生息する鳥のなかで，メジロ，シジュウカラ，サンショウクイ，ヒヨドリ，キビタキ，サンコウチョウ，コゲラが混群に参加していた。これらの種の西表島に生息する地域個体群はそれぞれリュウキュウメジロ *Z. j. loochooensis* (奄美群島と琉球諸島の固有亜種)，イシガキシジュウカラ *Parus minor nigriloris* (八重山諸島の固有亜種)，リュウキュウサンショウクイ *Pericrocotus divaricatus tegimae* (トカラ列島以南の固有亜種，ただし近年は分布を北上させている)，イシガキヒヨドリ *Hypsipetes amaurotis stejnegeri* (与那国島を除く八重山諸島の固有亜種)，リュウキュウキビタキ *Ficedula narcissina owstoni* (琉球列島の固有亜種)，リュウキュウサンコウチョウ *Terpsiphone atrocaudata illex* (トカラ列島以南の琉球列島で夏鳥として繁殖する固有亜種)，オリイコゲラ *D. k. orii* (西表島の固有亜種) と，南西諸島のさまざまな範囲で固有の亜種として分類されている (日本鳥学会 2012)。温帯林で主に混群を形成するカラ類に関して，西表島ではシジュウカラの他にオリイヤマガラ *Poecile varius olivaceus* (西表島の固有亜種) が混群参加の可能性のある種と考えられたが，マングローブ林とその後背地である陸域林では，この3年間の調査で観察することはできなかった (主に中央部の山岳地域に生息していると言われている)。

混群に参加している各亜種の特徴は，リュウキュウメジロは腹部側面の褐色みがほとんどなく，小型であること，イシガキシジュウカラは腹部が白ではなく灰色みが強く，全体に暗色が濃いこと，リュウキュウサンショウクイは背面がほぼ黒色で，額の白い部分が少なく，腹部も灰色っぽいこと，イシガキヒヨドリは全体に暗色で，腹部全体に赤褐色みが強いこと，リュウキュウキビタキは上面が真っ黒ではなく，かなり緑色みが強く，喉のオレンジ色がなく，胸から腹部全体が黄色であること，また雨覆から風切に入る白斑が大きいこと，リュウキュウサンコウチョウは本土産亜種と形態では区別が難しいが，さえずりがより単純であること，などがわかっている。オリイコゲラは胸の褐色みが目立ち，腹部の黒の縦斑も太くて，下面が全体に黒っぽく見える。

観察に当たって，混群を構成するこれらの鳥のなかに，渡りや越冬で西表島にやってきた別亜種が含まれていないかを，常に注意しながら記録をとった。しかし上記の亜種以外の亜種が混群に参加していた証拠はなかったので，以下の本文では，亜種名をつけずに種名だけを使用する。

混群構成の季節変化

混群は通年見られた (図2)。ただ群れサイズや出現確率は季節によって変動した。2001年夏 (7〜8月) の調査では7月26日から8月22日までに16群，秋 (10月) の調査では10月19日と22日に5群の混群を記録することができた。2001年の夏の調査では混群の群れサイズは4〜32羽で平均14.6羽だったが，秋は4〜8羽で平均5.6羽と，大きく減少した。この違いは混群に加わっているメジロの個体数に関係していた。観察できたメジロの群れサイズは，単一種群で観察されたときは夏が平均3.9羽なのに対し，秋には1.8羽で観察された。秋のメジロの単独種群の多くは，おそらく

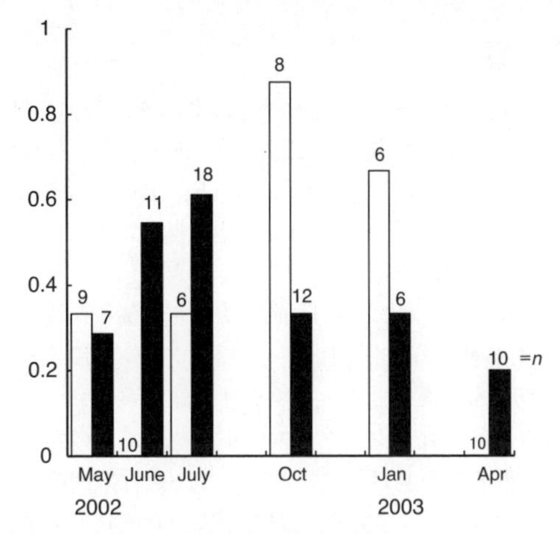

図 2 混群への出合いの頻度 (白：陸域，黒：マングローブ)。

はつがいと思われる 2 羽での観察だった。一方，混群の中で記録されたメジロの個体数は，夏が平均 12.8 羽，秋は 3.8 羽であった。つまり，夏の混群サイズが大きいのは，もっぱらメジロの参加によるものであった。夏の大きな群れが頻繁に形成された後，次第に群れサイズは減少し，早春には群れの大きさ，混群への遭遇頻度がもっとも減少した。

シジュウカラは夏 1.1 羽，秋 1 羽 (1 例のみ)，サンショウクイは夏 1.5 羽，秋は 2 回の観察例のどちらも 2 羽で，つがいと思われる 2 羽で観察されることが多かった。ヒヨドリは夏も秋 (1 例) も 2 羽であった。キビタキ，エゾビタキ，メボソムシクイは，すべて単独で観察された。

夏も秋も混群を構成するメンバーは，メジロを中心にシジュウカラ，サンショウクイ，ヒヨドリの 4 種で，これらはすべて琉球諸島固有の亜種で留鳥であった。しかし夏と秋で混群の構成種には若干の違いが見られた。

8 月には留鳥のキビタキの混群への参加が観察されたが，10 月には調査地域においてキビタキは観察されなかった。また 2002 年 7 月には夏鳥のサンコウチョウが混群のメンバーとして記録された。

留鳥ではないが，琉球諸島を春と秋に通過していく渡り鳥，また越冬する種も混群に参加することがある。2001 年 10 月の調査ではエゾビタキ *Muscicapa griseisticta* が，2002～2003 年の調査 (表 1) ではキマユムシクイ *Phylloscopus inornatus* が 1 月に混群に加わっているのが，各 1 例観察された。南西諸島で越冬するコムシクイ *Phylloscopus b. borealis* は 2001 年の冬と 2002 年の 8 月に記録され，数は少ないものの，秋～冬期には常連として混群に加わるらしいこともわかった (上田未発表)。

先導種と追従種

混群に参加する鳥には，その参加の仕方に 2 通りある。混群の核となる先導種と，他の鳥の後をついていく追従種である (Powell 1985)。先導種は混群を先導し，ある意味群れ全体をまとめる役割を担っている。一方，追従種はその群れについていくだけで，時には採餌や警戒への社会寄生的な利益を得ることはあるものの，とくに重要な役割を担っているわけではない。

メジロ，シジュウカラ，キビタキは混群の 44～92％で出現した。混群はほとんどの場合，メジロが先導種となり，観察できた群れ全体の 77.6％で，群れを先導していた。シジュウカラ，キビタキ，サンコウチョウ，サンショウクイ，ヒヨドリは追従種であった。メジロは頻繁にコンタクトコールを発し，他の鳥はメジロの集団に追従していた。このことからメジロは群れをリードし，進行方向の決定権をもっていると思われた。シジュウカラはメジロが多く参加している群れでは追従種であったが，メジロがいない，または少ない群れでは追従しているばかりではないことがわかった。2002 年の 5～6 月の調査ではシジュウカラが参加している群れは 22.5％しかなかったが，そのうちの 55.6％でシジュウカラが先導種としての役割を果たしていた。

混群はメジロ数羽から数十羽の群れに数羽の追従種が随伴するパターンが多かった。メジロは虫をつまみ取ったり，飛びかかったり，花の蜜を吸いながら移動していた。50 羽を超す群れを観察したときは，あちこちから虫が飛び出すのがはっきりと見え，メジロはそれらをしきりに捕まえていた。騒がしい群れの真ん中から下あたりの空間にひょっこりと現れるのがシジュウカラである。シジュウカラは枝をつついたり，陸域林では地面で餌を捕まえながら，メジロの後を追いかけていた。いちばん後ろについていたのがキビタキで，飛んでいる虫をフライキャッチしているのが観察できた。同じ採食方法だが騒がしいのがサンコウチョウで，家族群で混群に参加しにぎやかな声を上げていた。サンショウクイは混群に参加しているときは，常にメジロの群れの上方の樹冠部を利用していた。この場合，サンショウクイは木のてっぺんで声を出していることが多く，群れが去りかけると群れの方向に向かって飛んでいって合流していた。

家族群の参加

混群には成鳥ばかりが参加しているわけではなかった。7～8 月の混群サイズは他の月に比べて大きいが (表 1)，これは巣立った若鳥が家族群として混群に参加していることが要因だと考えられた。実際にメジロについて，2002 年 6 月にはマングローブ林で，2003 年 4 月には陸域林で，混群中に明らかに巣立ち雛と思われる個体を観察した。

シジュウカラについても，2002 年の 5～6 月に混群に参加した大きなグループは家族群と思われた。また実際に巣立ち雛も 2002 年 5 月に観察された。2003 年 4 月のシ

表 1 陸域の森林とマングローブ林における混群参加各種の個体数 (平均値 ± SD)

(a) 陸域

種名	2002 年				2003 年	
	5 月	6 月	7 月	8 月	1 月	4 月
メジロ	2.50 ± 0.71	0.00	12.5 ± 10.15	6.14 ± 3.85	2.002 ± 1.41	0.00
シジュウカラ	2.50 ± 0.71	0.00	2.25 ± 0.50	1.33 ± 0.52	2.00	0.00
キビタキ	1.00	0.00	1.80 ± 0.84	1.00	1.00	0.00
サンショウクイ	0.00	0.00	0.00	1.00	2.00	0.00
ヒヨドリ	0.00	0.00	1.00	3.50 ± 2.12	0.00	0.00
コゲラ	0.00	0.00	1.00	0.00	0.00	0.00
サンコウチョウ	0.00	0.00	2.33 ± 1.53	0.00	0.00	0.00
キマユムシクイ	0.00	0.00	0.00	0.00	1.00	0.00
ムシクイ種不明	0.00	0.00	0.00	0.00	1.00	0.00
観察群れ数	2	0	5	7	5	0

(b) マングローブ

種名	2002 年				2003 年	
	5 月	6 月	7 月	8 月	1 月	4 月
メジロ	2.00	4.44 ± 4.64	15.18 ± 16.23	6.5 ± 5.92	2.00	38.75 ± 12.14
シジュウカラ	1.00	2.80 ± 1.87	2.12 ± 0.87	1.66 ± 0.58	1.00	0.00
キビタキ	0.00	1.00	1.11 ± 0.33	0.00	0.00	0.00
サンショウクイ	1.00	1.00	6.00	1.50	0.00	1.66 ± 0.57
ヒヨドリ	1.00	0.00	0.00	0.00	0.00	0.00
コゲラ	0.00	0.00	0.00	0.00	0.00	0.00
サンコウチョウ	0.00	0.00	3.00	0.00	0.00	0.00
キマユムシクイ	0.00	0.00	0.00	0.00	0.00	0.00
コムシクイ	0.00	0.00	0.00	1.00	0.00	0.00
ムシクイ種不明	0.00	0.00	0.00	0.00	0.00	1.00
観察群れ数	2	10	12	4	1	4

ジュウカラについては，陸域林では家族群が見られたが混群への参加は見られず，マングローブ林においてもシジュウカラは観察できなかった。またキビタキは留鳥としてマングローブ林を常時利用しており，2002 年 5 月にはキビタキの巣立ち雛の混群への参加が観察された。

マングローブ林と陸域林

西表島の混群の特徴の 1 つは，それが陸域林ばかりではなく，マングローブ林でも形成されることである。マングローブ林は陸域林に比べ，樹種も少なく，樹高も低く，相対的に単純な林相である。メジロはマングローブのオヒルギなどの花蜜を利用するが，シジュウカラやキビタキは昆虫食であり，マングローブ林だけで食物をまかなうには無理があると思われる。事実，陸域林ではシジュウカラは同種群で行動しているのに対し，マングローブ林に入ると混群に参加する傾向があることがわかった

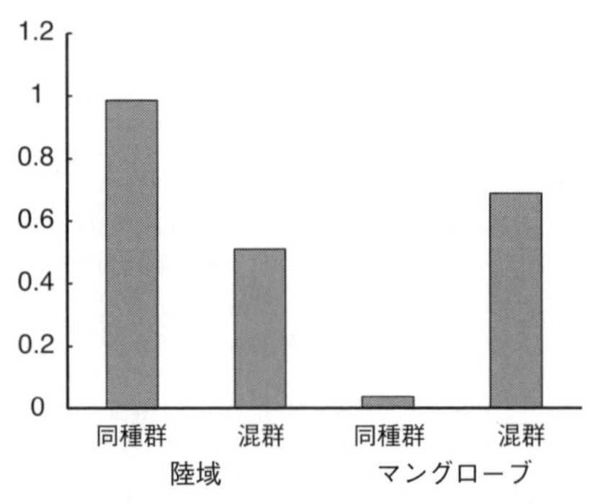

図 3　シジュウカラの混群への参加傾向。

(図 3)。マングローブ林の混群にシジュウカラが参加するのは，先導種としてのメジロがもたらす追い出し効果などに依存している可能性が高いと考えられる。

2002〜2003 年の調査ではマングローブ林と陸域林の比較を行った。混群はどちらでも周年記録された。どちらの林でも群れサイズは夏に大きくなり，秋から翌年の春までは小さくなった。ただしマングローブ林では，50 羽を超える大きな群れが 2002 年の 7 月と 2003 年の 4 月に記録された (表 1)。一方，陸域の林でのもっとも大きな群れは，2002 年の 7 月に観察された 29 羽であった。また陸域の林では 2002 年の 6 月と 2003 年の 4 月には，混群は一度も観察されなかった。

採餌空間

マングローブ林でも陸域林でも各種の利用する採餌空間には明らかな違いが見られた。メジロは主に中層を利用していたのに対し，サンショウクイは主に樹冠部，シジュウカラはマングローブの中層〜下層域を移動していた。キビタキは中層からマングローブの根本に近い暗い空間を利用していた (石毛ら 2002 参照。メジロとシジュウカラの採餌空間については図 4 に示す)。サンショウクイ，シジュウカラ，キビタキはメジロの群れのすぐ近くに位置を占めて，メジロが動くとすぐに後を追うように，常にいっしょにいる印象があったが，ヒヨドリは一時的な参加で，メジロの動きにはそんなに左右されず，合流して，数十メートル随伴してもすぐに離れていく傾向があったので，Bell (1986) による混群構成種の定義を厳密には満たしていないかもしれない。

メジロは 7〜8 月の時期には主にオヒルギの花から吸蜜していた。ヒヨドリは花蜜食者ではあるが，オヒルギからの吸蜜は見られなかった。10 月にはオヒルギのつぼみは見られたが，開花している花は見つからなかった。そのためこの時期にマングローブ林内で観察されたメジロは，花から吸蜜するのではなく，他の小鳥類と同じく，樹木の枝や葉についた昆虫類を採餌していた。また 10 月の観察期間中に，メジロが枝

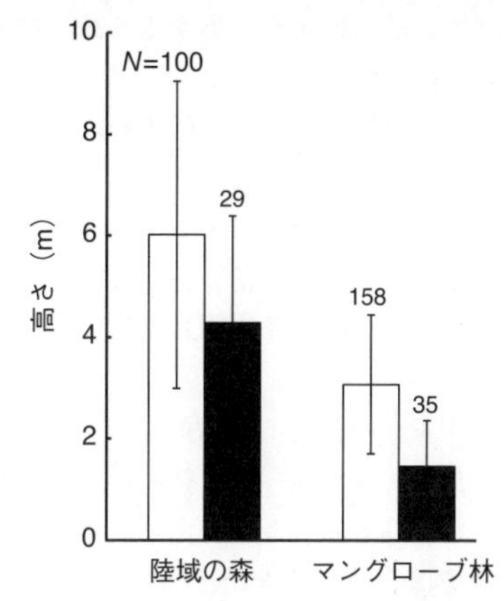

図 4 混群中のメジロ (白) とシジュウカラ (黒) が利用する高さの違い。

の上でかなり大きなチョウ目の幼虫 (種不明) を捕らえ，何度も枝にたたきつけてから，飲み込むのを観察した。

これまでマングローブ林での鳥の生息密度は非常に低いと思われていたが，今回の観察から，シギ類，サギ類，クイナ類などの水辺の鳥だけではなく，とくにオヒルギの開花期には多くのメジロがマングローブ林を訪れ，しかもヒヨドリ，サンショウクイ，シジュウカラ，キビタキ，サンコウチョウなどがメジロの群れに随伴して，メジロを中心とする混群が形成されることが明らかになった。これはマングローブ林の鳥相がこれまで考えられていたように決して貧相なものではないことを示している。

西表島での混群形成のメカニズム

混群を形成する要因には，さまざまなものが考えられる (上田 1989)。先導種のメジロは，おそらく他の鳥が参加しなくても単独の種群で，オヒルギの開花期にはマングローブ林を移動しながら採餌しているのであろう。キビタキ，サンショウクイ，シジュウカラは花蜜を利用しないので，これらの鳥がメジロの群れに随伴して混群を形成する理由は，おそらく捕食者の危険を薄める効果 (薄めの効果) や，メジロが移動していく際に飛び出す昆虫類を餌として利用している (Munn & Terborgh 1979; Munn 1986) のだと考えられる。

夏と秋でメジロの群れサイズに大きな差があったことは，オヒルギの開花期と関係していると思われた。8 月の調査期間中，オヒルギの木はそのほとんどが多くの花をつけていた。オヒルギは，赤い花を咲かせて，一般的な虫媒花よりもかなり大量の蜜を分泌するという特性から，明らかに鳥媒花と思われ，開花期にはメジロに良質の蜜資源を提供している。オヒルギの花は花期も長く，午前中に蜜が吸い尽くされても，午後から次の朝にかけて，また活発に蜜を分泌する。メジロにとっては，毎日，一定量の蜜を分泌してくれる回復可能な食物資源である。

Cody (1971) は，モハベ砂漠で混群を形成したフィンチ類が，一度探した場所を重複して探さないようにうまく探索ルートの重なりを避けていることを示した。これと同じように，メジロはこの季節，バラバラでオヒルギを訪れてしまうと，他の個体がその日に先に吸蜜してしまったオヒルギの花を訪問して無駄な採餌努力をすることになりかねないので，それを避けるために群れを形成し，毎日，オヒルギ林を巡回しているのだと思われる。

今回記録された混群の構成種のなかで，恒常的なメンバーと考えられたメジロ，ヒヨドリ，サンショウクイ，シジュウカラ，キビタキの5種は留鳥として生息する固有亜種，またサンコウチョウも夏鳥で固有亜種である。留鳥であるオリイヤマガラは海岸線に近い今回の調査地域では一度も見ることができなかったが，もっと内陸部の山地には生息しているので，内陸部の森林で同様の調査を行えば，混群への参加が記録されると思われる。

冬期，メジロやウグイスなどの北方の個体群 (別亜種) が越冬に来る島々で，これらの別亜種が冬期に南西諸島の固有亜種の混群に参加するのかどうかは面白い問題である。また冬期にはコムシクイに加え，ヤブサメ *Urosphena squameiceps* やムジセッカ *P. fuscatus* もマングローブ林周辺で越冬している。これらの鳥も混群に参加するのか，またどのようにマングローブを利用しているのかなどは今後の興味深い研究課題である。

混群は異種間の共同という側面が強調されがちだが，決して異種どうし，争いもなく調和的に行動しているのではない。結果的に，群れで遊動することによって，警戒時間を少なくして，より多くの時間を採餌に振り向けることができるが (Sullivan 1984)，すべての種や個体が平等に警戒に時間を使うわけではない。なかにはまったく警戒を行わずに，混群に社会寄生的に参加している種もいると思われる。また逆に先導種だけが，大きな労力を提供しているわけではない。たとえば熱帯アマゾンの森林でアリドリ類の混群を調べていた Munn (1986) は，Matsuoka (1980) がカラ類で報告したような「偽の警戒声」を，虫が飛び立ったときに先導種が発して，追従種の出鼻をくじき，虫をさらっていくことを報告している。混群における利害対立という見方をすることも，行動生態学的には重要である。

今回，我々が発見した西表島におけるメジロを中心にした混群形成という現象は，西表島に限らず，南西諸島の他の島々でも広く見られる可能性がある。またメジロ属 *Zosterops* の鳥は，アフリカから日本までの熱帯から温帯域に多くの種が生息している。他の地域でもメジロ属の鳥が先導種として混群を形成しているのかどうか，それも面白い研究課題だと思われる。

第 IV 部

島嶼性鳥類の保全の科学的アプローチ

狭く閉じられた島の生態系は，人為的な環境改変によりいともたやすく撹乱される。島に生息する鳥類は，もともとの分布域の狭さとそれに規定される個体数の少なさに加え，そのような人為的撹乱の影響を受けて常に絶滅の危険にさらされている。南西諸島を訪れるバードウォッチャーが見たいと願う鳥類の多くも，過去から現在に続く人為的な撹乱の影響を受けてきた。ここではそんな鳥たちの保全に向けた研究を紹介する。どの研究にも共通して言えることは，対象種の生態を地道に調べ，その個体群をモニタリングする科学的な視点が不可欠である，ということだ。南西諸島における試みを通じて，鳥類保全にとって必要な取り組みとはどのようなものかを提言する。

やんばる地域の森林生態系管理に向けて

1999 年 3 月，環境庁 (現環境省) による保護増殖事業の一環として行われたノグチゲラの捕獲調査に参加して以来，沖縄島北部やんばる地域に生息する希少な固有種や，森林生態系の保全，管理に関する研究を続けている。研究を始めた当初は，ノグチゲラの生態を一つひとつ明らかにするため，保護増殖事業のワーキンググループのメンバーから多くのことを教わりながら巣の探索や個体の観察を行ってきた。2002 年から 3 年間，国頭村比地にある環境省やんばる野生生物保護センターの自然保護専門員として勤務し，比地区をはじめ，地元の方々に多くの教えを請いながら研究や自然保護行政に関わる実務を経験した。ノグチゲラの現在の分布には，過去の人の暮らし，森林利用の歴史が反映されていること，また，地上生活への特殊な適応をしているノグチゲラの保全のためには，森林の保全だけではなく，外来種問題を解決することの重要性を認識するようになった。

現在の職場である森林総合研究所に勤務するようになってからもノグチゲラの研究を続ける機会を得，2000 年代のマツ材線虫や 2010 年のタイワンハムシなどの外来樹木病虫害が，ノグチゲラの営巣活動や分布に大きな影響を与えることを目の当たりにした。島の生態系では，外来種が固有種の個体群に大きな影響を与えることについて実感できる貴重な観察をすることができた。ノグチゲラを切り口に 18 年間やんばるの森林を見てきたことで，さまざまな生き物のつながりを知ることができ，現職場では森林研究に関わるあらゆる分野の専門家とともに研究することができ，これまで個別に見えていた現象がやっとつながり始めた。

これまでの経験から言えることは，目先の業績にとらわれて短期的な仮説検証型の研究だけに陥るのではなく，長い目で同じ場所で同じ生き物を見ることで理解できることがある，ということだ。また，鳥類学を実施するうえで，鳥を切り口にさまざまな分野の研究者と連携し，幅広い視野をもつこと，調査地を取り巻く人や行政などと協働することも大事である。今後は，これまでの経験を生かし，とりためたデータを学術論文として公表するとともに，現在，準備が行われている世界自然遺産にふさわしい森林生態系の管理手法の実現につながる研究を，地元の方や行政，NPO，これから現れる若手の研究者など，さまざまな方と連携し継続していきたい。

(小高信彦)

16
南の島の希少なキツツキ —ノグチゲラの巣穴を巡る生物のつながり—

(小高信彦)

地上に降りたノグチゲラの雄。

種名　ノグチゲラ

学名　*Dendrocopos noguchii*

分布　沖縄島北部

分類　ノグチゲラは1属1種のノグチゲラ属 *Sapheopipo* として分類されてきたが (日本鳥学会 2012)，羽衣の模様 (Goodwin 1968) や胴体部の解剖学的な特徴 (Goodge 1972) はアカゲラ属 *Dendrocopos* のキツツキと類似しており，分子系統学的解析の結果からアカゲラ *D. major* やオオアカゲラ *D. leucotos* に近縁であることが指摘されている (Winkler et al. 2005; Fuchs & Pons 2015)。国際鳥類学会 (IOC) による世界の鳥類リスト (Gill & Donsker 2017) でも *Dendrocopos* 属が採用されていることから，本章では *Dendrocopos* を使用することとした。

全長　約 30 cm

生態　常緑広葉樹林の老齢林を主要な生息地とする。一腹卵数は 2〜5 卵が多く最大 7 卵 (小高ら未発表) が観察されている。抱卵期間は約 2 週間，孵化後巣立ちまでは約 4 週間である。造巣，抱卵，育雛は雌雄が行い，夜間の抱卵，抱雛は雄が行う。雑食性で，カミキリムシの幼虫など木材に穿孔する昆虫類のほか，地上や木の幹の表面からバッタ目の昆虫，ゴキブリ類，ムカデ類なども採餌する。さらにセミの幼虫や地中性のクモ類などを土を掘って採餌する。このほか，さまざまな植物質の餌を利用する。

はじめに

ノグチゲラ *Dendrocopos noguchii* は沖縄島北部やんばる地域の亜熱帯常緑広葉樹林のみに生息するキツツキ科鳥類で，日本の固有種である (図1)。ノグチゲラは世界の中でももっとも分布域が狭いキツツキの一種で，国際自然保護連合 (BirdLife International 2016) や沖縄県のレッドリスト (沖縄県自然保護課 2017)，環境省のレッドデータブック (環境省 (編) 2014) では絶滅危惧IA類 (CR) にランクされている。沖縄県の県鳥，東村の村鳥，国指定特別天然記念物，国内希少野生動植物種に指定され，本種の保護のためのさまざまな取り組みが行われている。

ノグチゲラが繁殖するためには，子育てに必要な広さの巣穴を掘ることができる大径木が必要である。また，ノグチゲラにとって巣穴掘りは数週間から1カ月以上の時間がかかる重労働で，柔らかく掘りやすい，適度に腐朽した樹木が必要となる。そのため，このような条件をそろえた大径木や立枯れ木が多い老齢林がノグチゲラの生息地として重要となる。明治以前，本種は沖縄島中部の恩納岳まで生息していたとされるが，第二次世界大戦の戦災や，戦後復興期の乱伐，本土復帰以降の開発など，主に昭和時代に行われた大規模な森林伐採により大きく分布域が縮小した。しかし，近年は，木材生産のための伐採面積が減少し，二次林の森林蓄積の増加が見られ，主要な生息地となる常緑広葉樹林の老齢林の周辺の森林でも営巣が確認されるようになってきた (環境省 (編) 2014)。

ノグチゲラをはじめとするキツツキ類は，自ら樹木に巣穴を掘り繁殖を行う。キツツキの掘った巣穴は，フクロウ類や小鳥，小型哺乳類など，多くの森林動物に利用される。ノグチゲラの分布回復は，ノグチゲラにとってだけではなく，本種の巣穴を利

図1　スダジイに掘られた巣穴の入口に止まるノグチゲラの雌。

用するさまざまな森林動物にとっても重要である。本章では，ノグチゲラの巣穴を巡るさまざまな生物，そして人とのつながりを紹介することで，やんばる地域の森林生態系の今後の保全に向けた展望と課題について紹介したい。

ノグチゲラの巣穴を利用する生物たち

キツツキ類をはじめ，樹木にできた穴，すなわち樹洞を利用して繁殖する生物を樹洞営巣種と呼ぶ。樹洞営巣種は，大きく 2 つのグループに分けることができ，キツツキ類のように自ら巣穴を掘ることができる樹洞の生産者を一次樹洞営巣種 (primary cavity nester)，自ら巣穴を掘ることができないが樹洞を必要な資源として利用する種を二次樹洞営巣種 (secondary cavity nester) と呼ぶ。利用可能な樹洞の数は，巣穴を掘ることができない二次樹洞営巣種にとって，個体数の制限要因となっていることが指摘されている (Newton 1998)。多くの樹洞営巣種にとって樹洞は限られた資源と考えられており，キツツキ類の生産する樹洞は二次樹洞営巣種にとって重要な資源であ

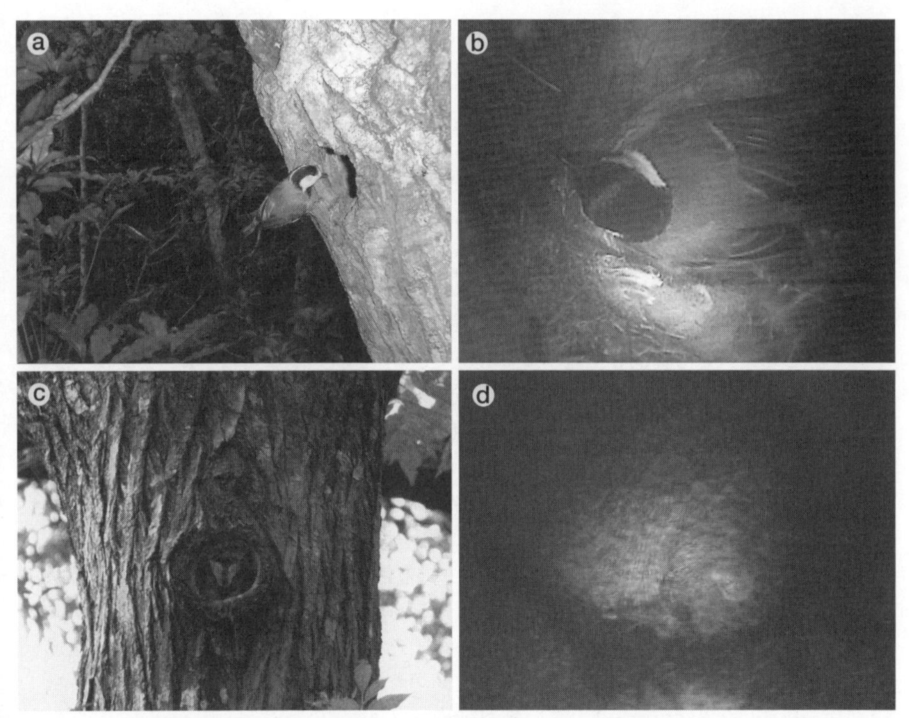

図 2　二次樹洞営巣種によるノグチゲラの古巣利用。(a) 巣穴入口に止まるヤマガラ。(b) 抱卵中のシジュウカラ。(c) 巣穴から顔をのぞかせるリュウキュウコノハズク。(d) 日中のねぐらとして利用するケナガネズミ。

図 3　ノグチゲラの古巣でコロニーを形成する外来種セイヨウミツバチ。

る (Kotaka & Matsuoka 2002; Aitken & Martin 2007)。このためキツツキ類は，個体数は多くはなくとも森林生態系に大きな影響を与える「キーストーン種」であると考えられている (Angelstam & Mikusiñski 1994; Steeger et al. 1996)。

Martin & Eadie (1999)は，樹洞の生産とその利用を巡る樹洞営巣種間の生物間相互作用を研究する理論的枠組みとして，「食う－食われる」のつながりである食物網という概念になぞらえて nest web (樹洞営巣網) を提案した。やんばる地域の森林動物群集では，ノグチゲラのほかに，小型のキツツキであるコゲラ *Dendrocopos kizuki* や，夏鳥であるアカショウビン *Halcyon coromanda* を一次樹洞営巣種として位置付けることができる。これら 3 種の一次樹洞営巣種のなかでも，ノグチゲラはもっとも体サイズが大きく，大きな樹洞を生産することができる。ノグチゲラの古巣は，ノグチゲラ自身によってねぐらや次の年以降の営巣場所として再利用されるほか，フクロウ類であるリュウキュウコノハズク *Otus elegans* (図 2 a) (7 章参照)，ヤマガラ *Poecile varius* (図 2 b) やシジュウカラ *Parus minor* (図 2 c) などの小鳥類による繁殖のための利用，さらに，絶滅危惧種であるケナガネズミ *Diplothrix legata* による日中のねぐら利用 (図 2 d) が観察されている。また，ノグチゲラが掘りかけで放棄した浅い巣穴をアカショウビンが利用した事例も観察されている (小高未発表)。このほか，アカマタ *Dinodon semicarinatum* が巣内で観察されているが，これは，樹洞の営巣利用ではなく卵や雛を狙った捕食者として巣を訪れたものである。アカマタは，やんばる地域の樹洞営巣性鳥類にとって主要な捕食者と考えられ，ノグチゲラのほかに，リュウキュウコノハズクを捕食した事例が報告されている (Toyama et al. 2015)。

ノグチゲラの古巣は，上述のとおりさまざまな二次樹洞営巣種にとって重要な資源であるが，外来種であるセイヨウミツバチ *Apis mellifera* による利用も報告されている

(小高 2010)。この事例では，ノグチゲラの雛の巣立ちの翌日から巣穴へのセイヨウミツバチの出入りが確認され，その翌日には巣口に密集する状態が観察された (図 3)。巣内部には巣枠が形成され，発見から 1 カ月後も巣穴入口にセイヨウミツバチが密集する様子が観察され，コロニーの継続が確認された。この事例から，外来種セイヨウミツバチが，ノグチゲラの巣立ち直後から巣穴を占有してコロニーとして繁殖に利用し，ノグチゲラによる在来種への樹洞提供を阻害しうることが明らかとなった。

キツツキ類を介した樹木と樹洞を利用する動物群集の生物間相互作用である樹洞営巣網は，森林動物群集の多様性を維持する重要な系の 1 つと考えられている。やんばる地域の森林生態系の保全を考えるうえでは，個々の種の保全にとどまらず，樹洞営巣網のような相互作用系を視野に入れた研究や，外来種に対する取り組みが必要である。

ノグチゲラが巣穴を掘る樹木の特徴—心材腐朽—

キツツキ類には，丈夫な嘴や，木をつついたときの衝撃を吸収することができる構造の頭蓋骨や肋骨，そして幹に縦に止まるのに都合の良い足や硬い尾羽など，樹木に巣穴を掘るための形態的な特殊化が見られる (Burt 1930; Spring 1965; Kirby 1980)。しかし，そんな特殊な進化を遂げたキツツキ類にとっても，雛を育てるための十分な広さをもつ巣穴を掘るためのコストは大きい。ここで重要となるのが木材腐朽菌の存在である。木材腐朽菌は，それ自体が樹洞生産者であり，キツツキによる巣造りを促進する役割をも担っている (小高 2013a)。

キツツキ類は，材の硬い健全な樹木を避け，巣造りのコストが低い腐朽木や立枯れ木を営巣木として選好することが報告されている (Schepps et al. 1999; Jackson & Jackson 2004; Pasinelli 2006)。しかし，キツツキにとって，すべての腐朽木や立枯れ木が好適な営巣場所となるわけではない。腐朽の進行した樹木は，柔らかく巣穴を短時間で掘ることができる反面，そのような樹木に掘られた樹洞は，捕食者によって巣壁を破壊される危険性や，強風などによって巣木そのものが倒壊してしまう危険性が高い。一方で，腐朽の進行していない硬い生きている樹木 (生立木) は，倒壊や破壊される危険性は低いものの，巣造りに膨大な労力と時間を要する。キツツキ類の営巣場所選択には，巣穴の掘りやすさと丈夫さなどの木の硬さと関係するトレードオフが存在し，木材腐朽菌による木材の軟化プロセスは，これらのトレードオフに作用する重要な要因と考えられている (Jackson & Jackson 2004)。

生立木であれ立枯れ木であれ，キツツキ類が選好する樹木の特徴としては，辺材部が硬く丈夫で，子育てを行う巣穴部分にあたる材の中心部が腐朽し軟化していることが重要であることが指摘されている (Kilham 1971; McClelland & Frissell 1975; Conner et al. 1976; Harris 1983; Daily 1993)。このような樹木は，掘り始めるときは硬い辺材部を掘り進めて横穴を開けなければならないため労力と時間を要するが，いったん腐朽した心材に到達すると比較的容易に縦穴を掘り進めることができる (図 4a)。

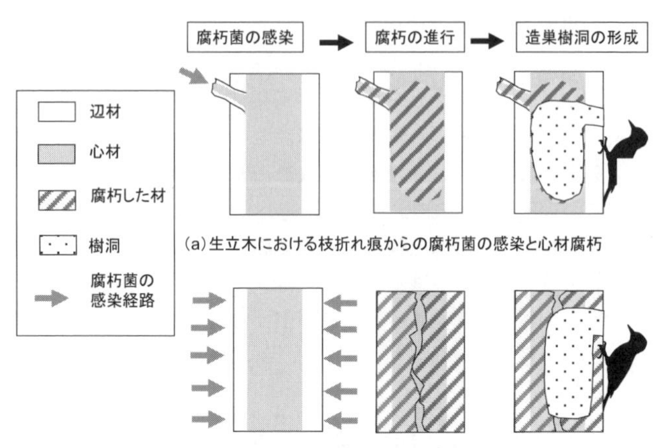

図4　木材腐朽菌類の感染経路および感染の進行と，キツツキ類による樹洞の生産。(a) 生立木の枝折れ痕から木材腐朽菌類が感染し，心材に腐朽が広がった場合。キツツキ類は腐朽した心材部をくりぬくように巣穴を掘る。巣部の周囲は腐朽の進行していない辺材に取り囲まれている。(b) 立枯れ木の幹表面から木材腐朽菌類が感染し，辺材から腐朽が進行した場合。キツツキ類は腐朽した辺材，心材部に巣穴を掘る。営巣木の中心付近には腐朽の進行していない硬い材が残る場合がある。小高 (2013a) を改変。

そのため，キツツキ類にとって樹木の心材腐朽の位置やその程度が営巣場選択に強く作用し，巣穴の位置 (高さ) や形状 (深さ) にも影響を与えることが報告されている (Matsuoka 2008)。

小高ら (2006) は，ノグチゲラの営巣木内部の腐朽状況について，街路樹や木製の電柱などの内部腐朽を検知するために開発されたレジストグラフ (Rinn et al. 1996) を用いて調査を行った。ノグチゲラの代表的な営巣樹種であるスダジイ *Castanopsis sieboldii* 生立木の営巣木を調べた結果，巣部直下におけるレジストグラフによる計測値は，辺材部が健全な硬い材で，心材部が腐朽，軟化していると考えられる木材密度の推移を検出した。一方で，リュウキュウマツ *Pinus luchuensis* の立枯れ木に営巣した場合，その硬さは，巣部の表面から内部にかけて柔らかく，巣部周辺がすべて腐朽，軟化していると考えられる変異を示した。リュウキュウマツ立枯れ木の営巣木に見られた硬さの変異パターンは，立枯れ後，樹幹表面から内部に向かって腐朽が進行した結果と推察された。樹幹表面から腐朽が進行する場合，巣穴を掘る樹幹内部が掘りやすい硬さの状態まで腐朽したときには，樹洞の外壁を形成する木材の腐朽が進行し，巣の安全を確保できる硬さを保っていない場合が多い (図4b)。実際に，リュウキュウマツ立枯れ木 (図5) を利用したノグチゲラでは，営巣木の脆弱性が原因と考えられる繁殖失敗 (営巣中の巣の倒壊や捕食者による巣部の破壊) が報告されている (小

図 5　倒壊したノグチゲラの営巣木。立ち枯れしたリュウキュウマツに巣穴が掘られていた (白矢印)。

高 2009)。ノグチゲラの繁殖成功を高めるためには，スダジイの営巣木に見られたような，掘りやすくかつ丈夫な樹木，すなわち心材腐朽した生立木がより重要と考えられる。

ノグチゲラの営巣樹種と人の暮らし，樹木病虫害との関わり

ノグチゲラの主要な生息地である常緑広葉樹の老齢林では，優占樹種であるスダジイを利用した営巣が多く観察される。スダジイは，数が多いだけではなく，成長に伴って心材腐朽が生じ，ノグチゲラにとって掘りやすく丈夫な営巣場所を提供してくれる重要な樹種である (小高ら 2006)。ここでは，スダジイの老齢木が少ない人里近くの若齢林におけるノグチゲラの営巣木として利用が記録されている樹種として，センダン *Melia azedarach*，リュウキュウマツ，ハンノキ *Alnus japonica* について紹介する。

センダンは，地元の方の話では，本州のキリ *Paulownia tomentosa* と同じように成長が早いため，かつては娘が生まれたら嫁入り道具としてタンスなどを作って持たせるために植えられた樹木であったそうである。センダンの営巣木に掘られた巣穴のすぐ近くには，枝折れが回復したこぶ状の痕が見られる (図 6)。ノグチゲラは，この枝折れ痕から侵入した腐朽菌によって軟化した心材部に巣穴を掘るものと考えられる。一方で，センダンは成長が早いだけではなく，樹皮にできた傷痕の回復速度も速いようで，巣穴周辺の樹皮が盛り上がり (図 7)，早い場合は営巣の翌年に巣口が閉じてしまうこともある。また，材が比較的柔らかいようで，大きな台風が襲来すると，巣穴のある部分で折れて巣木が倒壊することがある。これらのことから，スダジイと比較すると巣穴の寿命 (二次樹洞利用種が利用できる期間) は短い可能性があるが，一般

的に樹洞不足が起きることが多い若齢の二次林では，センダンに掘られたノグチゲラの古巣は，樹洞営巣網においても重要な役割を果たしていると考えられる。

キツツキ類にとって，針葉樹人工林は営巣可能な樹木が少なく，一般的に忌避される環境である。しかし，2005年頃になると，ノグチゲラによるリュウキュウマツの営巣利用が多く観察された。この背景には，マツ材線虫病による「松枯れ」現象による

図6　センダンの生立木に掘られたノグチゲラの巣穴 (白矢印) と，枝折れ痕が回復したと考えられる瘤 (黒矢印)。

図7　ノグチゲラの巣立ち後，樹皮が回復して閉塞した巣穴入口 (センダン生立木)。

リュウキュウマツの大量枯死が関係している。これまで，リュウキュウマツの生立木へのノグチゲラの営巣事例は観察されていない。リュウキュウマツは生立木の場合，ノグチゲラが辺材部を掘り進める際に樹脂 (いわゆる松ヤニ) の漏出が起こるため，巣造りが困難であると考えられる。また，樹齢 40 年から 50 年以上にならないとリュウキュウマツでは心材形成が始まらないと考えられていることからも (仲宗根・小田 1985)，心材腐朽に依存して営巣するキツツキ類にとっては，忌避される特徴であると考えられる。しかし，いったん枯死すると，リュウキュウマツはノグチゲラによる営巣利用が可能となる。

ノグチゲラの生息地である沖縄島北部では，1970 年代以降，北米原産の外来樹木病害であるマツ材線虫病によりリュウキュウマツの大量枯死が発生している (國吉 1974)。1990 年代後半にはやんばる地域の広範囲でリュウキュウマツの枯死が発生していることが確認されている (中平・亀山 1998)。やんばる地域におけるリュウキュウマツ枯死木の大量発生は，1950 年代以降の拡大造林によるリュウキュウマツの植栽と，1973 年の外来の樹木病害であるマツ材線虫病の侵入とその後の蔓延という，2 段階の大きな環境改変によって生じたものである。2005 年当時，拡大造林期に植栽されたリュウキュウマツは，ノグチゲラの営巣可能な大きさに成長していたため，これらのマツの枯死はノグチゲラに多くの営巣可能木を提供したものと考えられる。前述のように，辺材腐朽が進行した立枯れ木では，樹木の強度不足によると考えられる繁殖失敗が多く，枯死したリュウキュウマツはノグチゲラにとって良好な営巣木ではない可能性がある。しかし，マツ材線虫病被害は，ノグチゲラにとっては好適ではない環境であるリュウキュウマツ人工造林地に営巣場所になる枯死木を創出した。

やんばる地域における松枯れ被害が収束しつつあった 2010 年，沖縄県名護市において，タイワンハムシ *Linaeidea formosana* が日本で初めて記録された (木村ら 2011; 末永・三宅 2011)。タイワンハムシは体長約 6〜8 mm のハムシ科の甲虫で，カバノキ科の木本類を食草としている。初確認された 2010 年 3 月以降，沖縄島の各地で観察されるようになり，同年 5 月にはノグチゲラの分布域内である国頭村，大宜味村，東村のすべてで生息が確認されるようになった (末永・三宅 2011)。これと同時に，カバノキ科のハンノキへの食害が確認されるようになり (図 8a)，ノグチゲラの生息域において，ハンノキの立枯れ木が大量に発生するようになった (図 8b) (木村ら 2011; 末永・三宅 2011)。ハンノキは沖縄島では 1910 年に台湾からの導入記録があり，外来種であると考えられている。

沖縄島へのタイワンハムシの侵入が確認されてから 2 年後の 2012 年の繁殖期に，タイワンハムシの大量発生に伴って生じたと考えられるハンノキの立枯れ木を利用したノグチゲラの営巣が 8 例 (産卵は 6 例) 確認された (小高 2013b)。これらの営巣地の多くは，道路際や耕作放棄地など，人為撹乱を受けた後に生じた若齢の二次林で，ノグチゲラの営巣木が少ないと考えられる環境であった。ハンノキは，撹乱された環境にいち早く侵入するパイオニア種であり，成長が早くノグチゲラの営巣可能な大き

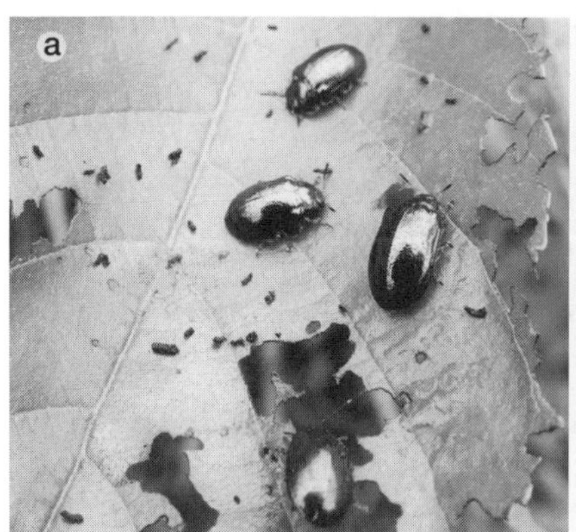

図8 2010年に沖縄島で初めて記録されたタイワンハムシによるハンノキの食害。(a) ハンノキの葉を食べるタイワンハムシ。(b) タイワンハムシの大発生後に大量枯死したハンノキ。

さに短期間で成長する樹種である。しかし，ハンノキの生立木をノグチゲラが利用する事例はほとんど見られず，枯死したことで，ノグチゲラが営巣に利用できるようになったと考えられる。ノグチゲラが営巣に利用したハンノキは，周辺にある同種よりも柔らかく腐朽が進んでいると考えられる状態であった (小高 2013b)。タイワンハムシの侵入からノグチゲラの営巣までに2年の時間差があったのは，ノグチゲラの営巣可能な状態になるまで腐朽が進むのに時間を要したためだと考えられた。

原産地である台湾においてもタイワンハムシの大量発生は起こることが報告されている (張 1998)。しかし台湾では，タイワンハムシによる食害後，ハンノキの多くに新たな展葉が見られ，大量枯死には至っていないようである。植物には捕食者に対する防御反応があり，捕食されることによってトリコームやトゲなどの形態形質の変化をもたらす誘導反応があることが知られている。トリコームとは，葉の裏や茎に密生する細かい毛で，昆虫の食いつきを妨げたり傷をつけにくくすることにより食害を防ぐ効果がある。ハンノキの一種 *A. incana* では，葉がハンノキハムシの一種 *Agelastica alni* の食害を受けると，新たに出現する葉のトリコーム密度が6倍に増加したことが報告されている (Baur et al. 1991)。一方で，防御物質の生産や形態形質の変化にはコストがかかる。沖縄島では100年以上前に導入されたハンノキが長期間タイワンハムシの食害を受けてこなかった。2010年のタイワンハムシの大発生時には，葉を食害された後に新たに展葉した葉も食害を受け続け，やがて枯死する個体が多く見られた。2012年にハンノキ立枯れ木に営巣したノグチゲラの営巣地8カ所のハンノキを調べてみると，胸高直径15 cm以上の個体74本のうち，枯死72本，生存2本であった (枯死率は97.3%)。このときに観察されたハンノキの大量枯死は，外来種であるタイワンハムシの侵入初期に見られた特異な現象の可能性がある。今後，ハンノキとタイワンハムシがどのように推移していくか継続的に観察する必要がある。

ノグチゲラの営巣に利用されたハンノキ立枯れ木は，その多くが道路際など人の生活と密接した場所に位置していた。道路際の立枯れ木は，倒壊して道路に倒れこむ危険性があり，道路の安全管理上は除去される対象となる。2012 年の県道沿いの営巣例では，危険木の伐採作業が実施される前に地元国頭村や沖縄県の道路管理者と営巣情報を共有することができたことから，ノグチゲラの営巣中の枯死木を対象とした伐採作業を避けることができ，この巣では無事に巣立ちを迎えることができた。人目につきやすいノグチゲラの営巣情報が関係機関で共有できるよう，発見した巣の情報は環境省やんばる野生生物保護センターなどに提供するようにしている。

ノグチゲラの営巣のための立枯れ木の創出

北米やヨーロッパでは，キツツキ類をはじめとする樹洞営巣種に営巣場所として利用させるために，人為的な立枯れ木の創出が行われている (Conner et al. 1981; Bull & Partridge 1986 など)。松枯れ被害に伴うリュウキュウマツ立枯れ木への営巣や，タイワンハムシの侵入後大量に枯死したハンノキ立枯れ木を利用したノグチゲラの繁殖事例は，立枯れ木を適切に配置することで，本来は営巣木が不足する針葉樹人工林や若齢二次林にノグチゲラの営巣環境を創出することが可能であることを示唆している。

図 9 頂端部を剪定され枯死したリュウキュウマツをノグチゲラが営巣に利用した事例。

ここでは，人為的な立枯れ木の創出が意図せずノグチゲラの営巣場所を提供した事例について紹介する。

1つ目は，道路沿いの電線保守に伴う樹木剪定作業後に枯死したリュウキュウマツ立枯れ木の営巣例である。電線に枝がかからないように，また，電柱に避雷針を取りつける作業などのために頂端部を剪定されたリュウキュウマツへの営巣が見られた(図9)。この事例でも，剪定作業後，リュウキュウマツが枯死してから約2年後の繁殖期にノグチゲラによる営巣が確認された。このノグチゲラの営巣木は，巣立ち後，台風被害による危険木処理のために伐採された。道路沿いの立枯れ木は，危険木処理の対象となるため，ノグチゲラの保護を目的とした立枯れ木の創出をする場合は，道路や周辺の建物に倒れこむ危険がない場所の樹木を選定するなどの配慮が必要である。

2つ目の事例は，果樹園の立枯れ木である。ノグチゲラの調査をしていると，地域の方からノグチゲラの営巣情報をいただくことがある。その情報のなかに，果樹園を営まれている方からの事例が多いことに気づき話を聞いてみた。すると，これは果樹園で行われている営みと深く関係していることがわかった。ノグチゲラは雑食性で動物質から植物質まで幅広い餌を食べる。果樹園の方にとっては申し訳ないことなのだが，ノグチゲラは柑橘類も食べることが報告されている(環境省那覇自然環境事務所2011)。冬場の餌が不足する時期には，地域の名産であるタンカン園にもノグチゲラが出現し，丈夫な嘴で果実に丸い穴を開けて器用に果実を食べている姿が観察される。

果樹園では，果樹を取り囲む樹木が成長した場合，果樹が被陰されてしまうことから，日当たりをよくするためにそのような支障木を巻き枯らしや除草剤を注入することで枯死させる (図10)。これらの木も，枯死処理後1年から2年後以降にノグチゲラが営巣できる状態になる。果樹園では，餌不足となる冬期に利用される果樹と，営巣可能な立枯れ木という，ノグチゲラの生息に必要な2つの資源を提供していたのである。私がお世話になっているある果樹園の方は，果樹の食害について「クビワオオコウモリ *Pteropus dasymallus* やハシブトガラス *Corvus macrorhynchos* の被害が大きく，ノグチゲラの被害はたいしたことないよ」と言ってくださっているが，別の果樹園では，1シーズンに10羽以上のノグチゲラが柑橘類を食べに来ていることがわかっており，防鳥ネットの導入を検討されていた。

果樹園でのノグチゲラの営巣は，ノグチゲラの分布回復や人里近くでの生息環境の創出という観点ではありがたいことではあるが，果樹園への被害防止のための取り組みが重要であると考えている。ノグチゲラは留鳥で，果樹だけではなく，果樹に被害を及ぼすカミキリムシの幼虫などを捕食する益鳥としての側面もある。ノグチゲラによる食害は，果樹が豊作の年にはあまり問題にならないが，台風被害の大きな年や，果樹の裏年 (豊作年と凶作年がある) など，自然環境が厳しく，人も野生動物も厳しい状況に置かれたときに，問題が深刻化する。ノグチゲラの混獲に配慮した防鳥ネッ

図10　巻き枯らしと除草剤の注入処理により枯死した木を利用したノグチゲラの営巣事例。(a) 営巣木の全景。(b) 巣穴入り口周辺部。横枝は枯れ落ち腐朽が進んでいることがわかる。(c) 巻き枯らしのために樹幹周囲の樹皮・辺材部が剥ぎ取られ，除草剤を注入するための穴が開けられている。

トの設置などの対策をすることで，被害を低減することができるが，やんばるの中山間地域における農家では，高齢化が進み，このような対策が困難な状況もある。さらに，台風の常襲地域では，設置した防鳥ネットの維持管理にも労力がかかるため，高齢化した農家にとっては厳しい現実がある。果樹が豊作だからといって引き取り制限や安い価格で購入するのではなく，凶作時を乗り切れるような十分な価格で買い取るなど，一次産業を担う農家を補助する取り組みが必要と感じている。

成長の早い早生樹の植栽や枯死木の創出は，人里近くでノグチゲラとの共存を可能にする有効な手段となるであろう。一方で，立枯れ木は，心材腐朽した生立木よりも営巣木としての質は低いと考えられ，一時的な生息地の回復には利用できても安定した生息地の回復は困難であると考えられる。ノグチゲラの安定した個体群を維持するためには，ノグチゲラの営巣にとって質の高い心材腐朽した大径木を多く含む原生的な老齢林の回復がもっとも重要である。

おわりに

やんばる地域は，2016年9月，日本で33番目の国立公園に指定され，2017年2月に日本政府によりユネスコに推薦書が提出された「奄美大島，徳之島，沖縄島北部及び西表島」の中核地域の1つとして，世界自然遺産に向けた準備が行われている。世界自然遺産の推薦理由となる「顕著な普遍的価値 (OUV)」に関するユネスコの評価基準は以下の2つである。

ix 生態系：　陸上・淡水域・沿岸・海洋の生態系や動物群集の進化，発展において，重要な進行中の生態学的過程または生物学的過程を代表する顕著な見本である。

x 生物多様性：　学術上又は保全上顕著な普遍的価値を有する絶滅のおそれのある種の生息地など，生物多様性の生息域内保全にとってもっとも重要な自然の生息地を包含する。

やんばる地域には古くから多くの人が暮らし，森林が利用されてきた。この世界自然遺産推薦地の大きな特徴の1つは，保護すべき遺産推薦地と，住民生活が極めて近接していることにある。このため，推薦書では，推薦地，推薦地を取り囲む緩衝地帯 (バッファーゾーン)，そして，それ以外の地域を「周辺地域」と位置づけ，包括的管理計画を策定している。世界自然遺産としての普遍的な価値を維持，回復するための包括的管理計画を実現するためには，地域住民や行政，関係機関が幅広く情報を共有し，協力する必要がある。また，絶滅危惧種の個体群や生物多様性の回復のためには，個々の種の生態や個体群の動態，群集構造や生物間相互作用に関するさまざまな科学的知見が必要である。

やんばる地域の固有鳥類は，日本で唯一の野生の飛べない鳥であるヤンバルクイナ *Gallirallus okinawae* (21, 22章参照) や，ホントウアカヒゲ *Larvivora komadori namiyei* (4章参照) とともに，ノグチゲラも地上生活に適応している。このため，外来種マングース (フイリマングース *Herpestes auropunctatus*) による影響に対して脆弱であることが指摘されている (小高ら 2009)。沖縄県や環境省のマングース防除事業が成果を上げつつあり，2007年をピークに，やんばる地域でのマングースの捕獲個体数は減少傾向にあり，やんばる地域の固有鳥類はこの10年間，回復傾向にあると考えられる (環境省那覇自然環境事務所 2016; 沖縄県環境部自然保護・緑化推進課 2016)。

過去にやんばる地域では，鳥類研究者にとってとても残念な出来事があった。やんばる地域の国頭[1]で採集された標本によってノグチゲラと同じ年1887年に新種記載されたリュウキュウカラスバト *Columba jouyi* は，1904年を最後に沖縄島からの記録がなくなり，大東諸島で捕獲された1936年の記録を最後に絶滅したのである (環境省 (編) 2014)。同じ過ちを繰り返さないためにも，絶滅危惧種の生態や個体群動態，そ

1) リュウキュウカラスバトの記載論文 (Stejneger 1887) には，標本の採集地名は「クンチャン」とだけ書かれている。これが現在の行政区である「国頭村」と一致しているかどうかは不明であるため，ここでは「国頭」とした。

してその変動要因を明らかにし，絶滅を回避するためのさらなる研究が必要である。

沖縄島北部やんばる地域の「顕著な普遍的価値」を未来に引き継ぐためには，地域の生活とバランスをとりながら，多くの固有種の進化の舞台となった原生的な森林の保全回復や，侵略的な外来種であるマングースなどの外来種対策を着実に進めることが重要である。また特殊な進化を遂げた固有の生き物の生態を明らかにし，個々の種だけではなく，生物のつながりを理解し，森林生態系そのものの機能を維持，回復することが重要である。やんばる地域には，基礎研究，応用研究において多くの研究課題があり，その面白さ，社会的意義は極めて高い。本書を読んだ多くの若い読者が，やんばる地域での鳥類学や森林生態系の管理に興味をもち，調査を始められる方が一人でも現れれば幸甚である。

フィールドに立ち続けて

人の暮らしの変化は島の環境とそこに棲む生物に少なからず影響を与えてきた。その変化を科学というフィルターを通して記録し続けることが，島に根を張る私たちの役割の1つであると感じ，生物と環境を見続けてきた。本章で綴った仲ノ神島の海鳥個体群が回復してきた経過の記録もその1例である。

長い歳月をかけて記録をとり続けていると，島の外で起きていることに思いを巡らすことがある。仲ノ神島では，繁殖していない海鳥も飛来するが，それらは繁殖齢に達していない若鳥であることが多い。たとえば40年前では一度に数羽に出合えれば多いと感じたアオツラカツオドリの若鳥は，最近では毎年のように数十羽の集団で飛来するようになった。彼らのもっとも近い繁殖地は，仲ノ神島と同様か，それ以上に海鳥捕獲が行われた尖閣諸島である。彼らもまた個体数を増やしつつあるのかもしれない。この間，仲ノ神島では海鳥に対する人為的な影響が取り除かれ，繁殖環境は改善した。ならばアオツラカツオドリも移住して繁殖してもよさそうだがそうはならず，彼らの出生島への高い帰属性の一端を示しているのかもしれない。それは同時に，私たちがけっして見ることのできない，仲ノ神島から巣立った若いカツオドリの姿かもしれない。

日々の観察では，鳥たちの非日常の瞬間を垣間見ることがある。春や秋の渡り期に台風や前線などの影響で風が強まり，海が荒れると，サギ類のいくつもの群れが西表島に飛来し，時化（しけ）が治まるのをじっと待つ。また西表島と仲ノ神島の間の海上で力尽きて落下したサギ類や，仲ノ神島に着陸した直後に2，3歩あるいて絶命した小鳥など，毎年多くの渡り鳥たちの生や死と出合う。余談だが，近海で駆除された約400個体のイタチザメの胃内容物から出現した鳥類を調べたことがあるが，海に適応した海鳥よりもモズ類やセキレイ類などの陸鳥が多く検出された。長距離を移動するように進化を遂げたとはいえ，鳥たちの海を渡るリスクの大きさを物語っている。

観察者が，今，見えていることの背景に思いを寄せることは大切なことだと思っている。科学的なアプローチで記録を残せなくても，不思議に思い，何故だろうと考えることは，今後の科学技術の進歩とそれを導入するためのアイディアで解き明かすことができるかもしれない。カツオドリに関して記述した13章と17章には，かつての筆者らが感じた「不思議」と「何故」の答えが多く含まれている。

（河野裕美・水谷 晃）

17
撹乱を受けた仲ノ神島海鳥集団繁殖地
－長期モニタリングと回復の過程－

(河野裕美・水谷 晃)

神宿り，海鳥舞う島

南西諸島の南端を構成する八重山諸島の1つに「仲ノ神島」(北緯24°11′，東経123°34′) (図1) がある。西表島の南西端から約15 kmの位置にあり，東西に1,500 m，南北に300 m，標高は最大102 mの小さな孤島である。島の両側は断崖絶壁か急峻な斜面であり，海岸は岩石帯が続く。冬期の北東季節風や夏期の台風による風波を直接的に受けるため，高木は自生せず，傾斜地は草に覆われる。

島の西端の稜線に，まるで建立されたかのように2つの巨岩が積み重なる。これを近隣の島民は位牌石と呼ぶ。島名の由来にまつわる伝承は，大仲 (1986) によって記されている。沖縄地方の古くからある森や泉，島を神が存在する御嶽(うたき)とする信仰と共通し，とても興味深いので紹介する。

「西表島の崎山と鹿川の間にウツモリという村落があった。ある年，大雨が幾日も

図1　仲ノ神島海鳥集団繁殖地。(a) 撮影：野口克也氏。

図 2　仲ノ神島で繁殖する海鳥。(a) カツオドリとセグロアジサシ。(b) マミジロアジサシ。(c) クロアジサシ。(d) オオミズナギドリ。(e) アナドリ。

降り続いたので人々は神々に救いを求める祈りを捧げた。すると一人の婦人が沖から島影が流れてくるのを発見した。神が村を助けるために島に乗ってやってくると，村人たちはその流れ島に祈りを捧げた。すると雨もやみ，流れ島もとまったので，感謝とともにナーリウガンと尊称するようになった。」

ナーリは漂流，ウガンは御嶽の意味であり，この島を望む西表島や波照間島などの集落では，ナーリウガンがナニワンやナニバンなど異なる方言で呼ばれてきた[1)]。

神宿るこの島は，6 種の海鳥 (図 2) の集団繁殖地の側面をもつ (河野ら 1986a)。それぞれの種の営巣場所は島の環境に応じて異なる。もっとも体の大きなカツオドリ *Sula leucogaster* は，島内の全域に広がり，稜線や小さな台地，緩やかな斜面で営巣する。セグロアジサシ *Sterna fuscata* とマミジロアジサシ *S. anaethetus* は姿がよく似るが営巣場所は対照的で，前者は中央台地の広範囲に高密度なコロニーを形成し，後者は海岸や稜線の岩石帯にところどころ集まって岩の間隙に営巣する。断崖の岩棚や岩石のくぼみなどを営巣場所として利用するのはクロアジサシ *Anous stolidus* だ。巣

1)「流れる御嶽」を意味するナーリウガンの漢字表記は文献上見当たらない。ナーリはナリからナニへ，あるいはナーヌからナカヌへ変化する過程で，意味も位置を表す「島々の間」へと変わった。宮良 (1980) による『八重山語彙』(1930 年に底本が発行され，1980 年と 1981 年に甲乙の二編に分冊して再版) では，仲之御嶽島と記された一方で，1905 年に同島の借用許可を得た古賀辰四郎による借用願では中御神島と表記されている。現在までさまざまな表記と表音が用いられてきたが，学術誌では初めて倉田 (1966) が仲ノ神島と表記した。筆者らもこれを引き継いで今日に至っている。

穴営巣性のオオミズナギドリ *Calonectris leucomelas* は島のいたる所を掘削するが，海側へ下る緩斜面に比較的高密度なコロニーができる。数は多くないがアナドリ *Bulweria bulwerii* もまたマミジロアジサシと同様に岩石の隙間を利用する。カツオドリ，3種のアジサシ類，そしてアナドリは熱帯海域を主な分布域とする種であるのに対して (Harrison 1985)，オオミズナギドリは唯一の温帯性の種で，この島は南限の繁殖地である (岡 2004)。異なる気候帯の海鳥が共存することをとってみても，仲ノ神島が動物地理的に非常に重要な位置にあると言える。

海鳥以外の動植物相とその生態もまた，厳しい気象・海象の影響を受けて他の島では見られないユニークなものである。海鳥調査で長く通うと，おのずとそれらの生き物にも目がいく。ガジュマル *Ficus microcarpa* は島に自生する唯一の樹木であるが，地を這うように枝葉を広げるいわゆる「矮小化」が顕著である (河野ら 1986a; 水谷・河野 2011; 筆者ら未発表)。優占するのはメヒシバ *Digitaria ciliaris* などのシバ類，グンバイヒルガオ *Ipomoea pes-caprae* やハマナタマメ *Canavalia lineata* などの匍匐（ほふく）性植物であり，局所的にボタンボウフウ *Peucedanum japonicum* やハマボッス *Lysimachia mauritiana* などが群落をなす (河野ら 1986a; 水谷・河野 2011; 筆者ら未発表)。風や波，暑熱，乾燥などが，季節だけでなく年によってもこれらの植物の優占度を著しく変化させる。蔓性植物がオオミズナギドリのコロニーを覆う年には，オオミズナギドリが足や翼を絡めて死んでしまうこともあり (山本ら 2015)，植生遷移は地上営巣性や巣穴掘削性の海鳥の繁殖にも影響する。

他の島では海岸や海岸後背林に生息するナキオカヤドカリ *Coenobita rugosus* とオオナキオカヤドカリ *C. brevimanus* は，波浪が直接打ち寄せる海岸を避けるように稜線まで登り，ガジュマル群落の下床やオオミズナギドリの巣穴に潜んで日中の暑熱と乾燥を逃れて生息する (河野ら 2012)。爬虫類のうちヘビの仲間ではサキシマママダラ

図 3　オオミズナギドリの巣穴から出てきたサキシマママダラを攻撃する抱卵中のカツオドリ。

Dinodon rufozonatum walli（アカマダラの先島諸島固有亜種）が生息するが（図3），島嶼化により近隣の島々よりも体サイズが大きく，海鳥の卵や雛も食すことがある（Kohno & Ota 1991）。ヤモリの仲間ではミナミヤモリ *Gekko hokouensis* のみが岩の隙間に生息し，八重山諸島で一般的なホオグロヤモリ *Hemidactylus frenatus* は生息していない（Kohno & Ota 1991）。哺乳類はクマネズミ *Rattus rattus* が生息する（河野ら 1995）。クマネズミは一般的に海鳥の捕食者として知られるが，この島では現在のところ多大な影響を継続的に及ぼすことはなく，クマネズミにとっても容易に増えることのできない環境的な制限があるのだろう。さまざまな鳥類も飛来する。その1つは猛禽類であるが，オジロワシ *Haliaeetus albicilla* の若鳥が越夏して海鳥の雛と成鳥を襲った痕跡が観察されたこともある（河野・水谷 2015）。動植物相は多様ではないが，海鳥の繁殖にも少なからず関連し，また他の島とは異なる島嶼生態学的知見が得られることも，仲ノ神島の存在の貴重さを表している。

撹乱を受けた海鳥個体群

世界的に20世紀までは海鳥の繁殖地が荒らされた時代であり，最近の推定では世界の海鳥個体群は過去60年間で70%にまで減少したという報告もある（Paleczny et al. 2015）。その要因は，人為的な撹乱，開発，捕食者の持ち込み，混獲，汚染，あるいは気候変動など枚挙にいとまがない（Croxall et al. 2012）。人為的撹乱のなかでも脅威となったのは，直接的な海鳥の捕獲である。卵や雛のみならず，繁殖中の成鳥までその対象とされたため，地域個体群の激減や消滅，あるいは種の絶滅にまでつながることもあった（Boersma et al. 2001）。

日本もまたその例外ではなかった。19世紀に始まる南島開拓の流行は，小笠原諸島や南西諸島の島嶼へと波及していき，主な事業として商業的な海鳥捕獲が行われたのである。もっとも有名な事例は，絶滅の淵にまで追い詰められたアホウドリ *Phoebastria albatrus* だろう（長谷川 2003, 2007）。南西諸島の例では，現在は有人島である北大東島や米軍の演習場にされた沖大東島は，かつてアホウドリを含む海鳥の繁殖地であったが，人の開拓と移住により繁殖地は消滅したと考えられている（長谷川 2003）。尖閣諸島でも無秩序な海鳥捕獲事業が行われた。

商人・古賀辰四郎が，1896年に尖閣諸島の開拓認可を受けて以降，海鳥類の採取を積極的に手がけ，アホウドリの羽毛やアジサシ類の剥製が大量に生産され，海外へ輸出されたほか，鳥肉目的の捕獲も行われた（牧野 1972; 吉田 1972; 喜舎場 1975; 望月 1990; 平岡 2005; 國吉 2011）。尖閣諸島の海鳥個体群は激減し，次なるターゲットとして着目したのが仲ノ神島であった。1905年に仲ノ神島の借用認可を得て，翌1906年から開拓に着手した（望月 1990）。島の北西海岸にのみサンゴ礁が狭く形成されているが，外洋からの波浪は海岸まで押し寄せる。もっとも安全に上陸できるのは北海岸中央部の小さな入江であり，そこから直上へ登った小台地には，現在も当時のキャンプサイトとなった石積みが残る。海鳥捕獲の目的は剥製のほか，鳥肉肥料や鳥

図 4　卵採取者によるセグロアジサシ卵の投棄跡。(撮影：真野徹氏)

油，海産物であったが，剥製の生産量だけでも 6 万羽という記述も残されている (吉田 1972)。こうした乱獲は，尖閣諸島と同様に海鳥個体群を激減させ，わずか 3〜5 年後には仲ノ神島での捕獲事業が衰退した (平岡 2005)。

しかし攪乱はこれに留まらなかった。商業的捕獲の撤退後も西表島，鳩間島，波照間島などの近隣の島々の住民や，さらには台湾からも漁師が来島し，主にセグロアジサシの卵採取が続いた。セグロアジサシは 4 月下旬から 5 月上旬にかけていっせいに産卵する。西表島の住民は，この鳥の産卵時期を「フクギ *Garcinia subelliptica*[2] の花の散る頃」と認識し，かなり古くから松の木の刳船(くりぶね)で渡島したようである (大仲 1976; 山田ら 1986)。胚発生が進まない卵を採取するために，一度コロニー内の卵を排除し (図 4)，数日後に新たに産下された卵が採られた。こうした卵採取の合間には，オオミズナギドリの成鳥も巣穴から引き出して捕獲され，食糧として持ち帰られた (黒島 1964; 山本ら 2015)。より体の大きなカツオドリは容易に接近することができるため，成鳥や雛が捕獲対象となったことは想像に難くない。また，カツオドリの雛を持ち帰り，ペットや子供の玩具として用いられることもあった。しかし，雛の成長に必要な餌の量は膨大であり，また独立までの期間は長い (13 章参照)。おそらく十分な餌を与えられることなく，巣立ちすることもできなかっただろう。

仲ノ神島における海鳥に関する調査は，古くは 1933 年から 1953 年にかけて黒島寛松により 3 回行われた。それらに基づく観察記は 1964 年に琉球新報に掲載された (黒島 1964)。その後，1965 年 5 月に正木譲らによって行われた踏査記が，八重山毎日新

2) 古くから沖縄地方で集落内の屋敷林や防風林として植樹された樹木で，八重山地方では毎年 5 月初旬に乳白色の花をいっせいにつける。

聞 (1965年5月19〜23日) に5回連載された (概要や随想が，尖閣諸島文献資料編纂会 (2007) にもまとめられている)。同年8月には倉田篤により仲ノ神島の調査が行われ，その記録は学術誌に発表された (倉田 1966)。また同年6月には，尖閣諸島の自然史研究に取り組んでいた高良鉄夫らが，琉球政府文化財保護委員会の要請を受けて仲ノ神島の調査を実施し，高良はさらに1967年8月に実施した調査記録を併せて学術誌に発表した (高良 1970)。このほかにも1970年代までに大仲 (1976, 1986) や琉球大学探検部 (1978) による踏査記や報告が続いた。これらの論文や報告では，海鳥類を主とした動植物相のほか，海鳥の営巣場所や行動が記述され，また台湾の漁師による卵採取の実態が一貫して指摘され，海鳥類の保護措置の提言がなされた。

仲ノ神島は，1967年に琉球政府によって天然記念物に指定され，沖縄が本土復帰された1972年には国指定の天然記念物になった。さらに1981年には鳥獣保護区 (特別保護地区) に指定された。これらと併行して，1975年には山階鳥類研究所による標識調査が行われるようになった (安部・真野 1980)。河野は，仲ノ神島に近い西表島北西端に東海大学の研究所が1976年5月に開設されたのを機に，同年に初めて仲ノ神島へ渡島した。その後も継続的に渡島し，1980年からは山階鳥類研究所による標識調査を引き継いだ。保護施策がとられ始め，調査者による継続的な監視があってもなお続いた台湾の漁師による卵採取は，1979年を最後にようやく終息した。

1980年代にはレジャーボートの大型高速化が進み，とくにダイビングボートの仲ノ神島周辺への往来が盛んになった。磯釣りのほか，ダイビングの合間の休憩，あるいは観察や撮影を目的とした上陸者が後を絶たなかった。頻繁な人の上陸と接近によってセグロアジサシのコロニーは撹乱が生じ，カツオドリの雛が崖から転落し，オオミズナギドリの巣穴が踏み抜かれた。このような間接的な影響を懸念して，1986年に環境庁，沖縄県教育庁文化課や自然保護課，沖縄営林署などの関係機関による協議が行われ，緊急避難や条件付きの特別学術調査を除く一般の上陸禁止を改めて確認し，新聞報道 (八重山毎日新聞と琉球新報，1986年3月7日) によって周知された。こうしておよそ1世紀に及ぶ撹乱の人為的要因はようやく取り除かれた。

カツオドリの営巣数の増加

1970年代後半，無人島でありながらカツオドリは人の姿を恐れ，狭い稜線や崖縁，岩棚に営巣していた。セグロアジサシは上部の狭い平坦な草地や稜線に，あるいは崖下の海岸岩石帯に接する草地に分散して小さなコロニーを形成し，卵が営巣する成鳥のいない広い草地に集めて捨てられ，雛は成鳥数に比べて少なすぎた。また，島のいたる所でオオミズナギドリの巣穴が踏み抜かれていた。河野は，どこか落ち着きのない仲ノ神島を目の当たりにして，「あるべき姿に戻るまで …」回復の過程を追い続けることを決意し，長期モニタリング調査と生態研究に取り組んだ。水谷は1999年に大学院生として加わり，2008年以降は調査研究を受け継いで進めている。

仲ノ神島の海鳥集団繁殖地の回復を追うために，繁殖モニタリング調査の対象をカツオドリとセグロアジサシの2種に絞った。どちらの種も撹乱の影響がもっとも大きかったことが理由である。また島の全域の稜線や斜面にまばらに営巣するカツオドリと，高密度なコロニーを形成するセグロアジサシの個体群規模や営巣場所の変化を見ることで，仲ノ神島の集団繁殖地全域の回復の状態を知ることができると考えたからでもあった。オオミズナギドリも対象として検討したが，一つひとつの巣穴の営巣状態を丹念に調べることは，その周辺のカツオドリやセグロアジサシへの影響も大きく，また一定ルート以外の広範囲に及び，オオミズナギドリの巣穴を踏み抜くことにもつながると考えて除外した。

カツオドリの個体群規模の指標は営巣数を基準とすることにした (河野ら 1986a)。島の稜線や斜面では見通しがよく，カツオドリの巣を見落とすことが少ないためであった。カツオドリの産卵期は冬の季節風[3] が吹く12月に始まり，盛期は2～4月，そして7月まで断続的に続く (図5) (河野ら 2013; Kohno et al. 2018)。抱卵期間は約45日，巣立ちまでの育雛期は約100日であり (Nelson 1978, 2005; Kohno et al. 2018)，雛の孵化盛期は3月中旬から，巣立ちの盛期は7月上旬から始まる。巣立ち後も親鳥

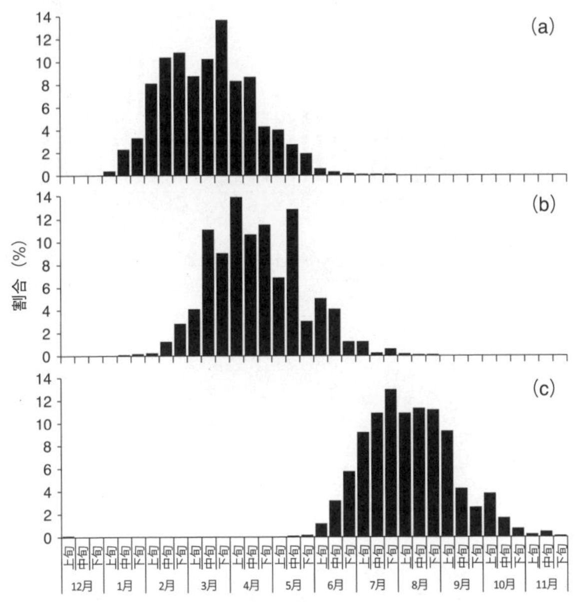

図5 カツオドリの (a) 推定産卵期，(b) 孵化期および (c) 巣立ち期。雛の週齢を査定して孵化日を求め，抱卵日数 (45日) を引いて産卵日を，巣立ち日数 (100日) を足して巣立ち日を推定した (河野ら 2013)。1996年から2014年までに観察した5,414巣の記録を用いた。

3) 日本海側の高気圧と太平洋側の低気圧に日本列島が挟まれる冬型の気圧配置では，沖縄地方は高気圧の南側の縁 (へり) にあたる。北寄りの強い風が吹き，海況は時化となる日が多くなる。この季節風の吹き出しを新北風と書いて「ミーニシ」(ミーは新しい，ニシは北を意味する) と呼ぶ。

が雛に補助的な給餌を続ける世話期間があるが，ほぼすべての幼鳥は，次の冬期季節風が吹き始める 11 月までに独立して渡去する (Kohno et al. 2018)。このような繁殖スケジュールに合わせて，産卵盛期が終わる 4 月に毎年必ず最初の渡島をした。そして，島の全域に一定ルートを設けてセンサスし，営巣数を記録した。また同時に雛の羽衣パターン (綿羽と真羽の割合) や成鳥と比べた体のサイズなどを観察して週齢を推定した (河野ら 2013)。その後も 8 月まで 1 カ月半から 2 カ月ほどの間隔をあけて同様のセンサスを繰り返し，経過した日数と推定週齢をもとに新たな巣と判断された数を加算した (たとえば 4 月中旬と 6 月中旬に約 60 日の間隔をあけてそれぞれセンサスをした場合，6 月中旬に卵や推定 2 週齢未満の雛は，新規の巣とみなすことができる)。

1980 年代前半までは，海鳥類の標識調査を主としていたため，カツオドリの営巣数の正確な記録は残っていないが，わずかに 100 巣台であった (河野ら 1986a)。1985

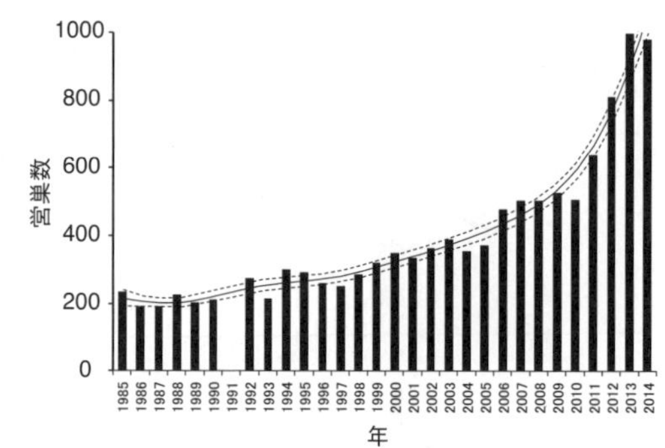

図 6　カツオドリの営巣数の変化。実線は回帰曲線を，点線は 95% 信頼限界を示す。

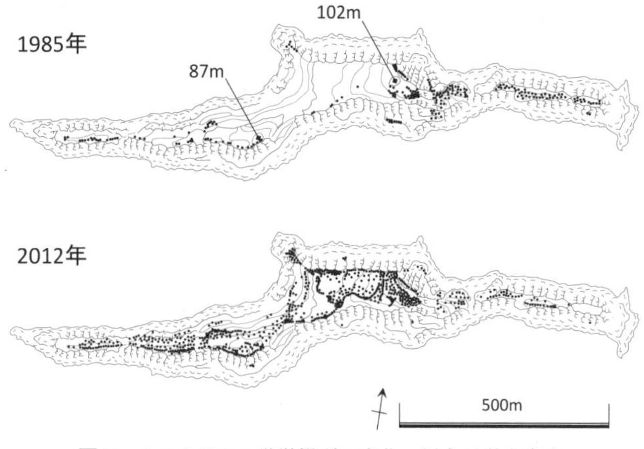

図 7　カツオドリの営巣場所の変化。黒丸は巣を表す。

年から1990年までは200巣前後で推移した (図6) (筆者ら未発表)。緩やかながらも確かな増加が見られ始めたのはこれ以降であり，1997年には約250巣になった。その後2007年には約500巣に，さらに近年は急速に増えて2014年には約1,000巣に達した。回帰曲線をもとに年増加率を求めると，1985年から2014年までの30年間，営巣数は年率約6%で増加した。

この営巣数の増加に伴い，カツオドリの営巣場所にも変化が生じた (図7)。1980年代までは，島の東西の狭い稜線に巣が集中し，崖の下の岩棚や急斜面，あるいは海岸岩石帯など，いずれも植生が乏しく，営巣基盤も脆弱な環境にあった。長く続いた卵採取の時代に，おそらく人の接近できない場所や飛び立ちやすい場所に営巣するようになったのであろう。当時，営巣数のセンサスと同時に標識や基礎的な生態研究にも取り組んでいたが，こうした場所の巣にはザイルを使って崖を降下しなければたどり着くことができなかった。しかし，営巣数が徐々に増えると，島の東西の狭く植生の乏しい稜線では徐々に少なくなり，中央部の広い稜線や台地，緩やかな斜面など，カツオドリ本来の営巣環境にコロニーが形成されるようなった。

カツオドリの生と死

個体群増加の過程を理解するうえで，「年間どのくらい死亡し，どのくらい加入するのか」を把握する必要がある。そこで仲ノ神島のカツオドリ個体群の基本的な生活史を明らかにするために，モニタリング調査と併行して標識調査と繁殖生態研究にも取り組んだ。

一腹卵数は主に2卵ないし1卵，稀に3卵であった。ただし，カツオドリは先に孵化した第1子が，後に孵化した第2子を巣外へ押し出し，親鳥も巣内の雛のみを育雛

図8　第1子によって巣外に出されて死亡したと思われる第2子。

する「無条件雛数削減 (きょうだい殺し)」を行う (図 8) (Nelson 1978; 河野ら 2013)。第1子が孵化に失敗するか，孵化後 1〜2 週間ほどで死亡した場合，第2子は育てられる。仲ノ神島では多くの場合，5 日程度の間隔で孵化する 2 雛の初期の成長差は大きく，2 雛とも巣立ちした例は 2014 年までに 3 例のみである (筆者ら未発表)。

繁殖失敗の要因とその程度については把握できていないが，1985 年から 1995 年までの繁殖成功率 (巣立ちまで) は 79%であり，年によって 70〜87%まで違いはあるものの非常に高かった (河野未発表)。

1977 年から 1988 年にかけて，巣立ち前の雛 (980 個体) に標識をし，その後 1993 年まで各年 3〜35 回の踏査機会で再捕獲または再確認 (プラスチック製の番号付き色足環を併用した場合，捕獲なしで個体識別ができる) に努めた。その結果，カツオドリが独立後に初めて仲ノ神島に帰還するのは主に 3〜5 年齢であり，初めて繁殖に参加するのは主に 4〜6 年齢であった (図 9) (河野未発表)。また 1983 年までに標識した雛 (187 個体) は，少なくとも 10 年以上の再捕獲や再確認の努力を費やした。これらの雛を母数とした場合，10 年齢までの再確認率 (ここでは単純に生残率とする) を求めると，3 年齢までの生残率はわずかに 30%に満たなかった (図 10) (河野未発表)。一方で，その後 10 年齢までの減少は非常に緩やかであった。ちなみに仲ノ神島でもっとも長く生きた記録は，雌の 25 年齢であり，確認時は育雛中であった。繁殖可能な年齢の確かな証拠をこの雌は示した (河野未発表)。

カツオドリは，雛の巣立ち後も補助的に給餌を継続する世話期間があり，その長さは仲ノ神島では 1〜4 カ月程度である (Kohno et al. 2018)。この期間中に，幼鳥は飛翔や採餌技術を徐々に向上させるが，どうやら自力で十分な餌を捕れるほどには達せずに独立 (渡去) するようである (Yoda et al. 2004, 2007, 2011; Yoda & Kohno 2008;

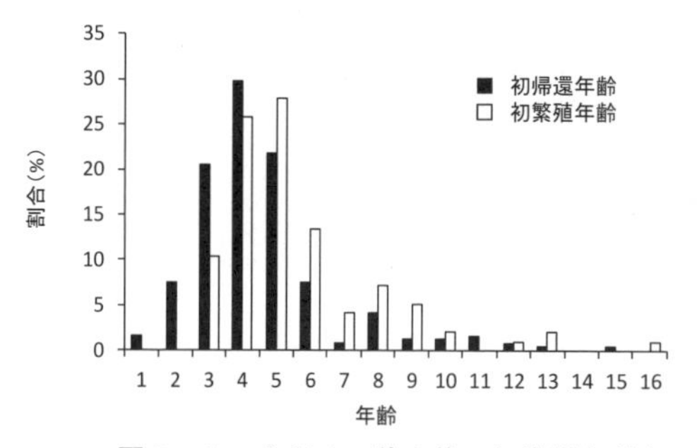

図 9　カツオドリの独立後の初帰還年齢と初繁殖年齢。初帰還を確認できた 238 個体と初繁殖を確認できた 97 個体を母数として，年齢別に割合を示した。

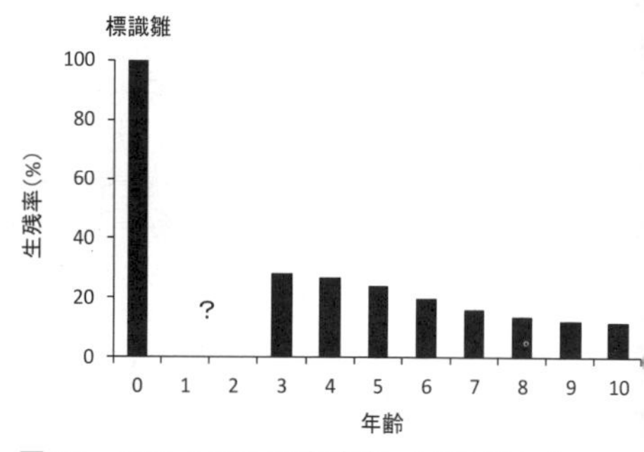

図 10　カツオドリの生残率。1977 年から 1983 年までに標識した雛 187 個体 (0 年齢) を母数として，年齢別に再確認できた個体数の割合を示した。1〜2 年齢まではほとんどの個体が帰還・繁殖前であるため，生残率は不明 (?) とした。

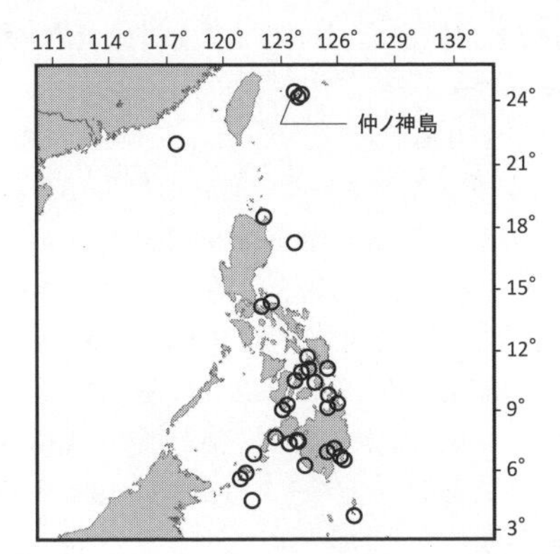

図 11　雛 (幼鳥) として標識されたカツオドリの落鳥・回収場所。巣立ち前に標識した約 2,000 個体のうち，37 個体が落鳥して回収され，位置や時期の情報を得ることができた。

Kohno & Yoda 2011) (概要は 13 章参照)。1995 年までに約 2,000 個体の雛に標識をしたが，そのうち 37 個体が独立期間中か独立後に仲ノ神島以外で落鳥して回収された (河野未発表)。その場所は仲ノ神島からほぼ真南に下ったフィリピン中部から南部の海域が多かった (図 11)。また回収された時期は 0 年齢の第一回冬期 (とくに 10～12 月) に多く，37 個体中 23 個体であった。つまり，台風などを乗り越えて出生島の仲ノ神島を渡去したわずか数カ月後には，多くの個体が渡り途中かその先で命を落とすのである。

カツオドリの若鳥生残率の向上の可能性

鳥島のアホウドリ個体群増加について，長谷川 (2007) は次のような単純集団モデルを用いて説明している。ある年の個体数 N_t は，前年からの生残個体数と新たに加入する個体数の和であるため，成鳥の年生残率を S，巣立った幼鳥と繁殖年齢前の若鳥の年生残率を s，出生率を f，繁殖開始年齢を a とすれば，

$$N_t = (N_{t-1} \cdot S) + (N_{t-a} \cdot f \cdot s^a)$$

となる。また出生率 f は，性比 (雌の割合) を r，繁殖可能な個体のうちその年に繁殖している割合を q，一腹卵数を c，繁殖成功率を p とすれば，それらの積で表される。

このモデルを参考にして，次のようにさらに単純化して仲ノ神島のカツオドリの営巣数増加にあてはめてみた。ある年のカツオドリの営巣数を N_t とする。前年からの営巣数の残存率をここでは成鳥の年生残率 S と同等とみなすと (つがいがそろって死亡すると仮定)，前年からの残存営巣数は N_{t-1} に S を掛けた値となる。本来ならば考慮しなければならない性比を 1：1，移出や移入は 0 とする。さらに加入個体はすべて無事つがいを形成でき，通常では繁殖開始年に加入数を足すが，これを無視して出生の翌年に加算する。このように大雑把な定義をすると，新規加入営巣数は N_{t-1} に繁殖

成功率f，繁殖開始齢までの生残率s，および0.5を掛けた値となる。したがって，単純式は以下のとおりとなる。

$$N_t = (N_{t-1} \cdot S) + (N_{t-1} \cdot f \cdot s \cdot 0.5)$$

この式に，1985年(N_{t-1})の営巣数を200巣と仮定し，$S = 0.9$(一般的なカツオドリ成鳥の年生残率) (Nelson 1978; Schreiber & Norton 2002)，$f = 0.79$(仲ノ神島での過去10年間の繁殖成功率)，$s = 0.28$(巣立ち後3年齢までの生残率) (図10) をそれぞれ代入して計算すると，1986年には202巣，1987年には204巣，そして29年後の2014年には272巣であり，年増加率は約1%と算出される。仲ノ神島での実際の年増加率は約6%であり，この数式は当然ながら過大評価が否めないにもかかわらず，まったく当てはまらなかった。導入したパラメータ値は主に1990年代初めまでに得られた記録に基づいており，繁殖成功率と若鳥期の生残率のどちらかがその後に変化した可能性がある。

カツオドリの一般的な繁殖成功率は75%であり (Nelson 1978; Schreiber & Norton 2002)，仲ノ神島の個体群の繁殖成功率 (79%) はほぼ同等である。一方，繁殖開始年齢までの生残率は一般的に30～40%と言われているが (Nelson 1978; Schreiber & Norton 2002)，仲ノ神島の個体群では3年齢までの生残率は28%であり，やや低い。したがって増加率が上がる可能性の余地を残しているのは，若鳥期の生残率かもしれない。たとえば，上記式において，繁殖開始齢までの生残率sに一般的な生残率の中央値0.35を代入すれば営巣数の年増加率は約4%となり，最大値0.4を代入すれば約6%となる。

巣立ち後の幼鳥は，海上で成鳥を追従することで飛翔時間が増えたり，他種を含めて採餌群や海面休息群を見つけてそこに加わるなど，他個体と関連した行動をとる (Yoda et al. 2011)。このような社会的相互作用は，結果的に幼鳥の飛翔や餌場の探索，飛び込み行動，あるいは浮遊時のサメ類などからの危険回避[4]など，生き残りの術をより効果的に習得させるかもしれない。多種の海鳥が同じ季節に生活し，同時にカツオドリの個体数が年々増すのに伴って，幼鳥が採餌トリップ中に他個体と出合う機会も増大し，ひいてはその後の生き残りの可能性も引き上げられてきたのかもしれない。このような仮説を立証するためには，最近の幼鳥のその後の生残について明らかにする必要があり，今後の研究課題の1つでもある。

セグロアジサシの成鳥数と雛 (幼鳥) 数の増加

次にセグロアジサシの個体群動態に話を転じる。1975年に始められた山階鳥類研究所によるセグロアジサシへの標識調査を，1980年に引き継いだ。とくに雛に対して

4) サメ類が海鳥類を捕食することはよく知られている。しかし，仲ノ神島を含む八重山諸島周辺海域で駆除されたサメ類の胃からは，海面浮遊休息をする習性のあるカツオドリやオオミズナギドリ，クロアジサシがごく少数出現した一方で，渡り途中に落鳥したと思われる陸鳥が非常に多かった (筆者ら未発表)。群れで浮遊休息することはサメからの攻撃を逃れる対捕食者行動として有効なのかもしれない。

徹底して標識し，その年の生産数とした。さらにその後の初帰還年齢や帰還率を明らかにすることを目標にした。標識の時期は，雛が巣立ち (初飛翔) し始める直前まで待った。主に 22 時から 2 時頃にコロニーに入り，常にしゃがんで姿勢を低く，ヘッドライトも弱くしてタモ網で雛を捕まえながら標識した。同時に標識足環がついた成鳥を探して捕獲し，番号を読み取ることを繰り返した。撹乱を最小限に抑えようと配慮して作業をしていても，足元では雛が逃げまどい，頭上では飛び立った成鳥がいっせいに「ケー，ケック，ケック」とか「カー，ウエック，ウエック」と警戒声を発して騒然と鳴き続けた。そのうちにそれが「帰れ，帰れ」と聞こえてきて，作業を終える頃には心身ともに憔悴(しょうすい)した。繁殖地保全を目的としたデータ収集のためとはいえ，このような撹乱を伴う調査は，セグロアジサシの育雛放棄や成鳥による幼鳥の突き行動を引き起こす可能性もあり，長期的に継続することは個体群回復の妨げになる。また，1993 年までに約 14,000 個体に標識をしたが，仲ノ神島以外で回収された例は小笠原から 1 例のほか，中国から 2 例と台湾から 2 例のみで，いずれも繁殖期中の記録であり，若鳥や成鳥の非繁殖期の利用海域の解明にはまったくつながらなかった。そこでカツオドリと同様に帰還年齢や帰還率などの基本的な情報を最低限度蓄積できた

図 12　標高 87 m 付近の主定点から撮影したセグロアジサシの主コロニー (2013 年の例)。上は全景で，下は計数のための望遠撮影の 1 コマ。(a) 4 月 16 日の産卵初期。コロニー内は主にメヒシバに覆われ，成鳥があまり見えない。(b) 7 月 8 日の育雛後期 (巣立ち前)。コロニー内の植物は枯死して成鳥や雛 (幼鳥) がよく見える。

と判断された 1990 年には，標識調査を完全に終えた。

河野から水谷へ，さらにその先を引き継いでくれるであろう誰もが，調査による攪乱を最小限に抑えつつ動態を評価できる方法として提案し，実践してきたのが，定点撮影に基づく成鳥と雛 (幼鳥) の計数であった (安部ら 1986; 水谷・河野 2011)。中央台地部に形成された主コロニーを見下ろすことのできる西側の山頂 (標高 82 m) 付近に主定点を設けて，望遠レンズを用いてコロニーを分割撮影した。同様に主コロニーの東側の高台にも副定点を設けて撮影した。これらの写真を拡大して，成鳥と雛 (幼鳥) を識別して数えた。産卵が終了する 5 月から渡去が始まる 8 月までの間，渡島した際には可能な限り主定点からの撮影をした。抱卵期や育雛初期ではコロニー内は草に覆われ，写り込む成鳥と雛は比較的少ない (図 12)。しかし，小さな体とはいえ抱卵や抱雛，踏みつけなどの行動に加えて，糞尿も蓄積されると，育雛後期には草が枯れてまばらになる。また巣立ち前の幼鳥は草陰から出ていることが多い。そのため，雛が巣立つ前の 7 月中旬か，遅くても 8 月上旬までの間に撮影した写真を用いて雛 (幼鳥) を数えた。

卵採取が続いた 1970 年代は，主コロニーに卵の投棄跡が散見され，主コロニー以外にも島の稜線や海岸の小さな平地部に 2〜10 カ所の小規模な副コロニーが形成され

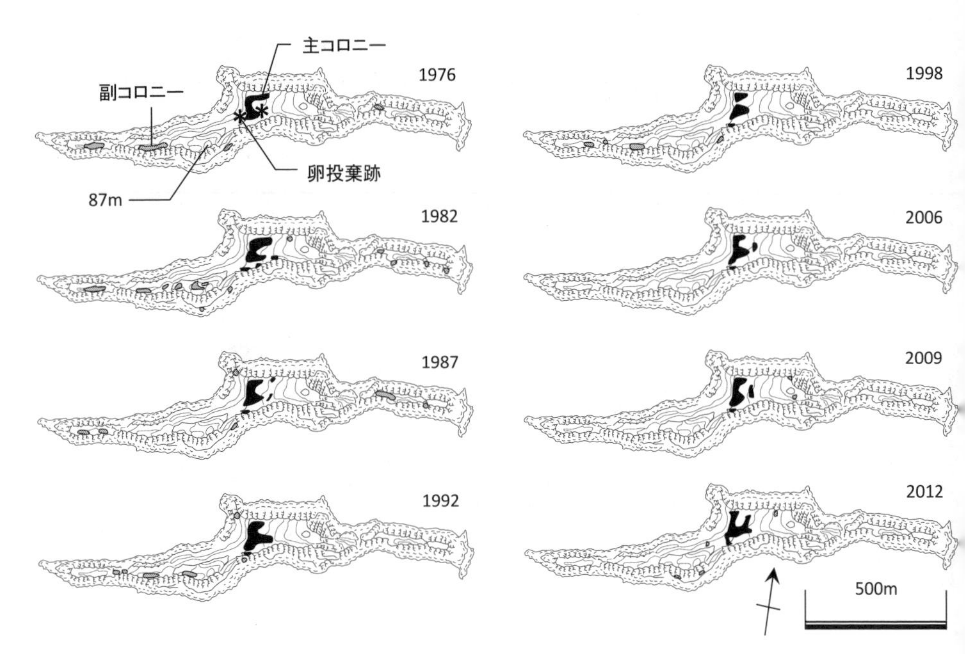

図 13　セグロアジサシのコロニー場所の変化。黒は主コロニー，グレーは副コロニー，＊は卵採取者による投棄跡をそれぞれ示す。

ていた (図 13, 14) (河野ら 1986a; 水谷・河野 2011)。あるいは主コロニーにまったく成鳥がいないことや，多くの副コロニーで主コロニーよりも繁殖段階が遅れていることもあった。これは，卵採取に伴って主コロニーで親鳥の抱卵放棄とその後の営巣場所の移動があったものと推察される。さらに副コロニーでは，急峻な営巣基盤のために卵が雨で流出したり，海岸では波浪を受けてコロニーが消失することもあった。1970 年代はこのような状況が頻繁に生じ，成鳥数は約 1,000 個体，雛 (幼鳥) 数は約 1,100 個体で少なく，まったく巣立たなかった年もあった。1980 年代は卵採取の痕跡がなくなり，続く 1990 年代まで主コロニーは毎年形成され，逆に副コロニー数も徐々に減少した。しかし，成鳥と雛 (幼鳥) の数は，それぞれ約 800～6,000 個体と約 500～2,600 個体で，年差が大きく，増加も認められなかった。1999 年に初めて副コロニーが確認されず，主コロニーだけになり，その後 2005 年から 4 年間，副コロニーが確認されない年が続いた。25 年を経て分散していたセグロアジサシがようやく主コロニーに集まるようになった。2014 年までの成鳥数は 5,000 個体を下回ることは

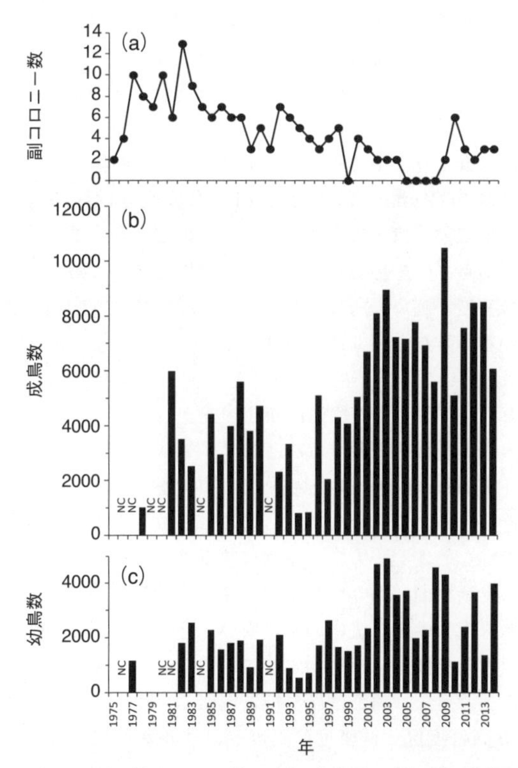

図 14　セグロアジサシの (a) 副コロニー数，(b) 成鳥数，(c) 雛 (幼鳥) 数，の変化。NC は調査していないことを示している。水谷・河野 (2011) にデータを加えて改変。

なく，最多で約10,500個体に達することもあった。同様に雛 (幼鳥) も約1,100～4,900個体の間で確かな増加を示した。雛の標識調査の結果からは，初めて仲ノ神島に帰還するようになるのは3年齢以降であり，少なくとも10～12年ほど再捕獲を試みても，その間一度でも再捕獲ができたものは10%にも満たなかった (河野未発表)。再捕獲が困難というだけでなく，生き残って帰ってくる数はごく一握りなのであろう。それでも今，セグロアジサシの個体群はようやく回復の兆しが見えてきた。

体の小さなオオミズナギドリ個体群とその現状

夕刻，採餌トリップに出ていたオオミズナギドリが戻り，仲ノ神島の北側の海上で群れて飛翔し始める。日が沈み暗がりが増すと一気に帰巣を始め，「ピーゥイ」という雄の甲高い声や「グワーェ」という雌の低い声など，オオミズナギドリによる喧騒に包まれる。

2000年代に入り，日本各地のオオミズナギドリの繁殖地で研究に取り組む山本誉士や依田憲 (13章参照) が共同研究者として加わり，バイオロギング研究をはじめ，さまざまな調査・解析方法を仲ノ神島の海鳥保全研究にもたらしてくれた。彼らは，仲ノ神島のオオミズナギドリを見て真っ先に「小さい！？」ということに気づいた。そして岩手県船越大島から仲ノ神島まで各地の研究者たちの協力を得ながらオオミズナギドリの外部形態を計測して比較した (表1)。その結果，亜熱帯の仲ノ神島個体群は明瞭に温帯の個体群よりも小さく，オオミズナギドリの体サイズには種内地理変異があることが示された (Yamamoto et al. 2016)。体が大きければ体温保持に有利となるが，温かい亜熱帯気候ではその必要性は少ないのだろう。また，体が大きくなるほど飛翔に多くのエネルギーを必要とすることも関係しているのかもしれない。亜熱帯海域では餌生物の密度が高い場所は乏しく，餌を探してより広範を飛ばなければならず，餌探索にかかるエネルギーコストを抑える体サイズになったと解釈する適応的意義が提唱された。

カツオドリやセグロアジサシの個体群が回復途上にある今，この最南端のオオミズナギドリ繁殖個体群の現状を把握することはできないか，と彼らに相談し，2010年に調査を実施した (山本ら 2015)。調査時期は9～10月に設定した。この時期はオオミズナギドリの育雛期にあたり，それまでに繁殖に失敗した巣もあることを考慮すれば適正な時期ではない。しかし一方で，セグロアジサシはすでに渡去している。カツオドリも巣立ち後の世話期間にあり，日中に島にいる幼鳥は少なく，また渡りも始まっている。少なくとも抱卵中や抱雛中の巣はない。そのため，この時期の調査ではオオミズナギドリの個体群規模は過小評価することになるが，他種への影響は最小限に抑えることができると考えた。調査は島全域に広がるオオミズナギドリの巣穴状況を確認し，目視により高密度区，低密度区，ガジュマル区[5]に分けた (図15)。そして，

5) この島のオオミズナギドリはガジュマル群落下床で穴を掘らずに営巣することもある。

それぞれの区域で方形区 (20 m^2) を数カ所設置して巣穴を数え，同時に雛の有無を調べた。その結果，巣穴密度と利用率は，高密度区で 0.64 巣/m^2 と 17.2%，ガジュマル区で 0.19 巣/m^2 と 5.0%，低密度区で 0.1 巣/m^2 と 4.0%であり，これらをもとに各区域の総面積で乗じて足し合わせると，仲ノ神島の繁殖巣穴数は 2,783 巣と算出さ

表 1　日本の 8 繁殖地におけるオオミズナギドリの外部形態の比較。Yamamoto et al (2016) を改変し，主な計測部位のみ記載した。値は平均値 ± 標準偏差を示し，括弧内は範囲を示す。上下の値はそれぞれ雄と雌を表す

繁殖地	船越大島	三貫島	粟島	冠島
雄 雌	14 10	54 52	47 40	14 22
体重 (g)	589 ± 51 (500-650) 503 ± 36 (450-580)	641 ± 45 (573-750) 537 ± 39 (463-640)	596 ± 58 (468-710) 510 ± 34 (452-592)	563 ± 44 (500-638) 482 ± 37 (440-600)
露出嘴峰長 (mm)	51.7 ± 1.6 (49.4-54.4) 48.5 ± 1.1 (46.9-50.5)	51.6 ± 1.5 (48.7-54.2) 48.2 ± 1.7 (44.0-51.9)	51.3 ± 1.6 (46.4-54.2) 48.3 ± 1.5 (45.8-51.2)	50.9 ± 1.7 (48.0-54.0) 47.4 ± 1.3 (45.1-50.0)
自然翼長 (mm)	325 ± 8 (312-345) 313 ± 7 (301-323)	324 ± 7 (310-340) 317 ± 6 (305-331)	322 ± 8 (308-343) 315 ± 8 (300-326)	318 ± 7 (309-331) 308 ± 5 (294-318)
跗蹠(ふしょ)長 (mm)	53.9 ± 1.7 (51.5-56.7) 51.6 ± 1.5 (49.2-53.7)	53.7 ± 1.2 (50.0-55.7) 51.6 ± 1.3 (48.3-54.3)	53.2 ± 1.3 (50.6-56.0) 51.3 ± 1.4 (47.4-54.0)	52.5 ± 1.2 (50.4-54.1) 50.6 ± 1.2 (47.5-52.4)

繁殖地	御蔵島	宇和島	男女群島	仲ノ神島
雄 雌	32 26	11 23	7 13	43 46
体重 (g)	543 ± 48 (462-670) 468 ± 45 (390-540)	593 ± 60 (495-695) 511 ± 45 (410-625)	510 ± 29 (485-565) 463 ± 40 (405-522)	516 ± 54 (410-632) 443 ± 56 (348-680)
露出嘴峰長 (mm)	50.3 ± 1.8 (46.0-54.3) 46.9 ± 1.5 (44.5-50.0)	50.4 ± 1.6 (47.1-51.8) 47.7 ± 2.0 (43.7-51.2)	49.6 ± 1.8 (47.6-51.8) 47.7 ± 1.4 (45.9-49.6)	48.4 ± 1.5 (44.8-52.9) 44.4 ± 1.4 (41.1-47.3)
自然翼長 (mm)	316 ± 5 (307-326) 311 ± 7 (297-325)	322 ± 9 (305-342) 311 ± 8 (293-329)	322 ± 4 (316-326) 314 ± 5 (305-323)	299 ± 8 (273-323) 290 ± 7 (271-303)
跗蹠(ふしょ)長 (mm)	52.2 ± 1.2 (49.6-55.0) 50.4 ± 1.3 (48.2-53.0)	53.3 ± 1.5 (50.6-55.2) 50.9 ± 2.0 (47.0-56.9)	51.7 ± 2.3 (48.9-55.6) 50.3 ± 1.2 (47.9-53.3)	50.4 ± 1.4 (47.6-54.1) 47.3 ± 1.3 (45.4-50.1)

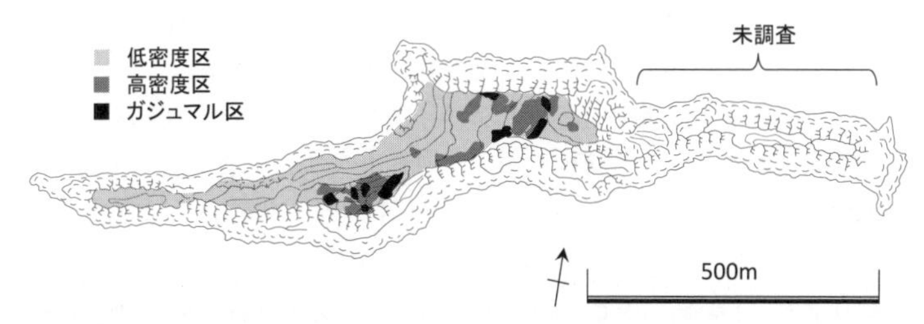

図 15　オオミズナギドリの巣穴密度の分布。山本ら (2015) より改変。

れ，繁殖個体数はその倍の 5,566 個体と評価された。温帯の繁殖地のように照葉樹林内にコロニーがあるのとは違い，植生に乏しく土壌が露出しやすいこの島では，この調査を毎年繰り返すことは巣穴基盤を弱めることにもなる。今後は 5 年から 10 年に一度くらい同様の調査を繰り返すことで，それを軽減しつつ，オオミズナギドリの個体群の動態を把握していくことができるだろう。

海鳥の利用海域を知る

海鳥個体群の保全を図るためには，繁殖地で生じる人為的な影響だけでなく，それらの海鳥が利用する海域にも注視する必要がある。仲ノ神島では，人為的な撹乱が取り除かれ，海鳥個体群も回復しつつあるなか，今後は海鳥の繁殖動態をモニタリングし続けることと同時に，繁殖期と非繁殖期の利用海域や，海上での採餌・休息行動など，仲ノ神島を離れた海鳥がどこでどのように過ごしているのかを理解することが，将来的な海鳥個体群の保全に資する重要な課題である。そこで，近年は個体の移動や行動が記録できるバイオロギング手法を用いて，大型のカツオドリやオオミズナギドリから小型のアジサシ類まで，それらの情報の集積に努めてきた。

海鳥は接近したり，捕獲しようとすると餌を吐きもどすことがある。1980 年代にそれらの餌を採集して分析を行った (岸本・河野 1989; Kohno & Kishimoto 1991; Kishimoto & Kohno 1992)。カツオドリ 426 個体から吐出物 2,636 個が得られ，そのうちトビウオ科が重量比 56.0%，個体数比 31.7%で最優占し，それ以外にアカイカ科 (とくにトビイカ *Sthenoteuthis oualaniensis* の幼若個体) やその他の多様な小魚類を餌として利用することがわかった (河野未発表)。これらの餌生物を採餌する海域を知るために，2016 年に小型 GPS を育雛中のカツオドリ成鳥 13 個体に装着して採餌行動を調べたところ，記録が回収できた 12 個体の日中の採餌トリップに費やす時間は 4〜5 時間で，利用範囲は主に 30〜40 km (最大 100 km) であることがわかってきた (図 16) (筆者ら未発表)。また，2009 年以降に繁殖中のカツオドリ 22 個体に対してジオロケータ[6] を装着し非繁殖期の渡りや利用海域を追跡したところ，現在までに 10 個体が再捕獲でき，フィリピンからボルネオ，さらにはパプアニューギニアへと南下するものから，黄海へと北上するものまでさまざまであることがわかってきた (図 16) (筆者ら未発表)。これらのことからカツオドリは 1 年を通じて大陸や島々の沿岸海域で生活していると言える。将来的にカツオドリの繁殖成功度や営巣数に著しい減少が見られたり，あるいは繁殖期に帰還する成鳥が減少するなどの異変が生じた場合，繁殖地上でそれらに関連する要因が認められなければ，利用海域の環境や餌資源との関連に目を向ける必要がある。先端技術を用いた研究もまた「海鳥と，それを取り巻く海の現在 (いま)」を判断する記録として残すためにほかならない。

6) 照度と時刻を記録する機器で，日長時間および日の出・日の入り時刻から緯度経度を推定することができる。

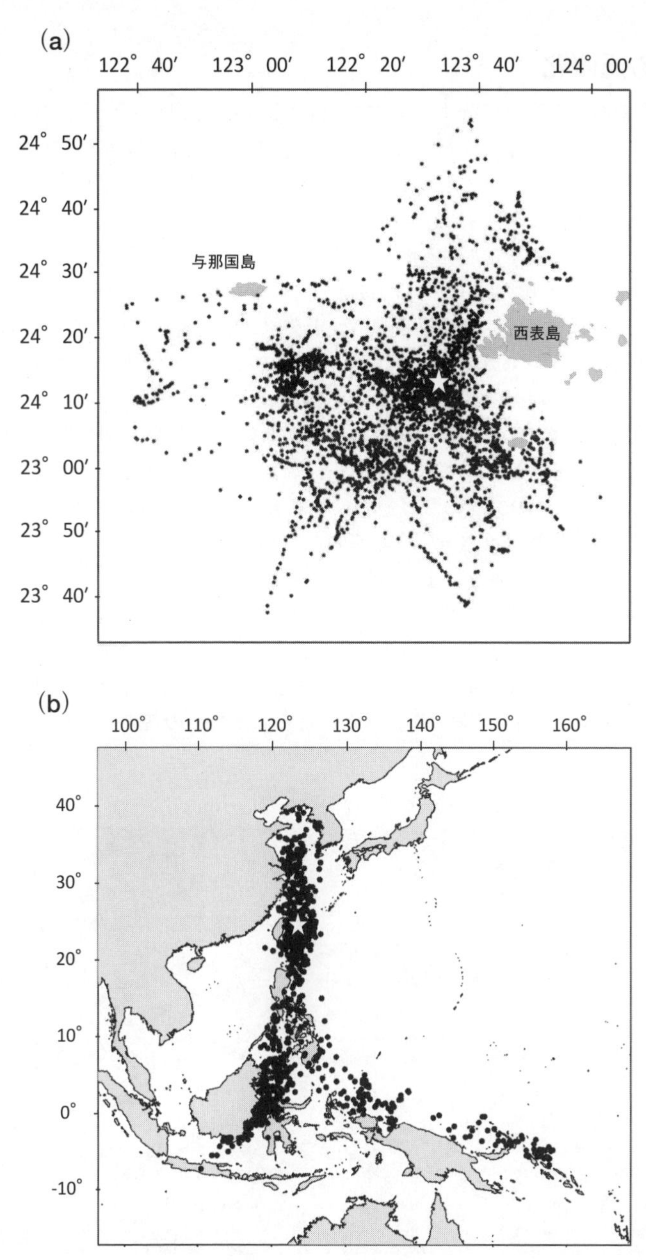

図 16　バイオロギングを用いたカツオドリの利用海域研究の例。(a) GPS データロガーにより得られた繁殖期中の採餌海域 (12 個体)。(b) ジオロケータによる非繁殖期中の利用海域 (代表的な 8 個体)。☆は仲ノ神島の位置を示す。

忍び寄る温暖化

仲ノ神島のある八重山諸島は日本列島における台風の玄関口であり，接近する台風の数は，年平均4個に達する (石垣島地方気象台 HP，統計情報)。台風は襲来するたびに少なからずの傷跡を仲ノ神島と海鳥類に残すが，強大なものは時に甚大な被害をもたらしてきた。たとえば1982年 (11号) と1994年 (13号と16号) の台風では，セグロアジサシの幼鳥の巣立ち期と重なり，それぞれ約300個体と約500個体の幼鳥の斃死体が記録された (図17) (河野ら 1986b; 河野未発表)。また1990年の例では，セグロアジサシのコロニーで蔓性植物のハマナタマメが優占していたが，台風12号が通過した後には，それらが巻き上げられて多数のセグロアジサシの幼鳥の死体が絡まっていた (水谷・河野 2011)。最近の例では，2015年に3つの台風 (9号，13号，21号) が通過した後に，カツオドリの幼鳥だけでなく，成鳥50個体以上の死体が記録された (筆者ら未発表)。わずか50個体と思われるかもしれないが，成鳥の死体を見ることはごく稀であり，この数は過去最多であった。これらの台風の暴風 (21号は与那国島で最大瞬間風速81.1m/sを記録した) を考慮すれば，より多くの死体が洋上へ吹き飛ばされたことだろう。また同時に島の広範囲が裸地化し，豪雨によって土砂流出が生じた。オオミズナギドリのコロニーでは大規模な崩壊が起き，巣穴密度は高密度区で6分の1にまで激減した (河野・水谷 2016)。近年，地球規模での温暖化に伴い，台風の発生数は減少するものの，最大強度や降水強度は増加する可能性が指摘されている (気象庁 2015)。強大な台風がもたらす海鳥への甚大な被害もまた，今後

図17　台風によりもたらされたセグロアジサシの大量斃死。(a) 1990年8月の台風12号により巻き上げられたハマナタマメ (中央を横断する帯状の枯れ草)。多くの幼鳥の死体が絡まっていた。(b) 1994年8月の台風13号と16号通過後に集められた幼鳥の死体。

頻発するようになるのかもしれず，一抹の不安が残る。

おわりに

外洋の孤島に通い，カツオドリの営巣数やセグロアジサシの成鳥・雛（幼鳥数）のグラフに，それぞれ年に1本の棒を積み重ねてきた。40年の年月を振り返れば，カツオドリは約5倍に，セグロアジサシは約2倍に増えた。しかし，増加は今なお続き，回復途上にあることが示されたにすぎず，「攪乱された自然が戻るまでの途方もない時間」を示唆している。

とはいえ，1つの島に海鳥の親子が所狭しと暮らす今日の姿は，「あるべき姿」を垣間見せてくれている。混み合うセグロアジサシのコロニーにカツオドリの幼鳥が誤って着陸しようものなら，いっせい飛翔と糞尿の雨が始まる。汚れた幼鳥は動じることはなく，ペタペタと歩いて巣に帰る。その下に掘られた巣穴ではオオミズナギドリが気にも留めずに眠っている。かつての卵採取者や私たち調査者も浴びた糞尿の雨は，カツオドリがそれを引き起こせば滑稽にすら見えてつい笑ってしまう。晩夏には，島影から射す朝日とともに，セグロアジサシがいっせいに飛翔して沖へ向かい，一部がまた戻ることを繰り返し，次第にコロニーから数が減る。数日後に仲ノ神島に訪れると，嘘のようにコロニーは静まり返っている。渡りの瞬間だったのだと気づく。

「未来の子や孫に残す自然」とよく聞くフレーズも，「神宿り，海鳥舞う島」は，南西諸島の島々と海の中で確かな1つとして残せそうである。しかしそれは，監督官庁や研究者の功績だけではなく，地域社会の理解と協力のおかげである。上陸禁止の周知がなされて以降，ダイビングや釣りで島の周辺海域に訪れるガイドたちは，海上からの監視者の役割を果たしてくれた。今でも私たちが普段と違う調査着で上陸していると「誰かが登っていた！」と連絡が入る。かつて調査中に上陸してくる人たちに事情を説明するたびに，「なぜ研究者だけ登ってもいいんだ！」と叱られたが，最近では小中学校や公民館などから「仲ノ神島の海鳥の話をしてほしい」と要請をいただくことも多くなった。

本章では島名の由来に始まり，人間活動の歴史に触れ，海鳥の興味深く不思議な生態については多くを記さず，個体群の回復過程に焦点を当てた。本来ならば，生残率などのパラメータと個体群増加の説明には，複雑な統計処理が必要であるが，単純計算にとどめた。「鳥類学」に興味を抱いて本書を手にした方にとっては，少々重苦しく，物足りない章であったかもしれない。しかし，地域の研究者が地域の自然環境の保全のために社会との狭間で果たすべきあり方の1例として，南西諸島でこの先に続く研究者や観察者に感じ取っていただければ幸いである。

バードウォッチングと研究の垣根を飛び越える

もう20年ほども前，とある著名なタレントが著書で「バードウォッチングを始めたりしたら友だちをなくしてしまいそうだ」という意味のことを書いていた。バードウォッチングに対する一般のイメージはそんなものか，とあらためて思い知ったものだが，その頃に比べると，今はこの趣味に対する理解はよほど進んでいるように感じられる。私自身は熱心なバードウォッチャーではないけれど，それでもバードウォッチングが特段変わった趣味ではないと認められつつあるのは喜ばしいことである。

そうして晴れて市民権を得，数も増えているであろうバードウォッチャーが，日々野外で収集する野鳥に関する情報は膨大な量にのぼるに違いない。そのなかにはきっと，あまり一般的ではない珍しい情報も含まれていることだろう。このような情報を個人の頭の中だけに留めておくのは，じつは大変もったいないことである。頭の中だけに留めていると単なる「個人的観察」だが，記録し論文にすれば，それは立派な「研究」となる。面白い情報をお持ちの方は，ぜひ論文として公表していただきたい。

論文を書くなんてちょっと…，という方は，市民参加型の調査に参加するのも，バードウォッチングをしながら研究を体験する貴重な機会だ。市民参加型調査とは，大勢の一般市民が参加し，なんらかの目的をもって対象となる鳥類のデータを収集する調査のことで，バードウォッチャーなら誰でも参加できるものも多い。なかでもNPO法人奄美野鳥の会が奄美大島で行っている「オオトラツグミさえずり個体一斉調査」はお勧めだ。早朝の森の中で聞くオオトラツグミの声は幻想的で印象深いし，「友達をなくす」どころではない，参加すれば全国各地から来る人たちと知り合うことができる。そして，多くの人が参加するこの地道な調査がオオトラツグミの保全に役立っているのは，本文で書いたとおりである。バードウォッチングという趣味が，この鳥の研究に大きく貢献しているのだ。この調査に興味のある方は，ぜひ奄美野鳥の会のウェブサイトを検索し参照してほしい。

バードウォッチングと研究の間にある垣根は想像しているほど高くはない。論文を書くことで，市民参加型調査に参加することで，その垣根を跳び越えてみてはどうだろうか。

(水田　拓)

18
見えない鳥の数を数える
—希少種オオトラツグミの個体数推定—

(水田 拓)

種名 オオトラツグミ

学名 *Zoothera dauma major*

奄美大島のみに生息するオオトラツグミ。腹部の黒いうろこ斑が特徴的である。

分布 種トラツグミ *Z. dauma* は，ロシア西部からオホーツク海沿岸，中国の南西部，インド，スリランカ，さらには東南アジアの大スンダ列島にまで分布する。日本国内には種トラツグミの3亜種が生息することが知られている。北海道から九州，そしてその周辺島嶼に分布するトラツグミ *Z. d. aurea*，西表島のみに棲むコトラツグミ *Z. d. iriomotensis*，そして本章の主人公，奄美大島のみに棲むオオトラツグミ *Z. d. major* である。なお，オオトラツグミを独立種とする文献もあり，今後分類の再検討が必要である。

全長 約33 cm

生態 奄美大島の広葉樹林に生息する。警戒心が強く，人前に現れることは少ないが，時折林道上で採食する姿が目撃される。繁殖場所として比較的林齢の高い広葉樹林を好み，太い木の枝の股や着生シダであるシマオオタニワタリの中，岩棚などに営巣する。地上から巣のある場所までの高さは平均3 mほど。巣は苔(こけ)を集めて丸くお椀状にまとめ，直径20〜25 cm，厚さ10 cmほどと大きい。一腹卵数は2〜3個。抱卵，抱雛は雌のみが行い，雄は抱卵中の雌や雛に給餌を行う。給餌内容の9割程度はミミズである。抱卵期間，育雛期間ともに15日間前後。繁殖は3月半ばから5月いっぱいまで続くが，稀に6月以降に巣が見つかることもある。繁殖期の早朝によく通る澄んだ声でいっせいにさえずる習性がある。

数を数える困難さ

野生動物の数を数えるのは，一般に考えられているよりもはるかに難しい。すべての個体を目で見ることができれば，1匹，2匹，3匹，… と数えることもできるだろうが，たいていの場合，野生動物はたくさんいてしかも目視しにくいため，そんなふうに数えられるのは，数が極端に少なくてしかもよく目につくという限られた条件を備えた種だけである。したがって，ある動物が自然界に何個体いるのかを知るためには，観察に基づいて「推定」を行う必要があるが，それはそれで大変な作業だ。ある動物の個体数についてなんらかの数字が述べられている場合，その数字の背後には推定のための多大な労力が費やされていると考えてよいだろう。あるいはそういった労力を飛ばしてえいやっと憶測で数を述べている場合もあるかもしれないが，いずれにしても動物の個体数について言及するのは，簡単な行為ではないのだ。

簡単でないわりに，「この動物は何匹くらいいるのですか」というような質問はごく気軽に発せられることが多い。とくに相手が絶滅危惧種である場合，「何匹いるか」は保全を進める際の基本情報として非常に重要であるため，その手の質問がよく出るのは当然のことではある。しかし，問いかけの気軽さに対してこれほど答えるのに重々しい作業が必要な質問というのも，もしかしたらあまり無いかもしれない。

絶滅危惧種の個体数について言及する際には，とくに慎重さが求められる。なぜなら，推定した個体数がもし過大であった場合，その種の絶滅の危険性が低めに評価されてしまうことになるからだ。ならば過小に推定しておけば安心かというと，必ずしもそうではない。過小な推定値によって絶滅の危険性は高めに評価されることになるが，もしその後，より妥当な推定値が出されたなら，実際の個体数はそれほど変わってなくても (あるいは減少していても)，個体数が回復したと誤って評価されてしまう危険性があるからだ。推定値は過大であっても過小であってもならない。個体数推定にはそんな制約も伴う。

そして，そんな困難や制約があるにもかかわらず，個体数推定は時に報われない作業のようにも感じられる。それは，個体数についての「真の答え」というものはほとんどの場合 誰にもわからず，それゆえ答え合わせをすることが不可能だからだ。さらに相手が鳥類の場合，個体数は気象条件などの影響を受け，年によって大きく変動する。1年のなかでも，たとえば繁殖期の直後には幼鳥の加入によって個体数が一時的に増加する (そしてその後，幼鳥の高い死亡率により減少する)。「個体数」というものは常に一定の状態で安定しているわけではないのだ。「真の答え」がわからず，しかも絶えず変動している。そんな個体数を推定することは，たとえて言えば目的地のない航海をするようなものかもしれない。それでも寄る辺のないそんな航海に乗り出し，個体数を知ることが必要となるのは，とくに絶滅危惧種を対象とした場合，その答えが今後の保全策を左右するほど重要な意味をもつ情報になり得るからだ。だからこそ，私たちは正しい技術を身に付けて航海を続け，より正解に近いと思われる妥当な推定値の岸辺にたどり着く努力を払わなければならない。

本章は，奄美大島のみに生息する希少種であり絶滅危惧種でもあるオオトラツグミという鳥の個体数推定を試みた航海の記録である。あまり姿の見られない希少種の数をどうやって数えるのか。いったい，奄美大島にどのくらいのオオトラツグミがいるのか。個体数推定の航海の過程を追い，たどり着いた推定値を検討することで，希少種オオトラツグミの保全について考えてみたいと思う。

オオトラツグミ，幻の鳥

トラツグミ *Zoothera dauma aurea* という鳥がいる。種トラツグミ *Z. dauma* の亜種で，北は北海道から南は屋久島，種子島，小笠原群島，硫黄列島にまで分布し繁殖している。

「トラツグミ？　そんな鳥は知らないな」という人でも，「鵺（ぬえ）」という名称なら聞いたことがあるかもしれない。鵺とは平安時代の人々を恐れさせた怪物で，頭は猿，体は狸，手足は虎，尾は蛇に似た生き物だと言う。また，一定以上の年齢の人であれば，「悪霊島，鵺の鳴く夜は恐ろしい」という，映画「悪霊島」のキャッチコピーにも聞き覚えがあることだろう。この「鵺」の正体こそが，じつはトラツグミであると言われている。夜間に「ヒョー，ヒョー」と不気味な声で鳴くため，鳴き声の主を見たことのない平安時代の人々は，その声を聞いてくだんの怪物が鳴いているものと想像し，恐れたのだろう。

さて，種トラツグミの亜種は琉球列島にも分布している。そのうちの1つが，本章の主人公オオトラツグミ *Z. d. major* だ。九州と沖縄の間に位置する奄美大島だけに生息する，世界的に見ても珍しい生き物である。トラツグミの上にさらに「オオ」がつくほどだから，さぞ恐ろしげな声で鳴くかと思いきや，そのさえずりは意外にも美しく，「キョローン，ツィー，キョロリーン」などと聞こえる，とても澄んだよく通る美しい音色である。3月から5月頃の繁殖期の早朝，まだ夜が明ける前の薄暗い時間帯に，オオトラツグミたちはいっせいに鳴き始める。そして不思議なことに，辺りが明るくなり始める頃にはぴたりと鳴き止んでしまう。早朝のほんの30分ほどの間だけ，その幻想的なさえずりは森の中に響きわたる (水田 2016)。

オオトラツグミの体の色彩はトラツグミとよく似ており，全体的に黄褐色，そこに黒いうろこ状の斑がある。腹面は白く，やはり黒いうろこ斑が見られる (種の紹介を参照)。地味ながら見ようによっては趣のある美しい色彩であるが，よく通る鳴き声を耳にするのとは対照的に，その姿を目にするのは非常に難しい。オオトラツグミは警戒心が強く，人前になかなか姿を現さないためだ。とくに1990年代から2000年代初頭は，地元の自然愛好家でも稀にしか見ることがなかったらしく，オオトラツグミは「幻の鳥」と称されるほど希少な存在であった。

「幻の鳥」の歴史

では，オオトラツグミはいつ頃から「幻の鳥」になったのだろう。この鳥に関して書かれた過去の文献や関連する事項について，年を追って少し見てみよう (表1)。そうすることでオオトラツグミの生息状況の変遷を想像してみたい。

明治時代の鳥類学者小川三紀が，横浜在住のイギリス人貿易商アラン・オーストン (Alan Owston) の派遣した採集人によって集められた琉球列島の鳥類標本のなかからオオトラツグミを「発見」し，新種 *Geocichla major* として記載したのは 1905 (明治38) 年のことだ (Ogawa 1905)。この記載論文には，採集人が奄美大島に滞在したのは 8 月 22 日から 9 月 10 日であること，この間に 3 個体のオオトラツグミが捕獲されたことが書かれている。これ以外にも 7 個体が地元の採集人によって提供されたようで (捕獲時期は 11 月末から 1 月初めまでのほぼ 1 カ月間)，計 10 個体の採集場所の地名がアルファベットで表記されている。現在では対応する場所が特定できない地名もあるが，今でも使われている地名も散見される。地名から特定できた採集場所は，いずれも奄美大島の中心地である奄美市名瀬からせいぜい一山か二山越えたあたり，距離で言えば数 km から遠くても 20 km ほどの所だ。

では，これらのことから当時のオオトラツグミの生息状況について何が読み取れるだろうか。まず，アラン・オーストンの採集人が 20 日間の滞在で 3 個体を捕獲していることと，地元の採集人がほぼ 1 カ月で 7 個体を捕獲していること。これは少ない

表 1　過去の文献におけるオオトラツグミの個体数についての記述，および関連する事項の年表

西暦	オオトラツグミについての記述や関連する事項	文献など
1905	小川三紀により新種として記載される	Ogawa 1095
1930	「奄美大島では稀である様で …」	小林 1930
1953	「… must be considered as a scarce bird (数の少ない鳥であると考えなければならない)」	Hachisuka & Udagawa 1953
1953	奄美群島の本土復帰，大規模な森林伐採が始まる	Sugimura 1988
1971	国の天然記念物に指定される	国指定文化財等データベース[1]
1972	木材の生産高がピーク，その後減少に向かう	Sugimura 1988
1979	マングースが放獣される	橋本ら 2016
1993	国内希少野生動植物種に指定される	保護増殖事業対象種の紹介[2]
1997	「58 個体を少し超える程度」	奄美野鳥の会 1997
1999	保護増殖事業計画が策定される	保護増殖事業対象種の紹介[2]
2000	マングースの推定個体数がピークに	橋本ら 2016
2002	「個体数は極めて少ない (100 つがい未満程度)」	環境省 (編) 2002
2005	奄美マングースバスターズが結成される	橋本ら 2016
2007	さえずり確認数が 200 羽を超える	奄美野鳥の会 2008
2013	さえずり確認数が 500 羽を超える	第 20 回オオトラツグミさえずり個体調査結果[3]

1）文化庁ウェブサイト：https://kunishitei.bunka.go.jp/bsys/index_pc.html
2）環境省ウェブサイト：https://www.env.go.jp/nature/kisho/hogozoushoku/otoratsugumi.html
3）NPO 法人奄美野鳥の会ウェブサイト：http://www.synapse.ne.jp/~lidthi/AOC/news/ootorahoukoku13.html

気もするが，採集人は他の鳥類の捕獲も同時に行っていることや，現代のように音声を再生して鳥を呼び寄せる技術がなかったことなどを考慮すると，それほど悪い成績ではないと思われる。そして採集場所に名瀬の近郊が含まれていること。地名から特定できた場所はいずれも，1990 年代から 2000 年代初頭にはオオトラツグミがほとんど分布していなかった所だ。つまりこの論文からは，1900 年代の初めにはそれなりの数のオオトラツグミが名瀬近郊にもいたのではないかと読み取れる。

続いて，小林賢三による琉球列島の鳥類の採集品に関する報告を見てみよう (小林 1930)。小林賢三は後に家業を継いで「小林桂助」を襲名し，会社経営の傍ら鳥類の研究を行った著名な鳥類学者である。この文献には，1928 (昭和 3) 年 3 月下旬から 4 月上旬にかけて小林が採集旅行で奄美大島を訪問したことが書かれているが，オオトラツグミについては「奄美大島では稀である様で，余の渡島中は 1 羽も観察せず」と述べられている。これはじつに奇妙で，3 月下旬から 4 月上旬と言えばオオトラツグミがもっともよくさえずっている季節のはずである。鳥類学者がこの時期に奄美大島に滞在して，オオトラツグミのさえずりを聞かないなんてことがあるだろうか。この鳥がさえずる早朝に小林が活動していなかったのか，あるいは宿泊地 (おそらく名瀬であろう) の近辺にこの鳥はいなかったのか。いずれにしても，この頃すでにオオトラツグミはあまりよく見られない鳥になっていたのではないかと想像される。

さらに，蜂須賀正氏 (沖縄諸島と宮古諸島の間に引かれた生物の分布境界線「蜂須賀線」にその名をとどめている) が宇田川竜男とともに琉球列島の鳥類について概観した文献 (Hachisuka & Udagawa 1953) にも，オオトラツグミは “… must be considered as a scarce bird” (数の少ない鳥であると考えなければならない) と書かれている。この文献が発表された 1953 (昭和 28) 年と言えば，第二次世界大戦後アメリカの占領下にあった奄美群島が日本に復帰した年である。この時点で，すでにオオトラツグミの数は少ないとみなされていたことになる。

これらのことから推察できるのは，オオトラツグミは昭和の初め頃の時点ですでにあまり数の多い鳥ではなかったのであろうということだ。過去のことであり，証明することはできないため「おそらく」という副詞をつけなければならないが，おそらく昭和の初め頃までには，少なくとも人の居住地の近く (とくに名瀬の周辺) では，オオトラツグミは確認することが難しい「幻の鳥」になっていたのではないだろうか。これには，奄美大島の森林が鉄道の枕木用に伐採されたり，人口の増加に伴って集落の後背林が耕作地として切り開かれたりしたことが関連しているのではないかと想像される。

アラン・オーストンの採集人が来島し，小川三紀が新種として記載した明治時代末，1900 年代初頭は，もしかしたらオオトラツグミにとっては最後の「よき時代」であったのかもしれない。

絶滅の危機と回復

とはいえ，戦前の森林伐採はそれほど機械化が進んでいなかったと考えられるので，一度に大面積を皆伐するようなことはあまりなかっただろう。これも「おそらく」をつけなければならないが，おそらくこの頃のオオトラツグミは，あまり人目にはつかないながらも，人の手が入らない奥山にはそれなりにいたのではないだろうか。しかし，その状況は1953年の奄美群島の日本復帰後に一変する。

復帰後，奄美大島では日本政府の補助金を受け，重機を用いた大規模な森林伐採が始まった。この時期に行われた広範囲にわたる皆伐は，奄美大島の野生生物に大きな負の影響をもたらしたと考えられている (Sugimura 1988)。奄美大島における木材の生産量は，1972年をピークにして下降に転じるが，それでも1980年代から1990年代にかけて森林伐採は依然行われていた。加えて，1979年には外来生物フイリマングース *Herpestes auropunctatus* (以下マングース) が，毒ヘビのハブ *Protobothrops flavoviridis* を退治するために奄美大島に放たれている。マングースは島の在来動物を食べて個体数を爆発的に増加させ，2000年には6,000頭を超えるまでになったと推定されている (Fukasawa et al. 2013)。1990年代から2000年代にかけての奄美大島の森林生態系は，人為的な開発と外来生物の侵入によってひどく痛めつけられた状況にあったと言えるだろう。その頃のオオトラツグミの生息個体数は，「58個体を少し上回る程度 (奄美野鳥の会 1997)」，「100つがい未満程度 (環境省 (編) 2002)」などと推定され，絶滅が現実的な危機として受け止められていた。

さて，ここで「58個体」，「100つがい」などという個体数を示す数字が出てきた。先ほど，この時代のオオトラツグミは地元の自然愛好家でも稀にしか見ることがない「幻の鳥」であったと述べた。姿の見えないそんな鳥なのに，どうしてこんな数がわかったのだろう。それは，繁殖期の夜明け前にいっせいにさえずるというこの鳥の習性を利用し，そのさえずりの数を数えるという地道な調査により，個体数の推定が行われたからだ。さえずるのはおそらく雄のみなので，単純に考えると，さえずり個体の数を2倍すれば繁殖可能な雌雄の数，すなわち推定個体数となる。当時は本当に数が少なく，さえずっている個体はほぼすべて把握できていると考えられていたため，それを数えて2倍すれば，実際の個体数からそれほど離れていない値が得られるとみなされたのである。もちろん調査していない所もあっただろうし，数え落としがあったかもしれないので，その推定値は過小評価となっていた可能性もある。しかし，個体群の存続が危ぶまれるような状況であったことには間違いないだろう。当時の環境省レッドデータブックでは，オオトラツグミはもっとも絶滅の危険が高い「絶滅危惧IA類」に選定されていた (環境省 (編) 2002)。

この状況を憂えた地元のNPO法人奄美野鳥の会は，奄美大島で長年鳥類の調査をされている東京大学 (当時) の石田健博士 (19章参照) とともに，1990年代からオオトラツグミのモニタリングを開始した。後に「オオトラツグミさえずり個体一斉調査」

として行われるようになるこのモニタリング調査では，オオトラツグミの主要な生息地に設定された調査ルート沿いで，この鳥のさえずりを経年的に記録している (詳細は後述)。この調査の結果を見る限り，オオトラツグミの個体数は2000年代半ば以降，徐々に増加しているようである。たとえば2007年には，林道奄美中央線とその他の地域で計249個体のさえずりが確認されている。調査が行われていない場所もあるので，実際にはこれより多くのさえずり個体がいるのは確実だ。この実数だけ見ても，「100つがい未満程度」とされた2002年の推定個体数を軽く超えている。このような調査結果があるため，最新のレッドデータブックでは，オオトラツグミは「絶滅危惧IB類」として掲載されている (環境省 (編) 2014)。これは，「絶滅危惧IA類」であった以前に比べて絶滅の危険が少し減ったと評価されたことを示している。

それではなぜオオトラツグミの個体群は近年回復傾向を見せているのだろうか。そもそも，奄美大島全域でどのくらいの個体が生息しているのだろう。オオトラツグミさえずり個体一斉調査の結果を用いて，最近の個体数の推定と，この鳥の分布に影響を与えていそうな環境要因について考えてみた (Mizuta et al. 2017)。

オオトラツグミのさえずり調査

まずは先ほどから出てきているオオトラツグミさえずり個体一斉調査 (以下「一斉調査」と書く) について説明しておきたい。

一斉調査は，NPO法人奄美野鳥の会が毎年3月中旬から下旬のある一日に実施している。この調査では，奄美大島の中央に42 kmの調査ルート (主に林道奄美中央線，以下「中央林道」と書く) と，南部に6 kmの調査ルート (油井岳林道) を設定し，早朝にラインセンサスを行っている。また，2008年からは島の中央部に約10 kmの調査ルート (スタルマタ林道，ルートの距離は調査参加者の数によって変わる) も設けている (図1)。毎年100名を超えるボランティアが参加する大変大がかりな調査だ。参加者は二人一組に分けられ，この3つの調査ルートのいずれかで調査を行うことになる。それぞれの組は，調査開始前にルート上の1 kmごとに置かれたスタート地点に配置され，おのおの2 kmの区間が割り当てられる。そして，すべての組が同じ調査開始時刻 (夜明けの約1時間前，通常は5時30分) にいっせいに同じ方向へと歩き始め，その2 kmの区間を60分かけて往復する。各組のスタート地点は1 kmごとに置かれているため，2 kmの区間の半分，1 kmずつは他の組も歩いており，調査ルート全域は2組，計4名が歩くことになる (ただし，調査ルートの端の1 kmは1組2名のみが往復する)。1つの区間を2組がそれぞれ往復するというこの調査の反復により，さえずりの聞き落としを最小限にすることができる。調査者は地図上で自分たちのいる位置を確認しながら調査ルートを歩き，オオトラツグミのさえずりが聞こえたときは，さえずり個体のいたおおよその位置を地図上に記録する。オオトラツグミのさえずりは特徴的で他の鳥との区別は容易であるが，各組の少なくとも一人は過去にこの調査に参加した経験のある人を選んでいる。

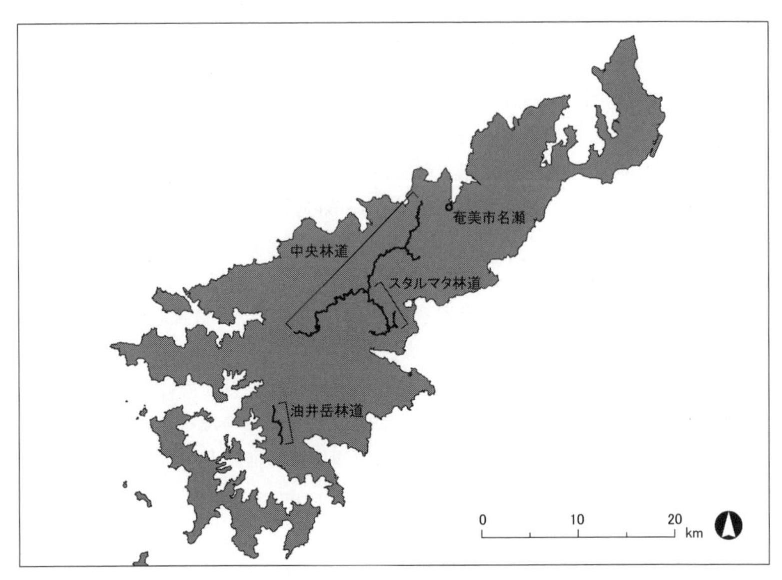

図 1　NPO 法人奄美野鳥の会が主催するオオトラツグミさえずり個体一斉調査の調査ルート。奄美大島の中央を縦断する中央林道 (奄美市名瀬側から 4 分の 1 ほどの所で一部分岐する林道も含む), 南部に位置する油井岳林道, そして中央林道に隣接するスタルマタ林道の 3 ルートで同時に調査を行う。

一斉調査は島内のオオトラツグミの主要な生息域で行われているが, これだけでは明らかに島内にいるすべての個体のさえずりを把握することはできない。そこで, 一斉調査とは別に, 島内各地のなるべく多くの場所でも定点観察を補足的に行うことにしている。この定点観察 (以下「補足調査」と書く) は, 奄美野鳥の会の会員と奄美野生生物保護センターの職員が 3 月から 4 月上旬にかけて行っている。最近は一斉調査の参加希望者が多くなり, 調査者が余るようになってきたので, 一斉調査と同じ日にもいくつかの地点で補足調査を行っている。補足調査では, 調査者は夜明けの約 1 時間前までに自身に割り当てられた調査ポイントにおもむき, そこに 60 分間滞在して, オオトラツグミのさえずりを確認する。さえずりが聞こえた場合は, 一斉調査と同様, 個体のいたおおよその位置を地図上に記録する。

一斉調査, 補足調査とも, さえずり個体を重複して数えてしまわないよう, つまりある 1 個体のさえずりを 2 個体によるものと数えたりしないよう, 細心の注意が払われている。たとえば, もし異なる調査者が記録したさえずり個体の位置が地図上の 300 m 以内にあった場合で, かつそれらが同時刻の記録ではなかった場合, これらは同一個体であるとみなされる (奄美野鳥の会 2008)。したがって, 調査で数えられたさえずり個体の数は, 調査者が確認した最少の数ということになる。

このようにして行われた一斉調査，補足調査のうち，2007 年から 2013 年に行われた調査の結果を，個体数を推定するための解析に使用した。2006 年以前も調査は行われていたが，その頃は調査地点数が少なかったため，今回の解析には使用していない。それぞれの調査年に記録されたオオトラツグミのさえずり数と，一斉調査，補足調査の調査地点数は表 2 にあげたとおりである。また例として，2012 年の調査の結

表 2　調査年の一斉調査 (3 ルート)，補足調査におけるオオトラツグミのさえずり個体確認数。中央林道と油井岳林道の調査ライン数はそれぞれ 41 と 5。スタルマタ林道の調査ライン数と補足調査の調査地点数は年によって異なるため，それぞれの数を括弧内に示している

調査年	一斉調査			補足調査	確認数合計
	中央林道	油井岳林道	スタルマタ林道		
2007	78	10	–	161 (128)	249
2008	47	14	13 (5)	166 (136)	240
2009	51	4	9 (5)	212 (171)	276
2010	32	3	7 (6)	252 (207)	294
2011	45	4	5 (8)	279 (226)	333
2012	59	7	11 (9)	255 (243)	332
2013	96	14	21 (9)	371 (218)	502

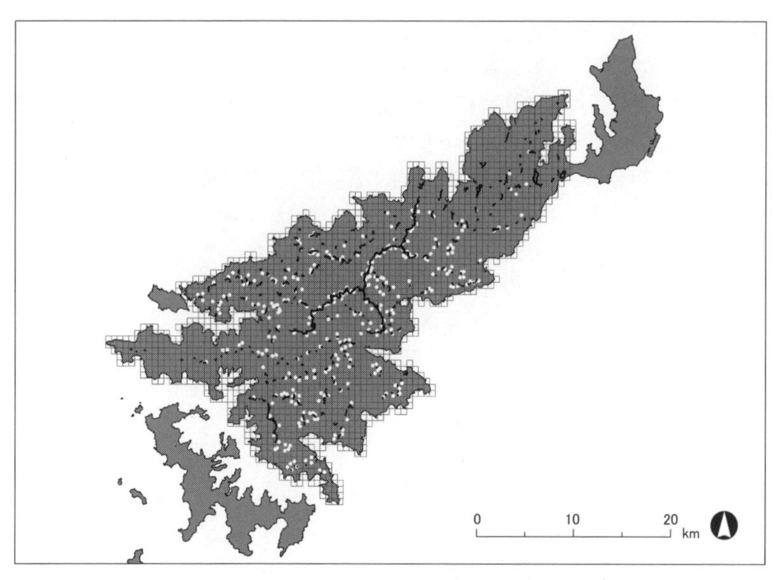

図 2　オオトラツグミさえずり個体一斉調査と補足調査の結果の 1 例 (2012 年の結果)。確認されたオオトラツグミのさえずり地点を白丸で示す。黒い線と点は，ラインセンサスの調査ルートと定点観察の調査地点を示す。オオトラツグミが分布していない北部の半島を除く潜在的な生息域に 600 m × 600 m のグリッドを重ねている。

果およびその年の調査地点を図 2 に示している。

さえずり調査の結果から個体数を推定する

こうして行われた一斉調査，補足調査により，オオトラツグミのさえずり個体の確認数は得られた (表 2)。しかしこれは調査した所で確認できた個体の数であり，当然のことながら調査が行き届いていない所にいる個体は記録できていない。調査が行き届いていない所は奄美大島の中に広く存在する。では，この結果に基づいて島内全域の個体数を推定するには，どのような解析をすればよいだろうか。

オオトラツグミは森林性の鳥であるが，森林内にまんべんなく均等に分布しているわけではない。生息地として適した森林には多くの個体がいるだろうし，生息に不適な森林にはあまり分布していないだろう。したがって，オオトラツグミがどのような環境に多いのか，そしてそのような環境が島内のどこにどれくらいあるのかなどを，解析の際には考慮する必要がある。加えて，先に述べたとおり，調査がどの程度行き届いているかもきちんと検討しなければならない。調査が十分にされている所では，記録されたさえずり個体数は実際にいる数に近いだろうし，調査が不十分な所では実際の数より少なく記録されているかもしれない。調査がまったくなされていない所では，当然さえずり個体は記録されないだろう。ある地域がどれくらい調査されているかを示す「調査のされ具合」は，さえずり個体の「検出率」に大きく影響する要因であると考えられるのだ。さらに，一斉調査と補足調査にはラインセンサスと定点観察という違いがあるため，これら調査手法の違いもさえずり個体の検出に影響しているかもしれない。異なる調査手法で得られた結果をひとまとめにしているので，解析の際にはこの違いも考慮する必要があるだろう。つまり，個体数推定の解析では，個体の分布の多寡に影響を与えている環境要因，実際にいる個体のうちどれくらいの割合のさえずりが確認できているかを示す「検出率」，そして調査手法の違いの 3 つについては，最低限考慮しなければならないということになる。

ではこれらを考慮した実際の解析手順を見てみよう。

まず，一斉調査，補足調査で記録されたオオトラツグミのさえずり地点を，7 年 (2007～2013 年) の調査年ごとに奄美大島の地図上に落とした。それから，この奄美大島の地図を 600 m × 600 m の区画で切り (以下この区画を「グリッド」と呼ぶ)，各グリッドに含まれるさえずり個体の数を調査年ごとに数えた。グリッドの大きさを 600 m × 600 m としたのは，この鳥の行動圏を十分に含み，かつグリッド内の環境要因の査定が荒くならないようなるべく小さい値で，ということを考えた結果である。このサイズだと，オオトラツグミが潜在的に分布している可能性のある地域は，全部で 2,099 個のグリッドで覆われることになった。

続いて各グリッドの中の環境要因を調べた。本研究では，グリッド内のオオトラツグミの多寡に影響を与えそうな環境要因として，以下の 5 つを考慮した。すなわち，各グリッド内の，(1) 平均林齢，(2) オオトラツグミの生息に適さない開放地の面積，(3) 平均標高，(4) 地面のでこぼこ具合 (slope-aspect ruggedness index; SARI) (Jepsen et al. 2005)，そして (5) マングースの相対密度である。地面のでこぼこ具合は，オオトラツグミの雛にとって重要な食物がミミズであるため (Mizuta 2014)，このミミズの量に影響を与えるかもしれない要因として考慮したものである。またマングースの相対密度はマングース防除事業の捕獲結果に基づき計算している。これによると，マングースの密度，分布域とも，マングース防除事業の進展により近年急激に減少している (図 3)。

検出率に影響を与える調査のされ具合は以下のように計算した。まず，600 m × 600 m のグリッドをさらに 100 m × 100 m のサブグリッドに区切る (計 36 サブグリッドが 1 つのグリッド内に生じる)。この各サブグリッドの中心点から最寄りの調査ルート/地点までの距離を測る。そして，この距離のグリッド内の平均値を求める。この値が，各グリッドの調査のされ具合となる。つまりこの値が小さければそのグリッドの内外に調査ルート/地点がたくさんあることになるし，値が大きければグリッド内外に調査ルート/地点が少ないということになる。グリッド内のさえずり個

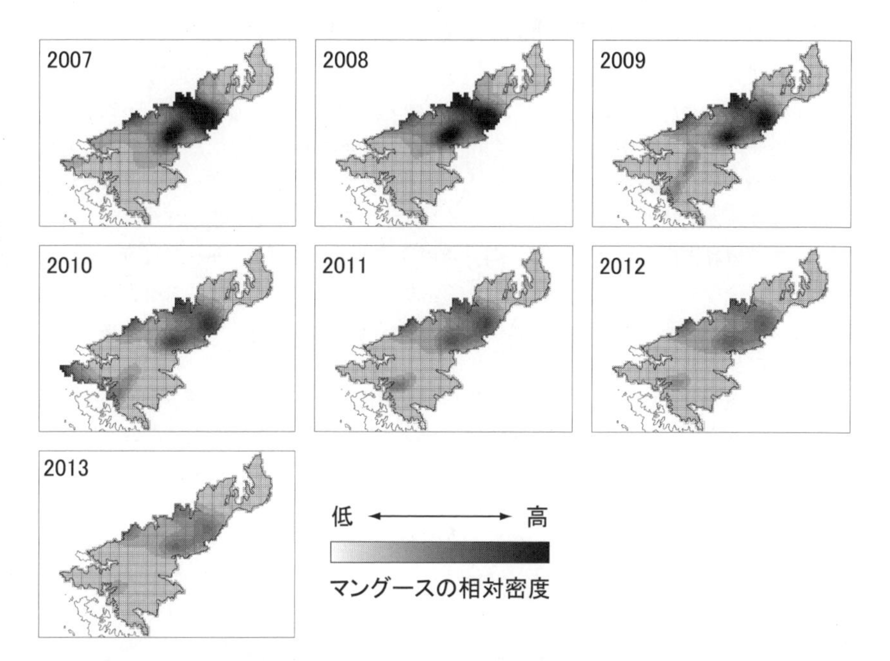

図 3　マングースの分布域と相対密度の経年変化。環境省のマングース防除事業において，奄美マングースバスターズが捕獲したマングースの数と捕獲努力量から一般化加法モデルを用いて算出した。グリッドの大きさは 600 m × 600 m。詳細は Mizuta et al. (2017) の Appendix S1 を参照のこと。

体の検出率は，この値が大きくなる (＝調査があまりされなくなる) につれて急速に減衰すると予測されるため，検出率はこの調査のされ具合の値に関する「指数べき関数」に従うと仮定した。

これらのデータを用いて，あるグリッドに含まれるオオトラツグミのさえずり個体数がどのような環境要因によって説明されるのか，そして調査のされ具合によりさえずり個体の検出率がどのように減衰するのかを，一般化線形モデルという解析手法を用いて調べた。調査手法の違いについては，上述の調査のされ具合と調査手法 (ラインセンサスか定点観察か，0 か 1 で表現) の交互作用項をこの一般化線形モデルに組み込んだ。

一般化線形モデルであてはまりのよかったモデル式を列記し，上位のモデルで採用された環境要因がオオトラツグミの分布に影響を与えている可能性があると考えた。また，最上位のモデル (ベストモデル) の式を個体数推定に使用した。すなわち，ベストモデルの式に各パラメータの値を入れて計算し，得られた 2,099 個のグリッドの値をすべて足し合わせたものを，さえずり個体の推定値としたのである。

以上，解析の説明が長くなったが，その結果はどうなったであろうか。

オオトラツグミの分布に影響する要因と推定個体数

一般化線形モデルによる解析において，上位モデルに採用された環境要因は年によって異なっていたが，グリッド内の平均林齢と開放地の面積の 2 つは，すべての年の上位モデルに多く含まれていた (表 3)。これらの変数の係数を見ると，その符号は平均林齢がプラス，開放地の面積はマイナスとなっていたので，さえずり個体は林齢が高く開放地の面積が少ないグリッドで多く確認されることが示唆された。また，マングースの相対密度という変数も，調査年のうちの早い時期 (2008～2011 年) のベストモデルを含む多くのモデルで採用されていた (表 3)。係数の符号はマイナスだったので，2010 年代の初めまでは，さえずり個体はマングースの密度の高いグリッドでは少なかったということになる。

なお，地面のでこぼこ具合のような地形的な要因が，さえずりの音声の伝達に (言い換えれば調査者によるさえずりの確認に) 影響を与えている可能性はないとは言えない。たとえば地面がでこぼこしている所では，さえずりはより早く減衰してしまい調査者には届きにくいかもしれない。しかし，さえずり音声の伝達に対する地形の影響についてはよくわかっていないのが現状である。今回の一般化線形モデルによる解析では，これらの要因が採用されたモデルもあるものの，一貫した傾向は見られなかった。検討の余地は残るが，少なくとも島内全域における推定に対しては，これら地形的要因はそれほど大きく影響はしていないだろうと考えられる。

グリッドの調査のされ具合は，当然のことながらそのグリッドで検出されるさえずり個体の数に影響する。表 3 で示した調査のされ具合の変数 D の肩についている指数の値 n は，その調査のされ具合が減少することによってさえずりの検出率がどのよ

表 3 各調査年における，グリッド内で確認されたオオトラツグミのさえずり個体の多寡を説明するためのモデル。ΔAIC が 2 未満の上位モデルを AIC の小さい順に列記している

調査年	モデルの順位	モデル式[1]	AIC	ΔAIC
2007	1	$D^{1.5}+F+O$	968.516	0.000
	2	$D^{1.5}+F+O+D^{1.5}:T$	969.182	0.665
	3	$D^{1.5}+F+H+O$	969.439	0.923
	4	$D^{1.5}+F+O+M$	969.486	0.970
	5	$D^{1.5}+F+O+R$	970.091	1.575
	6	$D^{1.5}+F+H+R$	970.094	1.578
	7	$D^{1.5}+F+H+O+D^{1.5}:T$	970.113	1.597
	8	$D^{1.5}+F+O+M+D^{1.5}:T$	970.350	1.834
	9	$D^{1.5}+F+H+O+M$	970.405	1.889
	10	$D^{1.5}+F+H+O+R$	970.429	1.913
2008	1	$D^{2.0}+F+O+M+D^{2.0}:T$	1070.027	0.000
	2	$D^{2.0}+F+O+M$	1070.516	0.489
	3	$D^{2.0}+F+H+O+M+D^{2.0}:T$	1071.516	1.490
	4	$D^{2.0}+F+O+M+R+D^{2.0}:T$	1071.797	1.770
2009	1	$D^{1.4}+F+O+M+D^{1.4}:T$	1213.633	0.000
	2	$D^{1.4}+F+O+D^{1.4}:T$	1214.849	1.216
	3	$D^{1.4}+O+M+D^{1.4}:T$	1214.895	1.262
	4	$D^{1.4}+F+H+O+M+R+D^{1.4}:T$	1215.099	1.466
	5	$D^{1.4}+F+O+M+R+D^{1.4}:T$	1215.213	1.580
2010	1	$D^{2.5}+O+M+D^{2.5}:T$	1309.042	0.000
	2	$D^{2.5}+F+O+M+D^{2.5}:T$	1309.302	0.259
	3	$D^{2.5}+H+O+M+D^{2.5}:T$	1310.229	1.186
	4	$D^{2.5}+F+H+O+M+D^{2.5}:T$	1310.629	1.587
	5	$D^{2.5}+O+M+R+D^{2.5}:T$	1310.882	1.840
2011	1	$D^{2.5}+F+O+M+D^{2.5}:T$	1423.559	0.000
	2	$D^{2.5}+F+H+O+M+D^{2.5}:T$	1424.385	0.826
	3	$D^{2.5}+F+O+D^{2.5}:T$	1424.653	1.094
	4	$D^{2.5}+F+O+M+R+D^{2.5}:T$	1425.501	1.942
2012	1	$D^{2.7}+F+O+R+D^{2.7}:T$	1428.470	0.000
	2	$D^{2.7}+F+O+R$	1429.103	0.633
	3	$D^{2.7}+F+H+O+R+D^{2.7}:T$	1430.369	1.899
	4	$D^{2.7}+F+O+M+R+D^{2.7}:T$	1430.468	1.998
2013	1	$D^{1.6}+F+O+D^{1.6}:T$	1741.017	0.000
	2	$D^{1.6}+F+O+R+D^{1.6}:T$	1741.957	0.940
	3	$D^{1.6}+F+O+M+D^{1.6}:T$	1742.341	1.325
	4	$D^{1.6}+F+H+O+D^{1.6}:T$	1742.890	1.874

1）モデル式の略号は以下のとおり。D：調査のされ具合，F：平均林齢，H：平均標高，O：開放地の面積，R：地面のでこぼこ具合，M：マングースの相対密度，T：調査手法の別 (ラインセンサスか，定点観察か)。

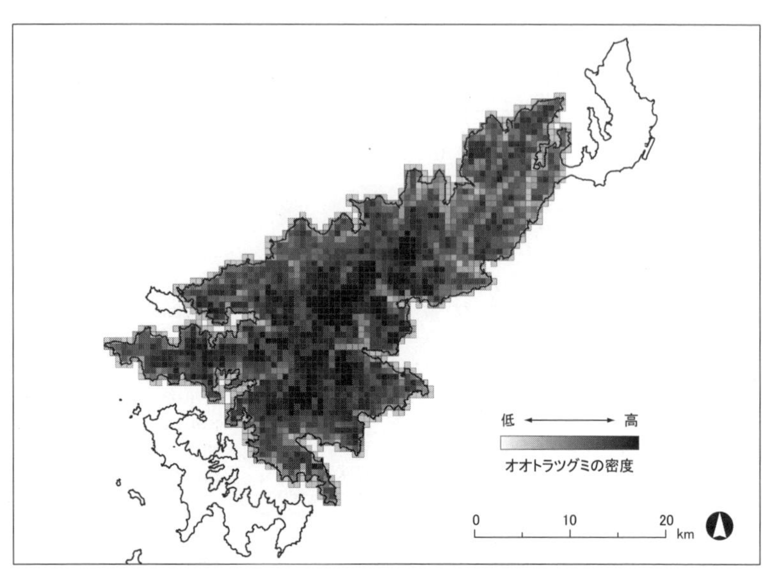

図 4 一般化線形モデルで得られたベストモデルを用いて推定したオオトラツグミの個体の分布の 1 例 (2012 年の推定結果)。グリッドの大きさは 600 m × 600 m。色が黒に近いグリッドほど個体数が多いと推測され，奄美大島の中部から南部にそのようなグリッドが多い。

表 4 さえずり調査の結果に基づき算出したオオトラツグミの推定個体数

調査年	推定個体数	95%信頼区間
2007	3716	3164-4416
2008	2162	1844-2606
2009	3122	2472-3722
2010	1890	1654-2210
2011	2150	1846-2440
2012	1954	1706-2212
2013	5024	4346-5794

うな形で減衰するかを示すものであるが，もっとも当てはまりの良い n の値は 1.4 から 2.7 まで，年によって異なっていた。いずれにせよ，モデルのなかの D^n の係数の符号は常に負であった。したがって，さえずり個体の検出率は D の値が増加する (調査のされ具合が減少する) につれて減少する逆シグモイドの形を示した。また，調査のされ具合と調査手法 T の交互作用 ($D^n : T$) も，ほとんどのモデルに含まれていた (表 3)。このことは，調査手法の違い (一斉調査のラインセンサスか，補足調査の定点観察か) が，確認される個体の数に影響していることを示している。

では，この解析による個体数の推定値はどのようになっているだろうか。一般化線形モデルで得られたベストモデルを用いて，それぞれの年のグリッドごとのさえずり個体の推定数を計算し (図 4)，それらの値を 2 倍して全個体数と考えてみた。すると，2012 年までは全島でおおよそ 2,000 個体から 4,000 個体程度と推定された (表 4)。しかし，2013 年には推定値は跳ね上がり，5,000 個体程度にまでなった (表 4)。

2013 年の推定値が大きくなった原因は，一斉調査や補足調査で確認されたさえずり個体の数がこの年に急増したためである (表 2)。一斉調査は毎年同じ方法を用いているし，補足調査については，調査地点数は年によって異なるものの，2013 年は前年より地点数が少し減っている。それにもかかわらず両調査で確認数が大幅に増えているということは，調査のやり方や地点数がその確認数増加の遠因になっているわけではなく，オオトラツグミの個体群自体が 2012 年から 2013 年にかけて，理由はよくわからないけれど急激に増加したことを示している。

解析の結果をまとめると，オオトラツグミは林齢が高く開放地の面積が少ない広葉樹林に多く分布し，マングースの密度が高かった 2010 年代初めまではおそらくマングースによる捕食の影響を受けていた，ということになる。そしてその個体数は，島内全域でざっと 2,000 個体から 5,000 個体と推定され，2013 年には大きく増加したことが確認された。

オオトラツグミは絶滅の危機を脱したか

2,000 個体から 5,000 個体という推定値は，オオトラツグミが「幻の鳥」と呼ばれていた頃を知っている人にとっては，かなり多く感じられるかもしれない。もちろんこの数字が過大評価となっている可能性もまったくないわけではない。しかし，2013 年の一斉調査と補足調査，およびその他の確認で計 522 個体のさえずりが記録されている。単純に 2 倍すれば 1,044 個体となり，この年，オオトラツグミは最低でもこれだけはいたことになる。調査が行き届いていない場所は島内に広く存在するので，実際にはこの数倍のオオトラツグミがいたとしてもおかしくはないだろう。そう考えると，今回得られた 2,000 個体から 5,000 個体という推定値は，まずまず妥当ではないかと思われる。

ただしこの推定値は，「このような推定方法で計算すればこのような結果が得られる」という程度の数字であり，細かな数字の正確性まで議論することは，目的地のない航海の目的地について細かくあそこだ，いやここだと議論するようなもので，あまり意味のないことかもしれない。今回の研究で重要視すべき点は，むしろその航海の過程で得られた知見であろう。本研究により，かつて絶滅の危機に瀕していたオオトラツグミが近年回復傾向にあることが示された。そして，オオトラツグミは林齢が高く開放地の少ない広葉樹林を好み，かつてマングースの密度が高かった所では少なかったということも明らかになった。この結果は，オオトラツグミの生存にとってはまとまった壮齢の広葉樹林が重要であり，外来の肉食性哺乳類が個体群の存続にとって脅威となることを示唆している。さえずり調査で確認された近年のオオトラツグミ個体群の回復は，したがって，奄美大島における森林伐採の減少や，マングース防除事業の劇的な進展 (橋本ら 2016) によるところが大きいと考えられる。

昭和の初め頃にはすでにあまり人目につかない「幻の鳥」になっていたのではないかと考えられるオオトラツグミ。奄美群島の本土復帰に伴う大規模な森林伐採とハブ退治のために放たれたマングースの影響により極度に個体数を減らし，一時は絶滅も危ぶまれたオオトラツグミ。そのオオトラツグミの個体群が，今では 2,000 個体から 5,000 個体と推定されるまでに回復した。近年は繁殖期の早朝に名瀬近郊でもそのさえずりが聞こえるようになったが，オオトラツグミがそんな所でさえずるなんて，ほんの一昔前までは考えられなかったことだ。オオトラツグミの生息状況は，小川三紀が新種として記載した頃の「古きよき時代」に戻りつつあるのかもしれない。世界的に野生動物の減少や絶滅が危惧されているなかで，これは注目に値することである。

では，これでオオトラツグミは絶滅の危機を脱したと言えるだろうか。数字のうえでは，ひとまずはそう考えてよいかもしれない。しかし，手放しで安心できるというわけでもない。1 つの島のみに生息するオオトラツグミのような種では，ある環境の変化 (たとえば伝染病の流行や大きな台風の襲来，大雨や干ばつなど) が起こった場合，それを個体群全体が同時に経験するため，個体数が一気に減ってしまう可能性も考えられる。森林伐採やマングースの侵入によってオオトラツグミが絶滅の危機に追い込まれたのは，その生息域がまさに島という逃げ場のない環境であったためだ。また，極端な個体数の減少を経験したオオトラツグミの個体群は，遺伝的多様性がかなり低下している可能性もある。遺伝的多様性とは，その個体群に見られる個性の多様さのようなものであり，個体群の保全を考える際に重視すべき観点である (浅井 2007)。個性が多様であれば，たとえば深刻な伝染病が流行したとしても，それに感染せずに生き残る個体がいるかもしれない。逆に個性の幅が小さければ，その伝染病によって個体群が全滅してしまうかもしれない。オオトラツグミの遺伝的多様性を調べることは，個体数を把握するだけではわからない個体群の安定性 (もしくは脆弱性) を推し量る大切な項目である。

以上のことから，オオトラツグミはとりあえず絶滅の危機を脱したけれども，今後も個体群のモニタリングは継続し，遺伝的多様性の把握などの調査を進めていく必要があると言えるだろう。

おわりに

今回の研究で何より強調したいのは，奄美野鳥の会が中心になって行っている市民参加型調査の結果が，オオトラツグミの生息状況の把握や個体群のモニタリングに大きく貢献しているという点である。長年継続して行われているこの調査がなければ，オオトラツグミの個体群の回復傾向もきちんと把握できなかっただろうし，個体の分布に影響する環境要因の把握や個体数の推定も不可能だっただろう。この調査の重要性はどれほど強調しても強調しすぎることはない。調査に参加したすべてのボランティアの方々と，調査を企画・運営している奄美野鳥の会の主要メンバーおよび石田健博士には，心から敬意を表したい。とくに奄美野鳥の会の前会長の高美喜男氏と現会長鳥飼久裕氏には，調査データの論文化を快く許可していただき，データの取りまとめにもご協力いただいた。私の元同僚の渡邉環樹氏 (現八千代エンジニヤリング株式会社) には GIS (地理情報システム) の使用に関して多くの助言をもらった。国立環境研究所の深澤圭太氏には統計解析の方法を詳しく教えていただいた。本章で紹介した個体数推定という航海は私一人で行ったわけではない。船にはこれら多くの方々とともに乗り組んでいたことを，最後に記しておきたい。

奄美と私，ルリカケスの因果応報

私は，原稿を頼まれてから今までに，還暦を迎え，東京大学を退職し「自由科学者」を名乗るようになった。現代日本社会では，自ら予測し，人生設計し，予定をたてると，当たらずと言えども遠からずの人生を歩むことになる。あるいは歩むことができる。他方，人生あざなえる縄のごとし，人間万事塞翁が馬，ということもまたしかりである。私が，奄美大島に環境保全や研究のため通うようになったのも，必然と偶然のはざまの出来事の連なり，因果である。

もの心ついた頃から通った幼稚園や学校，そこであった先生や友だち，家族や社会，と私という個人の形質が相互作用して，高校生になる頃には，「ラルフネーダーのような環境問題の弁護士になる」と想定するようになった。その後，友人の影響で鳥を見るようになり，体を動かすことが好きだったこともあって，野外観察をするような生態学をめざすことになった。動物行動学者がノーベル賞をとった頃でもあった。父が化学者だったこともあり，博士課程を修了することまでは決めていた。必ずしも鳥の科学者になろうとは思っていなかったし，実際「鳥の」科学者ではない。最初にキツツキを研究し，ハードワーカーということも認められていたので，オーストンオオアカゲラの調査を頼まれたのが，奄美とのご縁の始まりだった。1988 年の夏である。オオトラツグミの調査も続いて頼まれ，当時の危機的状況に愕然とした。頼まれた調査は終わっても，自ら続けなければならないと通い続けた。今は，オオトラツグミが島中でさえずっている。姿もよく見る。幸せ至極の応報である。オオトラツグミは環境省の保護増殖事業の対象になったが，私には納得できないなりゆきにより，奄美にとって最重要生物のルリカケスはなぜか事業対象にならなかった。それまでの調査を発展させ，私が面倒をみることにしたのが，この原稿を書いている大きな原因の 1 つである。

ルリカケスの研究を私がしているのは，赤子の頃からの出来事とも連なっている。科学的には，なぜ (Why) 私は今ここにいて，こうしているか，ということの原因と結果である。科学的予測は，自分の将来設計にも役立つ。何かがわかれば，その何倍かの疑問が出てくる。想定外のことも，また起こる。そのときの自分に正直に，愚直に「なぜ」を探求するのが人生。まだ当分，ルリカケスを見続ける。

(石田　健)

19
ドングリのなる森に羽ばたく珠玉の鳥

(石田 健・高 美喜男)

種名 ルリカケス

学名 *Garrulus lidthi*

分布 奄美大島，加計呂麻島，請島，枝手久島の4島に周年生息する。

全長 約38 cm

生態 広葉樹林とその林縁に生息し，開けた畑，果樹園，人家にも飛来する。人前でも地上や低い枝に降りて採食する行動が目撃される。繁殖環境として樹洞のあるような林齢の高い広葉樹林を本来は選好するようだが，人家などにも営巣して行動の幅は大きい。自然林内の巣は，樹洞，岩棚，オオタニワタリなどの着生植物の中などにある。巣は，小枝を用いた台座と草などを用いたお椀型の産座からなり，一腹卵数は2～6個。抱卵，抱雛は雌のみが行い，雄は抱卵中の雌や雛に給餌を行う。給餌物は無脊椎動物，果実，種子などを飲み込んできて，吐き戻しながら口移しで直接与える。群れ個体どうしで，ジャージャー，キュルルなどいろいろな声で鳴き交わす。

アマミアラカシの青いドングリをくわえるルリカケス。喉袋に5つぐらいともう1つ嘴にくわえて運び，別の場所の地面などに貯食する行動も確認されている。（撮影：高美喜男）

奄美を代表する鳥

ルリカケス *Garrulus lidthi* は，現存する生物のなかで固有性が高く，奄美群島だけに生息しているもっとも古株で，美しい独特の姿と相まってまさに奄美群島を代表する鳥と言えよう。いろいろなキャラクターにも利用されている。現在は奄美大島と，近接する加計呂麻島，請島，枝手久(えだてく)島だけにいるが，沖縄島の1万年ほど前の地層からルリカケスと極めて近い形態の大腿骨が出土している (Matsuoka 2000)。

地球が寒冷で海面が低かった時代には，奄美群島は南からユーラシア大陸につながる半島になっていたと考えられている (木村 1996 など)。ここの生き物たちの祖先は，半島時代からいたか，あるいは海に囲まれる島になった後から近くの島や大陸から渡ってきたかもしれない。ルリカケスは，つがい形成のできる雌雄2個体以上の祖先 (創設者) が近隣の大陸などからやってきて，それ以降の温暖化と海進によって奄美群島に孤立し，他の島の個体群は絶滅して，近隣の個体と交雑することなく奄美だけに固有の個体群に進化したのだろう。奄美大島最高峰の湯湾岳の標高が700m近くあり，海岸線は大部分が切り立った崖なので，ずっと陸地でまとまった森林もあったと考えてよいだろう。大陸から陸続きだった時代にあっても，もっとも遠く離れた半島の北端に位置していたので，孤立していた可能性も想定される。外から来る個体が絶えて交流がなくなってから久しく，島に孤立してから十分に長く生存してきた個体群が，ルリカケスのような固有種に進化する。

ルリカケスの羽毛は，世界の青っぽいカケス類や九州などで見られるカケス *G. glandarius* とも色彩や模様に共通する特徴をもっているものの，濃いコバルトブルーの背面と栗色の腹の対比が明瞭で，他の鳥と見間違えることはない個性的な姿をしている。また，尾羽や風切羽，雨覆などにうっすらと縞模様が入っている。山階 (1941) は，羽毛の色彩の特徴から，ルリカケスにもっとも近縁の現生種はヒマラヤ山地に生息するインドカケス *G. lanceolatus* だと指摘し，後年行われたDNAによる系統分析の研究もそれを支持している (Akimova et al. 2007)。最新の分子系統学の成果を反影して更新されているウェブ上の鳥類全種の系統樹によると，インドカケスやユーラシア大陸に広く分布するカケスと共通の祖先からは1,000万年ほど前に分かれたと推定されている (Jetz et al. 2012; OneZoom 2017)。

巣箱で営巣行動を研究する

独特の美しい羽色をもつルリカケスの生態や行動には，どのような特徴があるのだろう。ルリカケスは，自然林では樹洞 (図1)，斜面や崖のくぼみや大木の幹にある着生植物の茂みなどで営巣している。人家内外の陰となる場所にも営巣する (図2)。卵は無斑水色で丸みがある。樹洞営巣性鳥類の卵に共通した特徴を備えている。樹洞営巣性の鳥は，捕食や浸水，破損などの危険性が低く安全性の高い，営巣に適した樹洞を選好すると考えられる。

図 1　樹洞に巣材を運び入れる親鳥 (a) と，ルリカケスの巣 (b)。2 枚の写真は別の巣で撮影 (奄美市)。(撮影：高美喜男)

図 2　山ぎわの民家のベランダにあった錆びたロッカーに営巣したルリカケスの巣 (a) と抱卵中の卵 (b) (奄美市)。(撮影：石田健)

樹洞営巣性の鳥を誘致したり保護したりするために，巣箱が使われている。私たちは，天然樹洞での営巣を確認したことのある壮齢天然林に設置した巣箱を使って，ルリカケスが繁殖に巣箱を利用することを確認した (石田ら 1998)。数年利用されなかった横幅のある巣箱が強風で傾いたすぐ後に利用されたという偶然の観察の結果として，ルリカケスが深めの巣箱を好むことがわかった (石田ら 1998)。由井ら (1984) のシジュウカラ *Parus minor* 用巣箱の設置方法も参考にして，直径 11.4 cm で高さ 2 m の塩ビパイプの支柱の上に，杉板で作った縦長の巣箱を設置した。これによりヘビやネズミなど地上からの捕食者を防ぐことができる。設置場所には，側面や上方からの捕食者の接近を防ぐことができるように周囲の低木や枝を払い，樹冠がなるべく閉鎖している環境を選んだ。

巣箱を使う研究では，巣を造り始める最初から巣立ちまでの営巣活動の全期間を観察できる。これは，自然巣ではほとんど望めないことである。

二次林での巣箱研究とインターバルカメラの応用

すべての自然巣で卵や雛が捕食されていた二次林に，2003 年から 10 個の巣箱を設置して，観察を始めた (図 3)。その後，奄美大島の他の離れた地点や加計呂麻島，請島にも巣箱を設置して，繁殖状況のモニタリングを始めた。巣箱は，12 月に前年の巣材を取り除き清掃した。また，その年の繁殖期に卵や雛が捕食されたと考えられた巣箱は，設置場所を移動させた。捕食に遭遇した個体が巣箱の利用を回避しないように，また同じ捕食者を再度誘引しないようにするためである。調査期間は，1 月中旬頃から 6 月中旬までと長いので，見回りは筆者ら以外の奄美野鳥の会の会員にもお願

図 3　営巣活動の記録に利用している巣箱 (龍郷町)。(撮影：石田健)

いした。産卵が確認されるまでは，10日に一度程度の頻度で見回り，産卵が確認されてからは，状況に応じて3日〜2週間ごとに見回る。頻繁な見回りは，巣箱の存在やルリカケスが営巣していることをハシブトガラス *Corvus macrorhynchos* やヘビ類などの捕食者に知らせてしまう危険性を高めると懸念されるので，見回り頻度は営巣記録の正確さを確保する目的との兼ね合いになった。

人が見回る調査方法では，空白期間に卵や雛の減少，消失などの変化があると，観察結果に不明な点も多くなる。2009年からは，長期間自動撮影を続けることができ，防水性能も備えた市販の安価な小型カメラが手に入り，ルリカケスの研究にも使えるようになった。巣箱の天井に小さな穴を開け収納する箱をつけてカメラを設置し (以下「天井カメラ」と記す)，15〜90分間隔で巣箱内の状態を知ることが可能になった。産卵や孵化の日時，巣立ちなど，営巣経過の多くを正確に確認できるようになり，調査精度が格段に向上した。ただし，記録装置に蓄えられる情報は，人による直接観察で得られる情報のほんの一部にすぎない。便利な道具に過度に頼ることなく，直接観察の頻度も状況や観察目的に応じて適切に決めるよう努めた。

わかってきたルリカケスの繁殖生態

ルリカケスが奄美大島のほかのどの鳥よりも早く繁殖を始めることは，島民にも以前から知られていた (石田ら 1990)。12月に，巣材と思われる枝をくわえて飛んでいるのを観たこともある (石田個人的観察)。ルリカケスの巣は，細い枝を組んだ台座があって，その中に草の茎などの細い材料を使ったお椀型の産座がある (図4)。巣ごとに台座の材料の量や大きさは異なり，樹洞，人家の棚や巣箱などの営巣場所の大きさと形状に合わせて，産座が安定する状態に調節している。個体ごとの個性，勤勉さの違いのようなものも造る巣の形状に反映しているのだろう。崖のくぼみや大木の幹などにある着生植物の茂みの中の巣では，台座に相当する部分がほとんど見られない巣もあった。また，長い枝を巣箱の口や板の隙間から突き出すように出してあることもよく見られる。ひょっとすると捕食者が巣に接近しづらくする対策なのではないかと想像されるが (図5)，それを証明できる証拠はまだない。

多くの年で，1月の下旬から完成に近い巣が確認され始める。確認できたなかでもっとも早い産卵開始は，2016年の1月22日だった。この年は直後に強い寒波が奄美地方を1週間あまり襲い，ルリカケスの営巣活動は中断して，この巣の卵は孵化に至らなかった。2月から3月上旬頃に多くの巣で産卵があり，およそ18日間 (平均±標準誤差は18.8±1.66日，$n=152$，うち17日 $n=24$，18日 $n=38$，19日 $n=34$，他16，20〜23日 $n=56$) (石田未発表) の抱卵期間を経て孵化し，孵化後約25日間 (23.9±2.5，$n=87$，うち24日と26日各 $n=11$，25日 $n=27$，他16〜23，27〜28日 $n=38$) (石田未発表) で巣立った。孵化の日時は，暗い時間帯の画像は得られず，親鳥が巣に座っていることも多いため，天井カメラで自動撮影しても確認しづらい。産卵から巣立ちまでの期間は，34〜50日の範囲で記録された (43.2±3.2，$n=95$，うち42日と

図 4　天井カメラで撮影した巣箱内の様子。孵化した雛と卵があり，母鳥が割れた殻を運び出そうとしている (龍郷町)。(撮影：石田健)

図 5　巣箱から突き出た枝 (龍郷町)。(撮影：石田健)

図 6　親鳥に導かれて地上を移動するルリカケスの雛 (動画からキャプチャーした。瀬戸内町)。(撮影：石田健)

43 日各 $n=13$，44 日 $n=19$，他 34～41，45～50 日 $n=50$) (石田未発表)。順調に営巣活動が進んだ場合には，これらの日数は最頻値の付近によくそろっている。4 月以降に産卵されて，孵化，巣立ちに至った例もある。もっとも遅かった巣立ち推定日は 2012 年 6 月 3 日で，巣立ち雛数は 3 雛であった。ルリカケスの雛は，翼が十分に伸長していない状態で巣立ち，親鳥に導かれて地面や枝を伝って少しずつ巣から離れていく (石田 2013) (図 6)。

卵や巣内雛の成長と世話

同じ巣で生まれたルリカケスの雛たちのなかにはっきりした体格差があったことか

ら，ルリカケスの一腹卵は孵化のタイミングがずれることもあるだろうと推定された。天井カメラによる撮影ができるようになって経過が詳しく記録できた結果，孵化のずれる巣のあることがほぼ確認された。雌は，通常は毎日1個ずつ産卵し，時には産卵間隔が2日になった場合もある。産卵時間帯は，早朝から昼過ぎまで幅があった。卵と雛が数日間同居していて，最後はみな孵化した例もわずかだが確認されている。

鳥類では一般的に，最後の産卵をしてから抱卵が始まれば，発生，孵化，巣立ちなどの巣の中での成長のタイミングがそろい，雛たちの体格差は小さくなる。キジ *Phasianus colchicus* やカルガモ *Anas zonorhyncha* のように，孵化してすぐに雛が巣を離れる鳥ではそれが当たり前である。樹洞営巣性で眼の開いていない未熟な雛が孵化するようなシジュウカラやコゲラ *Dendrocopos kizuki* など，他にも同様の例は多い (Lack 1968)。一方，猛禽類やサギ類などでは，巣の雛の体格差が大きいことが多い。これは営巣途中で，餌不足になった場合にすべての雛を餓死させることなく，一部の雛だけでも体重を十分に獲得させて巣立たせる繁殖戦略と考えられている。ルリカケスは，両方の中間の，環境条件に依存して巣立ち雛数を変化させる習性をもっているのかもしれない。

ルリカケスの一腹の卵数は，巣箱で確認できた172腹中では3個が69腹 (40%)，4個が75腹 (44%) であり，2〜6個の例まであった (平均 ± 標準偏差は 3.56 ± 0.79 個)。2012年の雄親に足環で標識してあった巣の観察では，雌だけが抱卵や抱雛をしていることが確認された (谷ら 2012)。天井カメラの画像でも，尾羽の一部が白化しているなど外見の特徴の明らかな個体が時々いて，同じ1羽の個体が抱卵や抱雛をしていることがわかる。ただし，雄が抱卵や抱雛をすることがまったくないかは，未確認である。

ルリカケスの抱卵と育雛のピークである2月から3月中旬に，奄美大島としては寒い，雨がちの日が続くこともよくある。親鳥の体力や経験にも繁殖成績は左右されるだろう。孵化した全部の雛が巣立つ巣もある一方で，天井カメラで記録を始めた2009年以降も，天候不順のタイミングで卵や雛の一部あるいは全部が順番に死亡するか，いなくなる巣が毎年確認された。産卵の確認できた172巣のうち，78巣で雛が巣立った。そのうち，40巣ですべての卵が孵化して雛になって巣立った。19巣では卵の一部が孵化に至る前に消失し，19巣では雛の一部が巣立つ前に死亡，または消失した (石田未発表)。

消える卵の不思議

ルリカケスの巣箱においては，卵や雛が巣立ち前にいなくなることは日常茶飯事である。巣箱の近くに，卵の殻や雛の死骸の一部が見つかることもある。全部の卵が一度になくなり，親鳥が抱卵などの繁殖行動を中止した場合には，消えた卵や雛は捕食された可能性が高いと考えられる。ルリカケスの成鳥が騒いでいるそばで，ハシブトガラスがルリカケスの卵をくわえていたところも観察されている (鳥飼久裕私信)。しかし，2008年と2009年には，卵が一度なくなった後で再度産卵され，抱卵行動が続いた巣が3例あった。嘴でつつかれたように穴が開いた卵の写真が撮影されたこともある。ドングリキツツキ *Melanerpes formicivorus* やフロリダヤブカケス *Aphelocoma coerulescens* (Koenig et al. 1995; Garvin et al. 2002) で報告されている種内卵破壊や種内捕食の行動が，ルリカケスにおいても起こっているのかもしれない。

天井カメラによる記録で，巣の中の卵数の変化は一筋縄では説明できないことがわかった。産座の外に産卵してあったり，巣材のない巣箱に産卵された例もあった。それらの卵が抱卵されることはない。巣をもたない雌が，他個体の巣や巣材のない巣箱に来て産卵しているのかもしれない。よその雌が産んだと仮定した場合も，なぜ産座の外に産むのかはわからない。産座の中にある卵が，抱卵や育雛をしている親鳥の産んだ卵かどうかは，親鳥と巣の雛のDNA分析をすれば明らかになるが，残念ながらルリカケスではそのような分析は実現していない。研究者が繁殖を妨げないためには，繁殖活動が始まる前の11月頃に，調査地域の成鳥の大部分を捕獲するか，フロリダヤブカケスなど多くの先進的な研究例のように，その地域で生まれるほとんどすべての雛に巣で標識して，採血する必要がある。そのうち，ぜひ，そういう研究が実現してほしいものだ。

ルリカケスに比較的近縁な種のなかで，定期的に山火事の起こってきたフロリダ半島の半乾性低木林に生息し，共同繁殖するフロリダヤブカケスの個体群は，その行動や生態が長年にわたって詳しく研究されている (Woolfenden & Fitzpatrick 1984, 1991; Fujisaki et al. 2008)。生息環境はまったく異なる低木の疎林に棲み，人の頭や手に乗ってくるフロリダヤブカケスに比べて，ルリカケスは，深い森に棲み，警戒心も強く，なかなか捕獲や直接観察ができない。森には危険な毒蛇のハブ *Protobothrops flavoviridis* も生息しており，研究の敷居が高い。しかし，奄美大島と隣接する一部の島にだけ生息する固有種なので，種全体の進化を丸ごと研究できる可能性を秘めている。研究技術の革新も著しいので，ルリカケスでも近い将来には詳しい研究が実現することが期待される。

ルリカケスの捕食者

ハブの腹の中からはルリカケスがよく出てくると，ハブをたくさん捕獲していたハブ獲り名人に伺った (南竹一郎私信)。路上で倒れていたルリカケスには，ハブに噛まれた2本の牙の穴の跡が体に開いていた (川口秀美私信)。地上で採食しているルリカケスや，天然巣の卵や雛も，ヘビに捕食されることは少なくないのだろう。

孵化した雛の一部が死亡したり巣からいなくなることは多く，捕食されることも多い。二次林の巣箱20個で観察したところ (図7)，2010年と2016年，2017年の状況は，他の年とは異なって，産卵した巣 (それぞれ14, 10, 6腹) のほとんどが捕食にあった。捕食にあったことは，卵の消失した画像で巣材が大きく乱れ，卵が一部残っていても親鳥が来なくなることから判断できる。2010年や2017年には，最初に営巣した一腹だけが巣立つことができた。調査地ではない所でハシブトガラスがルリカケ

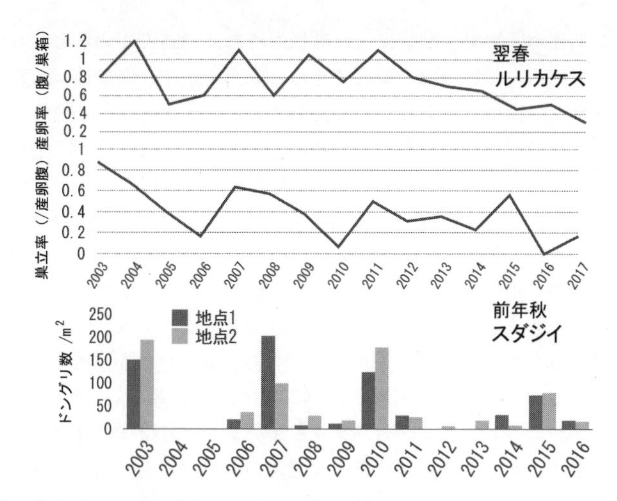

図7　2カ所の調査地で，それぞれ，水をためたバケツ10個に入っていたスダジイのドングリの数の年変動（ヘクタール当たりの落下数に変換）と，翌春の10巣当たりに換算した繁殖成績（上：10巣箱当り産卵腹数，下：産卵腹当りの巣立ち腹数）。1つの巣箱で2回産卵，巣立ちがあることもあり，繁殖成績の高い年には「率」が1を超える場合もあった。巣立ちに至らない原因の多くが捕食によると推定されるが，直接の確認には至っていない。

スの卵をくわえているのが観察されたのも，2010年だった。2016年は，二次林の調査地の巣は全滅だった。2016年の1つの巣箱では，巣箱の外部に設置したカメラでハシブトガラスが巣を荒らそうとしている行動が確認できた。ただし，この画像の撮影時間は天井カメラで確認した卵がなくなり巣材が引き出されていた時間よりも後だった。ルリカケスの巣の捕食の瞬間は，まだ直接には確認できていない。

巣材が乱れて引き出されているのでハシブトガラスなどに捕食されたと考えられる例と，巣材の乱れがないために捕食者が特定できない場合とがある。巣箱周辺の枝を事前に払うように努めても，巣の中にハブがいたこともあった。ハブなどのヘビは捕食時にしばらく巣内にとどまるので，ヘビによる捕食であれば天井カメラに撮影されると考えられるが，そのような例はない。巣材に乱れの変化がない場合には，雛の消失の一部も種内競争の結果である可能性が否定できない。なお，調査地以外の照葉樹林に単独で設置してある巣箱のうち2カ所では，2016年にも雛が無事に巣立っていた。

ドングリとルリカケス

ルリカケスが秋～春に樹上や地上でドングリを食べているところや，ルリカケスにかじられた特徴的な食痕のあるスダジイ *Castanea sieboldii* やアマミアラカシ *Quercus glauca* var. *amamiana* のドングリを目にすることがよくある。ルリカケスはアマミアラカシのドングリが好物で，喉袋に入れ嘴にもくわえて運んでいるところや，地上に隠して貯食しているらしい場面も観察できる。成鳥をかすみ網で捕獲したときに，網のそばにアラカシの緑のドングリが6つ落ちていたことがあった。捕獲されたルリカケスが吐き戻したのだろうと考えたが，直接の証拠があるだろうか。手がかりを得ようとドングリの匂いを嗅いでみたところ，1つを除いて鳥に特有の匂いがした。その匂いは，30分ほどしたらドングリから消えた。この匂いは仮剥製の標本を作るために鳥を解剖したときにも経験して，よく知っている。頬袋に5つ入れ，嘴に1つくわえて運んでいる途中で網にかかり，あわてて吐き戻したのだと推測される。五感を使ってわかることのある，良い例だろう。

奄美の森林にはスダジイが多く，ルリカケスの食痕が見つかるのもスダジイのドングリが多い。ドングリがなると，まだ青いうちに樹上で盛んにちぎって食べるので，地上には残骸がたくさん落ちている。スダジイのドングリは，殻斗にしっかり包まれているので，剥（む）くのが厄介で，ルリカケスは鋭い嘴で引きちぎる。壊されたドングリの様子で，それとわかる。豊作年には，春になっても身の入ったドングリが残っていて，森の中で静かに調査をしていると，脇でルリカケスがドングリを拾って食べていることもある。そのドングリの結実量は毎年変動する (図7)。地上に落ちたドングリには，嘴でこじ開けられて不規則なぎざぎざの縁の穴が開いたルリカケスの食痕がよくある。日本の本州でドングリを食べるツキノワグマ *Ursus thibetanus* や野ネズミなどほかの動物たちでは，ドングリの結実量が体重や繁殖に影響することが知られている (石田 1995; Ishida 2001; McShea & Healy 2002; 大石ら 2010)。このことと，ドングリのない凶作年の冬には，多くのルリカケスが畑や納屋に群れて出てきて，芋の蔓（つる）などを食べていること (鳥飼・高ら未発表) から，ルリカケスにとってシイやカシのドングリは翌春にかけての重要な食物となっていると推測される。

2004年と2011年には前年のスダジイの豊作の後に営巣数 (10個の巣箱に12腹と20個の巣箱に15腹) も，巣立ち率 (0.8と0.5) も高めだった (Ishida et al. 2015) (図7)。2003年は巣箱を10個かけた最初の年で，前年のドングリは豊作ではなかったものの，巣箱の利用率 (10個全部の巣箱が利用され12腹産卵) も巣立ち率 (12腹産卵中8腹巣立ち) も高かった。豊作年の翌年に当たる2008年3月に隣接区域に巣箱を10個増設したところ，翌2009年は新設した巣箱における繁殖成績はよくなかった (13腹産卵，3腹巣立ち) が，古い巣箱の繁殖成績はよかった (13腹産卵，8腹巣立ち)。

巣箱の設置によって営巣場所の不足という制約が小さくなった二次林では，豊作年の後の繁殖成績がよかった後にはルリカケスの生息密度が高くなり，ルリカケスどうしの競争が強くなって繁殖成績が低下するような密度効果を見ることができたとも考えられる。前年に捕食があったと考えられた巣箱を移動させている (たとえば20個のうち，2015年は1個，2016年は11個) が，2016〜2017年には多くの巣が捕食されたと推定され，巣箱を設置してから時間が経つと，巣箱を覚えて，巣箱を狙って捕食するようなカラスなどの個体が現れて，その区域の巣の捕食圧が高まる可能性も想定された。したがって，ルリカケスの生態への巣箱の影響を軽減し，個体群保全にも役立てる観点から，最適な設置密度を探りながら巣箱の設置間隔を広げたり，設置区域を変更するなどの試みを続けている。冬の気温や親鳥の年齢 (経験) も，繁殖鳥の生存率や繁殖に入る時期，産卵数や胚の成長，巣の見張りや捕食回避，抱卵時間や雛への給餌量など多くの要因を通して，繁殖成績に効いていると考えられる (Perrins et al. 1991)。親鳥の行動についても，親鳥の抱卵時間が長いなどの天井カメラの画像や観察者が訪れたときに大騒ぎをしないなど断片的な観察結果から，「上手」な親と「下手」な親がいることは推測されるものの，個体識別ができておらず，個体や年齢との関係については不明である。

巣箱の観察による副産物

ルリカケスの巣で雛に標識していると，糞をすることがある。その糞を水の中で洗い漉して内容物を顕微鏡で見ることによって，雛が親鳥から給餌されている食物の一部がわかる。谷ら (2017) は，2012 年 2～5 月に 9 個の巣の雛から得た 29 個の雛の糞を調べて，陸産貝類 (カタツムリ) の殻，アマミキムラグモ *Heptathela amamiensis* の上爪や毛，上爪と下爪がついた三爪類のクモ目の脚，ハチ目アリ科の頭部や顎部，バッタ目の小顎や卵，ゴキブリ目の大顎，アオヒメハナムグリ *Gametis forticula* (コウチュウ目) の腹板や鞘翅，別のコウチュウ目の破片，チョウ目の幼虫の顎，シリアゲムシ目の翅，アリ科の破片，ザトウムシ目の鋏角，植物の種子などを確認した。目まで同定できなかったものの，他にも多くの節足動物の体の一部分と考えられる透明の薄い膜状のもの，昆虫類の気門の一部，1.0 mm 程度の 2 つに分かれた爪のような部位や櫛の歯のような状態の爪などもあった。

ルリカケスに限らず，鳥の巣には，他の生物も生息している。冬に掃除した後の空の巣箱には，小さいアリなどがいることはあるものの，目立った生物は見当たらない。巣材が持ち込まれ，雛の羽のフケなどがたまるようになると，あるいは巣立った後に，さまざまな生物，とくに甲虫やガの仲間などが棲み始めるようである (14 章参照)。リュウキュウオオハナムグリ *Protaetia lewisi leachi* は，それまで発見されることの少ない甲虫だったようだが，ルリカケスの巣箱の巣から多数の幼虫と糞が見つかり，研究者が連れ帰って成長させて確認した。まだ調査した巣が少ないものの，樹洞の自然の巣からは発見されていない。また，未使用の巣箱で 5 月頃にリュウキュウコノハズク *Otus elegans* が営巣して雛が育っていた例や，ルリカケスが去った後にアカヒゲ *Larvivora komadori* が営巣した例などもあった。

巣箱による域内保全と域外保全

巣箱を設置して営巣活動を観察している地区は，南西諸島の固有種でもあるリュウキュウマツ *Pinus luchuensis* の多く混じる二次林で，1995 年の 2～3 月に林道沿いで見つかった崖などのくぼみにあった 4 つの巣はどれも卵や雛が途中で消失し，捕食さ

れたと思われた (高未発表)。発見できなかった場所で巣立っていた雛もいただろうが，巣箱設置後に見つかった同様の巣でも，卵がなくなった。そこで，巣箱を設置するにあたっては，繁殖生態を研究すると同時に，個体群の増殖手法を検証することも念頭に置いた。巣箱を設置し始めた頃に島津藩ゆかりの仙巖園(せんがんえん)の飼育個体が絶え，上野動物園や平川動物公園でも老齢化で飼育個体の繁殖ができなくなって，野生からの新規個体導入が再検討され始めていた。日本動物園水族館協会の要請を受けて，域外保全の飼育繁殖 (創設) 個体の確保にも協力する研究目的も後から加わった。最初の5年あまりは，照葉樹壮齢林と現在も調査の続く二次林の2カ所に10個ずつの巣箱を設置して観察した。私たちが壮齢林に架けた巣箱は，ルリカケスによって使われることはなかった。そちらは中止して，2008年に現在の調査地に10個の巣箱を増設し，増設した巣箱に営巣した7～15日齢程度の兄弟姉妹のなかでいちばん体重の軽い個体を1羽だけ上野動物園に連れ帰り，成長してからDNA判定した雌雄の個体をお見合いさせてつがいにし，飼育下での増殖を試みている。

2017年夏の時点で，上野動物園に2つがいと，上野動物園でつがい形成させてから平川動物公園に移された1つがいがいて，巣箱で繁殖している。なるべく親鳥自身の世話で雛を巣立たせることを目指して取り組んでいるが，まだ一部の卵を人工孵化させた雛しか育っていない。ルリカケスが雛を巣立たせるまでには，ある程度の成熟年数がかかるようである。将来的には，ルリカケス全体の遺伝的多様性と，奄美大島の中での地域間や加計呂麻島などとの間での遺伝的な違いの両方をなるべく反映させるように，島の各地から連れてきた50つがい程度の繁殖個体群を，国内外の複数の動物園などで維持することを当面の目標としている。ルリカケスは，奄美群島における森林回復と，環境省の防除事業の成果で侵略的外来種である捕食者のフイリマングース *Herpestes auropunctatus* の生息密度が低下したという判断から，2008年に日本では初めて絶滅危惧種のリストから外された。ルリカケスの習性や奄美での著しい自然回復と環境省のレッドリスト基準に基づくと，すぐに絶滅が危惧される状態ではなくなったものの，奄美だけにしかいない小さい個体群であることや，他の森林性の絶滅危惧種の保護対策の手本や普及啓発のためにもなることを念頭に置いて，域外保全の取り組みが進んでいる。域外保全は，個体群が健全で本来の遺伝的多様性を保っているときから準備し，いざというときに一時的な補償となるように目指すことが正しい方法だろう (Ishida et al. 2015)。本来の生態をよりよく理解でき，地域や関係者の合意のもとに取り組みの体制を最適化できる状態のところから，早めに手がけていくのが現実的なやり方だと思う。ルリカケスは，さいわい，そのような条件がそろって，ゆっくりではあるが，高い目標に向かって事業が進められている。

ルリカケスの数と分布

生物の保全を考えるうえでは，地域個体群の数と分布，それらを左右する生息条件，食物資源や捕食者や競争者の密度などの重要な環境要素を理解することが，基本となる。

繁殖期の早朝に壮齢照葉樹林内の林道の 2 km ほどの区間を約 1 時間かけて歩いて数を記録するベルトトランセクト調査では，0〜8 羽程度の範囲でルリカケスが記録された。石田ら (1991) は，ラインセンサスの記録数，見晴らしの良い場所で飛んでいた個体の飛翔距離や分布域の森林面積などをもとに，概算としての繁殖期の群れなわばりの数を推定している。生息密度が比較的低く，具体的な行動圏面積や環境利用様式が明らかになっていないので，多くの人が納得するような根拠に基づいた生息数を推定することはまだできていない。巣箱による観察や筆者らが別の研究で続けている森林やドングリの結実量のモニタリングによって，生息数の年変動についての根拠には裏づけが取れつつある。

ルリカケスは，海に囲まれた 4 つの島だけにいて，種全体が 1 つの明白な地域個体群で構成されているので，分布域は明白である。地元の動物に詳しい猟師の話として，ルリカケスは徳之島には生息していないと内田 (1920) は指摘し，石田ら (1991) は改めて徳之島での聞き取り調査を実施して，徳之島での (近世以降の) 自然分布の可能性を否定した。加計呂麻島と請島では，常時観察できる。奄美大島の焼内湾の入口に浮かぶ，浅瀬を隔てるだけの無人島の枝手久島にも，常時いることがわかっている。奄美大島の他の区域では，海岸線や市街地の周辺の木立でも確認できるが，平地の多い北部の笠利半島の森林では 1990 年代には観察頻度が低かった。現在では，周辺が開けている奄美空港の前の木にもいたという目撃例もあり，笠利半島の低山の森林における定期観察でも出現頻度が高くなっている (高未発表)。また，ルリカケスが生息している 4 島の近くにある与路島などにはいないことも，奄美野鳥の会の会員が定期的に訪れて確認している。

ルリカケスの過去

ルリカケスは，奄美大島で「ひゅーしゃ」あるいは集落によっては「ひょうしゃ」と呼ばれていた。ルリカケスがよく発するやわらかい声色の鳴き声に由来するのであろう。人家にも営巣するように，昔から奄美の人々にとっては身近な鳥だったと思われる。奄美群島でも，だいたい昭和 50 年代になるまでは法規制などが行政上も実効性をもたず，アカヒゲやメジロ *Zosterops japonicus* などの野鳥の飼育が盛んだった。愛嬌のある行動や美しい羽毛，食用には向かないものの，内田 (1920) によれば罠による捕獲が行われていたことなどから，ルリカケスも愛玩鳥として一般にも飼育されていたと想像するに難くない。

明治時代に入って海外との貿易が普及し，アホウドリ *Phoebastria albatrus* などと同様の災難がルリカケスにも訪れた。19 世紀末の欧米で婦人帽に鳥の羽毛を飾るファッションが流行した (Walton 2014)。剥製のような鳥丸ごとの飾りをつけている写真やイラストもある。内田 (1920) には，判明している数として「明治 42 年 (1909 年) 3,500 羽，明治 43 年 (1910 年) 2,000 羽，明治 44 年 (1911 年) 1,000 羽，大正元年

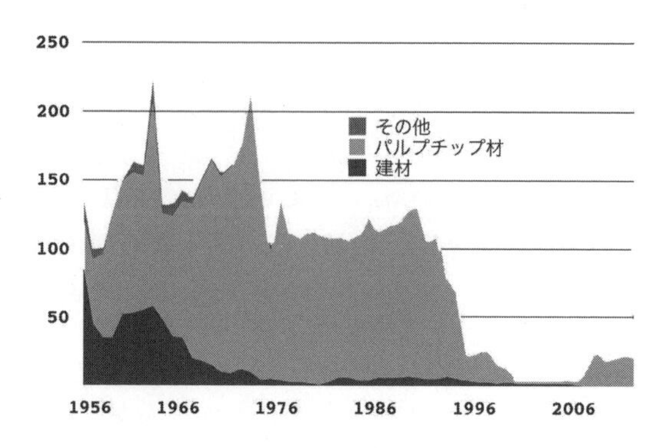

図 8　奄美群島の木材生産の推移。縦軸は生産量 (1,000 m³)。(九州森林管理局 2007 を元に再描画)

図 9　製紙パルプチップ材生産のための皆伐の様子。1992 年の伐採地を 1995 年春に撮影 (奄美市)。(撮影：石田健)

～3 年 (1912～1914 年) 500 羽」のルリカケスが婦人帽の装飾用に輸出されたとある。現在の生息状況から勘案しても，相当割合の個体が捕獲され，急激に生息個体数が減ったことがこの数字から推測される。アメリカのオーデュボン協会 (National Audubon Society) の鳥類保護の歴史には，羽飾りを規制する活動を 20 世紀の初めに実施し，1918 年には規制する法律もできたとウェブサイトに書かれている。日本でも大正 8 年 (1919 年) に狩猟法で，ルリカケスの捕獲が禁止された (内田 1920)。

奄美大島は戦火による自然破壊は免れた。1970 年代まで奄美群島の人口は 20 万人前後を保っており (鹿児島県大島支庁 2016)，薪や柴，農地への利用などにより，ルリカケスの生息地の照葉樹林は減少を続けたと推測される。1940 年代に米軍が撮影した奄美群島の集落周辺の航空写真を見ると，集落の背後の山にも裸地が広がっている (当山・安渓 2013)。奄美大島の本土復帰後は群島復興予算による製紙パルプチップ材生産が増加し，1980年代の終わりまで，道路開発を伴って森林が著しく荒廃した (図8, 9) (石田ら 1990)。1990年代初頭は，奄美群島の森林がもっとも荒廃して，ルリカケスやオオトラツグミ *Zoothera dauma major*，アマミヤマシギ *Scolopax mira*，オーストンオオアカゲラ *Dendrocopos leucotos owstoni* などの奄美の固有鳥類をはじめとした森林生態系に固有のメンバーが減少していたと考えられる (石田ら 1990)。

森林の減少に加えて，1979年に名瀬市 (現在の奄美市名瀬) において，民間人によってフイリマングースが放たれ，1990年代に分布と個体数を著しく拡大させたが，2007年頃からは，環境省の防除事業が成果を上げてマングースの低密度化が実現し，それまで分布や個体数の減少が観測されていた動物の多くも，徐々に回復している (Ishida et al. 2015)。

このように，ルリカケスは，捕獲の法的規制によりいったんは個体数減少に歯止めがかかったものの，森林の過度の伐採とフイリマングースの人為的移入より個体数を減らし，森林の回復とフイリマングースの駆除により個体数を回復させてきている。

ルリカケスの現在と未来

奄美群島の人口は1970年代から減少に転じ，もっとも多かったときの半分程度になっている (鹿児島県大島支庁 2016)。人口は奄美市名瀬などのわずかな数の市街地に集中して，集落周辺の農地利用も減った。パルプチップ材のための伐採の減少に加え，燃料や肥料，住宅建材などに木材を使わなくなり，1990年代以降は森林が回復している (九州森林管理局 2007)。ルリカケスをはじめとする奄美の多くの固有種にとって，この30年間に状況は好転しているように見える。ルリカケスは，照葉樹林と集落周辺の林縁など，分布域内のいろいろな環境を利用しているとはいえ (石田ら 1990)，固有性が高く，分布域自体が限られ，生息密度は低い。ルリカケスのように希少な種を将来も守っていくためには，気候変動や地殻変動，新たな疫病など，大きな影響のありそうな環境変化の検出と予測に努め，注意を向けるに越したことはない。

上野動物園では，ルリカケスは野外飼育場で冬にも元気に飛び回っているので，より低温でも生息できるのかもしれないが，逆に島の温度が高くなったときの影響は未知である。温暖化して海面が上がり島の面積が小さくなれば個体群は縮小するし，北や標高の高いほうへは逃げられないのは，本州の一部の高山にだけ生息するライチョウ *Lagopus muta* と共通の立場であろう。本土の高山には低山からの生物の進出が容易に起こるが，島ではそれは少ない。21世紀末までに4～5℃の気温上昇があっても，ライチョウほど直接に影響があるかは不明である。奄美群島に孤立して生存してきたことや，涼しい早い季節に繁殖する性質が，温暖化の影響をどの程度被るのかを慎重に見守る必要がある。ルリカケスをはじめとする固有種とその生息環境との関係を多面的に研究し，少しでもよく理解することは，奄美，ひいては世界の生物多様性の保全にもつながっていくと期待される (Ishida et al. 2015)。

バンディングの意義と楽しみ

奄美大島を中心にバンディング (鳥類標識調査) を行っている。個人的に興味をもっているのはキビタキ *Ficedula narcissina* の亜種リュウキュウキビタキ *F. n. owstoni* だ。2014年に公開された日本繁殖鳥類のDNAバーコーディングによると亜種キビタキ *F. n. narcissina* と亜種リュウキュウキビタキの間には遺伝的な距離が認められ，近い将来別種になる可能性が高いと言う。そればかりではない。同じリュウキュウキビタキの間でも，奄美大島の個体群と沖縄島の個体群はかなり分化しているように思える。この鳥は奄美大島では冬期は数が減っているように感じるが，沖縄島ではそんなことはないと言う。また，奄美大島の個体群は沖縄島の個体群に比べて，春のさえずり始める時期が遅い。これらを考え合わせると，奄美大島のリュウキュウキビタキは冬期どこかへ渡っているのでないかという気がする。奄美大島で放鳥したリュウキュウキビタキが冬期どこか別の場所で再捕獲されないだろうか。そんなことを考えながら，毎年せっせと足環をつけている。

琉球弧は渡り鳥の中継地としても重要な地理的位置を占めている。したがって，渡りの時期にバンディングを行えば，思いがけない鳥が捕まることがある。喜界島での秋の渡り鳥調査の最中に橙色の小鳥が網にかかったことがある。一瞬，アカヒゲ *Larvivora komadori* かと思ったが，喜界島にはアカヒゲは分布していない。不思議に思って近づいてみると，コマドリ *L. akahige* の雄であった。あまり観察事例は多くないが，コマドリも琉球列島を伝って渡っているようである。他にもコムシクイ *Phylloscopus borealis* やウグイス *Cettia diphone* の亜種タイワンウグイス *C. d. canturians* など，渡りの実態がわからない鳥が捕まると，テンションが上がる。

バンディングには至近距離で野鳥を観察できるという長所もある。冬鳥調査のときに捕まったタシギ *Gallinago gallinago* によく似た鳥は，外側の尾羽が針のように細く尖っており，ハリオシギ *G. stenura* だとわかった。本文にも書いたがアマミヤマシギとヤマシギのように双眼鏡で観察している限りでは似ている鳥も，実際に捕獲してみると違いがひと目でわかる。アマミヤマシギとヤマシギでは足環のサイズが違うほど，足の太さが違うのだ。実際に鳥を触ることのできるバンダーにしかわからない感覚かもしれない。 (鳥飼久裕)

20
アマミヤマシギ
—少しずつわかり始めた鈍感な固有種の形態と生態—

(鳥飼久裕)

種名　アマミヤマシギ

学名　*Scolopax mira*

分布　奄美群島の奄美大島，加計呂麻島，請島，与路島，徳之島には留鳥として分布している。このほか，奄美群島の喜界島，沖永良部島，沖縄諸島の沖縄島北部，伊平屋島，久米島，渡嘉敷島，阿嘉島で冬期に観察されている。沖縄島北部のやんばる地方では夏期にも観察記録があるが，現在のところ繁殖は確認されていない。

林道脇の土の露出した斜面で餌を探すアマミヤマシギ。

全長　34〜36 cm

生態　常緑照葉樹林や農耕地に生息する。雌雄同色だが雌が雄よりもわずかに大きい。昼間は薄暗い林や茂みの中にいて姿を見づらいが，夜間は林道や牧草地，農耕地などの開けた場所によく出てくる。長い嘴を土の中に差し込んで，ミミズや昆虫の幼虫などを好んで食べる。繁殖期 (2 月下旬から 5 月) にはヴーヴー，グェーなど濁った声で鳴くが，それ以外の時期はほとんど鳴かない。

はじめに

夜，奄美大島の林道を車で走っていると，路上や路肩の草地にじっと立ちつくすニワトリよりもやや小ぶりな鳥に出くわすことがある。本章の主人公アマミヤマシギ *Scolopax mira* である。この鳥はなかなか逃げようとせず，車がいよいよ轢いてしまいそうなくらいの距離にまで近づくと，しかたなく前方へ歩いたり面倒くさそうに飛んだりして道をあけてくれる。鳥とは思えない鈍重さに微笑ましくなるが，こんなに動きがのろくても今日まで生き延びてきたのは，アマミヤマシギの生息地には近年まで本種の生存を脅かすほど強力な捕食者がいなかったからにほかならない。あえて捕食者をあげればヒトであり，奄美の島民は一昔前までこの鳥を食用のために捕獲してきたようだ。幕末の薩摩藩士，名越左源太が奄美大島の習俗や動植物を挿絵とともに著した『南島雑話』にも本種と思われる鳥が紹介されている (名越ら 1984)。「山鶏」というのがおそらくそれで，あまり上手とは言い難い絵に「鶏ノ雌ニ似タリ 鳴ノ類ナリ 其声ヲキカス (ズ)」という簡潔な説明が付されている。この記述からも，アマミヤマシギが奄美大島の人々にとって身近な存在だったことがうかがえる。

しかし，外敵の少ない環境で生き延びてきた本種は，フイリマングース *Herpestes auropunctatus* (以下マングース) やイエネコ *Felis silvestris catus* などの外来生物の影響を強く受け，また生息地である常緑照葉樹林の伐採・開発などの要因もあって，個体数が急速に減少したと考えられた (鹿児島県環境生活部環境保護課 2003)。事態を受け，本種は 1993 年に施行された「絶滅のおそれのある野生動植物の種の保存に関する法律」(種の保存法) に基づく国内希少野生動植物種に指定され，1999 年に環境庁 (当時) と農林水産省により保護増殖事業計画が立案された。1998 年の環境省のレッドリストで EN (絶滅危惧 IB 類) に選定された後 (環境省 (編) 2002)，2006 年の見直しにおいて森林植生の回復による生息環境の改善が評価されて VU (絶滅危惧 II 類) へとランク変更になった (環境省 (編) 2014) ものの，保護増殖事業は 2015 年に一部変更のうえ現在もまだ継続されている。

本章では 2001 年から実施しているアマミヤマシギの保護増殖事業で得られた知見を中心に，少しずつ明らかになってきた本種の形態的，生態的特徴を紹介する。

アマミヤマシギという鳥

ヤマシギ属 *Scolopax* の鳥は現在，世界中に 8 種類が生息するとされており (Avibase 2003)，このうちユーラシア大陸に広く分布するヤマシギ *S. rusticola* と北米に分布するアメリカヤマシギ *S. minor* を除く 6 種は，すべて東アジアから東南アジアにかけての島嶼部の限られたエリアに分布している。アマミヤマシギも現在繁殖が確認されているのは奄美大島や加計呂麻島，徳之島などの奄美群島のいくつかの島だけであり，非繁殖期には沖永良部島，沖縄島，伊平屋島，久米島などでも観察記録がある (日本鳥学会 2012)。

アマミヤマシギは1916年にドイツ人の鳥類学者エルンスト・ハータート (Ernst Hartert) によって，ヤマシギの1亜種 *S. rusticola mira* として記載されたが，『日本鳥類目録 (改訂第5版)』(日本鳥学会 1974) からはヤマシギとは別種として扱われている。このことからもわかるようにアマミヤマシギとヤマシギは外見上よく似ており，両種の識別点についてはこれまでも図鑑などでさまざまな記載がされてきた。筆者はこれまでに400羽以上のアマミヤマシギを捕獲して標識し，サンプリングした尾羽のDNAを専門家に分析してもらう (江田ら 2014 など) ことで種の同定と性判定を行ってきた。以下，この経験によって蓄積された知見を述べていく。

現在日本のバードウォッチャーによく利用されている5冊のフィールドガイドに記載されている両種の識別点を表1に示す。識別点として12項目があげられており，この5冊のフィールドガイドのうち4冊で，「頭上の黒斑」が取り上げられている。すなわち，アマミヤマシギは4本の黒斑のうちいちばん前の黒斑が細いが，ヤマシギでは4本がすべて同じように太いと言う。しかし，この識別点には疑問が残る。いちばん前の黒斑が太いアマミヤマシギもしばしば存在するからだ。

さらに，5冊のフィールドガイドのうちの4冊で，「羽の色」，「眼の周囲の肌」，「足の長さ」が識別点とされている。すなわち，アマミヤマシギはヤマシギに比べて，全体的に赤みが少なく，眼の周りの肌が裸出し，足が長いとされている。このうち眼の周りの肌が裸出しているという特徴は識別点として取り上げるのには注意が必要である。確かに眼の周りの肌が裸出したアマミヤマシギを見かけることがあるが，これは春から夏にかけて顕著になる形態的特徴で，秋から冬にかけての時期には裸

表1　各種フィールドガイドにおけるヤマシギとアマミヤマシギの識別点[1)]

識別点	ヤマシギ	アマミヤマシギ	A	B	C	D	E
1 羽の色	赤みがある	赤みがない	○	○	○		○
2 頭の形	尖っている	丸い			○		○
3 頭上の黒斑	4本ほぼ同じ	1番目が細い	○	○	○	○	
4 嘴の長さ	より長い	やや短い			○		○
5 嘴の太さ	やや細い	より太い		○	○		
6 眼の位置	嘴の延長線より上	嘴と同一線上		○			○
7 眼の周囲の肌	裸出なし	裸出する	○		○	○	○
8 過眼線と頬線	後ろが広がる	平行である		○	○		○
9 初列の突出	大きい	小さい		○			
10 足の長さ	より短い	やや長い		○	○	○	○
11 足の太さ	より細い	やや太い			○		○
12 飛び立ち方	斜めにすばやく	上へのんびり				○	

1) ○は記載があることを示す。5冊のフィールドガイドA～Eは以下のとおり。

A:『フィールドガイド日本の野鳥 (増補改訂版)』高野伸二 (日本野鳥の会 2007)

B:『日本の野鳥 550-水辺の鳥 (増補改訂版)』桐原政志・山形則男・吉野俊幸 (文一総合出版 2009)

C:『日本の野鳥 650』真木広造・大西敏一・五百澤日丸 (平凡社 2014)

D:『比べて識別！-野鳥図鑑 670 (第2版)』永井真人・茂田良光 (文一総合出版 2016)

E:『新版 日本の野鳥』叶内拓哉・安部直哉・上田秀雄 (山と溪谷社 2014)

出部が目立たなくなる個体が多いのである (C, D, E のフィールドガイドはそのことに触れている)。ヤマシギの体のほうが赤っぽく見えるのは，三列風切や大雨覆に暗褐色と赤褐色の斑が交互にくっきりと並ぶためである。アマミヤマシギの三列風切や大雨覆はほとんど暗褐色で，わずかに茶褐色の細い帯が入る程度である。このため離れた場所から目視したとき，ヤマシギのほうが全体的に赤茶色っぽく見える。足に関しては確実性の高い識別点と考えられる。アマミヤマシギは跗蹠(ふしょ)が長くかかとが外から見えるために，立ち上がった姿勢に見える。歩く際には体を水平に保って上手にすたすたと歩行する。一方，ヤマシギは跗蹠が短くかかとが隠れているために，しゃがみこんでいるように見え，歩く際にも前傾した体勢でつんのめるようにせわしなく歩く。アマミヤマシギのほうが地上を歩くのに適した骨格構造になっているのかもしれない。観察を重ねると，この姿勢だけでほぼ両種を識別できるようになる。

これ以外の両種の違いとして，アマミヤマシギの翼の形は先端が丸くなっていることがあげられる (清棲 1978)。長い渡りをする鳥は初列風切羽が長く，尖翼化することはよく知られている (Lockwood et al. 1998 など)。アマミヤマシギは体も大きく翼の形も先端が丸いことから，長い距離を渡れるヤマシギに比べると，移動能力が低いと推定される。アマミヤマシギの化石は沖縄島南部や宮古島からも出土しており，およそ 2.1 万年前の最終氷期最盛期には現在よりも広い範囲に生息していたらしい (Matsuoka 1999)。その後，海面が上昇して不連続な琉球列島が成立するに従って生息地が分断され，奄美群島の一部のみで生き残ったのではないかと考えられる。

ヤマシギにおいては雄よりも雌のほうが嘴は長く，尾は短いとされる (Prater et al. 1977)。標識調査のために捕獲したアマミヤマシギ個体について，可能な限り露出嘴峰長，嘴長 (鼻孔前端から嘴の先端まで)，嘴幅 (鼻孔前端の幅)，嘴高 (鼻孔前端の高さ)，全頭長，跗蹠長，翼長，尾長，体重の測定を行った。この結果，アマミヤマシギにおいても雄よりも雌のほうが嘴は長く，尾は短く，体重は重いことが明らかに

表 2　奄美大島におけるアマミヤマシギ成鳥の計測値[1)]

計測部	雌			雄		
	サンプル数	平均	標準偏差	サンプル数	平均	標準偏差
露出嘴峰長	59	82.0	2.5	65	79.0	2.9
嘴長	59	68.0	2.5	65	65.9	2.8
嘴幅	59	8.7	0.5	65	8.2	0.6
嘴高	59	12.6	0.5	65	12.1	0.5
全頭長	57	123.5	2.6	64	120.2	2.6
跗蹠長	58	47.7	1.8	65	46.9	1.9
翼長	59	200.7	6.5	65	201.0	6.6
尾長	58	74.8	4.9	65	77.6	4.7
体重	59	459.6	28.2	65	419.4	33.0

1) 江田ら (2014) を一部抜粋して作成。単位は mm (体重のみ g)。

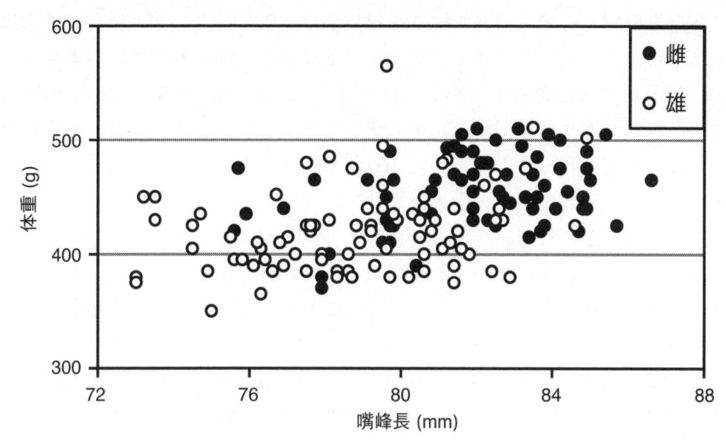

図1 アマミヤマシギの体重と露出嘴峰長の性差 (サンプル数 $N=161$)。●が雌，○が雄を示す。一般的に雌のほうが体重は重く，露出嘴峰長は長いが，雄と雌で散布範囲が明確に分断されているわけではなく，重複も多い。

なった (鳥飼 2011)。奄美大島で標識した個体のうち成鳥だけを抜き出し，上記9項目の計測値の平均値を求めると，表2のようになる。これらのうち有意な性差が認められなかった跗蹠長と翼長を除く7つの外部計測値を使って，判別正答率80%以上の性判別式が導き出された (江田ら 2014)。正答率80%は決して高い判別率とは言えないが，捕獲して計測できれば，1つの目安にはなるであろう。

アマミヤマシギは雄よりも雌のほうが大きいことがわかったところで，性別のはっきりしている成鳥161個体について，縦軸に体重，横軸に露出嘴峰長をとって作った散布図が図1である。図を見ても，一般的に雌のほうが大型で，雄のほうが小型であることがわかる。しかし，嘴が長く体重の重たい雄や嘴が短く体重の軽い雌も少なからず存在しており，重複範囲が大きい。他の任意の2つの計測値を使っても結果は同様であり，いずれも重複範囲が大きい。つまり，アマミヤマシギは明確な性的二型を示しているとは言えず，野外の観察下で大きさだけで性別を判定するのは極めて難しい。

ここまでアマミヤマシギの成鳥の雄と雌の外部形態を述べてきたが，幼鳥では成鳥ほど性差がはっきりしない。幼鳥に関しては，初列雨覆先端の単色帯が広いこと，上尾筒の羽色が赤みがかっていること，足の色が黒ずんでいることで，換羽後の成鳥と識別が可能である (鳥飼 2011)。

アマミヤマシギは夜行性か

本章の冒頭で，アマミヤマシギには夜の林道でよく遭遇することに触れた。実際，昼間に林道を車で走ってもめったに本種を見かけることはないが，夜間であればかなりの確率で観察ができる。アマミヤマシギの生息密度を調べるための自動車センサスが夜間に行われてきたのもそれを裏づけている (石田・高 1998; 石田ら 2003 など)。このことからアマミヤマシギはこれまで図鑑やフィールドガイドにおいて夜行性の鳥のような記述がなされることもあった (奄美野鳥の会 2009; 真木ら 2014 など)。本種の保護増殖事業の一環である自動車センサスも同様に夜間に実施したが，調査を続けるうちに奇妙なことに気づいた。同じルートを同じ時間帯にセンサスしても，林道上への出現個体数が日によって，また季節によって大幅に変動するのだ。季節による変動については後に触れるとして，ここでは日によって出現数が大きく変動する事象に着目したい。

調査日による出現数の変動の原因は何か。まずこれを明らかにするために，センサス当日の環境要因 (雲量，気温，風速，月の明るさ) を分析したところ，出現数は月の明るさとの相関関係を示した。つまり，月の明るい夜ほどアマミヤマシギの林道上への出現数が増えることがわかったのである (水田ら 2009)。

では，林道にはどの時間帯によく出現しているのか。それを調べるために奄美大島中部奄美市住用町の照葉樹林が広がる三太郎地区で林道脇に 5 台の自動撮影カメラを仕掛けて，林道に現れるアマミヤマシギを撮影した (図 2)。2008 年から 2011 年の 4 年間にアマミヤマシギは 242 回撮影された。撮影時間帯は 14 時台に 1 例あったものの，その他はすべて夕方 17 時から翌朝 7 時であった。アマミヤマシギは薄暗くなってから林道に出てくることが明らかになったが，夜間どの時間帯も均等に出現しているわけではなく，夕暮れ時の 18 時台から 20 時台と夜明け前の 5 時台から 6 時台

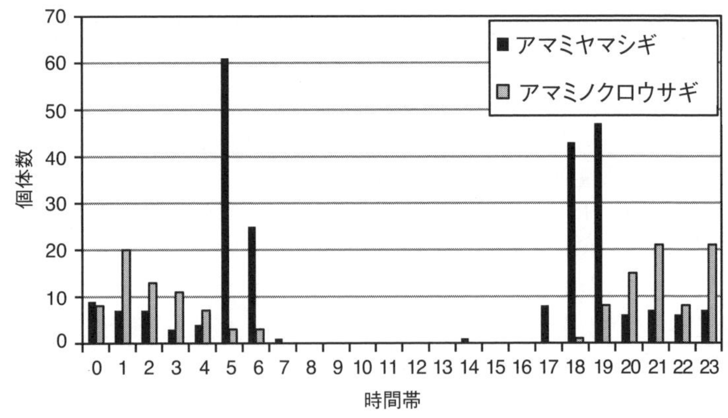

図 2　アマミヤマシギとアマミノクロウサギの林道への出現時間。横軸は時間帯，縦軸は出現数。2008〜2011 年の三太郎地区での自動撮影カメラのデータを集計。サンプル数はアマミヤマシギが $N=242$，アマミノクロウサギが $N=139$。アマミノクロウサギは深夜に出現が多く，アマミヤマシギは薄明薄暮の時間帯に出現数が多い。

に顕著なピークが認められた。5台のカメラには4年間に139回アマミノクロウサギ *Pentalagus furnessi* も撮影されていた。アマミノクロウサギは夜行性とされ (杉村 1996 など), 撮影時間帯も21時台から1時台の深夜に多かった。アマミノクロウサギに比べるとアマミヤマシギは深夜の出現が少なく, 夜行性とは呼びづらい。むしろこの結果からは薄明薄暮性と呼ぶほうが適切と思われる。林道への出現が月の明るい夜に増えることと考え合わせると, アマミヤマシギが林道を利用する際には, ある程度の明るさがあるほうが望ましいと考えられる。

ここまで林道上のアマミヤマシギの出現状況に着目してきたが, 林道以外の場所ではどうなのだろうか。昼間に本種を林道上で目撃することは稀だが, 薄暗い林の中を歩いているときなどに近くの林床から急に飛び立つ姿は時折目撃する。アマミヤマシギの主要な生息地は林道よりもはるかに面積が広い森林内であることは明らかである。奄美にはハブ *Protobothrops flavoviridis* を退治させる目的で, 1979年に外来生物のマングースが人為的に導入された。このマングースが増えてアマミノクロウサギなどの固有種の脅威となってきたために, 環境省は2005年より奄美マングースバスターズという専門の捕獲チームを結成して駆除にあたっている。奄美マングースバスターズは奄美大島の森林地帯の広範囲で駆除を実施しており, マングースのモニタリングを目的として林内各所に自動撮影カメラを仕掛けている。このカメラにもアマミヤマシギがしばしば写っている。そこで2007年から2011年の5年間にマングースバスターズが林内に仕掛けた自動撮影カメラに写ったアマミヤマシギの撮影時間帯を図にしてみた (図3)。アマミヤマシギは1,092回撮影されており, 撮影頻度の高い時間

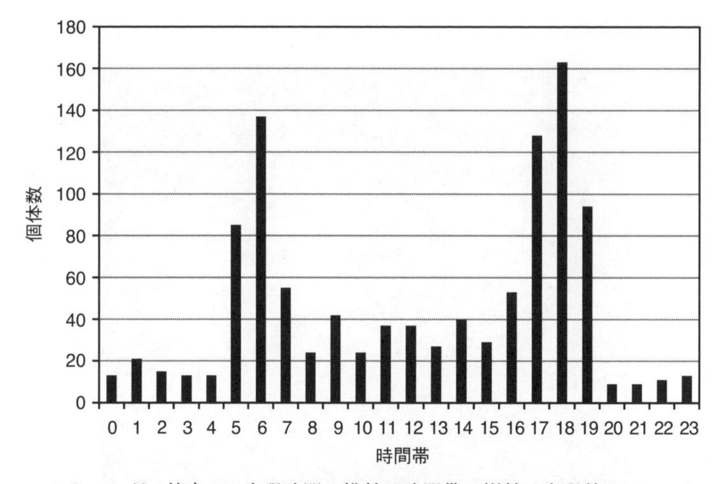

図3　アマミヤマシギの林内での出現時間。横軸は時間帯, 縦軸は出現数。2007～2011年の奄美大島全島でのマングースバスターズの自動撮影カメラのデータを集計。サンプル数は N= 1,092。アマミヤマシギは一日中撮影されているが, 薄明薄暮の時間帯の撮影がとくに多い。

帯は夕暮れ時の17時台から19時台と夜明け前の5時台から6時台であった。この傾向は林道上での出現状況と同じであるが，林内では夜間だけではなく昼間もある程度の頻度で撮影されていた。しかも撮影頻度は総じて夜間よりも昼間のほうが高かったのである。そのなかには嘴を地面に差し込んだ採餌中のアマミヤマシギの写真も混ざっていた。

こうなるともはやアマミヤマシギは夜行性とは言えまい。夜行性のごとく見えていたのは，観察者である人間が本種にもっとも遭遇しやすかったのがたまたま夜間の林道だったからにすぎないのではなかろうか。アマミヤマシギには明るすぎず暗すぎもしない活動するのに好みの明るさがあり，時間帯によってその明るさの場所を選んで終日活動しているようである。林道でも林内でも薄明薄暮の時間帯に撮影頻度が上がるのは，その時間帯の明るさがアマミヤマシギの活動にとって最適だからであろう。活動するのにある程度の明るさを必要とするということは，アマミヤマシギの採餌行動，あるいは捕食回避行動には視覚が重要な役割を果たしていることが想定される。このあたりの研究は今後の課題である。

あるアマミヤマシギの通勤行動

保護増殖事業で行動観察を続けているアマミヤマシギには3つの色足環を付しており，これにより個体識別ができるようになっている。2007年に三太郎地区で標識された雌の成鳥［右足に青 (B) の色足環1個，左足に緑 (G) の色足環2個を標識。以下BGG］は，2009年から2011年にかけて特定の1台の自動撮影カメラに31回も写っていた。

図4 2011年9月14日18時45分に撮影された雌成鳥の標識個体BGG。カメラは北向きに仕掛けられており，この個体は西側に向かって歩いていることがわかる。

表 3　標識個体 BGG の撮影状況

撮影年	撮影月日	撮影枚数	向き[1]	回数	撮影時間	日出，日没との関係
2009	6/4～6/13	4	東	3	5:05～5:14	日出前 9 分～19 分の間
			西	1	19:28	日没後 8 分
2010	5/31～7/29	6	東	3	5:14～5:19	日出前 10 分～17 分の間
			西	2	19:22, 19:33	日没後 7 分と 14 分
			北	1	19:23	日没後 17 分
2011	8/21～11/14	21	東	3	0:51, 5:47, 5:52	0:51 を除き日出前 17 分と 24 分
			西	18	17:54～19:33	日没前 1 分～日没後 30 分の間

1）向きは BGG 個体の歩いている方角を示す。

図 4 に示したのは 2011 年 9 月 14 日 18 時 45 分に撮影された同個体である。この自動撮影カメラは細い林道の北側を視野に入れるように仕掛けられており，BGG 個体は西に向かって歩いていることがわかる。カメラの仕掛けられた細い林道の西側には広い林道や疎林が，東側には密な森林が広がっている。BGG 個体の撮影状況を表 3 にまとめた。写っていた BGG 個体はすべて図 4 同様に歩いており，31 回のうち 9 回は東に向かって，21 回は西に向かって歩いていた。さらに東に向かって歩いていた 9 回のうち 8 回は日の出の 24 分前から 9 分前までの時間帯に集中し，西に向かって歩いていた 21 回はすべて日没の 1 分前から 30 分後までの時間帯に集中していた。整理すると，BGG 個体は朝方の日の出前には密な森林のほうへ向かって，夕方の日没前後には疎な林，ないし林道のほうへ向かって歩いていたことになる。この行動はアマミヤマシギが昼間は薄暗い林内で，夜間は少し明るい開けた場所で活動しているという，これまでにわかった日周行動を裏づけるものであり，同時にアマミヤマシギの「通勤」時間がかなり厳格に決まっていることを示唆している。

撮影された時期に着目すると，いちばん早い撮影日が 2010 年の 5 月 31 日，いちばん遅い撮影日が 2011 年の 11 月 14 日で，夏から秋にかけての半年間に限定されていた。BGG 個体は 2009 年と 2010 年の冬から春にかけてはカメラには写らない別の場所へ移動した可能性がある。2011 年に関しては別の場所に移動した可能性のほか，死亡した可能性も否定できない。越冬中のヤマシギは昼間に十分な餌が得られなかった場合，夜間捕食の危険を冒して草原へ出かけるという (Driez et al. 2005)。アメリカヤマシギでは夏期，捕食者回避のために昼間の居場所と夜間の居場所の間を「通勤飛行」する現象が知られている (Masse et al. 2013)。アマミヤマシギがどのような目的で「通勤」するのかは今後解明が待たれるところである。

アマミヤマシギの繁殖について

水田 (2016) はアマミヤマシギの交通事故が，月の明るい夜と 3 月に起こりやすいと車の運転手に注意を喚起している。本種が月の明るい夜によく林道上に出てくるこ

図 5　2012 年 3 月 1 日に撮影したアマミヤマシギの巣。この時点で卵は 3 個。最終的に孵った雛は 2 羽で，卵 1 個は遺棄された。

とはすでに触れた。林道に限らず一般舗装道路にも出てきて，交通事故に遭遇するリスクが高まるのである。では，どうして 3 月に交通事故が多いのだろうか。ヤマシギは繁殖期になると雄どうしが飛びながら追いかけ合う行動が見られるという (Cramp et al. 1983)。その際に雄は尾羽を広げ，尾端の白色部を誇示しているらしい (Albert Lastukhin 私信)。アマミヤマシギも繁殖の前期にはグェーグェーと盛んに鳴きながら円を描くようにして上空を飛び回るディスプレイフライトと思われる行動がよく観察される。飛び回った後は道路の真ん中に降りたち，しばらくぼっとしている場面をしばしば目にする。おそらく求愛も路上で行われるのであろう。求愛行動に熱心になりすぎるあまり注意がおろそかになり，交通事故にあっているのかもしれない。

求愛行動の実態は未解明の部分も多いが，抱卵については観察記録がある。2012 年 2 月 28 日，マングースバスターズの一員によって，奄美大島北部の龍郷町屋入の山中でアマミヤマシギの抱卵中の巣が発見された。翌日筆者が確認に行ったときには巣の中に卵 3 個が確認された (図 5)。この巣はその後も抱卵が続けられた。昼間の抱卵状況はビデオ撮影に成功し，3 月 16 日に無事に 2 羽の雛が孵って親鳥とともに巣を離れる様子までが継続的に記録された。本事例では 18 日間に及ぶ抱卵を観察できた。ヤマシギの抱卵期間は 20 日から 23 日とされており (Cramp et al. 1983)，アマミヤマシギにおいても 3 週間前後と推測される。抱卵を行うのはおそらく雌と思われる 1 個体のみで，自身の採餌のために昼間の撮影時間中に毎日 1 回か 2 回，1 回当たり 15 分から 35 分程度，離巣する様子が撮影された。なお，この巣では最後の 1 卵は遺棄された。

アマミヤマシギの抱卵中の巣および孵化したばかりで親に連れられて歩く綿羽状態

表 4 アマミヤマシギの抱卵中の巣と孵化直後の綿羽の雛の目撃事例 (2006〜2012 年)

(a) 抱卵中の巣

発見日	卵数	標高 (m)	地形	地点詳細
2006/3/3	4	380	林道跡	大和村志戸勘林道南側入口近く
2006/5/30	2	280	林道跡	奄美市大熊東。奄美市-龍郷町境界線
2007/4/12	3	300	平坦な尾根道	奄美市石原線南
2009/3/18	3	170	急斜面の一部平坦地	奄美市三太郎トンネル西側入口上
2009/4/8	2	220	林道跡	大和村名音林道フォレストポリス近く
2009/4/15	3	40	尾根	龍郷町大勝東
2010/3/28	3	260	緩斜面	奄美市スタルマタ-中央林道三差路南西
2011/3/22	3	210	急斜面	大和村中央林道きょらご橋東
2011/4/6	3	350	林道跡	瀬戸内町八津野ナン川林道近く
2012/2/28	3	30	緩斜面	龍郷町屋入北
2012/3/20	4	280	緩斜面	奄美市石原国有林内

(b) 孵化直後の雛

発見日	雛数	標高 (m)	地形	地点詳細
2006/4/29	2	180	林道跡	龍郷町市理原北尾根
2007/5/30	1	480	山頂の平坦な高台	奄美市石原線滝ノ鼻山
2009/3/28	2	280	緩斜面	奄美市スタルマタ-中央林道三差路南西
2010/4/14	3	160	尾根	大和村大名線西側入口北
2010/4/29	1	440	(詳細不明)	奄美市石原線南
2010/5/13	2	370	(詳細不明)	奄美市神屋北スタルマタ線沿い南
2011/4/20	2	100	谷筋の緩斜面段々畑跡	奄美市有良南西
2012/3/16	2	300	緩斜面	龍郷町屋入北

の雛の観察事例を表 4 および図 6 にまとめた。抱卵中の巣の観察事例は 11 例あり，2 月 28 日の発見がいちばん早い。抱卵のピークは 3 月から 4 月にかけてであり，いちばん遅かった観察事例は 5 月 30 日だった。抱卵の時期はおよそ 3 カ月に及ぶ。

営巣場所は斜面，尾根，林道跡などまちまちであり，標高も 30 m から 380 m まで幅がある。地上営巣であるアマミヤマシギは外敵に無防備であるため，カムフラージュに適した木の根元のくぼみやシダの下などに営巣することが多いようである。一腹の卵数はおおむね 3 で，2 から 4 まで幅がある。

孵化したての綿羽状態の雛が観察された事例は 8 例あり，いちばん早い観察事例が 3 月 16 日，いちばん遅いのが 5 月 30 日で，4 月がもっとも多かった。4 月や 5 月の抱卵も確認されているので，さらに事例が蓄積していけば 5 月以降の雛の観察はもう少し増えると考えられる。

親鳥がいつまで幼鳥を連れているかについても，「通勤」の事例を示してくれた雌の成鳥 BGG 個体から興味深いデータが得られた。BGG 個体は 2009 年 5 月 28 日に三太郎地区の林道上で幼鳥 2 羽を連れているところを目撃された。この 2 羽の幼鳥は

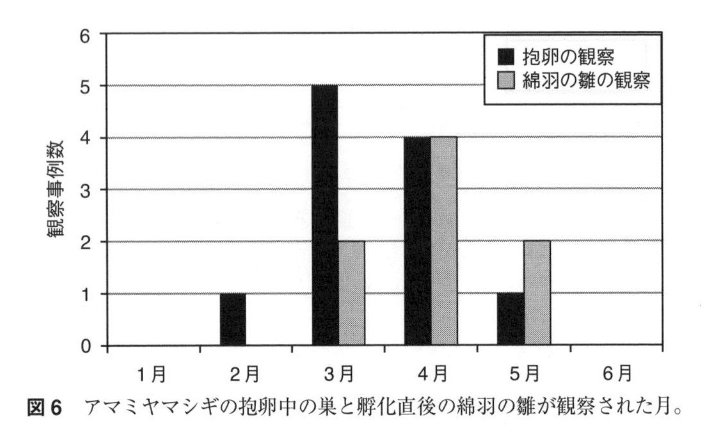

図 6　アマミヤマシギの抱卵中の巣と孵化直後の綿羽の雛が観察された月。

捕獲に成功し，うち1羽には右足に白 (W) の色足環，左足上に緑の色足環，左足下に白の色足環を標識した (以下 WGW)。このとき WGW は綿羽ではなく1回換羽を終えた幼羽の状態で，体は親鳥よりも一回り小さい程度であった。この親子はその後，6月13日までに4回自動撮影カメラで撮影されたが，7月9日には幼鳥の WGW 個体が林道上で単独で目撃された。WGW 個体は6月14日から7月9日までのどこかの段階で親鳥から独立したと考えられる。ヤマシギでは15〜20日で幼羽に換羽し，その後5〜6週間して親から独立するとされる (Cramp et al. 1983)。アマミヤマシギも独立までには同程度の日数がかかるようである。

いずれにしろ，アマミヤマシギの繁殖生態については未知の部分が多く，解明のためには GPS データロガーを使って行動を追跡するなど新たな手段の導入が必要と思われる。

冬のアマミヤマシギはどこにいるのか

次にアマミヤマシギの1年の行動を追ってみる。本種の保護増殖事業で，2008〜2011年の4年間は前述の三太郎地区で，2012〜2014年の3年間は奄美大島南部瀬戸内町の照葉樹林地帯である勝浦地区で，毎月5回の林道の自動車センサスを行った。その調査の際に林道上に出現したアマミヤマシギの数を月別に示したのが図7である。三太郎地区と勝浦地区で少しグラフの形が異なっているが，1月から3月にかけて出現数が次第に上昇する点，7月に出現数がピークを迎える点，その後出現数が減り12月と1月は出現数が非常に少なくなる点などは同じ傾向を示している。前項で示したようにアマミヤマシギの繁殖期は2月下旬から5月である。6月から7月にかけて林道上への出現数が増えるのは，その年生まれの幼鳥が出そろうためであるのは明白である。この時期に標識調査を行うと捕獲される半分以上の個体が幼鳥であることもそれを裏づけている。この時期を育雛期と呼ぶことにする。

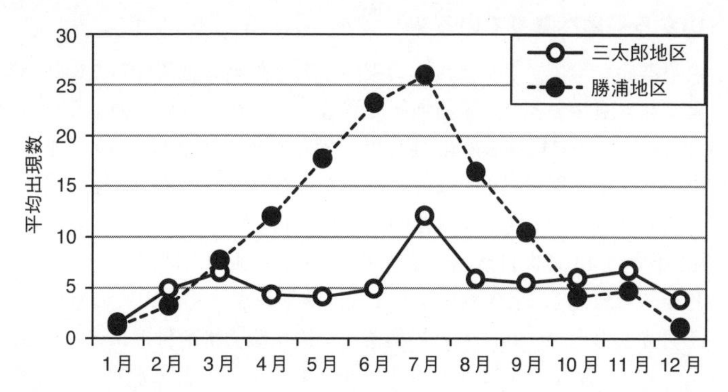

図7　三太郎地区と勝浦地区におけるアマミヤマシギの林道上への月別出現数の推移。三太郎地区は2008～2011年のセンサス結果の，勝浦地区は2012～2014年のセンサス結果の平均。

秋にかけて出現数が減るのは，新生幼鳥などが分散を始めるからだと思われる。この時期を分散期と呼び，さらに出現数が最小になる12月から2月上旬を冬期と呼ぶ。問題は冬期の夜間に林道から消えるアマミヤマシギがどこへ行っているのかである。

仮説1　アマミヤマシギは渡っている？

まず，アマミヤマシギは冬期に奄美大島からいなくなっているのではないかという仮説が考えられる。アマミヤマシギは非繁殖期に沖縄島や沖永良部島などで観察されている。素直に考えれば，アマミヤマシギは繁殖を終えた後，南の島に渡っているのではないだろうか。しかし，ヤマシギと比べて飛行能力の劣るアマミヤマシギが本当に渡れるのだろうかという疑問は残る。

渡りを実証するには，これまでに奄美大島，加計呂麻島，徳之島で色足環を付した標識個体が1羽でも沖縄島や沖永良部島などで観察されればよい。残念ながら現在のところ標識個体が放鳥した島とは別の島で確実に再確認された事例は1例もない。現在のところ標識されたアマミヤマシギのもっとも離れた場所での再認記録は，2016年8月28日に宇検村の田検福元線で放鳥された色足環装着個体が，2017年3月22日に龍郷町の長雲峠付近で写真撮影された事例であり，直線距離で約32.5 km離れていた。本事例は奄美大島内での再認記録なので一度に30 kmを飛んだ根拠はないが，仮にアマミヤマシギが30 kmの飛行能力を有するのであれば，島伝いに沖縄島まで到達することが可能となる。

標識個体は毎年増えており，2017年8月末時点で筆者以外が標識した個体も含めて700余羽にまで達している。今後，沖縄島などで標識個体が観察されることを期待したい。

仮説２　山から平地へ降りている？

保護増殖事業の一環で，アマミヤマシギの年間の行動を把握するためにラジオテレメトリー調査も実施してきた。勝浦地区で調査した雄と雌は以下のような行動を示した。2013 年 10 月 3 日に標高 340 m 地点で捕獲した雄の成鳥は翌 10 月 4 日にふもとの農耕地に降り，その周辺にとどまるようになった。そして 12 月 21 日にふもとの集落でネコに捕食されて死亡した。2014 年 6 月 3 日に標高 290 m 地点で捕獲した雌の成鳥は 2015 年 4 月 14 日に自然死するまでの 10 カ月強の期間追跡できた。この雌の成鳥は 6 月初旬に放鳥してから 10 月末までは捕獲地点近くの山腹の常緑広葉樹林にいたが，11 月から 3 月まではふもとの集落に隣接する農耕地付近にとどまった。

2 例とも，アマミヤマシギは秋から冬にかけて山のふもとの農耕地に降りていた。さらに 2013 年から 2014 年にかけての同地区での自動車センサスの結果を図 8 に示す。育雛期と冬期のアマミヤマシギの出現場所を比べると，冬期のほうが明らかに低標高の場所に偏っている。とくに農耕地の中を通過する勝浦農道への出現は冬期のみで，育雛期にはまったく目撃されていない。これらの調査結果から，勝浦地区のアマ

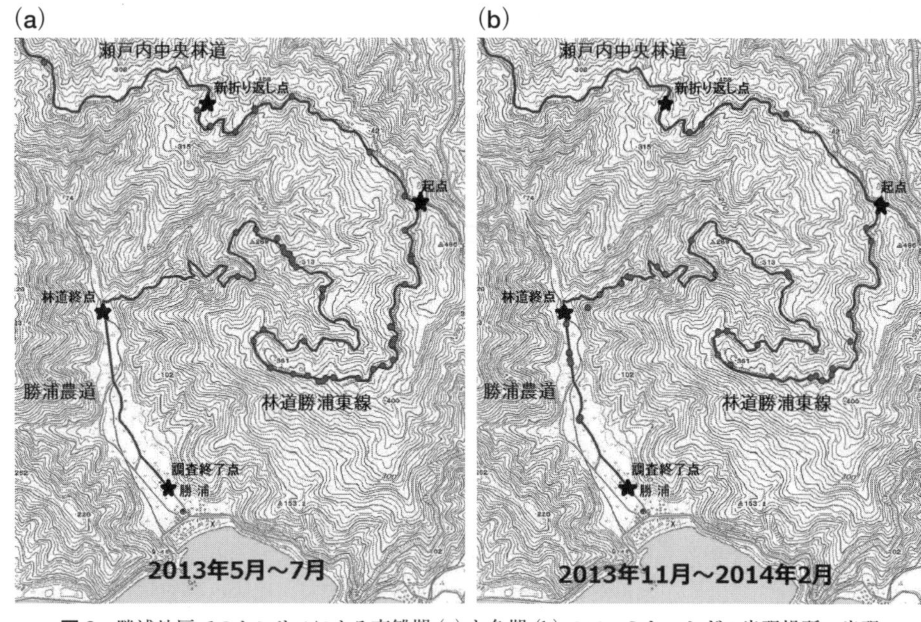

図 8　勝浦地区でのセンサスによる育雛期 (a) と冬期 (b) のアマミヤマシギの出現場所。出現場所を●で示す。瀬戸内中央線は標高 350 m (起点)～370 m (新折り返し点)，林道勝浦東線は標高 350 m (起点)～標高 20 m (林道終点)，勝浦農道は標高 20 m (林道終点)～5 m (調査終了点)。育雛期は標高の高い場所に出現が偏っているが，冬期は標高の低い場所でも出現が見られる。とくに勝浦農道への出現が顕著。

ミヤマシギは冬期に平地の農耕地を利用していることが明らかになってきた。

ただし，この傾向は三太郎地区では必ずしも当てはまらなかった。三太郎地区で発信機を装着した個体は，雄も雌も冬期は繁殖期よりも活動範囲が狭くなる傾向は認められたものの，1年を通じて標高400 mから450 mの山林中で活動していたのである。三太郎地区は奄美大島の中南部に広がる大森林の東端にあたり，農耕地までの距離は遠い。一方，勝浦地区は森林と農耕地が隣接している。アマミヤマシギが農耕地を利用するかどうかは，生息地の周辺環境によって変わるのかもしれない。

仮説3　夜も林の中にいる？

保護増殖事業とは別に2009年5月より，勝浦地区と連続した常緑広葉樹林である瀬戸内町の油井岳地区の林内に6台の自動撮影カメラを仕掛けて，モニタリングを実施している。2015年2月までにアマミヤマシギは425回撮影されており，林内での日周活動には明瞭な季節変動が認められた。4月から8月に撮影された個体はすべて5時台から19時台の明るい時間帯であったのに，冬期は夜間の撮影が増加した。アマミヤマシギはもともと存在した捕食者と考えられるハブの攻撃を避けるために夜間は林道などの明るい場所に出るが，冬期はハブの活動が不活発になるために夜間も林内にとどまっている可能性も示唆されている (小高・鳥飼未発表)。

以上，冬期にアマミヤマシギが林道から姿を消す現象について3つの仮説をあげてみた。おそらくこれらの要因が重なり合って，アマミヤマシギは冬期の林道へは現れにくくなるのであろう。

アマミヤマシギの保護のために

アマミヤマシギの生息個体数は2,500～9,999とされている (BirdLife International 2012) が，正確なところは誰にもわからない。18章にオオトラツグミ *Zoothera dauma major* の個体数を推定することの難しさが述べられている。繁殖期の夜明けに明瞭にさえずるという生態的特性をもつオオトラツグミでさえ難しいのだから，昼間はほとんど薄暗い林内にいて夜間は条件次第で林道に出てくることもあるアマミヤマシギの個体数を推定するのは至難の業である。

個体数がわからないので，アマミヤマシギが増えているのか減っているのかも正確にはわからない。かつて本種が高密度で生息していたため保護増殖事業の調査対象地にしていた奄美大島北部龍郷町の市理原地区は，林道の拡張・舗装工事が行われて以来，出現数がめっきり減ってしまった。一方でマングースの駆除が進むにつれ，一時はほとんど見られなくなっていた奄美市名瀬周辺の林道でも，最近は本種の姿が確認できるようになっている。このように特定の地区での増減傾向はつかめても，全体的な傾向はというとよくわからないのが実態である。感触としては，明確な個体数の増加が認められるオオトラツグミ (Mizuta et al. 2017) と比べると，回復が遅い気がして

表 5 標識個体の長期生存記録

標識個体	性	初放鳥日	再確認日	再確認までの期間
BEM	雌	2007/08/22	2014/09/05	7年と14日
BWM	雌	2007/02/21	2014/02/21	7年と0日
RGR	雄	2003/12/11	2010/03/24	6年と103日
PYO	雌	2009/06/22	2015/09/28	6年と98日

いる。

アマミヤマシギの生存を脅かす要因として，まず外来捕食者の存在があげられる。動きの鈍い本種は肉食の外来捕食者に対して防御するすべをもたない。マングースの分布拡大は本種にとっても大きな脅威であったと考えられる。マングース防除事業のおかげでマングースの生息密度はとても低くなってきたが (橋本ら 2016)，いま奄美の森ではノネコが新たな問題として浮上している。ラジオテレメトリー調査中の雄の成鳥が集落内のネコに捕食された事例を紹介した。また，実際に野外でアマミヤマシギがノネコに襲われる動画も撮影されている (越間茂雄私信)。山林で自活するノネコは本種にとって大きな脅威となるであろう。

市理原地区のアマミヤマシギが減ったように，山林の開発も本種の生存にとってはマイナス要因である。林業の最盛期に比べると，近年の奄美大島での森林伐採は落ち着いてきている。しかしながら現在もチップ材の伐採は継続実施されているし，林道の拡張・舗装工事も続いている。2017 年 3 月奄美群島国立公園が成立したことで，伐採にはいくらかの抑止がかかったが，今後も，アマミヤマシギなど希少種の生息環境の保全は必要となる。

前述したとおり，アマミヤマシギは月が明るい夜や繁殖期など，交通事故に遭いやすい。今後，世界自然遺産の指定などにより観光客が増えて交通量が増加すると，このリスクはさらに増大するおそれがある。ロードキルは個人個人の努力で減らすことができる。アマミヤマシギなどの希少動物が年間にどれだけ交通事故で犠牲になっているのか，観光客を含めた一般人にもっとアピールしていく必要があろう。

標識調査の結果，初放鳥から 6 年以上経過した後に再確認されたアマミヤマシギがこれまでに 4 個体いる (表 5)。このうち 2 個体は初放鳥から再確認までの期間が 7 年を越え，いずれも初放鳥時に成鳥だったため，再確認時の年齢は 8 歳以上と推定される。これらの事例により，アマミヤマシギは野生下においても 8 年は生存する個体がある程度の割合で存在することが明らかになった。動きが鈍い割には案外長寿だと言えるのではないだろうか。この鈍感な鳥の平均寿命がさらに長くなるように，私たちがやれることはまだまだたくさんある。

おわりに

本章で紹介した調査結果の多くは環境省のアマミヤマシギ保護増殖事業によって得

られたものである。2001 年から始まった同事業がなければ，アマミヤマシギはいまだに謎多き鳥のままであったかもしれない。未解明の謎がまだ多いとはいえ，本種の基本的な行動がここまで明らかになったのは，保護増殖事業の 1 つの成果であると強調しておきたい。筆者はプロの研究者でないため，調査内容の論文化は非常にハードルの高い仕事である。本章の執筆においては本種に関する先行論文を大いに参考にさせていただいた。それらの執筆者である石田健氏，水田拓氏，江田真毅氏には敬意を表し，感謝を申し上げたい。とくに保護増殖事業の検討委員でもある石田氏には原稿にも目を通していただき，有益な助言をいただいた。森林総合研究所の小高信彦氏とは現在も共同で自動撮影カメラの調査を継続中であり，その結果は近い将来発表する予定である。アマミヤマシギの行動を解析するなかで，小高氏からは数多くの示唆に富んだ指摘をいただいた。本種の保護増殖事業は NPO 法人奄美野鳥の会として取り組んだものであり，筆者一人で行ったものではない。同会の多くのメンバーとの共同作業の結果であることを，最後に記しておきたい。

ハブの脅威

沖縄で鳥の研究をしていると話すと，決まって「ハブに合いますか？」と問われる。怖い体験談を期待されていることはわかるが，残念ながら「そんなには合いませんよ，もっともこちらが気づかないだけでしょうが」と歯切れの悪い返事となってしまう。記録はとっていないが，おそらく10回程度で，半数は轢死体を見たものである。期間はこの18年間の延べ約450日間のことである。これが多いのか少ないのか気になって，頻繁にやんばるに調査に入る地元の鳥研究者に尋ねたところ，「年に2～3回かな」とのことであった。

昼間の遭遇は1回のみで，やはりハブは夜行性である。樹上で見たのも1回のみで，その枝では数日前にヤンバルクイナがねぐらをとっていた。その後同じ枝でヤンバルクイナは観察されていない。

ヤンバルクイナのねぐらを夜間にライトを使って探していて，気がついたらライトを持っている腕の数メートル横の道端で，ハブが鎌首をあげていたことがある。ハブは体長の2/3くらい跳び付くと言われているので，まだ射程範囲ではなく，こちらも車中だったが，一瞬 肝を冷やした。同じく車中から，草むらで鎌首をあげているハブを見つけてビデオ撮影していると，急に動いてネズミを捕まえたこともあった。つまりネズミを狙っている最中のハブを私が見つけたという偶然だった。

このように遭遇することは少ないが，ハブはやはり脅威である。数年前やんばるで環境調査をしている人が，大腿部をハブにかまれるという事故があった。この場所はたまたま携帯電話が通じる所であったことで大事に至らなかった。調査中は必ず長靴を履き，ハブ毒吸引用にポイズンリムーバーを携帯している。しかしどれくらい有効かは不明で，後者はもっぱらブユに刺されたときお世話になっている。相当前の話として，R大学の先生が，樹上にいたハブにかまれて亡くなったと聞いた。足元だけでなく，樹上まで気を配るのは容易なことではない。

ヤンバルクイナがハブに出合うと，高い警戒声を発してモビングする。周囲の個体や幼鳥が集まってくる。発信機で追跡しているヤンバルクイナがハブの食害にあった例がこれまで10件近く得られており，うち数例では実際にクイナを飲み込んで腹部の膨れたハブを発見している。このとき捕まえたハブを剥製にし，モビング行動を逆手に利用して研究のためのクイナの捕獲効率を高めている。「脅威」も活用するのが野外研究の極意である。　（尾崎清明）

21
ヤンバルクイナ
—飛べない鳥の宿命—

(尾崎清明)

種名　ヤンバルクイナ

学名　*Gallirallus okinawae*

分布　沖縄島北部の森林地帯にのみ分布する。

全長　約 35 cm

自動撮影カメラに写ったヤンバルクイナの成鳥 (翼は丸く短い)。(撮影：尾崎清明)

生態　日本で唯一の無飛力性の鳥である。平地の草地から山地の森林部に生息する。渓流や水たまりでの水浴びを好み，夜間は木に登ってねぐらをとる。潜行性の鳥で日中は目撃されることが少ないものの，繁殖期を中心に採餌のために路上に出現することも多く見られる。地上を歩き回りミミズやカタツムリ，コオロギなどの昆虫類から，カエル，トカゲなどの両生類や爬虫類も好んで食し，植物の実も食すなど，餌は多岐にわたる。繁殖期は 3～6 月で，主に草地や林内の地上に営巣する。巣は落ち葉や小枝で丸く整えられたものから，草地に浅い凹みを作る程度のものまでさまざまである。卵は 30 g 前後で薄いピンク色に茶色や灰色の斑模様が見られる。一腹卵数は 3～5 個であり，抱卵は主に日中は雌が，夜間は雄が行う。育雛は雌雄で行う。本種は大きな鳴き声をもち，なわばり主張をする「キョキョキョキョキョキョ …」という鳴き声をはじめ，求愛や警戒，孵化前の雛に呼びかける声など，多様な鳴き声で他個体とのコミュニケーションをとっていると考えられる。 (中谷裕美子)

日本最後の新種発見

「ヤンバルクイナ」の存在が示唆されたのは40年ほど前のことである。鳥類標識調査のため沖縄島北部を訪れていた山階鳥類研究所の真野徹研究員は，1975年8月，地元の人から「沖縄の山中に地上を歩くチャボ大の鳥がいる」という話を聞いた。その後1978年と1979年に林道を横切るクイナの仲間らしい鳥を観察したが，いずれも一瞬で，詳しい特徴はわからなかった。翌1980年には筆者も参加して，この不明種の調査を行った。沖縄島最高峰の与那覇岳の山頂近くで，7月31日の夕方，約50 m先の林道を横切ろうとした鳥がいったん茂みに戻ったが，数秒後ゆっくりした足取りで道に出てきたところを双眼鏡で確認した。バン *Gallinula chloropus* よりは少し小さめで，全身黒っぽく，胸には白黒の横縞模様，嘴と足は鮮やかな赤で，顔には白線が認められた。形態や歩き方などから，少なくとも日本未記録のクイナの1種であることは明白となった (尾崎 1982)。翌1981年6月，山階鳥類研究所では特別の調査チームを作り，捕獲のための許可を環境庁 (当時) から受け，沖縄に入ってさまざまな方法で捕獲を試みた。調査開始から11日目の6月28日，ついに1羽の幼鳥を，7月4日には成鳥1羽を捕獲して，詳細な資料を得ることができた。この2羽は測定，写真記録などをとった後に足環をつけて放鳥された。

これらの捕獲の直前，地元の高校教諭友利哲夫氏のところに，6月2日に拾得された鳥の死体が届き，標本となっていて，この標本と上記の捕獲記録から，山階芳麿・真野徹の共著で，1981年12月山階鳥類研究所研究報告にヤンバルクイナの記載論文が掲載された (Yamashina & Mano 1981)。新種の記載にあたっては，山階芳麿所長と親交のあった，クイナ類分類の権威であるスミソニアン研究所のS・ディロン・リプレイ (S. Dillon Ripley) 博士にも測定値や写真を送るなどして，助言を求めた。

日本に生息する鳥の新種は，1887年のノグチゲラ *Dendrocopos noguchii* (やはり沖縄島北部) 以来でほぼ100年ぶりだった。保管標本からの新種記載はミヤコショウビン *Todiramphus miyakoensis* (2章参照) の1919年，クロウミツバメ *Oceanodroma matsudairae* の1922年があり，調査研究が進んだ鳥類の新種は，このような博物館のコレクションのなかから見つかることはあっても，野外調査によることは少ない。

日本鳥学会の取りまとめている『日本鳥類目録』の「改訂第5版」(日本鳥学会1974) と「改訂第7版」(日本鳥学会2012) を比べると，種類数は490種から633種と143種類も増えている。その多くは本来の生息地から外れて日本に迷行して記録されたか，これまで識別が困難だった種類が観察機器や識別知識の向上によって確認できるようになったものである。すなわち，日本初記録種ではあるが，新種ではない。今後も日本では分類の見直しによる「新種」はありうるが，おそらくヤンバルクイナのようなかたちで新種が発見される可能性は低いだろう。ちなみにヤンバルクイナが発見された1981年から1990年までに，世界で発見された鳥の新種は24種と報告されている (Vuilleumier et al. 1992)。ヤンバルクイナ以外は，アフリカから11種，南米から8種，東南アジアから3種，オーストラリアから1種である。これら新種の大部分が小型の鳥で，ヤンバルクイナは最大級と思われる。

また，ヤンバルクイナの発見がこんなに遅かったのは，無飛翔のクイナであったことに一因がある。世界のクイナ類の発見年代を見ると，飛べるクイナは1700年代から始まり1900年までに記載がほぼ完了しているのに比べ，飛べないクイナの発見は1800年代後半から始まって近年まで続いている (Livezey 2003)。クイナ類の多くは茂みに隠れる習性があり，さらに飛ばない種類では観察の機会がより少なくなるからと考えられる。

「ヤンバルクイナ」という和名については，調査チームはすでに現地で候補にあげていたが，研究所内では「ローカルすぎるのでオキナワクイナが適当」との意見もあった。そのとき，「鳥の保護には地元の理解が大切で，ヤンバルクイナのほうがより具体的」と吉井正標識研究室長が力説したことによって決まった。「やんばる」とは山原と書き，沖縄島名護以北の台地状の地域を示し，自然豊かな地域という反面，不便な田舎という含意もあるようだ。

新種発表の後になってから，この鳥に関する過去の記録がいくつか明らかになった (黒田ら 1984)。大塚豊は1973年3月4日に与那覇岳付近で死体を取得し，その羽毛を保管していた。また1975年4月には儀間朝治によって，国頭村安波において樹上にいる成鳥の写真が撮影されていた。今のところもっとも古い確実なものは，発見の17年も前の1964年に蒲谷鶴彦が沖縄島の西銘岳でこの鳥の声を録音し，「なぞの鳥」として保管していたものである (松田 2004)。そのほかに，黒田長久は，ノグチゲラの調査で訪れた国頭村西銘岳で1969年に本種と思われる声を聞き，記録に留めている。また同じくノグチゲラの調査にきていたShort (1973) は，沖縄島の鳥類リストにオオクイナ *Rallina eurizonoides* (国頭村安田の水田で2羽) を加えているが，これはヤンバルクイナ (またはヒクイナ *Porzana fusca*) であった可能性がある。これらの経緯は，先入観をもたないで正確に自然を記録することの大切さを浮き彫りにしている。地元で山仕事をする人たちには，この鳥は昔から身近な存在であり，「ヤマドゥイ」(山にいるニワトリの意) とか，「アガチ」(せかせか走り回るの意) などと呼ばれていたこともわかった。

記載時，ヤンバルクイナの英名はOkinawa rail，学名は *Rallus okinawae* とされた。この発見以後，「ヤンバル」の名称はヤンバルテナガコガネ *Cheirotonus jambar* (1984年記載) やヤンバルクロギリス *Anabropsis yanbarensis* (1995年記載)，ヤンバルホオヒゲコウモリ *Myotis yanbarensis* (1998年記載) など，相次ぐ動物の新種の名前にも用いられている。

学名の意味は，「オキナワのラルス属のクイナ」である。属名の *Rallus* はドイツ語のRalle (クイナ) のラテン語化で，鳴き声に由来している (内田・島崎 1987)。なお，ヤンバルクイナの属名はその後ニュージーランドクイナ属 *Gallirallus* (Vuilleumier et al. 1992) とされ，『日本鳥類目録 (改訂第7版)』(日本鳥学会 2012) でもこちらを採用しているが，さらにナンヨウクイナ属 *Hypotaenidia* (del Hoyo & Coller 2014) やニューブリテンクイナ属 *Habropteryx* (Kirchiman 2012) などの属名も提唱されている。

ヤンバルクイナは飛べないか

ヤンバルクイナの飛翔能力については，通常飛翔が目撃されていないことや，翼の構造や筋肉などの解剖学的見地からほぼ無飛力性であろうと考えられている (361ページの写真参照) (Kuroda 1993; 黒田 1995)。これは日本産鳥類のなかでは唯一である。しかし，樹上から滑空することが観察・撮影されたり，道路上で左右に逃げ場がない状態で車に追われると走りながら羽ばたいて短距離ではあるが空中に浮き上がることも目撃されている (尾崎清明・渡久地豊未発表)。

沖縄島では 18,250 ± 650 年前の地層から，クイナ類の化石が発見されている。この化石鳥類の跗蹠長は 53.4 mm で，ヤンバルクイナ (雄：62.6 ± 2.0，雌：58.9 ± 1.7；ともに平均値 ± 標準偏差) (Ozaki 2009) よりも短く，飛べた可能性がある (渡辺 1970; Yamashina & Mano 1981)。

一方で，沖縄島南部の港川フィッシャー遺跡 (後期更新世) からヤンバルクイナと識別される多くの骨が発見されており，しかも幼鳥の存在も示されている (Matsuoka 2000)。さらに，宮古島のピンザアブ洞穴 (約 3 万年前) からもヤンバルクイナの骨が見つかっている (長谷川 2012)。はたして現存のヤンバルクイナと同種なのかは興味深い。長谷川も「非飛翔性のヤンバルクイナなどは議論のあるところである」と記している。

ヤンバルクイナともっとも近縁とされるフィリピンからインドネシアに分布するムナオビクイナ *G. torquatus* は飛翔力がある。おそらくかつて南方から沖縄島に飛来した祖先種が，捕食者となる哺乳類がいなかったことで，走り回ることに適応して飛ぶことをやめ，現在のヤンバルクイナとなったものと考えられる (尾崎 2005; 松岡 2003)。このように島嶼性のクイナには無飛力となるものが多いが，ヤンバルクイナはそのなかでもっとも北に分布している。

また，ヤンバルクイナは夜間樹上でねぐらをとることが知られており，ねぐらに利用した木はスダジイ *Castanopsis sieboldii* が多いが，タブノキ *Machilus thunbergii* やリュウキュウマツ *Pinus luchuensis*，ヒカゲヘゴ *Cyathea lepifera* などでも観察されている。平均して胸高直径が 29.2 cm で，寝ていた場所の高さは 6.7 m，その枝の太さは 12.7 cm であった。また幹の根元の傾きは平均 67.2°，寝ていた枝の傾きは 27.7° であった (Harato & Ozaki 1993)。これらのねぐら場所の条件は，太くて登りやすく安定していて，地上から十分高いことである。樹上でねぐらをとることは，地上でのヘビなどの捕食を避け，さらに飛び降りることによって，樹上での外敵の攻撃から逃れることに役立っていると考えられる。

飛べないクイナの絶滅，減少の歴史

クイナ科の鳥は極地を除く世界の大部分の地域に広く分布して，33 属 133 種が知られている。島嶼にのみ分布する 53 種のうちの 33 種が飛ぶことのできない種，つまり無飛力となっている。17 世紀以降にこの無飛力のうちの 13 種がすでに絶滅しており，現存する 20 種中 18 種が絶滅の危機にあると言われている (黒田ら 1984)。絶滅に追いやってきたほとんどの原因は狩猟，環境破壊，外来種の持ち込みなど，人間活動に起因している。絶滅は飛べないクイナ類の宿命と言えそうだ。日本には現在ヤンバルクイナを含めて，14 種類のクイナ科の記録がある。ただしかつて硫黄島にいたマミジロクイナ *Porzana cinerea* の一亜種 *P. c. brevipes* は 1924 年以降の確認がなく，すでに絶滅したと考えられる。北太平洋ウェーク島特産のオオトリシマクイナ *Rallus wakensis* は，第二次世界大戦中に日本軍の食料となったことから滅んでしまったと言われている (Ripley 1977)。

ヤンバルクイナの記載以降に日本で記録されたクイナ科の鳥類は，ミナミクイナ *G. striatus* (2007 年沖縄島)，コモンクイナ *P. porzana* (2008 年沖縄島)，コウライクイナ *P. paykullii* (1993 年渡島大島，1998 年沖縄島) の 3 種あるが，いずれも沖縄島が含まれている。以下にヤンバルクイナと同様に絶滅の危機にある飛べないクイナ科の鳥たちの現状を概観する。

グアムクイナ *Gallirallus owstoni*

グアム島には現地語で「ココ」と呼ばれた無飛力のグアムクイナが生息していたが，野生個体はすでに絶滅しており，現在は飼育個体とこれを野生復帰した個体群のみとなってしまっている。軍事物資に紛れて持ち込まれたミナミオオガシラ *Boiga irregularis* というヘビによる捕食が原因で，かつては島全体に数万羽いたグアムクイナが，1981 年には北部に 2,000 羽のみとなり，2 年後には 100 羽，そして 1987 年に 1 羽が観察されたのが野外最後の記録となった。このとき，個体数の減少の主原因がわからず，保全の対策が遅れた。かろうじて野生個体群絶滅直前の 1983 年，グアム水生野生生物資源局とアメリカの動物園が，人工増殖プログラムを開始し，人工飼育下での繁殖・増殖に成功して，種の絶滅は免れた。現在は飼育個体が数百羽となり，ヘビのいないサイパンのロタ島に放鳥し，自然繁殖にも成功している (Beck et al. 1996)。

しかしながら，人工飼育してロタ島で放鳥されたグアムクイナは，ノネコ (種としての名称はイエネコ *Felis silvestris catus*) やオオトカゲ (おそらくマングローブオオトカゲ *Varanus indicus*) などに捕食されてしまっている。これまで 23 年間の合計で 1,200 羽を放鳥しているものの，野外に定着しているのはまだ 100 羽程度である。一方グアム属島のココス島での移入実験はまだ年数や個体数も少ないが，順調な定着が見られている。グアムクイナの例は，いったん野生個体がいなくなると，野生個体群を新たにつくり出すのは非常に困難なことを物語っている。

ロードハウクイナ *Gallirallus sylvestris*

オーストラリアとニュージーランドの間にあるロードハウ島には，28種の鳥類が繁殖していて，このうち島固有のものが13種(亜種を含む)いた。しかしすでに9種が絶滅してしまった。ここに生息するロードハウクイナは，ニワトリくらいの大きさがあり，無飛力である。この島が発見された17世紀後期にはロードハウクイナは島中いたる所で見られたが，19世紀になると人の定住とともにイヌ *Canis lupus familiaris* やイエネコなどが移入され，次第に数や生息場所が減ってきた。とくに影響が大きかったのは野生化したブタ *Sus scrofa domesticus* で，クイナの卵や雛を捕食するだけでなく，ミミズなどの餌の競合，植生の破壊による生息地環境の減少をもたらした。その結果1980年にはロードハウクイナは全島でわずか30羽，健全なつがいが3ペアしか確認できなくなった。そこで国による人工増殖計画が始められ，わずか3年間で80羽の雛を得ることができた。これらを捕食者のいない地域に放鳥することによって，1983年には放鳥した個体の自然繁殖も成功し，1984年までにクイナの個体数は100〜140羽と推定されるまでに増加した。その後も定期的に数のセンサスや足環による個体識別が行われ，個体数は安定しており，2013年のセンサス結果では266個体と推定された(Christo Haselden私信)。野生化したブタは駆除の努力により根絶されているが，そのほかの脅威となりうるメンフクロウ *Tyto alba*，クマネズミ *Rattus rattus* などの移入種は根絶には至っていない。ロードハウクイナの保全活動の成功例は，短期間でも効果的な場合があることを示している。

ニュージーランドクイナ *Gallirallus australis*

ニュージーランドクイナはニュージーランド固有種で，かつてはニュージーランドの北島，南島および周辺の島に広く分布していたが，現在の分布域は減少し分断化している。4亜種の合計が11〜18万羽と推定されているが，もっとも少ない亜種は8,000羽に満たず，IUCNのレッドリストには種としてVulnerable (日本の基準では絶滅危惧II類) に選定されている (BirdLife International 2016)。主な減少原因は環境悪化，交通事故，外来哺乳動物による捕食圧などと考えられ，ヤンバルクイナの現状に類似している。さらに外来種駆除のための毒餌も要因としてあげられている。外来哺乳動物 (オコジョ *Mustela erminea*，イイズナ *M. nivalis* など) の駆除を進めるとともに，積極的に好適な環境へ移住するプロジェクトも行われ，効果を上げつつある。なお，ニュージーランドでは，外来種問題の啓蒙が浸透して，一般市民にも広く認識されており，ボランティアベースの駆除なども盛んに実施されている。

タカヘ *Porphyrio hochstetteri*

タカへはニュージーランド固有，大型で無飛力のクイナである。1898年に採集された4個体を最後に，いったん絶滅したと思われた。減少の原因は狩猟圧，移入されたシカ類の影響による生息環境の減少，移入種のオコジョによる捕食などである。ところが，南島南部で1948年に250〜300羽の個体群が再発見された。すぐに500 km^{2}がタカへのための保護区に設定されるが，1970年代になると個体数は減少し，1981年には120羽と推定されるにいたった。シカ類の駆除，給餌，近親交配を避けるための個体移住，繁殖率を上げるための卵管理などの保全策や飼育下繁殖などによって，個体数は近年しだいに増加傾向にあり，現在では150〜220羽と推定されている。また生息分布は，外敵のいない島への積極的な移住によって北島周辺など5カ所に増えている。保全回復計画の長期目標は，自立安定した500羽以上の個体群を，フィヨルド国立公園内の現在および以前の生息地とそのほかの本島地域に創設すること，3カ所以上の外敵のいない島での個体群を野生個体がいなくなったときの保障として確保すること，などが設定されている (Crouchley 1994)。

カラヤンクイナ *Gallirallus calayanensis*

フィリピン・ルソン島北のバブーヤン諸島のカラヤン島 (ルソン島北端から約80 km北) において，2004年クイナ科の新種カラヤンクイナが発見・記載された。発見の経緯は，イギリスとフィリピンの研究者がこれまで未知であったこの地域の鳥類など動物相の調査を実施したところ，正体不明の鳥を観察した。そのとき撮影した写真と声の録音を調べたところ，新種である可能性があった。その後捕獲にも成功し，新種記載された (Allen et al. 2004)。

カラヤンクイナに関してはまだ詳しく調べられていないが，ほぼ無飛力とされている。個体数は3,000羽程度と推定されており，すぐに絶滅するという状態ではないにしろ，開発による生息地の減少，食用のための違法捕獲は脅威となりうると考えられる。カラヤン島は196 km^{2}の島で，人口は8,451人。カラヤンクイナの生息域は10 km^{2}以下の可能性もある。

筆者は2015年にカラヤン島を訪れ，この鳥の調査で10日間滞在したが，この間に直接観察できたのはわずか2個体で，しかも短時間であった。観察のしづらさはヤンバルクイナ以上で，「忍者のようなクイナ」の印象をもった。

分布と個体数の減少

ヤンバルクイナの分布域は発見当初から，沖縄島北部の国頭郡国頭村，大宜味村，東村の3村 (約340 km^2) にほぼ限定されており，そのうちの森林は約8割の266 km^{2}である。分布域が狭いことから，個体数も少なく，外来種などによるリスクも予想された。はたして発見から約10年後の1990年頃になると，従来知られていた分布域の南限付近 (大宜味村の塩屋〜東村の平良を結ぶライン) で，その生息が確認できなくなっていることが認められ (Harato & Ozaki 1993)，分布域減少の兆候が懸念された。

ヤンバルクイナの分布域については，スピーカーで鳴き声を流して反応を調べるプ

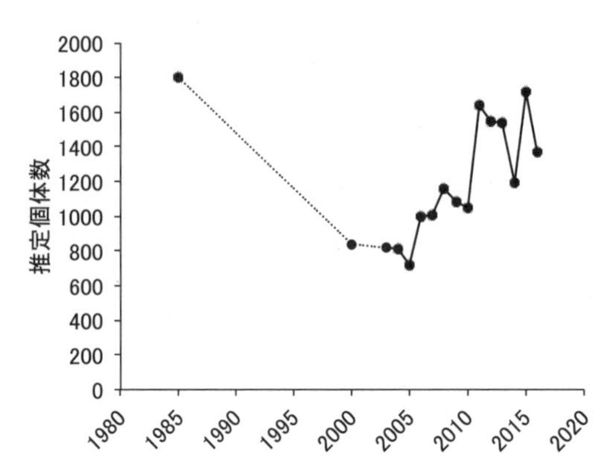

図1 ヤンバルクイナ推定個体数の推移 (花輪・森下 1986; 尾崎 2010; 環境省那覇自然環境事務所 2017 より作成)。

レイバック法によって，広範囲の生息確認が可能となった。それは以下のような方法である。調査地域を約 1 km × 1 km のメッシュに分割し，それぞれのメッシュの中で，ヤンバルクイナの鳴き声を流す。これに対する反応の有無，個体数，方向や距離を記録し，地図上に図示する。この手法を用いた分布状況の調査は，1985〜1986 年の環境庁 (当時) の特殊鳥類調査で始められ，その後山階鳥類研究所が，1995〜1999 年，2000〜2001 年にかけての 2 回と，2003 年から 2006 年まで毎年実施している。2007 年からは環境省がほぼ同じ方法で継続している。なお，調査は繁殖期を避け，主に冬期に実施している。

1985〜1986 年の調査で，ヤンバルクイナは大宜味村の塩屋〜東村の平良を結ぶライン以南でも生息が確認されていたのに対し，1995〜1999 年の調査では国頭村謝名城周辺〜東村福地ダム周辺以南で生息が確認できなかった。2000〜2001 年の調査では生息が確認できなかったラインはさらに北上して，国頭村比地〜東村大泊となった。2004 年の調査ではついに東村と大宜味村でヤンバルクイナはほとんど確認されなくなり，国頭村のみとなった。すなわち分布域の南のほうから次第に生息が確認できなくなり，ヤンバルクイナの生息域の南限は，1985 年からの 20 年間で約 15 km 北上し，生息域の面積は約 40%減少したと推定された (尾崎 2005)。

一方，生息個体数に関しては，プレイバック法で得られた結果により推定生息域における生息密度を推定し，これを定点調査によって得られたプレイバック法への反応率によって補正すると，ヤンバルクイナの生息数は 2000 年の約 840 羽 (680〜1,090 羽，プレイバックに対する反応率 43.73 ± 10.1% (95%信頼区間) からの推定値の幅) から次第に減少し，2005 年には約 720 羽 (580〜930 羽) となった (図 1) (尾崎 2010)。

環境庁 (当時) の1985年の調査では，ラインセンサスで出現 (鳴き声) した個体数から生息密度を求めて，植生で代表される生息環境の面積に掛けることで，個体数を約1,800羽 (1,500～2,100羽) と推定しており，これと比較すると2005年の推定結果は約60%の減少となった (花輪・森下 1986; 尾崎ら 2002; 尾崎 2005; 尾崎ら 2006)。これら分布域や個体数の減少はいったい何に起因しているのであろうか。

マングースの駆除とその他の減少原因

沖縄島にはネズミ類とハブ *Protobothrops flavoviridis* の駆除目的で1910年にフイリマングース *Herpestes auropunctatus* (以下マングース) が人為的に放獣され，那覇と名護の両市街地周辺から分布を拡大し，1990年前後には北部地域 (いわゆるやんばる地域) に侵入したとされている (阿部 1994)。1993年からこの地域の福地ダムや塩屋-平良ラインでのマングースの捕獲調査が始まり，多数のマングースが捕獲されている (沖縄建設弘済会技術環境研究所 2001)。そのため，ヤンバルクイナの分布域と個体数の減少の原因は，マングースであることが予想された。しかしながら，マングースによるヤンバルクイナの捕食の証拠はなかなか得られなかった。

しかし，同様に減少の主原因がわからず対策が遅れたために野生絶滅したグアムクイナの例があり，我々は前出の論文 (Harato & Ozaki 1993) でマングースの駆除を訴えた。そのかいあってか，沖縄県が2000年10月から，環境省が2001年12月からやんばる地域でマングースの駆除事業を実施したことによって，2005年度末までに約2,200頭のマングースが捕獲された。マングースの捕獲地点はヤンバルクイナの生息が確認できなくなったやんばる地域南部の東村と大宜味村に集中している。すなわち，マングースの分布している地域には，ヤンバルクイナがほとんど生息していないことがわかる。なお，その後もマングースの駆除は継続され，2016年までに5,600頭あまりが捕獲されている。

沖縄でのマングースの食性に関しては，1998年と1999年に大宜味村と名護市において捕獲した合計83頭の消化管内容物からの分析結果がある (小倉ら 2002)。これによると，出現頻度は昆虫類がもっとも高く (71.1%)，爬虫類 (18.1%)，その他 (主に貧毛類と軟体動物，12.0%)，鳥類 (9.6%)，昆虫類以外の節足動物 (7.2%)，哺乳類 (3.6%)，両生類 (2.4%) の順であった。しかしながら，この調査ではヤンバルクイナは確認されていない。また，同報告では，「餌動物が捕食される機会は，捕食者と餌動物が遭遇する機会に依存しており，餌に対する選択性はほとんどないと考えられる。沖縄島のマングースは，この島の生態系において小型の陸棲動物のほとんどを捕食できる高次捕食者として位置づけることができる」としている。またマングースにより養鶏場のひよこやアヒルの卵も食害を受けていることなどから，マングースが野生鳥類の卵や雛を食することも推測された。

マングースによるヤンバルクイナの捕食の実証が2008年になって初めて得られた。それは同年9月2日に国頭村安波で採取されたマングースの糞 (9検体) の中から，ヤ

図 2　地上に営巣するヤンバルクイナ。5 卵のうち 2 羽の雛が孵っている。

ンバルクイナの羽毛が確認 (3 例) された記録である (河内紀浩私信，琉球新報 2008 年 10 月 28 日記事，環境省やんばる野生生物保護センター資料)。また，マングース防除事業によって 2008 年 3 月に国頭村で捕獲されたマングース 144 個体のうち，3 月 4 日に与那で捕獲された 1 個体の消化管からと，2009 年 2 月に国頭村で拾得されたマングースの糞 75 検体のうちの 1 検体からも，ヤンバルクイナの羽毛がそれぞれ確認された (沖縄タイムス 2009 年 3 月 28 日記事)。さらに 2010 年に，マングース分布北端付近で見つかった糞 21 個を調べて，その中の 1 例からヤンバルクイナの羽毛が確認された (2011 年 6 月 21 日の環境省那覇自然環境事務所報道発表資料)。

このように，マングースによるヤンバルクイナの捕食の証拠を得ることに時間を要したことは，以下の理由によるだろう。そもそもヤンバルクイナの成鳥がマングースに捕食されることはあまり多くなく，被害の大部分は卵や雛なのではないだろうか。ちなみに，ヤンバルクイナは地上営巣性である (図 2)。そして，卵や雛などは大きな固形物とならず消化管内容物や糞の分析で見つかり難いと考えられる。さらにそれが確認されるには，捕食直後でなければならない。また両者が同所的に分布する地域は限られているうえに，そこでは両者とも密度が低いために，捕食の証拠を発見する確率は非常に低いと考えられる (小高ら 2009; 尾崎 2010)。

ヤンバルクイナのノネコによる捕食については，2001 年 8 月 21 日，国頭村辺野喜の伊江林道で見つかった哺乳類の糞の中から，ヤンバルクイナの特徴を有した羽毛が認められ，この糞を DNA 分析したところ，ノネコのものであると判定されたことによって，確実なものとなった。

こうした外来種による捕食は人間の間接的な影響であるが，直接的な人為的影響として道路での交通事故死も見逃すことはできない。環境省やんばる野生生物保護センターのウェブサイト (環境省やんばる野生生物保護センター，ヤンバルクイナの交通事故) によると，2016 年 12 月までの過去 22 年間に 384 羽のヤンバルクイナの交通事故が報告されており，その大部分が死亡している。しかも，発見されるのは交通事故にあった個体の一部のみで，おそらく発見される以前にネコやハシブトガラス *Corvus macrorhynchos* などに持ち去られたり，怪我をした後に移動した先で死亡に至るものも多いと思われる。繁殖期の事故も多く，この場合成鳥 1 羽の死亡は，複数の卵や雛の死亡にもつながるであろう。

さらにヤンバルクイナの捕食者となりうるものに，近年やんばる地域で増加傾向にあると言われるハシブトガラスやイヌがある。したがってヤンバルクイナの分布域と個体数の減少の主要原因はマングースであるが，それ以外にもこれらの複数の捕食者の影響が関与しているであろう。

個体数回復，残る課題

ヤンバルクイナの個体数の推移を見ると，2005 年の約 720 羽が最少で，その後，次第に増加傾向を示しており，2016 年には 1,370 羽と推定されている (図 1)。その間，マングースの捕獲数は 2007 年度まで増加を続けたが，同年の 619 頭をピークに，今度は次第に減少し，2016 年度は 125 頭となった。もちろんこれは捕獲の努力を減らしたわけではなく，捕獲努力量 (TD; 罠数 × 日数) は初期の年間 10 万 TD から 10 倍以上と増加したうえでの数字である。すなわち捕獲効率を示す CPUE (捕獲頭数/100 TD) は，初期の 0.16 から 2016 年の 0.003 まで激減しており，これはマングースの完全排除が近いことを示唆している (環境省那覇自然環境事務所 2016)。

そして，ヤンバルクイナの生息数回復とマングースの捕獲数の減少傾向が同調していることからは，このままマングースの捕獲が順調に進んで，やんばる地域からマングースの根絶が達成されれば，ヤンバルクイナの個体数も回復するのではと期待される。しかしながら，個体数の回復傾向の割には，いったん分布が見られなくなった南部地域へのヤンバルクイナの分布拡大の状況はあまり芳しくない。新たな場所で記録されるのも単独個体が多く，なかなか繁殖を開始できないようである。それは，ヤンバルクイナが飛翔できないこととも関連があるかもしれない。発信機を装着して追跡した調査では，ヤンバルクイナの成鳥の行動圏は年間を通じて約 10 ha 程度 (雄 9.8 ha，雌 13.8 ha) と極めて狭く，場所に対する執着性が高い (尾崎 2010)。若鳥でも 1 年間の移動総延長が 9 km のものが最大である。無飛力のニュージーランドクイナでも，若鳥の分散は最大でも 3.5 km で，8 個体中 3 個体は移動しなかった (Bramley 2001)。

絶滅回避のための保護増殖と野外復帰試験

飼育繁殖専門家グループ (IUCN の種の保存委員会のなかにある) によるワーク

ショップが，2006年に国頭村安田で開催された。ヤンバルクイナが個体数と分布域を急速に減らし，それまでに得られた知見からシミュレーションすると「ヤンバルクイナはこのままでは25年で絶滅する可能性がある」とされた。こうした状況のもと，環境省はヤンバルクイナの飼育下繁殖施設を整備した。それは保護増殖事業計画に基づくもので，生息状況の把握，生息環境の維持改善，外来種の除去などを図るとともに，野生個体数の減少に備え，人工飼育下での繁殖技術と野生復帰技術の確立を目指している。2010年には飼育施設が完成し，現在約80羽が飼育されて，飼育下の繁殖が実施されている。そこでは飼育繁殖技術に関する知見を収集し，飼育・繁殖のファウンダーの確保を目指している (22章参照)。

そして，2014年より国頭村安田にあるクイナ自然の森 (旧称 : 保護シェルター) 内で，飼育繁殖個体の試験放鳥を開始した。ここは国頭村がNPO法人どうぶつたちの病院 沖縄などとの協力によって作った，外来種を防ぐフェンスで囲った13.7 haの閉鎖区域である。2017年2月までに飼育下繁殖で生まれた24個体に，小型電波発信機を装着して放鳥し，その後の経過を追跡した。同時に周辺の野生10個体も追跡して比較を行った。その結果，試験放鳥個体の半数は放鳥後の3週間で死亡が確認され，死因はハブやハシブトガラスなどによる捕食が10例あることが判明した。一方野生個体では短期間に死亡した個体はなく，すべて50日間以上追跡できた。これまでの結果からは，飼育下繁殖個体は，野生個体に比べて天敵に対する適応が不十分である可能性が考えられる。今後は試験放鳥個体の短期間の死亡を減らすために，放鳥時の年齢，採餌や捕食者への順化訓練内容などを検証し，野生復帰技術の向上を目指すことになっている。

日本産トキ *Nipponia nippon* の絶滅を防げなかった最大の要因は，人工増殖への取り組みが遅かったことではないかと考えられる。1981年に日本の野生に残った5羽すべてを捕獲して人工増殖を試みたが，個体が高齢であり，性比が極端に偏っていたなどの理由によって増殖計画は失敗に終わっている。一方，ヤンバルクイナはまだ個体数は多く，トキのように野生での繁殖が見られなくなっている状態ではない。しかし飼育繁殖計画をスタートさせるのに，早すぎることはない。むしろできるだけ野生個体数の多い時点で開始して，飼育や人工増殖技術の確立を目指すことは理にかなっている。なぜなら，グアムクイナの例で，21羽というわずかな個体数から飼育繁殖が成功したのは，すでにその20年以上前に動物園で人工増殖技術が確立されていたことによるからである。また，野生個体が多いうちに飼育個体を集めることができれば，遺伝子の多様性確保にも好条件である。

さらに，トキの野生復帰事業で判明したことは，放鳥個体の創出方法と順化訓練の重要性である。自然孵化・自然育雛個体に効果的な順化訓練を行うことが，放鳥後の死亡率の低下や，野生下での繁殖率の向上に役立つ。こうした知見を積み重ねていくことが保護増殖と野生復帰に欠かせない。これら飼育下繁殖や野生復帰技術の確立はヤンバルクイナの将来を担保し，やんばるの豊かな自然を長期的に保全していくために重要なことである (22 章参照)。そして，飛べないクイナの宿命に，人間が貢献できる可能性がある。

ヤンバルクイナはかしこい？

ヤンバルクイナは，古くから地元の人々の間で「アガチ」と呼ばれていた。山仕事の休憩時間にふかした芋を投げ与えるとよく食べたという話や，捕らえて食べたという古老の話を耳にするわりに，実際にこの鳥を飼育したという話を聞くことはほとんどない。

ヤンバルクイナが絶滅の危機に直面し，飼育下繁殖がスタートして10年，100卵以上の人工孵化と70羽を超える人工育雛を行ってきた。また，近縁種のヒクイナ・バン・シロハラクイナの人工孵化や人工育雛を行ってきた。これらの種と比較すると，ヤンバルクイナは人や環境を認識する能力が高く，臆病ではあるが好奇心が旺盛な鳥である。

人工育雛中の出来事だが，広いスペースで思い切り遊ばせたことがある。これまでにないほど十分に走り回った後，再びいつもの小さなケージに戻し休ませた。すると翌朝，ケージの中は生えてきたばかりの幼羽が散乱していた。「毛引き」をしたのである。この「毛引き」行動は通常飼育下のオウムやインコなど知能レベルが高いと言われる鳥類，あるいはカラス類に見られる問題行動で，クイナ類はもちろん，野鳥で確認した経験はほとんどない。おそらく広いスペースで遊ぶことを知り，その後狭いケージに戻されたストレスが毛引きを誘引したと考えられた。

他にも，石をくわえてガラスに打ち付けて遊ぶような行動や，金属片を見つけては餌皿の中にいれるなどの行動が見られる。また，給餌した餌を時間をかけて食べさせるためにプラスチックケースに小さな穴を開けて飼料が1粒ずつしか出てこないように工夫をしたこともあったが，すぐに餌を取り出すコツを学習してしまった。もっとも驚いたのは，ある個体はこのケースを水につけてひっくり返すとその水の勢いで飼料が流れ出ることを覚え，繰り返したことである。そもそもヤンバルクイナは特定の石にカタツムリを叩きつけて割って食べるという行動が知られている。

もしかすると進化の過程で飛ぶことを捨てた代わりに，何か重要な遺伝的な特性を保持し続けているのかもしれない。ヤンバルクイナのこれらの行動をどう解釈するか，今後の研究が楽しみな，ちょっとかわった鳥である。

(中谷裕美子)

22
ヤンバルクイナの明日をつくる

(中谷裕美子・長嶺 隆)

なぜ飼育下繁殖が必要となったか

1981年に新種として記載されたヤンバルクイナ *Gallirallus okinawae* は，発見から20年を待たずして絶滅の淵に立つことになってしまった。ヤンバルクイナの発見に携わった山階鳥類研究所の尾崎清明氏が21章で示したように，飛べない鳥の宿命を背負い，急激にその生息数と生息域を減少させていった。

ヤンバルクイナの発見からわずか24年目の2005年，山階鳥類研究所が実施した調査では生息数は1,000羽を切り，最悪の場合700羽程度と，発見当初の半数にも満たない可能性が出てきた。すでにフイリマングース *Herpestes auropunctatus* (以下マングース) やノネコ (種としての名称はイエネコ *Felis silvestris catus*) による捕食圧 (長嶺2011) によって絶滅の危機に瀕していると見られていたが，生息数が1,000羽を切る状況に陥り「絶滅」の2文字が現実味をもち始めた。2005年4月にはヤンバルクイナの生息密度がもっとも高い国頭村安田区という集落にマングースの侵入が確認され，いよいよヤンバルクイナの生息地のコアエリアにマングースの北上の波が押し寄せつつあることが示された。ヤンバルクイナの生息状況は絶滅まで秒読み段階に入っており，絶滅時計の秒針は着実にゼロに向かって進んでいる状況であった。

筆者らが所属する沖縄の野生動物の保全団体「NPO法人どうぶつたちの病院 沖縄」は，このヤンバルクイナの危機的状況を受け，本種の生息調査や救護・飼育下繁殖の技術の開発，マングースやノネコなどの外来種対策に着手した。筆者らはヤンバルクイナの絶滅を回避するために必要な情報収集を国内外に求めた。2005年9月，アメリカ・ミネソタ州にあるIUCN (国際自然保護連合) のSpecies Survival Committee (SSC; 種の保存委員会) の専門家グループの1つであるConservation Breeding Specialist Group (CBSG; 飼育下繁殖専門家グループ) の本部を訪ねて，ヤンバルクイナの危機的状況を伝えた。そして，国内外の関係者を一堂に集め，ヤンバルクイナの個体群存続可能性分析 (population viability assessment; PVA) を行い，対策を議論する国際ワークショップを開催することとした。2006年1月，ヤンバルクイナの生息地である国頭村安田区の公民館で開催された「ヤンバルクイナ個体群存続可能性分析に関する国際ワークショップ (以下，ヤンバルクイナPVAワークショップ)」には，

CBSG本部から3名の専門家を招聘し，グアムクイナ *G. owstoni* の研究者，CBSG-Japan，地元安田区の代表，山階鳥類研究所，琉球大学，国立環境研究所，日本動物園水族館協会，環境省や沖縄県，地元国頭村や外来種対策を実施している業者など総勢80名が参加した。ワークショップでは3日間にわたって今後のヤンバルクイナの絶滅可能性の評価や飼育下繁殖の必要性の検討，および生息地の保全戦略づくりの検討が行われた。

本ワークショップのなかで，CBSGの専門官・ヤンバルクイナの生態学者・外来種対策の研究者がチームを作り，VORTEXコンピュータ・ソフトウェアを使用してヤンバルクイナ個体群の存続可能性分析が行われた。このソフトウェアは，野生動物個体群の絶滅過程において確率論的なシミュレーションを行うものである。さまざまな流動的な条件を加えて500通りのシミュレーションを行った結果は，ヤンバルクイナが最長でも18年以内に絶滅するというもので，この鳥が世界でもっとも絶滅の危機に直面している種の1つであることが示された。そして，具体的な行動計画については，生息域内保全検討班および生息域外保全検討班に分かれてそれぞれ議論が行われた。

生息域内保全の議論においては，まずは最大の脅威となるのがヤンバルクイナを捕食する外来哺乳類であり，なかでもマングースがもっとも早急に対策を立てる必要のある外来種であるとの共通認識が得られた (CBSG 2006)。そして，マングースがヤンバルクイナの生息地へ侵入するのを阻止するための具体的な目標として，以下の項目が掲げられた。

(1) 2010年までに，ヤンバルクイナの分布域内にマングースのいない地域を確保する。

(2) 2014年までに塩屋湾 (大宜味村) と福地ダム (東村) を結ぶ線 (SFライン) より北の地域 (完全排除地域) からマングースを根絶する。

(3) 2036年までに沖縄島からマングースを根絶する。

またイヌ *Canis lupus familiaris* やネコなどの外来種対策や，ヤンバルクイナの死因としてハシブトガラス *Corvus macrorhynchos* による捕食事例が少なくないことと人間活動によるカラスの増加が予測されることから，在来捕食者の影響についても今後十分に検討していく必要があるという結論に至った。

生息域外保全の議論としては，最悪の予測ではヤンバルクイナの野生個体群は2020年頃には絶滅する可能性があるため，飼育下繁殖に着手する必要性があると結論づけられた。創出する飼育個体群は，対策により再び生息地の環境が改善されたときに必要となる再導入個体とすることを目的とし，野生個体群が絶滅する前に飼育個体群を保持する施設・体制を作る必要があるという共通認識が得られた。健常な飼育個体群を維持するためには，第一に遺伝的な多様性が重要であり，100年間で90%以上の創始個体の遺伝的多様性を保持していることが1つの目標となっている (WAZA 2006)。ヤンバルクイナにおいては生息域内に野生個体が残っており，創始個体の補充も可能なことから，まずは25年間で90%の遺伝的多様性を保持することを目標とした。そのため，徹底した外来種対策によりマングースを排除する一方で，

(1) 20羽以上の創始個体を確保し，200羽の個体群を創出する。

(2) 10年後には飼育下繁殖技術を確立する。

という具体的な目標が掲げられた。

本章では，これらの目標を達成するために，ヤンバルクイナ保護増殖事業計画に基づいて，環境省と「NPO法人どうぶつたちの病院 沖縄」が中心となって進めているヤンバルクイナの飼育下繁殖の概要について紹介する。

飼育下繁殖の重要性とその目標

2006年のヤンバルクイナPVAワークショップの提言を受け，「NPO法人どうぶつたちの病院 沖縄」はヤンバルクイナの絶滅回避へ向けた飼育下繁殖の準備を始めた。しかし，ヤンバルクイナの保護増殖事業計画が2004年に環境省を中心に策定されたばかりで，まだ具体的な実施計画を伴っていない状況であった。当時，国内ではトキ *Nipponia nippon* やコウノトリ *Ciconia boyciana* の飼育下繁殖が行われていたが，ヤンバルクイナの飼育下繁殖については，関係者の間でもまだ十分な理解が得られていたわけではなかった。さらに，ヤンバルクイナの飼育下繁殖の着手については，「絶滅リスクがトキのレベルに達していない」という消極的な意見が根強くあった。しかし，ヤンバルクイナの絶滅を回避するためには早い段階であらゆる保全策を実施する必要があった。

トキやコウノトリの保護活動を振り返ると，トキの場合は1981年に佐渡島に生息していた野生のトキ5羽すべてが捕獲され，人工飼育が試みられたが，繁殖は成功せず，2003年に最後の1羽「キン」が死亡したため，日本産のトキは絶滅した (上田 2014)。コウノトリは，1951年から動物園が飼育下繁殖に着手したが，繁殖は困難を極め，1971年に野生最後の1羽が死亡し，コウノトリが野生絶滅した (大迫 2012)。さらに1986年に飼育していた最後のコウノトリが死亡したことで，日本産コウノトリの絶滅となった。飼育下繁殖を成功させるまでにトキは36年，コウノトリは37年を要した。これらの先行事例は，いずれも非常に危機的な状況になって始めた飼育下繁殖がうまくいかず，絶滅を回避することはできなかったという教訓として重く受け止める必要がある。

野生動物の絶滅とは，生息数の減少と分布域の縮小が始まることにより集団の遺伝的多様性が失われ，自然状態での回復が困難な状態に陥ることを示している (日本鳥類保護連盟 2011)。野生動物の生息地が縮小し個体数が減少すると，遺伝的多様性が低下する。すると，近交弱勢によって若い世代の生存率が低下し，個体群はさらに縮小する。ある程度個体群が縮小すると，多くの種においてアリー効果が消失する現象が見られると言われている。アリー効果とは，個体群密度の増加に伴い，繁殖相手が獲得しやすくなるなどの理由で個体の適応度が増加する現象のことである。アリー効果が消失する状況に至った個体群は，人口学的要因 (死亡率の増加や生まれてくる性比の偏りなど) が偶発することで大きな影響を受けやすくなり，さらなる個体群の縮小へと悪循環をきたし，急速に絶滅に向かうこととなる。このような状況を絶滅の渦と言う。絶滅の渦のなかにある種を救うことは非常に困難なため，多様かつ重点的な対策が必要となる。

幸い，トキもコウノトリも大陸産と日本産の個体をそれぞれ遺伝子解析した結果，トキは同一個体群 (永田 2012)，コウノトリも亜種レベルよりももっと近い個体群 (大迫 2012) であることが判明した。それにより，大陸産の個体を再導入することによって再び日本の空にトキやコウノトリが舞うことを可能とした。一方，ヤンバルクイナは世界中でやんばるの森にしか生息していない。やんばるで絶滅させてしまえば，地球上から姿を消すことになり，海外から導入することは不可能である。「トキのレベル」はすでに絶滅の渦に巻き込まれた状態であり，その時点で飼育下繁殖に着手するのでは遅い。まだ野生下に数百羽の生息数が残っているうちにできる限りの保全策を開始しなければ，ヤンバルクイナもトキやコウノトリの前轍を踏むことになる。我々は地元住民をはじめ関係機関と連携して是が非でもヤンバルクイナの絶滅を回避させるために，あらゆる手法を講じることにした。生息域内保全が最重要であることはいうまでもないが，飼育下繁殖の技術確立には長い時間を要するため，一刻も早くヤンバルクイナの飼育に着手できるよう準備を始めた。

ヤンバルクイナは，2005 年の時点ですでにネオパークオキナワ (名護市) が救護個体を 2 羽飼育しており，筆者らも交通事故などによって保護されたヤンバルクイナを 3 羽飼育していた。さらに 2006 年末には，交通事故や雛の救護，あるいは放棄された卵に由来する 12 羽を飼育しており，飼育個体群を構築できる状態になっていた。この状況のもと，2007 年には環境省と共同で，保護増殖事業計画に基づきヤンバルクイナの飼育下における繁殖試験を開始した。

飼育下繁殖を実施するに当たって，1 つの大きな目標を掲げた。それは，この飼育個体群が将来にわたってヤンバルクイナの絶滅回避に資する健常な個体群となることである。すなわち，絶滅回避のための保険個体群であるためには野生個体群と同等な遺伝的多様性を保持し，さらに万が一，野生個体群が絶滅に瀕したときに野生復帰させることが可能な個体群を創出する必要がある。

生息域内における保全計画を進めながら，達成状況に応じて，生息域外保全の目標として保険個体群の維持もしくは再導入あるいは補強を行うのかなどを検討していく必要がある。将来にわたり絶滅の危険を回避できる生息域内保全計画が遂行できれば，飼育下繁殖した個体を野外に導入する必要はない。しかし，生息域内保全が不完全であるうちは，生息域外保全は絶滅を回避するための重要な役割をもち続ける。飼育下繁殖は単に個体数を増やすだけではなく，野生個体の生態研究をもとに，可能な限り野生個体に近い個体を創出することを目標にするべきである。そのためには，よりいっそう野生個体の生態研究を深めていく必要があり，それは野生個体群が存続しているからこそ可能なのである。

動物園との連携

希少種の絶滅回避を目的とした飼育下繁殖は，家畜を飼育することとは当然異なる。家畜は繁殖効率を上げることが重要である。たとえば産卵鶏であれば1日でも早く産卵を始め，より良質な卵を多く産むことが期待される。また，希少種の飼育下繁殖は動物園動物を飼育し繁殖させることとも異なる。現在の動物園動物の多くは昔と違い野生個体の捕獲に頼っているわけではなく，動物園などの人工的な環境で生まれ，飼育下に順応し自然界を知らない個体が主となることが多い。飼育下に順応しているということは飼育下におけるストレスが少ないという大きなメリットがある。しかし見方を変えれば，人工的な飼育環境に適さない個体は淘汰されている部分もあると言える。

一方，絶滅の危機に瀕した野生動物を飼育下繁殖するというのは具体的にどういうことであろうか。それは，本来の生息地において野生個体群の存続が危うくなった場合に，個体を捕獲して飼育下繁殖技術を確立すること，そしてさらに飼育個体群からの再導入あるいは補強を行うために野生復帰に耐えうる個体を創出できる飼育技術を確立するということである。飼育個体群は，人為的な選択を行わず，できる限り野生個体群の遺伝的多様性と同等なレベルで維持していくことが重要である。そのためには飼育しづらい個体でも飼育する技術が必要であり，管理しやすいことを最優先した飼育は避けなければならない。

繁殖についても同様に，遺伝的多様性を考慮したペアリングを行わなければならず，繁殖しやすいつがいを繰り返し繁殖させればよいわけではない。グアムクイナを例にとると，本来グアムクイナはヤンバルクイナと同様，木に登る習性を有していたが，背丈の低いケージ内で止まり木を設置しない飼育を続けてしまったために，飼育個体は木に登らなくなってしまった。ヤンバルクイナの飼育においても，本来もっている習性を損なわないよう生態に配慮した飼育を心がけるべきであり，家畜や動物園動物，もちろんペットとも異なる技術を開発しなければならない。

筆者らはヤンバルクイナPVAワークショップの後2006年に，希少鳥類の繁殖で実績のある動物園の専門家をやんばるに招き，「ヤンバルクイナの飼育に関するワークショップ」を開催して，ヤンバルクイナの適切な飼料の選択，現行の飼育方法の課題について意見交換を行った。その後，我々も多摩動物公園や上野動物園，横浜市繁殖センターなどを訪れ研修を受け，多種にわたる鳥類の飼育方法からヤンバルクイナを飼育するうえで有用な多くのアドバイスを受けることになった。

また，個体を飼育する一方で個体群の管理手法についても学ぶことができた。動物園においては公式の血統登録台帳というものが存在し，これは世界動物園機構 (WZO) が管理している。この血統登録台帳データを記録するためには，WZOが承認するSPARKSというコンピュータプログラムを用いる。SPARKSはISIS (International Species Information System) が中心的役割を担って開発したソフトで，これを用いると特定の個体群のデータ入力や編集が可能で，さらにそのデータをもとに別のソフトを使用して個体群動態学的，遺伝学的分析を行うことも可能である。飼育下で健全な個体群を維持し続けるには，その個体群の遺伝的ないしは個体群動態的特徴について慎重な評価と取り扱いが必要となる (東京都多摩動物公園 2006)。それを実行するためにSPARKSは設計されており，飼育下個体群を科学的に管理するために必要なソフトである。それぞれの種において血統登録管理者が存在し，データの分析が行われている。現在，ヤンバルクイナの飼育下繁殖は環境省の保護増殖事業計画に基づいて実施されており，筆者らが飼育個体群の血統管理を行っている。

ヤンバルクイナの飼育下繁殖においては，創始個体として飼育下に導入した個体はすべて由来が明らかになっている。このことは遺伝的多様性を考慮して血統管理をしていくうえで重要である。野生個体がかなり少なくなってから増殖した個体を創始個体として導入した場合，その創始個体どうしがすでに近縁になっている可能性も高く，このような場合には最初の創始個体に血縁がないと仮定したうえでの血統管理をせざるを得ない。一方で，ヤンバルクイナの飼育個体群は，野生での個体数が700羽程度残っている段階で飼育下繁殖をスタートしたことにより，創始個体の血縁の独立性を維持し血統管理が可能な個体群となり得たのである。当初，飼育個体は5羽であったが，その後創始個体の確保や救護や繁殖により現在は野外と同等の遺伝的多様性を確保した80羽程度を維持している。今後の課題としては，2017年現在，飼育場所が1箇所であるため，感染症や事故などのリスクを回避するために分散飼育を進める必要がある。

ヤンバルクイナの飼育の特異性

ヤンバルクイナは野生動物にしては珍しく，餌付けがしやすい鳥である (図1)。通常，救護された野鳥は，救護原因によるダメージと，入院ケージという人工的な狭い空間に初めて閉じ込められて毎日治療を受けるストレスから，なかなか自力で採餌をしない。種によっては入院ケージにいる間は徹底的に採餌を拒むため，入院中は強制給餌を行わなければならない。しかし救護されたヤンバルクイナの多くは，病状が軽度の場合はそのような環境においても1～数日のうちに生き餌だけではなく冷凍魚や人工飼料も採餌するようになる。また，同じクイナ科のバンやヒクイナなどは長期に飼育していても人の接近に対して非常に神経質で容易に順応しないが，ヤンバルクイナは比較的順応しやすい。

飼育中のヤンバルクイナは，治療や処置，体重測定などケージ内での捕獲の際にはやはり嫌がって逃げまどい暴れることが多い。しかし，餌やりや清掃などの通常の飼育管理では，暴れることはほとんどない。これは野生由来の個体であっても比較的早期に状況を把握し馴化しているようで，無駄に騒がなくなる。これはヤンバルクイナに見られる特徴である。

筆者らはヤンバルクイナの救護個体の飼育を進めてきた当初より，ヤンバルクイナ

図 1 ケージ内で採餌するヤンバルクイナ。

の調査・研究を行っていた専門家から，繰り返し飼育に関する技術や野生個体の生態について情報提供を受け，野外で手に入る生き餌やペットフードを使ってヤンバルクイナを飼育していた。しかし，雛の場合は消化管の通過障害を起こしやすく，体重も順調に増えないこともあった。そこで動物園と相談し，似た食性をもつ鳥の飼料をいくつか譲ってもらい試したところ，トキの飼育のために開発されたトキ EP ペレット (オリエンタル酵母工業 (株)，以下トキペレット) が嗜好性もよく消化吸収にも優れていることがわかった。ただし，成鳥にとっては太りやすく給餌量の制限が必要な飼料であることも判明している。

ヤンバルクイナの飼育下繁殖における適切な飼料は，野生個体の食性を理解しその栄養成分を参考にして作製することが必要である。そのため，琉球大学に協力してもらい野生個体の食性分析を行ったところ，これまでの研究結果を含めると，カタツムリや昆虫など動物で 104 種以上，クワズイモやヤマグワなど植物で 21 種以上となり，じつに多様な生物をヤンバルクイナが摂食していることが明らかとなった (Kobayashi 2018)。これだけ多様な餌資源の栄養組成を満たすためにはどのような飼料を開発するべきか，また野生のヤンバルクイナから大きな宿題を課されてしまった。

ヤンバルクイナは集団飼育が難しい鳥である。たとえば同腹の個体どうしでも 3 カ月齢ほどで闘争が見られるようになり，同じケージでの飼育が困難になる。餌の奪い合いや攻撃など直接的な闘争だけではなく，ストレスからアスペルギルス症を発症してしまう場合もある。また雌の集団飼育においても 1 羽が攻撃や採餌の妨害などに遭い死亡した例もある。一方，雌を極端に高密度にして集団飼育をした場合には闘争が見られなかった例もあるが，高密度で飼育すると排泄物が多くなることや踏み固められた土壌により趾瘤症(しりゅうしょう)が発症するなど，健康面でのデメリットが発生した。他のク

図 2 趾瘤症を発症したヤンバルクイナの足裏。炎症により底側面が肥厚している。

イナ類でも集団飼育は適切ではなく，しばしば闘争が起こり相手を殺してしまうことがある。そのため，ヤンバルクイナは基本的には単独で飼育することにした。

環境省によるヤンバルクイナの飼育下繁殖事業が 2007 年に正式に始まって 10 年が経過した。まだヤンバルクイナの繁殖生態，疾患についての知見は不十分であるが，そのなかでもいくつか課題が見え，解決に向けて取り組んできた。この鳥は，野生由来であるにもかかわらず餌付けはしやすいが，じつは非常に飼育が困難な鳥類である。第一の原因は趾瘤症を発症しやすいことにあった。

趾瘤症 (bumblefoot) は，鳥類の脚部の底側面に見られる変形性あるいは炎症性の病変 (図 2) で，一般的に飼育下の鳥類に発生しやすく，野生個体の発生は少ないと言われている。主な発生要因は気候を含めた飼育環境不適合，不適切な床材や止まり木の状況，体重増加，寒冷，ストレスおよび運動不足であると考えられている (ベイノン 2003)。こうした要因をもとに，足の裏などに持続的に力が加わることによって血行不良が起こり，二次的に細菌感染が生じ，炎症や痛みが生じる。悪化すると死に至ることもある (アント・マーテル 1999)。趾瘤症は飼育下の猛禽類や水禽類に多く見られる。一方，ヤンバルクイナの場合は，野生個体においても趾瘤症が見られており，飛翔せず脚力の強い特徴をもち，体重も 400～500 g 程度と重いことからも趾瘤症を発生しやすい種と考えられる。さらに趾瘤症はその治療に長期を要するために繁殖に参加させられなくなることや，脚部の運動機能に障害が生じるために，雄の場合，交尾行動に問題が生じる可能性が高くなり，繁殖を計画的に進めていくうえで大きな障害となる。飼育下個体群を健全に維持していくためには趾瘤症のコントロールは必須であることから，日々の飼育環境整備や季節変化に備えた予防対策を実施し，適切な個体管理を行っている。

図 3 気嚢内に充満しているアスペルギルスのファンガスボール。

ヤンバルクイナを飼育するうえでもう 1 つ，重要な疾患としてアスペルギルス症がある。アスペルギルス症はアスペルギルス属 *Aspergillus* に分類される真菌 (カビ) の感染による疾病である。アスペルギルスは全世界に分布し，土壌や空気中などどこにでも存在しており，感染すると肺炎や気嚢炎のため呼吸困難に陥り，死に至る。動物では多くは二次感染と考えられており，風通しの悪い環境かつ敷わらや飼料で菌が増殖し，多くの分生子が散布されることで感染の機会が増える (長谷川 2003)。臨床症状が発現するのはストレス下にある場合，免疫抑制あるいは免疫不全の場合である。たとえば，救護され治療を行っている野鳥は，救護される原因となった疾患や治療や飼育という強いストレスにより発症する場合がある。また鳥種によっても感受性は異なり，猛禽類やペンギン・シギ・チドリなどの水禽類にしばしば見られる (フォウラー 2007)。

一方，ヤンバルクイナもアスペルギルスに関する感受性が高いと考えられ，交通事故などで入院した野生個体が受ける重度のストレスや，野外環境の再現として植物を密生させたことによって風通しが悪くなった場合などに発症が見られている。発症すると呼吸が苦しくなり，体重が減少してくる。重度になると食欲もなくなり，呼吸音も聞こえるほど呼吸困難に陥る。しかし，鳥類におけるアスペルギルス症は，原因であるアスペルギルスの菌糸が体液や浸出物中に見られることがほとんどないため (オルトマン 2008)，生前の確定診断は困難である。病状が進行するとX線検査で気嚢の病変部の陰影が鮮明になり，ファンガスボール (真菌結節) が確認される (図3) が，その時点ではほぼ治療が困難となる。筆者らの経験でもアスペルギルス症の治療は困難を極めているが，高濃度酸素下で長期にわたる高用量の抗真菌薬の投与によって治癒に成功した事例が見られている。現在では飼育環境の改善や予防により，2013年以降アスペルギルス症は発生していない。

難関，ヤンバルクイナの人工孵化

ヤンバルクイナの卵は薄いピンク色をベースに茶色や灰色の斑模様を呈す (図4)。サイズは約48 mm × 35 mmで，重さは約30 gである。

ヤンバルクイナの人工孵化は1998年に沖縄県内の動物園であるネオパークオキナワが成功した事例がある。ただしこの事例は途中まで親が抱卵していた卵が放棄されたものであり，一度も抱卵されていない卵の人工孵化には過去に成功した事例はなかった。人工孵化の条件は鳥種によって大きく異なり，その条件が合わなければ発生停止や (孵化直前で発生が停止すること)，障害をもった雛が生まれる可能性が高くなる。人工孵化に重要な条件は，温度・湿度・放冷・転卵・卵の健常性である。筆者

図4　卵の比較。卵形でニワトリとウズラの中間ぐらいのサイズ。(a) ニワトリ，(b) ヤンバルクイナ，(c) シロハラクイナ，(d) ウズラ，(e) ミフウズラ。

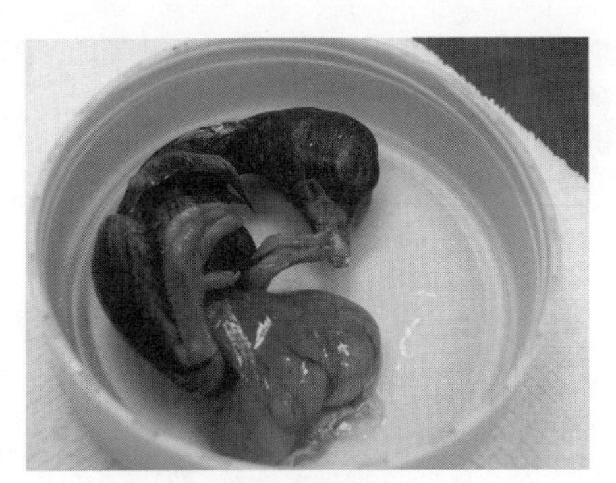

図 5　死籠した胚。卵黄嚢が吸収されていなかった。

らは，2006 年に親による抱卵が始まる前の卵が救護され，人工孵化にチャレンジする機会を得た。人工孵化条件も確立していない状況であったが，このときは幸運にも人工孵化に初めて成功した。しかし，その後は条件設定がうまくいかず，人工孵化は困難の連続であった。不適切な孵卵条件の場合には，本来は吸収されているべき卵黄嚢が体外にそのまま残っていることもある (杉田 1995)。このように卵黄嚢がほとんど吸収されていない胚は孵化することができず死籠となる (図 5)。人工孵化条件が適切でない場合には自力で孵化ができず，人の手による孵化補助が必要になる。孵化予定日の前日になると，雛が卵の内部から小さな声で鳴き始める (ピッピング)。次いで自力で卵殻を内側から押し破り始めるが，自力で卵から這い出すことができない場合には卵殻切開によって孵化を補助することになる。

卵殻を外すと漿尿膜には血管が発達しており (図 6)，この血管を傷つけると出血多量により死亡してしまうことがある。重度の症例では，輸血処置や外科的な整復が必要なケースもある。そのため，卵殻切開は慎重に時間をかけて行う必要がある。卵殻を切開したら，徐々に空気に触れさせ，血管を収縮，退行させていく。そうして半日から 1 日かけて徐々に卵外に誘導しながら孵化させていくのである。

野生個体の観察結果から，ヤンバルクイナの抱卵は 21 日であり，昼夜は雌雄が交代しながら抱卵をする (尾崎 2010) ことがわかっている。しかし，その温度や転卵回数や親鳥が抱卵を休止する時間は不明であったため，一般的な条件から検討した。その結果，至適温度は 37.0～37.4℃であり，湿度は 60％程度で卵重の減少率が 9～15％程度，放冷は 1 日 2 回 10 分ずつ，転卵回数は 2 時間に 1 回という条件までたどり着いた。しかしここで大きな壁に突き当たってしまった。この条件では，雛は十分成長するものの自力孵化に至らないために，やはり卵殻切開が必要となった。

人工孵化条件を改善させることができない状況が 3 年ほど続いた頃，再度，生態調査を実施する研究者と動物園の鳥類の飼育の専門家との間で意見交換を行った。ヤンバルクイナは毎年 80 件前後の死体や救護個体が発見され，我々はその原因究明のた

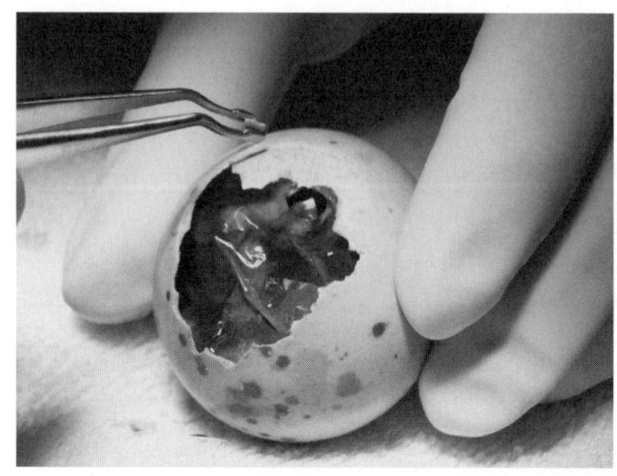

図6　卵殻切開による孵化補助。卵殻切開すると槳尿膜に発達した血管が確認される。

めにすべての個体について検査を行っている。そのなかでいつも気になっていたのが繁殖期のヤンバルクイナの抱卵斑であった。通常，抱卵斑は卵を温めるために腹部の羽毛が抜けて血管が発達し赤みを帯びた皮膚が確認できる。しかし，繁殖期でもヤンバルクイナはそれが不明瞭で羽毛も十分残っている。この抱卵斑について，ヤンバルクイナにおける生態の調査者や鳥類の人工繁殖の専門家と検討した結果，もう少し卵を冷やす時間を増やすべきではないかという結論に至った。人工孵化条件の最後の一手が見えてきた。すなわち放冷回数を増加させることによって，結果的にヤンバルクイナの親鳥の抱卵に近づけようというものであった。放冷条件を見直し，1日5回および10回の放冷回数にした途端，自力孵化が相次ぎ，1日5回の放冷条件では自力孵化の成功率は80%を超えた。

放冷回数を増やすことで自力孵化が見られたものの，放冷は多いほうがよいわけではなかった。1日10回の放冷では孵化遅延が見られたことから，最適な放冷回数としては現在のところ，孵卵10日までは1日2回，11日からは1日5回と予測している。また，孵化しなかった卵は初期発生停止や死籠であった (中谷未発表)。この成果はヤンバルクイナの飼育の現場と生態学者と動物園の飼育のプロとの協働によって成し得たことであり，今後も情報共有と議論を続け，さらなる人工孵化条件の見直しにより成功率を上げていきたい。

ヤンバルクイナの人工育雛

孵化後は35～36℃に設定したハッチャー (孵化直前に卵を入れる孵卵器) 内で育雛を開始するが，初日は経口補液のみで給餌は2日目から開始する。現在はトキペレットに卵黄・ビタミン・カルシウムを添加した練り餌を使用している。3日齢以内には屋外での日光浴と運動を始めることが重要である。ヤンバルクイナの運動能力は脚力に頼っているため，雛のうちから脚力を鍛えることが重要で，日光浴も欠かせない。また3日齢までに屋外に出すことは，環境馴化のためにも重要である。この馴化の機会を逸してしまうと風の音や草木が揺れるさまにも驚き怯えるような個体となってしまい，その後に修正するには非常に時間がかかってしまう。4日齢になった雛は，やや広いアクリル製の雛用保温ケージに移動させ室内温度を約30〜33℃に設定する。7日齢まで成長すると生存率は高くなるため，保温機能のついた木製の育雛箱へ移動し，育雛箱全体の温度を30℃程度に維持する。10日齢以降は，日中は育雛用の屋内外の飼育ケージで過ごさせ，夜間は気温が低下するため育雛箱で飼育する。14日齢以降は夜間も簡易な巣箱程度で過ごさせる。3週齢以降は成鳥と同様の飼育ケージにて終日過ごさせる。

ヤンバルクイナは孵化した日から歩き始めるが，孵化当日は眠っている時間が長いため，積極的に歩き始めるのは2日目以降である。この時点で飲水や採餌も可能であり，3日齢で水浴びを始める個体もいる。また，飼育下では自然繁殖（親により抱卵・育雛が行われること）の7日齢の雛が池を泳いで渡るのを確認している。雛は黒い綿羽に覆われ虹彩が茶色である。人工孵化個体の卵歯（らんし）（嘴の尖端にある硬化した突起）は10〜11日齢までに脱落することが多く，12日齢になると胸部にうっすら幼羽が生え始め，耳羽が白くなり始める。2012年に人工孵化した13羽（雄8個体，雌5個体）において各部計測を行ったところ，雛の頃から雄は雌より大きく，体重は18日齢から，全頭長および露出嘴峰長は19日齢から，跗蹠長は28日齢から雌雄差が見られるようになる。また，跗蹠長は5週齢でほぼ成長が止まり，全頭長および露出嘴峰長は13週齢まで緩やかな成長が見られた。

飼育下における自然繁殖

人工孵化とは異なり，飼育下で親鳥が自ら抱卵し，雛を育て上げることを自然繁殖と言う。ヤンバルクイナのつがいはなわばりを有し，繁殖期になると行動をともにする。また，ヤンバルクイナは隣接するケージでつがいを飼育すると互いに鳴き声でなわばりを主張し，干渉し合い，繁殖の成功率は極めて低くなる。そのため，飼育下ではつがいが隣接しない個別ケージで繁殖を試みることが基本となる。つがいが成立すると互いに羽繕いやデュエット（つがいが同時にさえずること）を行い，交尾や求愛給餌を行い営巣する。産卵は早ければ2月下旬から始まり，3月から5月までがもっとも多いが，1回目の繁殖の失敗などによって時期が遅れることもあり，7月までは産卵が確認されている。例外的に10月に受精卵を産卵したこともある。基本的には1日おきに産卵し，1回の産卵数が3〜6卵である（中谷未発表）。1回目の繁殖が失敗するとやり直し繁殖が始まる。抱卵は，昼間は雌が行い，夜間は雄が行う。ヤンバルクイナのつがいは夜間同じ止まり木にねぐらをとるが，抱卵期は止まり木にねぐらをとるのは雌だけになる。

繁殖期のヤンバルクイナは非常に神経質で，巣や抱卵している様子を直接観察することは巣や卵の破壊のきっかけとなってしまうため，繁殖行動を目視で観察することは非常に困難である。さらに，繁殖用の独立した大型ケージ (野外ケージ) は野外環境を模した植栽が繁茂しているため，潜行性の鳥であるヤンバルクイナは個体の観察自体が困難となる。そのため，野外ケージには健康管理もかねて体重を計測できる装置を設置し，体重の増減から産卵数を推定し，夜間のねぐらの撮影から抱卵に入ったかどうかを判断している。一方，給餌の時間には雌雄とも現れるつがいもいるが，その場合は抱卵で長時間座っていたために歩き方が特徴的であることや，日中のビデオ観察でもほぼ姿を現すことがなくなるので，それらが抱卵の兆候となる。

孵化後は育雛に専念するため，それまでの神経質さはなくなり，雛への給餌に一生懸命になる。雌雄ともに育雛に参加し，互いが雛を連れて歩く様子も観察される。しかし，飼育下では1カ月を過ぎる頃から親による追い出し行動が観察され始める。一方，雛は長く親のもとですごさせるほど神経質になり，飼育環境に順応しづらくなることから，自然繁殖では3週齢で親離れさせる手法をとっている。また，栄養状態の良い飼育下では育雛しながら2回目の産卵を開始していた例も確認している。

野生個体では1歳での繁殖参加が報告されており (尾崎 2010)，飼育下ではもっとも早いものでは雌雄ともに孵化後9カ月での繁殖を確認した。また，繁殖に成功した最高齢としては雄が11歳齢，雌は10歳齢の事例がある。ヤンバルクイナではまだ何歳まで繁殖が可能なのかなどの知見も乏しいため，今後も検証を続けていきたい。

おわりに

現在ヤンバルクイナの生息を取り巻く状況は，マングースやノネコの対策が進み，生息数の回復および生息域の拡大が見られ，一時は姿を消していた地域での再分布や繁殖が確認される (金城道男未発表) など，回復の兆しが見えてきている。また飼育

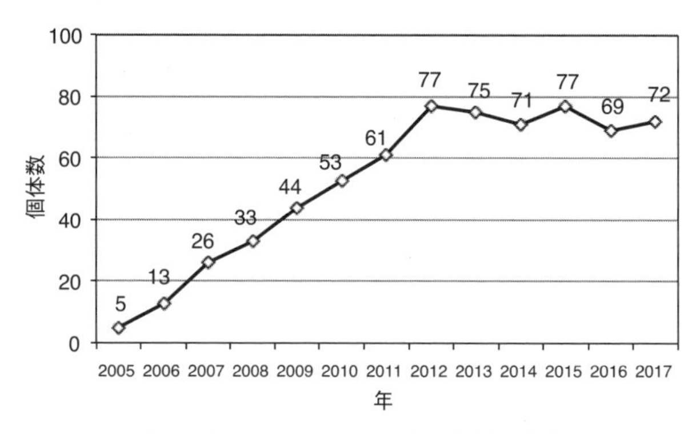

図7 ヤンバルクイナの飼育個体数の推移。

図 8　国頭村楚洲で目撃したノイヌ。この 2 頭はイノシシを追って森へ消えていった。

下繁殖事業も順調で，飼育数も 80 羽近くに増加 (図 7) し，遺伝的な多様性も野生個体群と同等と評価され (国立環境研究所生物・生態系環境研究センター 2013)，保険個体群としての役割を果たしている。ヤンバルクイナの絶滅時計の針は少しだけ巻き戻されたのかもしれない。

ヤンバルクイナの保護増殖事業計画では，その目標をヤンバルクイナが自然状態で安定的に存続できる状態としている。そういう意味では，ヤンバルクイナの生息状況は，まだ安泰というには程遠い。野外から回収されたヤンバルクイナの死因検索では，ノイヌやノネコによる捕食事例が 2013 年から増加し，2015 年には年間 17 件も確認されている。外来哺乳類による捕食事例の多くは体全体が食べられてしまうことから，我々が検知できるのは氷山の一角であろう。実際にやんばるの森におけるノイヌ (図 8) やノネコの目撃事例も再び増加し始め，局所的に急激なヤンバルクイナの生息数の減少も見られている。2016 年に「NPO 法人どうぶつたちの病院 沖縄」が行ったヤンバルクイナの生息調査では，生息密度が極めて高かった国頭村楚洲においてヤンバルクイナの生息が確認されない状況が続いている。この地域はヤンバルクイナの生息密度が高かったために交通事故が多発し，環境省がロードキル対策の重点区間として位置づけていた地域で，一度に 10 羽以上のヤンバルクイナを目撃することも珍しくなかった。2015 年まではプレイバック調査およびねぐら調査で生息が確認されていたが，2016 年にはこのエリアでヤンバルクイナの生息が確認できなくなった。この地域ではノイヌによるヤンバルクイナの捕食が目撃されており，付近には 20 頭近いノイヌの集団が確認されていることから，生息数の減少はノイヌによる影響が大きいと推測される。現在，関係機関と当法人による目撃情報の収集により，やんばるの森全域に複数のノイヌの群れが生存している可能性がある。また，生息数が極めて少なく絶滅が危惧されているオキナワトゲネズミ *Tokudaia muenninki* の生息地の近くにノネコが複数確認されており，ネコ DNA が付着したオキナワトゲネズミの皮膚片が多数回収され，ネコによるケナガネズミ *Diplothrix legata* の捕食も発生している。このように外来種であるイヌやネコによって，ヤンバルクイナだけでなくやんばるの森の生態系そのものの破壊が危惧されている。

2016年9月，やんばるの森が全国で33番目の国立公園に指定された。これから奄美大島，徳之島，西表島とともに，次世代へ引き継ぐべき世界自然遺産としての登録手続きに入ろうとしている。ヤンバルクイナの明日をつくることは，世界に1つしかない豊かなやんばるの森を次世代に引き継ぐことにほかならない。やんばるの未来を次世代につなぐのは我々世代の手にかかっている。

引用文献

まえがき

Aplin LM, Farine DR, Morand-Ferron J, Cockburn A, Thornton A & Sheldon BC (2015) Experimentally induced innovations lead to persistent culture via conformity in wild birds. Nature 518: 538-541.
Charmantier A, McCleery RH, Cole LR, Perrins C, Kruuk LEB & Sheldon BC (2008) Adaptive phenotypic plasticity in response to climate change in a wild bird population. Science 320: 800-803.
Fujita K, Fujita G, Hasegawa M & Higuchi H (2011) Inference of population sizes and factors affecting distributional stability of three subspecies of Varied Tits among the Izu Islands. Ornithol Sci 7: 13-31.
Garant D, Kruuk LEB, Wilkin TA, McCleery RH & Sheldon BC (2005) Evolution driven by differential dispersal within a wild bird population. Nature 433: 60-65.
Gosler AG, Greenwood JJD & Perrins C (1995) Predation risk and the cost of being fat. Nature 377: 621-623.
Grant PR & Grant BR (2014) *40 Years of Evolution: Darwin's Finches on Daphne Major Island*. Princeton University Press, Princeton.
Greenwood PJ, Harvey PH & Perrins CM (1978) Inbreeding and dispersal in the great tit. Nature 271: 52-54.
樋口広芳 (1980) 日本列島におけるキツツキ類の移住と共存．山階鳥研報 12: 139-156.
Higuchi H & Momose H (1981) Deferred independence and prolonged infantile behaviour in young varied tits, *Parus varius*, of an island population. Anim Behav 29: 523-524.
池谷仙之・北里洋 (2004) 地球生物学－地球と生命の進化．東京大学出版会，東京．
橘川次郎 (2004) メジロの眼－行動・生態・進化のしくみ．海游舎，東京．
木崎甲子郎 (編著) (1985) 琉球弧の地質誌．沖縄タイムス社，那覇．
清棲保幸 (1952) 日本鳥類大図鑑 (第 1-3 巻)．大日本雄弁会講談社，東京．
Kluyver HN (1966) Regulation of a bird population. Ostrich 37: 389-396.
黒田長久 (1962) 動物系統分類学．脊椎動物 III 鳥類．中山書店，東京．
田渕洋 (編著) (2002) 自然環境の生い立ち (第三版)－第四紀と現在．朝倉書店，東京．
MacArthur RH & Wilson EO (1967) *The Theory of Island Biogeography*. Princeton University Press, Princeton.
Mayr E (1963) *Animal Species and Evolution*. Harvard University Press, Cambridge.
日本離島センター (2003) 離島統計年報．日本離島センター，東京．
折居彪二郎研究会 (2013) 鳥獣採集家折居彪二郎採集日誌－鳥学・哺乳類学を支えた男．一耕社, 苫小牧．
Ota H (1998) Geographic patterns of endemism and speciation in amphibians and reptiles of the Ryukyu Archipelago, Japan, with special reference to their paleogeographical implications. Res Popul Ecol 40: 189-204.
Pettifor RA, Perrins CM & Mccleery RH (1988) Individual optimization of clutch size in great tits. Nature 336: 160-162.
Rodrigues P, Lopes RJ, Reis S, Resendes R, Ramos JA & Regina Tristão da Cunha (2013) Genetic diversity and morphological variation of the common chaffinch *Fringilla coelebs* in the Azores. J Avian Biol 45: 167-178.
Rodrigues P, Lopes RJ, Resendes R, Ramos JA & Cunha RT (2016) Genetic diversity of the Azores Blackbirds *Turdus merula* reveals multiple founder events. Acta Ornithol 51: 221-234.
Ryan PG, Bloomer P, Moloney CL, Grant T & Delport W (2007) Ecological speciation in South

Atlantic island finches. Science 315: 1420-1423.
酒井治孝 (2016) 地球学入門 (第2版) - 惑星地球と大気・海洋のシステム. 東海大学出版部, 平塚.
Savill PS, Perrins CM, Kirby KJ & Fisher N (2010) *Wytham Woods: Oxford's Ecological Laboratory.* Oxford University Press, Oxford.
Tiainen J, Saurola P & Solonen T (1984) Nest distribution of the Pied Flycatcher *Ficedula hypoleuca* in an area saturated with nest-boxes. Ann Zoo Fenn (Proceedings of the Fourth Nordic Ornithological Congress, 1983) 21: 199-204.
Töpfer K, James D. Wolfensohn JD & Lash J (2000) *World Resources 2000-2001: People and Ecosystems: The Fraying Web of Life.* Elsevier, Amsterdam.
植田邦彦 (編著) (2012) 植物地理の自然史 - 進化のダイナミクスにアプローチする. 北海道大学出版会, 札幌.
Valente L, Illera JC, Havenstein K, Pallien T, Etienne RS & Tiedemann R (2017) Equilibrium Bird Species Diversity in Atlantic Islands. Curr Biol 27: 1660-1666.
Wesołowski T (2007) Lessons from long-term hole-nester studies in a primeval temperate forest. J Ornithol 148 (Suppl 2): 395-405.
山階芳麿 (1941) 日本の鳥類と其の生態 (第二巻). 岩波書店, 東京.

1 章

Barcode of Life. What Is CBOL? Barcode of Life. (online) http://www.barcodeoflife.org/content/about/what-cbol/, accessed 2017-06-30.
Brown JH & Lomolino MV (1998) *Biogeography.* 2nd ed. Sinauer Associates, Sunderland.
Choi CY & Nam HY (2008) Distribution of the Japanese Wagtail (*Motacila grandis*) in Korea. Ornithol Sci 7: 85-92.
del Hoyo J, Elliot A & Christie D (eds) (2006) *Handbook of the Birds of the World.* Vol. 11. *Old World Flycatchers to Old World Warblers*. Lynx Edicions, Barcelona.
Dickinson EC & Christidis L (eds) (2014) *The Howard and Moore Complete Checklist of the Birds of the World.* 4th ed. Vol. 2. Passerines. Aves Press, Eastbourne.
Dong L, Wei M, Alstöm P, Huang X, Olsson U, Shigeta Y, Zhang Y & Zheng G (2015) Taxonomy of the Narcissus Flycatcher *Ficedula narcissina* complex: an integrative approach using morphological, bioacoustic and multilocus DNA data. Ibis 157: 312-325.
Fuchs J & Pons J-M (2015) A new classification of the Pied Woodpeckers assemblage (Dendropicini, Picidae) based on a comprehensive multi-locus phylogeny. Mol Phylogenet Evol 88: 28-37.
Gill F & Donsker D (eds) (2017) IOC world bird list (v 7.2). (online) http://www.worldbirdnames.org/, accessed 2017-06-01.
Hachisuka M (1926) Avifauna of the Riukiu Islands. Ibis 12: 235-237.
Hachisuka M & Udagawa T (1953) Contribution to the ornithology of the Ryukyu Islands. Q J Taiwan Mus 6: 141-279.
Hebert PDN, Stoeckle MY, Zemlak TS & Francis CM (2004) Identification of birds through DNA barcodes. PLoS Biol 2: e312.
Higuchi H & Kawaji N (1989) Ijima's willow warbler *Phylloscopus ijimae* of the Tokara Islands, a new breeding locality, in southwest Japan. B Biogeogr Soc Jpn 44: 11-15.
梶田学・川路則友・山口恭弘・Khan AA (1999) ルリカケス *Garrulus lidthi* の系統関係について - DNA解析と形態の両面から. 日本鳥学会1999年度大会講演要旨集: 44, 東京大学.
梶田学・真野徹・佐藤文男 (2002) 沖縄島に生息するウグイス *Cettia diphone* の二型について - 多変量解析によるリュウキュウウグイスとダイトウウグイスの再評価. 山階鳥研報 33: 148-167.
川路則友・安倍淳一・高良武信・溝口文男・松下義範・沼秀昭・今村克行 (1987) 鹿児島県産鳥類目録. Strix 6: 20-30.
Kerr KCK, Birks SM, Kalyakin MV, Red'kin A, Koblik EA & Hebert PDN (2009) Filling the gap-COI barcode resolution in eastern Palearctic birds. Front Zool 6: 29.
木村正昭 (2003) 琉球弧の古環境と古地理. 西田睦・鹿谷法一・諸喜田茂充 (編著) 琉球列島の陸水生物: 17-24. 東海大学出版会, 東京.
木崎甲子郎・大城逸朗 (1977) 琉球列島の古地理. 月刊海洋 9: 542-549.

木崎甲子郎・大城逸朗 (1980) 琉球列島のおいたち．木崎甲子郎 (編著) 琉球の自然史：8-37．築地書館，東京．
小林桂助・張英彦 (1977) 台湾の鳥類相．日本鳥学会，東京．
小林さやか・中森純也・亀谷辰朗 (2012) 鳥取県鳥取市で確認された亜種リュウキュウアカショウビン *Halcyon cormanda bangsi* の記録．日鳥学誌 61: 314-319.
Kuroda N (1923a) Descriptions of apparently new forms of birds form the Borodino Islands, Riu Kiu group, Japan. B Brit Ornithol Club 43: 120-123.
Kuroda N (1923b) Descriptions of apparently new forms of birds form the Borodino Islands, Riu Kiu group, Japan. B Brit Ornithol Club 43: 106.
Kuroda N (1925) *A Contribution to the Knowledge of the Avifauna of the Riu Kiu Islands and the Vicinity*. Published by the author, Tokyo.
Kuroda N (1926) The boundary between the Palearctic and Oriental regions in the Riu Kiu Islands. Ibis 2: 836-839.
黒田長久 (1972) 動物地理学．共立出版，東京．
黒田長禮 (1930) 日本及臺灣産鳥類數種の再調査．鳥 6: 1-12.
黒田長禮 (1931) 脊椎動物の分布上より見たる渡瀬線．動物学雑誌 43: 172-175.
黒田長禮 (1935) 大東列島の鳥類について．植物及び動物 3: 1369-1370.
McKay BD, Mays Jr HL, Yao C, Wan D, Higuchi H & Nishiumi I (2014) Incorporating color into integrative taxonomy: analysis of the varied tit (*Sittiparus varius*) complex in East Asia. Syst Biol 63: 505-517.
三上かつら・植田睦之 (2011) 西日本におけるリュウキュウサンショウクイの分布拡大．Bird Res 7: 33-34.
水田拓 (2016)「幻の鳥」オオトラツグミはキョローンと鳴く．東海大学出版部，平塚．
籾山徳太郎 (1930) 小笠原諸島並に硫黄列島産の鳥類に就いて．日本生物地理学会会報 1: 89-186.
Momiyama T (1940) Three new forms of Turdidae (Avies) from the Islands of Japan. Doubutugaku Zassi 52: 462-464.
森岡弘之 (1974) 琉球列島の鳥相とその起源．国立科博専報 7: 203-211.
森岡弘之 (1976) 鳥類から見た屋久島の生物地理学的地位．国立科博専報 9: 163-171.
森岡弘之 (1990) トカラ列島の繁殖鳥類とその起源．国立科博専報 10: 171-177.
森岡弘之・坂根隆治 (1980) 紀伊半島大峰山系の亜高山帯鳥相．国立科博専報 13: 53-58.
日本生態学会 (編) (2015) 南西諸島の生物多様性，その成立と保全．南方新社，鹿児島．
日本鳥学会 (1922) 日本鳥類目録．日本鳥学会，東京．
日本鳥学会 (1932) 改訂 日本鳥類目録．日本鳥学会，東京．
日本鳥学会 (1942) 日本鳥類目録 (改訂第 3 版)．日本鳥学会，東京．
日本鳥学会 (1958) 日本鳥類目録 (改訂第 4 版)．日本鳥学会，東京．
日本鳥学会 (1974) 日本鳥類目録 (改訂第 5 版)．学習研究社，東京．
日本鳥学会 (2000) 日本鳥類目録 (改訂第 6 版)．日本鳥学会，帯広．
日本鳥学会 (2012) 日本鳥類目録 (改訂第 7 版)．日本鳥学会，三田．
西海功 (2006) 海を越えてきた鳥たちの今．国立科学博物館 (編) 日本列島の自然史：98-107. 東海大学出版会，秦野．
Nishiumi I & Kim C-H (2015) Assessing the potential for reverse colonization among Japanese birds by mining DNA barcode data. J Ornithol 156 (Suppl 1): 325-331.
Nishiumi I, Yao C, Saito DS & Lin R-S (2006) Influence of the last two glacial periods and late Pliocene on the latitudinal population structure of resident songbirds in the Far East. Mem Natn Sci Mus, Tokyo 44: 11-20.
沼口憲治・溝口文男・久貝勝盛・嵩原建二 (1995) 種子島，馬毛島の野鳥観察記録．沖縄県博紀要 21: 169-208.
Ogawa M (1905) Notes on Mr. Alan Owston's collection of birds from the islands lying between Kiushu and Formosa (with descriptions of three new species and three new subspecies). Annot Zool Japon 5: 175-232.
Ota H (1998) Geographic patterns of endemism and speciation in amphibians and reptiles of the Ryukyu Archipelago, Japan, with special reference to their paleogeographical implications. Res Popul Ecol 40: 189-204.
太田英利・高橋亮雄 (2006) 琉球列島および周辺島嶼の陸生脊椎動物相－特徴とその成り立ち．琉球大学 21 世紀 COE プログラム編集委員会 (編) 美ら島の自然史：2-15. 東海大学出版会，秦野.
Saitoh T, Sugita N, Someya S, Iwami Y, Kobayashi S, Kamigaichi H, Higuchi A, Asai S, Yamamoto Y & Nishiumi I (2015) DNA barcoding reveals 24 distinct lineages as cryptic bird species candidates in and around the Japanese Archipelago. Mol Ecol Resour 15: 177-186.
関伸一・高野肇 (2005) ミトコンドリア DNA チトクローム *b* 領域の塩基配列によるカラスバト *Columba janthina* 3 亜種間の系統関係. 九州森林研究 58: 193-194.
Seki S, Sakanashi M, Kawaji N & Kotaka N (2007a) Phylogeography of the Ryukyu robin (*Erithacus komadori*): population subdivision in land-bridge islands in relation to the shift in migratory habit. Mol Ecol 16: 101-113.
Seki S, Takano H, Kawakami K, Kotaka1 N, Endo A & Takehara K (2007b) Distribution and genetic structure of the Japanese wood pigeon (*Columba janthina*) endemic to the islands of East Asia. Conserv Genet 8: 1109-1121.
関伸一・所崎聡・溝口文男・高木慎介・仲村昇・ファーガス クリスタル (2011) トカラ列島の鳥類相. 森林総合研究所研究報告 10: 183-229.
Seki S, Nishiumi I & Saitoh T (2012) Distribution of two distinctive mitochondrial DNA lineages of the Japanese Robin *Luscinia akahige* across its breeding range around the Japanese Islands. Zool Sci 29: 681-689.
Short LL (1973) Notes on Okinawa birds and Ryukyu Island zoogeography. Ibis 115: 264-267.
Sugita N, Kawakami K & Nishiumi I (2016) Origin of Japanese white-eyes and brown-eared bulbuls on the Volcano Islands. Zool Sci 33: 146-153.
高木昌興 (2007) 鳥類の保全における単位について－生態学的側面からの考察. 山岸哲 (監修), 山階鳥類研究所 (編) 保全鳥類学：33-56. 京都大学学術出版会，京都.
高木昌興 (2009) 特集：希少鳥類から見た南西諸島の生物地理学－総説－島間距離から解く南西諸島の鳥類相. 日鳥学誌 58: 1-17.
氏家宏 (1990) 沖縄の自然－形と地質. ひるぎ社，那覇.
Vaurie C (1959) *The Birds of the Palaearctic Fauna: A Systematic Reference, Order Passeriformes*. HF & G Witherby Limited, London.
Winkler H, Kotaka N, Gamauf A, Nittinger F & Haring E (2005) On the phylogenetic position of the Okinawa woodpecker (*Sapheopipo noguchii*). J Ornithol 146: 103-110.
山本義弘 (2004) DNA から見たウグイスの亜種関係. 平成 15 年度「希少鳥類の生存と回復に関する研究」研究成果発表会プログラムおよび研究・講演要旨集 (第 2 部ワークショップ「ダイトウウグイスは何者か？」). 山階鳥類研究所，我孫子.
山崎剛史 (2007) 鳥類の保全と分類学. 山岸哲 (監修), 山階鳥類研究所 (編) 保全鳥類学：13-31. 京都大学学術出版会，京都.
Yamasaki T (2017) Biogeographic pattern of Japanese birds: a cluster analysis of faunal similarity and a review of phylogenetic evidence. Motokawa M & Kajihara H (eds) *Species Diversity of Animals in Japan*: 117-134. Springer, Tokyo.
山階芳麿 (1941) 琉球列島特産鳥類三種の分類學的位置と生物地理學的意義に就て. Biogeographica 3: 319-328.
山階芳麿 (1942) 伊豆七島の鳥類 (並びに其の生物地理学的意義). 鳥 11: 191-270.
山階芳麿 (1955) 琉球列島における鳥類分布の境界線. 日本生物地理学会会報 16-19: 371-375.

2 章

奄美野鳥の会 (編) (2009) 奄美の野鳥図鑑. 文一総合出版，東京.
Andersen MJ, Shult HT, Cibois A, Thibault J-C, Filardi CE & Moyle RG (2015) Rapid diversification and secondary sympatry in Australo-Pacific kingfishers (Aves: Alcedinidae: Todiramphus). Roy Soc Open Sci 2: 140375.
Bangs O (1901) On a collection of birds from the Liu Kiu Islands. Bull Mus Comp Zool 36: 255-267.
BirdLife International (2017) Species factsheet: *Todiramphus cinnamominus*. (online) http://datazone.birdlife.org/species/factsheet/guam-kingfisher-todiramphus-cinnamominus, accessed 2017-06-18.
Bock WJ (2005) In Memoriam: Ernst Mayr 1904-2005. Auk 122: 1005-1007.
Brazil M (1991) *The Birds of Japan*. Christopher Helm, London.

Dickinson EC & Remsen JV (eds) (2013) *The Howard and Moore Complete Checklist of the Birds of the World.* 4th ed. Vol. 1. Non-passerines. Aves Press, Eastbourne.

Forshaw JM & Cooper WT (1985) *Kingfishers and Related Birds: Alcedinidae.* Halcyon *to* Tanysiptera. Lansdowne Editions, Sydney.

Fry CH, Fry K & Harris A (1992) *Kingfishers, Bee-Eaters & Rollers.* Princeton University Press, Princeton.

Gill F & Donsker D (eds) (2017) IOC world bird list (v 7.2). (online) http://www.worldbirdnames.org/, accessed 2017-06-25.

Greenway JC (1958) *Extinct and Vanishing Birds of the World.* Special Publication, no. 13. American Committee for International Wildlife Protection, New York.

Hachisuka M (1926) Avifauna of Riu Kiu Islands. Ibis 12: 235-237.

Hachisuka M & Udagawa T (1953) Contribution to the ornithology of the Ryukyu Islands. Q J Taiwan Mus 6: 141-279.

Hartert E (1903) *Die Vögel der Paläarctischen Fauna. Heft I.* Verlag von R. Friedlaender und Sohn, Berlin.

長谷部言人 (1977) 田代安定氏に就て．田代安定．沖縄結縄考：1-13．至言社，東京．

平岡考 (2004) 幻の絶滅鳥 ミヤコショウビンの謎．山階鳥類研究所 (編) おもしろくてためになる鳥の雑学事典：162-164．日本実業出版社，東京．

平岡考 (2005) 空前絶後の一点の標本の謎－ミヤコショウビン．山階鳥研 NEWS 17(7): 3.

平岡考 (2006) 世界に一点の鳥類標本－ミヤコショウビンの謎．山階鳥類研究所 (編) 我ら地球家族 鳥と人間：223-232．日本放送出版協会，東京．

磯野直秀 (1988) 三崎臨海実験所を去来した人たち－日本における動物学の誕生．学会出版センター，東京．

梶田学・真野徹・佐藤文男 (2002) 沖縄島に生息するウグイス *Cettia diphone* の二型について－多変量解析によるリュウキュウウグイスとダイトウウグイスの再評価．山階鳥研報 33: 148-167.

柿澤亮三 (1980) 黒田長禮博士寄贈の鳥類標本目録．山階鳥研報 12: 192-212, plates 3-5.

唐沢孝一 (2012) 4 代会頭 黒田長禮．日本鳥学会誌 61 巻特別号「日本鳥学会 100 年の歴史」: 15.

黒田長久 (1980) 黒田長禮，動物分類地理学への足跡 (鳥類，哺乳類，魚類)．日本生物地理学会会報 35: 1-32．＋口絵．

黒田長久 (2002) 愛鳥譜．世界文化社，東京．

黒田長禮 (1916) 珍鳥ヲガハコマドリ．動物学雑誌 28: 508-510.

黒田長禮 (1919) 南日本産三新鳥の記載．動物学雑誌 31: 229-233.

Kuroda N (1925) *A Contribution to the Knowledge of the Avifauna of the Riu Kiu Islands and the Vicinity.* Published by the author, Tokyo.

黒田長禮 (1934) 原色鳥類大図説．第 2 巻．修教社出版，東京．

松崎直枝 (1934) 隠れたる植物学者 田代安定翁を語る．傳記 1(1): 112-131.

マイア E (1994) マイア 進化論と生物哲学－－進化学者の思索．東京化学同人，東京．(八杉貞雄・新妻昭夫 (訳)，Mayr E (1988) *Toward a New Philosophy of Biology: Observations of an Evolutionist.* Harvard University Press, Cambridge)

Mayr E & Greenway JC (1962) *Check-list of Birds of the World.* Vol. XV. Museum of Comparative Zoology, Cambridge.

McWhirter AW, Ikenaga H, Iozawa H, Shoyama M & Takehara K (1996) A check-list of the birds of Okinawa Prefecture with notes on recent status including hypothetical records. Bull Okinawa Pref Mus 22: 33-152.

森岡弘之 (1974a) 琉球列島の鳥相とその起源．国立科博専報 7: 203-211.

森岡弘之 (1974b) 沖縄特産の鳥類．自然科学と博物館 41: 123-124.

森岡弘之 (1989) ヤンバルクイナとミヤコショウビン－琉球の鳥 2 題．日本の生物 3(1): 19-24.

森岡弘之 (1997) 日本の鳥類目録と鳥類分類学．日高敏隆 (監修)，樋口広芳・森岡弘之・山岸哲 (編) 日本動物大百科第 4 巻 (鳥類 II)：175-176．平凡社，東京．

無記名 (1908) 故医学士小川三紀君小傳．動物学雑誌 20 (242): 口絵.

無記名 (1994) 第十回国際生物学賞受賞者エルンスト・マイア博士．日本学術振興会．(オンライン) http://www.jsps.go.jp/j-biol/data/list/10th-ipb.pdf, 参照 2017-06-18.

名越護 (2017) 南島植物学，民族学の泰斗－田代安定．南方新社，鹿児島．

日本鳥学会 (1932) 改訂 日本鳥類目録．日本鳥学会，東京．

日本鳥学会 (1942) 日本鳥類目録 (改訂第 3 版). 日本鳥学会, 東京.
日本鳥学会 (1958) 日本鳥類目録 (改訂第 4 版). 日本鳥学会, 東京.
日本鳥学会 (1974) 日本鳥類目録 (改訂第 5 版). 学習研究社, 東京.
日本鳥学会 (2012) 日本鳥類目録 (改訂第 7 版). 日本鳥学会, 三田.
沼口憲治・溝口文男・久貝勝盛・嵩原建二 (1995) 種子島・馬毛島の野鳥観察記録. 沖縄県博紀要 21: 169-208.
Ogawa M (1905) Notes on Mr. Alan Owston's collection of birds from the islands lying between Kiushu and Formosa (with descriptions of three new species and three new subspecies). Annot Zool Japon 5: 175-232.
Ogawa M (1908) A hand-list of the birds of Japan. Annot Zool Japon 6: 337-420.
折居彪二郎研究会 (2013) 鳥獣採集家折居彪二郎採集日誌－鳥学・哺乳類学を支えた男. 一耕社, 苫小牧.
尾上和久 (2008) フィールドガイド 屋久島の野鳥. 南方新社, 鹿児島.
Peters JL & followers (1931-1986) *Check-List of Birds of the World.* 16 Vols. Museum of Comparative Zoology, Cambridge.
Seebohm H (1890) *The Birds of the Japanese Empire*. R. H. Porter, London.
Stejneger L (1886) On a collection of birds made by Mr. Namiye, in the Liu Kiu Islands, Japan, with descriptions of new species. Proc US Nat Mus 9: 634-651.
高島春雄 (1948) 今は昔物語. 鳥 12: 74.
田代安定 (1890a) 太平洋諸島経歴報告第二回「ガム」島實撿誌. 東京地学協会報告, 第 11 年 15 (12): 7-26.
田代安定 (1890b) 太平洋諸島経歴報告第六回 (明治二十三年十月) グアム島實撿誌第五. 東京地学協会報告, 第 12 年 16 (7): 3-46.
鶴見みや古 (2001) 文献と標本は二人三脚－動物学雑誌と珍鳥オガワコマドリ (スズメ目ツグミ科). 山階鳥研 NEWS 13 (7): 2.
上野益三 (1982) 薩摩博物学史. 島津出版会, 東京.
梅棹忠夫 (編) (1978) 民博誕生－館長対談 (中公新書). 中央公論社, 東京.
Watase S (1912) Footnote to Holmgren, N. Die Termiten Japans. Annot Zool Japon 8: 107-136.
山階芳麿 (1941) 琉球列島特產鳥類三種の分類學的位置と生物地理學的意義に就て. Biogeographica 3: 319-328.
山階芳麿 (1948) 採集者折居彪二郎君の業績. 鳥 12: 47-53.
柳本通彦 (2005) 明治の冒険科学者たち－新天地・台湾にかけた夢 (新潮新書). 新潮社, 東京.

3 章

Appleby BM & Redpath SM (1997) Variation in the male territorial hoot of the Tawny Owl *Strix aluco* in three English populations. Ibis 139: 152-158.
Baker MC (2012) Silvereyes (*Zosterops lateralis*) song differentiation in an island-mainland comparison: analyses of a complex cultural trait. Wilson J Ornithol 124: 454-466.
Catchpole CK & Slater PJB (2008) *Bird Song: Biological Themes and Variations*. 2nd ed. Cambridge University Press, Cambridge.
Charif RA, Waack AM & Strickman LM (2008) *Raven Pro 1.3 User's Manual*. Cornell Laboratory of Ornithology, Ithaca.
Cracraft J & Prum RO (1988) Patterns and processes of diversification: speciation and historical congruence in some Neotropical birds. Evolution 42: 603-620.
Dickinson EC (2003) *The Howard and Moore Complete Checklist of the Birds of the World*. 3rd ed. Princeton University Press, Princeton.
Dragonetti M (2006) Individuality in Scops owl *Otus scops* vocalizations. Bioacoustics 16: 147-172.
Fujii S, Kubota Y & Enoki T (2010) Long-term ecological impacts of clear-fell logging on tree species diversity in a subtropical forest, southern Japan. J Forest Res-Jpn 15: 289-298.
Gahr M (2000) Neural song control system of hummingbirds: Comparison to swifts, vocal learning (songbirds) and nonlearning (suboscines) passerines, and vocal learning (budgerigars) and nonlearning (dove, owl, gull, quail, chicken) nonpasserines. J Comp Neurol 426: 182-196.
Galeotti PR, Appleby BM & Redpath SM (1996) Macro and microgeographical variations in the

'hoot' of Italian and English Tawny Owls (*Strix aluco*). Ital J Zool 63: 57-64.
Gillespie RG & Clague DA (2009) *Encyclopedia of Islands*. University of California Press, Berkeley and Los Angeles.
Grant PR & Grant BR (2008) *How and Why Species Multiply: The Radiation of Darwin's Finches*. Princeton University Press, Princeton.
Heads M (2002) Birds of paradise, vicariance biogeography and terrane tectonics in New Guinea. J Biogeogr 29: 261-283.
Hsu SK, Sibuet JC & Shyu CT (2001) Magnetic inversion in the East China Sea and Okinawa Trough: tectonic implications. Tectonophysics 333: 111-122.
Huntsman BO & Ritchison G (2002) Use and possible functions of large song repertoires by male Eastern Bluebirds. J Field Ornithol 73: 372-382.
Inoue S, Kayanne H, Matta N, Chen WS & Ikeda Y (2011) Holocene uplifted coral reefs in Lanyu and Lutao Islands to the southeast of Taiwan. Coral Reefs 30: 581-592.
Japan Aerospace Exploration Agency (2005) Tropical cyclones database. (online) http://www.eorc.jaxa.jp/TRMM/typhoon/index_e.htm, accessed 2016-08-09.
Jønsson KA, Bowie RCK, Moyle RG, Christidis L, Norman JA, Benz BW & Fjeldså J (2010) Historical biogeography of an Indo-Pacific passerine bird family (Pachycephalidae): different colonization patterns in the Indonesian and Melanesian archipelagos. J Biogeogr 37: 245-257.
木崎甲子郎 (編著) (1985) 琉球弧の地質誌. 沖縄タイムス社, 那覇.
Kizaki K & Oshiro I (1977) Paleogeography of the Ryukyu [sic] Islands. Mar Sci Mon 9: 542-549.
Koetz AH, Westcott DA & Congdon BC (2007) Geographical variation in song frequency and structure: the effects of vicariant isolation, habitat type and body size. Anim Behav 74: 1573-1583.
König C & Weick F (2008) *Owls of the World*. Yale University Press, New Haven and London.
Kroodsma D (2004) The diversity and plasticity of birdsong. In: Marler P & Slabbekoorn H (eds) *Nature Music: The Science of Bird Song*: 108-131. Elsevier Academic Press, Los Angels.
Kroodsma DE, Vielloard JME & Stiles FG (1996) Study of birds sounds in the Neotropics: urgency and opportunity. In: Kroodsma DE & Miller EH (eds) *Ecology and Evolution of Acoustic Communication in Birds*: 269-281. Cornell University Press, New York.
Laiolo P & Tella JL (2006) Landscape bioacoustics allow detection of the effects of habitat patchiness on population structure. Ecology 87: 1203-1214.
Leader N, Geffen E, Mokady O & Yom-Tov Y (2008) Song dialects do not restrict gene flow in an urban population of the orange-tufted sunbird, *Nectarinia osea*. Behav Ecol Sociobiol 62: 1299-1305.
MacDougall-Shackleton EA & MacDougall-Shackleton SA (2001) Cultural and genetic evolution in mountain white-crowned sparrows: song dialects are associated with population structure. Evolution 55: 2568-2575.
Marler P & Tamura M (1962) Song "dialects" in three populations of white-crowned sparrows. Condor 64: 368-377.
Mayr E (1963) *Animal Species and Evolution*. Harvard University Press, Cambridge.
McKay BD (2009) Evolutionary history suggests rapid differentiation in the yellow-throated warbler Dendroica dominica. J Avian Biol 40: 181-190.
Mennill DJ & Rogers AC (2006) Whip it good! Geographic consistency in male songs and variability in female songs of the duetting eastern whipbird Psophodes olivaceus. J Avian Biol 37: 93-100.
Mundinger PC (1980) Animal cultures and a general theory of cultural evolution. Ethol Sociobiol 1: 183-223.
Mundinger PC (1982) Microgeographic and macrogeographic variation in the acquired vocalizations of birds. In: Kroodsma DE & Miller EH (eds) *Acoustic Communication in Birds*. Vol. 2: 147-208. Academic Press, New York.
Newton I (2003) *The Speciation and Biogeography of Birds*. Academic press, London.
Nicholls JA, Austin JJ, Moritz C & Goldizen AW (2006) Genetic population structure and call variation in a passerine bird, the satin bowerbird, *Ptilonorhynchus violaceus*. Evolution 60:

1279-1290.
日本離島センター (2007) 日本の島ガイド－SHIMADAS. 日本離島センター，東京.
日本鳥学会 (2012) 日本鳥類目録 (改訂第 7 版). 日本鳥学会，三田.
Noonan BP & Sites Jr. JW (2010) Tracing the origins of iguanid lizards and boine snakes of the Pacific. Am Nat 175: 61-72.
Odom KJ (2013) Distinctiveness in the Territorial Calls of Great Horned Owls within and among Years. J Raptor Res 47: 21-30.
Odom KJ & Mennill DJ (2012) Inconsistent geographic variation in the calls and duets of barred owls (*Strix varia*) across an area of genetic introgression. Auk 129: 387-398.
Ota H (1998) Geographic patterns of endemism and speciation in amphibians and reptiles of the Ryukyu Archipelago, Japan, with special reference to their paleogeographical implications. Res Popul Ecol 40: 189-204.
Parker KA, Anderson MJ, Jenkins PF & Brunton DH (2012) The effects of translocation-induced isolation and fragmentation on the cultural evolution of bird song. Ecol Lett 15: 778-785.
Podos J & Warren PS (2007) The evolution of geographic variation in birdsong. Adv Study Behav 37: 403-458.
Price JJ & Yuan DH (2011) Song-type sharing and matching in a bird with very large song repertoires, the tropical mockingbird. Behaviour 148: 673-689.
Price T (2008) *Speciation in Birds*. Roberts & Company Publishers, Greenwood Village.
Roberts TE, Davenport TRB, Hildebrandt KBP, Jones T, Stanley WT, Sargis EJ & Olson LE (2010) The biogeography of introgression in the critically endangered African monkey *Rungwecebus kipunji*. Biol Lett 6: 233-237.
Slabbekoorn H, Jesse A & Bell DA (2003) Microgeographic song variation in island populations of the whitecrowned sparrow (*Zonotrichia leucophrys nutalli*): innovation through recombination. Behaviour 140: 947-963.
Soha JA, Nelson DA & Parker PG (2004) Genetic analysis of song dialect populations in Puget Sound white-crowned sparrows. Behav Ecol 15: 636-646.
高木昌興 (2009) 島間距離から解く南西諸島の鳥類相. 日鳥学誌 58: 1-17.
Takagi M (2011) Vicariance and dispersal influenced the differentiation of vocalization in the Ryukyu Scops Owl. Ibis 153: 779-788.
Takagi M (2013) A typological analysis of hoots of the Ryukyu Scops Owl *Otus elegans* across island populations in the Ryukyu Archipelago and the two oceanic islands. Wilson J Ornithol 125: 358-369.
Terry AMR, Peake TM & McGregor PK (2005) The role of vocal individuality in conservation. Front Zool 2: 10.
von Exo K-M (1990) Geographische variation des reviergesangs beim Steinkauz (*Athene noctua*) – ein vergleich des gesangs nordwestdeutscher und ostenglischer Vögel. Die Vogelwarte 35: 279-286.
Weydenvander WJ (1973) Geographical variation on the territorial song of the White-faced Scops Owl *Otus luecotis*. Ibis 115: 129-131.
Whittaker RJ & Fernández-Palacios JM (2007) *Island Biogeography: Ecology, Evolution, and Conservation*. Oxford University Press, Oxford.
Williams JM & Slater PJB (1990) Modeling bird song dialects: the influence of repertoire size and numbers of neighbours. J Theor Biol 145: 487-496.
Williams JM & Slater PJB (1993) Does Chaffinch Fringilla coelebs song vary with the habitat in which it is sung? Ibis 135: 202-208.
Wonke G & Wallschläger D (2009) Song dialects in the yellowhammer *Emberiza citrinella*: bioacoustic variation between and within dialects. J Ornithol 150: 117-126.
Yokoyama Y, Lambeck K, De Deckker P, Johnston P & Fifield LK (2000) Timing of the Last Glacial Maximum from observed sea-level minima. Nature 406: 713-716.

4 章

Avise JC (2000) *Phylogeography: The History and Formation of Species*. Harvard University Press, Cambridge.

Gill F & Donsker D (eds) (2016) IOC world bird list (v 6.3). (online) http://www.worldbird-names.org/, accessed 2016-09-10.
環境省 (編) (2014) レッドデータブック 2014－日本の絶滅のおそれのある野生生物－2 鳥類. ぎょうせい, 東京.
Kawaji N & Higuchi H (1989) Distribution and status of the Ryukyu Robin *Erithacus komadori*. J Yamashina Inst Ornithol 21: 224-233.
木村政昭 (2002) 琉球弧の成立と生物の渡来. 沖縄タイムス社, 那覇.
Lockwood R, Swaddle JP & Rayner JMV (1998) Avian wingtip shape reconsidered: wingtip shape indices and morphological adaptations to migration. J Avian Biol 29: 273-292.
Paradis E, Baillie SR, Sutherland WJ & Gregory RD (1998) Patterns of natal and breeding dispersal in birds. J Anim Ecol 67: 518-536.
Sangster G, Alström P, Forsmark E & Olsson U (2010) Multi-locus phylogenetic analysis of Old World chats and flycatchers reveals extensive paraphyly at family, subfamily and genus level (Aves: Muscicapidae). Mol Phylogenet Evol 57: 380-392.
Seki SI (2006) The origin of the East Asian *Erithacus* robin, *Erithacus komadori*, inferred from cytochrome *b* sequence data. Mol Phylogenet Evol 39: 899-905.
関伸一 (2009) 男女群島におけるアカヒゲ *Erithacus komadori* の生息状況と集団の分子系統的位置. 日鳥学誌 58: 18-27.
関伸一 (2012) 生態図鑑：アカヒゲ. バードリサーチニュース 9 (1): 4-5.
関伸一 (2016) 先島諸島におけるアカヒゲの冬期の分布. Bird Res 12: A47-A54.
Seki SI & Ogura T (2007) Breeding origins of migrating Ryukyu Robins *Erithacus komadori* inferred from mitochondrial control region sequences. Ornithol Sci 6: 21-27.
Seki SI, Sakanashi M, Kawaji N & Kotaka N (2007) Phylogeography of the Ryukyu robin (*Erithacus komadori*): population subdivision in land-bridge islands in relation to the shift in migratory habit. Mol Ecol 16: 101-113.

5 章

Austin O (1949) The status of Steller's Albatross. Pacific Sci 3: 283-295.
Avise JC (2000) *Phylogeography: The History and Formation of Species*. Harvard University Press, Cambridge.
Avise JC, Arnold J, Ball RM, Bermingham E, Lamb T, Neigel JE, Reeb CA & Saunders NC (1987) Intraspecific phylogeography: the mitochondrial-DNA bridge between population genetics and systematics. Annu Rev Ecol Syst 18: 489-522.
BirdLife International (2017) *Phoebastria albatrus*. (amended version published in 2016) (online) The IUCN Red List of Threatened Species 2017: e.T22698335A110678513. http://dx.doi.org/10.2305/IUCN.UK.2017-1.RLTS.T22698335A110678513.en, accessed 2017-06-12.
Bouzat JL, Lewin HA & Paige KN (1998) The ghost of genetic diversity past: historical DNA analysis of the greater prairie chicken. Am Nat 152: 1-6.
Brooke ML (2001) Seabird systematics and distribution. In: Schreiber EA & Burger J (eds) *Biology of Marine Birds*: 57-85. CRC Press, Boca Raton.
Brown RM, Techow NMSM, Wood AG & Phillips RA (2015) Hybridization and back-crossing in giant petrels (*Macronectes giganteus* and *M. halli*) at Bird Island, South Georgia, and a summary of hybridization in seabirds. PLOS ONE 10: e0121688.
Chambers GK, Moeke C, Steel R & Trueman JWH (2009) Phylogenetic analysis of the 24 named albatross taxa based on full mitochondrial cytochrome *b* DNA sequences. Notornis 56: 82-94.
Cooper A, Lalueza-Fox C, Anderson S, Rambaut A, Austin J & Ward R (2001) Complete mitochondrial genome sequences of two extinct moas clarify ratite evolution. Nature 409: 704-707.
Coyne J & Orr H (2004) *Speciation*. Sinauer Associates, Sunderland.
Crandall KA, Bininda-Emonds ORP, Mace GM & Wayne RK (2000) Considering evolutionary processes in conservation biology. TREE 15: 290-295.
Deguchi T, Sato F, Eda M, Izumi H, Suzuki H, Suryan RM, Lance EW, Hasegawa H & Ozaki K (2016) Translocation and hand-rearing result in short-tailed albatrosses returning to breed

in the Ogasawara Islands 80 years after extirpation. Anim Conserv 20: 341-349.
Deniro MJ & Epstein S (1981) Influence of diet on the distribution of nitrogen isotopes in animals. Geochim Cosmochim Acta 45: 341-351.
Eda M & Higuchi H (2004) Distribution of albatross remains in the Far East regions during the Holocene, based on zooarchaeological remains. Zool Sci 21: 771-783.
江田真毅・樋口広芳 (2012) 危急種アホウドリ *Phoebastria albatrus* は2種からなる!? 日鳥学誌 61: 263-272.
Eda M, Koike H, Sato F & Higuchi H (2005) Why were so many albatross remains found in northern Japan? In: Grupe G & Peters J (eds) *Feathers, Grit and Symbolism: Birds and Humans in the Old and New Worlds*: 131-140. Verlag Marie Leidorf GmbH, Rahden.
Eda M, Baba Y, Koike H & Higuchi H (2006) Do temporal size differences influence species identification of archaeological albatross remains when using modern reference samples? J Arch Sci 33: 349-359.
Eda M, Kuro-o M, Higuchi H, Hasegawa H & Koike H (2010) Mosaic gene conversion after a tandem duplication of mtDNA sequence in Diomedeidae (albatrosses). Gen Genet Syst 85: 129-139.
Eda M, Sato F, Koike H & Higuchi H (2011) Genetic profile of Deko-chan, an un-ringed Short-tailed Albatross in Torishima Island, and the implication for the species' population structure. J Yamashina Inst Ornithol 43: 57-64.
Eda M, Koike H, Kuro-o M, Mihara S, Hasegawa H & Higuchi H (2012) Inferring the ancient population structure of the vulnerable albatross *Phoebastria albatrus*, combining ancient DNA, stable isotope, and morphometric analyses of archaeological samples. Conserv Genet 13: 143-151.
Eda M, Izumi H, Konno S, Konno M & Sato F (2016) Assortative mating in two populations of Short-tailed Albatross *Phoebastria albatrus* on Torishima. Ibis 158: 868-875.
Frankham R, Ballou JD & Briscoe DA (2002) *Introduction to Conservation Genetics*. Cambridge University Press, Cambridge.
Glenn TC, Stephan W & Braun MJ (1999) Effects of a population bottleneck on Whooping Crane mitochondrial DNA variation. Conserv Biol 13: 1097-1107.
Grant PR & Grant BR (1992) Hybridization of bird species. Science 256: 193-197.
Graur D (2016) *Molecular and Genome Evolution*. Sinauer Associates Inc., Sunderland.
Hadly EA, Kohn MH, Leonard JA & Wayne RK (1998) A genetic record of population isolation in pocket gophers during Holocene climatic change. PNAS 95: 6893-6896.
長谷川博 (1979a) アホウドリ－その歴史と現状 (I). 海洋と生物 1: 18-22.
長谷川博 (1979b) アホウドリ－その歴史と現状 (II). 海洋と生物 1: 27-35.
長谷川博 (1997) アホウドリはよみがえるか. 科学 67: 211-218.
長谷川博 (2003) 50羽から5000羽へ－アホウドリの完全復活をめざして. どうぶつ社, 東京.
長谷川博 (2006) アホウドリに夢中. 新日本出版社, 東京.
Hasegawa H & DeGange AR (1982) The Short-tailed Albatross, *Diomedea albatrus*, its status, distribution and natural history. Am Birds 36: 806-814.
Huyvaert KP, Anderson D & Parker PG (2006) Mate opportunity hypothesis and extrapair paternity in Waved Albatrosses (*Phoebastria irrorata*). Auk 123: 524-536.
池原貞雄・安部琢哉 (1980) 陸上動物調査 (1) (主に陸上脊椎動物及び大型土壌動物). 沖縄開発庁 (編) 尖閣諸島調査報告書 (学術調査編): 1-45. 沖縄開発庁, 東京.
Inchausti P & Weimerskirch H (2002) Dispersal and metapopulation dynamics of an oceanic seabird, the wandering albatross, and its consequences for its response to long-line fisheries. J Anim Ecol 71: 765-770.
Jones MGW & Ryan PG (2014) Effects of pre-laying attendance and body condition on long-term reproductive success in Wandering Albatrosses. Emu 114: 137-145.
Kumar S, Stecher G & Tamura K (2016) MEGA7: Molecular evolutionary genetics analysis version 7.0 for bigger datasets. Mol Biol Evol 33: 1870-1874.
黒岩恒 (1900) 尖閣列島探検記事. 地学雑誌 12: 476-483, 528-543.
Kuro-o M, Yonekawa H, Saito S, Eda M, Higuchi H, Koike H & Hasegawa H (2010) Unexpectedly high genetic diversity of mtDNA control region through severe bottleneck in vulnerable albatross *Phoebastria albatrus*. Conserv Genet 11: 127-137.
九州大学・長崎大学合同尖閣列島学術調査隊 (1973) 東支那海の谷間：尖閣列島. 九大生協印

刷部，福岡.
Llamas B, Willerslev E & Orlando L (2017) Human evolution: a tale from ancient genomes. Philos T Roy Soc B 372: 20150484.
Marchant S & Higgins P (1990) *Handbook of Australian, New Zealand and Antarctic Birds.* Vol. 1. Oxford University Press, Melbourne.
正木任 (1941) 尖閣群島を探る．採集と飼育 3: 102-111.
宮嶋幹之助 (1900) 沖縄県下無人島探検談．地学雑誌 12: 585-596.
宮嶋幹之助 (1900-1901) 黄尾島．地学雑誌 12: 476-483, 689-700, 13: 12-18, 79-93.
Moore PJ, Taylor GA & Amey JM (1997) Interbreeding of Black-browed Albatross *Diomedea m. melanophris* and New Zealand Black-browed Albatross *D. m. impavida* on Campbell Island. Emu 97: 322-324.
Moritz C. (1994) Defining evolutionarily-significant-units for conservation. TREE 9: 373-375.
日本鳥学会 (2012) 日本鳥類目録 (改訂第 7 版)．日本鳥学会，三田.
Nunn GB & Stanley SE (1998) Body size effects and rates of cytochrome *b* evolution in tube-nosed seabirds. Mol Biol Evol 15: 1360-1371.
Nunn GB, Cooper J, Jouventin P, Robertson CJR & Robertson GG (1996) Evolutionary relationships among extant albatrosses (Procellariiformes: Diomedeidae) established from complete cytochrome-*b* gene sequences. Auk 113: 784-801.
小城春雄・清田雅史・南浩史・中野秀樹 (2004) アホウドリ類の和名に関する試案．山階鳥学誌 35: 220-226.
Pritchard JK, Stephens M & Donnelly P (2000) Inference of population structure using multilocus genotype data. Genetics 155: 945-959.
Randler C (2008) Mating patterns in avian hybrid zones - a meta-analysis and review. Ardea 96: 73-80.
Robertson CJR (1993) *Timing of Egg Laying in the Royal Albatross* (*Diomedea epomophora*) *at Taiaroa Head 1937-1992.* Department of Conservation, Wellington.
Robertson CJR & Nunn GB (1998) Towards a new taxonomy for albatrosses. In: Robertson G & Gales R (eds) *Albatross Biology and Conservation*: 13-19. Surrey Beatty & Sons, Chipping Norton.
Rohwer S, Harris RB & Walsh HE (2014) Rape and the prevalence of hybrids in broadly sympatric species: a case study using albatrosses. PeerJ 2: e409.
琉球大学尖閣列島学術調査団 (1971) 尖閣列島学術調査報告．共栄印刷株式会社，神戸.
佐藤文男 (1999) 悲恋のデコちゃん．山階鳥研 NEWS 11(2): 4.
佐藤晴子・田澤道広・長谷川正人 (2008) 知床・根室海峡におけるアホウドリ *Diomedea albatrus* の確実な初の連続目視記録．知床博物館研報 29: 11-15.
高良鉄夫 (1954) 尖閣列島の動物相について．琉球大学農学部学術報告 1: 57-74.
高良鉄夫 (1963) 尖閣列島のアホウドリを探る．南と北 26: 63-71.
Tessier N & Bernatchez L (1999) Stability of population structure and genetic diversity across generations assessed by microsatellites among sympatric populations of landlocked Atlantic salmon (*Salmo salar* L.). Mol Ecol 8: 169-179.
Thomas WK, Paabo S, Villablanca FX & Wilson AC (1990) Spatial and temporal continuity of kangaroo rat populations shown by sequencing mitochondrial DNA from museum specimens. J Mol Evol 31: 101-112.
Tickell WLN (2000) *Albatrosses*. Yale University Press, New Haven.
恒藤規隆 (1910) 南日本の冨源．博文館，東京.
US Fish and Wildlife Service (2008) Short-tailed Albatross recovery plan. (online) http://alaska.fws.gov/fisheries/endangered/pdf/stal_recovery_plan.pdf, accessed 2017-06-12.
山本正司 (1954) 鳥島のあほうどり．測候時報 21: 232-233.
Yonezawa T, Segawa T, Mori H, Campos PF, Hongoh Y, Endo H, Akiyoshi A, Kohno N, Nishida S, Wu J, Jin H, Adachi J, Kishino H, Kurokawa K, Nogi Y, Tanabe H, Mukoyama H, Yoshida K, Rasoamiaramanana A, Yamagishi S, Hayashi Y, Yoshida A, Koike H, Akishinonomiya F, Willerslev E & Hasegawa M (2017) Phylogenomics and morphology of extinct Paleognaths reveal the origin and evolution of the Ratites. Curr Biol 27: 68-77.

6 章

環境省 (編) (2014) レッドデータブック 2014－日本の絶滅のおそれのある野生生物－2 鳥類. ぎょうせい, 東京.

Manly BFJ, McDonald LL, Thomas DL, McDonald TL & Erickson WP (2002) *Resource Selection by Animals: Statistical Design and Analysis for Field Studies.* 2nd ed. Kluwer Academic Publishers, Dordrecht.

日本鳥学会 (2012) 日本鳥類目録 (改訂第 7 版). 日本鳥学会, 三田.

大庭照代 (2007) アオバの芽吹くころにやってくるアオバズクの生活史. BIRDER 編集部 (編) フクロウ－その生態と行動の神秘を解き明かす : 59-65. 文一総合出版, 東京.

沖縄県環境部自然保護課 (2017) 改訂・沖縄県の絶滅のおそれのある野生生物 第 3 版 (動物編) －レッドデータおきなわ. 沖縄県環境部自然保護課, 那覇.

Phillips SJ, Anderson RP & Schapire RE (2006) Maximum entropy modeling of species geographic distributions. Ecol Modl 190: 231-259.

嵩原健二・池間幸男・兼城克男 (1995) 慶良間諸島の鳥類. 沖縄県博紀要 21: 101-128.

7 章

Aitken KEH & Martin K (2008) Resource selection plasticity and community responses to experimental reduction of a critical resource. Ecology 89: 971-980.

Begon M, Harper, JL & Townsend CR (1986) *Ecology: Individuals, Populations and Communities.* Blackwell scientific publications, Hoboken.

Buchanan JB, Fleming TL & Irwin LL (2004). A comparison of Barred and Spotted Owl nest-site characteristics in the eastern cascade mountains, Washington. J Raptor Res 38: 231-237.

Bunnell FL (1980) Factors controlling lambing period of Dall's sheep. Can J Zool 58: 1027-1032.

Clark RG & Shutler D (1999) Avian habitat selection: Pattern from process in nest-site use by ducks? Ecology 80: 272-297.

Cockle KI, Martin K & Welsowski T (2011) Woodpeckers, decay, and the future of cavity-nesting vertebrate communities worldwide. Front Ecol Environ 9: 377-382.

Connor EF & Simberloff D (1979) The assembly of species community- chance or competition? Ecology 60: 1132-1140.

Dark SJ, Gutiérrez RJ & Gould Jr GI (1998) The Barred Owl *Strix varia* invasion in California. Auk 115: 50-56.

Diamond JM (1975) Assembly of species communities. In: Cody ML & Diamond JM (eds) *Ecology and Evolution of Communities*: 342-444. Harvard University Press, Cambridge.

Ernest SKM (2005) Body size, energy use, and community structure of small mammals. Ecology 86: 1407-1413.

Gerhardt RP, Gerhardt DM, Flatten CJ & González NB (1994) The food habits of sympatric Ciccaba owls in northern Guatemala. J Field Ornithol 65: 258-264.

Gerhardt RP, González NB, Gerhardt DM & Flatten CJ (1994) Breeding biology and home range of two Ciccaba owls. Wilson Bull 106: 629-639.

Gibbons JW & Semlitsch RD (1987) Activity patterns. In: Seigel RA, Collins JT & Novak SS (eds) *Snakes: Ecology and Evolutionary Biology*: 396-421. Macmillan Publishing Company, New York.

Grant PR & Abbott I (1980) Interspecific competition, Island biogeography and null hypotheses. Evolution 34: 332-341.

Gutiérrez RJ, Cody M, Courtney S & Kennedy D (2004) Assessment of the potential threat of the Northern Barred Owl. In: Courtney SP, Blakesley JA, Bigley RE, Cody ML, Dumbacher JP, Fleischer RC, Franklin AB, Franklin JF, Gutiérrez RJ, Marzluff JM & Sztukowski L (eds) *Scientific Evaluation of the Status of the Northern Spotted Owl*: 1-51. Sustainable Ecosystems Institute, Portland.

Gutiérrez RJ, Cody M, Courtney S & Franklin AB (2007) The invasion of Barred Owls and its potential effect on the Spotted Owls: a conservation conundrum. Biol Invasions 9: 181-196.

Hamer TE, Hays DL, Senger CM & Forsman ED (2001) Diets of Northern Barred Owls and Northern Spotted Owls in an area of sympatry. J Raptor Res 35: 221-227.
Hamer TE, Forsman ED & Glenn EM (2007) Home range attribute and habitat selection of Barred Owls and Spotted Owls in an area of sympatry. Condor 109: 750-768.
Hutchinson GE (1957) Cold spring harbor symposium on quantitative biology. Concluding Remarks 22: 415-427.
Hutchinson GE (1959) Homage to Santa Rosalia; or, why are there so many kinds of animals? Am Nat 93: 145-159.
Hutchinson GE (1978) *An Introduction of Population Ecology*. Yale University Press, New Haven.
飯田知彦 (2001) 人工構造物への巣箱架設によるブッポウソウの保護増殖策. 日鳥学誌 50: 43-45.
Jaksić FM & Carothers JH (1985) Ecological, morphological and bioenergetic correlates of hunting mode in hawks and owls. Ornis Scand 16: 165-172.
Kavanagh RP (2002) Comparative diets of the Powerful owl (*Ninox strenua*), Sooty owl (*Tyto tenebricosa*) and Masked owl (*Tyto novaehollandiae*) in southeastern Australia. In: Newton I, Kavanagh R, Olsen J & Taylor I (eds) *Ecology and Conservation of Owls*: 175-191. CSIRO Publishing, Collingwood.
Kelly EG, Forsman ED & Anthony RG (2003) Are Barred Owls displacing Spotted Owls? Condor 105: 45-53.
小林繁樹・深町修・藤井君子 (1999) オオコノハズクの山口県鹿野町での巣箱繁殖例. Strix 17: 181-185.
Lack D (1948) The significance of clutch size. Part 3. Some interspecific comparisons. Ibis 90: 25-45.
Leskiw T & Gutiérrez RJ (1998) Possible predation of a Spotted Owl by a Barred Owl. Western Birds 29: 225-226.
Li P & Martin TE (1991) Nest-site selection and nesting success of cavity-nesting birds in high elevation forest drainages. Auk 108: 405-418.
Manly BFJ, McDonald LL, Thomas DL, McDonald TL & Erickson WP (2002) *Resource Selection by Animals: Statistical Design and Analysis for Field Studies.* 2nd ed. Kluwer Academic Publishers, Dordrecht.
Martin TE (1998) Are microhabitat preferences of coexisting species under selection and adaptive? Ecology 79: 656-670.
Martin TE & Li P (1992) Life history traits of open- vs. cavity-nesting birds. Ecology 73: 579-592.
Mikkola H (1983) *Owls of Europe*. T & AD Poyser, London.
Newton I (1994) The role of nest sites in limiting the numbers of hole-nesting birds: a review. Biol Conserv 70: 265-276.
Newton I (1998) *Population Limitation in Birds*. Academic Press, San Diego and London.
Nice MM (1957) Nesting success in altricial birds. Auk 74: 305-321.
Nilsson SG (1984) The evolution of nest-site selection among hole-nesting birds: the importance of nest predation and competition. Ornis Scand 15: 167-175.
Perrins CM (1970) The timing of birds' breeding seasons. Ibis 112: 242-255.
Price T, Kirkpatrick M & Arnold SJ (1988) Directional selection and the evolution of breeding date in birds. Science 240: 798-799.
Ricklefs RE (1969) An analysis of nesting mortality in birds. Sm C Zool 9: 1-48.
Severinghaus LL (2000) Territoriality and the significance of calling in the Lanyu Scops Owl *Otus elegans botelensis*. Ibis 142: 297-304.
高木昌興 (2009) 島間距離から解く南西諸島の鳥類層. 日鳥学誌 58: 1-17.
Toyama M & Saitoh T (2011) Food niche differences between syntopic scops owls on Okinawa Island, Japan. J Raptor Res 45: 79-87
Toyama M, Kotaka N & Koizumi I (2015) Breeding timing and nest predation rate of sympatric scops owls with different dietary breadth. Can J Zool 93: 841-847.
Visser ME, Both C & Lambrechts MM (2004) Global climate change leads to mistimed avian reproduction. Adv Ecol Res 35: 89-110.
Weiher E & Keddy P (2001) Assembly rules as general constraints on community composition.

In: *Ecological Assembly Rules: Perspectives, Advances, Retreats*: 251-271. Cambridge University Press, Cambridge.
Wesołowski T (2002) Anti-predator adaptations in nesting Marsh Tits *Parus palustris*: the role of nest-site security. Ibis 144: 593-601.

8 章

Colbeck GJ, Sillett AT & Webster MS (2010) Asymmetric discrimination of geographical variation in song in a migratory passerine. Anim Behav 80: 311-318.
Dingle C, Poelstra JW, Halfwerk W, Brinkhuizen DM & Slabbekoorn H (2010) Asymmetric response patterns to subspecies-specific song differences in allopatry and parapatry in the gray-breasted wood-wren. Evolution 64: 3537-3548.
Doutrelant C & Lambrechts MM (2001) Macrogeographic variation in song-a test of competition and habitat effects in blue tits. Ethology 107: 533-544.
Hamao S (2013) Acoustic structure of songs in island populations of the Japanese bush warbler, *Cettia diphone*, in relation to sexual selection. J Ethol 31: 9-15.
Hamao S (2016) Asymmetric response to song dialects among bird populations: the effect of sympatric related species. Anim Behav 119: 143-150.
濱尾章二 (2016) さえずりを他種が聞くと何が起こるか－形質置換，そして種認知への影響．江口和洋 (編著) 鳥の行動生態学：237-257．京都大学学術出版会，京都．
Hamao S, Sugita N & Nishiumi I (2013) Geographical variation in mitochondrial DNA and vocalizations in two resident bird species in the Ryukyu Archipelago, Japan. B Natl Mus Nat Sci A 39: 51-62.
Hamao S, Sugita N & Nishiumi I (2016) Geographic variation in bird songs: examination of the effects of sympatric related species on the acoustic structure of songs. Acta Ethol 19: 81-90.
伊地知告・鳥飼久裕・濱尾章二 (2013) 奄美諸島喜界島におけるモズの繁殖．日鳥学誌 62: 68-71.
Jenkins PF & Baker AJ (1984) Mechanisms of song differentiation in introduced populations of Chaffinches *Fringilla coelebs* in New Zealand. Ibis 126: 510-524.
清棲幸保 (1965) 増補改訂版 日本鳥類大図鑑 I．講談社，東京．
小西正一 (1994) 小鳥はなぜ歌うのか．岩波書店，東京．
Kroodsma DE, Byers BE, Halkin SL, Hill C, Minis D, Bolsinger JB, Dawson J, Donelan E, Farrington J, Gill FB, Houlihan P, Innes D, Keller G, MacAulay L, Marantz CA, Ortiz J, Stoddard PK & Wilda K (1999) Geographic variation in Black-capped Chickadee songs and singing behavior. Auk 116: 387-402.
MacArthur RH & Wilson EO (1967) *The Theory of Island Biogeography*. Princeton University Press, Princeton.
三原学・大迫義人 (1994) 神明山における餌台の利用状況とシジュウカラ科鳥類の優劣関係．Ciconia 3: 27-38.
日本鳥学会 (2012) 日本鳥類目録 (改訂第 7 版)．日本鳥学会，三田．
西海功 (2012) DNA バーコーディングと日本の鳥の種分類．日鳥学誌 61: 223-237.
Schluter D & Grant PR (1984) Determinants of morphological patterns in communities of Darwin's finches. Am Nat 123: 175-196.
Schluter D, Price TD & Grant PR (1985) Ecological character displacement in Darwin's finches. Science 227: 1056-1059.
Shizuka D (2014) Early song discrimination by nestling sparrows in the wild. Anim Behav 92: 19-24.
Soha JA, Nelson DA & Parker PG (2004) Genetic analysis of song dialect populations in Puget Sound white-crowned sparrows. Behav Ecol 15: 636-646.
高木昌興 (2000) 南大東島に生息するモズの羽色および形態の記載，島内の分布状況と繁殖生態．山階鳥研報 32: 13-23.
高木昌興 (2007) 鳥類の保全における単位について．山岸哲 (監修)，山階鳥類研究所 (編) 保全鳥類学：33-56．京都大学出版会，京都．
植田睦之 (2013) 大きな声で鳴く沢のミソサザイと小さな複雑な声で鳴く山のミソサザイ－ミソサザイのさえずりへの騒音の影響．Bird Res 9: S23-S28.

山岸哲・明石全弘 (1981) ホオジロの言葉－さえずりの成り立ちとさえずり方．アニマ 98: 12-19.

9 章

姉崎悟・嵩原健二・松井晋・高木昌興 (2003) 大東諸島産鳥類目録．沖縄県博紀要 29: 25-54.
東清二 (1989) 南大東島の昆虫相に関する若干の考察．沖縄農業 24: 27-39.
千葉勇人 (1990) 小笠原諸島におけるモズの繁殖．日鳥学誌 38: 150-151.
千葉勇人・船津毅 (1991) 父島列島・母島列島の鳥類．東京都立大学小笠原研究委員会 (編) 第 2 次小笠原諸島自然環境現状調査報告書：135-147．東京都立大学，東京．
Ejiri H, Sato Y, Sasaki E, Sumiyama D, Tsuda Y, Sawabe K, Matsui S, Horie S, Akatani K, Takagi M, Omori S, Murata K & Yukawa M (2008) Detection of avian Plasmodium spp. DNA sequences from mosquitoes captured in Minami Daito Island of Japan. J Vet Med Sci 70: 1205-1210.
栄村奈緒子 (2011) 小笠原群島父島の鳥類相－15 年前との比較．Strix 27: 159-164.
Hasegawa M, Kusano T & Miyashita K (1988) Range expansion of *Anolis c. carolinensis* on Chichi-jima, the Bonin island, Japan. Jpn J Herpetol 12: 115-118.
Huggett RJ (2004) *Fundamentals of Biogeography.* 2nd ed. Routledge, Abingdon.
伊地知告・鳥飼久裕・濱尾章二 (2013) 奄美諸島喜界島におけるモズの繁殖．日鳥学誌 62: 68-71.
池田善英 (1986) 北大東島で冬期に観察された鳥類．山階鳥研報 18: 68-70.
池原貞雄 (1973) 大東島の陸生脊椎動物．文化庁 (編) 大東島天然記念物特別調査報告：52-62．文化庁，東京．
今西貞夫 (2007) 連続した降雨によるモズの巣内雛の死亡．山階鳥学誌 39: 35-39.
石城謙吉 (1966) モズとアカモズのなわばり関係について．日生態会誌 16: 87-93.
板倉博 (1985a) 南方定点における昆虫や鳥類の観察記録 (その 1)．船と海上気象 29 (2): 5-8.
板倉博 (1985b) 南方定点における昆虫や鳥類の観察記録 (その 2)．船と海上気象 29 (3,4 合併号): 16-19.
Matsui S (2010) Evolution of life history traits in the recently established population of the Bull-headed Shrike *Lanius bucephalus* on the subtropical island. Doctoral thesis, Osaka City Univ., Osaka.
Matsui S & Takagi M (2012) Predation risk of eggs and nestlings relative to nest-site characteristics of the Bull-headed Shrike *Lanius bucephalus*. Ibis 154: 621-625.
Matsui S & Takagi M (2017) Habitat selection by the Bull-headed Shrike *Lanius bucephalus* on the Daito Islands at the southwestern limit of its breeding range. Ornithol Sci 16: 79-86.
Matsui S, Hisaka M & Takagi M (2006) Direct impact of typhoons on the breeding activity of Bull-headed Shrike *Lanius bucephalus* on Minami-Daito Island. Ornithol Sci 5: 227-229.
Matsui S, Hisaka M & Takagi M (2010) Arboreal nesting and utilization of open-cup bird nests by introduced ship rats *Rattus rattus* on an oceanic island. Bird Conserv Int 20: 34-42.
Matsui S, Tsuchiya Y, Hisaka M & Takagi M (2012) Size hierarchy caused by hatching asynchrony in the Bull-headed Shrike *Lanius bucephalus* on Minami-daito Island. J Yamashina Inst Ornithol 44: 31-35.
Mayfield H (1961) Nesting success calculated from exposure. Wilson Bull 73: 255-261.
Mayfield HF (1975) Suggestions for calculating nest success. Wilson Bull 87: 456-466.
森岡弘之 (1990) トカラ列島の繁殖鳥類とその起源．国立科博専報 23: 151-166.
Murata K, Nii R, Yui S, Sasaki E, Ishikawa S, Sato Y, Matsui S, Horie S, Akatani K, Takagi M, Sawabe K & Tsuda Y (2008) Avian haemosporidian parasites infection in wild birds inhabiting Minami-daito Island of the Northwest Pacific, Japan. J Vet Med Sci 70: 501-503.
日本鳥学会 (2012) 日本鳥類目録 (改訂第 7 版)．日本鳥学会，三田．
日本野鳥の会 (1975) 大東諸島．環境庁 (編) 特定鳥類等調査：269-298．環境庁，東京．
小川巌 (1974) モズの早贄，特殊な習性の意味するもの．アニマ 12: 59-68.
小川巌 (1977) ペリットによるモズの食性分析とその季節変化．鳥 26: 63-75.
Olsen OW (1986) *Animal Parasites*. Dover Press, New York.
大沢啓子・大沢夕志 (1990) 南大東島で観察された鳥類．山階鳥研報 22: 133-137.
高木昌興 (2000) 南大東島に生息するモズの羽色および形態の記載，島内の分布状況と繁殖生態．山階鳥研報 32: 13-23.
Takagi M (2001) Some effects of inclement weather condition on the survival and condition of Bull-headed shrike nestlings. Ecol Res 16: 55-63.
Takagi M & Abe S (1996) Seasonal change in nest site and nest success of Bull-headed Shrikes. Jpn J Ornithol 45: 167-174.
Takagi M & Ogawa I (1995) Comparative studies on nest sites and diet of *Lanius bucephalus* and *L. cristatus* in northern Japan. In: Yosef R & Lohrer FE (eds) *Shrikes (Laniidae) of the World: Biology and Conservation*: 200-203. Western Foundation Vertebrate Zoology, Camarillo.
Temple (1995) Distribution maps for shrikes of the world. In: Yosef R & Lohrer FE (eds) *Shrikes (Laniidae) of the World: Biology and Conservation*: 313-316. Western Foundation Vertebrate Zoology, Camarillo.
Tsuda Y, Matsui S, Saito A, Akatani K, Sato Y, Takagi M & Murata K (2009) Ecological study on avian malaria vectors on an oceanic island of Minami-Daito, Japan. J Am Mosquito Contr 25: 279-284.
上田雅子 (1997) 小笠原諸島父島におけるモズ *Lanius bucephalus* の食性と生息場所．奈良女子大学 1996 年度卒業論文．奈良女子大学，奈良.
上田雅子 (1999) 小笠原諸島父島における，移入種モズとイソヒヨドリの資源分割．奈良女子大学 1998 年度修士論文．奈良女子大学，奈良.
Wiens JA (1989) *The Ecology of Bird Communities*. vols.1 and 2. Cambridge University Press, Cambridge.
山岸哲 (1982) モズのなわばりについて．科学 52: 392-397.
Yoshino T, Hama N, Onuma M, Takagi M, Sato K, Matsui S, Hisaka M, Yanai T, Ito H, Urano N, Osa Y & Asakawa M (2014) Filarial nematodes belonging to the superorders Diplotriaenoidea and Aproctoidea from wild and captive birds in Japan. J Rakuno Gakuen Univ 38: 139-148.

10 章

天野一葉 (2009) 外来鳥類ソウシチョウの生態と在来鳥類へ与える影響．樋口広芳・黒沢令子 (編著) 鳥の自然史：89-105．北海道大学出版会，札幌.
Burger J (1985) Habitat selection in temperate marsh-nesting birds. In: Cody ML (ed) *Habitat Selection in Birds*: 253-278. Academic Press, New York.
Cody ML (1985) *Habitat Selection in Birds*. Academic press, New York.
Crawford RL, Olson SL & Taylor WK (1983) Winter distribution of subspecies of Clapper Rails (*Rallus longirostris*) in Florida with evidence for long-distance and overland movements. Auk 100: 198-200.
Elliott GP (1987) Habitat use by the Banded Rail. New Zeal J Ecol 10: 109-115.
福田道雄 (1989) クイナ科の分類．黒田長久・森岡弘之 (監修) 世界の動物/分類と飼育 10-2 ツル目：45-86．どうぶつ社，東京.
Garcia JC, Gibb GC & Trewick SA (2014) Deep global evolutionary radiation in birds: Diversification and trait evolution in the cosmopolitan bird family Rallidae. Mol Phylogenet Evol 81: 96-108.
Gopakumar PS & Kaimal KK (2008) Loss of wetland breeding habitats and population decline of white breasted waterhen, *Amaurornus phoenicurus phoenicurus* (Pennant) - A case study. In: Sengupta M & Dalwani R (eds) *Proceedings of Taal 2007 the 12th World Lake Conference*: 529-536. The 12th world lake conference, Jaipur.
Hackett SJ, Kimball RT, Reddy S, Bowie RCK, Braun EL, Brau MJ, Chojnowski JL, Cox WA, Han KL, Harshman J, Huddleston CJ, Marks BD, Miglia KJ, Moore WS, Sheldon FH, Steadman DW, Witt CC & Yuri T (2008) A phylogenomic study of birds reveals their evolutionary history. Science 320: 1763-1768.
平岡英忠 (1989) シロハラクイナの繁殖．黒田長久・森岡弘之 (監修) 世界の動物/分類と飼育 10-2 ツル目：152-155．どうぶつ社，東京.
池原貞雄 (1983) 沖縄の野鳥．誠文堂新光社，東京.
Jedlikowski J, Brambilla M & Suska-Malawska M (2014) Fine-scale selection of nesting habitat

in Little Crake *Porzana parva* and Water Rail *Rallus aquaticus* in small ponds. Bird stud 61: 171-181.
Jedlikowski J, Chibowski P, Karasek T & Brambilla M (2016) Multi-scale habitat selection in highly territorial bird species: Exploring the contribution of nest, territory and landscape levels to site choice in breeding rallids (Aves: Rallidae). Acta Oecol 73: 10-20.
Kenward RE (2001) *A Manual for Wildlife Radio Tagging*. Academic press, London.
清田雅史・岡村寛・米崎史郎・平松一彦 (2004) 資源選択性の統計解析-I. 基礎的な概念と計算方法. 哺乳類科学 44: 129-146.
中村一恵 (1987) シロハラクイナの日本列島への分布拡大と定着. 神奈川県立博物館研究報告 17: 1-11.
小川龍司・小川幸助・佐藤安男・千葉晃 (2006) 新潟市佐潟におけるシロハラクイナの繁殖初記録. Strix 24: 127-133.
Olson SL (1973) A classification of the Rallidae. Wilson Bull 85: 381-416.
Prum RO, Berv JS, Dornburg A, Field DJ, Townsend JP, Moriarty Lemmon E & Lemmon AR (2015) A comprehensive phylogeny of birds (Aves) using targeted next-generation DNA sequencing. Nature 526: 569-573.
Ruan LZ, Wang YS, Hu JR & Ouyang Y (2012) Polyphyletic origin of the genus *Amaurornis* inferred from molecular phylogenetic analysis of rails. Biochem Genet 50: 959-966.
佐伯緑・早稲田宏一 (2006) ラジオテレメトリを用いた個体追跡技術とデータ解析法. 哺乳類科学 46: 193-210.
Spautz H, Nur N & Stralberg D (2005) California Black Rail (*Laterallus jamaicensis coturniculus*) distribution and abundance in relation to habitat and landscape features in the San Francisco Bay Estuary. In: Ralph CJ & Rich TD (eds) *Bird Conservation Implementation and Integration in the Americas: Proceedings of the Third International Partners in Flight Conference*: 465-468. Pacific Southwest Research Station, Washington D.C.
高木博敏 (1987) 熊本県におけるシロハラクイナの繁殖記録. Strix 6: 109.
玉城克彦 (1985) 沖縄県我部祖河川河口におけるシロハラクイナの繁殖生態. 琉球大学理学部生物学科課題研究.
田中正一 (1983) 九州でのシロハラクイナの繁殖初記録. Strix 2: 112-113.
谷口育英・高木博敏・工藤栄介 (1987) 熊本にもシロハラクイナが繁殖. 私たちの自然 311: 23.
Taylor B & van Perlo B (1998) *Rails: A Guide to the Rails, Crakes, Gallinules and Coots of the World*. Yale University Press, New Haven.
Trewick SA (1997) Flightlessness and phylogeny amongst endemic rails (Aves: Rallidae) of the New Zealand region. Philos T Roy Soc B 352: 429-446.
Worton BJ (1989) Kernel methods for estimating the utilization distribution in home-range studies. Ecology 70: 164-168.
与那城義春 (1975) シロハラクイナの繁殖－本邦初記録. 野鳥 40: 655-656.
Zembal R, Massey BW & Fancher JM (1989) Movements and activity patterns of the Light-footed clapper rail. J Wildl Manage 53: 39-42.

11 章

del Hoyo J, Elliot A & Christie D (eds) (2008) *Handbook of the Birds of the World*. Vol.13. *Penduline-tits to Shrikes*. Lynx Edicions, Barcelona.
Filliater TS, Breitwisch R & Nealen PM (1994) Predation on Northern Cardinal nests: does choice of nest-site matter? Condor 96: 761-768.
Forslund P & Pärt T (1995) Age and reproduction in birds-hypotheses and tests. TREE 10: 374-378.
Grubb TC Jr. (2006) *Ptilochronology: Feather Time and the Biology of Birds*. Oxford University Press, Oxford.
堀江明香・松井晋・高木昌興 (2005) 南大東島における亜種ダイトウメジロの 11 月の育雛. 日鳥学誌 54: 58-59.
Horie S & Takagi M (2012) Nest site positioning by male Daito White-eyes *Zosterops japonicus daitoensis* improves with age to reduce nest predation risk. Ibis 145: 285-295.
Jansen A (1990) Acquisition of foraging skills by Heron Island Silvereyes *Zosterops lateralis chlorocephala*. Ibis 132: 95-101.

Martin TE (1993) Nest predation and nest sites: New perspectives on old patterns. BioScience 43: 523-532.
Ohde S & Elderfield H (1992) Strontium isotope stratigraphy of Kita-daito-jima Atoll, North Philippine Sea: implications for Neogene sea-level change and tectonic history. Earth Planet Sci Lett 113: 473-486.
Sæther B (1990) Age-specific variation in reproductive performance of birds. Curr Ornithol 7: 251-283.
茂田良光 (2008) 世界のメジロ図譜改訂版．全国密猟対策連絡会，京都．
高木昌興 (2009) 島間距離から解く南西諸島の鳥類相．日鳥学誌 58: 1-17.

12 章

Brightsmith DJ (2000) Use of arboreal termitaria by nesting birds in the Peruvian Amazon. Condor 102: 529-538.
Brightsmith DJ (2005) Competition, predation and nest niche shifts among tropical cavity nesters: phylogeny and natural history evolution of parrots (Psittaciformes) and trogons (Trogoniformes). J Avian Boil 36: 64-73.
Dechmann DKN, Kalko EKV & Kerth G (2004) Ecology of an exceptional roost: energetic benefits could explain why the bat *Lophostoma silvicolum* roosts in active termite nests. Evol Ecol Res 6: 1037-1050.
Fry CH, Fry K & Harris A (1992) *Kingfishers, Bee-Eaters & Rollers*. Princeton University Press, Princeton.
Hansell M (2000) *Bird Nest and Construction Behaviour*. Cambridge University Press, Cambridge.
Hindwood KA (1959) The nesting of birds in the nest of social insects. Emu 59: 1-36.
Kesler DC & Haig SM (2004) Thermal characteristics of wild and captive Micronesian Kingfisher nesting habitats. Zoo Biol 23: 301-308.
Legge S & Heinsohn R (2001) Kingfishers in paradise: the breeding biology of *Tanysiptera sylvia* at the Iron Range National Park, Cape York. Aust J Zool 49: 85-98.
Li P & Martin TE (1991) Nest-site selection and nesting success of cavity-nesting birds in high elevation forest drainages. Auk 108: 405-418.
Lubin YD, Montgomery GG & Young OP (1977) Food resources of anteaters (Edentata: Myrmecophagidae) I. a year's census of arboreal nests of ants and termites on Barro Colorado Island, Panama Canal Zone. Biotropica 9: 26-34.
Martin TE (1995) Avian life history evolution in relation to nest sites, nest predation, and food. Ecol Monogr 65: 101-127.
中村浩志・柏木健一 (1989) アカショウビンの繁殖生態と雛への給餌内容．信州大学教育学部付属志賀自然教育研究施設研究業績 26: 15-24.
Newton I (1994) The role of nest sites in limiting the numbers of hole-nesting birds: a review. Biol Conserv 70: 265-276.
日本鳥学会 (2012) 日本鳥類目録 (改訂第 7 版)．日本鳥学会，三田．
Nilsson SG (1984) The evolution of nest-site selection among hole-nesting birds: the importance of nest predation and competition. Ornis Scand 15: 167-175.
Noirot C (1970) The nest of termites. In: Krishna K & Weesner FM (eds) *Biology of Termites*. Vol. 2: 73-125. Academic Press, New York.
上野吉雄・河津功・保井浩・小柴正記 (2001) 広島県臥竜山におけるアカショウビンの繁殖生態．高原の自然史 6: 59-75.
矢野晴隆・上田恵介 (2005) リュウキュウアカショウビンによる発泡スチロール製人工営巣木の利用．日鳥学誌 54: 49-52.
矢野晴隆・上田恵介 (2006) アカショウビンへの人工営巣木の利用－武田恵世氏の批判にこたえて．日鳥学誌 55: 119.

13 章

Burger J & Gochfeld M (1981) Age-related differences in piracy behaviour of four species of gulls, *Larus*. Behaviour 77: 242-267.

フォン ユクスキュル J・クリサート G (1995) 生物から見た世界．新思索社，東京．(日高敏隆・野田保之 (訳)，von Uexküll J & Kriszat G (1970) *Streifzüge Durch die Umwelten von Tieren und Menschen-Bedeutungslehre*. S. Fischer Verlag, Berlin)

Gleiss AC, Wilson RP & Shepard EL (2011) Making overall dynamic body acceleration work: on the theory of acceleration as a proxy for energy expenditure. Methods Ecol Evol 2: 23-33.

Green JA, White CR, Bunce A, Frappell PB & Butler PJ (2009) Energetic consequences of plunge diving in gannets. Endang Species Res 10: 269-279.

Guo H, Cao L, Peng L, Zhao G & Tang S (2010) Parental care, development of foraging skills, and transition to independence in the red-footed booby. Condor 112: 38-47.

ハインリッチ B (1985) ヤナギランの花咲く野辺で－昆虫学者のフィールドノート．どうぶつ社，東京．(渡辺政隆 (訳)，Heinrich B (1984) *In a Patch of Fireweed*. Harvard University Press, Cambridge)

日高敏隆 (1999) ぼくにとっての学校－教育という幻想．講談社，東京．

岸本浩和・河野裕美 (1989) 仲ノ神島 (琉球列島) で繁殖中の海鳥類の食餌動物．東海大海洋研報 10: 43-64.

Kohno H & Yoda K (2011) The development of activity ranges in juvenile Brown Boobies *Sula leucogaster*. Ibis 153: 611-615.

Kohno H, Yamamoto T, Mizutani A, Murakoshi M & Yoda K (2018) Breeding phenology and chick growth in the Brown Booby *Sula leucogaster* (Sulidae) on Nakanokamishima, Japan. Ornithol Sci 17: 87-93.

Lee DN & Reddish PE (1981) Plummeting gannets: a paradigm of ecological optics. Nature 293: 293-294.

Machovsky-Capuska GE, Dwyer SL, Alley MR, Stockin KA & Raubenheimer D (2011) Evidence for fatal collisions and kleptoparasitism while plunge-diving in Gannets. Ibis 153: 631-635.

Machovsky-Capuska GE, Howland HC, Raubenheimer D, Vaughn-Hirshorn R, Würsig B, Hauber ME & Katzir G (2012) Visual accommodation and active pursuit of prey underwater in a plunge-diving bird: the Australasian gannet. P Roy Soc Lond B Bio 279: 4118-4125.

Martin GR & Brooke M de L (1991) The eye of a Procellariiform seabird, the Manx shearwater, *Puffinus puffinus*: visual fields and optical structure. Brain Behav Evol 37: 65-78.

Mellink E, Castillo-Guerrero JA & Peñaloza-Padilla E (2014) Development of diving abilities by fledgling Brown Boobies (*Sula leucogaster*) in the Central Gulf of California, México. Waterbirds 37: 451-456.

森貴久 (2002) 海鳥の採食戦略．山岸哲・樋口広芳 (共編) これからの鳥類学：90-117. 裳華房，東京．

Naef-Daenzer B & Grüebler MU (2016) Post-fledging survival of altricial birds: ecological determinants and adaptation. J Field Ornithol 87: 227-250.

日本バイオロギング研究会 (2009) バイオロギング－動物たちの不思議に迫る．京都通信社，京都．

日本バイオロギング研究会 (2016) バイオロギング 2－動物たちの知られざる世界を探る．京都通信社，京都．

Orgeret F, Weimerskirch H & Bost C-A (2016) Early diving behaviour in juvenile penguins: improvement or selection processes. Biol Lett 12: 20160490.

Parmelee DF, Parmelee JM & Fuller M (1985) Ornithological investigations at Palmer Station: the first long-distance tracking of seabirds by satellites. Antarct J US 20: 162-163.

Rattenborg NC, Voirin B, Cruz SM, Tisdale R, Dell'Omo G, Lipp H-P, Wikelski M & Vyssotski AL (2016) Evidence that birds sleep in mid-flight. Nat Commun 7: 12468.

Remeš V & Martin TE (2002) Environmental influences on the evolution of growth and developmental rates in passerines. Evolution 56: 2505-2518.

Ropert-Coudert Y, Wilson RP, Gremillet D, Kato A, Lewis S & Ryan PG (2006) ECG Recordings in free-ranging gannets reveal minimum difference in heart rate during powered versus gliding flight. Mar Ecol Prog Ser 328: 275-284.

Ropert-Coudert Y, Wilson RP, Yoda K & Kato A (2007) Assessing performance constraints in penguins with externally-attached devices. Mar Ecol Prog Ser 333: 281-289.

Ropert-Coudert Y, Daunt F, Kato A, Ryan PG, Lweis S, Kobayashi K, Mori Y, Grémillet D & Wanless S (2009) Underwater wingbeats extend depth and duration of plunge dives in northern gannets *Morus bassanus*. J Avian Biol 40: 380-387.
Schaefer H-C, Eshiamwata GW, Munyekenye FB & Böhning-Gaese K (2004) Life-history of two African *Sylvia* warblers: low annual fecundity and long post-fledging care. Ibis 146: 427-437.
Schreiber EA & Burger J (2001) *Biology of Marine Birds*. CRC Press, Boca Raton.
Steiner I, Bürgi C, Werffeli S, Dell'Omo G, Valenti P, Tröster G, Wolfer DP & Lipp HP (2000) A GPS logger and software for analysis of homing in pigeons and small mammals. Physiol Behav 71: 589-596.
Stutchbury BJM, Tarof SA, Done T, Gow E, Kramer PM, Tautin J, Fox JW & Afanasyev V (2009) Tracking long-distance songbird migration by using geolocators. Science 323: 896-896.
高橋晃周・依田憲 (2010) バイオロギングによる鳥類研究. 日鳥学誌 59: 3-19.
Torres R, Drummond H & Velando A (2011) Parental age and lifespan influence offspring recruitment: a long-term study in a seabird. PLoS ONE 6: e27245.
Wanless S & Okill JD (1994) Body measurements and flight performance of adult and juvenile gannets *Morus bassanus*. Ringing Migr 15: 101-103.
綿貫豊 (2010) 海鳥の行動と生態－その海洋生活への適応. 生物研究社, 東京.
綿貫豊・高橋晃周 (2016) 海鳥のモニタリング調査法. 共立出版, 東京.
Weimerskirch H (2007) Are seabirds foraging for unpredictable resources. Deep-Sea Res Pt II 54: 211-223.
Weimerskirch H, Chastel O, Barbraud C & Tostain O (2003) Flight performance: Frigatebirds ride high on thermals. Nature 421: 333-334.
Weimerskirch H, Le Corre M, Ropert-Coudert Y, Kato A & Marsac F (2005) The three-dimensional flight of red-footed boobies: adaptations to foraging in a tropical environment? P Roy Soc Lond B Bio 272: 53-61.
Weimerskirch H, Shaffer SA, Tremblay Y, Costa DP, Gadenne H, Kato A, Ropert-Coudert Y, Sato K & Aurioles D (2009) Species- and sex-specific differences in foraging behaviour and foraging zones in blue-footed and brown boobies in the Gulf of California. Mar Ecol Prog Ser 391: 267-278.
Wienecke B, Robertson G, Kirkwood R & Lawton K (2007) Extreme dives by free-ranging emperor penguins. Polar Biol 30: 133-142.
Yamamoto T, Kohno H, Mizutani A, Sato H, Yamagishi H, Fujii Y, Murakoshi M & Yoda K (2017). Costs of wind on the flight of tropical Brown Booby fledglings. Ornithol Sci 16: 17-22.
依田憲 (2012) 移動・どこに住むか. 日本生態学会 (編) 行動生態学 : 49-70. 共立出版, 東京.
Yoda K & Kohno H (2008) Plunging behaviour in chick-rearing Brown Boobies. Ornithol Sci 7: 5-13.
Yoda K, Naito Y, Sato K, Takahashi A, Nishikawa J, Ropert-Coudert Y, Kurita M & Le Maho Y (2001) A new technique for monitoring the behaviour of free-ranging Adélie penguins. J Exp Biol 204: 685-690.
Yoda K, Kohno H & Naito Y (2004) Development of flight performance in the brown booby. P Roy Soc Lond B Bio 271: S240-S242.
Yoda K, Kohno H & Naito Y (2007) Ontogeny of plunge diving behaviour in brown boobies: Application of a data logging technique to hand-raised seabirds. Deep-Sea Res Pt II 54: 321-329.
Yoda K, Murakoshi M, Tsutsui K & Kohno H (2011) Social interactions of juvenile brown boobies at sea as observed with animal-borne video cameras. PLoS ONE 6: e19602.
Yoda K, Shiozaki T, Shirai M, Matsumoto S & Yamamoto M (2017a) Preparation for flight: pre-fledging exercise time is correlated with growth and fledging age in burrow-nesting seabirds. J Avian Biol 48: 881-886.
Yoda K, Yamamoto T, Suzuki H, Matsumoto S, Muller M & Yamamoto M (2017b) Compass orientation drives naïve pelagic seabirds to cross mountain ranges. Curr Biol 27: R1152-R1153.
Zavalaga CB, Benvenuti S, Dall'Antonia L & Emslie SD (2007) Diving behavior of blue-footed boobies *Sula nebouxii* in northern Peru in relation to sex, body size and prey type. Mar

Ecol Prog Ser 336: 291-303.

14 章

馬場興市 (1990) マダガスカル産ドラセナから発見された *Opogona sacchari* (Bojer) について. 九州植物防疫 508: 2.
Common IFB (2000) *Oecophorine Genera of Australia III. The* Barea *Group and Unplaced Genera* (*Lepidoptera: Oecophoridae*). CSIRO Publishing, Collingwood.
Cooney SJN, Olsen PD & Garnett ST (2009) Ecology of the coprophagous moth *Trisyntopa neossophila* Edwards (Lepidoptera: Oecophoridae). Aust J Entomol 48: 97-101.
Davis DR (1978) The North American moths of the genera *Phaeoses*, *Opogona*, and *Oinophila*, with a discussion of their supergeneric affinities (Lepidoptera: Tineidae). Sm C Zool 282: 1-39.
Davis DR & Peña JE (1990) Biology and morphology of the banana moth, *Opogona sacchari* (Bojer), and its introduction into Florida (Lepidoptera: Tineidae). P Entomol Soc Wash 92: 593-618.
Diakonoff A (1952) Viviparity in Lepidoptera. Trans 9th Int Congr Ent 1: 91-96.
Edwards ED, Cooney SJN, Olsen PD & Garnett ST (2007) A new species of *Trisyntopa* Lower (Lepidoptera: Oecophoridae) associated with the nests of the hooded parrot (*Psephotus dissimilis*, Psittacidae) in the Northern Territory. Aust J Entomol 46: 276-280.
EPPO (2006) Diagnotics, *Opogona sacchari*. EPPO Bulletin 36: 171-173.
濱尾章二・樋口正信・神保宇嗣・前藤薫・古木香名 (2016) 鳥の巣における生物間の相互作用－シジュウカラ・苔・蛾・蜂の関係. 日鳥学誌 65: 37-42.
Hicks EA (1959) *Check-List and Bibliography on the Occurrence of Insects in Birds' Nests*. The Iowa State College Press, Ames.
Hicks EA (1962) Check-list and bibliography on the occurrence of insects in birds' nests. Supplement 1. Iowa State J Sci 36: 233-348.
Hicks EA (1971) Check-list and bibliography on the occurrence of insects in birds' nests. Supplement 2. Iowa State J Sci 42: 123-338.
広渡俊哉・松井晋・高木昌興・那須義次・上田恵介 (2012) 南大東島のモズの自然巣から羽化した鱗翅類. 蝶と蛾 63: 107-115.
稲垣政志 (2008) コブナシコブスジコガネ *Torx nohirai* Nakane の生態について (続報). 鰓角通信 16: 33-35.
稲垣政志 (2009) こんなところに！ コブナシコブスジコガネ. 塚本珪一・稲垣政志・河原正和・森正人 (共著) ふんコロ昆虫記－食糞性コガネムシを探そう：58-60. トンボ出版, 大阪.
稲垣政志・稲垣信吾 (2007) コブナシコブスジコガネ *Torx nohirai* Nakane の生態について. 鰓角通信 15: 7-10.
磯村六酔 (1930) 雀の巣と毛織物の害虫. 昆蟲世界 34: 137-138.
Jones CG, Lawton JH & Shachak M (1994) Organisms as ecosystem engineers. OIKOS 69: 373-386.
鹿児島県病害虫防除所 (2007) クロテンオオメンコガ (平成 18 年度病害虫発生予察特殊報第 3 号). 鹿児島県病害虫防除所, 南さつま.
桐谷圭治 (1959) 屋内害虫の自然の棲息場所. 新昆蟲 12 (2): 2-6.
小海途銀次郎・和田岳 (2011) 日本 鳥の巣図鑑. 東海大学出版会, 秦野.
Lenoir A, Chalon Q, Carvajal A, Ruel C, Barroso Á, Lackner T & Boulay R (2012) Chemical integration of myrmecophilous guests in *Aphaenogaster* ant nests. Psyche 2012, article ID 840860, 12 pages.
槇原寛・阿部學・新里達也・早川浩之・飯嶋一浩 (2004) ワシタカ類の巣で生活するアカマダラハナムグリ. 甲虫ニュース 148: 21-23.
丸山宗利・小松貴・工藤誠也・島田拓・木野村恭一 (2013) アリの巣の生きもの図鑑. 東海大学出版会, 秦野.
村濱史郎・那須義次・松室裕之 (2007) 自動温度記録計を用いたフクロウの繁殖状況の推定. Bird Res 3: T13-T19.
那須義次 (2012) 鱗翅目昆虫のニッチとしての鳥の巣. 生物科学 64: 35-42.
Nasu Y, Murahama S, Matsumuro H, Hashiguchi D & Murahama C (2007) First record of Lep-

idoptera from Ural owl nests in Japan. Appl Entomol Zool 42: 607-612.
那須義次・村濱史郎・坂井誠・山内健生 (2007) 日本において鳥類の巣・ペリットおよび肉食哺乳類の糞から発生したヒロズコガ (鱗翅目，ヒロズコガ科). 昆蟲 (ニューシリーズ) 10: 89-97.
Nasu Y, Huang GH, Murahama S & Hirowatari T (2008) Tineid moths (Lepidoptera, Tineidae) from Goshawk and Ural Owl nests in Japan, with notes on larviparity of *Monopis congestella* (Walker). Trans Lepid Soc Jpn 59: 187-193.
那須義次・村濱史郎・松室裕之 (2008) シジュウカラとヤマガラの巣に発生したヒロズコガ (鱗翅目，ヒロズコガ科). 蛾類通信 250: 453-455.
那須義次・村濱史郎・三橋陽子・大迫義人・上田恵介 (2010) コウノトリの巣から発見された鞘翅目と鱗翅目昆虫. 昆蟲 (ニューシリーズ) 13: 119-125.
那須義次・村濱史郎・松室裕之・上田恵介・広渡俊哉・吉安裕 (2011) フクロウ巣から発見されたシラホシハナムグリ (鞘翅目，コガネムシ科). Strix 27: 67-72.
Nasu Y, Murahama S, Matsumuro H, Ueda K, Hirowatari T & Yoshiyasu Y (2012) Relationships between nest-dwelling Lepidoptera and their owl hosts. Ornithol Sci 77: 77-85.
那須義次・滝沢和彦・掘田昌伸 (2012a) ノスリのペリットから羽化したヒロズコガ. 蛾類通信 264: 351-353.
那須義次・三橋陽子・大迫義人・上田恵介 (2012b) 兵庫県豊岡市のコウノトリの巣に共生する動物. 昆蟲 (ニューシリーズ) 15: 151-158.
那須義次・村濱史郎・松室裕之・上田恵介・広渡俊哉 (2012c) 昆虫食性鳥類 4 種の巣に発生する鱗翅類. 蝶と蛾 63: 87-93.
那須義次・村濱史郎・大門聖・八尋克郎・亀田佳代子 (2012d) 琵琶湖竹生島のカワウの巣の鱗翅類. 蝶と蛾 63: 217-220.
那須義次・大門聖・上田恵介・村濱史郎・松室裕之 (2013) シジュウカラの巣箱内で共存するヒロズコガとアリ. 昆蟲 (ニューシリーズ) 16: 225-227.
那須義次・坂井誠・川上和人・青山夕貴子 (2014) 小笠原諸島で繁殖する 3 種類の鳥類の巣に生息する鱗翅類. 蝶と蛾 65: 73-78.
日本産アリ類データベースグループ (2003) 日本産アリ類全種図鑑. 学習研究社，東京.
Nordberg S (1936) Biologisch-ökologische untersuchungen über die Vogelnidicolen. Acta Zool Fennici 21: 1-168.
沖縄県病害虫防除技術センター (2010) カボチャ花痕部を食害するクロテンオオメンコガの防除対策について (平成 22 年度・技術情報第 1 号). 沖縄県病害虫防除技術センター，那覇.
Robinson GS (2004) Moth and bird interactions: guano, feathers, and detritophagous caterpillars (Lepidoptera: Tineidae). In: van Emden HF & Rothschild M (eds) *Insect and Bird Interactions*: 271-285. Intercept, Andover.
Robinson GS & Nielsen ES (1993) *Tineid Genera of Australia* (*Lepidoptera*). CSIRO Publications, East Melbourne.
坂井誠 (2013) ヒロズコガ科. 広渡俊哉・那須義次・坂巻祥孝・岸田泰則 (編) 日本産蛾類標準図鑑 III: 22-23, 118-135. 学研教育出版，東京.
佐藤隆士・鈴木祥悟・槇原寛 (2006) アカマダラハナムグリのハチクマ巣利用. 昆蟲 (ニューシリーズ) 9: 46-49.
Sinclair BJ & Chown SL (2006) Caterpillars benefit from thermal ecosystem engineering by Wandering Albatrosses on sub-Antarctic Marion Island. Biol Lett 2: 51-54.
高橋敬一・大林隆司・宗田奈保子 (2000) 小笠原諸島父島における貯穀害虫およびその天敵相. 昆蟲 (ニューシリーズ) 3: 97-103.
富岡康浩・中村茂子 (2000) 鳥の巣から見つかった昆虫類 (1). 家屋害虫 21: 100-104.
渡辺靖夫・越山洋三 (2011) コガネムシ上科の幼虫を巣上で食べたサシバの観察記録. 山階鳥学誌 43: 82-85.
Whelan CJ, Wenny DG & Marquis RJ (2008) Ecosystem services provided by birds. Ann New York Acad Sci 1134: 25-60.
Woodroffe GE (1953) An ecological study of the insects and mites in the nests of certain birds in Britain. Bull Entomol Res 44: 739-772, pls. 14-16.
吉松慎一 (2009) 侵入害虫クロテンオオメンコガの発生状況. 農業技術 64: 80-83.
吉松慎一 (2010) 日本周辺における長距離移動性鱗翅類の研究. やどりが 227: 16-20.
吉松慎一・宮本泰行・広渡俊哉・安田耕司 (2004) クロテンオオメンコガ (新称) *Opogona sacchari* (Bojer)の日本における発生状況. 応動昆 48: 135-139.

15 章

Bell HL (1986) A bird community of lowland rainforest in New Guinea. 6. Foraging ecology and community structure of the avifauna. Emu 85: 249-253.

Chen CC & Hsieh F (2002) Composition and foraging behaviour of mixed-species flocks led by Grey-cheeked Fulvetta in Fushan Experimental Forest, Taiwan. Ibis 144: 317-330.

Cody ML (1971) Finch flocks in the Mohave desert. Theor Popul Biol 2: 142-158.

Croxall JP (1976) The composition and behaviour of some mixed species bird flocks in Sarawak. Ibis 118: 333-346.

Diamond JM (1987) Flocks of brown and black New Guinean birds: a bicoloured mixed species foraging association. Emu 87: 201-211.

Eguchi K, Yamagishi S & Randrianasolo V (1993) The composition and foraging behaviour of mixed-species flocks of forest-living birds in Madagascar. Ibis 135: 91-96.

Ekman J (1989) Ecology of non-breeding social systems of *Parus*. Wilson Bull 101: 263-288.

Gram WK (1998) Winter participation by neotropical migrant and resident birds in mixed-species flocks in Northeastern Mexico. Condor 100: 44-53.

Hamilton WD (1971) Geometry for the selfish herd. J Theor Biol 31: 295-311.

Hogstad O (1978) Differentiation of foraging niche among tits. *Parus* spp., in Norway during winter. Ibis 120: 139-146.

石毛久美子・伊澤雅子・上田恵介 (2002) 亜熱帯マングローブ林に形成されるメジロを中心とした混群について. Strix 20: 153-158.

King DI & Rappole JH (2000) Winter flocking of insectivorous in montane pine-oak forest in Middle America. Condor 102: 664-672.

King DI & Rappole JH (2001) Mixed-species bird flocks in dipterocarp forest of north-central Burma (Myanmar). Ibis 143: 380-390.

Krebs JR (1973) Social learning and the significance of mixed-species flocks of chickadees (*Parus* spp.). Can J Zool 51: 1275-1288.

Matsuoka S (1980) Pseudo warning call in titmice. Tori 29: 87-90.

Mönkkönen M & Forsman JT (2002) Heterospecific attraction among forest birds: a review. Ornithol Sci 1: 41-51.

Morse DH (1970) Ecological aspects of some mixed-species foraging flocks of birds. Ecol Monogr 40: 119-168.

Morse DH (1978) Structure and foraging patterns of flocks of tit and associated species in an English woodland during the winter. Ibis 120: 298-312.

Moynihan M (1962) The organization and probable evolution of some mixed-species flocks of neotropical birds. Sm Misc Coll 143: 1-140.

Munn CA (1985) Permanent canopy and understory flocks in Amazonia: species composition and population density. In: Buckley PA, Foster MS, Morton ES, Ridgely RS & Buckley FG (eds) *Neotropical Ornithology* (Ornithological Monographs No.36): 683-712. American Ornithologists' Union, Washington D.C.

Munn CA (1986) The deceptive use of alarm calls by sentinel species in mixed species flocks of neotropical birds. In: Mitchell RW & Thompson NS (eds) *Deception-Perspectives on Human and Nonhuman Deceit*: 169-175. State University of New York Press, New York.

Munn CA & Terborgh JW (1979) Multispecies territoriality in neotropical foraging flocks. Condor 81: 338-347.

日本鳥学会 (2012) 日本鳥類目録 (改訂第 7 版). 日本鳥学会, 三田.

小笠原暠 (1975) 東北大学植物園におけるシジュウカラ科鳥類の混合群の解析 VI エナガ及びシジュウカラの年周期活動；特にエナガ群構成個体数の季節変動. 山階鳥研報 7: 665-680.

Partridge L & Ashcroft R (1976) Mixed species flocks of birds in hill forest in Ceylon. Condor 78: 449-453.

Powell GVN (1985) Sociobiology and adaptive significance of interspecific foraging flocks in the neotropics. In: Buckley PA, Foster MS, Morton ES, Ridgely RS & Buckley FG (eds) *Neotropical Ornithology* (Ornithological Monographs No.36): 713-732. American Ornithologists' Union, Washington D.C.

Stutchbury BJM & Morse ES (2001) *Behavioral Ecology of Tropical Birds*. Academic Press,

New York.
Sullivan KA (1984) Advantages of social foraging in downy woodpeckers. Anim Behav 32: 16-22.
上田恵介 (1989) 鳥はなぜ集まる？－群れの行動生態学．東京化学同人，東京．

16 章

Aitken KEH & Martin K (2007) The importance of excavators in hole-nesting communities: availability and use of natural tree holes in old mixed forests of western Canada. J Ornithol 148 (Suppl 2): 425-434.
Angelstam P, Mikusiñski G (1994) Woodpecker assemblages in natural and managed boreal and hemiboreal forest-a review. Ann Zool Fenn 31: 157-172.
Baur R, Binder S & Benz G (1991) Nonglandular leaf trichomes as short-term inducible defense of the grey alder, *Alnus incana* (L,), against the chrysomelid beetle, *Agelastica alni* L. Oecologia 87: 219-226.
BirdLife International (2016) *Dendrocopos noguchii*. The IUCN Red List of Threatened Species 2016: e.T22681531A92909943. http://dx.doi.org/10.2305/IUCN.UK.2016-3.RLTS.T22681531A92909943.en, accessed 2017-06-01.
Bull EL & Partridge AD (1986) Methods of killing trees for use by cavity nesters. Wildlife Soc B 14: 142-146.
Burt WH (1930) Adaptive modifications in the woodpeckers. Univ Calif Publ Zool 32: 455-524.
張永仁 (1998) 台湾七百多種常見昆虫生態図鑑．遠流出版公司，台北．
Conner RN, Orson K, Miller J & Adkisson CS (1976) Woodpecker dependence on trees on trees infected by Fungal heart rots. Wilson Bull 88: 575-581.
Conner RN, Dickson JG & Locke BA (1981) Herbicide-killed trees infected by fungi: potential cavity sites for woodpeckers. Wildlife Soc B 9: 308-310.
Daily GC (1993) Heartwood decay and vertical distribution of Red-naped Sapsucker nest cavities. Wilson Bull 105: 674-679.
Fuchs J & Pons J-M (2015) A new classification of the Pied Woodpeckers assemblage (Dendropicini, Picidae) based on a comprehensive multi-locus phylogeny. Mol Phylogenet Evol 88: 28-37.
Gill F & Donsker D (eds) (2017) IOC world bird list (v 7.2). (online) http://www.worldbirdnames.org/, accessed 2017-06-30.
Goodge WR (1972) Anatomical evidence for phylogenetic relationships among woodpeckers. Auk 89: 65-85.
Goodwin D (1968) Notes on woodpeckers (Picidae). Bull Brit Mus (Nat Hist). Zool 17: 1-44.
Harris RD (1983) Decay Characteristics of Pileated Woodpecker Nest Trees. Snag Habitat Management Symposium: 125-129. Northern Arizona University.
Jackson JA & Jackson BJ (2004) Ecological relationships between fungi and woodpecker cavity sites. Condor 106: 37-49.
環境省那覇自然環境事務所 (2011) 平成 22 年度ノグチゲラ生態調査総括報告書．沖縄しまたて協会，浦添．
環境省那覇自然環境事務所 (2016) 平成 27 年度沖縄島北部地域マングース防除事業報告書．環境省那覇自然環境事務所，那覇．
環境省 (編) (2014) レッドデータブック 2014－日本の絶滅のおそれのある野生生物－2 鳥類．ぎょうせい，東京．
Kilham L (1971) Reproductive behavior of Yellow-bellied Sapsuckers. I. Preference for nesting in Fomes-infected aspens and nest hole interrelations with flying squirrels, raccoons, and other animals. Wilson Bull 83: 159-171.
木村正明・稲田悟司・養老孟司・伊藤弥寿彦 (2011) 沖縄島で外来種タイワンハムシが大発生．月刊むし 479: 22-24.
Kirby VC (1980) An adaptive modification in the ribs of woodpeckers and piculets (Picidae). Auk 97: 521-532.
小高信彦 (2009) リュウキュウマツ枯死木に営巣したノグチゲラの繁殖失敗事例．九州森林研究 62: 98-99.
小高信彦 (2010) 外来種セイヨウミツバチによるノグチゲラの古巣利用．森林総合研究所九州支所年報 22: 24.
小高信彦 (2013a) 木材腐朽プロセスと樹洞を巡る生物間相互作用－樹洞営巣網の構築に向けて．日生態会誌 63: 349-360.
小高信彦 (2013b) ノグチゲラによるハンノキ立枯れ木の営巣利用－沖縄島へのタイワンハムシの侵入と大発生の影響について．九州森林研究 66: 77-80.
Kotaka N & Matsuoka S (2002) Secondary users of Great Spotted Woodpecker (*Dendrocopos major*) nest cavities in urban and suburban forests in Sapporo City, northern Japan. Ornithol Sci 1: 117-122.
小高信彦・佐藤大樹・外山雅大・榎木勉・山下香菜・長尾博文 (2006) ノグチゲラ *Sapheopipo noguchii* の営巣木内部における硬さ変異．九州森林研究 59: 194-196.
小高信彦・久高将和・嵩原建二・佐藤大樹 (2009) 沖縄島北部やんばる地域における森林性動物の地上利用パターンとジャワマングース *Herpestes javanicus* の侵入に対する脆弱性について．日鳥学誌 58: 28-45.
國吉清保 (1974) マツノザイセンチュウによる被害沖縄に発生．森林防疫 23: 40-42.
Martin K & Eadie JM (1999) Nest webs: a community-wide approach to the management and conservation of cavity-nesting forest birds. Forest Ecol Manag 115: 243-257.
Matsuoka S (2008) Wood hardness in nest trees of the Great Spotted Woodpecker *Dendrocopos major*. Ornithol Sci 7: 59-66.
McClelland BR & Frissell SS (1975) Identifying forest snags useful for hole-nesting birds. J Forest 73: 414-417.
中平康子・亀山統一 (1998) 沖縄島北部におけるリュウキュウマツ材線虫病の発生実態．日林論 109: 383-384.
仲宗根平男・小田一幸 (1985) リュウキュウマツ．天野鉄夫 (編) 沖縄産有用木材の性質と利用：29-32．琉球林業協会，那覇．
Newton I (1998) *Population Limitation in Birds*. Academic Press, San Diego and London.
日本鳥学会 (2012) 日本鳥類目録 (改訂第 7 版)．日本鳥学会，三田．
沖縄県環境部自然保護・緑化推進課(2016) 平成 27 年度マングース対策事業報告書 (概要版)．沖縄県環境部自然保護・緑化推進課，那覇．
沖縄県環境部自然保護課 (2017) 改訂・沖縄県の絶滅のおそれのある野生生物 第 3 版 (動物編) －レッドデータおきなわ．沖縄県環境部自然保護課，那覇．
Pasinelli G (2006) Population biology of European woodpecker species: a review. Ann Zool Fenn 43: 96-111.
Rinn F, Schweingruber FH & Schar E (1996) RESISTOGRAPH and X-ray density charts of wood comparative evaluation of drill resistance profiles and X-ray density charts of different wood species. Holzforschung 50: 303-311.
Schepps J, Lohr S & Martin TE (1999) Does tree hardness influence nest-tree selection by primary cavity-nesters? Auk 116: 658-665.
Spring LW (1965) Climbing and pecking adaptations in some North American woodpeckers. Condor 67: 457-488.
Steeger C, Machmer M & Walters E (1996) *Ecology and Management of Woodpeckers and Wildlife Trees in British Columbia*. Fraser River Action Plan, Environment Canada, Victoria.
Stejneger LH (1887) Description of a new species of fruit-pigeon (*Janthoenas jouyi*) from the Liu Kiu Islands, Japan. Am Nat 21: 583-584.
末長晴輝・三宅武 (2011) タイワンハムシの沖縄島での発生状況 (2010 年，沖縄島で大発生したタイワンハムシ)．月刊むし 479: 26-29.
Toyama M, Kotaka N & Koizumi I (2015) Breeding timing and nest predation rate of sympatric scops owls with different dietary breadth. Can J Zool 93: 841-847.
Winkler H, Kotaka N, Gamauf A, Nittinger F & Haring E (2005) On the phylogenetic position of the Okinawa Woodpecker (*Sapheopipo noguchii*). J Ornithol 146: 103-110.

17 章

安部直哉・真野徹 (1980) 日本におけるマミジロアジサシの繁殖．山階鳥研報 12: 183-191.
安部直哉・河野裕美・真野徹 (1986) 仲の神島で繁殖するセグロアジサシの個体数と雛 (幼鳥) 数の推定．山階鳥研報 18: 28-40.
Boersma PD, Clark JA & Hillgarth N (2001) Seabird conservation. In: Schreiber EA & Burger J

(eds) *Biology of Marine Birds*: 559-579. CRC Press, Boca Raton.
Croxall JP, Butchart SHM, Lascelles B, Stattersfield AJ, Sullivan B & Symes A (2012) Seabird conservation status, threats and priority actions: a global assessment. Bird Conserv Int 22: 1-34.
Harrison P (1985) *Seabirds: An Identification Guide*. Houghton Mifflin Company, Boston.
長谷川博 (2003) 50羽から5000羽へ－アホウドリの完全復活をめざして．どうぶつ社，東京．
長谷川博 (2007) 大型海鳥アホウドリの保護．山岸哲 (監修)，山階鳥類研究所 (編) 保全鳥類学：89-104．京都大学学術出版会，京都．
平岡昭利 (2005) 明治期における尖閣諸島への日本人の進出と古賀辰四郎．人文地理 57: 45-60.
岸本弘和・河野裕美 (1989) 仲ノ神島 (琉球列島) で繁殖中の海鳥類の食餌動物．東海大海洋研報 10: 43-64.
Kishimoto H & Kohno H (1992) Development of the Luminous Organ in the Purpleback Flying Squid, Sthenoteuthis oualaniensis, as shown by alcian blue stain techniques. Bull Inst Oceanic Res & Develop Tokai Univ 13: 71-83.
喜舎場永珣 (1975) 新訂増補 八重山歴史．国書刊行会，東京．
気象庁 (2015) 異常気象レポート 2014．近年における世界の異常気象と気候変動－その実態と見通し (VIII)．気象庁．(オンライン) http://www.data.jma.go.jp/cpdinfo/climate_change/2014/pdf/2014_full.pdf, 参照 2016-09-13.
Kohno H & Kishimoto H (1991) Prey of the Bridled Tern Sterna anaethetus on Nakanokamishima Island, South Ryukyus, Japan. Jpn J Ornithol 40: 15-25.
河野裕美・水谷晃 (2015) 仲ノ神島および西表島におけるオジロワシの初越夏と繁殖海鳥類への影響．Strix 31: 125-134.
河野裕美・水谷晃 (2016) 八重山諸島仲ノ神島．月刊海洋 48: 421-425.
Kohno H & Ota H (1991) Reptiles in a seabird colony: Herpetofauna of Nakanokamishima Island of the Yaeyama group, Ryukyu Archipelago. Island Stud Okinawa 9: 73-89.
Kohno H & Yoda K (2011) The development of activity ranges in juvenile Brown Boobies *Sula leucogaster*. Ibis 153: 611-615.
河野裕美・安部直哉・真野徹 (1986a) 仲の神島の海鳥類．山階鳥研報 18: 1-27.
河野裕美・安部直哉・真野徹 (1986b) 台風 8211 号による仲の神島のセグロアジサシの斃死について．山階鳥研報 18: 41-50.
河野裕美・長谷川英男・子安和弘 (1995) 仲ノ神島海鳥繁殖地に棲息する野生ネズミの消化管内容物．沖縄島嶼研究 13: 29-39.
河野裕美・水谷晃・村越未來・丹尾岳斗・小菅丈治 (2012) 仲ノ神島海鳥集団繁殖地のオカヤドカリ類．沖生誌 50: 49-59.
河野裕美・水谷晃・菅原光・村越未來・筒井康太・依田憲 (2013) カツオドリのモニタリング手法の提案－雛の羽衣パターンによる齢査定とそれに基づく繁殖期の推定．西表島研究 2012: 29-44.
Kohno H, Yamamoto T, Mizutani A, Murakoshi M & Yoda K (2018) Breeding phenology and chick growth in the Brown Booby *Sula leucogaster* (Sulidae) on Nakanokamishima, Japan. Ornithol Sci 17: 87-93.
國吉まこも (2011) 尖閣諸島における漁業の歴史と現状．日水誌 77: 704-707.
倉田篤 (1966) 八重山諸島西表島の鳥類．山階鳥研報 4: 358-370.
黒島寛松 (1964) 仲ノ神島．琉球新報, 1964 年 6 月 14-16 日．
牧野清 (1972) 新八重山歴史．牧野清，熊野．
宮良當壯 (1980) 宮良當壯全集 8. 八重山語彙 (甲篇)．第一書房，東京．
水谷晃・河野裕美 (2011) 八重山諸島における海鳥類の現状．海洋と生物 194: 225-232.
望月雅彦 (1990) 古賀辰四郎と大阪古賀商店．南東史学 35: 1-22.
Nelson JB (1978) *The Sulidae: Gannets and Boobies*. Oxford University Press, Oxford.
Nelson JB (2005) *Pelicans, Cormorants, and their Relatives*. Oxford University Press, Oxford.
岡奈理子 (2004) オオミズナギドリの繁殖島と繁殖個体群規模，および海域，表層水温との関係．山階鳥学誌 35: 164-188.
大仲浩夫 (1976) 海鳥の楽園 仲の神島．野鳥 41: 20-24.
大仲浩夫 (1986) 八重山の気象と自然暦．大仲浩夫，石垣．
Paleczny M, Hammill E, Karpouzi V & Pauly D (2015) Population trend of the world's monitored seabirds, 1950-2010. PLOS ONE 10: e0129342.

琉球大学探検部 (1978) 中ノ神島調査報告．琉球大学探検部，那覇．
Schreiber EA & Norton RL (2002) Brown Booby (*Sula leucogaster*), version 2.0. In: Poole AF & Gill FB (eds) *The Birds of North America*. Cornel Lab of Ornithology, Ithaca. https://doi.org/10.2173/bna.649, accessed 2016-09-13.
尖閣諸島文献資料編纂会 (2007) 尖閣研究－高良学術調査団資料集 (下)．データム・レキオス，那覇．
高良鉄夫 (1970) 琉球中ノ神島の海鳥．山階鳥研報 6: 188-194.
山田武男 (著)・安渓遊地・安渓貴子 (編) (1986) わが故郷アントゥリ－西表・網取村の民俗と古謡．ひるぎ社，那覇．
山本誉士・河野裕美・水谷晃・依田憲 (2015) 仲ノ神島におけるオオミズナギドリの巣穴構造と繁殖個体群推定．山階鳥学誌 46: 1-15.
Yamamoto T, Kohno H, Mizutani A, Yoda K, Matsumoto S, Kawabe R, Watanabe S, Oka N, Yamamoto M, Sugawa H, Karino K, Yonehara Y & Takahashi A (2016) Geographical variation in body size of pelagic seabird, the streaked shearwater *Calonectris leucomelas*. J Biogeogr 43: 801-808.
Yoda K & Kohno H (2008) Plunging behavior in chick-rearing Brown Boobies. Ornithol Sci 7: 5-13.
Yoda K, Kohno H & Naito Y (2004) Development of flight performance in the brown booby. P Roy Soc Lond B Bio 271: S240-S242.
Yoda K, Kohno H & Naito Y (2007) Ontogeny of plunge diving behavior in brown boobies: Application of a data logging technique to hand-raised seabirds. Deep-Sea Res Pt II 54: 321-329.
Yoda K, Murakoshi M, Tsutsui K & Kohno H (2011) Social interactions of juvenile brown boobies at sea as observed with animal-borne video cameras. PLoS ONE 6: e19602.
吉田嗣延 (1972) 季刊 沖縄 (第 63 号)－特集 尖閣列島第 2 集．南方同胞援護会，東京．

18 章

奄美野鳥の会 (1997) オオトラツグミのさえずり個体のセンサス結果 (1996 年春)．Strix 15: 117-121.
奄美野鳥の会 (2008) オオトラツグミ *Zoothera (dauma) major* のさえずり個体数の変動 (1999～2007)．Strix 26: 97-104.
浅井芝樹 (2007) クマタカの遺伝的多様性．山岸哲 (監修)，山階鳥類研究所 (編) 保全鳥類学：57-85. 京都大学学術出版会，京都．
Fukasawa K, Hashimoto T, Tatara M & Abe S (2013) Reconstruction and prediction of invasive mongoose population dynamics from history of introduction and management: a Bayesian state-space modelling approach. J Appl Ecol 50: 469-478.
Hachisuka M & Udagawa T (1953) Contribution to the ornithology of the Ryukyu Islands. Q J Taiwan Mus 6: 141-279.
橋本琢磨・諸澤崇裕・深澤圭太 (2016) 奄美から世界を驚かせよう－奄美大島におけるマングース防除事業，世界最大規模の根絶へ．水田拓 (編著) 奄美群島の自然史学－亜熱帯島嶼の生物多様性：290-312. 東海大学出版部，平塚．
Jepsen JU, Madsen AB, Karlsson M & Groth D (2005) Predicting distribution and density of European badger (*Meles meles*) setts in Denmark. Biodivers Conserv 14: 3235-3253.
環境省 (編) (2002) 改訂・日本の絶滅のおそれのある野生生物－レッドデータブック－ 2 鳥類．自然環境研究センター，東京．
環境省 (編) (2014) レッドデータブック 2014－日本の絶滅のおそれのある野生生物－ 2 鳥類．ぎょうせい，東京．
小林賢三 (1930) 琉球諸島産鳥類並びに鳥卵の採集品に就て．鳥 6: 341-382.
Mizuta T (2014) Habitat requirements of the endangered Amami Thrush (*Zoothera dauma major*), endemic to Amami-Oshima Island, southwestern Japan. Wilson J Ornithol 126: 298-304.
水田拓 (2016)「幻の鳥」オオトラツグミはキョローンと鳴く．東海大学出版部，平塚．
Mizuta T, Takashi M, Torikai H, Watanabe T & Fukasawa K (2017) Song-count surveys and population estimates reveal the recovery of the endangered Amami Thrush *Zoothera dauma major*, which is endemic to Amami-Oshima Island in south-western Japan. Bird

Conserv Int 27: 470-482.
Ogawa M (1905) Notes on Mr. Alan Owston's collection of birds from the islands lying between Kiushu and Formosa (with descriptions of three new species and three new subspecies). Annot Zool Japon 5: 175-232.
Sugimura K (1988) The role of government subsidies in the population decline of some unique wildlife species on Amami Oshima, Japan. Environ Conserv 15: 49-57.

19 章

Akimova A, Haring E, Kryukov S & Kryukov A (2007) First insights into a DNA sequence based phylogeny of the Eurasian Jay *Garrulus glandarius*. Русский орнитологический журнал 356: 567-575.
Fujisaki I, Pearlsine EV & Miller M (2008) Detecting population decline of birds using long-term monitoring data. Popul Ecol 50: 275-284.
Garvin J, Reynolds SJ & Schoech SJ (2002) Conspecific egg predation by Florida Scrub-Jays. Wilson Bull 114: 136-139.
石田健 (1995) ツキノワグマの食物と生活史特性. 哺乳類科学 35: 71-78.
Ishida K (2001) Black bear population at the mountain road construction area in Chichibu, central Japan. Bull Tokyo Univ For 105: 91-100.
石田健 (2013) ルリカケスの巣を中から覗く. あまみやましぎ (奄美野鳥の会誌) 96: 12-18.
石田健・金井裕・金城道男・村井英紀 (1990) ルリカケス *Garrulus lidthi* の分布, 生態および保護. 日本野鳥の会 (編) 1989 年度環境庁特殊鳥類調査報告書 : 79-106. 環境庁, 東京.
石田健・高美喜男・植田睦之 (1998) ルリカケスの奄美大島金作原原生林における巣箱利用例. Strix 16: 148-151.
Ishida K, Murata K, Nishiumi I, Takahashi Y & Takashi M (2015) Endemic Amami Jay, invasive Small Indian Mongoose, and other alien organisms: a new century investigation of island aliens towards improved ecosystem management. J Ornithol 156 (Suppl 1): 209-216.
Jetz W, Thomas GH, Joy JB, Hartmann K & Mooers AO (2012) The global diversity of birds in space and time. Nature 491: 444-448.
鹿児島県大島支庁 (2016) 平成 27 年度奄美群島の概況. 鹿児島県大島支庁総務企画課, 奄美.
木村政昭 (1996) 琉球弧の第四紀古地理. 地学雑誌 105: 259-285.
Koenig WD, Mumme RL, Stanback MT & Pitelka FA (1995) Patterns and consequences of egg destruction among joint-nesting acorn woodpeckers. Anim Behav 50: 607-621.
九州森林管理局 (2007) 平成 18 年度奄美群島森林環境基礎調査・調査報告書. 九州森林管理局, 熊本.
Lack D (1968) *Ecological Adaptations for Breeding in Birds.* Chapman and Hall, London.
Matsuoka H (2000) The late Pleistocene fossil birds of the central and southern Ryukyu Islands, and their zoogeographical implications for the recent avifauna of the archipelago. Tropics 10: 165-188.
McShea WJ & Healy WM (2002) *Oak Forest Ecosystems.* Johns Hopkins University Press, Baltimore.
大石圭太・中村麻美・新垣拓也・畑邦彦・曽根晃一 (2010) アカネズミの体重と繁殖に対する餌条件の効果. 九州森林研究 63: 101-104.
OneZoom (2016) OneZoom. (online) http://www.onezoom.org/, accessed 2016-09-09.
Perrins CM, Lebreton J-D & Hirons GJM (1991) *Bird Population Studies: Relevance to Conservation and Management.* Oxford University Press, Oxford.
谷智子・石田健・森貴久・高美喜男 (2012) ルリカケスの早春繁殖についての考察－雛の糞分析及び生息環境の動物多様性からの知見. 日本鳥学会 2012 年度大会講演要旨集 : 147, 東京大学.
谷智子・石田健・高美喜男・森貴久 (2017) ルリカケスの早春繁殖における餌資源の考察－ヒナの糞分析および生息環境の動物多様性からの知見. Bird Res 13: A1-A13.
当山昌直・安渓遊地 (2013) 奄美群島日本復帰 60 周年記念出版 奄美戦時下米軍航空写真集－よみがえるシマの記憶. 南方新社, 鹿児島.
内田清之助 (1920) 天然記念物調査報告, 鹿児島縣奄美大島ノ動物ニ關スルモノ, 史跡名勝天然記念物報告第二十三號. 內務省, 東京.
Walton G (2014) Hat Fashions for October 1896. (online) https://www.geriwalton.com/hat-

fashions-for-october-1896/, accessed 2016-09-09.
Woolfenden GE & Fitzpatrick JW (1984) *The Florida Scrub Jay: Demography of a Cooperative Breeding Bird*. Princeton University Press, Princeton.
Woolfenden GE & Fitzpatrick JW (1991) Florida scrub jay ecology and conservation. In: Perrins CM, Lebreton J-D & Hirons GJM (eds) *Bird Population Studies: Relevance to Conservation and Management*: 542-565. Oxford University Press, Oxford.
山階芳麿 (1941) 琉球列島特產鳥類三種の分類學的位置と生物地理學的意義に就て. Biogeographica 3: 319-328.
由井正敏・岩目地俊・土方康次・小林光憲 (1984) シジュウカラ用改良巣箱の成績. 日林東北支誌 36: 254-255.

20 章

奄美野鳥の会 (編) (2009) 奄美の野鳥図鑑. 文一総合出版, 東京.
Avibase (2003) *Scolopax*. Version 2016-07-30. (online) http://avibase.bsc-eoc.org, accessed 2016-08-31.
BirdLife International (2012) *Scolopax mira*. IUCN Red List of Threatened Species. Version 2016.1. (online) http://www.iucnredlist.org, accessed 2016-08-31.
Cramp S (1983) *Handbook of the Birds of Europe, the Middle East and North Africa*. Volume III. Oxford University Press, Oxford.
Duriez O, Fritz H, Binet F, Tremblay Y & Ferrand Y (2005) Individual activity rates in wintering Eurasian woodcocks: starvation versus predation risk trade-off? Anim Behav 69: 39-49.
江田真毅・鳥飼久裕・木村健一・阿部愼太郎・小池裕子 (2014) 標識個体の遺伝的性判別からみたアマミヤマシギ *Scolopax mira* の行動と形態の性差. 日鳥学誌 63: 15-21.
橋本琢磨・諸澤崇裕・深澤圭太 (2016) 奄美から世界を驚かせよう－奄美大島におけるマングース防除事業, 世界最大規模の根絶へ. 水田拓 (編著) 奄美群島の自然史学－亜熱帯島嶼の生物多様性 : 290-312. 東海大学出版部, 平塚.
石田健・高美喜男 (1998) アマミヤマシギの相対生息密度の推定. Strix 16: 73-88.
石田健・高美喜男・斎藤武馬・宇佐見衣里 (2003) アマミヤマシギの相対生息密度の推移. Strix 21: 99-109.
鹿児島県環境生活部環境保護課 (2003) 鹿児島県の絶滅のおそれのある野生動植物－鹿児島県レッドデータブック (動物編). 鹿児島県環境技術協会, 鹿児島.
環境省 (編) (2002) 改訂・日本の絶滅のおそれのある野生生物－レッドデータブック－2 鳥類. 自然環境研究センター, 東京.
環境省 (編) (2014) レッドデータブック 2014－日本の絶滅のおそれのある野生生物－2 鳥類. ぎょうせい, 東京.
叶内拓哉・安部直哉・上田秀雄 (2014) 新版 日本の野鳥. 山と溪谷社, 東京.
桐原政志・山形則男・吉野俊幸 (2009) 日本の鳥 550－水辺の鳥 (増補改訂版). 文一総合出版, 東京.
清棲幸保 (1978) 日本鳥類大図鑑 II (増補改訂版). 講談社, 東京.
Lockwood R, Swaddle JP & Rayner JMV (1998) Avian wingtip shape reconsidered: wingtip shape indices and morphological adaptations to migration. J Avian Biol 29: 273-292.
真木広造・大西敏一・五百澤日丸 (2014) 決定版－日本の野鳥 650. 平凡社, 東京.
Masse RJ, Tefft BC, Amador JA & McWilliams SR (2013) Why woodcock commute: testing the foraging-benefit and predation-risk hypotheses. Behav Ecol 24: 1348-1355.
Matsuoka H (1999) The Upper Pleostocene avian fossil assemblage of the Central and Southern Ryukyu Islands, and its implication for the recent avifauna of the archipelago. 京都大学学術情報リポジトリ KURENAI. (オンライン) http://repository.kulib.kyoto-u.ac.jp, 参照 2016-08-31.
水田拓 (2016) 交通事故は月夜に多い－アマミヤマシギの夜間の行動と交通事故の関係. 水田拓 (編著) 奄美群島の自然史学－亜熱帯島嶼の生物多様性 : 230-249. 東海大学出版部, 平塚.
水田拓・鳥飼久裕・石田健 (2009) 月の明るさが道路上に出現するアマミヤマシギの個体数に与える影響. 日鳥学誌 58: 91-97.
Mizuta T, Takashi M, Torikai H, Watanabe T & Fukasawa K (2017) Song-count surveys and population estimates reveal the recovery of the endangered Amami Thrush *Zoothera*

dauma major, which is endemic to Amami-Oshima Island in south-western Japan. Bird Conserv Int 27: 470-482.
永井真人・茂田良光 (2016) ♪鳥くんの比べて識別！－野鳥図鑑 670 (第 2 版). 文一総合出版, 東京.
名越左源太・國分直一・恵良宏 (1984) 南島雑話 2－幕末奄美民俗誌. 平凡社, 東京.
日本鳥学会 (1974) 日本鳥類目録 (改訂第 5 版). 学習研究社, 東京.
日本鳥学会 (2012) 日本鳥類目録 (改訂第 7 版). 日本鳥学会, 三田.
Prater AJ, Marchant JH & Vuorinen J (1977) *Guide to the Identification and Ageing of Holarctic Waders.* British Trust for Ornithology, Thetford.
杉村乾 (1996) アマミノクロウサギ. 日高敏隆 (監修), 川道武男 (編) 日本動物大百科第 1 巻 (哺乳類 I) : 60-61. 平凡社, 東京.
高野伸二 (2007) フィールドガイド 日本の野鳥 (増補改訂版). 日本野鳥の会, 東京.
鳥飼久裕 (2011) アマミヤマシギの形態に関するいくつかの知見. Alula 42: 16-19.

21 章

阿部愼太郎 (1994) 沖縄島の移入マングースの現状. チリモス 5: 34-43.
Allen D, Oliveros C, Espanola C, Boad G & Gonzalez JCT (2004) A new species of *Gallirallus* from Calayan island, Philippines. Forktail 20: 1-7.
Beck R, Brock K, Aguon C & Witteman G (1996) The Guam Rail captive breeding and reintroduction project history and status. 山階鳥類研究所 (編) ヤンバルクイナシンポジウム－研究・保護の現状と将来の展望 : 21-30. 山階鳥類研究所, 我孫子.
BirdLife International (2016) *Gallirallus australis*. The IUCN Red List of Threatened Species 2016: e.T22692384A93351412. (online) http://dx.doi.org/10.2305/IUCN.UK.2016-3.RLTS.T22692384A93351412.en, accessed 2017-06-25.
Bramley GN (2001) Dispersal by juvenile North Island Weka (*Gallirallus australis greyi*). Notornis 48: 43-46.
Crouchley D (1994) *Takahe Recovery Plan*. Department of Conservation, Willington.
del Hoyo J & Coller NJ(2014) *Illustrated Checklist of the Birds of the World: Non-passerines*. Lynx Editions, Barcelona.
花輪伸一・森下英美子 (1986) ヤンバルクイナの分布域と個体数の推定について. 日本野鳥の会 (編) 昭和 60 年度環境庁委託調査特殊鳥類調査 : 43-61. 環境庁, 東京.
Harato T & Ozaki K (1993) Roosting behavior of the Okinawa Rail. J Yamashina Inst Ornithol 25: 40-53.
長谷川善和 (2012) 日本の現世哺乳類の起源を考える. 哺乳類科学 52: 233-247.
環境省那覇自然環境事務所 (2016) 平成 27 年度沖縄島北部地域マングース防除事業報告書. 環境省那覇自然環境事務所, 那覇.
環境省那覇自然環境事務所 (2017) 平成 28 年度やんばる希少野生生物保護増殖検討会資料. 環境省那覇自然環境事務所, 那覇.
環境省やんばる野生生物保護センター. ヤンバルクイナの交通事故. (オンライン) http://www.ufugi-yambaru.com/torikumi/taisaku.html, 参照 2017-06-25.
Kirchiman JJ (2012) Speciation of flightless rails on islands: A DNA-based phylogeny of the typical rails of the Pacific. Auk 129: 56-69.
小高信彦・久高将和・嵩原建二・佐藤大樹 (2009) 沖縄島北部やんばる地域における森林性動物の地上利用パターンとジャワマングース *Herpestes javanicus* の侵入に対する脆弱性について. 日鳥学誌 58: 28-45.
Kuroda N (1993) Morpho-anatomy of the Okinawa Rail. J Yamashina Inst Ornithol 25: 12-27.
黒田長久 (1996) ヤンバルクイナの形態的特徴. ヤンバルクイナシンポジウム－研究・保護の現状と将来の展望 : 10-12. 我孫子.
黒田長久・真野徹・尾崎清明 (1984) クイナ科とその保護について－ヤンバルクイナの発見に因んで. 柴田敏隆 (編) 山階鳥類研究所 50 年のあゆみ : 36-57. 山階鳥類研究所, 東京.
Livezey BC (2003) Evolution of Flightlessness in Rails (Gruiformes: Rallidae): Phylogenetic, Ecomorphological, and Ontogenetic Perspectives (Ornithological Monographs No. 53). America Ornithologists' Union, Washington D.C.
松田道生 (2004) 野鳥を録る－野鳥録音の方法と楽しみ方. 東洋館出版社, 東京.
Matsuoka H (2000) The Late Pleistocene fossil birds of the central and southern Ryukyu

Islands, and their zoogeographical implications for the recent Avifauna of the archipelago. Tropics 10: 165-188.
松岡廣繁 (2003) 琉球列島の古鳥類相－化石記録から知る「ヤンバル」の価値. J Fossil Res 36: 60-67.
日本鳥学会 (1974) 日本鳥類目録 (改訂第5版). 学習研究社, 東京.
日本鳥学会 (2012) 日本鳥類目録 (改訂第7版). 日本鳥学会, 三田.
小倉剛・佐々木健志・当山昌直・嵩原建二・仲地学・石橋治・川島由次・織田銑一 (2002) 沖縄島北部に生息するジャワマングース (*Herpestes javanicus*) の食性と在来種への影響. 哺乳類科学 41: 53-62.
沖縄建設弘済会技術環境研究所 (2001) 平成12年度沖縄北部地域における移入動物調査業務報告書. 浦添.
尾崎清明 (1982) ヤンバルクイナ. ワイルドライフ 44: 26-30.
尾崎清明 (2005) ヤンバルクイナの分布域と個体数の減少. 遺伝 59: 29-33.
Ozaki K (2009) Morphological differences of sex and age in the Okinawa Rail *Gallirallus okinawae*. Ornithol Sci 8: 117-124.
尾崎清明 (2010) ヤンバルクイナの保全生物学的研究. 東邦大学大学院理学研究科博士学位論文. 東邦大学, 船橋.
尾崎清明・馬場孝雄・米田重玄・金城道男・渡久地豊・原戸鉄二郎 (2002) ヤンバルクイナの生息域の減少. 山階鳥研報 34: 136-144.
尾崎清明・馬場孝雄・米田重玄・広居忠量・原戸鉄二郎・渡久地豊・金城道男 (2006) ヤンバルクイナの生息域と生息数の減少. 日本鳥学会2006年度大会講演要旨集：71, 岩手大学.
Ripley SD (1977) *Rails of the World: A Monograph of the Family Rallidae*. M.F. Feheley Publishers, Toronto.
Short LL (1973) Notes on Okinawa birds and Ryukyu Island zoogeography. Ibis 115: 264-267.
内田清一郎・島崎三郎 (1987) 鳥類学名辞典－世界の鳥の属名・種名の解説/和名・英名/分布. 東京大学出版会, 東京.
Vuilleumier F, LeCroy M & Mayr E (1992) New species of birds described from 1981 to 1990. B Brit Ornithol Club, Cent Suppl 112A: 267-309.
渡辺直経 (1970) 沖縄における洪積世人類化石の新発見. 人類科学 23: 207-215.
Yamashina Y & Mano T (1981) A new species of rail from Okinawa Island. J Yamashina Inst Ornithol 13: 147-152.

22 章

アントL・マーテルM (1999) 飼育猛禽類のケアと管理. ラプターフォレスト, 河内長野. (赤木智香子 (訳), Arent L & Martell M (1996) *Care and Management of Captive Raptors*. The Raptor Center at the University of Minnesota, Minnesota)
ベイノンP (2003) 猛禽類, ハト, 水鳥マニュアル. 学窓社, 東京. (福士秀人・山口剛士・山田麻紀 (訳), Beynon P (1996) *Manual of Raptors, Pigeons and Waterfowl*. British Small Animal Veterinary Association Limited, Shurdington)
Conservation Breeding Specialist Group (CBSG) (2006) PHVA Reports. (online) http://www.cbsg.org/content/okinawa-rail-phva-2006, accessed 2016-10-01.
フォウラーM (2007) 野生動物の医学. 文永堂出版, 東京. (中川志郎 (監訳), Fowler M (2003) *Zoo and Wild Animal Medicine*. 5th ed. Saunders, Elselvier Science, Missouri)
長谷川篤彦 (2003) 第47回日本医真菌学会総会記念－動物の皮膚真菌症. 第47回日本医真菌学会総会事務局, 東京.
Kobayashi S, Morita Y, Nakaya Y, Nagamine T, Onuma M, Okano T, Haga A, Yamamoto I, Higa M, Naruse T, Nakamura Y, Denda T & Izawa M (2018) Dietary habits of the endangered Okinawa Rail. Ornithol Sci 17: 19-35.
国立環境研究所生物・生態系環境研究センター (2013) 平成24年度ヤンバルクイナ遺伝的多様性等分析業務報告書. 国立環境研究所, つくば.
長嶺隆 (2011) イエネコ－もっとも身近な外来哺乳類. 山田文雄・池田透・小倉剛 (編) 日本の外来哺乳類－管理戦略と生態系保全：285-316. 東京大学出版会, 東京.
永田尚志 (2012) トキ (*Nipponia nippon*) の野生絶滅と野生復帰への道程. 日本鳥学会誌61巻特別号「日本鳥学会100年の歴史」: 89-91.

日本鳥類保護連盟 (2011) 鳥との共存をめざして－考え方と進め方．中央法規出版，東京．
大迫義人 (2012) コウノトリの絶滅から保護・増殖，そして野生復帰．日本鳥学会誌 61 巻特別号「日本鳥学会 100 年の歴史」: 91-93.
オルトマン R (2008) 鳥類の内科学と外科学．New LLL Publisher，泉佐野．(ヴェッターコーポレーション(訳)，Altman R (1997) *Avian Medicine and Surgery*. W.B. Saunders Company, Pennsylvania)
尾崎清明 (2010) ヤンバルクイナの保全生物学的研究．東邦大学大学院理学研究科博士学位論文．東邦大学，船橋．
杉田平三 (1995) 人工ふ化のテクニック．どうぶつと動物園 Jul : 8-11.
東京都多摩動物公園 (2006) 動物園の個体群管理－動物血統登録台帳データの収集と分析．東京都多摩動物公園，日野．
上田恵介 (2014) 中国におけるトキ保護の現状．Rikkyo ESD Journal No. 2 (October): 10-11.
WAZA (2006) Understanding Animals and Protecting Them-About the World Zoo and Aquarium Conservation Strategy. World Association of Zoo and Aquariums. (online) http://www.waza.org/files/webcontent/1.public_site/5.conservation/conservation_strategies/understanding_animals_brochure/Marketing%20brochure.pdf, accessed 2017-06-01.

あとがき

この『島の鳥類学—南西諸島の鳥をめぐる自然史—』は，南西諸島で鳥類の調査を行っている総勢28名が，自身の研究の成果について詳細に解説した書籍である。しかし，本書は一地方における研究成果の単なる寄せ集めというわけでは決してない。舞台こそ南西諸島に限っているものの，高木が「まえがき」で述べているとおり，本書は日本の鳥学の裾野の拡大と底上げを目指し，その進むべき方向を提示する野心的な書籍であると考えている。

その学術的な意義は，「まえがき」および各章をお読みいただければ自ずとおわかりになると思うが，ここでは，本書の書名に込めた思いを述べることで，その意義を少し整理してみたい。

20世紀初頭以降，南西諸島の鳥類相を研究した「鳥類学者」には，小川三紀，黒田長禮，蜂須賀正氏などの巨人の名が並ぶ。そのうちの一人，本書にも何度か登場する国立科学博物館の森岡弘之氏 (1931－2014) を評して，山階鳥類研究所名誉所長である山岸哲氏は「日本最後の鳥類学者」と位置づけた。その理由を山岸氏は「専門分化の著しい現代にあって，森岡氏の学識は，分類学，解剖学，形態学にとどまらず，生物地理学，生態学，行動学も含めた幅広い分野に亘って」いるからだとしている (この文章は，森岡氏への山階芳麿賞の贈呈理由として山階鳥類研究所のウェブサイトに掲載されている)。つまり，山岸氏の定義する「鳥類学者」とは，おおよそ鳥類を対象としたあらゆる専門分野に通じている一個人，ということになろう。各専門分野が極度に深化した現代の鳥学の世界において，一個人がすべての分野に精通することなど不可能である。その意味では，森岡氏が「日本最後の鳥類学者」であり，現代日本に鳥類学者はもはや存在しないとする山岸氏の主張は正鵠を射ている。しかし，そんな巨人のような「鳥類学者」の不在が「鳥類学」そのものの衰退を意味しているかと言えば，もちろんそんなことはない。

本書には，目次からもおわかりいただけるように，鳥類を対象としたあらゆる分野の研究の成果が掲載されている。すなわち，幾人もの鳥学の研究者が自身の得意分野をもち寄って1つの学問体系を構築している。これこそが，「鳥類学者」の存在しない現代における「鳥類学」のかたちではないだろうか。「鳥類学者」はいなくとも「鳥類学」は立派に存在する。本書の書名につけた「鳥類学」には，そのような自負と主張が込められている。

「鳥類学」の前に「島の」がつくことになったのには紆余曲折がある。本書の編集を始めた当初は『南西諸島の鳥類学』という書名を考えていた。しかし目線が中央に固定されたこの「南西諸島」という地名に，奄美大島に住む編者の水田がなじめず，早々に変更を希望した。次に考えたのが『奄美・琉球の鳥類学』である。これは，後述する世界自然遺産候補地の名称として，当時「奄美・琉球世界自然遺産」が使われていたためで，この地名を意識していた。しかしその後，候補地の名称がより具体的な島名を列記した「奄美大島，徳之島，沖縄島北部及び西表島世界自然遺産」と変更され，「奄美・琉球」を書名に使う意味がなくなってしまった。『琉球列島の鳥類学』も考えたが，この地名には尖閣諸島や大東諸島が含まれておらず，本書の内容を適切に表しているとは言いがたい (蛇足ではあるが，尖閣諸島を扱ってはいるものの，本書は政治的な主張をなんら含むものではない)。さらに，『南の島の鳥類学』という書名も浮上したが，本書の位置づけが単なる「南の島」の研究報告集ではなく，「島国」日本におけるこの学問の方向性までも見据えたものであることが明確になったのを受け，いっそ「南の」もとってしまい，より一般的な，島を舞台にした鳥類学の書籍ということで『島の鳥類学』としたのである。

もちろんその舞台は九州の南から八重山諸島まで 1,000 km にわたり連なる島嶼群であり，地名は明記しておいたほうが親切であろう。この地域を示すもっとも適切な地名が「南西諸島」であることは確かなため，副題に「南西諸島」をつけることとした。さらに，さまざまな分野にわたるにしても，執筆者らが「鳥類を対象とした自然史研究」に従事していることは明白なので，副題も含め，『島の鳥類学—南西諸島の鳥をめぐる自然史—』という書名に落ち着いた。紆余曲折はあったものの，最終的には本書の内容にふさわしい書名になったのではないかと，これも大いに自負している。

先に少し触れたが，いま南西諸島の 4 つの島，奄美大島，徳之島，沖縄島 (北部のやんばる地域)，そして西表島が「世界自然遺産」の候補地となり，登録への準備が進められている。これらの島々が候補地として推薦されるのには理由がある。それは，この地域が大陸との分離や接続を繰り返しながら成立した大陸島であり，この成立の過程を反映してここにしかいない生物，すなわち固有種が数多く存在する，生物多様性保全上の重要地域であるからだ。固有種がいるだけではない。普通種も含め，多様な生物種により構成されるその生態系こそがこの地の最大の特徴であるし，自然遺産候補地の 4 島以外にもさまざまな景観をもつ島々が含まれることが，南西諸島の大きな魅力である。一方で，そんな貴重な自然が，島嶼という脆弱な環境であるがゆえに，人為的な環境改変や外来生物による撹乱などの影響により危機に瀕しているという事実も忘れてはならない。このような特徴を考慮すれば，南西諸島は，本書で取り上げたさまざまな専門分野，すなわち生物地理学，分類学，系統学，形態学，考古学，生態学，行動学，保全生物学などの興味深くかつ重要な対象となっているのは明らかであろう。

今後，世界自然遺産への登録が決定すれば，この地域にさらなる注目が集まるだろうし，その自然を解説することに対する需要はますます高まると考えられる。同時に，その現状について正しく伝える取り組みは，この地の自然への関心を高め，生物多様性保全の気運を醸成する結果にもつながるだろう。本書は，そんな社会的な要請に対し，研究者がその研究成果をわかりやすく解説することで応えようとする試みでもある。

本書のカバーイラストについて，ここで多くの言葉を費やし説明する必要はないだろう。南西諸島に分布する鳥を力強く，そして繊細に表現した，挿絵画家・箕輪義隆氏の力作である。じっくりご覧になってその魅力を堪能してもらいたい。こんなにもすばらしいイラストを描いていただいた箕輪氏に，この場を借りて厚くお礼申し上げる。

本書は公益財団法人自然保護助成基金第28期（2017年度）プロ・ナトゥーラ・ファンド助成を受けて出版された。出版の意義を評価し，助成していただいた自然保護助成基金に感謝したい。

最後になったが，本書の出版は株式会社海游舎にお引き受けいただいた。編者の思いをくみ取って出版を承諾していただき，おぼつかない編集作業を丁寧にご指導くださった海游舎の本間陽子氏には心から感謝申し上げたい。

2017年12月

水田 拓

事項索引

■ あ 行

■ か 行

■ さ 行

■ た　行

■ な　行

■ は　行

■ ま 行

■ や 行

■ ら 行

■ わ 行

和名索引

■ あ 行

■ か　行

■ さ 行

■ た 行

■ や　行

■ ら　行

■ わ　行

学名索引

■ 執筆者一覧（五十音順）

石田　健（いしだ けん）（19 章）
　現　在　特定非営利活動法人奄美野鳥の会会員・自由科学者
　研究テーマ　奄美大島の鳥類やいろいろな生物，森林生態系のモニタリングや保全

伊藤はるか（いとう はるか）（6 章）
　現　在　フリーの環境調査員
　研究テーマ　琉球列島の鳥類の分布 (フクロウ類も継続中)

岩崎哲也（いわさき てつや）（10 章）
　現　在　大阪市立大学大学院理学研究科博士後期課程単位取得退学
　研究テーマ　島嶼性鳥類の繁殖生態および個体群動態

上田恵介（うえだ けいすけ）（15 章）
　現　在　立教大学名誉教授
　研究テーマ　鳥の行動生態学，進化生態学，共進化研究

江田真毅（えだ まさき）（5 章）
　現　在　北海道大学総合博物館講師
　研究テーマ　考古鳥類学 (遺跡から出土した骨による鳥類の歴史の復元)

尾崎清明（おざき きよあき）（21 章）
　現　在　山階鳥類研究所副所長
　研究テーマ　渡り鳥や希少鳥類の生態研究と保全

河野裕美（こうの ひろよし）（13 章，17 章）
　現　在　東海大学沖縄地域研究センター教授
　研究テーマ　海鳥類の生態，行動および保全

小高信彦（こたか のぶひこ）（16 章）
　現　在　森林総合研究所九州支所森林動物研究グループ主任研究員
　研究テーマ　ノグチゲラをはじめとする中琉球固有種の保全と森林生態系管理について

齋藤武馬（さいとう たけま）（1 章）
　現　在　山階鳥類研究所自然誌研究室研究員
　研究テーマ　主にスズメ目鳥類の分子系統地理学・分類学

関　伸一（せき しんいち）（4 章）
　現　在　森林総合研究所関西支所生物多様性研究グループ主任研究員
　研究テーマ　アカヒゲをはじめトカラ列島に生息する鳥類の生態と系統地理，保全

高木昌興（たかぎ まさおき）（3 章，9 章）
　現　在　北海道大学大学院理学研究院教授
　研究テーマ　鳥類を対象とした島嶼生物学，生活史進化に関する研究

高　美喜男（たかし みきお）（19 章）
　現　在　特定非営利活動法人奄美野鳥の会副会長
　研究テーマ　奄美大島の鳥類やいろいろな生物，森林生態系のモニタリングや保全

外山雅大（とやま まさひろ）（7 章）
　現　在　根室市歴史と自然の資料館学芸員 (自然)
　研究テーマ　フクロウ類の生態および保全に関する研究

鳥飼久裕（とりかい ひさひろ）（20 章）
　現　在　特定非営利活動法人奄美野鳥の会会長
　研究テーマ　奄美大島に生息する鳥類 (アマミヤマシギやリュウキュウキビタキ等) の生態と保全

長嶺 隆（ながみね たかし）（22章）
現　在　特定非営利活動法人どうぶつたちの病院 沖縄 理事長
研究テーマ　ヤンバルクイナの保全およびノイヌ・ノネコ対策

中谷裕美子（なかや ゆみこ）（22章）
現　在　特定非営利活動法人どうぶつたちの病院 沖縄 獣医師
研究テーマ　ヤンバルクイナの飼育下繁殖

那須義次（なす よしつぐ）（14章）
現　在　大阪府農業大学校講師，大阪府立大学客員研究員
研究テーマ　鱗翅目ハマキガ科の系統分類，鳥類巣内共生系の解明

西海 功（にしうみ いさお）（1章）
現　在　国立科学博物館動物研究部脊椎動物研究グループ研究主幹
研究テーマ　日本産鳥類のDNAバーコーディングおよび種分化と亜種分化の研究

濱尾章二（はまお しょうじ）（8章）
現　在　国立科学博物館動物研究部脊椎動物研究グループグループ長
研究テーマ　ウグイスの繁殖システム・対托卵戦略，南西諸島鳥類のさえずりの地理的変異

平岡 考（ひらおか たかし）（2章）
現　在　山階鳥類研究所自然誌研究室専門員・広報コミュニケーションディレクター
研究テーマ　日本産鳥類の分布記録・生物地理，ヨシゴイの繁殖生態

堀江明香（ほりえ さやか）（11章）
現　在　大阪市立自然史博物館外来研究員
研究テーマ　日本全国に分布するメジロの生活史進化機構の解明

松井 晋（まつい しん）（9章）
現　在　東海大学生物学部生物学科講師
研究テーマ　主にスズメ目鳥類を対象とした生活史形質の進化

松室裕之（まつむろ ひろゆき）（14章）
現　在　特定非営利活動法人日本バードレスキュー協会理事
研究テーマ　フクロウの繁殖生態

水田 拓（みずた たく）（18章）
現　在　環境省奄美野生生物保護センター希少種保護増殖等専門員
研究テーマ　奄美大島に生息する希少種 (オオトラツグミやアマミヤマシギ等) の生態と保全

水谷 晃（みずたに あきら）（17章）
現　在　東海大学沖縄地域研究センター上級技術員・研究員
研究テーマ　海鳥類や猛禽類 (カンムリワシなど) の生態と保全

村濱史郎（むらはま しろう）（14章）
現　在　特定非営利活動法人日本バードレスキュー協会理事長
研究テーマ　フクロウの繁殖生態

矢野晴隆（やの はるたか）（12章）
現　在　株式会社ハルシオネ
研究テーマ　西表島に生息するリュウキュウアカショウビンの繁殖生態

依田 憲（よだ けん）（13章）
現　在　名古屋大学大学院環境学研究科教授
研究テーマ　鳥類の動物行動学

島の鳥類学
－南西諸島の鳥をめぐる自然史－

2018年9月15日　初 版 発 行

編　者　水田　拓
　　　　高木昌興

発行者　本間喜一郎

発行所　株式会社 海游舎
　〒151-0061 東京都渋谷区初台 1-23-6-110
　電話 03 (3375) 8567　FAX 03 (3375) 0922
　http://kaiyusha.wordpress.com/

印刷・製本　凸版印刷 (株)

© 水田 拓・高木昌興 2018

本書の内容の一部あるいは全部を無断で複写複製することは，著作権および出版権の侵害となることがありますのでご注意ください.

ISBN978-4-905930-85-3　　PRINTED IN JAPAN

出版案内

2025

海底のミステリーサークル。アマミホシゾラフグの雄がつくった「産卵床」(『予備校講師の野生生物を巡る旅 III』より。© 海游舎)

海游舎

植物生態学

大原 雅 著

A5 判・352 頁・定価 4,180 円
978-4-905930-22-8　C3045

植物生態学は，生物学のなかでも非常に大きな学問分野であるとともに，多彩な研究分野の融合の場でもある。植物には大きな特徴が二つある。「動物のような移動能力がないこと」と「無機物から生物のエネルギー源となる有機物を合成すること」である。この特徴を背景として植物たちは地球上の多様な環境に適応し，生態系の基礎を作り上げている。本書は，植物に関わる「生態学の概念」，「種の分化と適応」，「形態と機能」，「個体群生態学」，「繁殖生態学」，「群集生態学」，「生物多様性と保全」などが 14 章にわたり紹介されている。本書により，「植物生態学」が基礎から応用までの幅広い研究分野を網羅した複合的学問であることが，実感できるであろう。大学生，大学院生必読の書です。

植物の生活史と繁殖生態学

大原 雅 著

A5 判・208 頁・定価 3,080 円
978-4-905930-42-6　C3045

分子遺伝マーカーの進歩により，急速に進化した植物の繁殖生態学。しかし，植物の生き方の全貌を明らかにするためには，より多面的研究が必要である。本書は，植物の生活史を解き明かすための，繁殖生態学，個体群生態学，生態遺伝学的アプローチを具体的に紹介するとともに，近年，注目される環境保全や環境教育にも踏み込んで書かれている。

世界のエンレイソウ
－その生活史と進化を探る－

河野昭一 編

A4 変型判・96 頁・定価 3,080 円
978-4-905930-40-2　C3045

春の林床を鮮やかに飾るエンレイソウの仲間は，世界中に 40 数種。これらの地理的分布・生育環境・生活史・進化などを，カラー生態写真と豊富な図版を用いて簡潔に解説した，植物モノグラフの決定版。

環境変動と生物集団

河野昭一・井村 治 共編

A5 判・296 頁・定価 3,300 円
978-4-905930-44-0　C3045

私たちの周囲では，地球環境だけでなく様々な環境変化が進行している。こうした環境変化が生物集団の生態・進化にどのような影響を与えるか。微生物，雑草，樹木，プランクトン，昆虫，魚類などについて，集団内の遺伝変異，個体群や群集・生態系，また理論・基礎から作物や雑草・害虫の管理といった応用面や研究の方法論まで，幅広くまとめた。

野生生物保全技術 第二版

新里達也・佐藤正孝 共編

A5 判・448 頁・定価 5,060 円

978-4-905930-49-5 C3045

野生生物保全の実態と先端技術を紹介した初版が刊行されてから3年あまりが過ぎた。この間に，野生生物をめぐる環境行政と保全事業は変革と大きな進展を遂げている。第二版では，法律や制度，統計資料などをすべて最新の情報に改訂するとともに，環境アセスメントの生態系評価や外来生物の問題などをテーマに，新たに5つの章を加えた。

ファイトテルマータ
ー生物多様性を支える小さなすみ場所ー

茂木幹義 著

A5 判・220 頁・定価 2,640 円

978-4-905930-32-7 C3045

葉腋・樹洞・切り株・竹節・落ち葉など，植物上に保持される小さな水たまりの中に，ボウフラやオタマジャクシなど，多様な生物がすんでいる。小さな空間，少ない餌，蓄積する有機物，そうしたすみ場所で多様な生物が共存できるのは何故か。生物多様性の紹介と，競争・捕食・助け合いなど，驚きに満ちたドラマを紹介。

マラリア・蚊・水田
ー病気を減らし，生物多様性を守る開発を考えるー

茂木幹義 著

B6 判・280 頁・定価 2,200 円

978-4-905930-08-2 C3045

生物多様性と環境の保全機能が高い評価を受ける水田は，病気を媒介する蚊や病気の原因になる寄生虫のすみ場所でもある。世界の多くの地域では，水田開発や稲作は，病気の問題と闘いながら続けられてきた。病気をなくすため，稲作が禁止されたこともある。本書は，こうした水田の知られざる一面，忘れられた一面に焦点をあてた。

性フェロモンと農薬
ー湯嶋健の歩んだ道ー

伊藤嘉昭・平野千里・玉木佳男 共編

B6 判・288 頁・定価 2,860 円

978-4-905930-35-8 C3045

親しかった9人の研究者が，湯嶋健氏の「生きざま」を紹介した。農薬乱用批判，昆虫生化学とフェロモン研究の出発点になった論文15篇を再録した。このうち8篇の欧文論文については和訳して掲載した。湯嶋昆虫学の真髄を読みとってほしい。巻末には著書・論文目録を収録。官庁科学者の壮絶な生き方に感奮するだろう。

天敵と農薬 第二版
ーミカン地帯の 11 年ー

大串龍一 著

日本図書館協会選定図書

A5 判・256 頁・定価 3,080 円

978-4-905930-28-0 C3045

農薬が人の健康や自然環境に及ぼす害が知られてから久しいが，現在でもその使用はあまり減っていない。天敵の研究者として出発した著者が，農薬を主とした病害虫防除に携わりながら農作物の病害虫とどう向きあったかを語っている。農業に直接関わっていないが，生活環境・食品安全に関心をもつ人にも薦めたい。

生態学者・伊藤嘉昭伝

もっとも基礎的なことがもっとも役に立つ

辻 和希 編集

A5 判・432 頁・定価 5,060 円
978-4-905930-10-5　C3045

生態学界の「革命児」伊藤嘉昭の 55 人の証言による伝記。本書一冊で戦後日本の生態学の表裏の歴史がわかる。農林省入省直後の 1952 年にメーデー事件の被告となり 17 年間公職休職となるも不屈の精神で，個体群生態学，脱農薬依存害虫防除，社会生物学，山原自然保護と新時代の研究潮流を創り続けた。その背中は激しく明るく楽しく悲しい。

坂上昭一の

昆虫比較社会学

山根爽一・松村 雄・
生方秀紀 共編

A5 判・352 頁・定価 5,060 円
978-4-905930-88-4　C3045

坂上昭一の，ハナバチ類の社会性を軸とした 1960～1990 年の幅広い研究は，国際的にも高い評価をうけてきた。本書は坂上門下生を中心に 27 名が，坂上の研究手法や研究哲学を分析・評価し，各人の体験したエピソードをまじえて観察のポイント，指導法などを振り返る。昆虫をはじめ，さまざまな動物の社会性・社会行動に関心をもつ人々に薦めたい。

社会性昆虫の進化生態学

松本忠夫・東 正剛 共編

A5 判・400 頁・定価 5,500 円
978-4-905930-30-3　C3045

アシナガバチ，ミツバチ，アリ，シロアリ，ハダニ類などの研究で活躍している著者らが，これら社会性昆虫の学問成果をまとめ，進化生態学の全貌とその基礎的研究法を詳しく紹介した，わが国初の総説集。各章末の引用文献は充実している。昆虫学・行動生態学・社会生物学などに関係する研究者・学生の必備書である。

社会性昆虫の進化生物学

東 正剛・辻 和希 共編

A5 判・496 頁・定価 6,600 円
978-4-905930-29-7　C3045

アシナガバチは人間と同じように顔で相手を見分けている。兵隊アブラムシは掃除や育児にも精を出す正真正銘のワーカーだ。アリは脳に頼らず，反射で巣仲間を認識する。ヤマトシロアリの女王は単為生殖で新しい女王を産む。ミツバチで性決定遺伝子が見つかった。エボデボ革命が社会性昆虫の世界にも押し寄せてきた。最新の話題を満載した待望の書。

パワー・エコロジー

佐藤宏明・村上貴弘 共編

A5 判・480 頁・定価 3,960 円
978-4-905930-47-1　C3045

「生態学は体力と気合いだ」「頭はついてりゃいい，中身はあとからついてくる」に感化された教え子たちの，力業（ちからわざ）による生態学の実践記録。研究対象の選択基準は好奇心だけ。調査地は世界各地，扱う生き物は藻類から哺乳類に至り，仮説検証型研究を突き抜けた現場発見型研究の数々。一研究室の足跡が生態学の魅力を存分に伝える破格の書。

交尾行動の新しい理解
－理論と実証－

粕谷英一・工藤慎一 共編

A5 判・200 頁・定価 3,300 円
978-4-905930-69-3　C3045

これからの交尾行動の研究で注目される問題点を探る。まずオスとメスに関わる性的役割の分化，近親交配について，従来の理論の不十分な点を検討。次いで，多くの理論モデル間の関係を明快に整理し，理論の統一的な理解をまとめた。グッピーとマメゾウムシをモデル生物とした研究の具体例も紹介。生物学，特に行動生態学を専攻する学生の必読書。

擬態の進化
－ダーウィンも誤解した
150 年の謎を解く－

大崎直太 著

A5 判・288 頁・定価 3,300 円
978-4-905930-25-9　C3045

本書の前半は，アマゾンで発見されたチョウの擬態がもたらした進化生態学の発展史で，時代背景や研究者の辿った人生を通して描かれている。後半は著者の研究の紹介で，定説への疑問，ボルネオやケニアの熱帯林での調査，日本での実験，論文投稿時の編集者とのやりとりなどを紹介し，ダーウィンも誤解した150 年の擬態進化の謎を紐解いている。

理論生物学の基礎

関村利朗・山村則男 共編

A5 判・400 頁・定価 5,720 円
978-4-905930-24-2　C3045

理論生物学の考え方や数理モデルの構築法とその解析法を幅広くまとめ，多くの実例をあげて基礎から応用までを分かりやすく解説。

［目次］1. 生物の個体数変動論　2. 空間構造をもつ集団の確率モデル　3. 生化学反応論　4. 生物の形態とパターン形成　5. 適応戦略の数理　6. 遺伝の数理　7. 医学領域の数理　8. バイオインフォマティクス　付録/プログラム集

チョウの斑紋多様性と進化
－統合的アプローチ－

関村利朗・藤原晴彦・
大瀧丈二 監修

A5 判・408 頁・定価 4,840 円
978-4-905930-59-4　C3045

シロオビアゲハ，ドクチョウの翅パターンに関する遺伝的研究から，適応について何が分かるか。目玉模様の数と位置はどう決まるか。斑紋多様性解明の鍵となる諸分野（遺伝子，発生，形態，進化，理論モデル）について，国内外の最新の研究成果を紹介。2016 年 8 月に開催された国際シンポジウム報告書の日本語版。カラー口絵 16 頁。

糸の博物誌

齋藤 裕・佐原 健 共編

日本図書館協会選定図書

A5 判・208 頁・定価 2,860 円
978-4-905930-86-0　C3045

絹糸を紡ぐカイコ以外，ムシが紡ぐ糸は人間にとって些細な厄介事であって，とりたてて問題になるものではない。しかし，糸を使うムシにとっては，それは生活必需品である。本書ではムシが糸で織りなす奇想天外な適応，例えば，獲物の糸を操って身を守る寄生バチの離れ業や，糸で巣の中を掃除する社会性ダニなど，人間顔負けの行動を紹介する。

トンボ博物学 －行動と生態の多様性－

P.S. Corbet "Dragonflies: Behavior and Ecology of Odonata"

椿 宜高・生方秀紀・上田哲行・東 和敬 監訳

B5 判・858 頁・定価 28,600 円　978-4-905930-34-1　C3045

世界各地のトンボ(身近な日本のトンボも含め)の行動と生態についての研究成果を集大成し，体系的に紹介・解説した。動物学研究者・学生，環境保全，自然修復，害虫の生物防除，文化史研究などに携わる人々の必読・必備書。

1 **序章**　幼虫や成虫の形態名称，生態学の用語を解説。
2 **生息場所選択と産卵**　トンボの成虫が産卵場所を選択する際の多様性を解説。
3 **卵および前幼虫**　卵の季節適応とその多様性を解説。
4 **幼虫：呼吸と採餌**　呼吸に使われる体表面，葉状尾部付属器，直腸を解説。
5 **幼虫：生物的環境**　幼虫と他の生物との関係を紹介。
6 **幼虫：物理的環境**　熱帯起源のトンボが寒冷地や高山に適応してきた要因を議論。
7 **成長，変態，および羽化**　幼虫の発育に伴う形態や生理的な変化について解説。
8 **成虫：一般**　成虫の前生殖期と生殖期について，その変化を形態，色彩，行動，生理によって観察した例を紹介し，前生殖期のもつ意味とその多様性を議論。
9 **成虫：採餌**　成虫の採餌行動を探索，捕獲，処理，摂食などの成分に分割することで，トンボの採餌ニッチの多様性を整理。
10 **飛行による空間移動**　大規模飛行と上昇気流や季節風との関係を解説。
11 **繁殖行動**　繁殖には，雄と雌が効率よく出会い，互いに同種であると認識し，雄が雌に精子を渡し，雌は幼虫の生存に都合の良い場所に産卵する。
12 **トンボと人間**　トンボに対する人間の感情を，地域文化との関連において紹介。

用語解説　付表　引用文献　追補文献　生物和名の参考文献　トンボ和名学名対照表　人名索引　トンボ名索引　事項索引

生物にとって自己組織化とは何か
－群れ形成のメカニズム－

S.Camazine et al. "Self-Organization in Biological Systems"

松本忠夫・三中信宏 共訳

A5 判・560 頁・定価 7,480 円
978-4-905930-48-8　C3045

シンクロして光を放つホタル，螺旋を描いて寄り集まる粘菌，一糸乱れぬ動きをする魚群など，生物の自己組織化について分かりやすく解説した。前半は自己組織化の初歩的な概念と道具について，後半は自然界に見られるさまざまな自己組織化の事例を述べた。生命科学の最先端の研究領域である自己組織化と複雑性を学ぶための格好の入門書である。

カミキリ学のすすめ

新里達也・槇原 寛・大林延夫・高桑正敏・露木繁雄 共著

A5 判・320 頁・定価 3,740 円
978-4-905930-26-6　C3045

カミキリムシ研究者 5 人の珠玉の逸話集。分類や分布，生態などの正統な生物学の分野にとどまらず，「カミキリ屋」と呼ばれる虫を愛する人々の習性にまで言及している。その熱意や意気込みが存分に伝わり，プロ・アマ区別なくカミキリムシを丸ごと楽しめる書。

カトカラの舞う夜更け

新里達也 著

B6 判・256 頁・定価 2,420 円
978-4-905930-64-8　C0045

人と自然の関係のありようを語り，フィールド研究の面白さを描き，虫に生涯を捧げた先人たちの鎮魂歌を綴った。市井の昆虫学者として半生を燃やした著者渾身のエッセー集。

kupu-kupu の楽園
－熱帯の里山とチョウの多様性－

大串龍一 著

A5 判・256 頁・定価 3,080 円
978-4-905930-37-2　C3045

JICA の長期派遣専門家としてインドネシアのパダン市滞在時の研究資料などをもとに「熱帯のチョウ」の生活と行動をまとめた。環境の変化による分布，行動の移り変わりの実態が明らかになった。自然史的調査法の入門書。

ニホンミツバチ
－北限の *Apis cerana*－

佐々木正己 著

A5 判・192 頁・定価 3,080 円
978-4-905930-57-0　C0045

冬に家庭のベランダでも見かけることがあり森の古木の樹洞を住み家としてきたニホンミツバチは，120 年前に西洋種が導入され絶滅が心配されながらもしたたかに生きてきた。最近では，高度の耐病性と天敵に対する防衛戦略のゆえに，遺伝資源としても注目されている。その知られざる生態の不思議を，美しい写真を多用して分かりやすく紹介した。

但馬・楽音寺の
ウツギヒメハナバチ
－その生態と保護－

前田泰生 著

A5 判・200 頁・定価 3,080 円
978-4-905930-33-4　C3045

兵庫県山東町「楽音寺」境内に，80 数年も続いているウツギヒメハナバチの大営巣集団。その生態とウツギとのかかわりを詳細に述べ，保護の考え方と方策，さらに生きた生物教材としての活用を提案している。毎年 5 月下旬には無数の土盛りが形成され，ハチが空高く飛びかい，生命の息吹を見せる。生物群集や自然保護に関心のある人々に薦める書。

不妊虫放飼法
－侵入害虫根絶の技術－

伊藤嘉昭 編

A5 判・344 頁・定価 4,180 円
978-4-905930-38-9　C3045

ニガウリが日本中で売られるようになったのは，ウリミバエ根絶の成功の結果である。本書は，不妊虫放飼法の歴史と成功例，種々の問題点，農薬を使用しない害虫防除技術の可能性などを詳しく紹介し，成功に不可欠な生態・行動・遺伝学的基礎研究をまとめた。貴重なデータ，文献も網羅されており，昆虫を学ぼうとする学生，研究者に役立つ書。

楽しき **挑戦**
－型破り生態学 50 年－

伊藤嘉昭 著

A5 判・400 頁・定価 4,180 円
978-4-905930-36-5　C3045

拘置所に 9 ヵ月，17 年間の休職にもめげず生態学の研究を続け，頑張って生きてきた。その原動力は一体何だったのか。学問に対する熱心さ，権威に対する反抗，多くの人との関わりなどが綴られている，痛快な自伝。

> 若い人たちに是非読んでもらいたい，近ごろは化石のように珍しくなってしまった，一昔前の日本の男の人生である。（長谷川眞理子さん 評）

熱帯のハチ
－多女王制のなぞを探る－

伊藤嘉昭 著

B6 判・216 頁・定価 2,349 円
978-4-905930-31-0　C3045

アシナガバチ類の社会行動はどのように進化してきたか？　この進化の跡を訪ねて，沖縄，パナマ，オーストラリア，ブラジルなど熱帯・亜熱帯地方で行った野外調査の記録を，豊富な写真と現地でのエピソードをまじえて紹介した。昆虫行動学者の暮らしや，実際の調査の仕方がよく分かる。後に続いて研究してみよう。

アフリカ昆虫学
－生物多様性とエスノサイエンス－

田付貞洋・佐藤宏明・足達太郎 共編

A5 判・336 頁・定価 3,300 円

978-4-905930-65-5　C3045

生物多様性の宝庫であり，人類発祥の地でもあるアフリカ。そこで生活する多種多様な昆虫と人類は，長い歴史のなかで深く関わってきた。そんなアフリカに飛び込んだ若手研究者と，現地調査の経験豊富なベテラン研究者による知的冒険にあふれた書。昆虫愛好家のみならず，将来アフリカでのフィールド研究を志す若い人たちに広く薦めたい。

虫たちがいて、ぼくがいた
－昆虫と甲殻類の行動－

中嶋康裕・沼田英治 共編

A5 判・232 頁・定価 2,090 円

978-4-905930-58-7　C0045

昆虫や甲殻類の「行動の意味や仕組み」について考察したエッセー集。行きつ戻りつの試行錯誤，見込み違い，意外な展開，予想の的中など，研究の過程で起こる様々な出来事に一喜一憂しながらも，ついには説得力があり魅力に富んだストーリーを編み上げていく様子が，いきいきと描かれている。研究テーマ決定のヒントを与えてくれる書。

メジロの眼
－行動・生態・進化のしくみ－

橘川次郎 著

B6 判・328 頁・定価 2,640 円

978-4-905930-82-2　C3045

オーストラリアのメジロを中心に，その行動，生態，進化のしくみを詳説。子供のときから約束された結婚相手，一夫一妻の繁殖形態，子育てと家族生活，寿命と一生に残す子供の数，餌をめぐる競争，渡りの生理，年齢別死亡率とその要因，生物群集の中での役割などについて述べた。巻末の用語解説は英訳付きで，生態・行動を学ぶ人々にも役に立つ。

島の鳥類学
－南西諸島の鳥をめぐる自然史－

水田 拓・高木昌興 共編

沖縄タイムス出版文化賞
(2018 年度) 受賞

A5 判・464 頁・定価 5,280 円

978-4-905930-85-3　C3045

固有の動植物を含む多様な生物が生息する奄美・琉球。その独自の生態系において，鳥類はとりわけ精彩を放つ存在である。この地域の鳥類研究者が一堂に会し，最新の研究成果を報告するとともに，自身の研究哲学や新たな研究の方向性を示す。これは，世界自然遺産登録を目指す奄美・琉球という地域を軸にした，まったく新しい鳥類学の教科書である。

野外鳥類学を楽しむ

上田恵介 編

A5 判・418 頁・定価 4,620 円

978-4-905930-83-9　C3045

上田研に在籍していた 21 人による，鳥類などの野外研究の面白さと，研究への取り組みをまとめた書。研究データだけではなく，研究の苦労話も紹介している。貴重な経験をもとに，新しく考案した捕獲方法や野外実験のデザイン，ちょっとしたアイデアなども盛り込まれており，野外研究を志す多くの若い人々にぜひ読んでほしい 1 冊。

魚類の繁殖戦略 (1, 2)

桑村哲生・中嶋康裕 共編

(1 巻, 2 巻)

A5 判・208 頁・定価 2,365 円

1 巻：978-4-905930-71-6　C3045
2 巻：978-4-905930-72-3　C3045

海や川にすむ魚たちは，どのようにして子孫を残しているのだろうか。配偶システム，性転換，性淘汰と配偶者選択，子の保護の進化など，繁殖戦略のさまざまな側面について，行動生態学の理論に基づいた，日本の若手研究者による最新の研究を紹介した。

［目次］**1 巻**　1. 魚類の繁殖戦略入門　2. アユの生活史戦略と繁殖　3. 魚類における性淘汰　4. 非血縁個体による子の保護の進化
2 巻　1. 雌雄同体の進化　2. ハレム魚類の性転換戦術：アカハラヤッコを中心に　3. チョウチョウウオ類の多くはなぜ一夫一妻なのか　4. アミメハギの雌はどのようにして雄を選ぶか？　5. シクリッド魚類の子育て：母性の由来　6. ムギツクの托卵戦略

魚類の社会行動 (1, 2, 3)

(1 巻)

桑村哲生・狩野賢司 共編

A5 判・224 頁・定価 2,860 円

978-4-905930-77-8　C3045

(2 巻)

中嶋康裕・狩野賢司 共編

A5 判・224 頁・定価 2,860 円

978-4-905930-78-5　C3045

(3 巻)

幸田正典・中嶋康裕 共編

A5 判・248 頁・定価 2,860 円

978-4-905930-79-2　C3045

魚類の社会行動・社会関係について進化生物学・行動生態学の視点から解説。理論や事実の解説だけでなく，研究プロセスについても，きっかけ・動機・苦労などを詳細に述べた。

［目次］**1 巻**　1. サンゴ礁魚類における精子の節約　2. テングカワハギの配偶システムをめぐる雌雄の駆け引き　3. ミスジチョウチョウウオのパートナー認知とディスプレイ　4. サザナミハゼのペア行動と子育て　5. 口内保育魚テンジクダイ類の雄による子育てと子殺し
2 巻　1. 雄が小さいコリドラスとその奇妙な受精様式　2. カジカ類の繁殖行動と精子多型　3. フナの有性・無性集団の共存　4. ホンソメワケベラの雌がハレムを離れるとき　5. タカノハダイの重複なわばりと摂餌行動
3 巻　1. カザリキュウセンの性淘汰と性転換　2. なぜシワイカナゴの雄はなわばりを放棄するのか　3. クロヨシノボリの配偶者選択　4. なわばり型ハレムをもつコウライトラギスの性転換　5. サケ科魚類における河川残留型雄の繁殖行動と繁殖形質　6. シベリアの古代湖で見たカジカの卵

水生動物の卵サイズ
―生活史の変異・種分化の生物学―

後藤 晃・井口恵一朗 共編

A5 判・272 頁・定価 3,300 円

978-4-905930-76-1　C3045

卵には子の将来を約束する糧が詰まっている。なぜ動物は異なったサイズの卵を産むのか？サイズの変異の実態と意義，その進化について考える。またサイズの相違が子のサイズや生存率にどのくらい関係し，その後の個体の生活史にどんな影響を与えるかを考察する。生態学的・進化学的たまご論を展開。どこから読んでも面白く，新しい発見がある。

水から出た魚たち

－ムツゴロウと
トビハゼの挑戦－

田北 徹・石松 惇 共著

A5 判・176 頁・定価 1,980 円

978-4-905930-17-4　C3045

ムツゴロウの分布は九州の有明海と八代海の一部に限られていること，また棲んでいる泥干潟は泥がとても軟らかくて，足を踏み入れにくいなどの理由から，その生態はあまり知られていない。著者たちは長年にわたって日本とアジア・オセアニアのいくつかの国で，ムツゴロウとその仲間たちの研究を行ってきた。本書では，ムツゴロウやトビハゼたちが泥干潟という厳しい環境で生きるために発達させた，行動や生理などについて解明している。

［目次］1. ムツゴロウって何者？　2. ムツゴロウたちが棲む環境　3. ムツゴロウたちの生活　4. ムツゴロウたちの繁殖と成長　5. ムツゴロウ類の進化は両生類進化の再現　6. ムツゴロウ類の漁業・養殖・料理

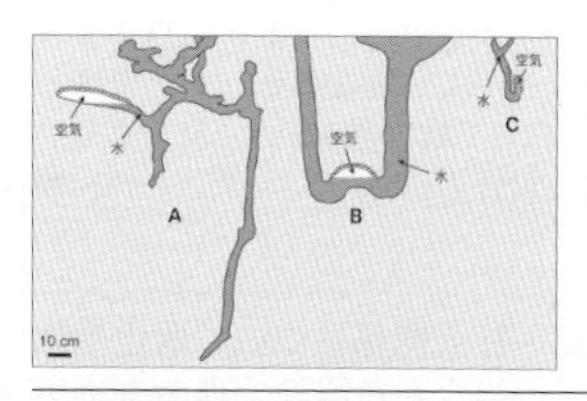

左の図は，A. ムツゴロウ，B. シュロセリ，C. トビハゼの産卵用巣孔を示す。

魚類比較生理学入門

－空気の世界に挑戦する魚たち－

岩田勝哉 著

A5 判・224 頁・定価 3,740 円

978-4-905930-16-7　C3045

魚は水中で鰓呼吸をしているが，空気の世界に挑戦している魚もいる。魚が空気中で生活するには，皮膚などを空気呼吸に適するように改変することと，タンパク質代謝の老廃物である有毒なアンモニアの蓄積からどのようにして身を守るかという問題も解決しなければならない。魚たちの空気呼吸や窒素代謝等について分かりやすく解説した。

子育てする魚たち

－性役割の起源を探る－

桑村哲生 著

B6 判・176 頁・定価 1,760 円

978-4-905930-14-3　C3045

魚類ではなぜ父親だけが子育てをするケースが多いのだろうか。進化論に基づく基礎理論によると，雄と雌は子育てをめぐって対立する関係にあると考えられている。本書では雄と雌の関係を中心に，魚類に見られる様々なタイプの社会・配偶システムを紹介し，子育ての方法と性役割にどのように関わっているかを，具体的に述べた。

有明海の生きものたち

－干潟・河口域の生物多様性－

佐藤正典 編

A5 判・400 頁・定価 5,500 円

978-4-905930-05-1　C3045

有明海は，日本最大の干満差と，日本の干潟の 40％にあたる広大な干潟を有する内湾である。本書では，有明海の生物相の特殊性と，主な特産種・準特産種の分布や生態について，最新情報に基づいて解説した。諫早湾干拓事業が及ぼす影響も紹介し，有明海の特異な生物相の危機的な現状とその保全の意義も論じている。

シオマネキ
ー求愛とファイティングー

村井 実 著

A5 判・96 頁・定価 1,320 円
978-4-905930-15-0　C3045

シオマネキは大きなハサミを使ってコミュニケーションしている。これらの行動パターンについて，ビデオカメラを用いての観察や実験結果を紹介。シオマネキの生態，習性，食性，繁殖行動，敵対行動，大きいハサミを動かす行動と保持しているだけの行動，発音と再生ハサミなどについてまとめた。小さなカニに興味はつきない。

生態観察ガイド
伊豆の 海水魚

瓜生知史 著

B6 判・256 頁・定価 3,080 円
978-4-905930-13-6　C0645

生態観察に役立つように編集された，斬新な魚類図鑑。約 700 種・1,250 枚の生態写真を，通常の分類体系に準じて掲載。特によく見たい 44 種については，闘争，求愛，産卵などの写真とともに繁殖期，産卵時間，産卵場所などを具体的に解説し，「観察のポイント」をまとめた。写真には「標準和名」「魚の全長」「撮影者名」「撮影水深」「解説」を記した。

モイヤー先生と
のぞいて見よう海の中
ー魚の行動ウォッチングー

ジャック T. モイヤー 著
坂井陽一・大嶽知子 訳

B6 判・240 頁・定価 1,980 円
978-4-905930-04-4　C0045

フィッシュウォッチングは，まず魚の名前を覚えることから始まり，生態・行動の観察へと発展する。求愛行動，性転換，雌雄どちらが子育てをするかなど，普通に見られる身近な魚たちの社会生活を詳しく紹介した。生態観察のポイントは何か，何時頃に観察するのがよいかなどを具体的に記した。海への愛情が伝わる 1 冊。

もぐって使える海中図鑑
Fish Watching Guide

益田 一・瀬能 宏 共編

水中でも使えるように「耐水紙」を使用した新しいタイプの図鑑。水中ノート，魚のシルエットメモが付いているので，水辺や水中で観察したことをその場ですぐに記録することができる。

伊豆（バインダー式）A5 変型判・40 頁・定価 3,300 円　978-4-905930-50-1　C0645
沖縄（バインダー式）A5 変型判・40 頁・定価 2,200 円　978-4-905930-51-8　C0645
海岸動物（「伊豆」レフィル）　B6 判・16 頁・定価 1,281 円　978-4-905930-52-5　C0645

海中観察指導マニュアル

財団法人海中公園センター編

A5 判・128 頁・定価 2,200 円
978-4-905930-12-9　C0045

「百聞は一見にしかず」。映像や書物で何度見ても，実際に海の中をのぞいて見たときの感動に勝るものはない。スノーケリングによる自然観察会を開催してきた経験をもとに，自然観察・生物観察・危険な生物・安全対策・技術指導・行政との関係・観察会の運営などを，具体的に解説した。どんなことに留意しなければならないかが，よく分かる。

もっと知りたい **魚の世界**
ー水中カメラマンのフィールドノートー
大方洋二 著
B6 判・436 頁・定価 2,640 円
978-4-905930-70-9　C3045

クマノミ・ジンベエザメ・ミノアンコウなど100種の魚を紹介。縄張り争いや摂餌などの興味深い生態が，実際の観察体験に基づいて記されている。ジャック T.モイヤー先生の，魚類に関する行動学関連用語の解説付き。

Visual Guide **トウアカクマノミ**
大方洋二 著
A5 判・64 頁・定価 2,029 円
978-4-905930-53-2　C0045

沖縄・慶良間での8年間の定点観察により，いつ性転換が起こるのか，巣づくり，産卵，卵を守る雄，ふ化などを写真で記録した。フィッシュウォッチングの手軽な入門書。

Visual Guide **デバスズメダイ**
大方洋二 著
A5 判・64 頁・定価 2,029 円
978-4-905930-54-9　C0045

サンゴ礁の海で宝石のように輝くデバスズメダイ。その住み家，同居魚，敵，シグナルジャンプ，婚姻色，産卵などを，時間をかけて撮影し，あらゆる角度から紹介。

写真集 **海底楽園**
中村宏治 著
A3変型判・132 頁・定価 5,339 円
978-4-905930-80-8　C0072

澄んだメタリックブルーのソラスズメダイ，透き通った触手を伸ばして獲物を待つムラサキハナギンチャクなど，海底の住人たちの妖艶さを伝える，愛のまなざしこもる写真集。美と驚きに満ちた別世界の存在を教える。

写真集 **おらが海**
Yoshi 平田 著
A4変型判・96 頁・定価 2,200 円
978-4-905930-90-7　C0072

マレーシアの小さな島マブール島で毎日魚たちと暮らしていたYoshiのユーモアあふれる作品群。表情豊かな写真に，ユーモラスなコメントが添えられている。

写真集 **With…**
Yoshi 平田 著
A4 変型判・96 頁・定価 4,400 円
978-4-905930-93-8　C0072

海の生きものたちの生態を，やさしい写真，シャープな写真，楽しいコメントとともに紹介。おまけのCD-ROMで音楽を聞きながら頁をめくると，さらに世界は広がる。記念日のプレゼントに最適。

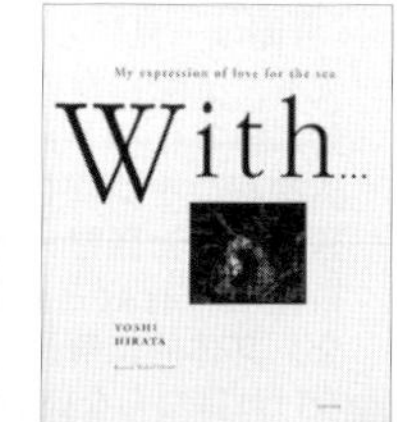

ハシナガイルカの行動と生態
K.S. Norris et al. "The Hawaiian Spinner Dolphin"
日高敏隆 監修／天野雅男・桃木暁子・吉岡 基・吉岡都志江 共訳
A5 判・488 頁・定価 6,600 円
978-4-905930-75-4　C3045

鯨類研究の世界的権威ノリスが，30 年間にわたる科学的研究を通して野生イルカの生活を詳しく解説した。ハシナガイルカの形態学と分類学の記述から始まり，彼らの社会，視覚，発声，聴力，呼吸，採餌，捕食，群れの統合，群れの動きなどについて比較考察している。科学的洞察に満ちた，これまでにない豊かな資料である。

写真で見る
ブタ胎仔の解剖実習
易 勤 監修・木田雅彦 著
A4 判・152 頁・定価 4,400 円
978-4-905930-18-1　C3047

実際の解剖過程の記録写真をまとめた書。写真の順に剖出を進めると，初学者にも解剖手順が分かる。ヒトの構造がよく理解できるよう比較解剖学の視点から説明を加え，発生学的または機能的な理解へと導いている。コメディカル分野・獣医解剖学の実習書や比較解剖学研究にも適切な参考書である。解剖用語の索引にラテン語と英語を併記。

脊椎動物デザインの進化
L.B. Radinsky "The Evolution of Vertebrate Design"
山田 格 訳
A5 判・232 頁・定価 3,080 円
978-4-905930-06-8　C3045

5 億年前に地球に誕生した生命は，環境に適応するための小さな変化の積み重ねによって，今日の多様な生物をつくりだしてきた。本書では，そのプロセスを時間を追って機能解剖学的側面から解説している。非生物学専攻の学部学生を対象とした講義ノートから生まれた本書ではあるが，古生物学や脊椎動物形態学を目ざす人々の必読書である。

予備校講師の
野生生物を巡る旅 I, II
汐津美文 著
I：B6 判・160 頁・定価 1,980 円
978-4-905930-87-7　C3045
II：B6 判・168 頁・定価 1,980 円
978-4-905930-09-9　C3045

「動物たちが暮らす環境と同じ光や風や匂いを感じたい」という思いで，世界の自然保護区を巡り，各巻 35 章にまとめた。インドのベンガルトラ，東アフリカのチータ，ボルネオのラフラシア，ウガンダのマウンテンゴリラ，フィリピンのジュゴンなど。著者が出会った動物の生態や行動を写真と文によって紹介し，生物の絶滅について考える。

予備校講師の
野生生物を巡る旅 III
汐津美文 著
B6 判・204 頁・定価 2,200 円
978-4-905930-10-5　C3045

世界に誇る日本の多様な自然に感動。北海道ではヒグマやオオワシ，ラッコ，シャチなどの行動，奄美大島ではアマミノクロウサギ，ルリカケスや，体長 10 cm のアマミホシゾラフグがつくる直径 2 m もある産卵床との出会い，パンタナール湿原でカイマンを狩るジャガー，スマトラ島でショクダイオオコンニャクの開花の観察など，豊富な体験を写真と文で紹介。

物理学
－新世紀を生きる人達のために－

高木隆司 著

A5 判・208 頁・定価 2,200 円

978-4-905930-20-4　C3042

物理学の基本概念と発想法を習得することを主眼に執筆された，大学初年級の教科書。数学は必要最小限にとどめ，分かりやすく解説。

［目次］1. 物理学への導入　2. 決定論の物理学　3. 確率論の物理学　4. エネルギーとエントロピー　5. 情報とシステム　6. 物理法則の階層性　7. 新世紀に向けて

形の科学
－発想の原点－

高木隆司 著

A5 判・220 頁・近刊

978-4-905930-23-5　C3042

本書の目的は，形からの発想を助けるための培養土を読者につくってもらう手助けをすることである。興味ある形が現れる現象，形が出来あがる仕組みになど，多くの例を紹介。

［目次］1. 形の科学とは何か　2. 形の基本性質　3. 形が生まれる仕組み　4. 生き物からものづくりを学ぶ　5. あとがきに代えて

身近な現象の科学 音

鈴木智恵子 著

A5 判・112 頁・定価 1,760 円

978-4-905930-21-1　C3042

花火の音や雷鳴から，音の速さは光の速さよりもはるかに遅いことが分かる。では，音を伝える物質によって音の伝わる速さは変わるのだろうか。このような音についての科学を，分かりやすく解説してある。

［目次］1. 音を作って楽しむ　2. 音波ってどんな波　3. 生物の体と音　4. ヒトに聞こえない音

工学の 基礎化学

小笠原貞夫・鳥居泰男 共著

A5 判・240 頁・定価 2,563 円

978-4-905930-60-0　C3043

「読んで理解できる」ようにまとめられた大学初年級の教科書。それぞれの興味や学力に応じて自発的に選択し学べるよう，配慮した。

［目次］1. 地球と元素　2. 原子の構造　3. 化学結合の仕組み　4. 物質の 3 態　5. 物質の特異な性質　6. 炭素の化学　7. ケイ素の化学　8. 水溶液　9. 反応の可能性　10. 反応の速さ

人物化学史事典
－化学をひらいた人々－

村上枝彦 著

A5 判・296 頁・定価 3,850 円

978-4-905930-61-7　C3043

アボガドロやノーベル，M.キュリー，寺田寅彦，利根川進，ポーリングなど，化学の進歩発展に尽くした科学者 379 名を紹介。科学者を五十音順に並べ，原綴りと生年月日，生い立ち，研究業績やエピソードなどを時代背景とともに述べている。巻末の詳しい人名索引，事項索引は，検索などに役立つ。

ちょっとアカデミックな お産の話

村上枝彦 著

A5 判・152 頁・定価 1,650 円

978-4-905930-62-4　C3040

哺乳動物はどんなふうにして胎盤を作り出したのか，それは生命発生以来 5 億年といわれる長い歴史のなかで，いつ頃だったのか。母親と胎児の血管はつながっていないのに，どうやって母親の血液で運ばれた酸素が胎児に伝わるのだろうか？　胎盤が秘めている歴史について考察し，簡略に解説した。

性と病気の 遺伝学

堀 浩 著

A5 判・200 頁・定価 2,420 円

978-4-905930-89-1 C3045

「性はなぜあるのか」,「性はなぜ二つしかないのか」,「性染色体の進化」,「遺伝病の早期発見」など，テーマを示して遺伝学の面白さ・奥深さへと導く。ヒトの遺伝的性異常・同性愛・遺伝と性・遺伝と病気など，生命倫理について考えさせられる内容に満ちている。

学力を高める 総合学習の手引き

品田 穣・海野和男 共著

A5 判・136 頁・定価 2,640 円

978-4-905930-07-5 C3045

学校教育改革の一つとして「総合的な学習の時間」が設定された。その意義・目的・方法と，考える力をつける必要性を述べている。生きものとしてのヒトに戻り，原体験を獲得して，課題を発見し解決し，行動する。そんな力はどうしたら身につくのか。動植物の生態写真を多く使用し，具体例を示している。

動物園と私

浅倉繁春 著

B6 判・204 頁・定価 1,650 円

978-4-905930-01-3 C0045

動物園の役割は，単に動物を見せる場という考え方から，種の保存・教育・研究の場へと大きく変わった。東京都多摩動物公園，上野動物園の園長など，35 年間も動物と関わってきた著者が，パンダの人工授精など多くのエピソードをまじえて紹介。

アシカ語を話せる素質

中村 元 著

B6 判・152 頁・定価 1,335 円

978-4-905930-02-0 C0045

動物たちとのコミュニケーションの方法は？ それは，彼らの言葉が何であるかを知ることです。アシカのショートレーナーから始まった水族館での飼育経験や，海外取材調査中に体験した野生動物との出会いから得た動物たちとの接し方を生き生きと述べた。

プロの写真が自由に楽しめる ぬり絵スケッチブック

写真 木原 浩
作画 木原いづみ

植物写真家の写真を，画家が下絵に描き起こし彩色した，上級を目ざす大人のぬり絵。自分の使いやすい画材を選び，写真と作画見本を見比べながら下絵に色が塗れます。塗りかたのワンポイントアドバイスが付いています。

〈春〉 A4 変型判・56 頁・定価 1,320 円 978-4-905930-97-6 C0071

〈秋〉 A4 変型判・56 頁・定価 1,320 円 978-4-905930-96-9 C0071

© 木原 浩

© 木原いづみ

© 木原いづみ

セツブンソウ（『ぬり絵スケッチブック〈春〉』より）

蜂からみた花の世界

－四季の蜜源植物と
ミツバチからの贈り物－

佐々木正己 著

B5 判・416 頁・定価 14,300 円
978-4-905930-27-3　C3045

身近な植物や花が，ミツバチにはどのように見え，どのように評価されているのだろうか。第1部では680種の植物について簡明に解き明かしている。蜜・花粉源植物としての評価，花粉ダンゴの色や蜜腺，開花暦の表示など，養蜂生産物に関わる話題を中心にエッセー風に記され，実用的で役立つ。1,600枚の写真は，ミツバチが花を求める世界へ楽しく誘ってくれる。第2部では採餌行動やポリネーション，ハチ蜜，関連する養蜂産物などが分かりやすく簡潔にまとめられている。

多様な蜜源植物とそれらの流蜜特性，蜂の訪花習性などをもっと知ることができ，「ハチ蜜」に親しみが増す書である。

● 680種・1,600枚を収録。それぞれについて「蜜源か花粉源か」を分類し，「蜜・花粉源としての評価」を示してある。

● 192種の花粉ダンゴの色をデータベース化して表示した。さまざまな色の花粉ダンゴが，実際に何の花に行っているかを教えてくれる。

● 282種の開花フェノロジーを表示した。これにより，実際に咲いている花とその流蜜状況をより正確に知ることができる。

● 一部の蜜源については，花の香りとハチ蜜の香りの成分を比較して示した。

イチゴの花上でくるくる回りながら受粉するミツバチと，きれいに実ったイチゴ

■ ご注文はお近くの書店にお願い致します。店頭にない場合も，書店から取り寄せてもらうことが出来ます。

■ 直接小社へのご注文は，書名・冊数・ご住所・お名前・お電話番号を明記し，E-mail：kaiyusha@cup.ocn.ne.jp までお申し込み下さい。

■ 定価は税 10%込み価格です。

株式会社 海游舎
〒151-0061 東京都渋谷区初台 1－23－6－110
TEL：03 (3375) 8567　FAX：03 (3375) 0922
【URL】 https://kaiyusha.wordpress.com/